Laura Sigg
Werner Stumm

Aquatische Chemie

Einführung in die Chemie natürlicher Gewässer

6. Auflage

v/d|f

Laura Sigg war 1980–2015 Leiterin einer Forschungsgruppe an der Eawag (Wasserforschungs-Institut des ETH-Bereichs), sowie seit 1991 Titularprofessorin am Department Umweltwissenschaften der ETH Zürich. Sie hat über 30 Jahre Erfahrung in Chemie natürlicher Gewässer in Forschung und Lehre.

Werner Stumm (1924–1999) war von 1970–1992 Professor an der ETH Zürich und Direktor der Eawag.

Bibliografische Information der Deutschen Nationalbibliothek
Die Deutsche Nationalbibliothek verzeichnet diese Publikation in der Deutschen Nationalbibliografie; detaillierte bibliografische Daten sind im Internet über http://dnb.d-nb.de abrufbar.

ISBN 978-3-7281-3767-8

www.vdf.ethz.ch
verlag@vdf.ethz.ch

Vorwort

Das Lehrbuch „Aquatische Chemie“ wurde in der 5. Auflage vollständig neu bearbeitet und erscheint in der 6. Auflage mit einigen Korrekturen und Änderungen. Es behandelt die Grundlagen der aquatischen Chemie, der Chemie wässriger Lösungen und ihrer Anwendung auf die natürlichen Gewässer und auf andere aquatische Systeme. Es ist sowohl für Studierende der Umweltwissenschaften und verwandter Gebiete wie der Hydrologie, Limnologie, Hydrobiologie, Ökologie und Geochemie wie auch für Berufsleute in der Praxis des Wassermanagements und der Wassertechnologie nützlich. Das Buch setzt nur grundlegende Kenntnisse der Chemie voraus, wie sie etwa einer Einführungsvorlesung in allgemeiner Chemie entsprechen.

Die aquatische Chemie baut auf den Grundlagen der Lösungschemie auf und wendet diese auf die Bedingungen natürlicher aquatischer Systeme an. Säure-Base-Reaktionen, Fällung und Auflösung fester Phasen, Koordinationsreaktionen, Redoxreaktionen sowie Reaktionen an Grenzflächen sind die wichtigsten Reaktionstypen, die eingehend aufgrund der thermodynamischen Gleichgewichte und der kinetischen Gesetzmässigkeiten behandelt werden. Daraus ergeben sich die Voraussetzungen zum Verständnis der Zusammensetzung von Seen, Flüssen, Grundwasser, Sedimenten und der chemischen Prozesse in diesen natürlichen Systemen sowie in technischen Systemen der Abwasserreinigung und der Trinkwasseraufbereitung. Die chemischen Reaktionen sind in den aquatischen Systemen mit den biologischen Prozessen gekoppelt, worauf in verschiedenen Kapiteln eingegangen wird.

Seit den ersten Auflagen dieses Buchs hat sich das Gebiet der aquatischen Chemie stark entwickelt. Mit der 5. Auflage wurden alle Kapitel unter dem Gesichtspunkt neuer Entwicklungen revidiert. Neue Abschnitte sind vor allem in den Kapiteln 6 (Metallionen in wässriger Lösung), 8 (Redoxprozesse), 9 (Grenzflächenchemie) und 11 (Biogeochemische Kreisläufe einiger Elemente) zu finden. Das Kapitel 12 behandelt die Anwendungen auf die aquatischen Systeme See, Fliessgewässer und Grundwasser und stellt eine Brücke von den theoretischen Grundlagen zur Praxis von analytischen Wasseruntersuchungen her. Das Verhalten synthetischer organischer Verbindungen in den aquatischen Systemen wird hier allerdings ausgeklammert, weil dieses Thema, obwohl von grosser Wichtigkeit, den Rahmen dieses Buchs sprengen würde. Zu diesem Thema wird auf andere umfangreiche Lehrbücher verwiesen.

Die Übungen am Schluss jedes Kapitels sollen zu einem vertieften Verständnis des Stoffs beitragen. Die Übungslösungen (nur numerische Resultate) am Schluss des Buchs dienen zur Selbstkontrolle.

Die weiterführende Literatur zu jedem Kapitel enthält Hinweise auf wichtige Bücher und Literaturreferenzen zu den jeweiligen Themen. Die Literaturreferenzen im Text, obwohl umfangreicher als in früheren Auflagen, weisen nur exemplarisch auf einige wichtige Arbeiten oder auf Arbeiten, aus denen die Beispiele bezogen wurden, und sind keineswegs eine umfassende Darstellung der Literatur auf diesem Gebiet.

Die aktuelle Auflage sowie die früheren Auflagen wurden wesentlich durch das grundlegende Werk „Aquatic chemistry: an introduction emphasizing chemical equilibria in natural waters", W. Stumm und J. J. Morgan, 3rd edition 1996 (Wiley-Interscience), beeinflusst. Leider ist Werner Stumm 1999 verstorben. Ein grosser Teil dieses Buchs ist aber nach wie vor seinem Beitrag zu verdanken.

Wie in früheren Auflagen erwähnt, sind viele Ideen anderer Kollegen aus diesem Gebiet eingeflossen, insbesondere sollen hier James J. Morgan, François M. M. Morel, Jürg Hoigné, Charles O'Melia und Barbara Sulzberger genannt werden. Für die vorliegende Auflage möchte ich Adrian Ammann, Renata Behra, Philippe Behra, Silvio Canonica, Renata Hari, Stephan Hug, Bernd Nowack, Niksa Odzak, Flavio Piccapietra, Irène Schwyzer und Theodora Stewart für Diskussionen und für das kritische Durchlesen der Kapitel und Übungen danken. Viele Doktorandinnen und Doktoranden an der Eawag und Studierende an der ETH haben durch ihre Fragen und kritischen Bemerkungen zur Verbesserung beigetragen. Renata Hari hat zum Kapitel 12 Auswertungen und Abbildungen zu den Fliessgewässern beigesteuert. Aus der französischen Version dieses Buchs („Chimie des milieux aquatiques", L. Sigg, P. Behra, W. Stumm, 5. Auflage 2014, Dunod) wurden Ideen und Revisionen in die aktuelle Auflage übernommen, wofür ich Philippe Behra danke. Lydia Zweifel hat mit grosser Sorgfalt die grafischen Darstellungen erstellt.

Für die vorliegende 6. Auflage wurden einige kleinere Korrekturen und Änderungen insbesondere in den Kapiteln 7, 10 und 11 vorgenommen.

Eawag, Dübendorf, Juni 2016 Laura Sigg

Inhalt

1 Einführung in die chemische Zusammensetzung natürlicher Gewässer

1.1 Gewässer als Ökosysteme

Wasser spielt eine essenzielle Rolle für alles Leben. Über die Wasserphase laufen alle chemischen, physikalischen und biologischen Prozesse ab, die für das Leben grundlegend sind. In den Gewässern laufen natürliche Prozesse ab, die das Leben einer gesunden Flora und Fauna ermöglichen. Die Gewässer bilden auch die Grundlage für Trinkwasser, wozu eine gute Wasserqualität unabdingbar ist. Natürliche chemische Prozesse regulieren die Gewässerzusammensetzung. Die Einträge von Nährstoffen (Kohlenstoff, Phosphor, Stickstoff) in die Gewässer sind für das Wachstum der Organismen essenziell, sollten aber ein gesundes Mass nicht überschreiten, da sie dann zu negativen Erscheinungen führen. In einem gesunden und sauberen Gewässer halten sich die Prozesse des Biomasseaufbaus durch Fotosynthese und des Abbaus durch Respiration in einem Fliessgleichgewicht, so dass genügend Sauerstoff für höhere Organismen vorhanden ist.

Gewässer sind vielfältigen Umwelteinflüssen durch die menschlichen Aktivitäten ausgesetzt. Zu hohe Einträge von Nährstoffen aus Abwässern und Landwirtschaft führen zu Eutrophierungsprozessen (übermässiges Wachstum von Algen) mit negativen Folgen für die Lebensbedingungen höherer Organismen. Einträge von anorganischen und organischen Verbindungen, die aus vielfältigen Anwendungen in die Abwässer gelangen, führen zu toxischen Effekten auf aquatische Organismen. Die Klimaänderung mit höheren Temperaturen führt auch zu höheren Temperaturen in den Gewässern und dadurch zu Veränderungen der physikalischen, chemischen und biologischen Prozesse. Änderungen in der Landnutzung, wie Ausdehnung der landwirtschaftlichen Flächen und Erhöhung der Erosionsraten, wirken sich auf die Gewässer aus.

Um sowohl die natürlichen Prozesse wie ihre Beeinträchtigung durch menschliche Einflüsse zu verstehen, ist es unumgänglich, sich vertieft mit den Grundlagen der chemischen Prozesse in aquatischen Systemen zu beschäftigen. Dazu sollen die verschiedenen Kapitel dieses Buchs dienen.

1.2 Globaler Wasserkreislauf

Wasser ist in sehr grossen Mengen auf der Erdoberfläche vorhanden, zum grössten Teil in den Ozeanen (Tab. 1.1 und Abbildung 1.1). Süsswasser in den Seen und Flüssen, sowie im Grundwasser stellt nur kleine Reservoirs im Vergleich zu den Ozeanen dar. Ein grosser Anteil des Süsswassers ist auch im Eis (polare Eiskappen und Gletscher) gebunden. Der Wasseraustausch zwischen diesen verschiedenen Reservoirs ergibt den globalen Wasserkreislauf (Abb. 1.1). Wasser verdunstet aus den Ozeanen und der Landoberfläche, wird über die Atmosphäre transportiert und über die Niederschläge den Seen, Flüssen und Ozeanen wieder zugeführt. Aus den Flüssen wird durch Abfluss in die Meere Wasser wieder den Ozeanen zugeführt. Aus den Wasserflüssen zwischen den Reservoirs lassen sich die Aufenthaltszeiten in diesen abschätzen, die sehr unterschiedlich sind. So ist die Wasseraufenthaltszeit in den Ozeanen bezogen auf die Summe von atmosphärischen Niederschlägen und Zuflüssen etwa 3200 Jahre, während sie in der Atmosphäre nur etwa 10 Tage ist. Wasseraufenthaltszeiten in den Seen und Flüssen sind je nach lokalen Verhältnissen sehr variabel. Typische Wasseraufenthaltszeiten in grösseren Seen sind in der Grössenordnung von einem Jahr bis einigen Jahren.

Tab. 1.1: Das Erde-Hydrosphäre-System

Erdoberfläche	5.1×10^{14} m^2
Oberfläche der Ozeane	3.6×10^{14} m^2
Landfläche	1.5×10^{14} m^2
Atmosphärische Masse	52×10^{17} kg
Ozeane	1340×10^{15} m^3
Grundwasser (salzhaltig)	13×10^{15} m^3
Grundwasser (Süsswasser)	10.5×10^{15} m^3
Wasser in Eis	24×10^{15} m^3
Seen	0.18×10^{15} m^3
Flüsse	0.002×10^{15} m^3
Wasser in Biomasse	0.001×10^{15} m^3
Wasser in Atmosphäre	0.013×10^{15} m^3
Ablauf der Flüsse	0.037×10^{15} m^3/Jahr
Verdunstung = Niederschlag	0.49×10^{15} m^3/Jahr

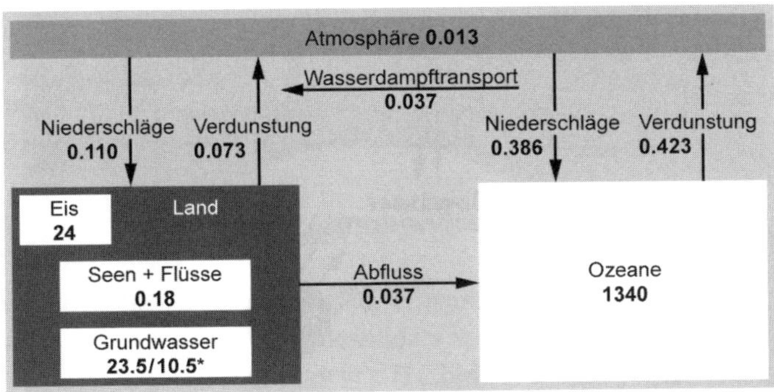

Abb. 1.1: Globaler Wasserkreislauf (Reservoirs in Einheiten von 10^{15} m^3 (10^6 km^3); Wasserflüsse in 10^{15} m^3/Jahr). *Das Volumen 10.5 x 10^{15} m^3 betrifft Grundwasser als Süsswasser; die Grösse des Grundwasserreservoirs ist unsicher (nach (1) und (2)).

Seen und Flüsse, die als Wasserressourcen für die menschlichen Bedürfnisse von höchster Wichtigkeit sind, stehen nur als etwa 0.01 % des gesamten Wassers auf der Erde zur Verfügung, dazu noch Grundwasser als etwa 1% des Wassers. Daraus ist ersichtlich, dass verfügbares Süsswasser eine knappe Ressource ist.

Die Ozeane als grösste Wassermasse spielen entscheidende Rollen als Lebensgrundlage für Organismen, im globalen Energieaustausch und in den globalen Elementkreisläufen. Insbesondere ist der Austausch zwischen Ozean und Atmosphäre ein wichtiger Bestandteil des CO_2-Kreislaufs.

1.3 Chemische Prozesse in den Gewässern

Welche Stoffe sind in den natürlichen Gewässern enthalten? Welche Prozesse bestimmen ihre Konzentrationen und die chemischen Formen der Stoffe? Welche chemischen Reaktionen laufen zwischen den im Wasser gelösten Stoffen, den festen Phasen und den gasförmigen Stoffen ab? Welche sind die natürlichen und die anthropogenen Quellen dieser Stoffe?

Im Verlaufe dieses Buchs erarbeiten wir Antworten auf diese Fragen. Die chemische Zusammensetzung der Gewässer entsteht aus den Wechselwirkungen des Wassers mit den Gesteinen, mit der Atmosphäre und mit der Biota (Abbildung 1.2). Chemische, physikalische und biologische Prozesse sind eng miteinander verknüpft. Die anthropogenen Einträge verschiedener Stoffe tragen zudem zur Zusammensetzung der Gewässer bei.

In einer ersten Übersicht werden kurz die wichtigsten Wechselwirkungen vorgestellt, die die Zusammensetzung der Gewässer bestimmen. Dazu werden die Reaktionen des Wassers mit den Gesteinen, die Verwitterungsreaktionen, der Austausch zwischen Wasser und Atmosphäre und der Einfluss der Biota auf die Nährstoffe kurz vorgestellt.

Tab. 1.3: Henry-Konstanten (25 °C) [1]

Gas	K_H
O_2	1.25×10^{-3}
N_2	0.63×10^{-3}
CH_4	1.32×10^{-3}
CO_2	33.4×10^{-3}

[1] für das Gleichgewicht A(g) $\leftrightarrows$ A(aq), mit [A(aq)] in M und p_A in bar

Daraus lässt sich berechnen, dass Wasser im Gleichgewicht mit der Atmosphäre bei 25 °C und 1 bar 2.62×10^{-4} mol/L O_2 (Partialdruck 0.21 bar), 4.91×10^{-4} mol/L N_2 (Partialdruck 0.78 bar) und 1.2×10^{-5} mol/L CO_2 (Partialdruck 3.7×10^{-4} bar, 370 ppm) enthält.

1.3.3 Wechselwirkungen zwischen Organismen und Wasser

Fotosynthese und Respiration sind eng mit den Kreisläufen der Nährstoffe gekoppelt. Unter der Einwirkung der Sonne als Energiequelle wird aus CO_2, Wasser und den Nährstoffelementen Biomasse aufgebaut. Die Stöchiometrie von Fotosynthese (P) und Respiration (R) wird durch die folgenden einfachen Gleichungen wiedergegeben:

$$CO_2 + H_2O + \text{Sonnenenergie} \underset{R}{\overset{P}{\leftrightarrow}} \{CH_2O\} + O_2 \qquad (7)$$

Beziehungsweise mit den wichtigsten Nährstoffen:

$$106\ CO_2 + 16\ NO_3^- + HPO_4^{2-} + 122\ H_2O + 18\ H^+ + \text{Spurenelemente}$$

$$\boxed{\text{Sonnenenergie}} \quad P \ \downarrow\uparrow \ R$$

$$\{C_{106}H_{263}O_{110}N_{16}P_1\} + 138\ O_2 \qquad (8)$$

Die Stöchiometrie der Algenbiomasse in Gleichung (8) wurde zunächst für die Zusammensetzung der Algen in den Ozeanen entdeckt, wo sie sehr konstant ist. Die Phosphat und Nitratkonzentrationen in den Ozeanen sind in diesen Verhältnissen miteinander verknüpft (Abb. 1.3).

Auch in Süsswassersystemen wird ungefähr diese Zusammensetzung der Algenbiomasse gefunden, obwohl die Verhältnisse je nach System und Algenarten etwas variieren. Als mittlere Zusammensetzung der Algenbiomasse sind die stöchiometrischen Verhältnisse von C : N : P = 106 : 16 : 1 recht konstant. Bei der Fotosynthese werden die Nährstoffelemente in diesen Verhältnissen aufgenommen und bei der Respiration wieder freigesetzt. Durch diese Vorgänge ergibt sich eine vertikale Auftrennung der Nährstoffelemente in der Wassersäule der Meere und der Seen (Abb. 1.3, 1.4). Aus der Respiration ergeben sich die Verhältnisse für den Verbrauch von O_2:

$\Delta O_2 : \Delta C \approx -1.3$ und $\Delta O_2 : \Delta N \approx -9$

In der Wassersäule von Seen sind die Verhältnisse von N und P noch durch zusätzliche Prozesse beeinflusst, wie Rücklösung von P aus den Sedimenten und Reduktion von Nitrat durch Denitrifikation, so dass die Zusammenhänge zwischen N und P komplizierter sind (Abb. 1.5). In den Seen ist üblicherweise P der limitierende Nährstoff für die Produktion von Algenbiomasse.

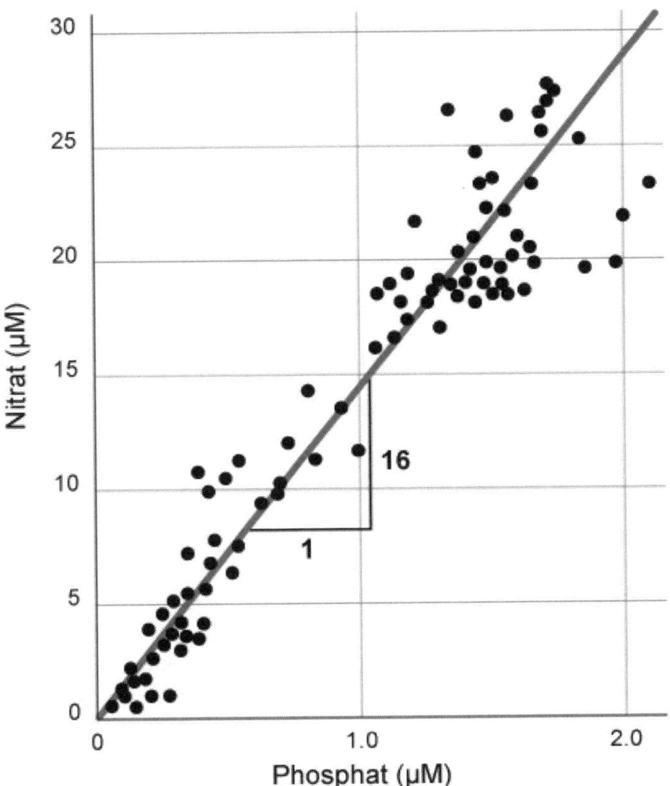

Abb. 1.3: Stöchiometrische Verhältnisse der Nitrat- und Phosphatkonzentrationen im Atlantik (molare N:P = 16)

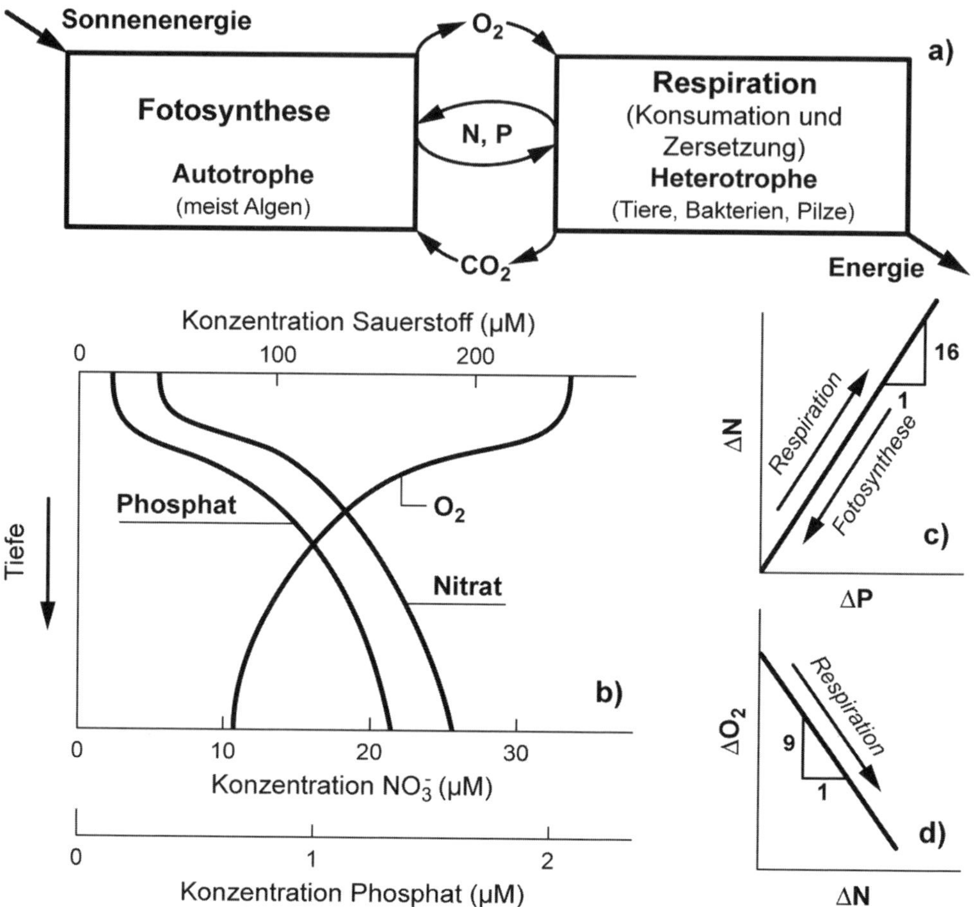

Abb. 1.4: Ein Ökosystem wird durch einen Stationärzustand zwischen P (Geschwindigkeit der fotosynthetischen Produktion von Biomasse) und R (Geschwindigkeit der respiratorischen Mineralisierung des organischen Materials) charakterisiert (a). Bei der Fotosynthese werden die Nährstoffe C, N, P in die Biomasse eingebaut und bei der Respiration wieder freigesetzt. In einem Tiefenprofil im See oder im Meer werden die Nährstoffe an der Oberfläche aufgezehrt und in der Tiefe wieder freigesetzt (b).
c) d) Die stöchiometrischen Verhältnisse in der Biomasse führen zu der Kovarianz der Konzentrationen der Nährstoffe und von O_2.

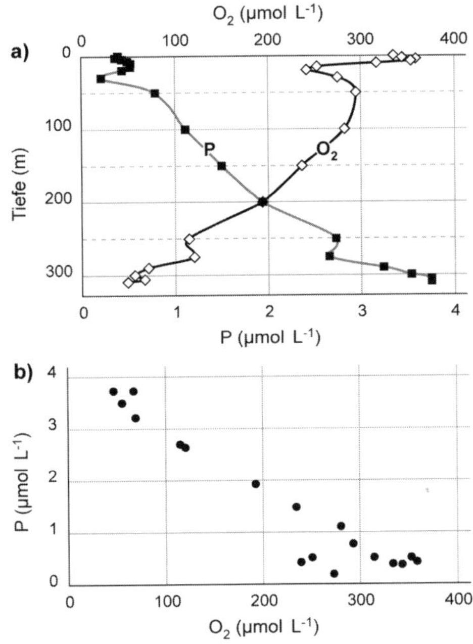

Abb. 1.5: a) Konzentrationen von Phosphat und Sauerstoff im Tiefenprofil des Genfersees im Sommer. Phosphat wird in den oberen Wasserschichten durch die Fotosynthese in den Algen aufgenommen und in der Tiefe teilweise freigesetzt. Sauerstoff nimmt mit der Tiefe durch Respirationsprozesse ab.
b) Zusammenhang zwischen P und O_2 (Daten aus CIPEL, Commission internationale pour la protection des eaux du Léman).

1.3.4 Anthropogene Einträge in Gewässer

Die anthropogenen Einträge vieler Stoffe in die Gewässer beeinflussen die Konzentrationen in den Gewässern und die Kreisläufe dieser Stoffe in den natürlichen Systemen. Die anthropogenen Einträge betreffen insbesondere die Nährstoffe, die starken Säuren, die Schwermetalle und die synthetischen organischen Verbindungen. Nährstoffe (Stickstoff, Phosphor, Kohlenstoff), die durch die Abwässer und durch die Verwendung in der Landwirtschaft in zu hohen Konzentrationen in die Gewässer gelangen, führen zu Eutrophierungserscheinungen. Starke Säuren entstehen in der Atmosphäre aus den emittierten Schwefel- und Stickstoffverbindungen und führen in empfindlichen Gewässern zu Veränderungen der Säure-Base-Verhältnisse. Schwermetalle werden in vielfältigen Anwendungen eingesetzt und können in zu hohen Konzentrationen zu toxischen Wirkungen in den Gewässern führen. Tausende von synthetischen organischen Chemikalien sind im täglichen Gebrauch (z.B. Pestizide, Herbizide, Detergentien, Pharmazeutika) und können über Abwasser, Boden und Luft in die Gewässer gelangen. In diesem Buch werden nur die anorganischen Stoffe näher behandelt.

1.4 Typische Zusammensetzung verschiedener Gewässer

Die typische chemische Zusammensetzung verschiedener Gewässer ist in Abbildung 1.6 und in den Tabellen 1.4 und 1.5 dargestellt. In Abbildung 1.6 sind die Konzentrationsbereiche von Hauptionen, wichtigen gelösten Gasen, Nährstoffen und Spurenmetallen dargestellt, wie sie in See- und Flusswasser üblicherweise vorkommen. Tabelle 1.4 zeigt den Vergleich der Zusammensetzung eines „durchschnittlichen" Süsswassers, des Zürichsees und des Meerwassers in Bezug auf die mengenmässig wichtigsten Kationen und Anionen. Das „durchschnittliche" Süsswasser entspricht etwa dem Mittelwert der grossen Flüsse, die in die Meere gelangen. Obwohl Unterschiede in der Zusammensetzung der Hauptionen durch die unterschiedlichen geochemischen Hintergründe vorkommen, sind viele natürliche Gewässer in Bezug auf die Konzentrationen dieser Bestandteile ähnlich. Der pH-Wert wird durch die Reaktionen zwischen Gesteinen, Wasser und CO_2 der Atmosphäre gepuffert und ist in den meisten natürlichen Süsswässern im Bereich 6.5–8.5. Die Zusammensetzung des Meerwassers ist sehr konstant in den verschiedenen Meeren. Auch das Meerwasser ist durch das Carbonatsystem auf pH 8.1 gepuffert.

In Tabelle 1.5 sind einige weitere Beispiele für die Zusammensetzung von Oberflächen- und Grundwasser aufgeführt, die auch die Unterschiede durch verschiedene geochemische Verhältnisse illustrieren (s. Tabelle A.1 für die verwendeten Einheiten). Grundwasser aus Regionen mit kristallinem Gestein (Granite, Gneisse) enthält viel kleinere Calcium-, Magnesium- und Carbonatkonzentrationen als Grund- oder Oberflächenwasser im Kontakt mit carbonathaltigen Sedimentgesteinen (Sedimente aus Trias-, Jura- und Kreidezeit).

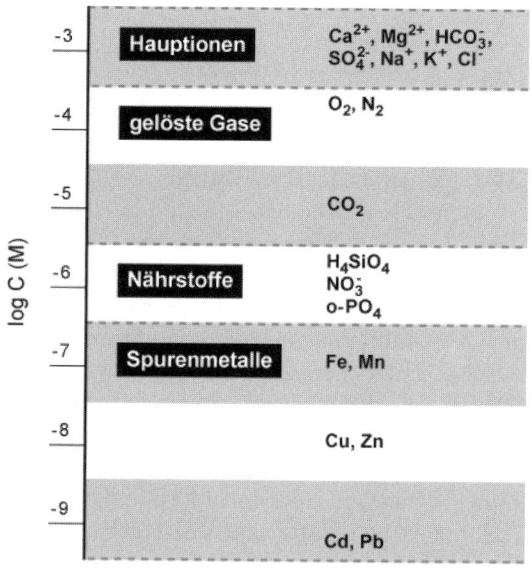

Abb. 1.6: Konzentrationsbereiche von verschiedenen Stoffen in typischem See- oder Flusswasser

Tab. 1.4: Chemische Zusammensetzung natürlicher Gewässer, als −log (Konzentration in mol/L)

	Mittelwert Flusswasser [a]	Zürichsee [b]	Meerwasser
	−log (c , M)	−log (c, M)	−log (c, M)
H^+	6.5–8.5	7.6–8.4	8.1
Ca^{2+}	3.4 (± 0.9)	2.9	2.0
Mg^{2+}	3.8 (± 1.0)	3.6	1.3
Na^+	3.6 (± 1.0)	4.1	0.3
HCO_3^-	3.0 (± 0.6)	2.6	2.6
Cl^-	3.7 (± 1.0)	4.1	0.3
SO_4^{2-}	4.1	3.8	1.5
H_4SiO_4	3.7 (± 0.5)	4.4	4.1

a) Als Mittelwert Flusswasser wird die mittlere Zusammensetzung der Flüsse angegeben, die in die Ozeane fliessen.
b) Der Zürichsee ist für Gewässer mit Kalk im geologischen Einzugsgebiet repräsentativ.

Die Ionenbilanz des Wassers ist in Bezug auf die Summe der positiven und der negativen Ladungen immer ausgeglichen:

$$\sum \text{Kationen} = \sum \text{Anionen} \quad \text{(Mole Ladungen/L)} \qquad (9)$$

Die Ionenbilanz wird in natürlichen Gewässern durch die wichtigsten Kationen und Anionen dominiert (Abbildung 1.7). Für die Einheiten können Mole Ladungen pro Liter oder Äquivalente pro Liter verwendet werden. Typische Werte für die Konzentrationen der Summe der Kationen oder der Anionen in Oberflächengewässern sind im Bereich 1–5 mmol Ladungen/L.

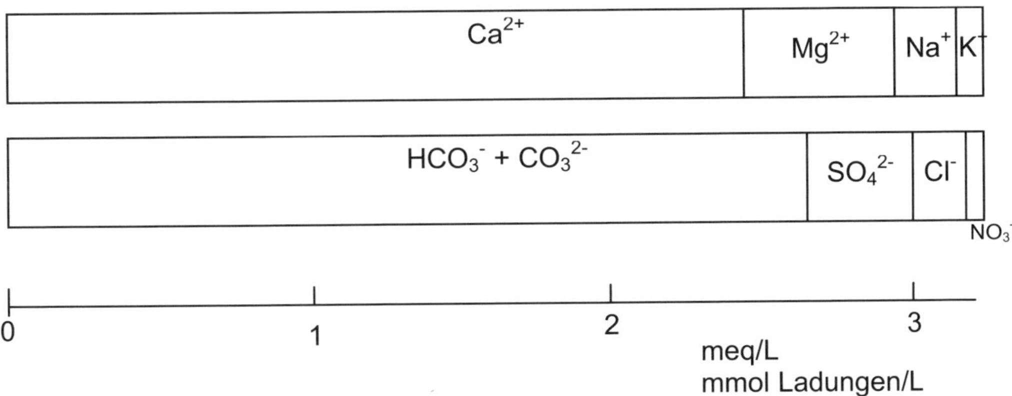

Abb. 1.7: Ionenbilanz eines typischen Oberflächenwassers

Tab. 1.5: Typische Analysenwerte für Oberflächenwasser und Grundwasser

	Ober-flächen-wasser			**Grund-wasser**		
	See-wasser	Fluss-wasser	Fluss-wasser	Kiessand aus Kalk	Kiessand aus Ur-gestein	Feinsan-diger Kies mit Ton
Probenahmestelle	Zürichsee (30 m, März 2002)	Rhein vor Bo-densee (Januar 1999)	Rhein nach Basel (Juli 1999)	Netstal	Ander-matt	Düben-dorf
Temperatur °C	5.4	3.1	20.1	9.2	5.0	5.4
pH-Wert	7.9	7.9	8.0	8.0	5.9	7.1
Gesamthärte mM	1.35	1.44	1.58	1.63	0.30	4.80
Alkalinität mM	2.52	1.88	2.58	4.67	0.46	6.40
Calcium mg/L	45.6	43	53	50	12	158
Magnesium mg/L	6.0	8.7	6.6	9.1	<1	20.6
Natrium mg/L	4.0	3.1	6.2			
Kalium mg/L	1.3	0.9	1.4			
Eisen mg/L	<0.02			0.02	<0.01	
Mangan mg/L				<0.01	<0.01	0.25
Sulfat mg/L	14	53	27	15	8.5	133
Chlorid mg/L	4.0	2.8	8.6	1.6	0.5	12.4
Nitrat-N mg/L	0.67	0.5	1.3	0.9	0.5	1.3
Nitrit-N mg/L	<0.01	0.005		<0.001	<0.001	0.01
Ammonium mg /L	<0.01	0.06	0.09	<0.01	0.04	0.04
o-Phosphat-P mg /L	0.02	<0.01	0.02	<0.01	0.04	<0.01
Gesamt-P mg /L	0.03	0.04	0.04			
Kieselsäure-Si mg /L	1.7	1.9	1.0	1.2	1.60	1.60
Sauerstoff mg/L	9.5	12.6	10.1	8.4	4.0	2.0
DOC (C) mg /L	1.4	0.8	2.0			

Gesamthärte: Summe Ca + Mg
DOC: gelöster organischer Kohlenstoff (C)

1.5 Wasser und seine einzigartigen Eigenschaften

Das Wassermolekül verhält sich als ein Dipol; die Sauerstoffseite, die die nicht gebundenen Elektronen enthält, ist negativ geladen, während die Protonen die positive Seite des Dipols darstellen (Abbildung 1.8a). Diese ungleiche Ladungsverteilung ist ein Grund für die Assoziation der Wassermoleküle durch Wasserstoffbrücken. Das isolierte Wassermolekül kann dreidimensional als verzerrtes Tetraeder dargestellt werden. Der H-O-H-Winkel ist 104.5° (statt 109.5° für ein Tetraeder). Die Länge der O-H-Bindung beträgt 0.096 nm (1 nm = 10^{-9} m). Im flüssigen Wasser ist der H-O-H-Winkel etwas grösser (106°) und die O-H-Bindung etwas länger (0.10 nm) (siehe: www.lsbu.ac.uk/water/molecule.html). Die Wasserstoffbrückenbindung ist 10–50mal schwächer als die kovalente O-H Bindung. Beim Eis ist die Assoziation genügend stark, dass eine geordnete Struktur der Wassermoleküle entsteht. Beim flüssigen Wasser bleibt ein Teil dieser Struktur erhalten (Abb. 1.8b). Die Wasserstoffbrücken und die teilweise tetraedrische Anordnung verhelfen dem Wasser zu seinen – gegenüber anderen Flüssigkeiten, die keine Wasserstoffbrücken aufweisen – einzigartigen Eigenschaften (Tabelle 1.6). Bei der Verdampfung werden die Wasserstoffbrücken gebrochen.

Die Dichte des Wassers erreicht bei 4 °C ihr Maximum (Abbildung 1.9). In Seen schichtet sich im Sommer das warme Wasser oben, während in der Tiefe das 4 °C kalte Wasser verbleibt. Im Winter ist das kältere (< 4 °C) Wasser sowie das Eis oben geschichtet und in der Tiefe das Wasser mit 4 °C.

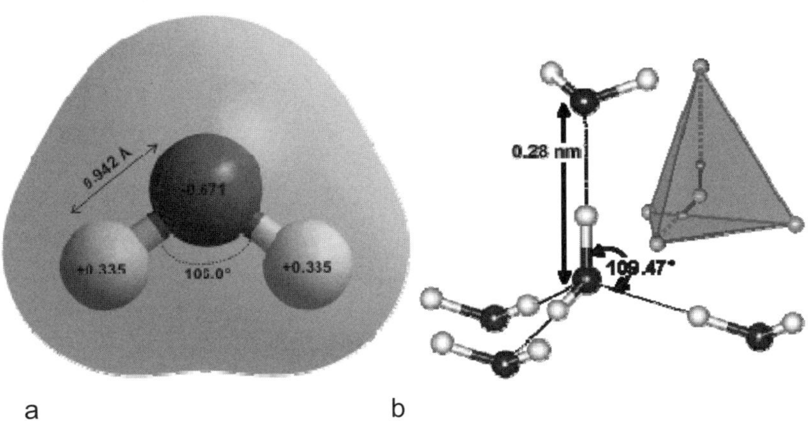

Abb. 1.8: Struktur des Wassermoleküls (a) und typische Struktur des Wassers mit Wasserstoffbrücken (b) (aus M. Chaplin, www.lsbu.ac.uk/water/molecule.html, mit Erlaubnis reproduziert)

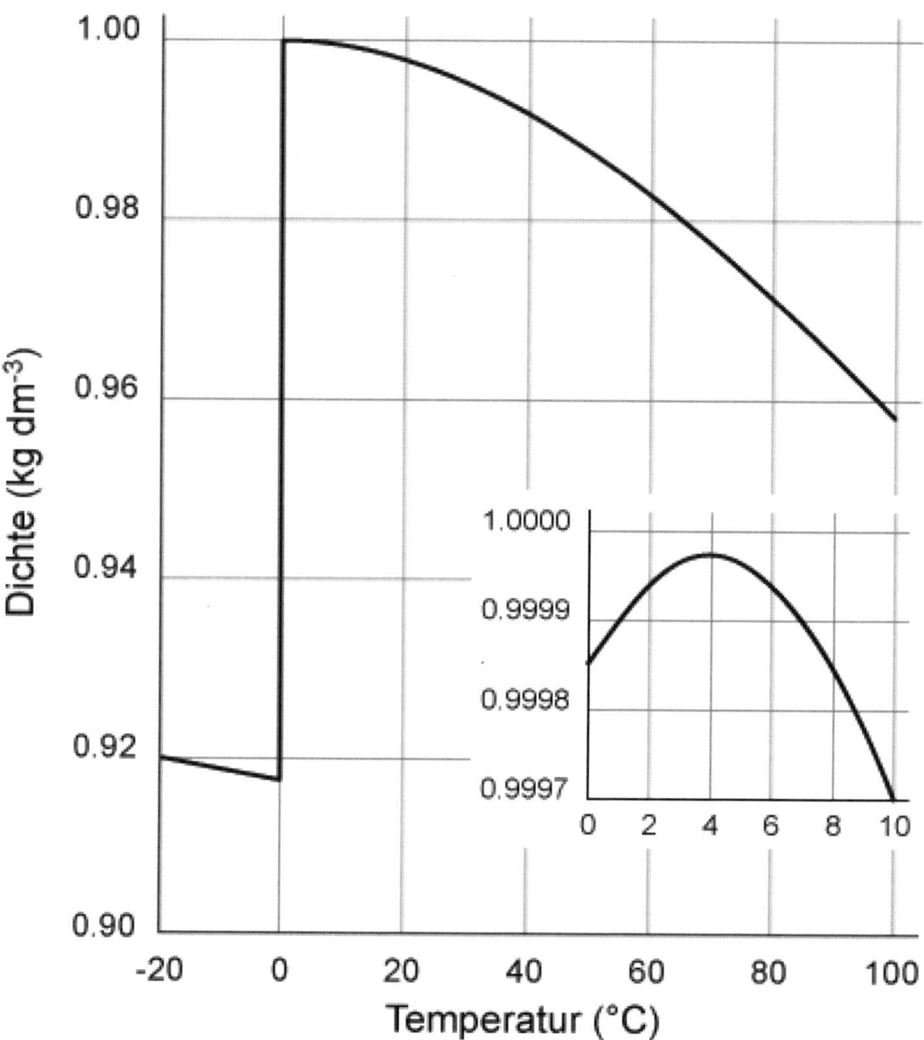

Abb. 1.9: Die Dichte (bei 1 atm) von Eis und flüssigem Wasser in Abhängigkeit der Temperatur (Daten von *(3)*)

Tab. 1.6: Physikalische Eigenschaften von flüssigem Wasser (Quelle: Modifiziert von *(4)* und *(2)*)

Eigenschaft	Vergleich mit anderen Flüssigkeiten	Bedeutung für die Umwelt
Dichte	Maximum bei 4 °C, expandiert beim Gefrieren	erschwert das Gefrieren und verursacht saisonale Stratifikation
Schmelz- und Siedepunkt	ausserordentlich hoch	ermöglicht Wasser als Flüssigkeit auf der Erdoberfläche
Wärmekapazität	Höchste Wärmekapazität aller Flüssigkeiten mit Ausnahme von NH_3	puffert gegen Extremtemperaturen
Verdampfungswärme	extrem hoch	puffert gegen Extremtemperaturen
Oberflächenspannung	hoch	wichtig für Tropfenbildung in Wolken und Regen
Lichtabsorption	hoch im Infrarot- und UV-Bereich, weniger hoch im Sichtbaren	wichtig für die Regulierung der biologischen Aktivitäten (Fotosynthese) und die atmosphärische Temperatur
Eigenschaften als Lösungsmittel	wegen der dipolaren Eigenschaften eignet sich Wasser zur Auflösung von Salzen (Ionen) und polaren Molekülen	Transport gelöster Substanzen im hydrologischen Kreislauf und in Biota

Aquoionen

Gelöste Ionen im Wasser sind von Wassermolekülen umgeben. Bei Kationen sind die Wasserdipole mit dem negativen Ende (O) gegen das Ion orientiert. Typischerweise befinden sich 6 Wassermoleküle (oktaedrisch angeordnet) oder 4 Wassermoleküle (tetraedrisch angeordnet) in der unmittelbaren Umgebung (Koordinationssphäre) eines Kations (Abb. 1.10). Das Aquoion kann geschrieben werden als z.B.: $Ca^{2+}(H_2O)_6$. Die abgekürzte Form Na^+, Ca^{2+} beinhaltet in wässriger Lösung immer die Wassermoleküle. Bei Anionen sind die Wasserdipole mit dem positiven Ende (H) gegen das Ion orientiert.

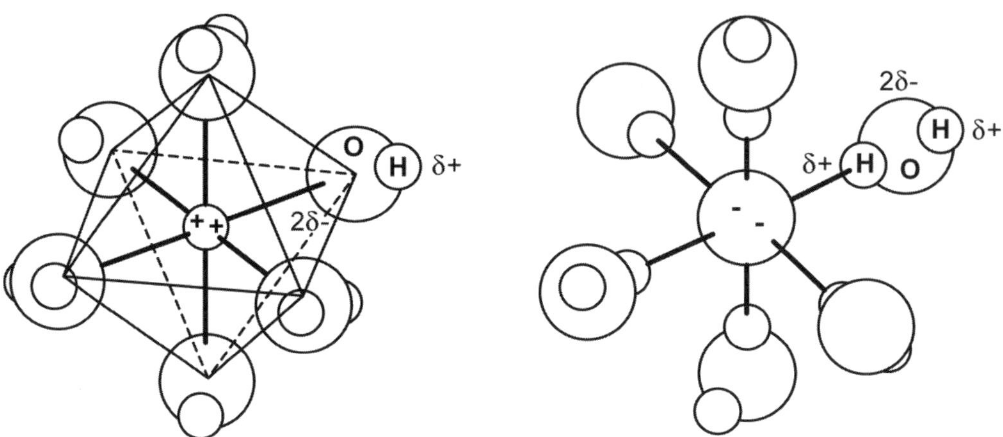

Abb. 1.10: Struktur eines Kations und eines Anions mit je 6 Wassermolekülen in der Koordinationssphäre

1.6 Wichtige Reaktionstypen in Gewässern

Folgende Reaktionstypen sind für die Zusammensetzung der Gewässer wichtig und werden im Verlaufe des Buchs ausführlich behandelt:

- Säure-Base-Reaktionen (Kap. 2, 3)

$$HCO_3^- + H^+ \leftrightarrows H_2CO_3 \tag{10}$$

- Fällungs- /Auflösungsreaktionen (Kap. 3, 7)

$$CaCO_3(s) + H_2CO_3 \leftrightarrows Ca^{2+} + 2\,HCO_3^- \tag{11}$$

- Austausch Gas-Wasser (Kap. 3, 4)

$$CO_2(g) \leftrightarrows CO_2(aq) \tag{12}$$

- Komplexbildung von Metallionen mit Liganden (Kap. 6)

$Zn^{2+} + EDTA^{4-} \leftrightarrows ZnEDTA^{2-}$ (13)

wo EDTA (Ethylendiamintetraacetat) ein synthetischer Komplexbildner ist.

- Redoxprozesse (Kap. 8)

$SO_4^{2-} + 8e^- + 9H^+ \leftrightarrows HS^- + 4\,H_2O$ (14)

- Wechselwirkungen an Grenzflächen (Kap. 9)

$\equiv FeOH + Pb^{2+} \leftrightarrows \equiv FeOPb^+ + H^+$ (15)

wo ≡ FeOH eine reaktive Gruppe an der Oberfläche eines Feststoffs bezeichnet.

Literatur

Lehrbücher

Stumm, W.; Morgan, J. J. (1996) **Aquatic Chemistry**. Wiley-Interscience, New York, 3rd Ed.
Ausführliches Lehrbuch.

Morel, F. M. M.; Hering, J. G. **Principles and Applications of Aquatic Chemistry**. Wiley-Interscience, New York, 2nd Ed. 1993.
Übersichtliche Darstellung der Wasserchemie.

Benjamin, M. M. **Water Chemistry**. McGraw Hill, Boston, 2002.
Ausführliche Darstellung mit vielen praxisnahen Beispielen.

Brezonik, P. L., Arnold, W.A. **Water chemistry.** Oxford University Press, New York, 2011.

Weiterführende Literatur

Appelo, C. A. J.; Postma, D. **Geochemistry, Groundwater and Pollution**. Balkema, Rotterdam 1999.
Geochemische Prozesse und Transportprozesse im Grundwasser.

Berner, E. K.; Berner R. A. **Global Environment: Water, Air and Geochemical Cycles.** Princeton University Press, 2nd Ed., 2012.

Burgess, J. **Ions in solution; basic principles of chemical interactions**. Ellis Horwood, Chichester 1988.
Einführung in die anorganische Lösungschemie.

Butler, J. N. **CO_2 equilibria and their applications**. Addison Wesley, Reading 1982.
Ausführliche Darstellung der Carbonatgleichgewichte.

Drever, J. I. **Geochemistry of Natural Waters**. Prentice Hall, Upper Saddle River, 3rd Ed 1997.
Gut verständliche Darstellung der Geochemie der Gewässer, insbesondere der Verwitterungsprozesse.

Emerson, S. R., Hedges, J. I. **Chemical Oceanography and the Marine Carbon Cycle**. Cambridge University Press, New York 2008.
Darstellung der Prozesse in den Ozeanen, mit ausführlicher Darstellung des Kohlenstoffkreislaufs.

Essington, M. E. **Soil and Water Chemistry**. CRC Press, Boca Raton, 2004.
Ausführliche Darstellung der Bodenchemie, mit Bezug zur Wasserchemie.

Holland, H. D., Turekian, K., Eds. **Treatise on geochemistry.** Elsevier, Amsterdam 2005:
Vol. 5, J. I. Drever, Ed. Surface and ground water, weathering, and soils.
Vol. 8. W. H. Schlesinger, Ed. Biogeochemistry.
Vol. 9, B. Sherwood Lollar, Ed. Environmental geochemistry.
Referenzwerk mit ausführlichen Kapiteln über verschiedene geochemische Aspekte.

Lerman, A.; Imboden, D. M.; Gat, J. R., Eds. **Physics and Chemistry of Lakes**. Springer, Berlin 1995.
Ausführliche Kapitel über physikalische und chemische Prozesse in Seen.

Macalady, D. L., Ed. **Perspectives in Environmental Chemistry**. Oxford University Press, New York 1998.
Übersichtliche Kapitel zu verschiedenen Themen.

Millero, F. **Chemical Oceanography**. CRC Press, Taylor & Francis, Boca Raton, 3rd Ed. 2006.
Ausführliche Darstellung der Meerwasserchemie.

Schwarzenbach, R., Gschwend, P., Imboden, D. **Environmental Organic Chemistry**. 2nd Ed. 2003.
Umfassendes Lehrbuch über die Umweltchemie organischer Verbindungen.

Tipping, E. **Cation binding by humic substances**. Cambridge University Press 2002.
Ausführliche Darstellung der Wechselwirkungen von Metallen mit natürlichen organischen Liganden.

Wright, M. R. **An introduction to electrolyte solutions**. Wiley, Chichester 2007.
Ausführliche Einführung in die Chemie der Elektrolyte.

Übungen

1) Ein See hat ein Volumen $V = 150 \times 10^6$ m^3. Die Summe der Zuflüsse hat eine mittlere Abflussmenge $Q = 4$ m^3/s. Was ist die mittlere Aufenthaltszeit des Wassers in diesem See?

2) Die Atmosphäre enthält ca. 0.2 % (Gewicht) Wasserdampf. Wenn es im Durchschnitt 100 cm pro Jahr regnet, welche ist die Aufenthaltszeit des Wassers in der Atmosphäre? (Dazu wird berücksichtigt, dass der atmosphärische Druck 1 atm $\cong$ 1 kg cm^{-2} ist.)

3) Wasser an der Oberfläche eines Sees enthält 10 mg/L O_2 (T = 20 °C) bei einem Druck p = 1 atm. Ist dieses Wasser im Gleichgewicht mit dem O_2 der Atmosphäre? ($K_H(O_2)$ = 1.35×10^{-3} M atm^{-1} (20 °C)).

4) Ein Flusswasser weist folgende Zusammensetzung auf. Ist die Kationen-/Anionenbilanz ausgeglichen? Welche Komponenten könnten noch zu dieser Bilanz beitragen?

	mg/L
Ca^{2+}	60
Mg^{2+}	10
Na^+	4.5
K^+	4.0
HCO_3^-	195
SO_4^{2-}	29
Cl^-	10.7
pH	7.5

5) Warum gibt es in den Ozeanen einfache Korrelationen zwischen den Nährstoffen N und P, während in Seen häufig komplexere Zusammenhänge beobachtet werden?

6) In Tabelle 1.5 wird die Zusammensetzung des Rheins oberhalb des Bodensees mit derjenigen unterhalb von Basel verglichen. Welche Parameter sind durch geochemische Unterschiede zu erklären, welche durch Unterschiede in den anthropogenen Einträgen?

Anhang Kapitel 1: Einheiten und Konstanten

Tab. A.1: Konzentrationseinheiten

Bezeichnung	Einheit	Symbol	Definition
Lösungen			
Molar	mol $Liter^{-1}$	M, mM, µM, nM	Anzahl Mole einer Spezies pro Liter Lösung. (mM = millimolar, 10^{-3} M; µM = mikromolar, 10^{-6} molar; nM = nanomolar, 10^{-9} molar). Molare Konzentrationen werden mit eckigen Klammern [ ] bezeichnet. Aktivitäten werden mit geschweiften Klammern { } bezeichnet und sind dimensionslos, aber für gelöste Stoffe auf die molare Skala bezogen.
Molal	mol kg^{-1}		Anzahl Mole einer Spezies pro kg Lösungsmittel. Konzentrationen in der molalen Skala sind druck- und temperaturunabhängig. In der marinen Chemie wird häufig die Einheit mol kg^{-1} Meerwasser verwendet (druck- und temperaturunabhängig). (Bei 20 °C und einem Salzgehalt von 3 % ist der Unterschied zwischen molarer und molaler Konzentration weniger als 1 %.)
Equivalent pro Liter	equivalent $Liter^{-1}$	eq L^{-1}, meq L^{-1}, µeq L^{-1}	Mol Ladungseinheiten pro Liter Lösung (1 Mol Ladung = 96485 Coulomb L^{-1}). Z.B.; 1 M CO_3^{2-} = 2 eq L^{-1} (zur Überprüfung der Ladungsbilanz in einer Lösung geeignet).
Molfraktion	-	x_i	Anzahl Mole einer Spezies pro totaler Anzahl Mole in System (thermodynamische Skala).
Gase			
Partialdruck	Pascal	Pa	SI-Einheit für Druck
	bar	bar	1 bar = 1 x 10^5 Pa
	Atmosphäre	atm	1 atm = 1.013 bar = 1.013 x 10^5 Pa (diese Einheit wird in der aquatischen Chemie noch häufig verwendet).
Anteil eines Gases	Parts per million Parts per billion	ppm(v) ppb(v)	Mole der Gasspezies in Bezug auf gesamte Mole Gas: ppm = (c_i /c) x 10^6, wo c_i = Mole der Spezies i und c = gesamte Mole Gas bei bestimmten Druck und Temperatur; ppb = (c_i /c) x 10^9. Bei 1 atm und 25 °C ist 1 ppm = 1 x 10^{-6} atm = 4.09 x 10^{-5} mol m^{-3}.

Tab. A.2: Internationale Einheiten für physikalische Quantitäten (SI-Einheiten)

Quantität	Einheit	Symbol
Internationale Einheiten		
Länge	Meter	m
Masse	Kilogramm	kg
Zeit	Sekunde	s
Elektrischer Strom	Ampère	A
Temperatur	Kelvin	K
Lichtintensität	Candela	cd
Menge Stoff	Mol	mol
Abgeleitete Einheiten		
Kraft	Newton	$N = kg\ m\ s^{-2}$
Energie, Arbeit	Joule	$J = N\ m$
Druck	Pascal	$Pa = N\ m^{-2}$
Leistung	Watt	$W = J\ s^{-1}$
Elektrische Ladung	Coulomb	$C = A\ s$
Elektrisches Potenzial	Volt	$V = W\ A^{-1}$
Elektrische Kapazität	Farad	$F = A\ s\ V^{-1}$
Elektrischer Widerstand	Ohm	$\Omega = V\ A^{-1}$
Frequenz	Hertz	$Hz = s^{-1}$
Leitfähigkeit	Siemens	$S = A\ V^{-1}$

SI-Präfixe für Einheiten

Faktor	Präfixname	Zeichen
10^{18}	Exa	E
10^{15}	Peta	P
10^{12}	Tera	T
10^{9}	Giga	G
10^{6}	Mega	M
10^{3}	Kilo	k
10^{2}	Hekto	h
10^{1}	Deka	da
10^{-1}	Dezi	d
10^{-2}	Zenti	c
10^{-3}	Milli	m
10^{-6}	Mikro	µ
10^{-9}	Nano	n
10^{-12}	Piko	p
10^{-15}	Femto	f
10^{-18}	Atto	a

Tab. A.3: Nützliche Umrechnungsfaktoren

Energie, Arbeit, Wärme	
1 Joule	= 1 V C
	= 1 W s = 2.7778 x 10^{-7} kW-Stunden
	= 0.239 cal (Kalorie)
1 Watt	= 1 kg m^2 s^{-3}
	= 2.39 x 10^{-4} kcal s^{-1}

Druck	
1 atm	= 1.013 x10^5 Pa
	= 1.013 bar
	= 760 mm Hg (Torr)

Tab. A.4: Wichtige Konstanten

Name	**Symbol**	**Zahlenwert**
Avogadro's Zahl	N_A	6.022 x 10^{23} mol^{-1}
Elektronenladung	e	1.602 x 10^{-19} C
Mol Ladung, Faraday	F	96485 C mol^{-1}
Masse eines Elektrons	m_e	9.1093 x 10^{-31} kg
Masse eines Protons	m_p	1.6726 x 10^{-27} kg
Permittivität im Vakuum	ε_0	8.854 x 10^{-12} C^2 m^{-1} J^{-1}
Gaskonstante	R	8.314 J mol^{-1} K^{-1}
	R	0.082057 L atm mol^{-1} K^{-1}
Molares Volumen eines idealen Gases (0 °C, 1 atm)		22.414 x 10^{-3} m^3 mol^{-1} 22.414 L mol^{-1}
RT x ln 10 (T = 298.15 K)		5706.6 J mol^{-1}
RT F^{-1} x ln 10 (T = 298.15 K)		0.05916 V = 59.16 mV
Planck-Konstante	h	6.626 x 10^{-34} J s
Boltzmann-Konstante	k	1.3805 x 10^{-23} J K^{-1}

2 Säuren und Basen

2.1 Einleitung

Säure-Base-Reaktionen spielen eine zentrale Rolle in der Zusammensetzung der Gewässer. Die H^+-Ionenkonzentration, $[H^+]$, wird durch das Puffersystem der Gewässer, das Carbonatsystem, insbesondere durch CO_2, HCO_3^- und CO_3^{2-} reguliert und konstant (pH 6–9) gehalten. Der pH ($-\log [H^+]$) wird ebenfalls durch biologische Prozesse (Fotosynthese, Respiration) beeinflusst. Der pH ist eine zentrale Variable, die alle Reaktionen in wässriger Lösung beeinflusst, so die Löslichkeits-, Komplexbildungs-, Redox- und Sorptionsreaktionen. Da die Löslichkeit der Carbonat-, Oxid- und Silikatmineralien von der H^+-Ionenkonzentration abhängt, sind auch diese festen Phasen an der (langzeitlichen) pH-Regulierung und dementsprechend auch an der Regulierung der Konzentrationen wichtiger gelöster Kationen und Anionen in den natürlichen Gewässern beteiligt. Ebenfalls in Gewässern vorhanden sind kleinere Konzentrationen anderer Säuren und Basen, wie z.B. Borsäure, Kieselsäure, Ammonium-, Phosphat-Ionen sowie organische Säuren. Natürliche Quellen für starke Säuren sind die Emissionen aus Vulkanen und heissen Quellen (HCl, SO_2). Starke Säuren werden aber vermehrt anthropogen durch Verbrennungsprozesse (aus Schwefel- und Stickoxiden) in die Atmosphäre eingetragen. Industrielle Prozesse führen zu Säureemissionen in die Atmosphäre und in die Gewässersysteme. Auch Minenabwässer sind häufig stark sauer und beeinflussen die unterliegenden Gewässer. Von besonderer Bedeutung sind in vielen Regionen die atmosphärischen Depositionen („saurer Regen"); die starken Säuren (H_2SO_4, HNO_3, HCl) können in vielen Wasser- und Bodensystemen die empfindliche Protonen-Balance stören. Der pH ist ein wichtiger physiologischer Parameter, welcher das Wachstum vieler (Mikro)organismen beeinflusst. Veränderungen im pH der Gewässer bewirken Veränderungen in den darin lebenden Organismengemeinschaften.

In diesem Kapitel werden ausführlich und grundsätzlich die Säure-Base-Reaktionen diskutiert. Da die Protonen-Übertragungen in der Regel sehr schnell sind, eignen sich diese Reaktionen für die Behandlung von einfachen chemischen Gleichgewichten. Dementsprechend werden verschiedene grafische und numerische Methoden vorgestellt, um die Gleichgewichtszusammensetzung einfacher Säure-Base-Systeme auszurechnen. Die grafische Methode ermöglicht, anschaulich die Interdependenz der verschiedenen Spezies vom pH als „Meistervariable" darzustellen und daraus die Säure-Base-Titrationskurven abzuleiten.

Die Auseinandersetzung mit diesen Methoden ist hier relativ ausführlich, weil in späteren Kapiteln dieses Verständnis für die Gleichgewichtszusammenhänge, auch für die etwas weniger einfachen Carbonat- und heterogenen Systeme (Gas-Lösung und feste Phase-Lösung), vorausgesetzt wird. Die wichtigsten Aktivitäts- und pH-Konventionen werden auch in diesem Kapitel eingeführt.

2.2 Säure-Base-Theorie

Das Proton H^+ hat unter den Kationen eine Sonderstellung. Es besteht aus einem Nucleus und hat dementsprechend eine sehr grosse positive Ladungsdichte. Dementsprechend werden Protonen durch negative Elektronenwolken der Orbitale anderer Atome angezogen. Verschiedene solche Orbitale stehen in gegenseitigem Wettbewerb für die Bindung des Protons. Proton-Transfer-Reaktionen sind von besonderer Bedeutung in wässriger Lösung; aber sie erfolgen auch in vielen nichtwässrigen Lösungen. Proton-Übertragungen, vor allem in wässriger Lösung, sind sehr schnell.

Entsprechend der *Brønsted-Theorie* werden bekanntlich Säuren als Protonenspender und Basen als Protonenakzeptoren betrachtet:

$$\text{Säure}_1 \leftrightarrows \text{Base}_1 + \text{Proton}$$
$$\text{Proton} + \text{Base}_2 \leftrightarrows \text{Säure}_2 \qquad (1)$$

$$\text{Säure}_1 + \text{Base}_2 \leftrightarrows \text{Säure}_2 + \text{Base}_1 \qquad (2)$$

Allgemein erfolgt der Protonentransfer (Protolyse) zwischen konjugierten Säure-Base-Paaren:

Gleichung (1g) (Tabelle 2.1) illustriert die Selbstionisation des Wassers – sie wird oft als Dissoziation des Wassers bezeichnet,

$$H_2O + H_2O \leftrightarrows H_3O^+ + OH^- \qquad (3)$$

Das Proton liegt in wässriger Lösung immer hydratisiert vor; die Assoziation mit einem oder mehreren Molekülen erfolgt durch Wasserstoffbrückenbildung. Man schreibt H_3O^+ oder abgekürzt H^+ für das hydratisierte Proton, aber Verbindungen eines Protons mit mehreren Wassermolekülen wie $H_5O_2^+$ und $H_9O_4^+$ sind bekannt. Auch das OH^- ist im Wasser immer hydratisiert.

Tab. 2.1: Brønsted Säure–Base

	$Säure_1(A_1)$	$+ Base_2(B_2)$ (Lösung)	$= Säure_2(A_2)$	$+ Base_1(B_1)$	
Perchlorsäure	$HClO_4$	$+ H_2O$	$\leftrightarrows H_3O^+$	$+ ClO_4^-$	1a
Kohlensäure	H_2CO_3	$+ H_2O$	$\leftrightarrows H_3O^+$	$+ HCO_3^-$	1b
Bicarbonat	HCO_3^-	$+ H_2O$	$\leftrightarrows H_3O^+$	$+ CO_3^{2-}$	1c
Ammonium	NH_4^+	$+ H_2O$	$\leftrightarrows H_3O^+$	$+ NH_3$	1d
Ammonium	NH_4^+	$+ C_2H_5OH$	$\leftrightarrows C_2H_5OH_2^+$	$+ NH_3$	1e
Essigsäure *	HAc	$+ NH_3$	$\leftrightarrows NH_4^+$	$+ Ac^-$	1f
Wasser	H_2O	$+ H_2O$	$\leftrightarrows H_3O^+$	$+ OH^-$	1g
Wasser	H_2O	$+ NH_3$	$\leftrightarrows NH_4^+$	$+ OH^-$	1h

* HAc und Ac^- sind Abkürzungen für Essigsäure und Acetat-Ion

Für die Reaktion der Basen gilt:

	B_1	$+ A_2$ (Lösung)	$= B_2$	$+ A_1$	
Ammoniak	NH_3	$+ H_2O$	$\leftrightarrows OH^-$	$+ NH_4^+$	2a
Cyanid	CN^-	$+ H_2O$	$\leftrightarrows OH^-$	$+ HCN$	2b
Bicarbonat	HCO_3^-	$+ H_2O$	$\leftrightarrows OH^-$	$+ H_2CO_3$	2c
Carbonat	CO_3^{2-}	$+ H_2O$	$\leftrightarrows OH^-$	$+ HCO_3^-$	2d
Ammoniak	NH_3	$+ C_2H_5OH$	$\leftrightarrows C_2H_5O^-$	$+ NH_4^+$	2e
Amin	RNH_2	$+ HAc$	$\leftrightarrows Ac^-$	$+ RNH_3^+$	2f
Hydroxid	OH^-	$+ NH_3$	$\leftrightarrows NH_2^-$	$+ H_2O$	2g

Auch hydratisierte Metallionen verhalten sich als Säuren (s. Kap. 6), z.B.

$$[Al\,(H_2O)_6]^{3+} + H_2O \leftrightarrows H_3O^+ + [Al\ OH(H_2O)_5]^{2+} \qquad (4)$$

Die Acidität (Tendenz Protonen abzugeben) des koordinierten H_2O ist grösser als die des H_2O als Lösungsmittel, weil – entsprechend einem vereinfachten Modell – Protonen der gebundenen Aquoionen durch das positiv geladene Zentralion (Immobilisierung der einsamen Elektronenpaare der koordinierten H_2O-Moleküle) abgestossen werden; dementsprechend nimmt die Acidität des koordinierten Wassers mit zunehmender Ladung und abnehmendem Radius des Zentralions zu.

Viele Säuren können mehr als ein Proton abgeben (H_2CO_3, H_3PO_4, $[Al\,(H_2O)_6]^{3+}$) und viele Basen mehr als ein Proton aufnehmen (OH^-, CO_3^{2-}). Man spricht von *polyprotischen* Säuren und Basen. Viele wichtige Säuren–Basen der Systeme sind polymer; z.B. Proteine sind *polyelektrolytische Säuren* oder Basen und enthalten eine grosse Anzahl von Säure- oder Basegruppen.

Das *Lewis-Konzept* interpretiert die Kombination von Säuren mit Basen im Sinne der Bildung einer koordinativen kovalenten Bindung (der Strich in diesen Bindungen bedeutet ein Elektronenpaar):

$$H^+ + -\underline{\overline{O}}-H^- \leftrightarrow H-\underline{\overline{O}}-H \qquad (5)$$

Eine Lewis-Säure kann mit einem einsamen Elektronenpaar einer Lewis-Base eine Elektronenpaarbindung eingehen. Lewis-Basen sind auch Brønsted-Basen. Zusätzlich zu Protonenspendern sind Metallionen, saure Oxide oder Atome Lewis-Säuren:

$$BF_3 + -NH_3 \leftrightarrows NH_3-BF_3 \qquad (6)$$

Das Lewis-Konzept ist auch bei der Koordinationschemie der Metalle von Bedeutung.

2.3 Die Stärke einer Säure oder Base

2.3.1 Aciditätskonstante

Ein rationelles Mass für die Stärke einer Säure HA relativ zu H_2O als Protonakzeptor ist gegeben durch die Gleichgewichtskonstante des Protonentransfers:

$$HA + H_2O \leftrightarrows H_3O^+ + A^-; \quad K_1 \qquad (7)$$

Gleichung (7) kann in zwei Reaktionen aufgeteilt werden:

$$HA \leftrightarrows H^+ + A^-; \quad K_{HA} \qquad (8)$$

$$H_2O + H^+ \leftrightarrows H_3O^+; \ K_2 = 1 \qquad (9)$$

Dementsprechend gilt für die Definition der Stärke einer Säure (Aciditätskonstante):

$$K_{HA} = K_1 = K_{HA}K_2 = \frac{\{H^+\}\{A\}}{\{HA\}} \qquad (10)$$

Nach Umformung ergibt sich die bekannte Formel:

$$pH = pK_{HA} + \log\frac{\{A^-\}}{\{HA\}} \qquad (11)$$

woraus sofort ersichtlich ist, dass $\{A^-\} > \{HA\}$ für $pH > pK_{HA}$ und umgekehrt.

Die Konzentrationen [A] und Aktivitäten $\{A\}$ der gelösten Spezies sind durch folgende Beziehung verbunden:

$$\{A\} = f_A \frac{[A]}{[A]^0} \qquad (12)$$

wo f_A = Aktivitätskoeffizient und $[A]^0$ = Konzentration im Standardzustand = 1 M (siehe Kap. 2.9). Die Konzentrationen werden auf der molaren Skala angegeben. Für verdünnte Lösungen wird die Näherung $f_A \approx 1$, d.h. $\{A\} \approx [A]$ angewendet. Für genaue Berechnungen müssen Aktivitätskorrekturen vorgenommen werden, die in Kapitel 2.9 behandelt werden.

Für H_2O als Lösungsmittel wird der Referenzzustand des reinen Wassers verwendet, d.h. die Aktivität des Wassers wird als $\{H_2O\} = 1$ gesetzt; auch in verdünnten Lösungen gilt näherungsweise $\{H_2O\} = 1$. Hingegen ist die molare Konzentration des Wassers in reinem Wasser oder in verdünnten Lösungen 55.5 M.

(Für eine kurze Diskussion der Konzentrations- und Aktivitätsskalen und der thermodynamischen Referenzzustände s. Kapitel 2.9.)

2.3.2 Selbstionisation des Wassers

Die Autoprotolyse des Wassers

$$H_2O + H_2O \leftrightarrows H_3O^+ + OH^- \qquad (3)$$

muss in allen wässrigen Lösungen berücksichtigt werden. Das Massenwirkungsgesetz von (3) – man spricht vom Ionenprodukt des Wassers – ist definiert als (mit $\{H_2O\} = 1$):

$$K_w = \{H_3O^+\}\{OH^-\} = \{H^+\}\{OH^-\} \qquad (13)$$

pH

Bekanntlich ist der pH definiert als

$$pH = -\log\{H_3O^+\} = -\log\{H^+\} \qquad (14)$$

nämlich als negativer Logarithmus der H^+-Ionenaktivität. Die pH-Skalen werden im Kapitel 2.9 näher definiert.

In logarithmischer Form lautet Gleichung (13):

$$pH + pOH = pK_W \qquad (15)$$

Bei 25 °C und 1 atm ist $K_w = 1.008 \times 10^{-14}$, und pH = 7.00 entspricht der Neutralität $\{H^+\} = \{OH^-\}$ in reinem Wasser (Tabelle 2.2).

Die Gleichung (13) definiert auch die Beziehung zwischen der Aciditäts- und Basizitätskonstante eines konjugierten Säure-Base-Paares; z.B. für das NH_4^+/NH_3-Paar ist die Basizitätskonstante gegeben durch

$$NH_3 + H_2O \leftrightarrows OH^- + NH_4^+$$

$$K_B = \frac{\{OH^-\}\{NH_4^+\}}{\{NH_3\}} \qquad (16a)$$

und die Aciditätskonstante definiert als

$$NH_4^+ + H_2O \leftrightarrows H_3O^+ + NH_3 \,;$$

$$K_A = \frac{\{H^+\}\{NH_3\}}{\{NH_4^+\}} \qquad (16b)$$

$$K_A = \frac{\{H^+\}\{OH^-\}}{K_B}$$

$$\text{Oder : } K_W = K_A \,.\, K_B \qquad (17)$$

Tab. 2.2: Ionenprodukt des Wassers

° C	K_W	pK_W
0	0.12×10^{-14}	14.93
15	0.45×10^{-14}	14.35
20	0.68×10^{-14}	14.17
25	1.01×10^{-14}	14.00
30	1.47×10^{-14}	13.83
50	5.48×10^{-14}	13.26

Für Meerwasser (34.82 ‰ Salinität, 25 °C) wurde bestimmt *(5)*:

$\log [H^+] [OH^-] = -13.199$

Die Druckabhängigkeit (bei 15 °C und einer ionalen Stärke I = 0.1) ist als Verhältnis von K_W bei entsprechendem Druck zu K_W bei 1 atm (K_W (p)/ K_W(1)) *(6)*:

$K_W (p)/ K_W(1) = 1.2$ (200 atm)

$K_W (p)/ K_W(1) = 1.62$ (600 atm)

$K_W (p)/ K_W(1) = 2.19$ (1000 atm)

2.3.3 „Zusammengesetzte" Aciditätskonstante

Es ist nicht immer möglich, eine Protolysereaktion rigoros zu definieren. Beispielsweise ist es schwierig, zwischen gelöstem CO_2(aq) und echter Kohlensäure H_2CO_3 zu unterscheiden. Die Gleichgewichte sind:

$$H_2CO_3 \leftrightarrows CO_2(aq) + H_2O \qquad (18)$$

$$K_{CO_{2(aq)}} = \frac{\{CO_{2(aq)}\}}{\{H_2CO_3\}}$$

$$H_2CO_3 \leftrightarrows H^+ + HCO_3^- \qquad (19)$$

$$K_{H_2CO_3} = \frac{\{H^+\}\{HCO_3^-\}}{\{H_2CO_3\}}$$

und die Kombination von (18) und (19) ergibt:

$$\frac{\{H^+\}\{HCO_3^-\}}{\{H_2CO_3\}+\{CO_{2(aq)}\}} = \frac{K_{H_2CO_3}}{1+K_{CO_2(aq)}} = K_{H_2CO_3^*} \qquad (20)$$

wobei K_{H2CO3*} die „zusammengesetzte" (composite) Aciditätskonstante ist. Die analytische Summe von H_2CO_3 und CO_2(aq) wird als $H_2CO_3^*$ definiert:

$$[H_2CO_3] + [CO_2(aq)] = [H_2CO_3^*] \qquad (21)$$

$H_2CO_3^*$ wird üblicherweise als Kohlensäure bezeichnet. Die „wahre" Kohlensäure H_2CO_3 ist eine viel stärkere Säure (pK_{H2CO3}= 3.8) als die „zusammengesetzte " H_2CO_3 (pK_{H2CO3*}= 6.3), weil nur etwa 0.3 % des gelösten CO_2 in Form von H_2CO_3 vorliegt (25 °C) (siehe Kapitel 3).

Tab. 2.3: Aciditätskonstanten und Basizitätskonstanten (in wässriger Lösung 25 °C)[1)]

Säure		–Log Aciditätskonstante pK (annähernd)		–Log Basizitätskonstante pK (annähernd)
$HClO_4$	Perchlorsäure	–7	ClO_4^-	21
HCl	Salzsäure	~ –3	Cl^-	17
H_2SO_4	Schwefelsäure	~ –3	HSO_4^-	17
HNO_3	Salpetersäure	–1	NO_3^-	15
HSO_4^-	Bisulfat	1.9	SO_4^{2-}	12.1
H_3O^+	Hydronium-Ion	0	H_2O	14
H_3PO_4	Phosphorsäure	2.1	$H_2PO_4^-$	11.9
$[Fe(H_2O)_6]^{3+}$	Aquo-Eisen(III)ion	2.2	$[Fe(H_2O)_5(OH)]^{2+}$	11.8
CH_3COOH	Essigsäure	4.7	CH_3COO^-	9.3
$[Al(H_2O)_6]^{3+}$	Aquo-Aluminiumion	4.9	$[Al(H_2O)_5(OH)]^{2+}$	9.1
$H_2CO_3^*$	Kohlensäure [2)]	6.3	HCO_3^-	7.7
H_2S	Schwefelwasserstoff	7.1	HS^-	6.9
$H_2PO_4^-$	Dihydrogen-Phosphat	7.2	HPO_4^{2-}	6.8
$HOCl$	Unterchlorige Säure	7.6	OCl^-	6.4
HCN	Blausäure	9.2	CN^-	4.8
H_3BO_3	Borsäure	9.3	$B(OH)_4^-$	4.7
NH_4^+	Ammonium-Ion	9.3	NH_3	4.7
$Si(OH)_4$	O-Kieselsäure	9.5	$SiO(OH)_3^-$	4.5
HCO_3^-	Bicarbonat	10.3	CO_3^{2-}	3.7
H_2O_2	Wasserstoffperoxid	11.7	HO_2^-	2.3
$SiO(OH)_3^-$	Silicat	12.6	$SiO_2(OH)_2^{2-}$	1.4
H_2O	Wasser [3)]	14	OH^-	0
HS^-	Hydrogensulfid [4)]	17.4	S^{2-}	–3.4
NH_3	Ammoniak	~ 23	NH_2^-	–9
OH^-	Hydroxid-Ion	~ 24	O^{2-}	~ –10
CH_4	Methan	~ 34	CH_3^-	~ –20

1) Für die Umrechnung auf andere Temperaturen s. Kapitel 5.3.

2) Zusammengesetzte Aciditätskonstante für die analytische Summe von: $CO_2.H_2O$ und H_2CO_3 ($[H_2CO_3^*] = [CO_2.H_2O] + [H_2CO_3]$).

3) Die hier angegebene „Aciditätskonstante" beruht auf der Konvention $\{H_2O\} = 1$. Damit die Konstante die gleiche Dimension [M] erhält wie die anderen Konstanten, muss die angegebene Konstante durch $[H_2O] = 55.5$ dividiert werden. Daraus ergibt sich pK' (Wasser) = 15.74.

4) Der pK von HS^- ist unsicher, nach neueren Ergebnissen pK ≅ 17–19 (17.4 nach *(7)*).

2.4 Konzentrationen der einzelnen Spezies als Funktion des pH

In vielen praktischen Fällen ist es nötig, die Konzentration der einzelnen Spezies eines Säure-Base-Systems bei vorgegebenem pH zu berechnen. Bei vielen Reaktionen ist die Reaktivität der protonierten und deprotonierten Spezies verschieden. Biologische Wirkungen (z.B. Giftigkeit von Ammoniak) sind ebenfalls pH-abhängig.

Bei vorgegebenem pH-Wert kann der Anteil der einzelnen Spezies an der Gesamtkonzentration sofort berechnet werden. Aus der Massenbilanz einer Säure und der Säurekonstante ergeben sich für eine einprotonige Säure folgende Ausdrücke (wobei hier die Näherung $\{A\} = [A]$ eingesetzt wird):

$$C_T = [HA] + [A^-] \tag{22}$$

$$K_{HA} = \frac{[H^+][A]}{[HA]} \tag{23}$$

$$\frac{[HA]}{C_T} = \frac{[H^+]}{K + [H^+]} = \alpha_0 \tag{24}$$

$$\frac{[A^-]}{C_T} = \frac{K}{K + [H^+]} = \alpha_1 \tag{25}$$

Diese Ausdrücke, häufig als α_0 und α_1 bezeichnet, sind nur vom pH und der Säurekonstante des Systems abhängig. Als Beispiel sind in Abbildung 2.1. für Ammonium (NH_4^+) die Anteile von NH_4^+ und NH_3 in Funktion des pH dargestellt.

Für eine zweiprotonige Säure H_2X ergeben sich die folgenden Ausdrücke aus der Massenbilanz und den Säurekonstanten K_1 und K_2:

$$C_T = [H_2X] + [HX^-] + [X^{2-}] \tag{26}$$

$$\frac{[H_2X]}{C_T} = \frac{[H^+]^2}{[H^+]^2 + K_1[H^+] + K_1K_2} = \alpha_0 \tag{27}$$

$$\frac{[HX^-]}{C_T} = \frac{K_1[H^+]}{[H^+]^2 + K_1[H^+] + K_1K_2} = \alpha_1 \tag{28}$$

$$\frac{[X^{2-}]}{C_T} = \frac{K_1K_2}{[H^+]^2 + K_1[H^+] + K_1K_2} = \alpha_2 \qquad (29)$$

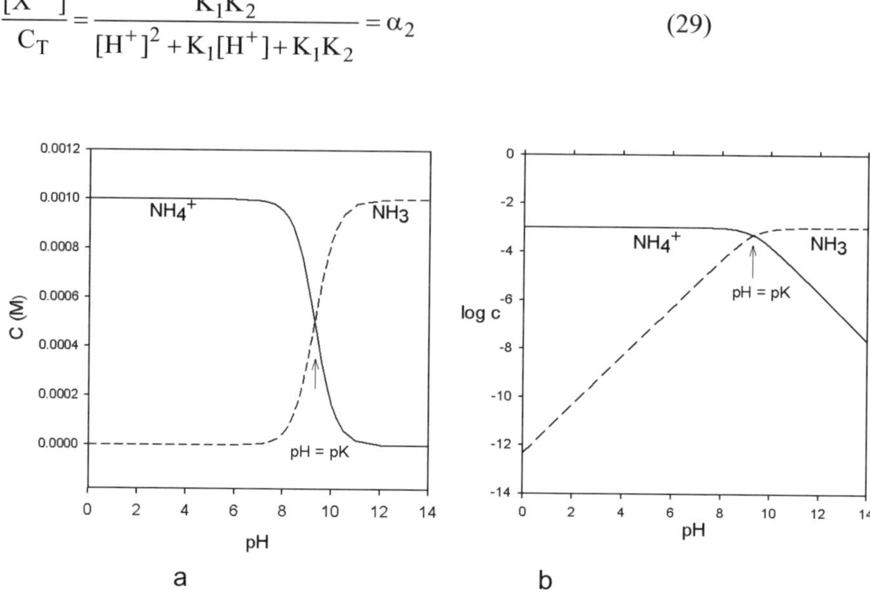

Abb. 2.1: Anteil von NH_4^+ und NH_3 bei einer totalen Konzentration $C_T = 1 \times 10^{-3}$ M. a) lineare Skala, b) logarithmische Skala

2.5 Gleichgewichtsberechnungen

Die Berechnung der Gleichgewichtsbeziehungen der Konzentrationen oder Aktivitäten eines Säure-Base-Systems ist ein mathematisches Problem, das exakt und systematisch lösbar ist. Jedes Säure-Base-Gleichgewichtssystem kann anhand einer Anzahl von grundlegenden Gleichungen beschrieben werden. Es wird hier zunächst illustriert, wie der pH einer Lösung bekannter Zusammensetzung berechnet wird. Die Lösung wird aufgrund der exakten Gleichungen dargestellt, sowie mit Hilfe von Tableaux zur Darstellung der Gleichgewichte. Spreadsheetprogramme und Computerprogramme zur Berechnung von Gleichgewichten sind für diese Berechnungen auch hilfreich.

2.5.1 Vorgehen beim Lösen von Gleichgewichtsproblemen

Das systematische Vorgehen zur Lösung eines Säure-Base-Systems wird am Beispiel der Borsäure ($pK_a = 9.3$) erklärt.

Welches ist der pH einer 5×10^{-4} M-Lösung von Borsäure (Borsäure: H_3BO_3 oder $B(OH)_3$)?

Dazu ist nötig:

Ein *Rezept*, wie die Lösung zusammengesetzt ist (5×10^{-4} mol Borsäure pro Liter Lösung); ein kleiner Teil davon protolysiert in Borat $B(OH)_4^-$. Um die Schreibweise zu vereinfachen, wird $HB = H_3BO_3$, $B^- = B(OH)_4^-$ gesetzt.

Daraus lässt sich ableiten:

a) Eine Konzentrationsbedingung (Mol-Balance):

$$[HB]_T = C_T = [HB] + [B^-] = 5 \times 10^{-4}\,M \qquad (30)$$

b) Eine Ladungsbalance (Elektroneutralität) Equivalentsumme der Kationen = Equivalentsumme der Anionen:

$$[H^+] = [B^-] + [OH^-] \qquad (31)$$

c) Eine Liste der *Spezies in Lösung*:

(H_2O), H^+, OH^-, HB, B^-

Neben H_2O sind vier Spezies vorhanden.

d) Eine Liste von *unabhängigen Gleichgewichtsreaktionen* mit ihren Gleichgewichtskonstanten

$$H_2O \leftrightarrows H^+ + OH^-;\quad K_W = [H^+][OH^-] = 10^{-14}\,(25\,°C) \qquad (32)$$

$$HB \leftrightarrows H^+ + B^-; \qquad (33)$$

$$K_1 = \frac{[H^+][B]}{[HB]} = 5x10^{-10}$$

Es sind in diesem Gleichgewichtsproblem vier Unbekannte (die Konzentration der vier Spezies). Es liegen vier Gleichungen vor. Das Problem kann exakt gelöst werden. Dazu wird nach der $[H^+]$-Konzentration aufgelöst. Zum Beispiel wird $[OH^-]$ in Gleichungen (31) und (32) eliminiert und nach dieser Substitution wird erhalten:

$$[H^+] = K_W/[H^+] + [B^-] \qquad (34)$$

Gleichung (30) wird für [HB] gelöst und in Gleichung (33) substituiert, dabei wird [HB] eliminiert:

$$[H^+][B^-] = K_1(C_T - [B^-]) \qquad (35)$$

Jetzt wird Gleichung (34) für $[B^-]$ gelöst und das Resultat in Gleichung (35) eingesetzt, um eine Gleichung in $[H^+]$ zu erhalten (vgl. Gleichung 5 in Tabelle 2.4):

$$[H^+]^3 + K_1[H^+]^2 - [H^+](C_TK_1 + K_W) - K_1K_W = 0 \qquad (36)$$

Diese Gleichung kann durch sukzessive Näherungen (Iteration) oder mit Hilfe eines programmierbaren Taschenrechners gelöst werden. Berechnungen mit Hilfe eines Spreadsheetprogramm (z.B. Excel) können auch angewendet werden. Die Lösung ergibt für das Beispiel der Borsäure:

$[H^+] = 5.1 \times 10^{-7}$ M (pH = 6.29);

$[OH^-] = 1.96 \times 10^{-8}$ M;

$[B^-] = 4.91 \times 10^{-7}$ M aus Gleichung (35);

$[HB] = 4.99 \times 10^{-4}$ M aus Gleichung (33).

Tab. 2.4: Exakte Berechnung von $[H^+]$ für einprotonige und zweiprotonige Säuren

I. Einprotonige Säure

Spezies [1]	HA A H^+ OH^-	
Gleichgewichtskonstanten [2]	$K = \frac{[H^+][A]}{[HA]}$ $K_W = [H^+][OH^-]$	(1) (2)
Konzentrationsbedingung	$[HA] + [A] = C$	(3)
Säure Protonenbalance [3] Exakte Lösung	 $[H^+] = [A] + [OH^-]$ $[H^+]^3 + [H^+]^2K - [H^+](KC+K_w) - KK_w = 0$	 (4) (5)
Base Protonenbalance Exakte Lösung	 $[HA] + [H^+] = [OH^-]$ $[H^+]^3 + [H^+]^2(C+K) - [H^+]K_w - KK_w = 0$	 (6) (7)

II. Zweiprotonige Säure

Spezies [1]	H_2X HX X H^+ OH^-	
Gleichgewichtskonstanten [2]	$K_1 = \frac{[H^+][HX]}{[H_2X]}$ $K_2 = \frac{[H^+][X]}{[HX]}$ $K_W = [H^+][OH^-]$	(8) (9) (10)
Konzentrationsbedingung	$[H_2X] + [HX] + [X] = C$	(11)
Säure (H_2X) Protonenbalance [3] Exakte Lösung	 $[H^+] = [HX] + 2\,[X] + [OH^-]$ $[H^+]^4 + [H^+]^3K_1 + [H^+]^2(K_1K_2 - CK_1 - K_w) -$ $[H^+]K_1(2K_2C+K_w) - K_1K_2K_w = 0$	 (12) (13)
Ampholyt (NaHX) Protonenbalance Exakte Lösung	 $[H_2X] + [H^+] = [X] + [OH^-]$ $[H^+]^4 + [H^+]^3(C+K_1) + [H^+]^2(K_1K_2 - K_w) -$ $[H^+]K_1(K_2C+K_w) - K_1K_2K_w = 0$	 (14) (15)

Base (Na_2X) Protonenbalance Exakte Lösung	 $2[H_2X] + [HX] + [H^+] = [OH^-]$ $[H^+]^4 + [H^+]^3(2C+K_1) + [H^+]^2(K_1C+ K_1K_2 - K_w) - [H^+]K_1K_w - K_1K_2K_w = 0$	 (16) (17)

1) Ladungen der Spezies werden einfachheitshalber weggelassen. Die angegebenen Gleichungen sind unabhängig vom Ladungstyp der Säure.

2) Gleichgewichtskonstanten sind entweder als ^cK oder im Sinne des konstanten ionischen Mediums definiert (vgl. Kapitel 2.9).

3) Anstelle der Protonenbalance kann auch die Elektroneutralität benutzt werden. Na in NaHX oder Na_2X symbolisiert ein nicht-protolysierbares Kation.

Protonen-Balance anstelle der Ladungsbalance

Die Zusammensetzung der Lösung kann auch – anstelle der Ladungsbalance – durch eine Protonenbalance ausgedrückt werden. Ein Überschuss von (gebundenen oder freien) Protonen gegenüber einem Referenzzustand ist gleich dem Defizit an Protonen. Der Referenzzustand ist HB, H_2O. Dementsprechend gilt:

$$[H^+] = [B^-] + [OH^-] \qquad (31)$$

Oder die Summe der Protonen in Bezug auf diesen Referenzzustand:

$$[H^+] - [B^-] - [OH^-] = 0 \qquad (37)$$

D.h., es sind nur die Protonen aus HB vorhanden.

Andererseits kann man auch eine Molbalance für totale (gebundene und freie) Protonen angeben:

$$TOTH = [H^+] - [OH^-] + [HB] = 5 \times 10^{-4}\,M \qquad (38)$$

Da $[HB] + [B^-] = 5 \times 10^{-4}$ M, sind die Gleichungen (37) und (38) äquivalent.

2.5.2 Tableaux

Um Gleichgewichtsprobleme (Säure-Base- wie auch später Löslichkeits-, Komplexbildungs- und Redoxprobleme) systematisch zu lösen, können Tableaux aufgestellt werden, in denen die Spezies des jeweiligen Systems durch einen Satz geeigneter Komponenten ausgedrückt werden. Das Tableau enthält in kompakter und übersichtlicher Form alle nützlichen Informationen, um die Konzentration der einzelnen Spezies zu berechnen. Tableaux werden bei der Computerberechnung von Gleichgewichten verwendet. Die Idee der Tableaux stammt von F. M. M. Morel (*Principles of Aquatic Chemistry*, Wiley-Interscience New York, 1983).

Die Komponenten des Systems liefern die stöchiometrische Zusammensetzung:

– Die Massenbilanzen der Komponenten ergeben das Zusammensetzungs„rezept“ der Lösung. Diese Bedingung entspricht dem grundsätzlichen Prinzip der Massenerhaltung im System.

– Jede Spezies wird durch eine stöchiometrische Reaktion aus den Komponenten gebildet. Für jede dieser Reaktionen kann eine Gleichgewichtskonstante angegeben werden.

Die Anzahl Komponenten ist die minimale Anzahl, die zu einer vollständigen Beschreibung des Systems nötig ist; diese Anzahl entspricht der Anzahl Spezies minus der Anzahl unabhängiger Reaktionen. Ein System kann durch verschiedene Komponentensätze beschrieben werden; die stöchiometrischen Reaktionen müssen entsprechend formuliert werden.

Die Aufstellung des Tableaus wird wieder anhand des Beispiels der Borsäure demonstriert: Das „Rezept" der Lösung ist wie oben gegeben durch die Bedingung:

$[HB]_T = 5 \times 10^{-4}$ M

Die Spezies in Lösung sind: (H_2O), H^+, OH^-, HB, B^-, d.h. mit H_2O 5 Spezies.

Mögliche unabhängige Reaktionen sind:

$H^+ + OH^- \leftrightarrows H_2O$ (32)

$HB \leftrightarrows H^+ + B^-$ (33)

Weitere Reaktionen wie zum Beispiel

$HB + OH^- \leftrightarrows H_2O + B^-$ (39)

können offensichtlich durch eine lineare Kombination aus den Gleichungen (32) und (33) erhalten werden.

D.h., es werden hier insgesamt 3 Komponenten benötigt (5 Spezies – 2 unabhängige Reaktionen).

Als geeignete Komponenten können H_2O, H^+ und B^- gewählt werden, die auch Spezies sind. Die übrigen Spezies können in Funktion dieser Komponenten ausgedrückt werden, nämlich

$HB = H^+ + B^-$ (40)

$OH^- = H_2O - H^+$ (41)

Im Tableau werden nun zuerst für jede Spezies die entsprechenden stöchiometrischen Koeffizienten eingesetzt:

Tableau 2.1a)

Komponenten:		B^-	H^+	H_2O
Spezies:	B^-	1	0	0
	HB	1	1	0
	H_2O	0	0	1
	OH^-	0	–1	1
	H^+	0	1	0

Die Massenbilanzen (Summe jeder Kolonne) jeder Komponente ergeben:

Tot B	=	$[B^-] + [HB]$	=	5×10^{-4} M (i)
Tot H	=	$[HB] + [H^+] - [OH^-]$	=	5×10^{-4} M (ii)
tot H_2O	=	$[H_2O] + [OH^-]$	=	55.5 M (iii)

Tot H_2O ist in einer verdünnten wässrigen Lösung immer 55.5 M, so dass die Angabe von H_2O als Komponente und Spezies überflüssig ist. H_2O ist implizit in den Reaktionen enthalten; entsprechend den thermodynamischen Konventionen wird die Aktivität von H_2O $\{H_2O\} = 1$ gesetzt.

Für jede Reaktion kann eine Gleichgewichtskonstante eingesetzt werden. Die Reaktion (40) entspricht der Säurekonstante:

$$K = \frac{[H^+][B^-]}{[HB]}$$

und

$$[HB] = [H^+]\,[B^-]\,K^{-1} \qquad (42)$$

Für OH^- gilt:

$$[OH^-] = K_W\,[H^+]^{-1} \qquad (43)$$

Für Spezies, die gleichzeitig Komponenten sind, ist die Gleichgewichtskonstante = 1.

Das vereinfachte Tableau mit den Konstanten sieht nun folgendermassen aus:

Tableau 2.1b)

Komponenten:		B^-	H^+	log K
Spezies:	B^-	1	0	0
	HB	1	1	9.3
	OH^-	0	–1	–14.0
	H^+	0	1	0
Zusammensetzung (M):		5×10^{-4}	5×10^{-4}	

Aus jeder Zeile lässt sich der entsprechende Ausdruck für die Konzentration der Spezies ablesen:

$[B^-]$	=	$[B^-]$	(44)
$[HB]$	=	$10^{9.3}\,[B^-]\,[H^+]$	(42a)
$[OH^-]$	=	$10^{-14}\,[H^+]^{-1}$	(43a)
$[H^+]$	=	$[H^+]$	(45)

Das gleiche System kann auch durch einen anderen Satz von Komponenten dargestellt werden, z.B.: HB, H^+

Tableau 2.1c)

Komponenten:		HB	H^+	log K
Spezies:	B^-	1	–1	–9.3
	HB	1	0	0
	OH^-	0	–1	–14.0
	H^+	0	1	0
Zusammensetzung (M):		5×10^{-4}	0	

Die Massenbilanzen sind dann:

Tot HB	=	$[B^-] + [HB]$	=	5×10^{-4}	(46)
Tot H	=	$[H^+] - [OH^-] - [B^-] = 0$			(47)

Man beachte, dass in diesem Fall Tot H = 0 gesetzt wird, weil die zugegebenen H^+ in HB enthalten sind.

Beispiel 2.1: pH einer starken Säure

Welche ist die Zusammensetzung einer wässrigen Lösung von 2×10^{-4} M HCl (25 °C)?

Üblicherweise würde man hier voraussetzen, dass HCl eine starke Säure ist (annähernd vollständig protolysiert) und dass demnach $[H^+] = 2 \times 10^{-4}$ M und $[Cl^-] = 2 \times 10^{-4}$ M. Das Problem kann aber systematisch gelöst werden (wie das etwa der Computer routinemässig tun würde). Das Tableau lautet:

Tableau 2.2: Starke Säure HCl

Komponenten:		H^+	Cl^-	log K
Spezies:	HCl	1	1	–3
	Cl^-	0	1	0
	H^+	1	0	0
	OH^-	–1	0	–14
Zusammensetzung (M):		2×10^{-4}	2×10^{-4}	

Die vier Gleichungen sind:

$$\mathrm{TOTH} = [H^+] - [OH^-] + [HCl] = 2 \times 10^{-4}\,M \quad \text{(i)}$$

$$\mathrm{TOTCl} = [HCl] + [Cl^-] = 2 \times 10^{-4}\,M \quad \text{(ii)}$$

$$[OH^-] = 10^{-14}\,[H^+]^{-1} \quad \text{(iii)}$$

$$[HCl] = 10^{-3}\,[H^+]\,[Cl^-] \quad \text{(iv)}$$

Gleichung (i) kann auch aus der Kombination der Ladungsbalance:

$$[H^+] = [Cl^-] + [OH^-] \quad \text{(v)}$$

und Gleichung (ii) erhalten werden.

Die genaue numerische Lösung für $[H^+]$ entspricht Gleichung (5) aus Tabelle 2.4.

Lösung:

$[H^+] = 2 \times 10^{-4}M$, $[HCl] = 4 \times 10^{-11}$ M

$[Cl^-] = 2 \times 10^{-4}$ M,

$[OH^-] = 5 \times 10^{-11}$ MpH $= 3.7$

Offensichtlich ist $[H^+] >> [OH^-]$ und $[Cl^-] >> [HCl]$. Dementsprechend reduziert sich die Ladungsbalance (v) zu $[H^+] = [Cl^-]$. Dieses Beispiel illustriert, dass eine starke Säure ($K > 1$) als vollständig protolysiert betrachtet werden kann.

2.6 pH als Mastervariable: grafische Lösung von Gleichgewichtsproblemen

Gleichgewichtsprobleme können auf bequeme Weise grafisch gelöst werden. Die grafische Darstellung von Gleichgewichtsbeziehungen wurde von Bjerrum 1914 eingeführt und später von Sillén *(8)* popularisiert. Grafische Darstellungen geben eine rasche Übersicht über die Konzentrationen aller vorkommenden Spezies. Daraus können auch zulässige Vereinfachungen der vollständigen Gleichungen abgeleitet werden. Aus einer Grafik wird nämlich sofort ersichtlich, in welchem Verhältnis die verschiedenen Spezies zueinander stehen.

2.6.1 Einprotonige Säure

Zur Einführung wird ein einfaches Beispiel eines monoprotischen Säure-Base-Systems dargestellt. Für die Säure HA mit pK = 4.75 (entsprechend der Essigsäure) gilt die Gleichgewichtskonstante, gültig für Konzentrationen:

$$K = \frac{[H^+][A]}{[HA]} = 1.78 x 10^{-5} \qquad (48)$$

Die totale Konzentration von HA ist 10^{-3} M:

$$C_T = 10^{-3} M = [HA] + [A^-] \qquad (49)$$

Ebenfalls gilt das Ionenprodukt von H_2O:

$$[H^+][OH^-] = K_W = 10^{-14} (25\ °C) \qquad (50)$$

Für die grafische Darstellung werden die Logarithmen der Gleichgewichtskonzentrationen der einzelnen Spezies, H^+, OH^-, HA und A^- als Funktion des pH als wichtigste Kontrollvariable aufgetragen.

Die Kombination von (48) und (49) ergibt (s. Gl. (24) und (25)):

$$[HA] = \frac{C_T[H^+]}{K + [H^+]} \qquad (51)$$

und

$$[A^-] = \frac{C_T K}{K + [H^+]} \qquad (52)$$

Die Asymptoten der logarithmischen Konzentration der einzelnen Spezies gegen pH und die Neigung der einzelnen Kurven werden zunächst betrachtet. Die Darstellung in Abbildung 2.2. gilt für $K = 10^{-4.75}$.

Aus (51) und (52) werden zuerst die Asymptoten für die Beziehung pH < pK (oder $[H^+]$ >> K) berechnet, d.h. hier ist K im Nenner der Gleichungen (51) und (52) vernachlässigbar, so dass:

$$\log [HA] = \log C_T \quad (53)$$

$$\log [A^-] = \log C_T - pK + pH \quad (54)$$

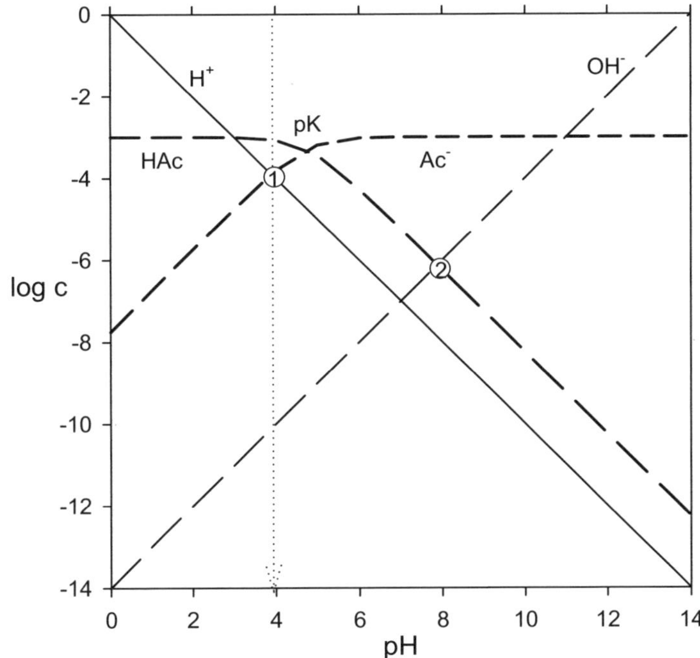

Abb. 2.2: Konstruktion des doppeltlogarithmischen Diagramms eines monoprotischen Säure-Base-Systems ($[HAc] + [Ac^-] = 10^{-3}$ M; pK = 4.75). Eine 10^{-3} M HAc-Lösung ist durch die Ladungsneutralität $[H^+] = [Ac^-] + [OH^-]$, oder $[H^+] \cong [Ac^-]$ charakterisiert (Pfeil und Punkt 1). Eine 10^{-3} M NaAc-Lösung ist durch die Bedingung charakterisiert: $[HAc] + [H^+] = [OH^-]$, oder $[HAc] \cong [OH^-]$(Punkt 2).

Daraus folgt d log $[A^-]$ / dpH = 1; d.h. die Neigung der Kurve der log $[A^-]$-Linie bezüglich pH ist im Bereich pH < pK gleich +1. Für den Bereich pH > pK (oder K >> $[H^+]$) ist $[H^+]$ im Nenner der Gleichungen (51) und (52) vernachlässigbar und es gilt:

$$\log [A^-] = \log C_T \quad (55)$$

$$\log [HA] = \log C_T - pH + pK \quad (56)$$

d.h. d log [HA] / dpH = –1.

Die beiden asymptotischen Geraden von log [A] und log [HA] schneiden die (horizontale) log C_T-Gerade am Punkt pH = pK. Die so gezeichneten Kurven stimmen nicht genau im Bereich pH ≅ pK. In diesem Punkt sind log [HA] = log [A^-] = log (C_T / 2). Die beiden Kurven überschneiden sich auf der Ordinate an einem Punkt, der (log C_T – log 2) oder 0.3 Einheiten unter der Linie von log C_T liegt. Das Diagramm wird vervollständigt durch die Eintragung der Linien von log [H^+] und log [OH^-], entsprechend dem Ionenprodukt des Wassers.

Die Gleichgewichtszusammensetzung kann aus dem Diagramm abgelesen werden; sie erfolgt unter Berücksichtigung, dass für die Säure HA die Protonenbedingung (Elektroneutralität) gilt:

$$[H^+] = [A^-] + [OH^-] \qquad (57)$$

Gl. (57) ist erfüllt bei der Kreuzung der Linien für [A^-] und [H^+]; an diesem Punkt ist offensichtlich [A^-] >> [OH^-]; und [OH^-] kann vernachlässigt werden. Dort wo Gleichung (57) oder [H^+] = [A^-] gilt, können die Gleichgewichtskonzentrationen aller Spezies abgelesen werden:

$$-\log [H^+] = -\log [A^-] = 3.9\ ;\ -\log [HA] \approx 3.0$$

Das Resultat kann mit einer Genauigkeit von ca. 0.05 logarithmischen Einheiten abgelesen werden; d.h. der relative Fehler ist kleiner als 10 %.

Die gleiche grafische Darstellung kann gebraucht werden, um die Gleichgewichtszusammensetzung einer 10^{-3}-M-Lösung von NaA zu berechnen. In diesem Fall ist die Protonenbalance:

$$[HA] + [H^+] = [OH^-] \qquad (58)$$

Gleichung (58) kann auch aus der Elektroneutralität abgeleitet werden:

$$[Na^+] + [H^+] = [A^-] + [OH^-] \qquad (59)$$

Da in einer 10^{-3} M NaA-Lösung

$$[Na^+] = [HA] + [A^-] = 10^{-3}\ M \qquad (60)$$

kann [Na^+] in (59) substituiert werden durch [HA] + [A^-].

Diese Bedingung ist erfüllt bei der Kreuzung von [HA] = [OH^-] ([H^+] ist ca. 100 mal kleiner als [HA] und kann neben [HA] vernachlässigt werden.) Die Gleichgewichtszusammensetzung ist:

$-\log [H^+] = 7.9$; $-\log [HA] = 6.1$ und $-\log [A^-] = 3.0$ (Punkt 2 in Abbildung 2.2).

Die Bedingungen der Protonenbalance der Gleichung (57) (einer reinen HA-Lösung) und der Protonenbalance der Gleichung (58) (einer NaA-Lösung) sind für die Konstruktion einer Titrationskurve (alkalimetrische Titration einer HA-Lösung mit starker Base oder acidimetrische Titration einer Na-Lösung mit starker Säure) anwendbar (Kap. 2.7).

Die doppeltlogarithischen Diagramme sind in Abbildung 2.3. für eine starke Säure (HNO_3) und für eine schwache Säure (NH_4^+ aus NH_4Cl) dargestellt. Die Zusammensetzung dieser Lösungen lässt sich auch bei den entsprechenden Protonenbedingungen ablesen.

Für HNO_3 gilt:

$$[H^+] = [NO_3^-] + [OH^-] \qquad (61)$$

Aus dem Diagramm ist klar, dass diese Bedingung bei pH = 3.0 erfüllt ist und dass an diesem Punkt die Konzentration von undissoziiertem HNO_3 sehr klein ist und $[OH^-] = 1 \times 10^{-11}$ M ist.

Für NH_4^+ gilt die Protonenbedingung:

$$[H^+] = [NH_3] + [OH^-] \qquad (62)$$

Diese lässt sich auch aus der Ladungsbilanz ableiten, mit Cl^- als Anion:

$$[NH_4^+] + [H^+] = [Cl^-] + [OH^-] \qquad (63)$$

und der Massenbilanz:

$$[Cl^-] = [NH_4^+] + [NH_3] \qquad (64)$$

Durch Einsetzen von Gl. (64) in (63) wird die Protonenbilanz (62) auch erhalten.

In Abbildung 2.3 ist ersichtlich, dass die Protonenbilanz (62) bei pH = 6.1 erfüllt ist und dass bei diesem pH überwiegend NH_4^+ vorhanden ist. Die Konzentration von NH_3 ist:

$$[NH_3] \approx [H^+] = 8 \times 10^{-7} \text{ M}$$

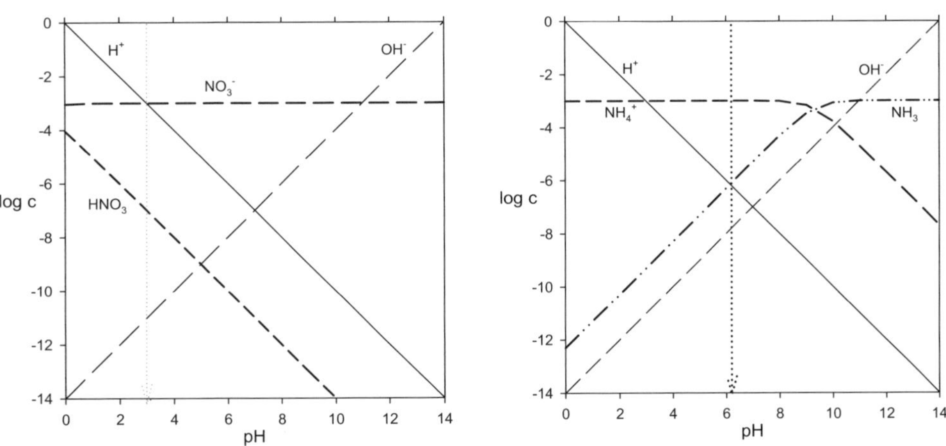

Abb. 2.3. Doppeltlogarithmische Diagramme für HNO_3 und NH_4^+ (Totalkonzentration 10^{-3} M). Die Zusammensetzung kann entlang den punktierten Linien abgelesen werden.

2.6.2 Zweiprotonige Säure

Die grafische Methode hat besonders Vorteile für kompliziertere Gleichgewichte. Abbildung 2.4 illustriert ein logarithmisches Gleichgewichtsdiagramm für die zweiprotonige Säure Schwefelwasserstoff H_2S ($pK_1 = 7.0$, $pK_2 = 17.4$, 25 °C). Die zweite Säurekonstante, pK_2, ist unsicher; nach neueren Ergebnissen liegt sie bei $pK_2 = 17–19$. Dieser pK_2-Wert bedeutet, dass S^{2-} (ähnlich wie O^{2-}) in wässriger Lösung kaum vorkommt; S^{2-} kommt aber in festen Phasen vor. H_2S kann rechnerisch als zweiprotonige Säure behandelt werden, z.B. um die Zusammensetzung einer Na_2S-Lösung zu berechnen. In diesem Beispiel wird mit konstanter totaler Konzentration gerechnet, d.h. die Flüchtigkeit von H_2S wird nicht berücksichtigt.

$$[H_2S] = \frac{S_T[H^+]^2}{[H^+]^2 + K_1[H^+] + K_1K_2} \qquad (65)$$

$$[HS^-] = \frac{S_T K_1[H^+]}{[H^+]^2 + K_1[H^+] + K_1K_2} \qquad (66)$$

$$[S^{2-}] = \frac{S_T K_1 K_2}{[H^+]^2 + K_1[H^+] + K_1K_2} \qquad (67)$$

Gleichung (65) kann als Sequenz von drei linearen Asymptoten doppelt-logarithmisch aufgetragen werden. Für die drei pH-Bereiche gelten:

I: $pH < pK_1 < pK_2$; $\log [H_2S] = \log S_T$

$$\frac{d\log[H_2S]}{dpH} = 0 \qquad (68)$$

II: $pK_1 < pH < pK_2$; $\log [H_2S] = pK_1 + \log S_T - pH$

$$\frac{d\log[H_2S]}{dpH} = -1 \qquad (69)$$

III: $pK_1 < pK_2 < pH$; $\log [H_2S] = pK_1 + pK_2 + \log S_T - 2\, pH$

$$\frac{d\log[H_2S]}{dpH} = -2 \qquad (70)$$

Diese drei logarithmischen linearen Asymptoten haben Neigungen von 0, –1 und –2. Ähnlich können die Geraden für die Gleichungen (66) und (67) konstruiert werden. Die unteren Segmente mit Neigungen von –2 oder +2 sind meistens nicht mehr sehr wichtig, da sie bei sehr tiefen Konzentrationen vorkommen. Resultate für spezifische Protonenbedingungen sind in Abbildung 2.4 angegeben.

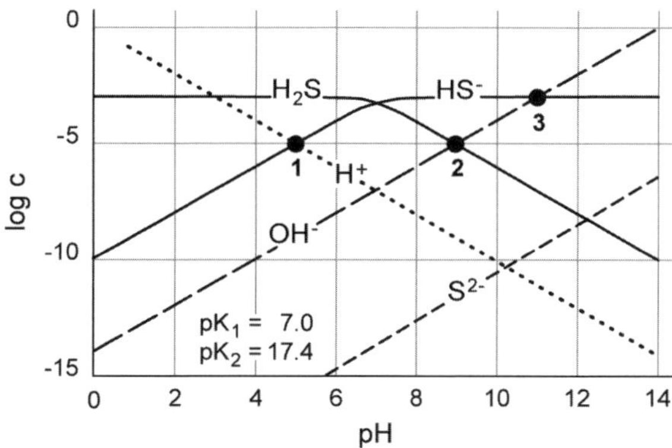

Abb. 2.4: Gleichgewichtsdiagramm für das System einer zweiprotonigen Säure. Bedingungen ($S_T = 1 \times 10^{-3}$ M):
1) Lösung von H_2S: $[H^+] = [HS^-] + 2\,[S^{2-}] + [OH^-]$
2) Lösung von NaHS: $[H_2S] + [H^+] = [S^{2-}] + [OH^-]$
3) Lösung von Na_2S: $2\,[H_2S] + [HS^-] + [H^+] = [OH^-]$

Gleichgewichtszusammensetzung:
1) $pH = pHS^- = 5.0$; $pH_2S = 3.0$; $pS^{2-} = 17.4$
2) $pH = 9.0$; $pH_2S = 5.0$; $pS^{2-} = 11.4$; $pHS^- = 3.0$
3) $pH = 11.0$; $pS^{2-} = 9.4$; $pH_2S = 7$; $pHS^- = 3.0$

2.6.3 Weitere Rechnungsbeispiele

Beispiel 2.2: Essigsäure bei verschiedenen Konzentrationen

Was sind der pH und die Zusammensetzung von Essigsäure-Lösungen bei verschiedenen Konzentrationen (10^{-3} M, 10^{-5} M, 10^{-7} M)?

Die Zusammensetzung der verschiedenen Lösungen kann grafisch dargestellt werden (Abbildung 2.5). Die Zusammensetzung ist wieder durch die Ladungsbilanz gegeben:

$$[H^+] = [A^-] + [OH^-] \qquad \text{(i)}$$

Aus der Abbildung ist sichtbar, dass für $C_T = 10^{-3}$ M und $C_T = 10^{-5}$ M die Näherung gilt:

$$[H^+] \approx [A^-] \qquad \text{(ii)}$$

Bei $C_T = 10^{-7}$ M hingegen ist $[OH^-]$ nicht vernachlässigbar und die Ladungsbilanz ist bei pH = 6.8 erfüllt.

Zur Illustration ist auch noch das Tableau aufgeführt. Komponenten sind H^+ und Ac^-.

Tableau 2.3: Essigsäure

Komponenten:		H^+	Ac^-	log K
Spezies:	HAc	1	1	4.75
	Ac^-	0	1	0
	H^+	1	0	0
	OH^-	−1	0	−14
Zusammensetzung (M):		10^{-3}	10^{-3}	

Aus dem Tableau wird abgelesen:

$$TOTH = [H^+] - [OH^-] + [HAc] = 10^{-3} / 10^{-5} / 10^{-7}\ M \quad \text{(iii)}$$

$$TOTAc = [Ac^-] + [HAc] = 10^{-3} / 10^{-5} / 10^{-7}\ M \quad \text{(iv)}$$

$$[OH^-] = 10^{-14} [H^+]^{-1} \quad \text{(v)}$$

$$[HAc] = 10^{4.75} [H^+][Ac^-] \quad \text{(vi)}$$

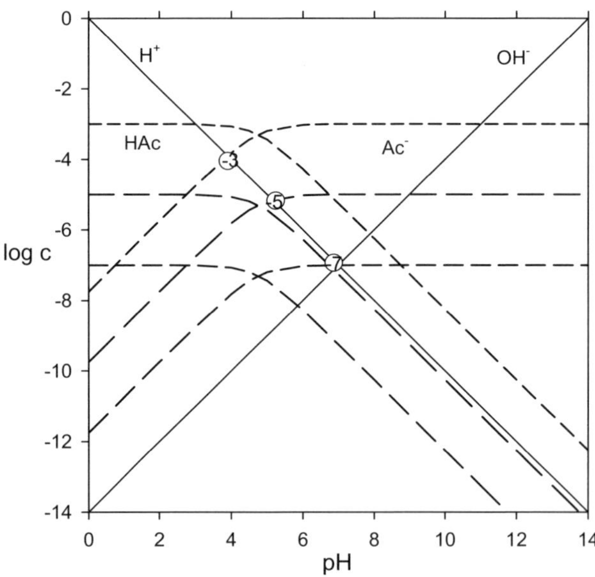

Abb. 2.5: Gleichgewichtszusammensetzung von HAc bei verschiedenen Konzentrationen (10^{-3}, 10^{-5}, 10^{-7} M). Die jeweilige Gleichgewichtszusammensetzung ist durch die Punkte (−3, −5, −7) angegeben.

Beispiel 2.3: Ampholyt als Puffersystem: Hydrogenphtalat

Kaliumhydrogenphtalat wird als Puffersubstanz verwendet:

HP^- (Benzolring mit COOH und COO^-) K^+

HP^- wirkt sowohl als Säure wie als Base, d.h. es ist ein Ampholyt:

$HP^- + H^+ \leftrightarrows H_2P \qquad K_1^{-1} = 10^{2.86}$

$HP^- \leftrightarrows P^{2-} + H^+ \qquad K_2 = 10^{-5.14}$

Was ist der pH einer 0.05 M Lösung von Kaliumhydrogenphtalat?

Spezies in Lösung sind: H_2P, HP^-, P^{2-}, H^+, OH^-, K^+.

Folgende Gleichungen stehen zur Verfügung:

1. Konzentrationsbedingung:

$$TOT\ P = [H_2P] + [HP^-] + [P^{2-}] = [K^+] = 0.05 \qquad (i)$$

2. Gleichgewichtskonstanten:

$$[H^+]\,[HP^-] / [H_2P] = K_1 = 10^{-2.86} \qquad (ii)$$

$$[H^+]\,[P^{2-}] / [HP^-] = K_2 = 10^{-5.14} \qquad (iii)$$

$$[H^+]\,[OH^-] = K_W = 10^{-14} \qquad (iv)$$

3. Protonenbilanz (Referenz: H_2O, HP^-)

$$[H_2P] + [H^+] = [P^{2-}] + [OH^-] \qquad (v)$$

Aus der Abbildung 2.6 ist ersichtlich, dass im pH-Bereich, in dem HP^- überwiegend vorhanden ist, $[H_2P] > [H^+]$ und $[P^{2-}] >> [OH^-]$. Gleichung (v) kann deshalb vereinfacht werden zu:

$$[H_2P] \approx [P^{2-}] \qquad (vi)$$

und ist bei pH = 4.0 erfüllt.

Dieses Resultat wird auch aus der Lösung der exakten Gleichung (Gleichung (15), Tabelle 2.4.) erhalten. Exakt wird pH = 4.01 erhalten.

Die Konzentration der einzelnen Spezies berechnet sich aus (vgl. Gleichungen (27)–(29)):

$$[HP^-] = \frac{P_T K_1 [H^+]}{[H^+]^2 + K_1[H^+] + K_1 K_2} = 0.044 \qquad (vii)$$

$[H_2P] = [HP^-]\,[H^+]\,K_1^{-1} = 0.0031\ M$ (viii)

$[P^{2-}] = [HP^-]\ K_2\ [H^+]^{-1} = 0.0032\ M$ (ix)

Die Protonenbilanz (v) kann daraus verifiziert werden:

$3.1 \times 10^{-3} + 1 \times 10^{-4} = 3.2 \times 10^{-3} + 1 \times 10^{-10}$ (x)

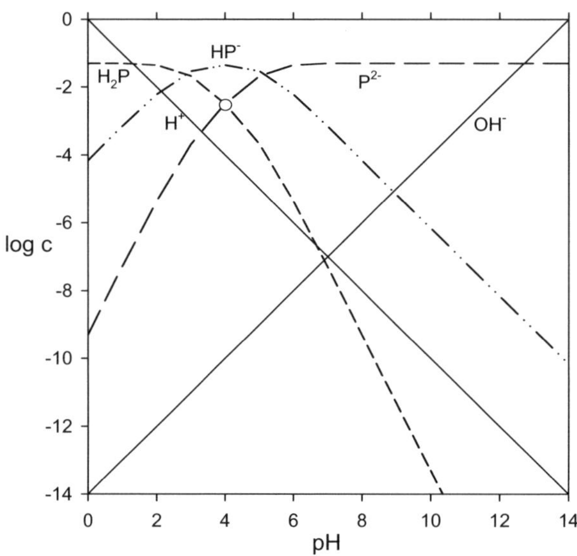

Abb. 2.6: Gleichgewichtsdiagramm für Hydrogenphtalat (0.05 M)

Aus Hydrogenphtalat kann auch eine Pufferlösung mit pH = 5.0 hergestellt werden; dazu muss Base (z.B. NaOH) zugegeben werden.

Die Konzentration der einzelnen Spezies bei pH 5.0 berechnet sich wie oben mit den Gleichungen (vii) – (ix):

$[HP^-] = 0.029$

$[P^{2-}] = 0.021$

$[H_2P] = 2.1 \times 10^{-4}$

Die Protonenbilanz ergibt dann:

$\text{TOT H} = [H^+] + [H_2P] - [P^{2-}] - [OH^-] = -2.08 \times 10^{-2}\ M$ (xi)

Die entsprechende Basenkonzentration (2.08×10^{-2} M) muss zu KHP zugegeben werden, um pH 5.0 zu erhalten.

Beispiel 2.4: Mischung von Säure und konjugierter Base

Welches ist der pH einer Lösung, zu der ursprünglich Konzentrationen von 10^{-3} M NH_4Cl und 2 x 10^{-4} M NH_3 per Liter zugegeben wurden?

Konzentrationsbedingung:

$$[NH_4^+] + [NH_3] = C_{0[NH4Cl]} + C_{0[NH3]} = 1.2 \times 10^{-3}\ M \qquad (i)$$

Spezies: NH_4^+, NH_3, H^+, OH^-, Cl^-

Elektroneutralität: $[NH_4^+] = [Cl^-] + [OH^-] - [H^+]$ (ii)

oder:

Protonenbalance (Referenz: H_2O, NH_3):

$$[NH_4^+] + [H^+] - [OH^-] = C_{0[NH4Cl]} \qquad (iii)$$

Massenwirkungsgesetz:

$$[H^+] = K\frac{[NH_4^+]}{[NH_3]} \qquad (iv)$$

Mit $K = 10^{-9.3}$

Da

$[Cl^-] = C_{0[NH4Cl]}$, folgt aus (i) und (ii):

$$[NH_3] = C_{0[NH3]} - [OH^-] + [H^+]; \qquad (v)$$

und aus (iv):

$$[H^+] = \frac{C_{0[NH4Cl]} + [OH^-] - [H^+]}{C_{0[NH3]} - [OH^-] + [H^+]} \qquad (vi)$$

In diesem Fall können $[OH^-]$ und $[H^+]$ in Zähler und Nenner vernachlässigt werden. Man erhält $[H^+] = 2.5 \times 10^{-9}$; pH = 8.6, $[NH_4^+] \approx 10^{-3}$ M, $[NH_3] \approx 2 \times 10^{-4}$ M. Diese Lösung ist eine Pufferlösung aus NH_4^+/NH_3.

Beispiel 2.5: Ammoniak-Konzentration in Gewässern

Freies Ammoniak (NH_3) ist eine toxische Spezies für Fische. Bei Wasseranalysen wird üblicherweise die Summe des Ammoniumstickstoffs ($[NH_4^+] + [NH_3]$) analytisch bestimmt; mit Hilfe des pH-Wertes kann die Konzentration an NH_3 bestimmt werden. Beispielsweise werden 3×10^{-5} M (0.42 mg N/L) Ammoniumstickstoff gemessen; der pH-Wert beträgt 8.5, die Temperatur 15 °C. Wie viel NH_3 ist hier vorhanden?

$$pK\,(NH_4^+) = 9.57\ (15\ °C) \qquad \text{(i)}$$

$$C_T = [NH_4^+] + [NH_3] = 3 \times 10^{-5}\ M \qquad \text{(ii)}$$

$$[NH_3] = \alpha_1 \times C_T = \frac{10^{-9.57}}{10^{-9.57} + 10^{-8.5}} C_T = 2.4 \times 10^{-6} \qquad \text{(iii)}$$

Abbildung 2.7 illustriert die pH-Abhängigkeit der NH_3-Konzentration im pH-Bereich 7–9. Häufig schwankt in Gewässern der pH-Wert als Folge der Fotosynthese- und Respirationsaktivitäten. Die NH_3-Konzentration kann infolge dieser pH-Änderungen stark variieren.

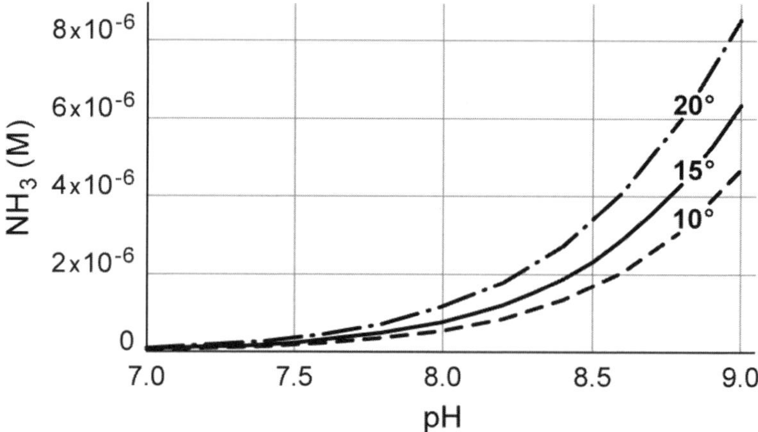

Abb. 2.7: NH_3-Konzentration als Funktion von pH für $C_T = 3 \times 10^{-5}$ M und verschiedene Temperaturen

Die Temperaturabhängigkeit der Säurekonstante muss hier für genaue Berechnungen auch berücksichtigt werden.

Tab. 2.5: Säurekonstanten von NH_4^+ bei verschiedenen Temperaturen

T °C	**pK** (NH_4^+)
5	9.90
10	9.73
15	9.57
20	9.40
25	9.26

2.7 Säure-Base-Titrationskurven

Titrationskurven sind sowohl für die Bestimmung der Konzentration einer Säure (oder Base) wie für die Charakterisierung eines Säure-Base-Systems (pK-Werte, Pufferung) nützlich.

2.7.1 Titration einer einprotonigen Säure

Bei der Titration einer wässrigen Lösung einer Säure HA, der Konzentration C mol pro Liter mit einer starken Base, z.B. NaOH, und der Konzentration C_B ergibt sich die Titrationskurve – die Beziehung zwischen pH und der Konzentration der zugegebenen Base – aus der Elektroneutralität (oder der Protonenbedingung):

$$[Na^+] + [H^+] = [A^-] + [OH^-] \qquad (71)$$

oder

$$C_B = [A^-] + [OH^-] - [H^+] = [Na^+] \qquad (72)$$

Mit dieser Gleichung und den logarithmischen Konzentrations-pH-Diagrammen kann die Titrationskurve konstruiert werden. Eine Aciditätskonstante $pK_a = 6$ wird angenommen. In Abbildung 2.8 ist der pH als eine Funktion des Neutralisationsgrades, f, aufgezeichnet:

$$f = \frac{C_B}{C} = \frac{[Na^+]}{C} \qquad (73)$$

Gleichung (72) kann rearrangiert werden zu:

$$C_B = C\alpha_1 + [OH^-] - [H^+] \qquad (74)$$

wobei $\alpha_1 = [A^-] / C = K / (K + [H^+])$,

$$f = \frac{C_B}{C} = \alpha_1 + \frac{[OH^-] - [H^+]}{C} \qquad (75)$$

Beim Äquivalenzpunkt ist $C_B = C$ und $f = 1$. Durch Zugabe von V ml Base zu V_0 ml der Lösung der Konzentration C_0 (Anfangskonzentration) muss C in obiger Gleichung ersetzt werden durch:

$$C = \frac{C_0 V_0}{V + V_0} \qquad (76)$$

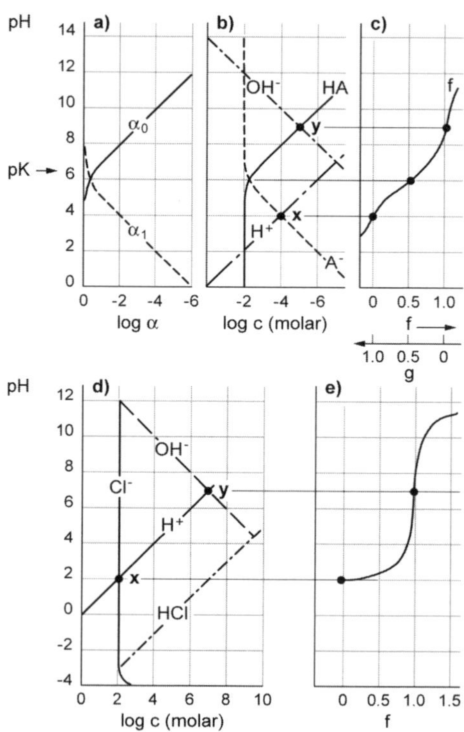

Abb. 2.8: Titrationskurven einer schwachen und einer starken Säure.

a, b, c: Die Titrationskurve der Säure HA mit einer starken Base (z.B. NaOH) oder die Titration von der Base A^- (z.B. NaA) mit einer starken Säure steht in Beziehung zur Gleichgewichtsverteilung der Säure-Base-Spezies. α_0 und α_1 sind die Molfraktionen von HA und A^-;

$\alpha_0 = [HA]/([HA] + [A^-])$;

$\alpha_1 = [A^-]/([HA] + [A^-])$.

Die Punkte x und y entsprechen den Äquivalenzpunkten der alkalimetrischen oder acidimetrischen Titrationskurve. Die Titrationskurve, Abbildung c, kann halbquantitativ mit Hilfe der Punkte x und y und pK = pH konstruiert werden. Die genaue Titrationskurve folgt anhand Gleichung (75).

d, e: Die Titrationskurve einer starken Säure (Beispiel 10^{-2} M HCl) mit einer starken Base.

Für die Titration einer C-molaren Lösung einer konjugierten Base, z.B. KA, mit einer starken Säure, z.B. HCl der Konzentration C_A, ergibt sich die Titrationskurve ebenfalls aus der Elektroneutralitätsbedingung oder der Protonenbalance:

$$[K^+] + [H^+] = [A^-] + [OH^-] + [Cl^-] \quad (77)$$

$$C + [H^+] = [A^-] + [OH^-] + C_A \quad (78)$$

$$C_A = [HA] + [H^+] - [OH^-] \quad (79)$$

$$C_A = C\alpha_0 + [H^+] - [OH^-] \quad (80)$$

wobei $\alpha_0 = [HA] / C = [H^+] / (K + [H^+])$

Der Neutralisationsgrad, $g = C_A / C$, ergibt sich als:

$$g = \frac{C_a}{C} = \alpha_0 + \frac{[OH^-]-[H^+]}{C} \quad (81)$$

Die Kombination von (75) mit (81) ergibt $g = 1 - f$.

Die Gleichungen (74) und (80) können verallgemeinert werden zu:

$$C_B - C_A = C\alpha_1 + [OH^-] - [H^+] \quad (82)$$

oder:

$$C_A - C_B = C\alpha_0 + [H^+] - [OH^-] \quad (83)$$

2.7.2 Titration von multiprotonigen Säuren und Basen

Die gleichen Prinzipien gelten auch:

$$C_B = C\ (\alpha_1 + 2\ \alpha_2) + [OH^-] - [H^+] \quad (84)$$

$$f = \frac{C_B}{C} = \alpha_1 + 2\alpha_2 + \frac{[OH^-]-[H^+]}{C} \quad (85)$$

wobei die α-Werte definiert sind als $\alpha_0 = [H_2A] / C$;

$\alpha_1 = [HA^-] / C$ und $\alpha_2 = [A^{2-}] / C$

Ebenfalls gilt:

$$g = 2 - f = \frac{C_A}{C} = 2\alpha_0 + \alpha_1 + \frac{[H^+]-[OH^-]}{C} \quad (86)$$

2.7.3 Pufferintensität

Die Pufferintensität β (Äquivalente pro pH-Einheit) ist definiert als:

$$\beta = \frac{dC_B}{dpH} = -\frac{dC_A}{dpH} \tag{87}$$

wobei d C_B und d C_A die Anzahl mole pro Liter von zugegebener starker Säure oder Base sind, die notwendig sind, um eine pH-Veränderung von dpH hervorzurufen. Dementsprechend ist die Pufferintensität gegeben durch die jeweilige reziproke Neigung der Titrationskurve (pH vs. C_B).

Die Pufferintensität kann demnach auch numerisch aus der Differenzierung der Gleichung, welche die Titrationskurve des Systems bezüglich pH definiert, ausgerechnet werden (Gleichung (74)).

Für ein Ein-Protonen-Säure-Base-System HA/A^- gilt:

$$C_B = C\alpha_1 + [OH^-] - [H^+] \tag{74}$$

$$\beta_{pH} = \frac{dC_B}{dpH} = \frac{d[A^-]}{dpH} + \frac{d[OH^-]}{dpH} - \frac{d[H^+]}{dpH} \tag{88}$$

Die Ableitung[1)] führt zu

$$\beta_{pH} = 2.3\left([H^+]+[OH^-]+\frac{[HA][A^-]}{[HA]+[A^-]}\right) \tag{89}$$

Das Maximum der Pufferintensität wird bei pH = pK erreicht.

Als Beispiel ist die Pufferintensität einer Lösung von Essigsäure 10^{-3} M, pK = 4.75 in Abbildung 2.9. dargestellt. Daraus geht hervor, dass ein Maximum der Pufferintensität bei pH = pK vorhanden ist. Bei sehr tiefen und sehr hohen pH ist die Pufferintensität vor allem durch H^+ und OH^- bestimmt.

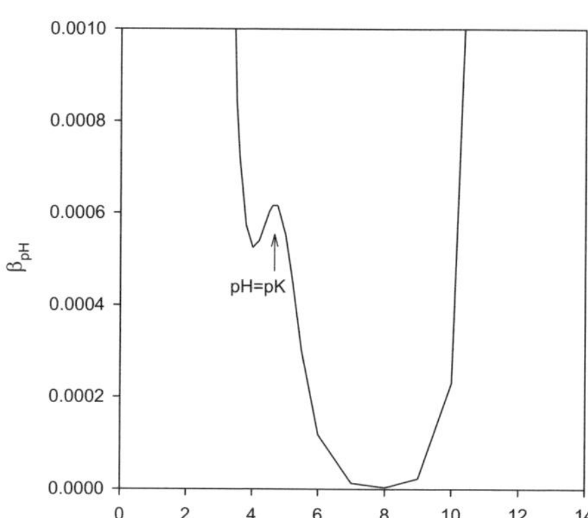

Abb. 2.9: Pufferintensität einer Lösung von Essigsäure, $C_T = 1 \times 10^{-3}$ M, pK = 4.75

1) Für Details siehe : 9. Stumm, W.; Morgan, J. J., *Aquatic chemistry. chemical equilibria and rates in natural waters*. 3rd ed.; John Wiley & Sons: New York, 1996; p 1022.

Entsprechend diesem Maximum der Pufferintensität bei pH = pK sind Pufferlösungen im pH-Bereich nahe bei pK nützlich. D.h., um eine Pufferlösung z.B. bei pH 5 herzustellen, muss ein Säure-Base-System mit pK nahe bei 5 ausgewählt werden, z.B. Essigsäure.

2.8 Säure- und Basen-Neutralisierungskapazität

Die Basen-Neutralisierungskapazität (auf Englisch: BNC = Base Neutralizing Capacity) wird als die Äquivalentsumme aller in der Lösung vorhandenen Säuren definiert, die bis zu einem Äquivalenzpunkt titriert werden. Ähnlich wird die Säuren-Neutralisierungskapazität – man spricht bei natürlichen Gewässern von Säurebindungsvermögen oder Alkalinität (oder auf Englisch: ANC = Acid Neutralizing Capacity) – durch Titration mit einer starken Säure bis zu einem ausgewählten Äquivalenzpunkt bestimmt (s. Kap. 3).

Die Basen- und Säuren-Neutralisierungskapazität wird konzeptuell rigoros durch eine Protonensumme TOTH bezüglich eines Referenzzustandes definiert. Der Protonen-Referenzzustand entspricht demjenigen an einem der Äquivalenzpunkte. Die BNC misst die Konzentration aller Spezies, welche Protonen in Überschuss zum Referenzzustand besitzen, minus die Konzentration der Spezies, die weniger Protonen als der Referenzzustand aufweisen. Beispielsweise gilt für das HA-A-System der Abbildung 2.8a, b, c für den Referenzzustand (H_2O, A^- entsprechend Punkt y):

$$\mathrm{BNC} = [\mathrm{HA}] + [\mathrm{H^+}] - [\mathrm{OH^-}] \qquad (90)$$

oder für die Säuren-Neutralisierungskapazität (ANC) bezüglich des Referenzzustandes (HA, H_2O):

$$\mathrm{ANC} = [\mathrm{A^-}] + [\mathrm{OH^-}] - [\mathrm{H^+}] \qquad (91)$$

Oder, bei einem Carbonatsystem mit den Spezies $H_2CO_3^*$, HCO_3^- und CO_3^{2-}:

$$\mathrm{ANC} = \text{Alkalinität} = [\mathrm{HCO_3^-}] + 2\,[\mathrm{CO_3^{2-}}] + [\mathrm{OH^-}] - [\mathrm{H^+}] \qquad (92)$$

Diese Definitionen sind insbesondere für das Carbonatsystem von grosser Bedeutung (s. Kap. 3). ANC (Alkalinität) und BNC (Acidität) sind in allen wässrigen Lösungen wertvolle Kapazitätsfaktoren, die meist experimentell leicht messbar sind (acidimetrische und alkalimetrische Titrationen). Es sind Parameter, die im Unterschied zu den Aktivitäten von Einzelspezies unabhängig von der ionalen Stärke der Lösung und temperatur- und druckunabhängig sind.

2.9 pH- und Aktivitätskonventionen

In der Theorie der idealen Lösungen wird vorausgesetzt, dass keine Wechselwirkungen zwischen den einzelnen gelösten Spezies auftreten. Elektrolytlösungen entsprechen meistens nicht diesem idealen Verhalten. Verschiedene Wechselwirkungen treten zwischen gelösten

Spezies auf, nämlich elektrostatische Effekte (Anziehung von Ionen bei ungleicher Ladung und Abstossung bei gleicher Ladung), kovalente Bindung, London-Van-der Waals-Wechselwirkungen und bei hohen Konzentrationen Volumenexklusionseffekte. Diese nicht-idealen Effekte (in verdünnten Elektrolytlösungen vor allem elektrostatische Wechselwirkungen) werden mit Hilfe von Aktivitätskoeffizienten berücksichtigt.

Die chemische Aktivität einer gelösten Spezies A, {A} steht in folgender Beziehung zur Konzentration [A]:

$$\{A\} = f_A\,[A] / [A]^0 \qquad (93)$$

mit f_A = Aktivitätskoeffizient,

$[A]^0$ = Konzentration im Standardzustand

Die Ionenstärke einer Lösung wird definiert als 1/2 der Summe der Produkte der Konzentrationen aller Ionen, multipliziert mit den jeweiligen Ladungen im Quadrat:

$$I = \tfrac{1}{2} \Sigma\, C_i\, Z_i^2 \qquad (94)$$

wobei

C_i = Konzentration des Ions i (M) und

Z_i = Ladung des Ions i.

2.9.1 Referenz- und Standardzustände

Das chemische Potenzial wird in Bezug auf einen Referenzzustand definiert (üblicherweise T = 298.15 K und p = 1 atm Druck). Es können keine absoluten Werte für ein chemisches Potenzial, sondern nur Veränderungen im chemischen Potenzial gemessen werden (als Folge der Veränderung in der chemischen Zusammensetzung oder der Temperatur oder des Druckes). Als Referenzzustand werden entweder eine unendliche verdünnte Lösung oder eine Lösung mit konstantem ionalem Medium festgelegt. Der Standardzustand ist dadurch gegeben, dass die Aktivität der gelösten Spezies A, $\{A\}^0 = 1$ ist. Für die Aktivität {A} gilt

$$\mu_A = \mu_A^0 + RT \ln \{A\} \qquad (95)$$

mit $\{A\} = f_A . [A]/[A]^0$

wobei $[A]^0 = 1$, μ_A ist das chemische Potenzial der gelösten Spezies A und μ_A^0 das chemische Potenzial im Standardzustand, das der verwendeten Konzentrationsskala entspricht (mol L^{-1} oder mol kg^{-1}). Der Wert von μ_A^0 hängt von der Konzentrationsskala ab (Molarität oder Molalität). Durch diese Konvention wird die jeweilige Aktivität dimensionslos, obschon man sich der verwendeten Konzentrationsskala (molar oder molal) bewusst sein muss. In diesem Buch wird die molare Konzentrationsskala benützt, da fast alle Gleichgewichtskonstanten in dieser Skala bestimmt wurden. Bei verdünnten Lösungen (Süsswasser) sind die Unterschiede zwischen molal und molar vernachlässigbar.

Da die Aktivitäten in den Gleichgewichtskonstanten entsprechend Gleichung (95) definiert sind, sind sie dimensionslos und dementsprechend sind auch die Konstanten dimensionslos.

Der Standardzustand des Wassers ist das reine flüssige Wasser. Die Aktivität des Wassers ist dann als Molenbruch zu reinem Wasser definiert:

$$\mu_{H_2O} = \mu^0_{H_2O} + RT \ln \frac{m_{H_2O}}{m^0{}_{H_2O}} \qquad (96)$$

wobei $m^0{}_{H2O}$ = 55.5 mol L^{-1} ist. Für verdünnte Lösungen ist $m_{H2O} / m^0{}_{H2O} \approx 1$, und die Aktivität des Wassers wird als $\{H_2O\} = 1$ eingesetzt. Da sich die Aktivität des Wassers bei konstantem ionalen Medium kaum verändert, wird auch bei diesem Referenzzustand $\{H_2O\} = 1$ gesetzt.

Auch bei einem Massenwirkungsausdruck, z.B. einem Säure-Base-Gleichgewicht, HA = A^- + H^+, gilt, dass die Aktivitäten der gelösten Spezies, also HA, A^-, H^+, in Bezug auf den Standardzustand einer 1-molaren Konzentration definiert sind. Diese Aktivitäten sind, im Prinzip, Verhältnisse zu $\{A^-\}^0$, $\{HA\}^0$ und $\{H^+\}^0$ und werden demnach in molaren Einheiten eingesetzt. Die Einheiten sind implizit durch die verwendeten Grössen für μ^0 gegeben und die Gleichgewichtskonstanten sind demnach, im Prinzip, dimensionslos.

In einer idealen Lösung können die Aktivitäten den Konzentrationen gleichgesetzt werden. In realen Lösungen aber müssen Aktivitätskoeffizienten eingeführt werden, um die nichtidealen Effekte zwischen gelösten Stoffen zu korrigieren. Jede Aktivität kann als Produkt einer Konzentration und eines Aktivitätskoeffizienten geschrieben werden. Zwei Aktivitätskonventionen sind besonders nützlich:

1. Die Aktivitätsskala für unendliche Verdünnung

Diese Konvention beruht darauf, dass der Aktivitätskoeffizient

$$f_A = \frac{\{A\}}{[A]}[A]^0 \qquad (97)$$

gleich 1 wird bei unendlicher Verdünnung:

$$f_A \rightarrow 1 \text{ wenn } (C_{(A)} + \Sigma_i C_i) \rightarrow 0 \qquad (98)$$

wobei C die Konzentration in molaren oder molalen Einheiten ist.

2. Die Aktivitätsskala für ein konstantes Ionenmedium

Diese Konvention kann angewendet werden für Lösungen, die eine überwältigende („swamping") Konzentration inerter Elektrolyte enthalten, um ein Medium konstanter Zusammensetzung aufrechtzuerhalten.

Der Aktivitätskoeffizient f_A' wird gleich 1, falls die Lösung die Zusammensetzung des konstanten Ionenmediums erreicht:

$$f_A' \rightarrow 1 \text{ wenn } C_{(A)} \rightarrow 0 \text{ und } \Sigma_i C_i = \text{konstant} \qquad (99)$$

Wenn die Konzentration der Elektrolyte im Ionenmedium etwa 10-mal grösser ist, als diejenige der Spezies A, dann weicht der Aktivitätskoeffizient f_A' nicht wesentlich von 1 ab. Wie Gleichung (95) zeigt, verändert sich bei der Konvention des konstanten Ionenmediums lediglich μ_A^0:

$$\mu_A = \mu_A^{0'} + RT \ln [A]/[A]^0 \qquad (100)$$

Beide Aktivitätsskalen sind thermodynamisch gleichwertig.

2.9.2 pH-Skalen

Folgende Definitionen werden verwendet:

i) Skala unendlicher Verdünnung:

$$p^aH = -\log\frac{\{H^+\}}{[H^+]^0} = -\log [H^+]/[H^+]^0 - \log f_{H^+} \qquad (101)$$

ii) Konstantes ionales Medium:

$$p^cH = -\log [H^+]/[H^+]^0 \qquad (102)$$

p^cH wird in Bezug auf die Konzentration einer verdünnten starken Säure (H^+-Konzentration) in Gegenwart eines Inertelektrolyten geeicht.

Die Konzentration der Säure kann mit Hilfe einer alkalimetrischen Titration genau bestimmt werden.

iii) Eine operationelle Definition

Der gemessene pH wird mit einem Standard (ursprünglich National Bureau of Standards, NBS, USA) verglichen. Das Verfahren wird von der International Union of Pure and Applied Chemistry (IUPAC) empfohlen. Dieser pH entspricht eher dem p^aH (101); die $\{H^+\}$ -Aktivität kann aber nicht rigoros gemessen werden, wegen des Diffusionspotenzials (liquid junction) und weil ohne nicht-thermodynamische Annahmen die Aktivität eines Einzelions nicht gemessen werden kann.

2.9.3 Aktivitätskoeffizienten

Die verschiedenen Gleichungen zur Abschätzung individueller Aktivitätskoeffizienten sind in Tabelle 2.6 zusammengefasst. In Tabelle 2.7 sind Aktivitätskoeffizienten für verschiedene Ionen nach der Debye-Hückel-Gleichung (Gl. (2) in Tab. 2.6) berechnet.

Tab. 2.6: Aktivitätskoeffizienten individueller Ionen

Näherung	Gleichung [1]	I (M) [2]
Debye-Hückel vereinfacht	$\log f = -AZ^2\sqrt{I}$ (1)	$< 10^{-2.3}$
Debye-Hückel	$\log f = -AZ^2\dfrac{\sqrt{I}}{1+Ba\sqrt{I}}$ (2)	< 0.1
Güntelberg	$\log f = -AZ^2\dfrac{\sqrt{I}}{1+\sqrt{I}}$ (3)	< 0.1 [3]
Davies	$\log f = -AZ^2\left(\dfrac{\sqrt{I}}{1+\sqrt{I}} - 0.2I\right)$ [4] (4)	< 0.5

[1] Ionenstärke $I = 1/2\ \Sigma\ C_i\ Z_i^2$;

$A = 1.82 \times 10^6(\varepsilon T)^{-3/2}$ (ε = dielektrische Konstante)

= 0.5 für Wasser, 25 °C;

Z = Ladung des Ions

$B = 50.3\ (\varepsilon T)^{-1/2}$

= 0.33 für Wasser, 25 °C;

a = Parameter abhängig von der Grösse des Ions (Å), s. Tab. 2.7.

[2] Anwendbarkeit für angegebene Ionenstärke

[3] nützlich für Lösungen mehrerer Elektrolyten

[4] Der Faktor 0.3 anstelle von 0.2 wird auch verwendet.

Tab. 2.7: Parameter a und Aktivitätskoeffizient individueller Ionen nach der Debye-Hückel-Gleichung (Gl. (2) in Tab. 2.6)

Ionendurchmesser Parameter, a, Ångströms = 10^{-10} m[1)]		Aktivitätskoeffizient für I:				
	Ion	10^{-4}	10^{-3}	10^{-2}	0.05	10^{-1}
9	H^+	0.99	0.97	0.91	0.86	0.83
	Al^{3+}, Fe^{3+}, La^{3+}, Ce^{3+}	0.90	0.74	0.44	0.24	0.18
8	Mg^{2+}, Be^{2+}	0.96	0.87	0.69	0.52	0.45
6	Ca^{2+}, Zn^{2+}, Cu^{2+}, Sn^{2+}, Mn^{2+} Fe^{2+}	0.96	0.87	0.68	0.48	0.40
5	Ba^{2+}, Sr^{2+}, Pb^{2+}, CO_3^{2-}	0.96	0.87	0.67	0.46	0.38
4	Na^+, HCO_3^-, $H_2PO_4^-$, CH_3COO^-	0.99	0.96	0.90	0.81	0.77
	SO_4^{2-}, HPO_4^{2-}	0.96	0.87	0.66	0.44	0.36
	PO_4^{3-}	0.90	0.72	0.40	0.16	0.10
3	K^+, Ag^+, NH_4^+, OH^-, Cl^- ClO_4^-, NO_3^-, I^-, HS^-	0.99	0.96	0.90	0.80	0.76

[1)] nach *(10)*

2.9.4 Aciditätskonstanten, Gleichgewichtskonstanten

Drei Konventionen sind in Gebrauch:

1. Basierend auf der Skala der unendlichen Verdünnung:

$$K = \frac{\{H^+\}\{B\}}{\{HB\}} \qquad (103)$$

In dieser und der nachfolgenden Gleichung werden die Ladungen weggelassen; B kann eine Base irgendeiner Ladung sein.

2. Basierend auf der Skala des konstanten ionalen Mediums:

$$^cK = \frac{[H^+][B]}{[HB]} \qquad (104)$$

3. Eine „gemischte“ Konstante. Diese Skala

$$K' = \frac{\{H^+\}[B]}{[HB]} \qquad (105)$$

ist nützlich, wenn der pH entsprechend der IUPAC-Konvention (pH $\approx$ p^aH) gemessen wird, während die andern Spezies in Konzentration angegeben werden.

Tabellarische Kompilationen geben häufig die Konstanten im Sinne der Gleichung (103) (extrapoliert zu I = 0) oder im Sinne von Gleichung (105) wieder. Für die Gleichgewichtsrechnungen ist es häufig praktisch, wenn in der Rechnung Konzentrationen verwendet werden; dann werden die zu benützenden K-Werte auf die gegebene ionale Stärke umgerechnet. Zum Beispiel kann $^{c}K'$ (Gleichung (104)) aus K (Gleichung (103)) für eine bestimmte ionale Stärke berechnet werden.

$$\log {}^{c}K' = \log K - \log f_B + \log f_{HB} \qquad (106)$$

Z.B. ergibt sich für die erste Aciditätskonstante der Phosphorsäure H_3PO_4:

$$\log {}^{c}K_1' = \log K_1 - \log f_{H2PO4-} + \log f_{H3PO4}$$

Aus der Güntelberg- oder der Daviesgleichung für den Aktivitätskoeffizienten ergibt sich für I = 0.03: $\log f_{H2PO4-} = - 0.07$; f_{H3PO4} wird für die ungeladene Spezies gleich 1 gesetzt. Daraus ergibt sich:

$$p^{c}K_1' = pK_1 - 0.07.$$

2.10 Saure atmosphärische Niederschläge

2.10.1 Zusammensetzung des Regenwassers

Die Atmosphäre ist ein effizientes Förderband für den Transport von Schadstoffen – insbesondere von sauren Komponenten –, welche die aquatischen und terrestrischen Ökosysteme beeinträchtigen können.

Die Entstehung des sauren Regens ist schematisch in Abbildung 2.10 wiedergegeben. Einige Wechselwirkungen mit der terrestrischen und aquatischen Umwelt sind in der Abbildung illustriert. Starke Säuren (Schwefelsäure, Salpetersäure, Salzsäure) bestimmen die Zusammensetzung des sauren Regenwassers.

Die in die Luft eingetragenen Schadstoffe, insbesondere die bei der Verbrennung fossiler Brennstoffe entstehenden Schwefeldioxide und Stickoxide, werden im unteren Teil der Atmosphäre durch verschiedene Prozesse (hauptsächlich Oxidations- und fotochemische Prozesse) umgewandelt. Dabei entstehen, z.T. weit weg von den Emissionsquellen, Schwefelsäure und Salpetersäure. Fotochemisch werden, insbesondere beeinflusst durch Stickoxide und Kohlenwasserstoffe (Autoabgase), Ozon, andere Fotooxidantien (z.B. organische Peroxide) und Aerosole (Smog-Partikel) gebildet.

Die Zusammensetzung des Regenwassers (oder auch des Nebels) wird hauptsächlich durch die Konzentration der starken Säuren HNO_3, H_2SO_4, HCl und der basischen Komponenten Ammoniak und Carbonate bestimmt. Das natürliche Gleichgewicht mit CO_2 in der Luft und die Anwesenheit kleinerer Konzentrationen anderer Säuren (z.B. organische Säuren) tragen ebenfalls zur Säure-Base-Balance bei. Die Zusammensetzung des Regenwassers und der resultierende pH-Wert können anhand eines einfachen Beispiels gezeigt werden:

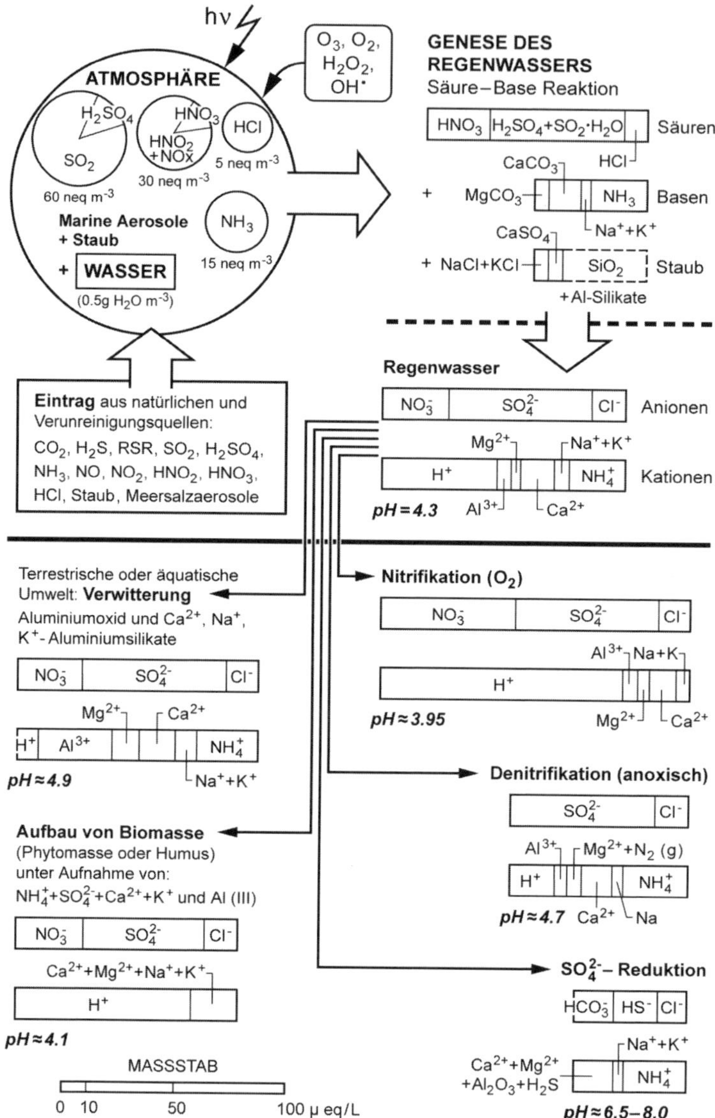

Abb. 2.10: Durch die Oxidation von S und N, hauptsächlich aus fossilen Brennstoffen, entstehen in der Atmosphäre (Gasphase, Aerosole, Wassertröpfchen der Wolken und des Nebels) neben CO_2 S- und N-Oxide, welche nach teilweiser Oxidation zu Säure-Base-Wechselwirkungen führen. Das Ausmass der Aufnahme der verschiedenen gasförmigen Aerosolkomponenten im atmosphärischen Wasser hängt von vielen Faktoren ab (für diese Darstellung wird eine Ausbeute von 50 % für SO_4^{2-} und NO_3^- von 80 % für NH_3 und 100 % für HCl angenommen). Die Entstehung des sauren Regenwassers ist oben rechts als Säure-Base-Titration dargestellt. Veränderungen in der Acidität des Regenwassers bei Reaktionen in der terrestrischen und aquatischen Umwelt sind im unteren Teil der Abbildung wiedergegeben.

Beispiel 2.6: pH im Regenwasser

Die Zusammensetzung eines Regenwassers wird durch die Auflösung folgender Komponenten bestimmt:

2 x 10^{-5} M HNO_3

1.5 x 10^{-5} M H_2SO_4

0.5 x 10^{-5} M HCl

2 x 10^{-5} M NH_3

Welches ist der resultierende pH? (In erster Näherung werden hier die Carbonatspezies vernachlässigt.)

Dieses Beispiel entspricht einer Kombination von Beispiel 2.1 (starker Säure) und Beispiel 2.4 (NH_3). Die Konzentrationen der Ionen als Funktion von pH sind in Abbildung 2.11 dargestellt. Die Anionen der starken Säuren NO_3^-, Cl^- und SO_4^{2-} sind vollständig dissoziiert. Im sauren pH-Bereich ist etwas HSO_4^- vorhanden.

Die Elektroneutralität ist in dieser Lösung gegeben durch:

$$[H^+] + [NH_4^+] = [NO_3^-] + 2\,[SO_4^{2-}] + [HSO_4^-] + [Cl^-] + [OH^-] \quad \text{(i)}$$

H^+ lässt sich in diesem Fall aus der Elektroneutralität ausrechnen:

$$[H^+] = [NO_3^-] + 2\,[SO_4^{2-}] + [HSO_4^-] + [Cl^-] + [OH^-] - [NH_4^+] \quad \text{(ii)}$$

Der pH ergibt sich aus der Elektroneutralitätsbedingung: pH = 4.46. Ohne NH_4^+ wäre der pH = 4.26.

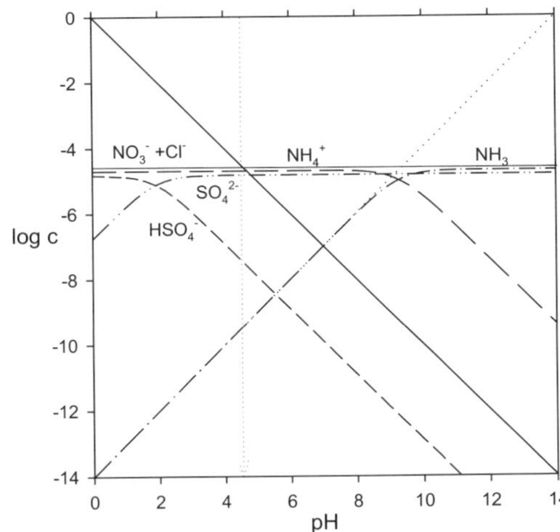

Abb. 2.11: Beispiel für Zusammensetzung und pH eines Regenwassers. Die Elektroneutralität $[H^+] + [NH_4^+] = \Sigma$ Anionen definiert die Zusammensetzung (vertikaler Strich).

Ähnlich wie in diesem Beispiel wird in vielen Fällen der pH des Regenwassers (oder des Nebels) durch das Ausmass der Neutralisierung der starken Säuren durch Ammoniak bestimmt (Abbildung 2.12).

In den meisten Fällen besteht der überwiegende Anteil der Kationen im Regenwasser aus Protonen und Ammoniumionen; die übrigen Kationen (Ca^{2+}, Mg^{2+}, Na^{+}, K^{+} etc.), ergänzen die Ionenbalance. Die Emissionen von SO_2 haben über die letzten Jahrzehnte in Europa und Nordamerika stark abgenommen, wie die Zusammensetzung des Regenwassers in verschiedenen Jahren bezüglich SO_4^{2-} und pH illustriert (Abbildung 2.12).

2.10.2 Nebel

Bei der Bildung des Nebels kondensieren aus wassergesättigter Luft Wassertröpfchen an vorhandenen Aerosolteilchen; dabei können sich Aerosolkomponenten in den Nebeltröpfchen lösen. Die Nebeltröpfchen (ca. 10–50 μm Durchmesser) sind viel kleiner als Regentropfen, und der Flüssigkeitsgehalt des Nebels beträgt grössenordnungsmässig ca. 0.1 g/m^3, so dass im Nebel grössere Konzentrationen zu erwarten sind als im Regen.

Im Gegensatz zu Regenwolken, die oft über Hunderte von Kilometern transportiert werden und dabei aus weiten Gebieten Gase und Aerosole aufnehmen, widerspiegelt die Nebelzusammensetzung eher die lokalen Verhältnisse, da der Nebel meist in tieferen Luftschichten gebildet wird. Die Konzentrationen im Nebel sind 10–100 Mal grösser als im Regenwasser (Abbildung 2.13).

Das Ausmass der Neutralisierung der starken Säuren hängt auch hier wesentlich von der Ammoniakkonzentration ab. Extrem saure pH-Werte bis ca. pH 2 werden beobachtet. Die relativen Konzentrationen von Sulfat, Nitrat und Chlorid unterscheiden sich je nach den örtlichen Verhältnissen stark.

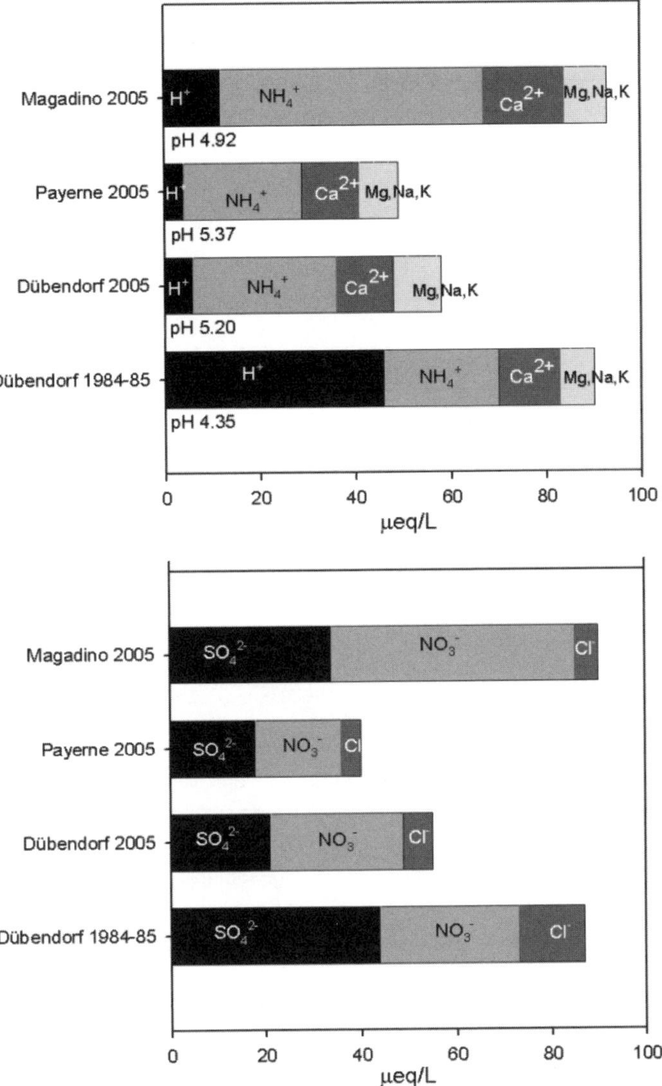

Abb. 2.12: Vergleich einiger Regenanalysen an verschiedenen Stationen in der Schweiz und aus verschiedenen Jahren. Der Vergleich der Analysen in Dübendorf 1984/85 und 2005 illustriert die Änderungen in der Zusammensetzung bezüglich Sulfat und pH (Daten aus NABEL-Programm 2005 *(11)* und Messungen Eawag in Dübendorf 1985).

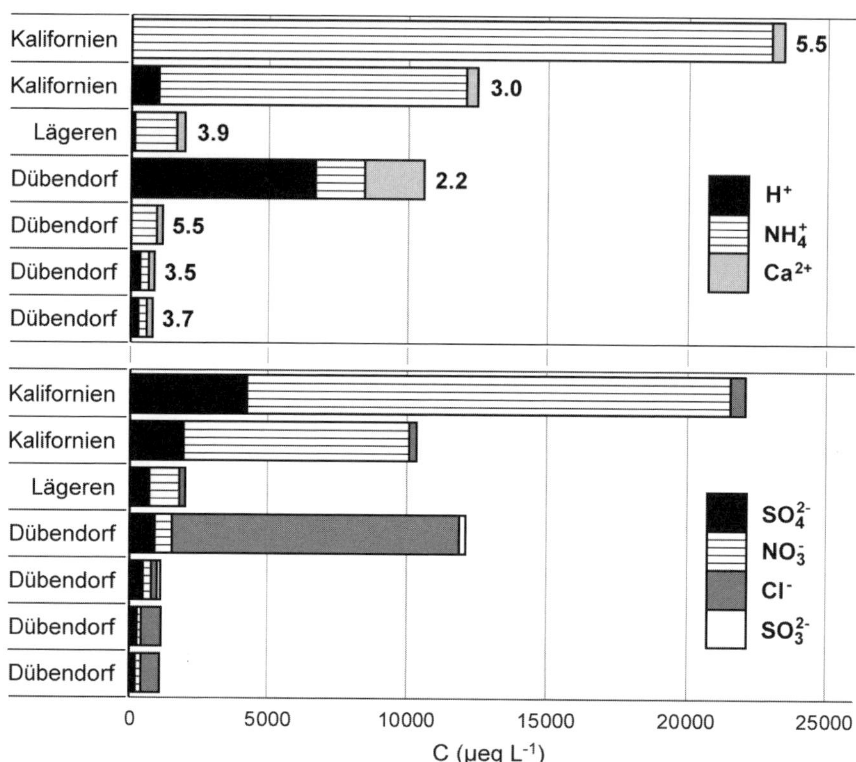

Abb. 2.13: Vergleich der Zusammensetzung einiger Nebelproben aus verschiedenen Gebieten. Bei den Kationen überwiegen H^+ und NH_4^+ (pH ist angegeben), bei den Anionen sind je nach Ort Sulfat, Nitrat oder Chlorid in höheren Konzentrationen vorhanden. Die Nebelproben wurden in Dübendorf (CH, Eawag 1984/85), in Lägeren CH 2001/02 *(12)* und in Kalifornien 1988 *(13)* gesammelt. Man beachte die Unterschiede für Nebel und Regen in der Konzentrationsskala. Bei Regen beträgt die Äquivalentsumme der Ionen 50–100 Mikroequivalente pro Liter, beim Nebel ist die Konzentration der Schadstoffe um ein bis zwei Grössenordnungen grösser (bis ca. 20000 µeq/L).

2.10.3 Saure atmosphärische Depositionen und Auswirkungen der Luftschadstoffe auf terrestrische und aquatische Ökosysteme

Verschiedene Prozesse tragen zur Deposition saurer Komponenten aus der Atmosphäre bei:

– Die *nasse Deposition* erfolgt durch Regen- und Schneefall; dadurch werden gelöste Gase und suspendierte Aerosole an die Vegetationsoberflächen gebracht.

– Nebel- und Wolkentröpfchen, die meistens viel höhere Konzentrationen von Schadstoffen als Regenwasser enthalten, werden durch Nadeln und Blätter eingefangen. Durch teilweise nachträgliche Verdunstung können die Schadstoffe noch aufkonzentriert werden. Die Einträge von Schadstoffen auf die Vegetation durch diese Vorgänge können je nach Standort wesentlich sein.

– *Trockendeposition* erfolgt durch die direkte Absorption von Gasen (SO_2, HNO_3, HCl, NH_3, flüchtige organische Verbindungen etc.) und durch die Impaktion und Interzeption von Aerosolen. Es wurde geschätzt, dass bei Wäldern etwa die Hälfte der Depositionen von SO_4^{2}, NO_3^-, H^+ als Trockendeposition erfolgt. Die Messung der Trockendeposition ist aber mit grossen Schwierigkeiten verbunden, weil das Ausmass der Deposition sehr stark von den Eigenschaften der Rezeptoroberfläche (Vegetationsoberfläche, Wasser, Kunststoffoberfläche etc.) abhängt.

– Die sauren Depositionen können vor allem in kalkarmen Böden den Boden versauern und die Auswaschung der Basenkationen (Ca^{2+}, K^+) bewirken. Das bei tiefem pH freiwerdende Aluminium kann die Baumwurzeln beschädigen.

– Atmosphärische Depositionen bringen grössere Mengen von Schadstoffen, neben den starken Säuren insbesondere Schwermetalle und organische Verunreinigungen, in die Gewässer (s. Kap. 4.5).

Weitergehende Literatur

Bates, R. G. (1973) *Determination of pH. Theory and practice.* Wiley-Interscience.

Bell, R. P. (1974) *Säuren und Basen und ihr quantitatives Verhältnis.* Verlag Chemie.

Butler, J. N. (1998) *Ionic equilibrium, solubility and pH calculations.* Wiley.

De Levie, R. (1999) *Aqueous acid-base equilibria and titrations.* Oxford University Press.

Norton, S. A. and Vesely, J. (2005) Acidification and acid rain. In *Environmental Geochemistry, Vol. 9 (ed. b. Sherwood Lollar).* Elsevier.

Wright, M. R. (2007) *An introduction to aqueous electrolyte solutions.* Wiley.

Übungen

1) Ein Regenwasser enthält folgende Ionen:

   NO_3^- : 2 mg/L (als Nitrat); Cl^- : 0.7 mg/L

   SO_4^{2-} : 3.1 mg/L (als Sulfat); Ca^{2+} : 0.65 mg/L

   Mg^{2+} : 0.1 mg/L; NH_4^+ : 0.6 mg/L (als NH_4^+)

   Na^+ : 0.1 mg/L; K^+ : 0.05 mg/L

   Der gemessene pH beträgt 4.3 ($[H^+] = 5 \times 10^{-5}$ M).

a) Erstelle eine Kationen-Anionen-Balance des Regenwassers (Kationen vs. Anionen als Mikroäquivalente/L).

b) Bis jetzt ist nicht berücksichtigt worden, dass das Regenwasser auch 0.44 mg/L CO_2 enthält. Hat dieses CO_2 einen Einfluss auf die Ionenbalance?

2) Ein Liter Regenwasser enthält 10^{-5} mol HCl, 5x 10^{-6} mol H_2SO_4 und 10^{-5} mol HNO_3, und zusätzlich 10 µmol einer flüchtigen organischen Säure, die eine Aciditätskonstante $K_a = 10^{-6}$ aufweist.

a) Berechne zuerst den pH-Wert, den das Regenwasser haben würde, wenn es nur diese starken Säuren enthielte.

b) Inwiefern beeinflusst die Gegenwart der organischen Säure den pH des Regenwassers (grafische Lösung oder Berechnung)?

c) Wie könnte man die starken (anorganischen) und die schwachen Säuren analytisch unterscheiden?

3) In Fisch-Toxizitätsuntersuchungen hat man bestimmt, dass 0.1 mg NH_3/L (als N) innert einer Stunde zu einer Fischvergiftung führt.

Welches ist der maximal mögliche pH-Wert, den ein Gewässer aufweisen darf, das 2 mg/L Ammonium-Stickstoff ($N_T = [NH_4^+] + [NH_3]$) enthält, ohne eine Fischvergiftung hervorzurufen?

4) Ordne die folgenden reinen Lösungen nach steigendem pH (Konstanten in Tabelle 2.3):

10^{-6} M HCl

10^{-4} M NH_4Cl

10^{-3} M H_3BO_3

H_2O

10^{-4} M NH_3

10^{-5} M NaCl

10^{-4}M NaCN

5) Die dreiprotonige Phosphorsäure (H_3PO_4) hat pK_a-Werte 2.1, 7.2 und 12.3. Wie kann man vorgehen, um daraus Pufferlösungen für pH 2.5 und 7.0 herzustellen?

6) Skizziere die Titrationskurve folgender Systeme qualitativ:

- alkalimetrische Titration von NH_4^+ ($K = 10^{-9.3}$)
- acidimetrische Titration von OCl^- ($K_B = 10^{-6.4}$)
- alkalimetrische Titration von H_2S ($K_1 = 10^{-7}$, $K_2 = 10^{-17.4}$)

7) Welches ist die Gleichgewichtszusammensetzung einer 10^{-5} M NH_4Cl-Lösung?

8) Unterchlorige Säure hat eine Aciditätskonstante von 3 x 10^{-8}. Da HOCl im Gegensatz zu OCl^- die Bakterien effizient abtötet, ist die Desinfektionswirkung pH-abhängig.

a) Skizziere, wie die Desinfektionswirkung einer Chlorlösung vom pH abhängt. Chlor wird als Cl_2 dem Wasser zugegeben und disproportioniert zu unterchloriger Säure und Cl^--Ionen:

$Cl_2 + H_2O \leftrightarrows HOCl + H^+ + Cl^-$

b) Skizziere qualitativ, wie eine Titrationskurve von reiner unterchloriger Säure mit einer starken Base aussehen würde.

9) Ein Regenwasser enthält 30 µM HNO_3, 50 µM H_2SO_4 und 50 µM NH_4^+. Skizziere die Titrationskurve mit NaOH (CO_2 wird vor der Titration ausgeblasen). In welchem pH-Bereich ist dieses Wasser bei der Titration mit Base gepuffert?

10) Wie verändert sich der pH einer 10^{-4} M NH_4Cl Lösung, wenn 10^{-2} M Na_2SO_4 als inerter Elektrolyt zugegeben wird? (Die Güntelberg-Annäherung kann für die Korrektur der Aktivitäten verwendet werden.)

11) In einer Nebelwasserprobe wird pH = 2.8, Sulfat (total) = 1 x 10^{-4} M gemessen. Welcher Anteil des totalen Sulfats ist als HSO_4^- vorhanden?

3 Carbonatgleichgewichte

3.1 Carbonatgleichgewichte als Puffersystem der Gewässer

Der biogeochemische Kreislauf des Kohlendioxids (CO_2) spielt eine zentrale Rolle bei der Auflösung der Gesteine, bei der Zusammensetzung der wichtigsten Ionen in den Gewässern und beim Aufbau der Biota (s. Kap.11 für den globalen CO_2-Kreislauf). Die Reaktionen von CO_2 mit den Gesteinen ergeben globale Säure-Base-Reaktionen, die zur Regulation vieler Elemente in der Atmosphäre, in den Ozeanen und in Gewässern beitragen. Bei der Fotosynthese in der aquatischen und terrestrischen Biota wird CO_2 gebunden und beim Abbau der Biota wieder an die Atmosphäre abgegeben. Die Ausfällung von Calciumcarbonat in den Ozeanen und in Seen ist ein wesentlicher Teil des Kohlenstoffkreislaufs. Bekanntlich ist durch die Verbrennung der fossilen Brennstoffe der Kohlendioxidanteil in der Atmosphäre in den letzten Jahrzehnten stark angestiegen. CO_2 als Treibhausgas ist von entscheidender Bedeutung für die Erderwärmung. Die Reaktionen des CO_2 mit dem Wasser der Ozeane spielen dabei eine wesentliche Rolle für die Regulierung des CO_2-Gehalts in der Atmosphäre.

In diesem Kapitel wird das Carbonatsystem in den Gewässern behandelt, d.h. die Reaktionen bei der Auflösung von CO_2 im Wasser, die Säure-Base-Reaktionen der Kohlensäure H_2CO_3 und die Auflösung und Fällung von Calciumcarbonat (Abbildung 3.1). Das Wasser ist im Kontakt einerseits mit dem gasförmigen CO_2 und andererseits mit dem festen Calciumcarbonat. Aus diesen Reaktionen ergeben sich die Konzentrationen der gelösten Spezies ($CO_2.H_2O$, H_2CO_3, HCO_3^-, CO_3^{2-}, Ca^{2+}, H^+, OH^-). Das Carbonatsystem ist das wichtigste Puffersystem der natürlichen Gewässer, das den pH und die Pufferkapazität bestimmt. Die Carbonatgleichgewichte unter verschiedenen Bedingungen dienen als Modelle für die Zusammensetzung der natürlichen Gewässer, nämlich der Seen, Flüsse, Grundwässer und des Meerwassers, bezüglich des pH und der Konzentrationen der mengenmässig wichtigsten Anionen und Kationen.

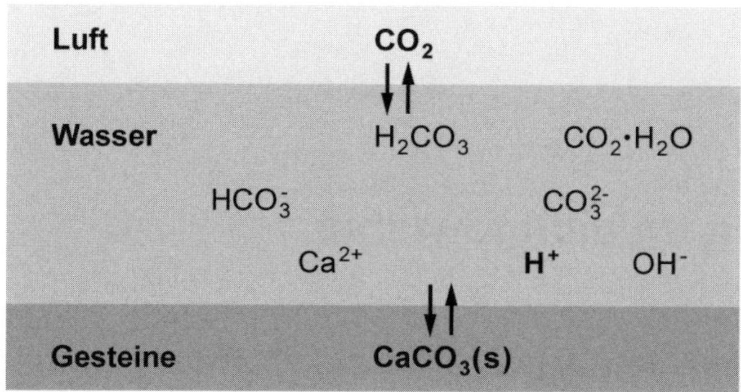

Abb.3.1: Schema der Gleichgewichte im Carbonatsystem. Die Gleichgewichte des Wassers mit dem gasförmigen CO_2 und dem festen Calciumcarbonat regulieren die Konzentrationen von $CO_2.H_2O$, H_2CO_3, HCO_3^-, CO_3^{2-}, Ca^{2+}, H^+, OH^-.

Die Gleichgewichte im Carbonatsystem werden quantitativ behandelt, um die Zusammensetzung der Lösungen unter verschiedenen Bedingungen zu berechnen. Die Säure-Base-Reaktionen sind sehr schnell, und das Gleichgewicht kann hier angenommen werden. In anderen Kapiteln wird die Kinetik einiger Reaktionen betrachtet, die sich langsamer einstellen, insbesondere des Austausches Gas–Wasser und der Auflösung des Calciumcarbonats.

Die wichtigsten Reaktionen mit den Gleichgewichtskonstanten bei verschiedenen Temperaturen sind in Tabelle 3.1 angegeben. Diese Reaktionen sind:

- Auflösung von CO_2 im Wasser:

$$CO_2(g) + H_2O \leftrightarrows H_2CO_3^* \quad (1)$$

$H_2CO_3^*$ ist die Summe des gelösten CO_2, bestehend aus $CO_2(aq)$ und „wahrer" Kohlensäure H_2CO_3:

$$[H_2CO_3^*] = [CO_2(aq)] + [H_2CO_3] \quad (2)$$

$$K_H = \frac{[H_2CO_3^*]}{p_{CO_2}} \quad (3)$$

wobei die hier angegebenen Werte für p_{CO2} in atm und $[H_2CO_3^*]$ in mol/L gelten. Diese Konstante ist eine Henry-Konstante für die Auflösung eines Gases im Wasser.

- Säure-Base-Reaktionen der Kohlensäure mit den beiden Säurekonstanten:

$$H_2CO_3^* \leftrightarrows H^+ + HCO_3^- \quad K_1 \quad (4)$$

$$HCO_3^- \leftrightarrows H^+ + CO_3^{2-} \quad K_2 \quad (5)$$

$$K_1 = \frac{[HCO_3^-][H^+]}{[H_2CO_3^*]} \qquad (6)$$

$$K_2 = \frac{[CO_3^{2-}][H^+]}{[HCO_3^-]} \qquad (7)$$

- Löslichkeit des Calciumcarbonats mit dem Löslichkeitsprodukt

$CaCO_3(s) \leftrightarrows Ca^{2+} + CO_3^{2-}$ K_{s0} (8)

$K_{s0} = [Ca^{2+}]\,[CO_3^{2-}]$, (9)

wobei im Löslichkeitsprodukt die Aktivität der reinen festen Phase als 1 eingeht.

Tab. 3.1: Gleichgewichtskonstanten für Carbonatgleichgewichte und $CaCO_3$-Auflösung ($I \rightarrow 0$)

		–log K					
		5 °C	10 °C	15 °C	20 °C	25 °C	40 °C
$CaCO_3(s)$	$\leftrightarrows Ca^{2+} + CO_3^{2-}$	8.35	8.36	8.37	8.39	8.42	8.53
$CaCO_3(s) + H^+$	$\leftrightarrows HCO_3^- + Ca^{2+}$	–2.22	–2.13	–2.06	–1.99	–1.91	–1.69
$CO_2(g) + H_2O$	$\leftrightarrows H_2CO_3^*$	1.20	1.27	1.34	1.41	1.47	1.64
$H_2CO_3^*$	$\leftrightarrows H^+ + HCO_3^-$	6.52	6.46	6.42	6.38	6.35	6.30
HCO_3^-	$\leftrightarrows H^+ + CO_3^{2-}$	10.56	10.49	10.43	10.38	10.33	10.22

3.2 Offenes und geschlossenes Carbonatsystem; Modellsysteme

Bei der Behandlung der Carbonatgleichgewichte muss zwischen dem offenen und dem geschlossenen System unterschieden werden. Bei einem offenen System besteht Austausch zwischen dem Wasser und seiner Umgebung, insbesondere mit der Gasphase. Im offenen System ist das Wasser im Kontakt mit einem unendlichen Reservoir an CO_2 in der Gasphase. CO_2 löst sich im Wasser entsprechend den Gleichgewichten als Funktion des pH.

Im geschlossenen System findet kein Austausch zwischen Wasser- und Gasphase statt und die Gesamtkonzentration der Carbonatspezies ist konstant. In diesem Fall wird die Kohlensäure wie eine nicht-flüchtige 2-protonige Säure behandelt (s. Kap. 2).

„Geschlossene" und „offene" Systeme sind ideale Modelle, mit denen reale Systeme näherungsweise beschrieben werden. Ein Fluss im Austausch mit der Atmosphäre wird eher als offenes System modelliert, während ein Grundwasser oder ein Wasser in einem Leitungsnetz in erster Annäherung behandelt werden kann, wie wenn es geschlossen wäre. In einem See sind die obersten Wasserschichten im Austausch mit der Atmosphäre (offen); tiefe Wasserschichten können hingegen während der Stagnationszeit kaum mit der Atmosphäre austauschen (geschlossen). Ebenso wird ein Wasser, das im Labor titriert wird, häufig während der kurzen Zeit wenig CO_2 mit der Umgebung austauschen und wird dementsprechend eher als geschlossenes System modelliert.

Die folgenden Modellsysteme werden betrachtet:

- Regenwasser: offenes System mit CO_2, H_2O; p_{CO2} der Atmosphäre: 3.7 x 10^{-4} atm

- Fluss- oder Seewasser: offenes System mit $CaCO_3(s)$, CO_2, H_2O; p_{CO2} der Atmosphäre: 3.7 x 10^{-4} atm

- Grundwasser: offenes System mit $CaCO_3(s)$, CO_2, H_2O; $p_{CO2} > p_{CO2}$ der Atmosphäre

- Wasser ohne Austausch mit der Atmosphäre: geschlossenes System mit konstanter H_2CO_3*(total)-Konzentration.

3.2.1 Das offene System – Wasser im Gleichgewicht mit dem CO_2 der Gasphase

Modell für Regenwasser

Als pristines Regenwasser wird Regenwasser in einer reinen Atmosphäre bezeichnet, in welcher seine Zusammensetzung nur durch das Gleichgewicht mit Kohlendioxid bestimmt wird (keine zusätzliche Säure oder Base).

Wasser wird zuerst ins Gleichgewicht mit dem CO_2 der Atmosphäre gesetzt. Welche ist die Zusammensetzung eines Wassers im Gleichgewicht mit dem CO_2 der Atmosphäre (3.7 x 10^{-4} atm)?

Folgende Spezies stehen im Gleichgewicht in Lösung: $H_2CO_3^*$, HCO_3^-, CO_3^{2-}, H^+, OH^-. Um die Konzentration dieser 5 Spezies auszurechnen, stehen folgende 5 Gleichungen zur Verfügung:

- Konstanten K_H, K_1, K_2 (Gl. (3), (6), (7))

- Ionenprodukt des Wassers:

$$K_w = [H^+]\,[OH^-] \qquad (10)$$

- Ladungsbilanz:

$$[H^+] = [HCO_3^-] + 2\,[CO_3^{2-}] + [OH^-] \qquad (11)$$

Daraus lassen sich im Prinzip die Konzentrationen aller Spezies berechnen. Zur besseren Übersicht werden die Konzentrationen aller Spezies in einem log-log-Diagramm als Funktion des pH dargestellt (Abbildung 3.2). Dieses Diagramm zeigt, wie sich die Konzentrationen der einzelnen Spezies mit dem pH verändern. Die Zusammensetzung des Wassers im Gleichgewicht mit CO_2 ergibt sich aus der Bedingung der Ladungsbilanz (11), die vereinfacht werden kann zu:

$[H^+] \approx [HCO_3^-]$ (11a), d.h. der Kreuzungspunkt der H^+ und der HCO_3^- -Linien.

An diesem Punkt kann die Zusammensetzung der Lösung abgelesen werden:

pH = 5.6

$[H_2CO_3^*] = 1.2 \times 10^{-5}$ M

$[HCO_3^-] = 2.3 \times 10^{-6}$ M

$[CO_3^{2-}] = 4.6 \times 10^{-11}$ M

Diese Zusammensetzung sollte im Wasser beobachtet werden, das nur mit dem Kohlendioxid der Atmosphäre im Gleichgewicht steht, d.h. im sauberen Regenwasser ohne weitere Säuren oder Basen.

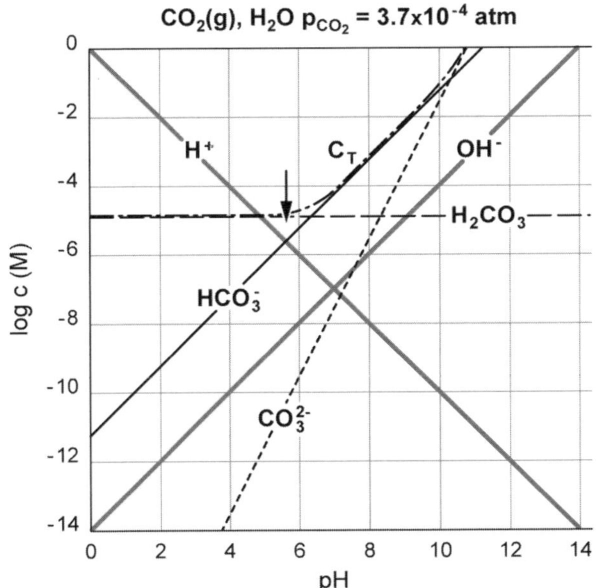

Abb. 3.2: Carbonatspezies im Gleichgewicht mit dem CO_2 der Atmosphäre. Die Zusammensetzung ohne zusätzliche Säuren oder Basen ist durch den Pfeil angegeben. Die gestrichelte Linie gibt die totale Carbonatkonzentration C_T an.

Konstruktion der Abbildung 3.2

Aus K_H folgt:

$$\log [H_2CO_3^*] = \log K_H + \log p_{CO2}$$

$$= -1.47 + -3.43 = -4.90 \qquad (12)$$

Diese Linie kann als „horizontale" Linie eingezeichnet werden. Die Konstanz des $[H_2CO_3^*]$ bedeutet, dass bei Gleichgewicht mit der Atmosphäre die Kohlensäurekonzentration unabhängig vom pH ist.

Die HCO_3^--Konzentration ergibt sich aus Gleichung (6) (und in Kombination mit Gleichung (12)):

$$[HCO_3^-] = (K_1/[H^+])\,[H_2CO_3^*] \qquad (13)$$

$$\log [HCO_3^-] = \log K_1 + pH + \log [H_2CO_3^*] \qquad (14)$$

$$= -6.35 + pH - 4.90 \qquad (15)$$

Aus Gleichung (14) folgt, dass d log $[HCO_3^-]$ / d pH = +1 und dass log $[HCO_3^-]$ = log $[H_2CO_3^*]$ wenn pH = –log K_1 = pK_1 ist. Das heisst, dass die Linie für log $[HCO_3^-]$ im doppelt logarithmischen Diagramm (mit gleichen Abszissen- und Ordinatenskalen) vs pH eine Steigung von +1 hat und die Linie für log $[H_2CO_3^*]$ bei pH = pK_1 schneidet. Ähnlich ergibt sich für CO_3^{2-} aus Gleichung (7):

$$\log [CO_3^{2-}] = \log (K_2 / [H^+]) + \log [HCO_3^-] \qquad (16)$$

und in Kombination mit (6):

$$\log [CO_3^{2-}] = \log (K_1K_2 / [H^+]^2) + \log [H_2CO_3^*] \qquad (17)$$

$$= \log K_2 + \log K_1 + 2\,pH + \log [H_2CO_3^*]$$

$$= -10.33 - 6.35 + 2\,pH - 4.90$$

d.h. die Linie für log $[CO_3^{2-}]$ vs pH ist gegeben durch eine Gerade mit Neigung +2 und einen Schnittpunkt mit der log $[H_2CO_3^*]$-Linie bei 2 pH = pK_1 + pK_2 oder pH = 8.3.

Mit Gleichung (10) sind die Linien für log $[H^+]$ und log $[OH^-]$ definiert. Die Linien im doppelt-logarithmischen Diagramm (entsprechend Gleichungen (1, 4, 5)) entsprechen jedem natürlichen Wasser im Gleichgewicht mit dem CO_2 der Atmosphäre. Falls keine Säure oder Base dem System zugefügt sind (z.B. „pristines" Regenwasser), gelten die Bedingungen der Ladungsneutralität (Gleichung (11)). Bei Zugabe von Säure (z.B. HNO_3 oder H_2SO_4 aus atmosphärischen Verunreinigungen oder von Base, z.B. NH_3) ergeben sich andere pH-Werte und entsprechende Konzentrationen der übrigen Spezies.

Die Gesamtkonzentration der gelösten Carbonatspezies ist gegeben durch:

$$C_T = [H_2CO_3^*] + [HCO_3^-] + [CO_3^{2-}] \qquad (18)$$

Diese Gesamtkonzentration hängt im offenen System vom pH ab (Abbildung 3.2).

Bei Zugabe von Säure oder Base ändert sich die Ladungsbilanz (11) und somit der pH. Bei Zugabe einer Säure wird die Ladungsbilanz durch das entsprechende Anion ergänzt, z.B. für HCl:

$$[H^+] = [HCO_3^-] + 2\,[CO_3^{2-}] + [OH^-] + [Cl^-] \qquad (19)$$

Die Protonenbilanz TOTH ist dann:

$$TOTH = [H^+] - [HCO_3^-] - 2\,[CO_3^{2-}] - [OH^-] = [Cl^-] \qquad (20)$$

D.h. bei Zugabe einer Säure sind Protonen zusätzlich zum CO_2-System vorhanden.

Bei Zugabe einer Base, z.B. NaOH, ergibt sich:

$$[Na^+] + [H^+] = [HCO_3^-] + 2\,[CO_3^{2-}] + [OH^-] \qquad (21)$$

$$[Na^+] = [HCO_3^-] + 2\,[CO_3^{2-}] + [OH^-] - [H^+] \qquad (22)$$

Die Summe $[HCO_3^-] + 2\,[CO_3^{2-}] + [OH^-] - [H^+]$ ist die Summe der Basen und wird als Alkalinität oder Säureneutralisierungskapazität bezeichnet (s. Kap. 3.3).

Jedes natürliche Wasser im Gleichgewicht mit dem CO_2 der Atmosphäre kann im Sinne der Abbildung 3.2 verstanden werden als ein Wasser, das mit dem CO_2 im Gleichgewicht steht und das sowohl mit Basen (den Basen der Gesteine) und mit Säuren (HCl, HNO_3, H_2SO_4) reagiert hat. Typischerweise enthält Regenwasser zusätzliche Säuren und Süsswasser zusätzliche Basen.

Tableau

Die Beziehungen des offenen CO_2-Gleichgewichtssystems können auch übersichtlich mit Hilfe eines Tableaus dargestellt werden, wobei H^+ und $CO_2(g)$ als Komponenten gewählt werden.

Tableau 3.1: Offenes CO_2-System

Komponenten:		$CO_2(g)$	H^+	log K (25 °C)
Spezies:	$H_2CO_3^*$	1	0	−1.5
	HCO_3^-	1	−1	−7.8
	CO_3^{2-}	1	−2	−18.1
	OH^-	0	−1	−14.0
	H^+	0	1	0
Zusammensetzung:		$p_{CO2} = 10^{-3.43}$ atm	0	

Mol-Balance:

$$TOTH = [H^+] - [OH^-] - [HCO_3^-] - 2\,[CO_3^{2-}] = 0$$

d.h. Die Summe der Protonen ist 0, es sind keine weiteren Säuren oder Basen vorhanden.

Da p_{CO2}, der Partialdruck von CO_2, konstant ist, ist die totale Carbonatkonzentration TOT-CO_2 vorerst unbekannt.

Die Konstanten für die Gleichgewichte ergeben sich aus den oben angegebenen Gleichgewichten (1), (4), (5), (8) und der Kombination der Konstanten. Beispielweise ist für CO_3^{2-}:

$$CO_2\,(g) + H_2O \leftrightarrows CO_3^{2-} + 2\,H^+ \qquad K_HK_1K_2 = 10^{-18.1}$$

aus der Kombination der Konstanten K_H, K_1 und K_2.

3.2.2 Die Auflösung von $CaCO_3$(s)(Calcit) im offenen System: Modell für See- und Flusswasser

Die Auflösung von Calciumcarbonat im Gleichgewicht mit dem CO_2 der Atmosphäre wird als Modell für See- und Flusswasser betrachtet. Mehr als 80% der gelösten Bestandteile eines typischen Sees in kalkhaltiger Umgebung lassen sich durch die Carbonat-Gleichgewichte und die Auflösung des Kalks ($CaCO_3$(s), Calcit) erklären:

$$CaCO_3(s) + CO_2(g) + H_2O \leftrightarrows Ca^{2+} + 2\,HCO_3^- \qquad (23)$$

Dazu wird das offene System im Gleichgewicht mit $CaCO_3$(s) und CO_2(g) betrachtet, d.h. $CaCO_3$(s) und CO_2(g) stehen unbeschränkt zur Auflösung zur Verfügung.

Zusätzlich zu den oben berücksichtigten Gleichgewichten wird das Löslichkeitsprodukt von $CaCO_3$(s) einbezogen:

$$CaCO_3(s) \leftrightarrows Ca^{2+} + CO_3^{2-} \qquad K_{s0} \qquad (8)$$

Folgende Spezies sind in Lösung vorhanden: Ca^{2+}, H^+, HCO_3^-, CO_3^{2-}, OH^-, $H_2CO_3^*$. Die Konzentrationen dieser 6 Spezies können aufgrund der folgenden Gleichgewichte berechnet werden:

Konstanten K_H, K_1, K_2 (Gl. (3), (6), (7))

Löslichkeitsprodukt K_{s0} (Gl. 8)

Ionenprodukt des Wassers:

$$K_w = [H^+]\,[OH^-] \qquad (10)$$

Ladungsbilanz:

$$2\,[Ca^{2+}] + [H^+] = [HCO_3^-] + 2\,[CO_3^{2-}] + [OH^-] \qquad (24)$$

Dieses System wird auch durch Tableau 3.2 definiert, in dem alle Spezies und Komponenten aufgeführt sind.

Tableau 3.2: Offenes CO_2-System mit $CaCO_3(s)$

Komponenten:		$CaCO_3(s)$	$CO_2(g)$	H^+	log K (25 °C)
Spezies:	$H_2CO_3^*$		1	0	−1.5
	HCO_3^-		1	−1	−7.8
	CO_3^{2-}		1	−2	−18.1
	Ca^{2+}	1	−1	2	9.8
	OH^-		0	−1	−14.0
	H^+		0	1	0
Zusammensetzung:		$\{CaCO_3\} = 1$	$p_{CO2} = 10^{-3.43}$ atm	0	

Wie unter 3.2.1 werden die Konzentrationen der verschiedenen Spezies im log-log-Diagramm dargestellt (Abbildung 3.3). Die Linie für Ca^{2+} ergibt sich aus dem Löslichkeitsprodukt:

$$\log [Ca^{2+}] = \log K_{s0} - \log [CO_3^{2-}] \qquad (25)$$

Nach Kombination mit Gl. (17):

$$\log [Ca^{2+}] = \log K_{s0} - \log K_2 - \log K_1 - 2\,pH - \log [H_2CO_3^*] \qquad (26)$$

Die Linie für log $[Ca^{2+}]$ hat deshalb eine Steigung von -2 mit dem pH. Die Linie für log $[Ca^{2+}]$ muss die Linie log $[CO_3^{2-}]$ schneiden bei $[Ca^{2+}] = [CO_3^{2-}] = (K_{S0})^{1/2}$.

Die 6 Geraden ergeben die Gleichgewichts-Zusammensetzung für jedes Wasser, das mit der Atmosphäre und festem Calcit ($CaCO_3$) in Kontakt ist; die Veränderung des pH wird durch Zugabe von Säure oder Base hervorgerufen.

Die Ladungsbalance der Gleichung (24) entspricht der Zusammensetzung eines Gleichgewichtssystems, das nur aus CO_2(Gas), H_2O, und $CaCO_3(s)$ besteht. Die Ladungsbalance ist vereinfacht:

$2\,[Ca^{2+}] \cong [HCO_3^-]$ oder $\log [Ca^{2+}] = \log [HCO_3^-] - 0.3$.

Am Punkt, an dem diese Ladungsbilanz erfüllt ist (s. Pfeil im Diagramm), lässt sich die Zusammensetzung ablesen:

pH = 8.25

$[H_2CO_3^*] = 1.2 \times 10^{-5}$ M

$[HCO_3^-] = 1.0 \times 10^{-3}$ M

$[Ca^{2+}] = 5.0 \times 10^{-4}$ M

$[CO_3^{2-}] = 9 \times 10^{-6}$ M

Diese Zusammensetzung dient als Modell für die Zusammensetzung von Flüssen und Seen.

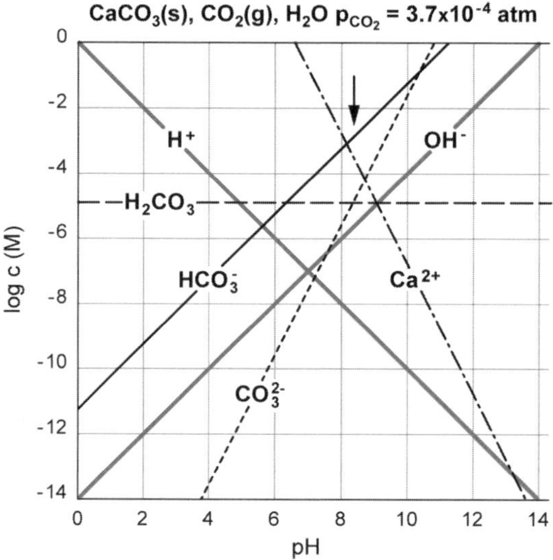

Abb. 3.3: Die pH-Abhängigkeit der Konzentration der Carbonatspezies in einem offenen Gleichgewichtssystem CO_2(g) ($p_{CO2} = 10^{-3.43}$ atm), H_2O(l) und $CaCO_3$(s) (Calcit). Falls keine Säure oder Base zugegeben wird, wird die Gleichgewichtszusammensetzung entlang des eingezeichneten Pfeils abgelesen.

3.2.3 Grundwasser: erhöhter CO_2-Partialdruck

Grundwasser entsteht im Allgemeinen durch die Versickerung von Niederschlägen durch den Boden und die wasserungesättigte Zone (s. Kap.12). Als Tropfen oder Wasserfaden versinkt es im wasserungesättigten Boden (Bodenwasser) und erreicht nach unterschiedlich langer Aufenthaltszeit den Grundwasserspiegel. Der wasserungesättigte Untergrundbereich umfasst den Boden sowie gegebenenfalls darunterliegende Deckschichten und den wasserungesättigten Teil des Grundwasserleiters bis zur Grundwasseroberfläche. Gemeinsam ist in diesem Bereich das Vorkommen von festen Untergrundmaterialien, Haft- und Kapillarwasser und von Grundluft. Letztere enthält weniger Sauerstoff, dafür wegen biologischer Abbauprozesse mehr Kohlendioxid als die Atmosphäre. Der Kohlendioxidgehalt der Grundluft steigt auf das Zehn- bis Hundertfache der Aussenluft an. Zwischen der Grundluft und dem Grundwasser und den im Grundwasserträger enthaltenen Mineralien, insbesondere Calcit, herrscht oft annähernd ein Gleichgewicht.

Als Beispiel wird die Zusammensetzung eines Wassers im Gleichgewicht mit einem hundertfach höheren CO_2-Partialdruck (p_{CO2}= 0.03 atm) und mit $CaCO_3$(s) berechnet werden.

Die Berechnung wird für T = 10 °C gemacht und für die Ionenstärke I = 0.01 M. Die Konstanten aus Tabelle 3.1. werden dementsprechend mit Hilfe der Aktivitätskoeffizienten korrigiert. Aktivitätskoeffizienten werden für HCO_3^-, CO_3^{2-}, und Ca^{2+} eingeführt ($\{H^+\}$ ist schon als Aktivität in diesen Konstanten). Die Konstanten werden wie folgt korrigiert:

$$\log {}^cK_1 = \log K_1 - \log f_{HCO3-} \qquad (27)$$

$$\log {}^cK_2 = \log K_2 + \log f_{HCO3-} - \log f_{CO32-} \qquad (28)$$

$$\log {}^cK_{s0} = \log K_{s0} - \log f_{Ca2+} - \log f_{CO32-} \qquad (29)$$

Mit $\log f = -AZ^2 \dfrac{\sqrt{I}}{1+\sqrt{I}}$ (Güntelberg-Gleichung aus Kap. 2.9) erhält man (10 °C):

$\log {}^cK_1 = -6.41$, $\log {}^cK_2 = -10.35$, $\log {}^cK_{s0} = -8.00$

Aus einer grafischen Methode ähnlich wie Abbildung 3.3 oder aus einer Berechnung mit Hilfe des Computers erhält man die folgenden Konzentrationen:

pH = 7.01

$[HCO_3^-] = 6.4 \times 10^{-3}$ M

$[Ca^{2+}] = 3.2 \times 10^{-3}$ M

$[CO_3^{2-}] = 3.1 \times 10^{-6}$ M

Alkalinität = 6.4×10^{-3} M

$[H_2CO_3^*] = 1.61 \times 10^{-3}$ M

$I = 9.6 \times 10^{-3}$ M

Eine hundertfache Erhöhung des CO_2-Partialdruckes führt zu einer signifikanten Erhöhung der Härte und der Alkalinität und zu einem tieferen pH. Ohne Berücksichtigung von Effekten der ionalen Stärke und der Temperatur würde durch eine hundertfache Erhöhung des CO_2-Partialdruckes eine Erhöhung von $[Ca^{2+}]$ und $[HCO_3^-]$ um einen Faktor von etwa $(100)^{1/3}$= 4.6 erfolgen.

3.2.4 Vergleich mit der Zusammensetzung natürlicher Gewässer

Einige typische Zusammensetzungen von Flüssen und Grundwasser im kalkhaltigen Gebiet sind in Abbildung 3.4 dargestellt. Die Ca^{2+}-Konzentrationen sind im Bereich von 1.0–2.0 mmol/L und die Alkalinität (zur Hauptsache aus HCO_3^- bestehend, s. unten) im Bereich 1.5–6 mmol/L. Diese Konzentrationen sind in der Grössenordnung der oben berechneten Konzentrationen. Die Konzentrationen in den Oberflächengewässern liegen häufig etwas höher als im Gleichgewicht mit dem CO_2 der Atmosphäre berechnet, was sich durch erhöhtes CO_2 in den Gewässern wegen biologischer Abbauprozesse und durch Einträge aus Grundwasser erklären lässt.

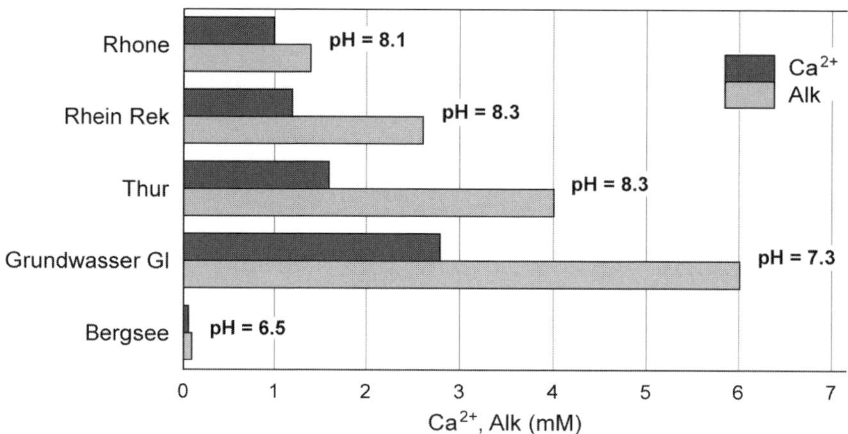

Abb. 3.4: Ca, Alkalinität und pH in einigen Gewässern. Rhone, Rhein in Rekingen und Thur sind Flüsse in kalkhaltigen Gebieten. Das Grundwasser (Glattgebiet, tiefes Grundwasser) ist ebenfalls aus einem kalkhaltigen Gebiet. Im Gegensatz dazu ist der Bergsee ein Beispiel für ein Gewässer ohne Kalk im Einzugsgebiet.

In Abbildung 3.5 sind die HCO_3^-- und Ca^{2+}-Konzentrationen in einigen grossen Flüssen der Welt aufgetragen. Die ausgezogenen Linien entsprechen der Elektroneutralität in diesen Flüssen:

$$2\,[Ca^{2+}] \cong [HCO_3^-]$$

Die Löslichkeit des $CaCO_3(s)$ ist gemäss Gl. (23) aufgetragen:

$$CaCO_3(s) + CO_2(g) + H_2O \leftrightarrows Ca^{2+} + 2\,HCO_3^- \qquad (23)$$

Die Konstante für dieses Gleichgewicht kann geschrieben werden als:

$$\frac{[Ca^{2+}][HCO_3^-]^2}{p_{CO_2}} = K_{s0}K_H K_1 (K_2)^{-1} = 10^{-5.8} \qquad (30)$$

In einem log $[HCO_3^-]$ vs. log $[Ca^{2+}]$-Diagramm ergibt sich für jeden p_{CO2} eine Gerade mit einer Neigung von d log $[HCO_3^-]$ / d log $[Ca^{2+}] = -0.5$.

Offensichtlich sind viele salzarme Flüsse gegenüber $CaCO_3$ untersättigt; viele andere Flüsse erreichen aber eine Sättigung bei CO_2-Partialdrücken zwischen $10^{-3.5}$ und 10^{-2} atm. Wegen der organischen Belastung der Flüsse (Respiration organischen Materials zu CO_2) und des

Zutritts von Grundwasser mit höherem p_{CO2} sind viele Flüsse durch einen höheren p_{CO2}-Druck als denjenigen in der Atmosphäre charakterisiert.

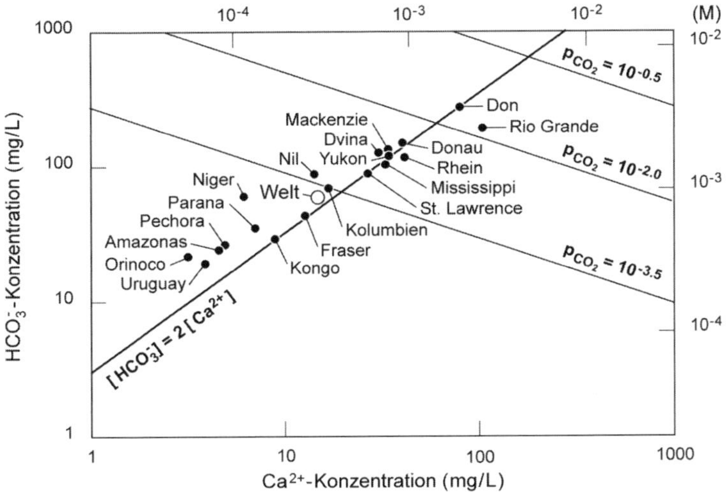

Abb. 3.5: Die Beziehungen zwischen den Konzentrationen von HCO_3^- und Ca^{2+} für verschiedene Flüsse der Welt. Viele Flüsse sind einerseits durch die Elektroneutralität 2 $[Ca^{2+}] \cong [HCO_3^-]$ und andererseits durch die Sättigung mit $CaCO_3$ (Calcit) charakterisiert; der damit im Gleichgewicht stehende Partialdruck von CO_2 ist aber häufig höher als in der Atmosphäre (modifiziert von *(14)*).

3.2.5 Das geschlossene Carbonatsystem

Das geschlossene Carbonatsystem beschreibt die Reaktionen der Kohlensäure, wenn kein Austausch mit der Gasphase stattfindet. Dieses Modell wird für Systeme verwendet, die nur beschränkten Kontakt mit der Gasphase haben, wie zum Beispiel tiefe Wasserschichten in einem See oder Wasser in einem Leitungsnetz. Das geschlossene System ist nützlich, um die Titration eines Wassers zur Bestimmung der Alkalinität zu verstehen, wobei nur begrenzter Austausch mit der Gasphase stattfindet.

In einem geschlossenen Carbonatsystem ist die Gesamtsumme des anorganischen Kohlenstoffs konstant. Wenn sich das geschlossene System auf die wässrige Phase bezieht, bedeutet das, dass das $H_2CO_3^*$ als eine nicht-flüchtige Säure betrachtet wird, und dass gegenüber der Atmosphäre kein CO_2 ausgetauscht wird (Abbildung 3.6). Es besteht eine konstante Mol-Balance für die Carbonatspezies in Lösung:

$$TOTC = C_T = [H_2CO_3^*] + [HCO_3^-] + [CO_3^{2-}] \quad (31)$$

Fünf Spezies, $H_2CO_3^*$, HCO_3^-, CO_3^{2-}, H^+ und OH^-, stehen miteinander im Gleichgewicht. Es braucht fünf Gleichungen um das System zu definieren, nämlich die Konstanten K_1, K_2, K_w, die Molbalance und die Protonenbilanz.

Konstruktion eines doppelt-logarithmischen Gleichgewichts-Diagramms für ein 10^{-3} M-Carbonatsystem

Spezies: $H_2CO_3^*$, HCO_3^-, CO_3^{2-}, H^+ und OH^-

Gleichgewichtskonstanten: K_1, K_2, K_w, s. Gl. (6), (7), (10)

Mol-Balance:

$$\mathrm{TOTC} = C_T = [H_2CO_3^*] + [HCO_3^-] + [CO_3^{2-}] = 10^{-3}\,\mathrm{M} \qquad (32)$$

Ladungsbalance oder Protonenbalance (Referenz: $H_2CO_3^*$, H_2O) je nachdem, wie das System zusammengesetzt ist. Z.B. gilt für die Protonenbalance (entsprechend der Elektroneutralität), wo C_B die Konzentration der Basen und C_A die Konzentration der Säuren ist:

$$-\mathrm{TOTH} = [HCO_3^-] + 2\,[CO_3^{2-}] + [OH^-] - [H^+] = C_B - C_A \qquad (33)$$

Gleichung (32) wird mit Hilfe der Gleichgewichtskonstanten (6) und (7) umgeformt zu:

$$c_T = [H_2CO_3^*]\left(1 + \frac{K_1}{[H^+]} + \frac{K_1K_2}{[H^+]^2}\right) = [H_2CO_3^*]\alpha_0^{-1} \qquad (34)$$

$$c_T = [HCO_3^-]\left(\frac{[H^+]}{K_1} + 1 + \frac{K_2}{[H^+]}\right) = [HCO_3^-]\alpha_1^{-1} \qquad (35)$$

$$c_T = [CO_3^{2-}]\left(\frac{[H^+]^2}{K_1K_2} + \frac{[H^+]}{K_2} + 1\right) = [CO_3^{2-}]\alpha_2^{-1} \qquad (36)$$

Die Ausdrücke in Klammern auf der rechten Seite der Gleichungen (34)–(36) wurden jeweils α_0^{-1}, α_1^{-1} und α_2^{-1} gleichgesetzt (vgl. Kapitel 2, Gleichungen (27)–(29)). Diese α-Werte geben die pH-Abhängigkeit der Carbonatspezies wieder, so dass:

$$[H_2CO_3^*] = C_T\,\alpha_0 \qquad (37)$$

$$[HCO_3^-] = C_T\,\alpha_1 \qquad (38)$$

$$[CO_3^{2-}] = C_T\,\alpha_2 \qquad (39)$$

Die Gleichungen (34)–(36) und (37)–(39) können wiederum in einem doppeltlogarithmischen Graph als lineare Asymptoten in verschiedenen Bereichen des pH aufgetragen werden (Abb. 3.6a). Z.B. gelten für die Gleichung (35) innerhalb folgender pH-Bereiche die Beziehungen:

I: $\mathrm{pH} < \mathrm{p}K_1 < \mathrm{p}K_2$; $\log\,[H_2CO_3^*] = \log C_T$ (40)

$d\,(\log\,[H_2CO_3^*]) \,/\, d\,\mathrm{pH} = 0$ (41)

II: $\mathrm{p}K_1 < \mathrm{pH} < \mathrm{p}K_2$; $\log\,[H_2CO_3^*] = \mathrm{p}K_1 + \log C_T - \mathrm{pH}$ (42)

$d\,(\log\,[H_2CO_3^*]) \,/\, d\,\mathrm{pH} = -1$ (43)

III: $pK_1 < pK_2 < pH$; $\log [H_2CO_3^*] = pK_1 + pK_2 + \log C_T - 2\ pH$ (44)

$d (\log [H_2CO_3^*]) / d\ pH = -2$ (45)

Diese linearen Asymptoten können einfach aufgetragen werden; sie wechseln ihre Neigung von 0 zu –1 und von –1 zu –2 bei den Werten pH = pK_1 und pH = pK_2.

Ähnliche Überlegungen gelten für die Darstellung von log $[HCO_3^-]$ vs. pH (Gleichung 35) und von log $[CO_3^{2-}]$ vs. pH (Gleichung 36) (vgl. Abbildung 3.6b). Ebenfalls können die α-Werte als Funktion des pH aufgetragen werden (Abbildung 3.6a). Mit Hilfe der α-Werte kann für jedes C_T relativ schnell ein Diagramm gezeichnet werden (Abbildung 3.6b).

Die Sektionen mit den jeweiligen Neigungen +2 oder –2 sind meist nicht wichtig, da sie nur bei kleinen Konzentrationen auftreten. Man kann auch die Elektroneutralitäts- oder Protonenbedingung ablesen, die den Bedingungen einer Kohlensäurelösung (Punkt x, Abbildung 3.6b; Gleichung (34)), einer $NaHCO_3$-Lösung (Referenz: HCO_3^-, H_2O) (Punkt y in Abbildung 3.6b)

$$[H_2CO_3^*] + [H^+] = [CO_3^{2-}] + [OH^-] \quad (46)$$

und einer Na_2CO_3- oder $CaCO_3$- Lösung (Punkt z) (Referenz: CO_3^{2-}, H_2O) entspricht:

$$2 [H_2CO_3^*] + [HCO_3^-] + [H^+] = [OH^-] \quad (47)$$

Die Punkte x, y und z (Abbildung 3.6b) entsprechen den Endpunkten bei alkalimetrischen und acidimetrischen Titrationskurven.

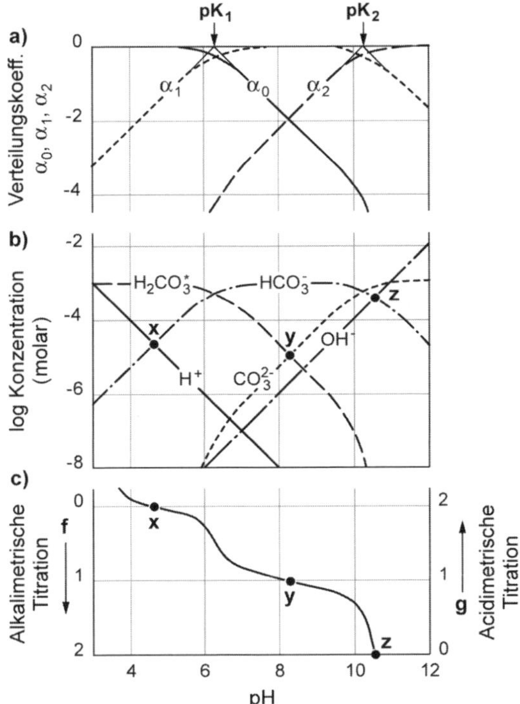

Abb. 3.6: Verteilung der löslichen Spezies in einer Carbonatlösung
a) log α (vgl. Gleichungen (34)–(36))
b) Gleichgewichtsdiagramm für 10^{-3} molare Carbonatlösung ($C_T = [H_2CO_3^*] + [HCO_3^-] + [CO_3^{2-}] = 10^{-3}$ M). Die Äquivalenzpunkte einer 10^{-3} M Lösung von $H_2CO_3^*$ (x), $NaHCO_3$ (y) und Na_2CO_3 (z) sind markiert.
c) Alkalimetrische oder acidimetrische Titrationskurve

Tableau für $NaHCO_3$-Lösung

Tableau 3.3: Na HCO_3-Lösung (geschlossenes System)

Komponenten:		Na^+	HCO_3^-	H^+	log K
Spezies:	Na^+	1			0
	$H_2CO_3^*$		1	1	6.3
	HCO_3^-		1		0
	CO_3^{2-}		1	–1	–10.3
	OH^-			–1	–14.0
	H^+			1	0
Zusammensetzung (M):		1×10^{-3}	1×10^{-3}	0	

$$\text{TOTH} = [H_2CO_3^*] - [CO_3^{2-}] + [H^+] - [OH^-] = 0 \quad \text{(i)}$$

(vgl. Gl. (46))

$$\text{TOTC} = C_T = [H_2CO_3^*] + [HCO_3^-] + [CO_3^{2-}] \quad \text{(ii)}$$

$$= 10^{-3}\,M = [Na^+] \quad \text{(iii)}$$

Die hier berechnete Zusammensetzung ergibt pH 8.0, die OH^--Konzentration ist in diesem Falle grösser als die CO_3^{2-}-Konzentration und ist in Gl. (i) auch bedeutend.

3.3 Alkalinität und Acidität

3.3.1 Definitionen der Alkalinität und Acidität

Die acidimetrische oder alkalimetrische Titration eines Wassers zu einem vorgewählten Endpunkt gibt die Säure- oder Basenneutralisierungskapazität (Abbildung 3.7).

Man spricht in der Wasserchemie von *Alkalinität* [Alk] (Carbonathärte), der Säureneutralisierungskapazität (ANC = Acid Neutralizing Capacity) und *Acidität* (BNC = Base Neutralizing Capacity). Diese konservativen Parameter können konzeptuell durch die Protonenbalance eines Carbonatsystems definiert werden (Gl. (20) und (22)):

$$[Alk] = [HCO_3^-] + 2\,[CO_3^{2-}] + [OH^-] - [H^+] \quad (48)$$

Die Alkalinität entspricht der Summe der Basen in Bezug auf den Referenzpunkt von $H_2CO_3^*$ und H_2O, d.h. die Protonenbilanz der reinen Kohlensäure. Die Alkalinität enthält die

Basen, die zusätzlich im System vorhanden sind, z.B. diejenigen, die durch die Auflösung von $CaCO_3(s)$ hinzugekommen sind (vgl. Gl. (24)).

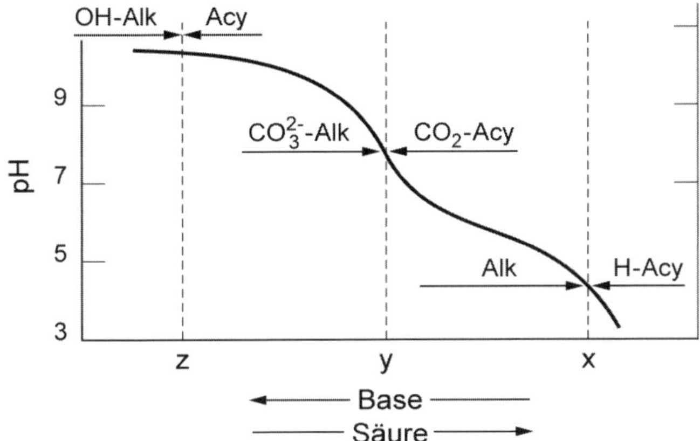

Abb. 3.7: Die alkalimetrische und acidimetrische Titrationskurve. Je nach Endpunkt spricht man von Alkalinität und H-Acidität (H-Acy), von der CO_2 -Acidität oder der CO_3^{2-}-Alkalinität oder der Acidität (Acy), oder der OH-Alkalinität. Die Äquivalenzpunkte x, y und z entsprechen den jeweiligen Protonenbedingungen (Abbildung 3.6) einer Lösung von Kohlensäure (x), von $NaHCO_3$ (y) oder von Na_2CO_3 (z).

Wenn $H_2CO_3^*$ und H_2O als Referenzzustand gewählt werden, enthält die rechte Seite von Gleichung (48) die äquivalente Konzentration der Spezies, die ein Proton oder 2 Protonen (CO_3^{2-}) weniger enthalten als die Referenzspezies minus die Konzentration von H^+ (das ein Proton mehr enthält als die Referenzspezies).

In Gegenwart anderer Basen kann die Gleichung erweitert werden, z.B. in Gegenwart von Ammoniak und Borat (Referenz: NH_4^+ und $B(OH)_3$). (Borat ist im Meerwasser von Bedeutung, s. Kap. 3.3.4).

$$[Alk] = [HCO_3^-] + 2\,[CO_3^{2-}] + [OH^-] + [B(OH)_4^-] + [NH_3] - [H^+] \qquad (49)$$

In der Titrationskurve (Abb. 3.7) werden bei der Titration mit Säure bis zum Äquivalenzpunkt x alle Basen erfasst, die zur Alkalinität gehören. Dieser Äquivalenzpunkt entspricht wieder der Ladungsbilanz (11). Der Äquivalenzpunkt x wird angewendet, um die Alkalinität natürlicher Wässer zu bestimmen.

Die H-Acidität entspricht der Summe der Säure in Bezug auf den gleichen Referenzpunkt von $H_2CO_3^*$ und H_2O, d.h. den Säuren, die im System zusätzlich zur Kohlensäure vorhanden sind :

$$[H\text{-}Acy] = -[Alk] = [H^+] - [HCO_3^-] - 2[CO_3^{2-}] - [OH^-] \qquad (50)$$

Die [H-Acy] entspricht somit genau einer negativen Alkalinität. Bei der Zugabe von [H-Acy] (starke Säure, z.B. HCl) wird genau die äquivalente Menge Alkalinität neutralisiert.

Die CO_3^{2-}-Alkalinität (CO_3^{2-}-Alk) und die CO_2-Acidität (CO_2-Aci) sind in Bezug auf den Referenzzustand HCO_3^-, H_2O definiert (Punkt y, Abbildung 3.7).

$$[CO_3^{2-}\text{-Alk}] = [CO_3^{2-}] + [OH^-] - [H_2CO_3^*] - [H^+] \quad (51)$$

$$[CO_2\text{-Aci}] = [H_2CO_3^*] + [H^+] - [CO_3^{2-}] - [OH^-] = -[CO_3^{2-}\text{-Alk}] \quad (52)$$

Die Acidität [Acy] (Referenzzustand: CO_3^{2-}, H_2O) wird definiert als (Punkt z):

$$[Acy] = 2\,[H_2CO_3^*] + [HCO_3^-] + [H^+] - [OH^-] \quad (53)$$

Die Gleichungen (48)–(53) entsprechen konzeptionell rigorosen Definitionen. Alkalinität und Acidität sind konservative Parameter, die unabhängig von Druck, Temperatur und ionaler Stärke sind. Die Alkalinität wird durch Zugabe einer Referenzspezies (CO_2, $H_2CO_3^*$) nicht verändert. Insbesondere ändert sich die Alkalinität nicht, wenn CO_2 durch Gasaustausch oder Fotosynthese-Respiration dem Wasser zu- oder weggeführt wird.

Die CO_3^{2-}-Alk (Säure-Neutralisierungskapazität bis zum y-Endpunkt, Abbildung 3.7) darf nicht mit der Carbonatalkalinität (= $[HCO_3^-] + 2[CO_3^{2-}]$), welche die Ozeanographen manchmal brauchen, verwechselt werden.

Die Differenz zwischen totalen Carbonatspezies und Alkalinität ergibt die CO_2-Acidität:

$$C_T - [Alk] = [H_2CO_3^*] + [H^+] - [CO_3^{2-}] - [OH^-] = -[CO_3^{2-}\text{-Alk}] \quad (54)$$

Ein Wasser mit $C_T > [Alk]$ enthält also CO_2-Acidität, während ein Wasser mit $C_T < [Alk]$ CO_3^{2-}-Alkalinität enthält.

Die Alkalinität eines Gewässers hat eine grosse Bedeutung als Pufferkapazität des Gewässers gegenüber Säuren. Entsprechend der Alkalinität können Säureeinträge, insbesondere aus den atmosphärischen Niederschlägen neutralisiert werden. Gewässer mit einer Alkalinität, die wie oben beschrieben durch die Auflösung von Calciumcarbonat im Bereich von millimolaren Konzentrationen liegen, sind gegenüber Säureeinträgen gut gepuffert. In solchen Gewässern liegt der pH üblicherweise im Bereich 7.5–8.5 und ist durch die Carbonatgleichgewichte gepuffert.

3.3.2 Alternative Definition der Alkalinität

Bei Berücksichtigung der Ladungsbalance eines typischen Wassers

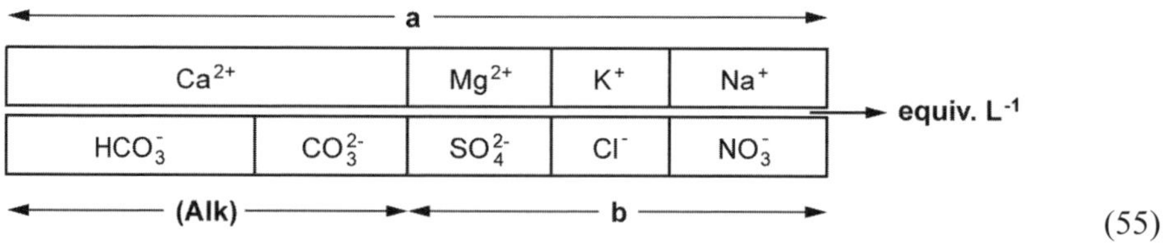

(55)

sieht man, dass [Alk] auch definiert werden kann als [Alk] = a–b, d.h. die Differenz zwischen der Summe der Kationen und der Anionen der starken Säuren:

$$[Alk] = [HCO_3^-] + 2\,[CO_3^{2-}] + [OH^-] - [H^+]$$
$$= [Na^+] + [K^+] + 2\,[Ca^{2+}] + 2\,[Mg^{2+}] - [Cl^-] - 2\,[SO_4^{2-}] - [NO_3^-] \quad (56)$$

Wie Gleichung (56) illustriert, erhöht jede Erhöhung der Konzentration eines „Basen-Kations", C_B, wie $[Na^+]$ oder $[K^+]$ oder $[Ca^{2+}]$ die Alkalinität, während die Zugabe eines „Säure-Anions", C_A (das Anion einer starken Säure, wie z.B. Cl^-, SO_4^{2-}, NO_3^-), die Alkalinität vermindert.

Die Aufnahme von mehr Kationen (K^+, Ca^{2+}) als Anionen (NO_3^-, SO_4^{2-}) durch Bäume (und Pflanzen) führt zu einer Verminderung der Alkalinität des Bodenwassers (oder zur Freisetzung von H^+-Ionen) und einer Erhöhung seiner Acidität. Die Aufnahme von mehr Kationen als Anionen durch die Bäume und Pflanzen während ihres Wachstums führt zu einer Erhöhung ihrer „Alkalinität". Darum ist die Asche des Holzes alkalisch (Potasche).

3.3.3 Einfluss von Fotosynthese und Respiration auf pH und Alkalinität

In erster Näherung werden Fotosynthese und Respiration durch die einfache Gleichung:

$$CO_2 + H_2O \leftrightarrows \{CH_2O\} + O_2 \quad (57)$$

beschrieben.

Durch Fotosynthese in Gewässern wird CO_2 aufgenommen, so dass $[H_2CO_3^*]$ bei vorherrschenden Fotosynthese abnimmt; umgekehrt wird bei der Respiration (Abbau organischen Materials) CO_2 abgegeben, so dass $[H_2CO_3^*]$ zunimmt. Dabei verändert sich die Alkalinität nicht, sofern keine anderen Prozesse stattfinden. Hingegen werden der pH und die totale Carbonatkonzentration durch die Fotosynthese und Respiration direkt beeinflusst.

Beispiel 3.1

In einem Gewässer werden am Tag Alkalinität = 2×10^{-3} M und pH = 8.3 gemessen; in der Nacht sinkt der pH auf 7.6. Die Alkalinität bleibt konstant.

Wie hat sich die Zusammensetzung dieses Wassers verändert?

Die Konzentration von HCO_3^- wird aus Alkalinität und pH berechnet.

$$[HCO_3^-] = \frac{[Alk] - [OH^-] + [H^+]}{(1 + 2K_2[H^+]^{-1})} \quad (58)$$

$[H_2CO_3^*]$ und $[CO_3^{2-}]$ werden dann aus pH, K_1 und K_2 berechnet (Tabelle 3.2).

Tab. 3.2: Änderungen in der Zusammensetzung eines Flusswassers aufgrund von Fotosynthese und Respiration ([Alk] = 2 x 10^{-3} M = konstant)

Parameter	Tag	Nacht
pH	8.3	7.6
HCO_3^- M	1.96 x 10^{-3}	1.99 x 10^{-3}
$H_2CO_3^*$ M	2 x 10^{-5}	1 x 10^{-4}
CO_3^{2-} M	2 x 10^{-5}	4 x 10^{-6}
C_T M	2.00 x 10^{-3}	2.1 x 10^{-3}

Die Alkalinität ist konstant, aber die Konzentrationen von $H_2CO_3^*$ und C_T, sowie der pH ändern sich. Die Verteilung von HCO_3^- und CO_3^{2-} ändern sich auch. Die Konzentration von $H_2CO_3^*$ nimmt während der Nacht aufgrund der Respiration zu.

Aus Fotosynthese und Respiration ergeben sich Tag-Nacht-Schwankungen im pH-Wert in Gewässern sowie pH-Unterschiede in verschiedenen Seeschichten.

Eine vollständigere Gleichung für die Fotosynthese lautet aber (vgl. Kapitel 1.3), mit Nitrat als N-Quelle:

$$106\ CO_2 + 16\ NO_3^- + HPO_4^{2-} + 122\ H_2O + 18\ H^+ \quad (59)$$

$$\leftrightarrows \{C_{106}H_{263}O_{110}N_{16}P_1\} + 138\ O_2$$

In diesem Fall werden Protonen bei der Fotosynthese aufgenommen bzw. bei der Respiration wieder freigegeben. Die Änderung der Alkalinität beträgt:

ΔAlk = +0.17 mol/mol C (bei Fotosynthese) und

–0.17 mol/mol C (bei Respiration)

Für den obigen Fall ergibt sich also die Änderung der Alkalinität um ca. –1.7 x 10^{-5} M; der berechnete pH-Wert ändert sich dadurch kaum. Wenn Ammonium als N-Quelle dient, werden umgekehrt Protonen bei der Fotosynthese freigesetzt, d.h. die Alkalinität wird erniedrigt.

3.3.4 Alkalinität im Ozean und p_{CO_2}-Zunahme

Die Alkalinität im Meerwasser beinhaltet neben HCO_3^- und CO_3^{2-} auch zusätzliche Basen, die in wesentlichen Konzentrationen vorhanden sind, vor allem Borat (total 4.1 x 10^{-4} M Borsäure) und Phosphat, sowie Silikat und den Komplex $MgOH^+$:

$$Alk = [HCO_3^-] + 2\ [CO_3^{2-}] + [B(OH)_4^-] + [H_3SiO_4^-] + [HPO_4^{2-}] + 2\ [PO_4^{3-}] + [MgOH^+] + [OH^-] - [H^+] \quad (60)$$

Um die Konzentrationen von $[HCO_3^-]$ und $[CO_3^{2-}]$ genau zu erhalten, müssen diese anderen Basen von der totalen Alkalinität abgezogen werden. Die Alkalinität im Meerwasser beträgt 2.2–2.4 mmol/kg, je nach Tiefe und Ort im Ozean. Der pH in den oberen Wasserschichten des Ozeans ist 8.1–8.2 und liegt in den tieferen Wasserschichten etwas tiefer.

Wegen der hohen Ionenstärke im Meerwasser (I = 0.7 M) und der komplexen Ionenzusammensetzung unterscheiden sich die auf Konzentrationen bezogenen Konstanten im Meerwasser stark von denjenigen bei Ionenstärke I - > 0 (Tab. 3.3).

Tab. 3.3: Carbonatgleichgewichtskonstanten im Meerwasser (aus *(15)*)

Temp. °C	$-\log K'_H$	pK'_1	pK'_2	pK'_w	$-\log K^*_{sp}$ (Calcit)	$-\log K^*_{sp}$ (Aragonit)
20	1.49	5.89	9.0	13.41	6.36	6.18

(Calcit und Aragonit sind zwei verschiedene Kristallformen von $CaCO_3(s)$).

In den oberen Wasserschichten des Ozeans löst sich CO_2 aus der Atmosphäre. In weiten Teilen des Ozeans sind die oberen Wasserschichten ungefähr im Gleichgewicht mit p_{CO2} der Atmosphäre. Bei einem Anstieg des CO_2 in der Atmosphäre löst sich mehr CO_2 im Ozean, wobei der pH dementsprechend sinkt. Dadurch wird die Konzentration von $H_2CO_3^*$ erhöht, während die CO_3^{2-}-Konzentration sinkt (Tab. 3. 4). Unter der Annahme von konstanter Alkalinität kann eine vereinfachte Berechnung des Effekts des CO_2-Anstiegs aufgrund von Alkalinität und p_{CO2} gemacht werden (Tab. 3.4).

Tab. 3.4: Konzentrationen der Carbonatspezies im Meerwasser als Funktion von p_{CO2} (einfache Berechnung mit konstanter Alkalinität = 2.2×10^{-3} mol/kg, 20 °C)

p_{CO2} (atm)	$H_2CO_3^*$ mol/kg	HCO_3^- mol/kg	CO_3^{2-} mol/kg	pH
3.5×10^{-4}	1.1×10^{-5}	1.77×10^{-3}	2.1×10^{-4}	8.08
7.0×10^{-4}	2.3×10^{-5}	1.94×10^{-3}	1.3×10^{-4}	7.82

Beim Anstieg von p_{CO2} sinken der pH und die CO_3^{2-}-Konzentration. Die Verminderung der CO_3^{2-}-Konzentration hat zur Folge, dass die Calcit- und Aragonitsättigung in den oberen Schichten des Ozeans auch sinken. Diese festen Phasen werden als Schalen von Organismen in den oberen Wasserschichten gebildet und sinken in die tieferen Wasserschichten. Wenn die Sättigung abnimmt (Gl. 61), ist die Bildung dieser festen Phasen als Organismenschalen beeinträchtigt. Die ökologischen Konsequenzen dieser Vorgänge sind noch wenig bekannt (*(16)*; *(17)*).

$$\Omega = [Ca^{2+}][CO_3^{2-}] / K^*_{sp} \qquad (61)$$

3.4 Pufferintensität des Carbonatsystems

Die Pufferintensität des geschlossenen (C_T = const) Carbonatsystems kann in guter Annäherung gegeben werden durch:

$$\beta_{pH} = 2.3\left([H^+]+[OH^-]+\frac{[H_2CO_3^*][HCO_3^-]}{[H_2CO_3^*]+[HCO_3^-]}+\frac{[HCO_3^-][CO_3^{2-}]}{[HCO_3^-]+[CO_3^{2-}]}\right) \qquad (62)$$

Im Nenner der beiden letzten Summanden von Gleichung (62) kann je nachdem, ob pH < pK_1 oder pH > pK_1, $[H_2CO_3^*]$ oder $[HCO_3^-]$ vernachlässigt werden, bzw. bei pH < pK_2 oder pH > pK_2 $[HCO_3^-]$ oder $[CO_3^{2-}]$.

Abbildung 3.8a und b geben die Pufferintensitäten des geschlossenen und offenen Carbonatsystems wieder. Man sieht daraus, dass das Carbonatsystem im typischen pH-Bereich natürlicher Gewässer pH = 7.5–8.5 relativ schlecht gepuffert ist. Die beiden Minima in β_{pH} (Abbildung 3.8a) entsprechen den Endpunkten der alkalimetrischen oder acidimetrischen Titrationskurven (Punkte x und y in Abbildung 3.7). Man sieht ferner, dass im Äquivalenzpunkt z (entsprechend der Protonenbedingung einer äquimolaren Na_2CO_3-Lösung) die Pufferkapazität so hoch ist, dass in der Titrationskurve kein pH-Sprung auftreten kann.

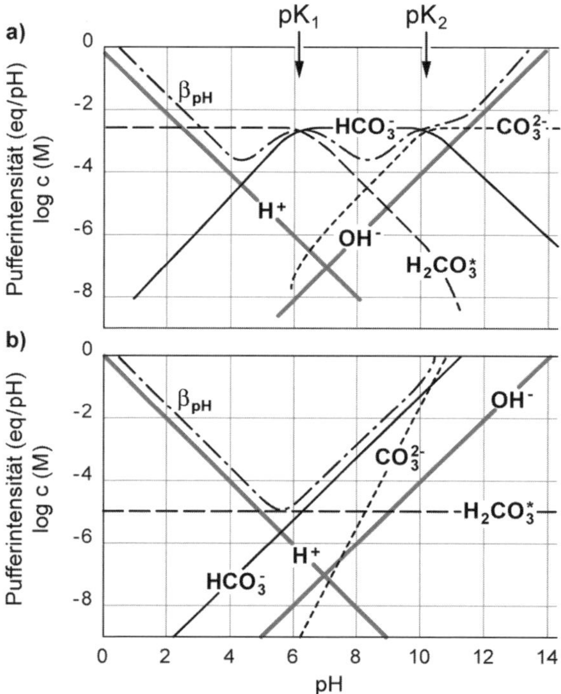

Abb. 3.8: Pufferintensität des Carbonatsystems:
a) geschlossenes System $C_T = 10^{-2.5}$ M (25 °C)
b) offenes System $p_{CO2} = 10^{-3.5}$ atm (25 °C)
Die Pufferintensität β_{pH} ist proportional der Summe der Konzentration derjenigen Spezies, welche im doppelt-logarithmischen Diagramm mit der Neigung +1 und –1 auftreten.

3.5 Analytische Bestimmung der Alkalinität und der Acidität

Bestimmungen der Alkalinität bzw. der Acidität in einer natürlichen Wasserprobe sollen den theoretisch definierten Wert durch analytische Vorgänge möglichst richtig wiedergeben. Zu diesem Zweck werden Säure- oder Base-Titrationen verwendet, bei denen der Endpunkt auf verschiedene Arten bestimmt werden kann, nämlich durch einen vorgegebenen pH-Wert, durch eine Auswertung der Titrationskurve, durch einen Farbindikator, durch eine Linearisierung der Titrationskurve. Linearisierungsmethoden können sehr genaue Resultate ergeben; diese als Gran-plot bezeichneten Methoden werden im Folgenden ausführlich beschrieben.

3.5.1 Bestimmung der Alkalinität

Der theoretische Endpunkt der Alkalinitätstitration ist gegeben durch:

$$[H^+] = [HCO_3^-] + 2\,[CO_3^{2-}] + [OH^-] \qquad (63)$$

Der pH dieses theoretischen Endpunktes hängt von der Konzentration C_T der Carbonatspezies ab (Abbildung 3.9). D.h., die Titration auf einen vorgegebenen pH-Wert ergibt je nach C_T einen Fehler. Eine Titration auf einen End-pH 4.3 oder 4.5, wie häufig in der Praxis vorgenommen, ist nur für Alk ≈ 1 – 8 x10^{-3} M richtig.

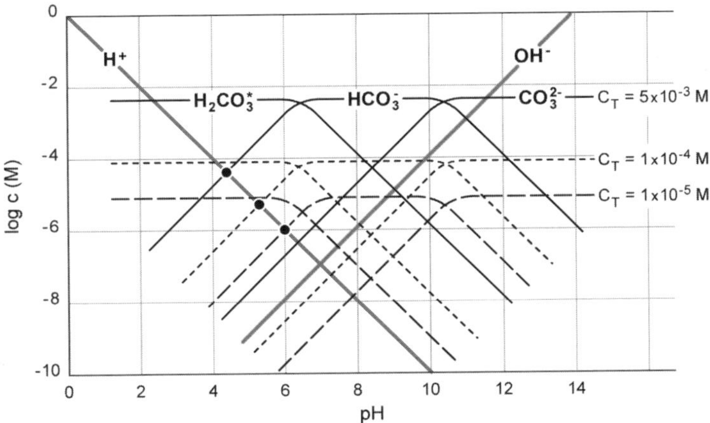

Abb. 3.9: Abhängigkeit des pH-Wertes beim theoretischen Endpunkt der Alkalinitätstitration von der totalen Carbonatkonzentration C_T (berechnet unter der Voraussetzung C_T = konstant)

Besonders für kleine Alk (Alk < 10^{-3} M) kann der Fehler durch Titration auf einen festen Endpunkt bedeutend sein. Man erhält eine genauere Endpunktbestimmung durch eine Linearisierung der Titrationskurve (Gran-plot). Allerdings ist zu berücksichtigen, dass jede Linearisierung eine Näherung darstellt, die nur unter bestimmten Bedingungen (pH-Bereich, vernachlässigbare Spezies) gilt.

Bei der Titration mit einer starken Säure (HCl) mit Konzentration c_a^* gilt für den Äquivalenzpunkt:

$$v_0\, c_0 = v_2 \times c_a^* \qquad (64)$$

mit

c_a^* = Konzentration der zugegebenen Säure (M)

v_0 = Anfangsvolumen (L)

v_2 = Volumen zugegebener Säure beim Äquivalenzpunkt

v = Volumen zugegebener Säure (L)

c_0 = Alkalinität bei Anfang der Titration (M)

Die Punkte nach dem Äquivalenzpunkt der Titration ($v > v_2$) werden zur Berechnung der Alkalinität verwendet.

Für jeden Punkt der Titrationskurve gilt:

$$c_0 + [H^+] = [HCO_3^-] + 2\,[CO_3^{2-}] + [OH^-] + [Cl^-] \qquad (65)$$

Unter der Voraussetzung, dass C_T in Lösung während der Titration gleich bleibt (d.h. kein Austausch mit CO_2(g) während der Titration), und mit Volumenkorrektur für die Säurezugabe gilt:

$$c_0 - c_a^* \frac{v}{v_0} = C_T(\alpha_1 + 2\alpha_2) + [OH^-] - [H^+] \qquad (66)$$

Eine Korrektur für die Volumenänderung durch die Säurezugabe muss gemacht werden:

$$\frac{c_0 v_0}{(v_0 + v)} - \frac{c_a^* v}{(v_0 + v)} = \frac{C_T v_0}{(v_0 + v)}(\alpha_1 + 2\alpha_2) + [OH^-] - [H^+] \qquad (67)$$

Nach dem Äquivalenzpunkt, d.h. bei $v > v_2$ werden die HCO_3^-- und CO_3^{2-}-Konzentrationen vernachlässigbar und es gilt dann: $\Delta c_A = \Delta H^+$; aus Gleichung (67) wird

$$\frac{c_a^* v}{(v_0 + v)} - \frac{c_a^* v_2}{(v_0 + v)} \cong [H^+] \qquad (68)$$

Nach Umformung:

$$10^{-pH}(v_0 + v) = c_a^* v - c_a^* v_2 \qquad (69)$$

$F_1 = 10^{-pH}(v_0 + v)$ ist eine lineare Funktion des zugegebenen Volumens. Durch Auftragung dieser Funktion gegen v und Extrapolation auf $F_1 = 0$ wird der Äquivalenzpunkt v_2 für die Alkalinität erhalten (Abbildung 3.10).

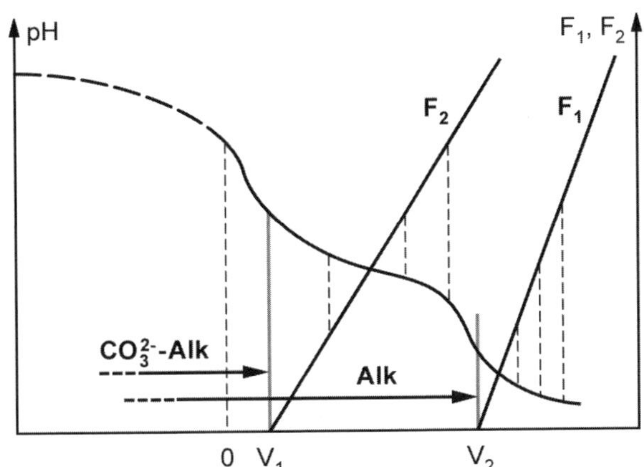

Abb. 3.10: Titrationskurve des Carbonatsystems und entsprechende Gran-Funktionen. v_1 entspricht dem Endpunkt der CO_3-Alkalinität, v_2 demjenigen der Alkalinität.

Aus der Titrationskurve kann auch die CO_3^{2-}-Alkalinität bestimmt werden, für welche der theoretische Äquivalenzpunkt (Referenzpunkt einer $NaHCO_3$-Lösung) gilt:

$$[H_2CO_3^*] + [H^+] = [CO_3^{2-}] + [OH^-] \qquad (46)$$

und bei der Titration:

$$v_0\, c_0' = v_1\, c_a^* \qquad (70)$$

mit v_1 = Volumen zugegebener Säure beim Äquivalenzpunkt der CO_3-Alkalinität

Zur Bestimmung des Äquivalenzpunktes v_1 werden die Punkte der Titrationskurve im pH-Bereich ca. 4.5 – 8 verwendet; in diesem Teil der Titrationskurve gilt:

$$\Delta c_A \cong -\Delta\, HCO_3^- \cong \Delta\, H_2CO_3^*$$

$$[HCO_3^-] \cong \frac{c_0 v_0 - c_a^* v}{(v_0 + v)} = \frac{c_a^*(v_2 - v)}{(v_0 + v)} \qquad (71)$$

und

$$[H_2CO_3^*] \cong \frac{(v - v_1)c_a^*}{(v_0 + v)} \qquad (72)$$

Durch Einsetzen in die Säurekonstante K_1 erhält man:

$$K_1 = \frac{c_a^*(v_2 - v)[H^+]}{(v - v_1)c_a^*} \quad (73)$$

und

$$10^{-pH}(v_2 - v) = K_1(v - v_1) \quad (74)$$

Nachdem in einem ersten Schritt v_2 berechnet wurde, wird die Funktion $F_2 = 10^{-pH}(v_2 - v)$ gegen v aufgetragen und v_1 durch Extrapolation auf $F_2 = 0$ bestimmt. Die Steigung dieser Geraden ergibt K_1 (Abbildung 3.10).

3.5.2 Bestimmung der Acidität

Bei Regenwasser und anderen atmosphärischen Depositionen wird die *H-Acidität* (Summe der starken Säuren) in Gegenwart schwacher Säuren (H_2CO_3, organische Säuren) bestimmt. Wegen der kleinen Konzentrationen (im Regenwasser typischerweise 10–100 μmol H-Acy/L) und des vorliegenden Gemisches starker und schwacher Säuren sind hier Gran-plots besonders geeignet, um die H-Acidität sowie auch die *totale Acidität* (Summe der starken und schwachen Säuren) zu bestimmen.

Die H-Acidität (man spricht auch von der „mineralischen" Acidität) wird vereinfacht ausgedrückt als:

$$\text{H-Acy} = [H^+] - [HCO_3^-] - 2\,[CO_3^{2-}] - [OH^-] - \Sigma n[Org^{n-}] \quad (75)$$

und der theoretische Endpunkt:

$$[H^+] = [HCO_3^-] + 2\,[CO_3^{2-}] + [OH^-] + \Sigma n[Org^{n-}] \quad (76)$$

wo $\Sigma n[Org^{n-}]$ die Summe der organischen Säuren mit $5 < pKa < 10$ darstellt.

In sehr sauren atmosphärischen Wässern, z.B. in sauren Nebelproben, müssen zusätzliche starke Säuren mitberücksichtigt werden, insbesondere HSO_4^-, HNO_2, HF, H_2SO_3. Als Referenzbedingungen für die H-Acy gelten: H_2O, H_2CO_3, SO_4^{2-}, NO_3^-, Cl^-, NO_2^-, F^-, HSO_3^-, NH_4^+, H_4SiO_4 und $\sum$ HnOrg (organische Säuren mit $5 < pKa < 10$). Die mineralische Acidität ist dann definiert als:

$$[\text{H-Acy}] = [H^+] + [HSO_4^-] + [HNO_2] + [HF] + [H_2SO_3] - [HCO_3^-] - 2\,[CO_3^{2-}] - [OH^-] - [NH_3] - [H_3SiO_4^-] - \Sigma n[Org^{n-}] \quad (77)$$

Häufig gilt in Regenproben $[\text{H-Acy}] \approx [H^+]$, in sauren Nebelproben können andere Komponenten wie HSO_4^- und H_2SO_3 wesentlich dazu beitragen. OH^-, CO_3^{2-}, NH_3 und $H_3SiO_4^-$ sind in sauren Proben üblicherweise vernachlässigbar.

Die totale Acidität umfasst alle Säuren mit pKa < ca. 9.5. Sie wird in Bezug auf folgende Referenzbedingungen definiert: H_2O, CO_3^{2-}, SO_4^{2-}, NO_2^-, Cl^-, NO_3^-, F^-, SO_3^{2-}, NH_3, $H_3SiO_4^-$ und ΣOrg^{n-}:

$[Aci_T] = [H^+] + [HSO_4^-] + [HNO_2] + [HF] + 2\,[H_2SO_3] + [HSO_3^-] + 2\,[H_2CO_3] + [HCO_3^-] + [NH_4^+] + [H_4SiO_4] + \sum n[H_nOrg] - [OH^-]$ (78)

Die Differenz $[Aci_T] - [H\text{-}Aci]$ ergibt die Summe der schwachen Säuren. NH_4^+ und die organischen Säuren sind neben dem CO_2-System die wichtigsten schwachen Säuren in Regenproben. In Nebelproben sind H_2SO_3 und HSO_3^- manchmal wesentlich (langsame Oxidation von SO_2).

Bei der Titration z.B. eines Regenwassers wird der erste Abschnitt der Titrationskurve (pH < 5) zur Berechnung der H-Acidität verwendet. Die Linearisierung der Titrationskurve in diesem Abschnitt setzt voraus, dass nur H^+ titriert wird, d.h. dass keine anderen Säuren in diesem pH-Bereich dissoziieren; $\Delta c_B = \Delta H^+$.

$$v_0\, c_0 = v_1 \times c_b^* \quad (79)$$

mit v_0 = Anfangsvolumen der Wasserprobe

c_0 = Anfangskonzentration der H-Aci

v_1 = Volumen zugegebener Base beim Äquivalenzpunkt

c_b^* = Konzentration der zugegebenen Base (mol/L)

Für jeden Punkt der Titrationskurve gilt in diesem Abschnitt unter Berücksichtigung der Volumenkorrektur:

$$[H^+] = \frac{c_0 v_0 - v c_b^*}{(v_0 + v)} = \frac{v_1 c_b^* - v c_b^*}{(v_0 + v)} \quad (80)$$

und

$$10^{-pH}(v_0 + v) = (v_1 - v)\, c_b^* \quad (81)$$

v = Volumen zugegebener Base

Man trägt $F_1 = 10^{-pH}(v0 + v)$ gegen v auf; die Extrapolation auf $F_1 = 0$ ergibt v_1 (Abb. 3.11). Bei dieser Bestimmung können Schwierigkeiten auftreten, wenn zum Beispiel grössere Konzentrationen einer Säure wie z.B. Ameisensäure mit einem pK_a-Wert im Bereich der Titration vorhanden sind. Der Vergleich der erhaltenen Acidität mit dem Anfangs-pH-Wert sowie die Linearität der Gran-plots geben hier Hinweise auf mögliche Fehler.

Die totale Acidität umfasst alle starken und schwachen Säuren mit $pK_a \leq$ ca. 9.5. Dabei wird meistens die Probe mit einem Inertgas ausgeblasen, um CO_2 aus der Lösung zu entfernen und die Auflösung von CO_2 aus der Luft zu verhindern; bei Anwesenheit von CO_2 ergeben sich Schwierigkeiten wegen des hohen pK_a-Wertes von HCO_3^-. Nach dem entsprechenden Endpunkt nimmt die OH^--Konzentration in der Lösung proportional zur Basenzugabe zu: $\Delta c_B \cong \Delta[OH^-]$.

$$[OH^-] = \frac{vc_b^* - v_2c_b^*}{(v_0 + v)} \tag{82}$$

Mit

$$[OH^-] = K_w\,[H^+]^{-1} \tag{83}$$

ergibt sich:

$$(v_0 + v)\,10^{pH} = K_w^{-1}\,c_b^*\,(v - v_2) \tag{84}$$

Man trägt F_2 gegen v auf und erhält v_2 als Schnittpunkt mit der x-Achse (Abbildung 3.11).

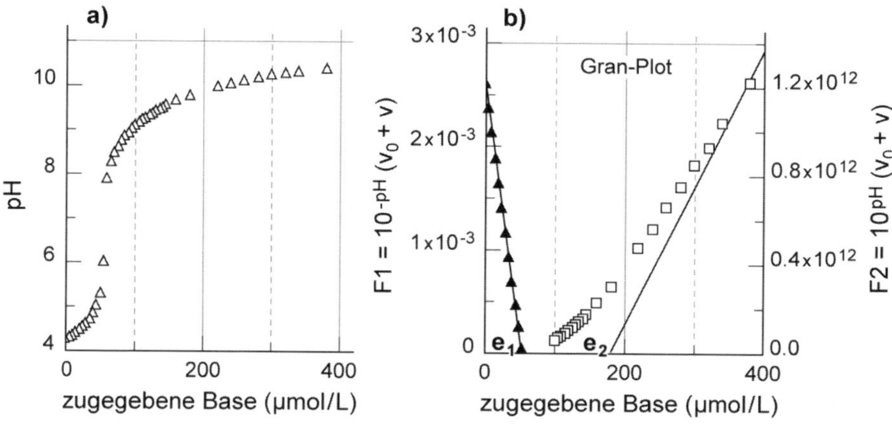

Abb. 3.11: Titration einer Regenwasserprobe mit: [H-Acy] = 52 μmol/L und [Aci_T] = 141 μmol/L. Schwache Acidität: 89 μmol/L, davon sind Essigsäure 5 μmol/L und Ammonium 84 μmol/L. Vorgängig der Titration wurde CO_2 aus der Lösung mit N_2 ausgeblasen.

a) Titrationskurve: pH als Funktion zugegebener Base.

b) Gran-Funktionen F_1 und F_2, aus denen durch Extrapolation die Äquivalenzpunkte e_1 und e_2 bestimmt werden. $F_1 = 10^{-pH}\,(v_0 + v)$ wird aus dem ersten Teil der Titrationskurve berechnet und ergibt den Äquivalenzpunkt e_1 der freien Acidität. $F_2 = 10^{pH}\,(v_0 + v)$ wird aus dem letzten Teil der Titrationskurve (pH > 10) berechnet und ergibt den Äquivalenzpunkt e_2 der totalen Acidität. Die Differenz [Aci_T] – [H-Acy] entspricht der Summe der schwachen Säuren.

3.5.3 Potenziometrische und spektrophotometrische Methoden der Bestimmung von pH

Die übliche Bestimmung der pH-Werts beruht auf der Messung mit einer H^+-sensitiven Elektrode, einer Glaselektrode. Die Kalibrierung der Elektrode erfolgt entweder mit Pufferlösungen bekannter Zusammensetzung oder mit einer Titration. Das Potenzial der Elektrode gegenüber einer Referenzelektrode ist gegeben durch:

$$E = E_0 + k \log \{H^+\} \tag{85}$$

wo $\{H^+\}$ die Aktivität der H^+-Ionen ist.

Durch Kalibrierung mit Puffern bekannter H^+-Aktivität (Konvention) werden die Parameter E_0 und k erhalten. Die Steigung k sollte dem theoretischen Wert aus der Nernst-Gleichung nahe kommen (k = 59.16 mV bei 25 °C). Dieses Vorgehen ergibt den pH auf der Aktivitätsskala. Durch Titration in einem konstanten Ionenmedium kann die Elektrode auf der Skala der H^+-Konzentration kalibriert werden.

Sehr genaue Bestimmungen des pH und der Carbonatparameter sind in den Ozeanen zur Untersuchung der Änderungen des gelösten CO_2 im Zusammenhang mit dem CO_2-Anstieg in der Atmosphäre von grosser Wichtigkeit. Spektrophotometrische Bestimmungen des pH beruhen auf der Zugabe eines Indikators (HInd) mit bekannten Säure-Base-Eigenschaften:

$$\text{HInd} \leftrightarrows H^+ + \text{Ind}^- \qquad pK_I \tag{86}$$

Der pH wird berechnet aus:

$$pH = pK_1 + \log \frac{[\text{Ind}^-]}{[\text{HInd}]} \tag{87}$$

Bei bekannter Lichtabsorption der Säure und der Base bei verschiedenen Wellenlängen wird das Verhältnis $[\text{Ind}^-]/[\text{HInd}]$ aus Absorptionsmessungen berechnet. Mit diesem Verfahren werden in den Ozeanen sehr genaue pH-Messungen erhalten.

Weiterführende Literatur

Butler J. N. (1982) *Carbon dioxide equilibria and their applications.* Addison-Wesley.

Doney, S. C., Fabry, V. J., Feely, R. A. and Kleypas, J. A. (2009). *Ocean Acidification: The Other CO_2 Problem,* Annual Review of Marine Science, 169–192.

Emerson S. and Hedges J. (2008) *Chemical Oceanography and the Marine Carbon Cycle.* Cambridge University Press.

Feely, R. A., Sabine, C. L., Lee, K., Berelson, W., Kleypa, J., Fabry, V. J., and Millero, F. J. (2004) *Impact of anthropogenic CO_2 on the $CaCO_3$ system in the oceans.* Science 305, 362–366.

Orr, J. C., Fabry, V. J., Aumont, O. et al. (2005) *Anthropogenic ocean acidification over the twenty-first century and its impact on calcifying organisms.* Nature 437, 681–686.

Wollast R. and Vanderborght J. P. (1994) Aquatic carbonate systems: chemical processes in natural waters and global cycles In *Chemistry of Aquatic Systems: Local and Global Perspectives (ed. G. Bidoglio and W. Stumm),* pp. 47–71. Kluwer.

Übungen

1) Welche ist die ungefähre Zusammensetzung $[H_2CO_3^*]$, $[HCO_3^-]$, $[CO_3^{2-}]$ und die Alkalinität eines Leitungswassers, dessen Analyse wie folgt lautet?

   $C_T = [H_2CO_3^*] + [HCO_3^-] + [CO_3^{2-}] = 2.6 \times 10^{-3}$ M

   pH = 7.5

   Temperatur = 5 °C

   (Konstanten für 5 °C aus Tabelle 3.1, Ionenprodukt des Wassers $K_W = 4 \times 10^{-15}$)

2) Wie gross ist die Alkalinität folgender Lösungen?

   i) 10^{-3} M NaOH

   ii) 10^{-3} M Na_2CO_3

   iii) pH = 7.3, $p_{CO2} = 10^{-3.5}$ atm

   iv) pH = 5.0, $[HCO_3^-] = 10^{-5}$ M

   v) destilliertes Wasser, pH = 7, pOH = 7

3) Bei einem Grundwasser misst man im Feld pH 7.2; die Alkalinität wird als 4×10^{-3} M bestimmt (T = 10 °C).

   a) Mit welchem CO_2-Partialdruck ist dieses Wasser im Gleichgewicht?

   b) Eine Probe dieses Wassers wird ins Labor genommen; der pH dieser Probe ist nach einigen Stunden 7.5. Wie ist dieser Unterschied zu erklären? Hat sich dabei die Alkalinität verändert?

4) Eine Lösung von H_2O, $CaCO_3$(s) im Gleichgewicht mit CO_2 der Atmosphäre wird unter Beibehaltung dieses Gleichgewichtes isotherm (25 °C) verdampft.

a) Nehmen pH und Alkalinität zu oder ab oder bleiben sie konstant?

b) Nimmt in dieser Lösung die Alkalinität zu oder ab oder bleibt sie konstant, wenn man kleinere Mengen folgender Substanzen zugibt?:

   i) NaOH

   ii) NaCl

   iii) HCl

   iv) Na_2CO_3

   v) $Ca(OH)_2$

5) Ein Bachwasser, pH 8.3, wird mit HCl titriert. Bis pH 6.3 werden 1.0 mmol/L HCl benötigt. Wie gross ist etwa die Alkalinität dieses Wassers?

6) Erhöhter CO_2-Partialdruck

Wie verändert sich das Gleichgewichtsdiagramm in Abb. 3.3, wenn sich der Partialdruck von CO_2 in der Atmosphäre im Vergleich zum aktuellen Wert verdoppelt (auf $p_{CO2} = 7 \times 10^{-4}$ atm; grafische Lösung)? Welchen Einfluss hat dieser erhöhte CO_2-Partialdruck auf pH und gelöstes Ca?

7) Wasser aus einem See in einem kristallinen Gebiet hat 20 µmol/L Alkalinität und pH 6.6.

a) Wie verändern sich Alkalinität und pH, wenn dieses Wasser im Verhältnis 1 : 1 mit Regenwasser (pH 4.5, H-Acidität = 30 µmol/L) vermischt wird?

b) Wie verändert sich die Konzentration der Al^{3+}-Ionen, wenn dieses Wasser im Gleichgewicht mit festem Aluminiumhydroxid steht (Löslichkeitsprodukt: $[Al^{3+}]\,[H^+]^{-3} = 10^{8.1}$)?

8) Ein kleiner Weiher hat am Nachmittag einen pH von 8.2, am Morgen einen pH von 7.5. Wenn man Luft durchbläst, erhält man einen pH von 7.7.

a) Warum diese pH-Unterschiede?

b) Wie gross ist ungefähr die Alkalinität des Wassers?

9) In einer Wasserversorgung werden ein hartes und ein weiches Wasser aus zwei verschiedenen Quellen miteinander gemischt. (Hartes Wasser bedeutet höhere Alkalinität und Ca^{2+} als das weiche Wasser.) Beide Wasser sind ursprünglich mit $CaCO_3$(s) im Gleichgewicht.

Wie könnte man die Zusammensetzung des Mischwassers ausrechnen? Welche Grössen sind konservativ, d.h. lassen sich einfach durch das Mischungsverhältnis berechnen? Ist das Mischwasser auch im Gleichgewicht oder ist es bezüglich $CaCO_3$ übersättigt oder untersättigt? Warum?

10) Ein saures Industrieabwasser, welches 3×10^{-4} M H_2SO_4 enthält, soll mit Leitungswasser (Alk = 2×10^{-3} M) verdünnt werden, um den pH auf ca. 4.3 anzuheben.

Welches ist das notwendige Mischungsverhältnis?

4 Wechselwirkung Wasser–Atmosphäre

4.1 Einleitung

Die hydrogeochemischen Kreisläufe koppeln in komplexer Weise Boden, Wasser und Luft. Die Atmosphäre ist ein wichtiges Förderband für zahlreiche Schadstoffe. Die Atmosphäre reagiert bezüglich ihrer Zusammensetzung empfindlicher auf anthropogene Einflüsse als der Boden und die Gewässer (Ozeane), weil sie mengenmässig gegenüber den anderen Reservoiren viel kleiner ist. Ferner sind die Zeitkonstanten für atmosphärische Veränderungen relativ klein.

Wasser und Atmosphäre sind interdependente Systeme. Ein wesentlicher Anteil der Vorläufer potenzieller Säuren und Fotooxidantien stammt aus der Oxidation fossiler Brennstoffe und der Emission von Verbindungen aus Verbrennungsprozessen. Synergistische fotochemische Reaktionen, vor allem durch Inhaltsstoffe der Verkehrsabgase eingeleitet (Kohlenmonoxid, Kohlenwasserstoffe und Stickoxide), führen zur Bildung von Ozon und von Fotooxidantien. Direkt und indirekt können die atmosphärischen Schadstoffe ökologisch nachhaltige Wirkungen auf Vegetation und Gewässer ausüben.

In diesem Kapitel wird die Entstehung der Zusammensetzung von Regen, Nebel, Schnee und Aerosolen aus Sicht der aquatischen Chemie dargestellt. Bedeutende chemische Reaktionen laufen in der Wasserphase der Atmosphäre ab. Insbesondere interessieren Transfer-Mechanismen aus der Gasphase, Neutralisationsreaktionen der starken Säuren, Oxidationen (auch fotoinduzierte Oxidationen) von Stickoxid, Schwefeloxid und ausgewählten organischen Substanzen durch O_2, H_2O_2, O_3 und $^{\bullet}OH$.

In diesem Kapitel werden wichtige Vorgänge in der atmosphärischen Wasserphase und an der Grenzfläche Gas/Wasser vorgestellt. Obschon selbst in einer Wolke nur der millionste Volumenteil aus Wasser besteht, laufen wichtige Prozesse in dieser Phase und ihrer Grenzfläche ab. In diesem Kapitel werden vor allem die Gas/Wasser-Gleichgewichte dargestellt und anhand einfacher Vorstellungen wird die chemische Genese eines Nebeltröpfchens gedanklich nachvollzogen. In diesen Zusammenhang gehört auch die Behandlung der Aerosole, die aus der Gasphase direkt entstehen können und die bei der Nukleierung der wässerigen Phase eine zentrale Rolle spielen. Das Kapitel schliesst mit einer kurzen Diskussion über saure Seen.

Abbildung 4.1 fasst einige der wichtigen Prozesse zusammen, die in einem Wassertröpfchen der Atmosphäre vorkommen.

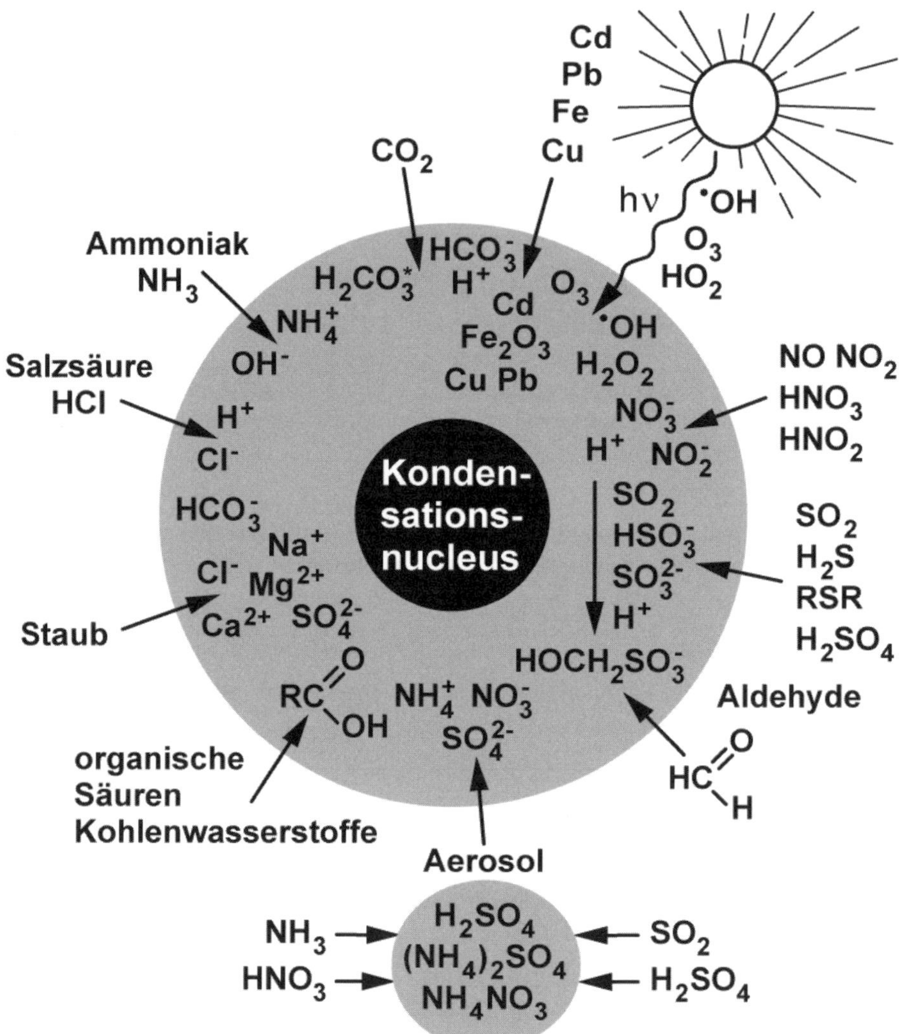

Abb. 4.1: Verschiedene Wechselwirkungen, die die chemische Zusammensetzung eines Wassertröpfchens in der Atmosphäre, z.B. eines Nebeltröpfchens, beeinflussen. Aerosolpartikel, welche zu einem wesentlichen Teil aus $(NH_4)_2SO_4$ und NH_4NO_3 bestehen, bilden die Nuclei für die Kondensation des flüssigen Wassers. Verschiedene Gase werden in die wässrige Phase absorbiert: die letztere fördert verschiedene Oxidationsprozesse, insbesondere die Oxidation des SO_2 zu H_2SO_4; Ammoniak neutralisiert die Säuren (H_2SO_4, HNO_3, HCl und organische Säuren) und ist an der pH-Pufferung beteiligt.

Tab. 4.1: Konstanten von Bedeutung für Gas/Wasser-Gleichgewichte

			$K_{25\,°C}$ [1)]
1.	$CO_2(g) + H_2O(l)$	$\leftrightarrows H_2CO_3^*(aq)$	3.39×10^{-2}
2.	$H_2CO_3^*(aq)$	$\leftrightarrows H^+ + HCO_3^-$	4.45×10^{-7}
3.	HCO_3^-	$\leftrightarrows H^+ + CO_3^{2-}$	4.69×10^{-11}
4.	$SO_2(g) + H_2O\ (l)$	$\leftrightarrows SO_2 \bullet H_2O\ (aq)$	1.25
5.	$SO_2 \bullet H_2O$	$\leftrightarrows H^+ + HSO_3^-$	1.29×10^{-2}
6.	HSO_3^-	$\leftrightarrows H^+ + SO_3^{2-}$	6.24×10^{-8}
7.	$NH_3(g)$	$\leftrightarrows NH_3(aq)$	57
8.	$NH_3(aq) + H_2O$	$\leftrightarrows NH_4^+ + OH^-$	1.77×10^{-5}
9.	$HNO_3(g)$	$\leftrightarrows H^+ + NO_3^-$	3.46×10^{6}
10.	$HCl(g)$	$\leftrightarrows H^+ + Cl^-$	2.00×10^{6}
11.	$HNO_2(g)$	$\leftrightarrows HNO_2(aq)$	49
12.	HNO_2	$\leftrightarrows H^+ + NO_2^-$	5.13×10^{-4}
13.	$H_2S\ (g)$	$\leftrightarrows H_2S\ (aq)$	1.05×10^{-1}
14.	H_2S	$\leftrightarrows H^+ + HS^-$	9.77×10^{-8}
15.	HS^-	$\leftrightarrows H^+ + S^{2-}$	3.98×10^{-18}
16.	$NO(g) + NO_2(g) + H_2O(l)$	$\leftrightarrows 2\ HNO_2(aq)$	1.24×10^{2}
17.	$CH_3COOH(g)$	$\leftrightarrows CH_3COOH(aq)$	7.66×10^{2}
18.	CH_3COOH	$\leftrightarrows H^+ + CH_3COO^-$	1.75×10^{-5}
19.	$CH_2O(g)$	$\leftrightarrows CH_2O(aq)$	6.3×10^{3}
20.	$N_2(g)$	$\leftrightarrows N_2(aq)$	6.61×10^{-4}
21.	$O_2(g)$	$\leftrightarrows O_2(aq)$	1.26×10^{-3}
22.	$CO(g)$	$\leftrightarrows CO(aq)$	9.55×10^{-4}
23.	$CH_4(g)$	$\leftrightarrows CH_4(aq)$	1.29×10^{-3}
24.	$NO_2(g)$	$\leftrightarrows NO_2(aq)$	1.00×10^{-2}
25.	$NO(g)$	$\leftrightarrows NO(aq)$	1.9×10^{-3}
26.	$N_2O(g)$	$\leftrightarrows N_2O(aq)$	2.57×10^{-2}
27.	$H_2O_2(g)$	$\leftrightarrows H_2O_2(aq)$	1.0×10^{5}
28.	$O_3(g)$	$\leftrightarrows O_3(aq)$	9.4×10^{-3}

[1)] Die Henry-Koeffizienten sind für Konzentrationen in Lösung in M und Partialdrücke in der Gasphase in atm gegeben.

4.2 Einfache Gas/Wasser-Gleichgewichte; Bedeutung in der Chemie des Wolkenwassers, des Regens und des Nebelwassers

4.2.1 Offenes und geschlossenes System mit Gasphase und Wasser

Die Austauschvorgänge zwischen Gasphase (Atmosphäre) und Wasser werden im Gleichgewicht mit dem Henry'schen Gesetz beschrieben (s. Kapitel 1.3). In Tabelle 1.3 sind die Henry-Koeffizienten für die Verteilung von N_2, O_2, CO_2 und CH_4 aufgelistet.

Das Gleichgewicht einer Verbindung A zwischen der Gas- und Wasserphase wird durch den Henry-Koeffizienten (K_H) beschrieben:

$$K_H = \frac{[A(aq)]}{p_A} \tag{1}$$

mit

$[A(aq)]$ = Konzentration in der Wasserphase (mol L^{-1}) und

p_A = Partialdruck (atm)

Die Konzentration eines Gases kann auch in mol m^{-3} (oder mol L^{-1}) gegeben werden:

$(A)_g$ (mol m^{-3}) = p_A / RT.

In diesem Fall ist

$$\frac{[A(aq)]}{(A)g} = K_H RT \left(\frac{molL^{-1}}{molm^{-3}} \right) \text{ oder dimensionslos } \left(\frac{molL^{-1}{}_{Wasser}}{molL^{-1}{}_{Gas}} \right) \tag{2}$$

mit

R = Gaskonstante

= 8.2057×10^{-5} m^3 atm $Kelvin^{-1}$ mol^{-1}

oder 0.082057 L atm $Kelvin^{-1}$ mol^{-1}

T = Temperatur K

Tabelle 4.1 gibt Henry-Koeffizienten für die Verbindungen, die in der Chemie des Wolkenwassers, des Regens und des Nebelwassers von Bedeutung sind. Die Henry-Koeffizienten sind von der Temperatur abhängig.

Einfache Rechenbeispiele für die Lösung von Gas/Wasser-Verteilungsgleichgewichten wurden in Kapitel 1.3 (O_2) und 3.2 (CO_2) diskutiert.

Bei der Behandlung von Gas-Wasser-Gleichgewichten muss grundsätzlich zwischen zwei verschiedenen Systemen unterschieden werden, die je einen idealen Extremfall darstellen:

– Im *offenen System* ist Wasser im Kontakt mit einer unbeschränkten Gasmenge, d.h. der Partialdruck des Gases ist konstant und wird auch durch die Menge, die im Wasser aufgenommen wird, nicht verändert. Dieses System wurde schon bei der Behandlung der Carbonatgleichgewichte für CO_2 vorgestellt. Dieses System kann beispielsweise für das Gleichgewicht von Oberflächenwässern mit der Atmosphäre, für Regenwasser in Kontakt mit grösseren Luftmassen verwendet werden.

– Im *geschlossenen System* verteilt sich eine beschränkte Menge eines flüchtigen Stoffes zwischen der Gas- und der Wasserphase. Die Gleichgewichtskonzentrationen entsprechen immer den Henry-Koeffizienten; aber die relativen Anteile in der Gas- und in der Wasserphase sind vom Volumenverhältnis Wasser/Gas abhängig. Im Extremfall sind in einem geschlossenen Behälter eine bestimmte Menge Wasser und ein bestimmtes Gasvolumen enthalten; flüchtige Stoffe werden sich zwischen diesen beiden Phasen verteilen. Dieses System kann beispielsweise für die Gleichgewichte im Nebel angenommen werden, wenn unter stagnierenden Luftverhältnissen die Wassertröpfchen mit einer beschränkten Gasmenge im Kontakt sind. Die Annahme des geschlossenen Systems ist dort sinnvoll, wo ein beträchtlicher Anteil der Gesamtmenge des flüchtigen Stoffes in die Wasserphase übergeht.

Im geschlossenen System gilt:

$(A)_{tot}$ = konstant,

d.h. die gesamte Konzentration von A, beispielsweise in mol m^{-3}, bleibt im gesamten Volumen des Systems, das Gas und Wasser einschliesst, konstant.

Um die Konzentrationen in der Gas- und in der Wasserphase in diesem System zu vergleichen, müssen sie in gleichen Einheiten (z.B. mol m^{-3} des gesamten Systems) berechnet werden. Die Gaskonzentration ist gegeben durch:

$$(A)_g = p_A / RT \quad (\text{mol m}^{-3}) \qquad (3)$$

und die Konzentration in der Wasserphase, bezogen auf das gesamte System:

$$(A)_W = [A]\ q \quad (\text{mol m}^{-3}) \qquad (4)$$

mit

[A] = Konzentration im Wasser (molL^{-1} Wasser)

q = Wasseranteil in Liter Wasser pro m^3 des Systems (Lm^{-3})

Typische Wasseranteile sind beispielsweise

$5 \times 10^{-5} - 5 \times 10^{-4}$ L m^{-3} für Nebel,

$1 \times 10^{-4} - 1 \times 10^{-3}$ L m^{-3} für Wolken.

Die gesamte Konzentration ist dann:

$$(A)_{tot} = (A)_g + (A)_W = p_A / RT + [A]\, q \; (\text{mol m}^{-3}) \qquad (5)$$

oder

$$(A)_{tot} = (A)_g + K_H\, RT\, (A)_g\, q \qquad (6)$$

Bei vielen Stoffen von Interesse in der Atmosphäre ist [A] vom pH in der Wasserphase abhängig.

Beispiel 4.1: Geschlossenes System – Auflösung von Wasserstoffperoxid und von Ozon

Wasserstoffperoxid (H_2O_2) und Ozon (O_3) sind wichtige Oxidantien in der Atmosphäre. Ihre Löslichkeit im Wasser ist vom pH unabhängig und gegeben durch:

$K_H\,(H_2O_2) = 1.0 \times 10^5$ M atm^{-1}

$K_H\,(O_3) \quad = 9.4 \times 10^{-3}$ M atm^{-1}

Der Anteil dieser Gase, die im Wasser gelöst werden, kann im geschlossenen System als Funktion des Wasseranteils berechnet werden (Abbildung 4.2).

Aus den Gleichungen (5) und (6) folgt:

$$\frac{(A)_W}{(A)_{tot}} = \frac{K_H RT (A)_g q}{(A)_g + K_H RT (A)_g q} \qquad (7)$$

und

$$\text{Anteil im Wasser: } f(\text{Wasser}) = \frac{(A)_W}{(A)_{tot}} = \frac{K_H RTq}{1 + K_H RTq} \qquad (8)$$

$$f(\text{Gas}) = \frac{(A)_g}{(A)_{tot}} = \frac{1}{1 + K_H RTq} \qquad (9)$$

Wegen des grossen Unterschiedes in den Henry-Konstanten dieser beiden Gase ist H_2O_2 bei $q > 1.10^{-4}$ L m^{-3} zum grösseren Anteil in der Wasserphase, während der Anteil des O_3 im Wasser nur 2×10^{-8} für $q = 1.10^{-4}$ L m^{-3} beträgt.

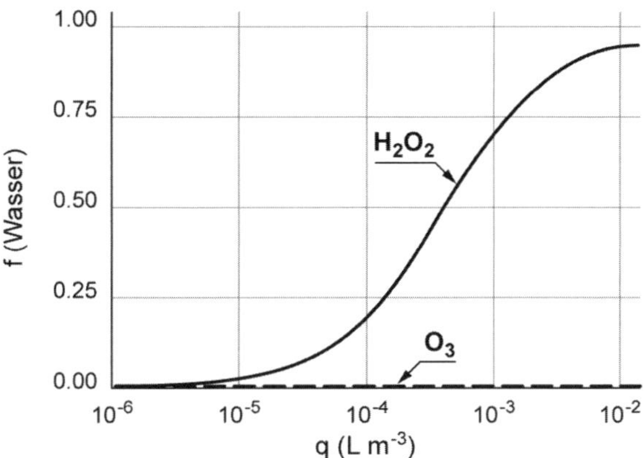

Abb. 4.2: Im Wasser gelöster Anteil von H_2O_2 und O_3 in Funktion des Wassergehaltes q (L m^{-3})

Beispiel 4.2: Geschlossenes System – Auflösung von HCl

Das Gleichgewicht von gasförmiger Salzsäure mit den gelösten Ionen ist gegeben durch:

$HCl(g) \leftrightarrows H^+ + Cl^- \quad K_{HCl} = 2.10^6$ (10)

In diesem Fall wird eine kombinierte Konstante aus Henry-Konstante und Säurekonstante angegeben, weil HCl(aq) kaum vorkommt (pKa = –3).

$(HCl)_{tot} = (HCl)_g + [Cl^-]\,q$ (11)

aus (10) ist:

$$(HCl)_g = \frac{[Cl^-][H^+]}{K_{HCl}RT} \quad (12)$$

$$(HCl)_{tot} = \frac{[Cl^-][H^+]}{K_{HCl}RT} + [Cl^-]q \quad (13)$$

In diesem Fall ist der Anteil im Wasser f(Wasser):

$$f(Wasser) = \frac{[Cl^-]q}{(HCl)_{tot}} = \frac{K_{HCl}RTq}{[H^+] + K_{HCl}RTq} \quad (14)$$

Für T = 5 °C ist K_{HCl} RT = 4.6 x 10^4.

Mit beispielsweise $q = 1.10^{-4}$ L m^{-3} ist $K_{HCl}RT$ $q = 4.6$ (mol L^{-1}). D.h. für pH > 1 ist K RT q >> $[H^+]$ und $f_{(Wasser)} \approx 1$; dies bedeutet, dass HCl über den ganzen pH-Bereich (> pH 1) vollständig im Wasser gelöst ist. Die Konzentration im Wasser ist dann

$$[Cl^-] \approx \frac{(HCl)_{tot}}{q}$$

Wenn keine weiteren Säuren oder Basen vorhanden sind, ist $[H^+] = [Cl^-]$. Für beispielsweise $(HCl)_{tot} = 2.10^{-8}$ mol m^{-3} und $q = 1.\ 10^{-4}$ L m^{-3} ergibt sich

$[Cl^-] = [H^+] = 2.\ 10^{-4}$ M und pH = 3.7.

4.2.2 Verteilung von SO_2 zwischen Gasphase und Wasser

Die Oxidation von SO_2 in der wässrigen Phase der Atmosphäre ist eine wesentliche Reaktion für die Bildung von Schwefelsäure. Die Löslichkeit von SO_2 wird deshalb für verschiedene Fälle ausführlich behandelt.

Analog zu CO_2 löst sich SO_2 unter Bildung von $SO_2 \cdot H_2O$, HSO_3^- und SO_3^{2-} (Konstanten in Tabelle 4.1); die Löslichkeit von SO_2 ist demnach stark pH-abhängig.

a) Offenes System

In Gegenwart eines konstanten Partialdrucks von SO_2, lässt sich die Löslichkeit in der Wasserphase als Funktion des pH analog zur Löslichkeit des CO_2 berechnen, unter Berücksichtigung der Henry-Konstanten K_H und der Säurekonstanten K_1 und K_2.

Die einzelnen Spezies werden als Funktion von p_{SO2} dargestellt:

$$[SO_2 \cdot H_2O] = K_H\, p_{SO2} \qquad (15)$$

$$[HSO_3^-] = K_1 [H^+]^{-1} [SO_2 \cdot H_2O] = K_H K_1 [H^+]^{-1} p_{SO2} \qquad (16)$$

$$[SO_3^{2-}] = K_1 K_2 [H^+]^{-2} [SO_2 \cdot H_2O] = K_H K_1 K_2 [H^+]^{-2} p_{SO2} \qquad (17)$$

Die Konzentrationen der einzelnen Spezies sind grafisch in Abbildung 4.3 dargestellt; Tableau 4.1 entspricht dem Tableau 3.1 für CO_2.

Tableau 4.1: SO_2–Wasser; offenes System

Komponenten:		$SO_2(g)$	H^+	log K (25 °C)
	$SO_2 \cdot H_2O$	1	0	0.097
	HSO_3^-	1	–1	–1.79
	SO_3^{2-}	1	–2	–9.00
	H^+	0	1	0
	OH^-	0	–1	–14
Zusammen-setzung:		p_{SO2} = 2.10^{-8} atm	0	

Der pH eines Wassers, das ohne Zugabe weiterer Basen oder Säuren im Gleichgewicht mit diesem Partialdruck von SO_2 ist, wird aus der Protonenbedingung berechnet:

$$[H^+] = [HSO_3^-] + 2\,[SO_3^{2-}] + [OH^-] \qquad (18)$$

bzw. $[H^+] \approx [HSO_3^-]$ (In diesem Fall ist pH ≈ 4.8)

Bei hohem pH, d.h. bei Zugabe einer gewissen Menge Base, wird die Löslichkeit von SO_2 sehr gross, während sie im sauren pH-Bereich beschränkt ist.

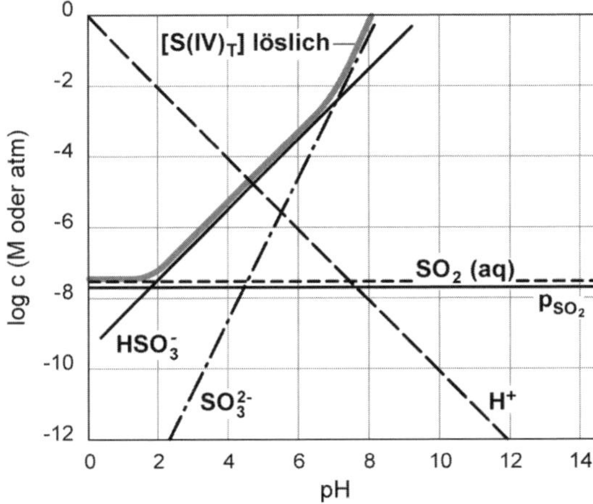

Abb. 4.3: S(IV)-Spezies in einem offenen System mit p_{SO2} = konstant = 2×10^{-8} atm. Wenn keine andere Säure oder Base zugegeben wird, ist das System definiert durch die Protonenbalance $[H^+] \approx [HSO_3^-]$.

b) Geschlossenes System

Es wird angenommen, dass das System hier gesamthaft 9×10^{-7} mol m^{-3} SO_2 (entsprechend 2×10^{-8} atm) und 5×10^{-4} L m^{-3} Wasser enthält.

Wie in Gleichung (5) angegeben, kann hier die Massenbilanz in mol m^{-3} über Wasser- und Gasphase formuliert werden:

$$(SO_2)_{tot} = (SO_2)_g + q\,([SO_2.H_2O] + [HSO_3^-] + [SO_3^{2-}]) \qquad (19)$$

Die Konzentration in der Wasserphase und entsprechend die relativen Anteile in der Gas- und Wasserphase sind hier sowohl vom pH wie vom Wassergehalt q abhängig.

Nach Einsetzen der Ausdrücke (15)–(17) erhält man:

$$(SO_2)_{tot} = (SO_2)_g + q\,(SO_2)_g\,K_H\,RT\,(1 + K_1\,[H^+]^{-1} + K_1\,K_2\,[H^+]^{-2}) \qquad (20)$$

$$\Sigma\,S(IV)(aq) = [SO_2.H_2O] + [HSO_3^-] + [SO_3^{2-}] =$$

$$(SO_2)_g\,K_H\,RT\,(1 + K_1\,[H^+]^{-1} + K_1\,K_2\,[H^+]^{-2}) \qquad (21)$$

und

$$\frac{(SO_2)_g}{(SO_2)_{tot}} = \frac{1}{(1 + K_H RTq(1 + K_1[H^+]^{-1} + K_1K_2[H^+]^{-2}))} \qquad (22)$$

Die Anteile von SO_2 in der Gas- und in der Wasserphase als Funktion des pH sind für die angegebenen Verhältnisse in Abbildung 4.4a dargestellt. Für pH < 5 ist SO_2 hauptsächlich in der Gasphase vorhanden, für pH > 7 hauptsächlich in der Wasserphase; d.h. in diesem Fall ist p_{SO2} nicht konstant, sondern hängt vom pH in der Wasserphase und vom Volumenverhältnis Wasser/ Gas ab. Der Anteil von SO_2 in der Wasserphase ist in Abbildung 4.4b als Funktion des Wasseranteils q für verschiedene pH dargestellt.

Die Konzentration von S(IV) in der Wasserphase erreicht ein Maximum, wenn SO_2 praktisch vollständig (> 99 %) in die Wasserphase übergeht.

Die Verteilung der Spezies in der Wasserphase und die gelöste Konzentration (Σ S(IV)(aq)) lassen sich auch durch die grafische Methode ermitteln (Abbildung 4.4c). Dazu muss zunächst die maximale Konzentration in der Wasserphase ermittelt werden; sie ist durch die vollständige Auflösung des SO_2 gegeben:

$$(\Sigma\,S(IV)(aq))max = (SO_2)_{tot}/q \qquad (23)$$

Diese maximale Konzentration wird als obere Grenze im Diagramm eingezeichnet; aus Abbildung 4.3 und aus den vorhergehenden Überlegungen ist klar, dass diese Konzentration nur im oberen pH-Bereich erreicht wird. Im sauren pH-Bereich hingegen ist die minimale Löslichkeit durch die Henry-Konstante gegeben. Die Linien für HSO_3^- und SO_3^{2-} werden zunächst wie in Abbildung 4.3 eingezeichnet; ihre Konzentrationen sind aber durch den Wert $(SO_2)_{tot}/q$ begrenzt.

Beim Aufstellen des Tableaus muss beim geschlossenen System besonders darauf geachtet werden, dass die Massenbilanzen richtig berücksichtigt werden. Am einfachsten ist es, die Massenbilanz (19) durch q zu teilen und alle Konzentrationen in mol L^{-1} anzugeben (für die Gasphase fiktiv):

$$(SO_2)_{tot}/q = (SO_2)_g/q + [SO_2.H_2O] + [HSO_3^-] + [SO_3^{2-}] \quad (\text{mol } L^{-1}) \qquad (24)$$

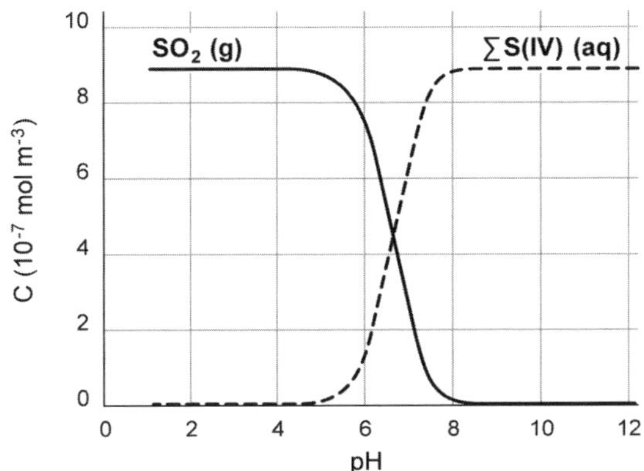

Abb. 4.4a: Verteilung von SO_2 zwischen Gas- und Wasserphase als Funktion von pH für $(SO_2)_{tot}$ = 9.10^{-7} mol m^{-3} und q = 5.10^{-4} L m^{-3}. Bei tiefem pH (< 5) ist SO_2 überwiegend in der Gasphase, bei hohem pH (> 7) überwiegend in der Wasserphase.

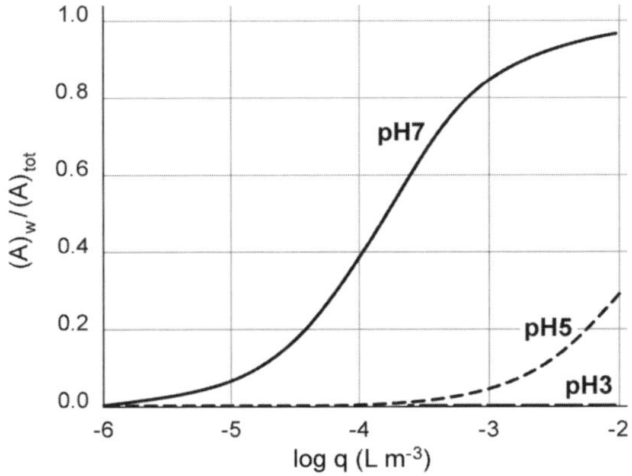

Abb. 4.4b: Anteil von S(IV) in der Wasserphase (Σ S(IV)(aq) / $(SO_2)_{tot}$) als Funktion des Wasseranteils q für verschiedene pH

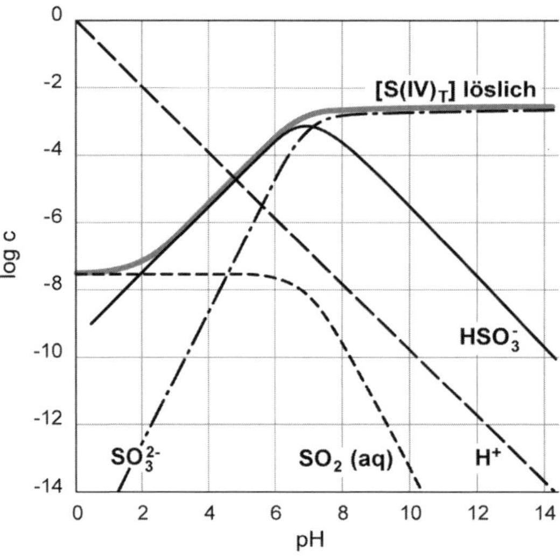

Abb. 4.4c: Verteilung der S(IV)-Spezies in der Wasserphase. pH für das Gleichgewicht mit SO_2 ohne zusätzliche Säure oder Base ist gegeben durch die Protonenbedingung (gleiche Konzentration wie in Abbildung 4.4a) ; $[H^+] = [HSO_3^-] + 2\,[SO_3^{2-}] + [OH^-]$ oder $[H^+] \approx [HSO_3^-]$

Im Tableau 4.2 sind $SO_2.H_2O$ und H^+ als Komponenten eingesetzt. Die Konzentration in der Gasphase ist gegeben durch:

$$(SO_2)_g/q = [SO_2.H_2O]\,(K_HRT)^{-1}\,q^{-1} \qquad (mol\ L^{-1}) \qquad (25)$$

und muss dann auf mol m^{-3} umgerechnet werden. Die entsprechende Konstante wird im Tableau als K = –log (K_H • RT) –log q eingesetzt.

Tableau 4.2: Geschlossenes System SO_2-Wasser

Komponenten:		$SO_2.H_2O$	H^+	log K
Spezies:	$SO_2.H_2O$	1		0
	HSO_3^-	1	–1	–1.89
	SO_3^{2-}	1	–2	–9.09
	$(SO_2)_g/q$	1		1.51 –log q
	OH^-		–1	–14.0
	H^+		1	0
Zusammensetzung:	$(SO_2)_{tot}/q$	$= 9 \times 10^{-7}/q$	0	
		$= 1.8 \times 10^{-3}$ mol L^{-1}		

In diesem Fall (nur SO_2, H_2O) ist:

$$\text{Tot H} = [H^+] - [HSO_3^-] - 2\,[SO_3^{2-}] - [OH^-] = 0 \qquad (26)$$

Bei Zugabe von Base oder Säure ist Tot H ≠ 0, der pH variiert dementsprechend.

c) Reaktionen von SO_2 mit Aldehyden

Aldehyde (z.B. Formaldehyd H_2CO, Acetaldehyd CH_3CHO, Glyoxal CHOCHO) sind in der Atmosphäre vorhanden, wo sie als Oxidationsprodukte von Kohlenwasserstoffen gebildet werden. Diese Aldehyde sind recht gut wasserlöslich. SO_2 reagiert mit Aldehyden entsprechend der folgenden Reaktion (z.B. mit Formaldehyd):

$$H_2CO + HSO_3^- \leftrightarrows CH_2OHSO_3^- \qquad (27)$$

Die gebildeten Addukte sind recht stabil; die Kinetik ihrer Bildung ist allerdings von verschiedenen Faktoren in der Lösung abhängig und kann vor allem in saurer Lösung langsam sein.

Die S(IV)-Aldehydverbindungen, insbesondere Hydroxymethansulfonat ($CH_2OHSO_3^-$), können einen wesentlichen Anteil des gelösten S(IV) in atmosphärischen Wassertröpfchen darstellen. Dadurch wird die Löslichkeit von S(IV) vor allem im sauren pH-Bereich erhöht (Beispiel 4.3). Diese Verbindungen sind gegenüber Oxidantien weniger reaktiv als freie HSO_3^-- und SO_3^{2-}-Ionen, so dass die Anwesenheit dieser Spezies die Reaktivität von S(IV) beeinflusst.

Beispiel 4.3: Löslichkeit von SO_2 in Gegenwart von Formaldehyd

Formaldehyd löst sich im Wasser entsprechend der Gleichung

$$H_2CO\,(g) \leftrightarrows H_2CO(aq) \qquad \log K_H = 3.8 \qquad (i)$$

H_2CO (aq) enthält zwei verschiedene Spezies, nämlich freies H_2CO und das Hydrat $CH_2(OH)_2$:

$$H_2CO + H_2O \leftrightarrows CH_2(OH)_2 \qquad \log K_{Hyd} = 3.26 \qquad (ii)$$

Freies H_2CO bildet mit HSO_3^--Hydroxymethansulfonat:

$$H_2CO + HSO_3^- \leftrightarrows CH_2OHSO_3^- \qquad \log K_{HMSA} = 9.82 \qquad (iii)$$

Kombiniert mit der Konstante für die Reaktion (ii) ergibt sich die Konstante:

$$K'_{HMSA} = \frac{[CH_2OHSO_3^-]}{[CH_2O(aq)][HSO_3^-]} \qquad \log K'_{HMSA} = 6.56 \qquad (iv)$$

Abbildung 4.5 zeigt die Löslichkeit von $SO_2(g)$ im offenen System, für Bedingungen entsprechend Abbildung 4.3, zusätzlich in Gegenwart von gelöstem Formaldehyd:

Total $H_2CO(aq) = 1 \times 10^{-4}$ M

$p_{SO2} = 2 \times 10^{-8}$ atm

Die löslichen Spezies sind dann:

$$\Sigma\ S(IV)(aq) = [SO_2 \cdot H_2O] + [HSO_3^-] + [SO_3^{2-}] + [CH_2OHSO_3^-] \quad (v)$$

Für pH < 5 wird die Löslichkeit stark erhöht; $CH_2OHSO_3^-$ ist in diesem pH-Bereich die vorherrschende Spezies.

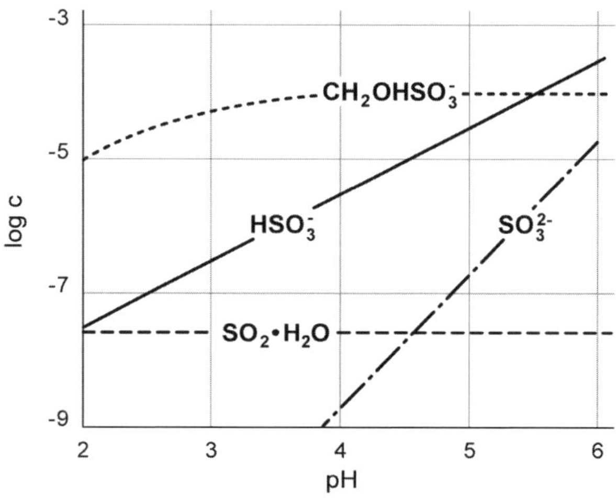

Abb. 4.5: Löslichkeit von SO_2 bei Bildung von Hydroxymethansulfonat in der Wasserphase. Offenes System $p_{SO2} = 2 \times 10^{-8}$ atm; total gelöstes $CH_2O = 1 \times 10^{-4}$ M.

4.2.3 Verteilung von NH_3 zwischen Gasphase und Wasser

Ammoniak ist die wichtigste basische Komponente in der Atmosphäre. Die vorhandenen Konzentrationen von gasförmigem Ammoniak und ihre pH-abhängige Auflösung sind für die Säure/Base-Balancen im atmosphärischen Wasser entscheidend.

Die Grundgleichungen sind hier:

$$NH_{3\,(g)} \leftrightarrows NH_{3\,(aq)} \qquad K_H \qquad \log K_H = 1.75 \quad (28)$$

$$NH_4^+ \leftrightarrows NH_{3\,(aq)} + H^+ \qquad K_a \qquad \log K_a = -9.3 \quad (29)$$

d.h., dass die Auflösung von $NH_3(g)$ durch die Protonierung zu NH_4^+ im sauren Bereich begünstigt ist, während sie im alkalischen Bereich durch die Löslichkeit von NH_3 beschränkt ist, die aber im Vergleich zu den anderen hier behandelten Gasen recht hoch liegt.

a) Offenes System

Bei konstantem Partialdruck ist die Löslichkeit von NH_3 gegeben durch (Abbildung 4.6):

$$[NH_3]_{aq} = K_H\, p_{NH3} = K_H\, RT\, (NH_3)_g \quad (30)$$

$$[NH_4^+] = [NH_3]\,[H^+]\,K_a^{-1} = K_H\, K_a^{-1}\,[H^+]\, p_{NH3}$$

$$= K_H\, RT\, K_a^{-1}[H^+](NH_3)_g \quad (31)$$

Die Löslichkeit ist im alkalischen Bereich durch die Löslichkeit von NH_3 beschränkt und nimmt im sauren Bereich stark zu.

b) Geschlossenes System

Es wird angenommen, dass das System gesamthaft 2.10^{-7} mol m^{-3} NH_3 (entsprechend 5.10^{-9} atm) und 5.10^{-4} L m^{-3} Wasser enthält. Die Massenbilanz ist:

$$(NH_3)_{tot} = (NH_3)_g + q\,([NH_3] + [NH_4^+])\ \text{mol m}^{-3} \quad (32)$$

$$(NH_3)_{tot} = (NH_3)_g + q\, K_H\, RT \bullet (NH_3)_g\,(1 + K_a^{-1}[H^+]) \quad (33)$$

Der Anteil in der Gasphase ist gegeben durch:

$$\frac{(NH_3)_g}{(NH_3)_{tot}} = \frac{1}{1 + qK_H RT(1 + K_a^{-1}[H^+])} \quad (34)$$

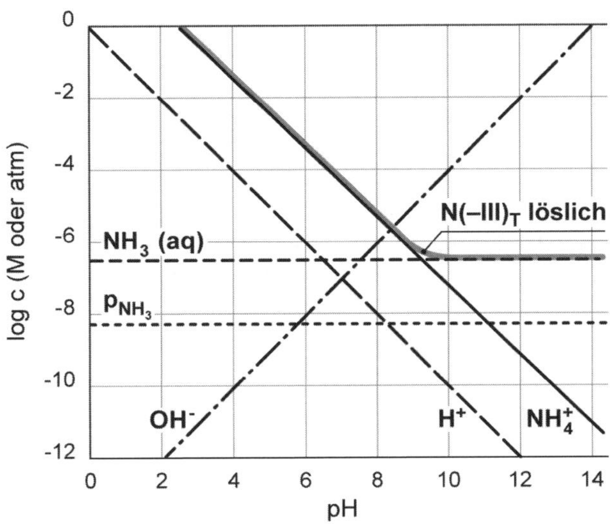

Abb. 4.6: NH_3-Spezies in einem offenen System mit p_{NH3} = konstant = 5 x 10^{-9} atm (25 °C). Die Protonenbedingung $[NH_4^+] + [H^+] = [OH^-]$ ist annähernd erfüllt bei $[NH_4^+] \cong [OH^-]$.

Die Anteile in der Gas- und Wasserphase sind in Abbildung 4.7a als Funktion des pH dargestellt. $(NH_3)_{tot}$ ist hauptsächlich in der Gasphase bei pH > 7, hauptsächlich in der Wasserphase bei pH < 5 für $q = 5 \times 10^{-4}$ L m^{-3} (berechnet für 25 °C).

Im Tableau 4.3 wird wiederum die Massenbilanz

$$(NH_3)_{tot}/q = (NH_3)_g/q + [NH_3] + [NH_4^+] \quad (mol\ L^{-1}) \qquad (35)$$

eingesetzt.

Tableau 4.3: Geschlossenes System NH_3–Wasser

Komponenten:		$NH_3(aq)$	H^+	log K
Spezies:	$NH_3(aq)$	1		0
	NH_4^+	1	1	9.2
	$(NH_3)_g/q$	1		–0.14 –log q
	OH^-		–1	–14
	H^+		1	0
Zusammensetzung:		$(NH_3)_{tot}/q = 2 \times 10^{-7} / q$ $= 4 \times 10^{-4}$ mol L^{-1}	0	

Die Massenbilanz (35) entspricht der Summe der Kolonne für NH_3. Tot H ist gegeben durch die Summe der H^+-Kolonne:

$$\text{Tot H} = [NH_4^+] + [H^+] - [OH^-] = 0 \qquad (36)$$

Der pH ergibt sich ohne Zugabe zusätzlicher Säuren oder Basen aus dieser Protonenbedingung: pH = 8.2.

Die Verteilung der Spezies in der wässrigen Phase ist in Abbildung 4.7b dargestellt. Die maximale Konzentration von NH_4^+ im sauren Bereich ergibt sich aus

$$[NH_4^+]_{max} = (NH_3)_{tot}/q \qquad (mol\ L^{-1})$$

Die minimale Löslichkeit im alkalischen Bereich ist durch die Henry-Konstante (30) gegeben.

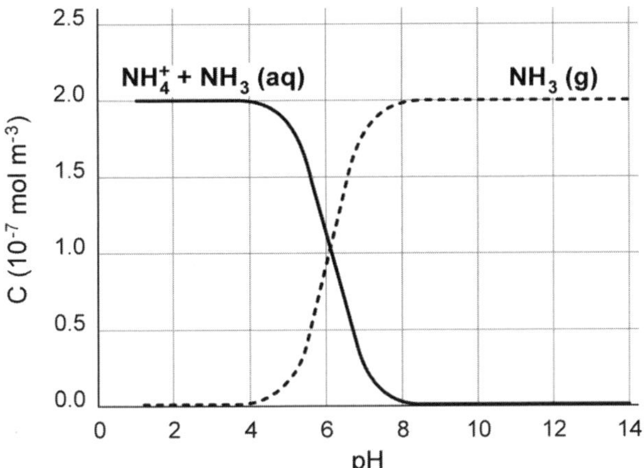

Abb. 4.7a: Verteilung von NH_3 zwischen Gas- und Wasserphase (mol m^{-3} des gesamten Systems) im geschlossenen System für $(NH_3)_{tot} = 2.10^{-7}$ mol m^{-3} und q = 5.10^{-4} L m^{-3}

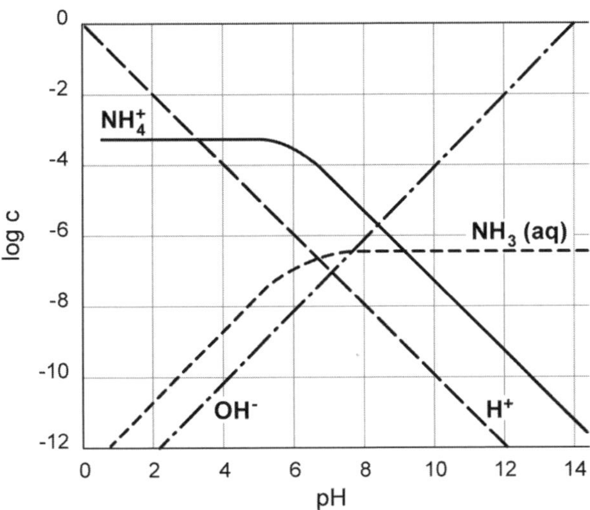

Abb. 4.7b: Verteilung der Spezies in der Wasserphase (mol L^{-1} der Wasserphase) im geschlossenen System ($(NH_3)_{tot} = 2.10^{-7}$ mol m^{-3}; q = 5.10^{-4} L m^{-3}). Ohne weitere Basen oder Säuren ist der pH gegeben durch: $[NH_4^+] + [H^+] = [OH^-]$.

4.2.4 Auswaschung von Schadstoffen aus der Atmosphäre

In welchem Ausmass werden gasförmige Schadstoffe aus der Atmosphäre durch Regen ausgewaschen?

Eine Abschätzung aufgrund der Gleichgewichte zwischen Gas- und Wasserphase (Henry-Koeffizienten) für verschiedene Stoffe kann gemacht werden. Dazu wird eine Luftsäule (unterhalb einer Wolke) mit der entsprechenden Regenwassermenge als geschlossenes System betrachtet. Zum Beispiel nimmt man an, dass die Luftsäule 5 x 10^3 m hoch ist und dass 25 mm Regen (entsprechend 25 L m^{-2}) fallen.

Die totale Menge eines Schadstoffs in der Luftsäule über 1 m^2 wäre dann (entsprechend Gleichung (5)):

$$(A)_{tot} = (A)_g \times V_g + (A)_w \times V_w \qquad (37)$$

mit

V_g = Gasvolumen = 5.10^3 m^3 und

V_g = Wasservolumen = 0.025 m^3

Das Volumenverhältnis von Gas zu Wasser ist:

$$\frac{V_g}{V_w} = 2x10^5 \qquad (38)$$

(oder in den bisher verwendeten Einheiten ist der Wassergehalt 5 x 10^{-3} L m^{-3}).

Der Anteil des Schadstoffs im Wasser kann aufgrund des Henry-Koeffizienten berechnet werden (Gleichung (7)):

$$f_{(Wasser)} = \frac{(A)_w V_w}{(A)_g V_g + (A)_w V_w} = \frac{K_H RTV_w}{V_g + K_H RTV_w} = \frac{1}{\left((K_H RT)^{-1} \frac{V_g}{V_w} + 1\right)} \qquad (39)$$

Neben den schon besprochenen SO_2, NH_3, Formaldehyd sind hier auch die Stickoxide NO_2 und NO dargestellt, die eine sehr viel geringere Wasserlöslichkeit als SO_2 aufweisen (Abb. 4.8). Hingegen sind die Säuren HNO_2 und HNO_3 (f = 1.0) gut wasserlöslich. PAN (Peroxyacetylnitrat) ist ein Produkt fotochemischer Reaktionen in der Atmosphäre. Als Beispiele für organische Schadstoffe sind hier angeführt: 2,4-Dinitrophenol, Lindan (ein chloriertes Pestizid), Phenanthren (ein polyzyklischer aromatischer Kohlenwasserstoff), PCB (ein polychloriertes Biphenyl) und Toluol (Lösungsmittel). Rechts in Abb. 4.8 sind die wichtigsten Oxidantien der Atmosphäre dargestellt. Die Verteilung von Substanzen, die als schwache Säuren vorhanden sind (z.B. SO_2, HNO_2, Phenole), ist stark pH-abhängig. Sehr grosse Unterschiede in den Henry-Koeffizienten verschiedener Substanzen widerspiegeln sich hier in den unterschiedlichen Fraktionen im Wasser. Für viele Schadstoffe ist die Wasserlöslichkeit gering und dementsprechend die Auswaschung durch Absorption in der wässrigen Phase des Regens gering. Viele dieser Stoffe werden aber an Partikel adsorbiert (z.B. polyzyklische aromatische Kohlenwasserstoffe) und werden mit den Partikeln in der Atmosphäre und auf die Erdoberfläche transportiert.

Entsprechend der unterschiedlichen Löslichkeit werden organische Verbindungsgruppen in verschiedenen Konzentrationen im Regenwasser gemessen (Abbildung 4.9).

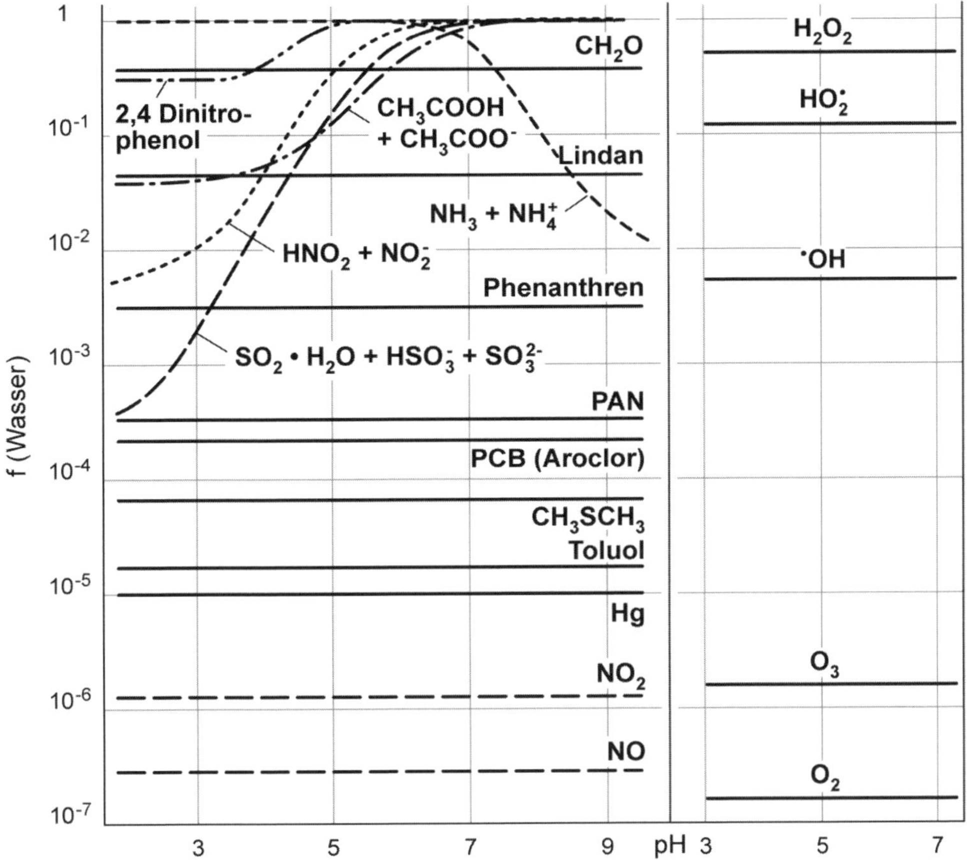

Abb. 4.8: Verteilung verschiedener Verbindungen zwischen Gas- und Wasserphase in Abhängigkeit vom pH. f (Wasser) gemäss Gl. (39) ist aufgetragen. Ein Volumenverhältnis von Gas zu Wasser von 2×10^5 wurde angenommen.

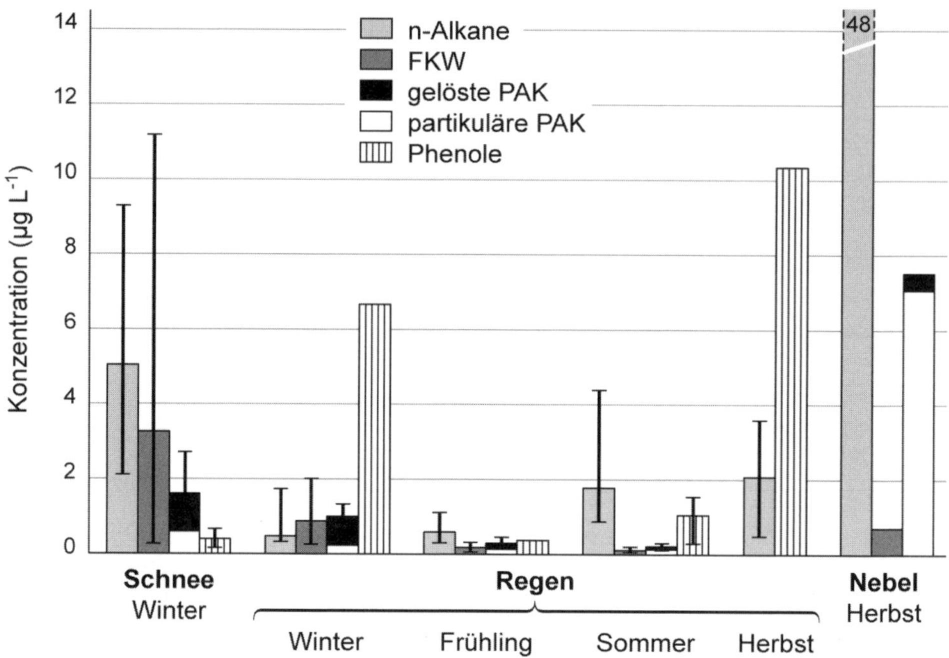

Abb. 4.9: Mittelwerte und Bereiche der Konzentrationen organischer Verbindungsklassen in Regen, Schnee und Nebel.
FKW = flüchtige Kohlenwasserstoffe
PAK = polyzyklische aromatische Kohlenwasserstoffe
Die Konzentrationen beziehen sich auf das Wasservolumen; Konzentrationsbereiche sind nur bei mindestens drei Messwerten angegeben (modifiziert nach *(18)*).

4.3 Die Genese eines Nebeltröpfchens

Die Atmosphäre ist eine oxidierende Umwelt. Viele Bestandteile werden durch oxidative chemische Prozesse mit O_2, H_2O_2, $^{\bullet}OH$ und O_3 gebildet, insbesondere die Oxide SO_2, SO_3, H_2SO_4, NO, NO_2, HNO_2, HNO_3. Viele der Prozesse werden durch Katalyse beschleunigt und fotochemisch induziert. Während die Oxidation von NO_x zu HNO_3 vor allem in der Gasphase stattfindet, erfolgt ein signifikanter Teil der Oxidation von SO_2 in der Wasserphase.

Nebeltröpfchen (10–50 µm Durchmesser) werden in mit Wasser gesättigter Atmosphäre (relative Feuchtigkeit 100 %) gebildet durch Kondensation an Aerosolpartikel (Abbildung 4.1). Die Nebeltröpfchen absorbieren Gase wie NO_x, SO_2, NH_3, HCl. Die Wassertröpfchen sind ein besonders günstiges Milieu für die Oxidation des SO_2 zu H_2SO_4. Der Flüssigwassergehalt eines typischen Nebels ist oft in der Grössenordnung von 10^{-4} Liter Wasser pro m^3 Luft, so dass die Konzentration der Ionen und Säuren oft 10–50 Mal grösser sind als diejenigen des

Regens (Abbildung 2.13). Während Wolken substanzielle Luftvolumina umsetzen und Gase und Aerosole über grössere Distanzen aufnehmen, sind Nebeltröpfchen wichtige Kollektoren von lokalen Verunreinigungssubstanzen in der Nähe der Erdoberfläche.

SO_2- und NH_3-Absorption

Im Modell wird ein typischer Nebel synthetisiert, indem zu einer Gasphase zuerst äquimolare Mengen von NH_3 und SO_2 (je 5×10^{-7} mol m^{-3}) zugegeben werden. Ebenso wird dann pro m^3 Luft 10^{-4} L Wasser zugegeben und der Nebel auskondensiert. Das System wird als geschlossen und gemischt betrachtet, d.h. die Nebeltröpfchen können höchstens die ursprünglich vorhandene Gasmenge in die Wasserphase aufnehmen. Weiter wird dann die Zusammensetzung des Nebels durch Zugabe von Säuren, z.B. $HNO_3(g)$ (aus der Gasphase, wo es durch Oxidation des NO_x entstanden ist) und HCl(g) (aus der Emission einer Kehrichtverbrennungsanlage) und Basen (Alkalinität von Staub oder Flugasche), verändert. Das Gassystem (hypothetisch geschlossen bezüglich SO_2 und NH_3) steht unter dem Einfluss des CO_2, wobei wegen der Grösse des CO_2-Reservoirs $p_{CO2} = 10^{-3.5}$ atm = konstant (also bezüglich CO_2 ein offenes System) angenommen wird.

Die Aufgabe entspricht der Kombination der Auflösung von NH_3 und SO_2. Die Konstruktion des Gleichgewichts-Diagramms ist die Superposition der entsprechenden Diagramme der Abbildungen 4.4c, 4.7b und 3.1. Abbildung 4.10 gibt die Gleichgewichtszusammensetzung als Funktion des pH und die Titrationskurve des Systems. Wie in Abbildung 4.10 dargestellt wird, ist die Pufferung des heterogenen Gas-Wassersystems vor allem auf die Komponenten der Gasphase (NH_3 oberhalb pH 5 und SO_2 unterhalb pH 5) zurückzuführen.

Die Ionenbilanz ist gegeben durch:

$$[NH_4^+] + [H^+] = [HSO_3^-] + 2\,[SO_3^{2-}] + [HCO_3^-] + 2\,[CO_3^{2-}] + [OH^-] \qquad (40)$$

und Tot H, die Summe der Protonen ist gegeben durch:

$$\text{Tot H} = [NH_4^+] + [H^+] - [HSO_3^-] - 2\,[SO_3^{2-}] - [HCO_3^-] - 2\,[CO_3^{2-}] - [OH^-] \qquad (41)$$

Im Fall mit Tot H = 0 ergibt sich der pH aus dem Punkt mit $[NH_4^+] \approx [HSO_3^-]$, d.h. pH = 6.3. Im zweiten Fall mit Tot H = 5×10^{-3} M (z.B. durch Einwirkung von $(HCl)_g = 5 \times 10^{-7}$ mol m^{-3}) ergibt sich pH = 3.8. (Abbildung 4.10).

Die Synthese des Nebeltröpfchens kann nun weitergeführt werden, indem SO_2 durch ein Oxidationsmittel „O“ zu H_2SO_4 oxidiert wird

$$SO_2 + \text{„O“} + H_2O \leftrightarrows SO_4^{2-} + 2\,H^+ \qquad (42)$$

O_2, H_2O_2, und O_3 kommen als Oxidationsmittel in Frage. Beim Nebel wird das H_2O_2 sehr schnell aufgezehrt und in Abwesenheit von Sonnenlicht (Winter) nur langsam neu gebildet. Es ist wahrscheinlich, dass im Nebel SO_2 vor allem durch Ozon oxidiert wird. Die Reaktionsgeschwindigkeit ist abhängig von der Konzentration der einzelnen S(IV)-Spezies, d.h. stark pH-abhängig *(19)*:

$$-\frac{d[S(IV)]}{dt} = \frac{d[SO_4^{2-}]}{dt} = \left(k_0[SO_2.H_2O] + k_1[HSO_3^-] + k_2[SO_3^{2-}]\right)[O_3(aq)] \quad (43)$$

Die Oxidationsgeschwindigkeit mit Ozon nimmt mit zunehmendem pH stark zu. Wie aus Gleichung (42) hervorgeht, werden für jedes SO_2, das oxidiert wird, zwei Protonen freigesetzt, da H_2SO_4 eine starke Säure ist. Mit jedem SO_4^{2-}, das gebildet wird, verschiebt sich wegen der dabei gebildeten Protonen die Gleichgewichts-Zusammensetzung entlang der ausgezogenen Titrationskurve. Das NH_3 ist hier von grösster Bedeutung *(20)*:

- Es reguliert den pH in der wässrigen Phase;
- NH_3 in der Gasphase puffert die wässrige Lösung gegen die schnelle Absenkung des pH (je tiefer der pH, desto langsamer die Oxidationsrate mit O_3: unterhalb pH $\approx$ 5 ist die Oxidation so langsam, dass sie innerhalb der Nebeldauer nicht mehr auftritt): und
- $NH_3(g)$ bestimmt die Säurenneutralisierungskapazität des Systems.

Abb. 4.10: Zusammensetzung von Nebel aufgrund der Gleichgewichte mit $SO_2(g)$, $NH_3(g)$ und $CO_2(g)$.
a) Gleichgewichtsdiagramm eines Nebel-Luft-Systems. Das System ist bezüglich SO_2 ($TOTHSO_3 = 5 \times 10^{-7}$ mol S(IV) pro m^3) und bezüglich NH_3 ($TOTNH_4 = 5 \times 10^{-7}$ mol N(–III) pro m^3) geschlossen, aber in Bezug auf CO_2 ($p_{CO2} = 10^{-3.5}$ atm = konstant) offen. Der Flüssigwassergehalt ist 10^{-4} L Wasser m^{-3}.
b) Der Prozentsatz von $TOTNH_4$ als $NH_3(g)$ und von $TOTHSO_3$ als $SO_2(g)$.
c) Die Titrationskurve mit starker Säure oder Base. (Es ist übersichtlicher, wenn das Bild c um 90° gedreht wird.) Die ausgezogene Kurve entspricht der Gleichung für Tot H, wobei die Carbonatspezies die Titrationskurve nur oberhalb pH = 8 beeinflussen. Die gestrichelte Kurve ist die Titrationskurve für eine homogene wässrige NH_4HSO_3-Lösung ($SO_2 \bullet H_2O$ und NH_3 werden als nicht-flüchtig behandelt):
$TOT\ H = C_{Acid} - C_{Base} = [SO_2 \bullet H_2O] + [H^+] - [NH_3\ (aq)] - [OH^-]$
Der Unterschied in der Pufferung (dC_{Base}/dpH) des heterogenen Systems gegenüber dem wässrigen System ist beachtlich. Offensichtlich puffert NH_3 in der Gasphase oberhalb pH = 5 und SO_2 in der Gasphase unterhalb pH = 5.

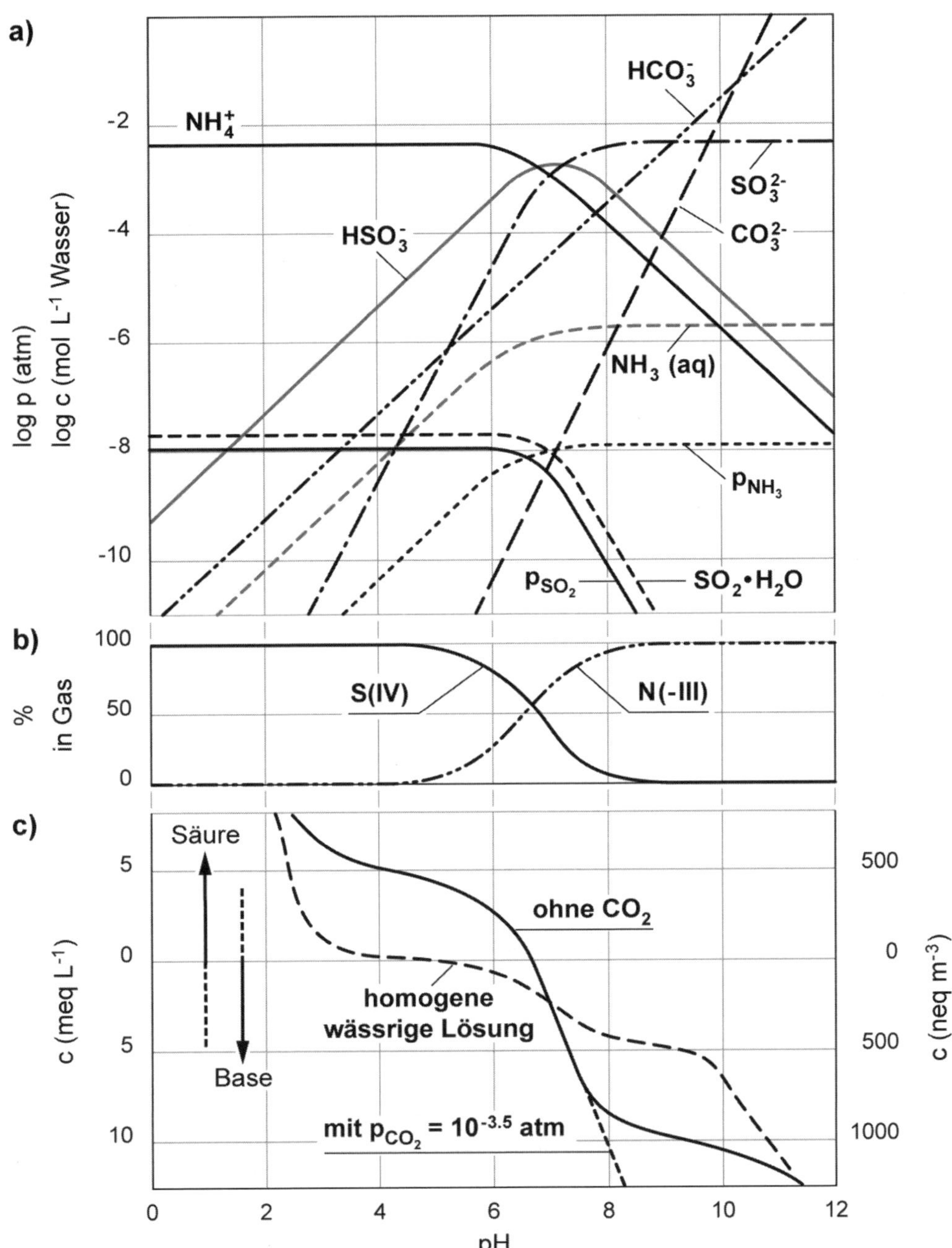
a)
log p (atm)
log c (mol L⁻¹ Wasser)
-2
-4
-6
-8
-10
NH₄⁺
HCO₃⁻
SO₃²⁻
CO₃²⁻
HSO₃⁻
NH₃ (aq)
p_NH₃
p_SO₂
SO₂•H₂O
b)
% in Gas
100
50
0
S(IV)
N(-III)
c)
Säure
Base
c (meq L⁻¹)
5
0
5
10
ohne CO₂
homogene wässrige Lösung
mit p_CO₂ = 10^-3.5 atm
500
0
500
1000
c (neq m⁻³)
0
2
4
6
8
10
12
pH

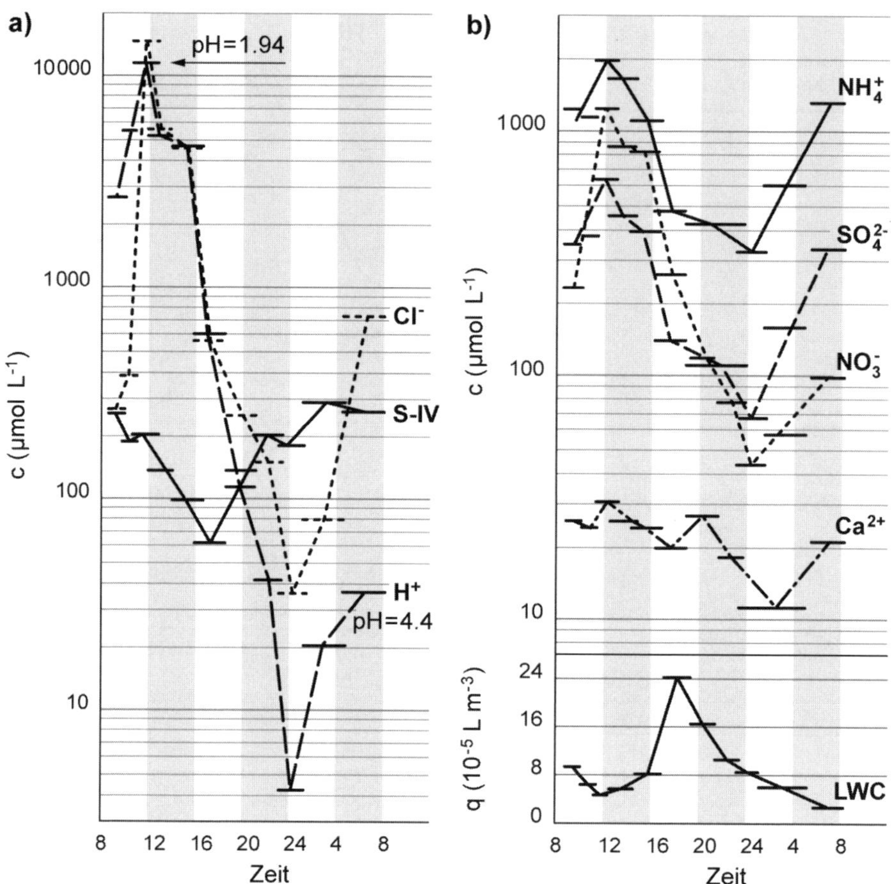

Abb. 4.11: Beispiel für die Zusammensetzung des Nebelwassers in einem Strahlungsnebel in Funktion der Zeit (LWC = Flüssigwassergehalt) *(21)*

Ein Beispiel der chemischen Zusammensetzung eines Kondensationsnebels in Dübendorf ist in Abbildung 4.11 wiedergegeben. In diesem Fall hat die Einwirkung von HCl(g) – wahrscheinlich aus einer Kehrichtverbrennungsanlage ca. 3 km nördlich – zu einer vorübergehenden Absenkung des pH im Nebelwasser bis hinunter zu pH 1.94 geführt. Recht hohe Konzentrationen von S(IV) werden gemessen, die bei diesen tiefen pH-Werten nur langsam oxidiert werden.

4.4 Aerosole

Atmosphärische Aerosole sind wichtige Nuclei für die Kondensation von Wassertropfen (Wolken, Regen, Nebel) in der Atmosphäre. Die Auflösung der wasserlöslichen Aerosolkomponenten trägt zur Zusammensetzung der Wasserphase bei (z.B. NH_4NO_3, $(NH_4)_2SO_4$). Aus diesem Grunde wird hier sehr kurz die Chemie der Aerosole beschrieben. Aerosole können, zusätzlich zu den Schadstoff-Gasen, einen substanziellen Teil der atmosphärischen Komponenten enthalten, die ultimativ in Form von Nass- und Trockendepositionen (vgl. Kapitel 2.10) auf die Erdoberfläche zurückkommen. Sie treten auf mit Partikelgrössen von ca. 0.01 µm bis hinauf zu wenigen 100 µm. Primäre Aerosole bestehen aus Staub- oder Rauchteilchen, während sekundäre Aerosole in der Atmosphäre aus Bestandteilen der Gasphase gebildet werden. Abbildung 4.12 gibt ein vereinfachtes Schema über die Grössenverteilung der Aerosole wieder. Die sauren und „neutralen" Komponenten, insbesondere die Ammoniumsulfat- und Ammoniumnitrataerosole, kommen in den feinen Aerosolen vor, während die Aerosole mit grösserem Durchmesser wegen ihres Anteils an Staub und Flugasche eher neutral bis alkalisch sind. Schwermetalle und viele organische Komponenten, u.a. auch polyzyklische aromatische Kohlenwasserstoffe und andere toxische Verbindungen wie Nitrophenole, sind in den Aerosolen enthalten.

Die Bildung von Sulfat- und Nitrataerosolen

Folgende Reaktionen von Gasphasekomponenten führen zu Aerosolen (nach *(22)*):

$$H_2SO_4(g) + 2\ NH_3(g) \leftrightarrows ((NH_4)_2SO_4)_{aerosol} \qquad (44)$$

$$H_2SO_4(g) + NH_3(g) \leftrightarrows (NH_4HSO_4)_{aerosol} \qquad (45)$$

$$HNO_3(g) + NH_3(g) \leftrightarrows (NH_4NO_3)_{aerosol} \qquad (46)$$

$$HCl(g) + NH_3(g) \leftrightarrows (NH_4Cl)_{aerosol} \qquad (47)$$

oder:

$$H_2SO_4\ (g) + 2\ HNO_3(g) + 4\ NH_3(g) \leftrightarrows ((NH_4)_2SO_4 \cdot 2\ NH_4NO_3)_{aerosol} \qquad (48)$$

$$H_2SO_4\ (g) \leftrightarrows (H_2SO_4(l))_{aerosol} \qquad (49)$$

Gemischte Aerosole werden auch erhalten, z.B.

$$((NH_4)_2SO_4 \cdot 2\ NH_4NO_3)_{aerosol} \leftrightarrows ((NH_4)_2SO_4)_{aerosol} + 2\ HNO_3(g) + 2\ NH_3(g) \qquad (50)$$

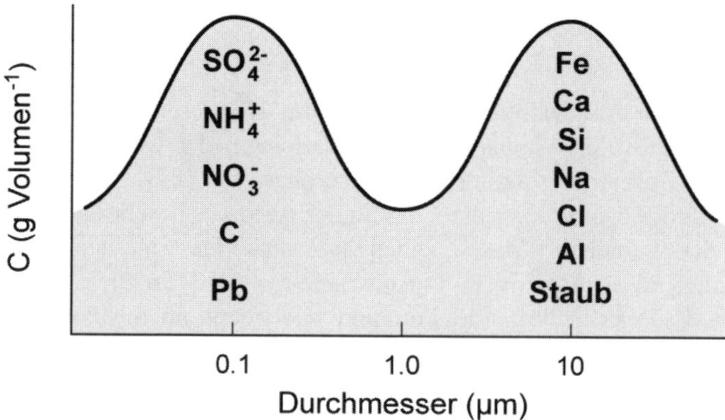

Abb. 4.12: Schematische Grössenverteilung der Aerosole. Die typischen Sekundäraerosole, die aus NH_3 und den Säuren H_2SO_4 und HNO_3 gebildet werden, gehören zu den feinen (d < 1 µm) Aerosolen.

Diese atmosphärischen Ammoniumaerosole (d = 0.3–1 µm) sind bei tiefer Feuchtigkeit als Feststoffe vorhanden. Die Reaktionen (44)–(50) sind den Fällungsvorgängen vergleichbar. Die Gleichgewichte können im Sinne von Gleichgewichtskonstanten formuliert werden, z.B. für die Reaktion (44) oder (46) gelten:

$$K_p\,(44) = p^2_{NH3}p_{H2SO4} = 2.33 \times 10^{-38}\ \text{atm}^3\ (25\ °C) \quad (51)$$

$$K_p\,(46) = p_{NH3}\,p_{HNO3} = 3.03 \times 10^{-17}\ \text{atm}^2\ (25\ °C) \quad (52)$$

Die Aerosole werden relativ schnell gebildet, sobald das Produkt der Partialdrucke überschritten wird. Die Konstanten sind stark temperaturabhängig.

In feuchter Luft werden die in den Reaktionen (44)–(45) aufgeführten Aerosole in Tröpfchen umgewandelt (Deliqueszenz); z.B. oberhalb 75 % relative Feuchtigkeit (5 °C). Für flüssige Aerosole können ebenfalls Gleichgewichtskonstanten wie (51), (52) definiert werden; sie sind aber stark von der relativen Feuchtigkeit abhängig. Die flüssigen Aerosole sind äusserst konzentriert (Salzlösungen bis zu 26 M). Die Ammoniumsulfat- und Ammoniumnitrat-Aerosolbildung ist eine Säure/Base-Reaktion der Atmosphäre. Das Ammoniak neutralisiert die Säuren. Die Schwefelsäure hat einen sehr tiefen Dampfdruck (< 10^{-7} atm) und besteht deshalb in der Atmosphäre als feine flüssige Partikel, die mit NH_3 und H_2O reagieren (Reaktion (49)).

Falls in der Atmosphäre NH_3 < 2 (SO_4^{2-}), werden die sauren Aerosole NH_4HSO_4 und H_2SO_4 vorherrschen. Wenn andererseits NH_3 > 2 (SO_4^{2-}), wird H_2SO_4 neutralisiert (Bildung von $(NH_4)_2SO_4$). Bei der Bildung von Wassertröpfchen tragen dann die NH_4HSO_4- und H_2SO_4-Aerosole zur H-Acidität in der Wasserphase bei.

Beispiel 4.4: Auflösung von Aerosolen im Nebelwasser

Es werden folgende Aerosolkonzentrationen vor der Nebelbildung gemessen:

NH_4NO_3 2×10^{-8} mol m^{-3}

$(NH_4)_2SO_4$ 5×10^{-8} mol m^{-3}

Welche Konzentrationen ergeben sich daraus im Nebelwasser (Flüssigwassergehalt = 1×10^{-4} L m^{-3}), wenn diese Aerosole zu 80 % in den Nebeltröpfchen gelöst werden?

$[NO_3^-] = (2 \times 10^{-8}/1 \times 10^{-4}) \times 0.8 = 1.6 \times 10^{-4}$ M

$[SO_4^{2-}] = 4 \times 10^{-4}$ M

$[NH_4^+] = 9.6 \times 10^{-4}$ M

Dieses Beispiel illustriert, dass hohe Konzentrationen von NH_4^+, NO_3^-, SO_4^{2-} aus der Auflösung der Aerosole im Nebel resultieren. Gelöstes NH_4^+ setzt sich ins Gleichgewicht mit NH_3 in der Gasphase.

4.5 Ansäuerung und Erholung von Gewässern

4.5.1 Effekte der sauren Niederschläge auf Gewässer

In den 1980–1990er Jahren wurde beobachtet, dass sich die Zusammensetzung vieler Gewässer in gewissen Regionen zu saureren Verhältnissen veränderte. Betroffen waren Regionen mit kristallinen Gesteinen im geologischen Untergrund (Granite, Gneise), insbesondere in Skandinavien, in einigen Teilen von Mitteleuropa, in nördlichen Regionen von Grossbritannien und in Nordamerika vor allem in Kanada. Diese Ansäuerung der Gewässer war auf die Einträge starker Säuren (H_2SO_4, HNO_3) aus den Niederschlägen zurückzuführen. Die Konzentrationen an überschüssiger Säure in atmosphärischen Niederschlägen waren in Mitteleuropa ähnlich hoch wie in Skandinavien. Die Konsequenzen saurer Niederschläge waren aber in Mitteleuropa im Vergleich zu Skandinavien und Teilen Nordamerikas eher gering, da die Böden und Sedimente fast überall hohe Anteile an Carbonaten enthalten, die eine rasche Neutralisierung der überschüssigen Säuren bewirken. In der Schweiz gibt es nur wenige Gebiete mit ausschliesslich kristallinem Gestein, vor allem auf der Südseite der Alpen, im Tessin. Die Konsequenzen saurer Niederschläge zeigten sich dort in einigen Bergseen, vor allem im Bereich der Wasserscheiden im oberen Maggiatal und im Verzascatal.

Die Verwitterung der kristallinen Gesteine (Granite, Gneise, Glimmerschiefer), d.h. die Reaktion von überschüssiger Säure (H^+-Ionen) mit den Basen dieser Gesteine, erfolgt viel langsamer als die Auflösung von Carbonaten. Deshalb kommen in diesen Gebieten saure Seen vor. Gewässer werden vor allem dann sauer, wenn die Aufenthaltszeit des sauren Regen- oder Schneewassers im Einzugsgebiet relativ kurz ist. Da auch die Bodenbedeckung vor allem aus Felsbrocken und Festgesteinen und kaum aus feinverteiltem Bodenmaterial besteht, hat das Wasser wenig Zeit, mit den Gesteinen zu reagieren.

Die Säureneutralisationskapazität solcher Gewässer ist gering, wie durch die Alkalinität gegeben (s. Kap. 3):

$$[Alk] = [HCO_3^-] + 2\,[CO_3^{2-}] + [OH^-] - [H^+]$$
$$= [Na^+] + [K^+] + 2\,[Ca^{2+}] + 2\,[Mg^{2+}] - [Cl^-] - 2\,[SO_4^{2-}] - [NO_3^-] \quad (53)$$

Aus der zweiten Gleichung geht hervor, dass die Alkalinität bei Erhöhung der Anionen der starken Säuren Cl^-, SO_4^{2-} und NO_3^- abnimmt, wie dies bei Einträgen dieser Anionen durch die entsprechenden Säuren geschient. Alkalinität ist in Gewässern in Gebieten mit kristallinen Gesteinen im Bereich ≤ 0.1 mmol/L. Deshalb führen schon geringe Einträge von Säuren zur Abnahme der Alkalinität und möglicherweise zu einem Säureüberschuss in diesen Gewässern.

Abbildung 4.13 zeigt als Beispiel die Zusammensetzung einiger Tessiner Bergseen im oberen Teil des Maggiatals. Das Einzugsgebiet der Seen Zota und Cristallina besteht ausschliesslich aus kristallinem Gestein (Granit, Gneis), während im Einzugsgebiet des Sees Val Sabbia auch Bündner Schiefer und Dolomit vorkommen; der See Piccolo Naret befindet sich dazwischen und ist wahrscheinlich durch Dolomit beeinflusst. Die Seen Cristallina und Zota sind durch fehlende Alkalinität, pH < 5.3, und mineralische Acidität gekennzeichnet. Die Seen Val Sabbia und Piccolo Naret haben hingegen Alkalinitäten von 130 μeq/L bzw. 50 μeq/L. In den Seen Cristallina und Zota wurde die ursprünglich vorhandene geringe Alkalinität durch die Säureeinträge vollständig neutralisiert, so dass ein Säureüberschuss (H^+) vorhanden ist.

Durch die Verschiebung zu tieferen pH-Werten werden Löslichkeits- und Adsorptionsgleichgewichte verschiedener Elemente beeinflusst. Insbesondere ist die pH-abhängige Veränderung der Löslichkeit von Aluminium von Bedeutung (Abbildung 4.14). Die Konzentration des freien Al^{3+} nimmt mit abnehmendem pH entsprechend dem Gleichgewicht mit Aluminiumhydroxid (Gibbsit) zu. In empfindlichen Gewässern wird mit der pH-Abnahme eine Zunahme der gelösten Aluminiumkonzentration beobachtet, die toxische Effekte auf verschiedene Organismen (insbesondere Fische) hat. Auch die gelösten Konzentrationen von Schwermetallen wie Cadmium, Kupfer nehmen mit abnehmendem pH zu.

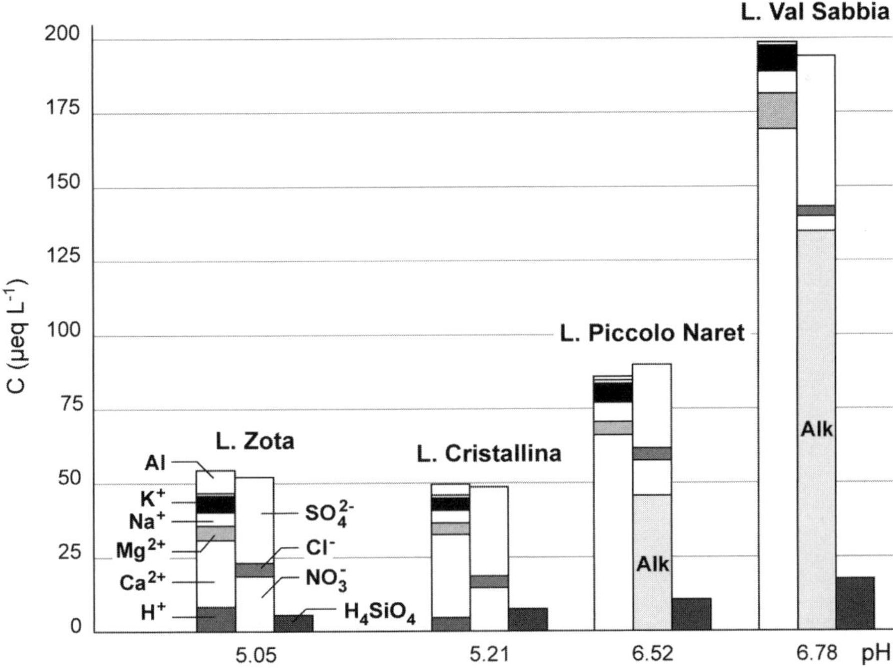

Abb. 4.13: Zusammensetzung einiger Tessiner Bergseen im kristallinen Einzugsgebiet

4.5.2 Ökologische Auswirkungen

In Gebieten mit empfindlichen Gewässern (insbesondere in Skandinavien und Nordamerika) wurden die Ansäuerung der Gewässer und die damit zusammenhängenden ökologischen Schäden (Verschwinden empfindlicher Fischspezies, Störung der Nahrungskette) schon längere Zeit beobachtet.

Eine experimentelle Studie in Kanada *(23)* zeigte folgende biologische Effekte der sukzessiven Ansäuerung eines Sees, wobei der pH von 6.8 auf 5.1 innerhalb von 8 Jahren gesenkt wurde:

- Verschiebung der Speziesverteilung von Phytoplankton und Zooplankton;
- Beeinträchtigung der Nahrungskette;
- Beeinträchtigung der Reproduktion der Fische;
- Schäden an den verbleibenden Fischen.

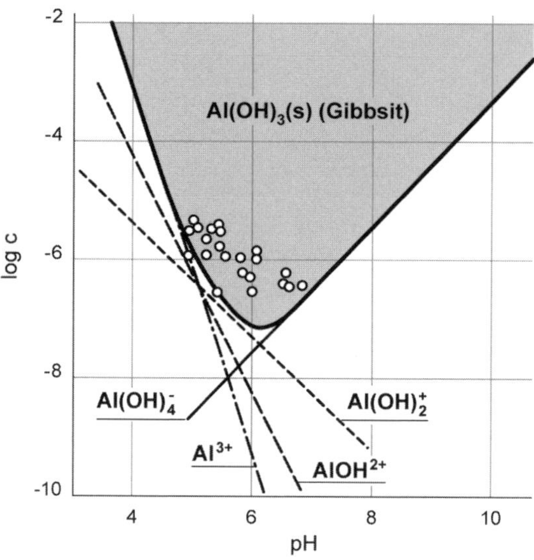

Abb. 4.14: Löslichkeit von Aluminium als Funktion des pH; die ausgezogenen Linien sind aufgrund der thermodynamischen Konstanten berechnet, die Punkte wurden in verschiedenen Tessiner Bergseen gemessen

4.5.3 Erholung saurer Gewässer durch Verminderung der sauren Einträge

Nachdem die nachteiligen Effekte der Säureeinträge in Gewässern bekannt wurden, kamen Bestrebungen zur Reduzierung der Emissionen von Schwefeldioxid und Stickoxiden in Gang. In der Folge haben sowohl in Europa wie in Nordamerika die Emissionen vor allem von Schwefeldioxid seit den 90er-Jahren stark abgenommen. Die Stickoxidemissionen haben in geringerem Ausmass auch abgenommen. Erholung der Gewässer wurde in verschiedenen Regionen beobachtet *(24, 25)*. Im Zusammenhang mit der Abnahme von Schwefeldioxid in der Atmosphäre nimmt die Konzentration von Schwefelsäure in den Niederschlägen ab, so dass die Einträge von Acidität und von Sulfat in die Gewässer zurückgehen. Aufgrund der Gleichungen (53) ist klar, dass die Alkalinität in den Gewässern zunimmt, wenn H^+ und SO_4^{2-} abnehmen. In vielen Gewässern in den betroffenen Regionen werden Abnahme von Sulfat und Zunahme von Alkalinität beobachtet. Als Beispiel ist in Abb. 4.15 der Verlauf von Sulfat in den Niederschlägen sowie von Sulfat und Alkalinität in einem See in Südnorwegen *(26)* dargestellt. Negative Alkalinität bedeutet, dass Acidität in Form von starken Säuren vorhanden ist (Kap. 3.3). Am Ende der hier dargestellten Messperiode ist wieder etwas Alkalinität im See messbar.

Anzeichen für biologische Erholung wurden in einigen Systemen beobachtet, aber diese benötigt längere Zeit und ist in vielen Fällen noch nicht eindeutig nachweisbar.

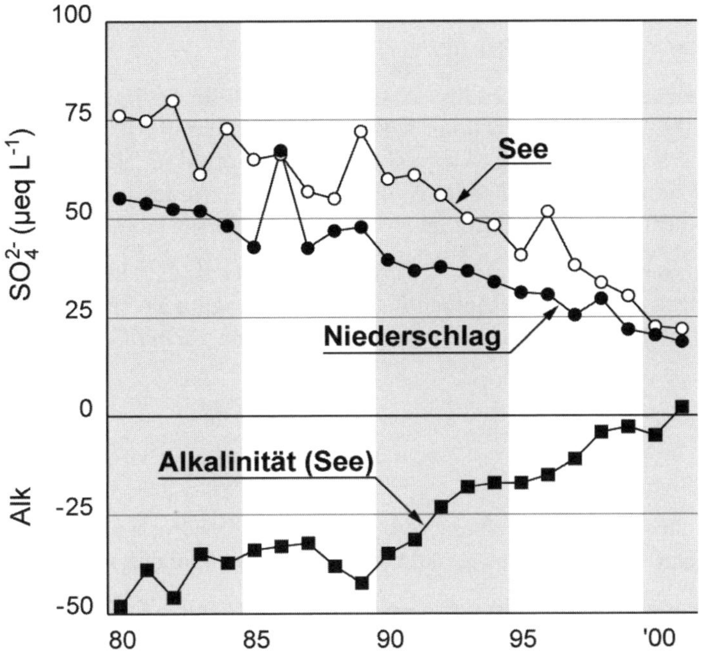

Abb. 4.15: Mittlere Konzentrationen von Sulfat in den Niederschlägen und von Sulfat und Alkalinität im See Storgama, Norwegen als Funktion der Zeit in den Jahren 1980–2001. pH hat in dieser Zeit von 4.5 auf 4.8 zugenommen und gelöstes Al von 4.2 auf 0.8 µM abgenommen (nach *(26)*).

Weiterführende Literatur

Graedel T. E. and Crutzen P. J. (1993) *Atmospheric Change, an earth system perspective*. W. H. Freeman.

Jacob D. J., Munger J. W., Waldman J. M., and Hoffmann M. R. (1986) The H_2SO_4-HNO_3-NH_3-system at high humidities and in fogs. *J. Geophys. Res.* 91, 1073–1088.

Munger J. W., Collett J., Daube B., and Hoffmann M. R. (1990) Fogwater chemistry at Riverside, California. *Atmos. Env.* 24B, 185–205.

Norton, S. A. and Vesely, J. (2005). Acidification and acid rain, in: Sherwood Lollar, B. (Ed.), *Environmental Geochemistry*. Elsevier Amsterdam

Schindler D. W., Mills K. H., Malley D. F., Findlay D. L., Shearer J. A., Davies I. J., Turner M. A., Linsey G. A., and Cruishank D. R. (1985) Long-term ecosystem stress: the effects of years of experimental acidification on a small lake. *Science* 228, 1395–1401.

Seinfeld J. and Pandis S. N. (2006). Atmospheric Chemistry and Physics. From Air Pollution to Climate Change. John Wiley & Sons.

Sigg L., Stumm W., Zobrist J., and Zürcher F. (1987) The chemistry of fog: factors regulating its composition. *Chimia* 41, 159–165.

Stoddard J. L., Jeffries D. S., Lükewille A., Clair T. A., Dillon P. J., Driscoll C. T., Forsius M., Johannessen M., Kahl J. S., Kellogg J. H., Kemp A., Mannio J., Monteith D. T., Murdoch P. S., Patrick S., Rebsdorf A., Skjelkvåle B. L., Stainton M. P., Traaen T., Van Dam H., Webster K. E., Wieting J., and Wilander A. (1999) Regional trends in aquatic recovery from acidification in North America and Europe. *Nature* 401, 575–578.

Wright R. F., Larssen T., Camarero L., Cosby B. J., Ferrier R. C., Helliwell R., Forsius M., Jenkins A., Kopacek J., Majer V., Moldan F., Posch M., Rogora M., and Schoepp W. (2005) Recovery of acidified European surface waters. *Environ. Sci. Technol.* 39, 64A–72A.

Übungen

1) Wie vergleicht sich die Löslichkeit von SO_2, NO_2 und NO in atmosphärischem Wasser bei pH 4, wenn diese drei Gase je mit $p = 1 \times 10^{-8}$ atm vorhanden sind?

2) Ein Liter Wasser (pH = 5) in einer geschlossenen Zehnliterflasche enthält anfänglich 1 µg/L der folgenden Substanzen:

Toluol	$\log K_H = -0.83$
Essigsäure	$\log K_H = 2.88$
2,4-Dinitrophenol	$\log K_H = 3.5$
elementares Quecksilber	$\log K_H = -1.09$

Welche Anteile dieser Substanzen bleiben bei Gleichgewicht mit der Gasphase im Wasser?

3) Welche sind der pH und die Zusammensetzung von Regentropfen, die im Gleichgewicht mit dem CO_2-Gehalt der Atmosphäre $p_{CO2} = 3.7 \times 10^{-4}$ atm und einem NH_3-Partialdruck von $p_{NH3} = 10^{-8}$ atm sind?

Die Temperatur ist 10 °C. Die Konstanten für 10 °C sind:

$K_H (CO_2) = 5.37 \times 10^{-2}$ M atm^{-1}

$K_H (NH_3) = 120$ M atm^{-1}

Aciditätskonstanten

$K_{NH4+} = 1.9 \times 10^{-10}$

$K_{H2CO3*} = 3.5 \times 10^{-7}$

$K_{HCO3-} = 3.2 \times 10^{-11}$

$K_W = 0.4 \times 10^{-14}$ (Offenes System, grafische Lösung)

4) Ein Kanalisationssystem enthält 10 Liter anoxisches Wasser pro m^3 Volumen (es wird als geschlossenes System betrachtet). Die totale Konzentration an Sulfid (H_2S + HS^- + S^{2-}) ist $S(-II)_T = 1 \times 10^{-4}$ mol m^{-3}.

   Welcher Anteil davon wird in der Gasphase als $H_2S(g)$, in Funktion des pH-Wertes des Wassers, zu finden sein? (Konstanten siehe Tabelle 4.1.)

5) Atmosphärische Wassertröpfchen (10^{-4} L m^{-3} Atmosphäre) enthalten total 10^{-8} mol m^{-3} NH_4Cl und 5×10^{-9} mol m^{-3} SO_2.

   i) Welcher ist der pH des atmosphärischen Wassers vor und nach der Oxidation des SO_2 durch H_2O_2?

   ii) Welche ist die Acidität der Wassertröpfchen vor und nach der Oxidation des SO_2? (Dabei ist der Referenzzustand für die Acidität anzugeben.)

   iii) Nach Deposition der Wassertröpfchen auf dem Boden wird das NH_4^+ zu NO_3^- nitrifiziert. Welche ist die gesamte Acidität, die aus der Deposition der Schadstoffe aus einem m^3 Atmosphäre stammt?

5 Anwendung thermodynamischer Daten und kinetischer Grundlagen

5.1 Thermodynamische Daten

In diesem Kapitel soll illustriert werden, wie aufgrund von thermodynamischen Daten abgeleitet wird, welche Reaktionen unter gegebenen Bedingungen spontan ablaufen, d.h. thermodynamisch möglich sind. Gleichgewichtskonstanten werden aufgrund der thermodynamischen Daten, z.B. Daten über die molare freie Bildungsenthalpie (Gibbs partial molar free energy of formation) und über die molare Bildungsenthalpie (= Reaktionswärme bei konstantem Druck und Temperatur; standard partial molar enthalpy of formation) berechnet. Es ist wichtig zu erkennen, dass sich aufgrund der Thermodynamik nicht ableiten lässt, ob die Reaktion in einem gewissen Zeitabschnitt abläuft. Für eine umfassende Darstellung der Thermodynamik wird auf Lehrbücher verwiesen, die am Ende des Kapitels aufgelistet sind.

Obwohl natürliche Systeme bezüglich vieler Reaktionen nicht im Gleichgewicht sind, ist die Theorie des thermodynamischen Gleichgewichts nützlich. Thermodynamische Gleichgewichte sind geeignet, um die verschiedenen Variablen zu identifizieren, welche die chemische Zusammensetzung natürlicher Systeme umschreiben. Die Theorie des thermodynamischen Gleichgewichts ist ein Ordnungsprinzip, das häufig ermöglicht, von der Komplexität der Natur zu abstrahieren. Der Vergleich zwischen einem Gleichgewichtsmodell und dem realen System zeigt auf, inwiefern Nicht-Gleichgewichtsbedingungen vorliegen, und in welche Richtung die Reaktionen ablaufen können. Der Unterschied zwischen Gleichgewichtsmodell und realem System ermöglicht dann bessere Modelle, z.B. „steady state“-Modelle, zu entwickeln.

5.2 Freie Reaktionsenthalpie, chemisches Potenzial und chemisches Gleichgewicht

Die von Gibbs eingeführte *totale freie Energie* des Systems, G, ist die Summe der freien Energien seiner Bestandteile. Aufgrund der verschiedenen chemischen Spezies des Systems setzt sich die totale freie Energie eines bestimmten chemischen Systems zusammen. Z.B. gilt für eine Kohlensäurelösung:

$$G = n_{H_2O}\,\mu_{H_2O} + n_{H_2CO_3*}\,\mu_{H_2CO_3*} + n_{H^+}\,\mu_{H^+} + n_{OH^-}\,\mu_{OH^-} + n_{HCO_3^-}\,\mu_{HCO_3^-} + n_{CO_3^{2-}}\,\mu_{CO_3^{2-}} \quad (1)$$

wobei

n = Anzahl Mole jeder Spezies und

μ_i = entsprechende molare freie Energie oder entsprechendes chemisches Potenzial

Allgemein gilt:

$$G = \sum_i n_i \mu_i \quad (2)$$

Dementsprechend ist das chemische Potenzial der Spezies i definiert durch

$$\mu_i = \left(\frac{\partial G}{\partial n_i}\right)_{T,p,n_j \neq n_i} \quad (3)$$

d.h. die infinitesimale Zunahme der totalen freien Energie des Systems durch die Zugabe einer infinitesimalen Menge der Spezies i, wobei Druck und Temperatur und die Zusammensetzung (ausser Spezies i) konstant gehalten werden.

Die Abhängigkeit des chemischen Potenzials μ_A einer Spezies A von der Aktivität $\{A\}$ (bei gegebenem p und T) ist gegeben durch:

$$\mu_A = \mu_A^0 + RT \ln \frac{\{A\}}{\{A\}^0} \quad (4)$$

wobei μ_A^0 das chemische Potenzial beim Standardzustand für $\{A\}^0 = 1$. Der Standardzustand für $\{A\}^0$ ist wählbar (z.B. 1 mol L^{-1}, 1 mol kg^{-1}, Molenbruch = 1, 1 atm); er setzt fest, welche die Aktivität $\{A\}$ ist, bei der $\mu_A = \mu_A^0$ (Kap. 2.9).

Die Änderung der freien Reaktionsenthalpie (ΔG) gibt bei einer beliebigen chemischen Reaktion an, ob diese spontan abläuft. Unter konstantem Druck und Temperatur laufen nur Reaktionen mit einer Änderung $\Delta G < 0$ spontan ab, in Richtung des Gleichgewichts. Im Gleichgewicht wird ein Minimum von G erreicht. Bei *Gleichgewicht* gilt für alle möglichen chemischen Reaktionen:

$$\Delta G = \sum_i n_i \mu_i = 0 \quad (5)$$

Der Gleichgewichtszustand gibt die Randbedingungen, denen das System (schnell, langsam oder unendlich langsam) zustrebt. Bekanntlich gilt:

$$\Delta G = \Delta H - T\Delta S \quad (6)$$

d.h., etwas vereinfacht ausgedrückt, dass bei konstantem Druck und Temperatur ΔG die Veränderung in der freien Reaktionsenthalpie (Gibbs free energy) – entsprechend der maximalen Nutzarbeit des Systems – gleich ist der Tendenz, die Enthalpie (ΔH) zu vermindern minus die Tendenz, die Entropie des Systems zu vergrössern ($T\Delta S$) (siehe Lehrbücher der Thermodynamik für genaue Definitionen und Ableitungen).

Die Beziehung zwischen ΔG und der Zusammensetzung des Systems ergibt sich für eine beliebige chemische Reaktion aus der Änderung der freien Reaktionsenthalpie:

$$aA + bB \leftrightarrows cC + dD \qquad (7)$$

ΔG der Reaktion (7) ergibt sich aus der Differenz der chemischen Potenziale der Edukte und Produkte mit den jeweiligen stöchiometrischen Koeffizienten:

$$\Delta G = (c\mu_C + d\mu_D) - (a\mu_A + b\mu_B) \qquad (8)$$

Nach Einsetzen von Gl. (4) für die chemischen Potenziale ergibt sich:

$$\Delta G = \Delta G^0 + RT \ln \frac{\{C\}^c \{D\}^d}{\{A\}^a \{B\}^b} \qquad (9)$$

oder

$$\Delta G = \Delta G^0 + RT \ln Q \qquad (10)$$

mit Q = Quotient der Aktivitäten der Produkte und Edukte

ΔG^0 = freie Standardreaktionsenthalpie der Reaktion (freie Standard-Gibbs-Energie)

($\Delta G = \Delta G^0$ wenn Q = 1, bzw. wenn alle Aktivitäten im Standardzustand $\{A\}^0 = 1$ sind).

Bei Gleichgewicht ist $\Delta G = 0$, und der numerische Wert von Q wird gleich der Gleichgewichtskonstante K:

$$K = Q_{Glg} = \left(\frac{\{C\}^c \{D\}^d}{\{A\}^a \{B\}^b} \right)_{Glg} \qquad (11)$$

wo Glg das Gleichgewicht angibt.

Aus Gl. (9) leitet sich dann ab:

$$\Delta G^0 = -RT \ln K \qquad (12)$$

bzw.

$$\Delta G^0 = -2.303RT \log K \qquad (12a)$$

Der Faktor 2.303 RT = 5.706 kJ mol^{-1} bei 25 °C.

Aus den Gleichungen (10) und (12) leitet sich für ΔG ab:

$$\Delta G = RT \ln \frac{Q}{K} \qquad (13)$$

bzw.:

$$\Delta G = 2.303 RT \log \frac{Q}{K} \qquad (13a)$$

Die Gleichungen (12) und (13) sind von zentraler Bedeutung. Der Vergleich des Quotienten Q für die effektive Zusammensetzung mit dem Wert der Gleichgewichtskonstante von K (Gleichgewichtszusammensetzung) ermöglicht abzuklären, ob das System im Gleichgewicht ist ($Q/K = 1$, $\Delta G = 0$), ob die Reaktion spontan ist ($Q < K$, $\Delta G < 0$) oder nicht möglich ($Q > K$, $\Delta G > 0$) bzw. in umgekehrte Richtung abläuft.

Die in Umweltsystemen gemessenen Daten können in den Quotienten Q eingesetzt und mit der entsprechenden Gleichgewichtskonstante verglichen werden. Daraus leitet sich ab, ob die entsprechende Reaktion im Gleichgewicht ist, oder in welche Richtung sie abläuft. (Bsp. 5.2, s. auch Kap. 7.8)

ΔG^0 ergibt sich aus der Summe der freien Bildungsenthalpien der Produkte minus der Summe der freien Bildungsenthalpien der Edukte mit den entsprechenden stöchiometrischen Koeffizienten:

$$\Delta G^0 = \sum_i \nu_i G^0_{f\,Produkte} - \sum_i \nu_i G^0_{f\,Edukte} \qquad (14)$$

mit G_f^0 = freie Bildungsenthalpien aus den Elementen

ν_i = stöchiometrische Koeffizienten.

Die freien Bildungsenthalpien G_f^0 sowie die Daten für Enthalpie H_f^0 und Entropie $\overline{S^0}$ bei Standardbedingungen für wichtige Spezies sind im Anhang 3 enthalten. Umfangreiche Tabellen thermodynamischer Grössen sind erhältlich *(27, 28)*. Daraus lassen sich die freien Standardreaktionsenthalpien und Gleichgewichtskonstanten für beliebige Reaktionen ableiten.

Gleichgewichtskonstanten, K, und Reaktionsquotienten, Q sind so definiert, dass

- gelöste Bestandteile mit ihren Aktivitäten oder Konzentrationen (in der Regel mol/L oder mol/kg Lösungsmittel, wobei implizit das Verhältnis zu $[A]^0$ gemeint ist),
- reine feste Phasen und Lösungsmittel mit der Aktivität =1,
- Gaskomponenten mit ihrem Partialdruck (oder exakter mit ihrer Fugazität) in die Gleichungen eingesetzt werden.

Die eingesetzten Einheiten für Konzentrationen und Partialdrücke hängen vom Standardzustand ab, für welchen G_f^0 definiert ist. Aktivitäten sind dimensionslos, aber es muss bekannt sein, auf welchen Standardzustand sie definiert sind (Kap. 2.9).

Z.B. ist die Gleichgewichtskonstante für die Auflösung von $SO_2(g)$:

$SO_2(g) + H_2O(l) \leftrightarrows SO_2 \cdot H_2O$

definiert als

$$K_H = \frac{\{SO_2.H_2O\}}{p_{SO_2}\{H_2O\}} \qquad (15)$$

wobei $\{SO_2.H_2O\}$ die Aktivität im Wasser bezogen auf die Skala mol/L ist, $\{H_2O\} = 1$ (Aktivität des reinen H_2O) und p_{SO2} = Partialdruck von SO_2 in atm, bezogen auf den Standardzustand p = 1 atm.

Der Reaktionsquotient für die folgende Reaktion:

$CaCO_3(s) + CO_2(g) + H_2O(l) \leftrightarrows Ca^{2+} + 2\,HCO_3^-$

wird definiert als (der Suffix „eff" macht deutlich, dass es sich um effektive Konzentrationen handelt):

$$Q = \frac{\{Ca^{2+}\}_{eff}\{HCO_3^-\}^2{}_{eff}}{p_{CO_2eff}\{CaCO_3(s)\}\{H_2O(l)\}} \qquad (16)$$

wobei

$\{Ca^{2+}\}$ und $\{HCO_3^-\}$ die Aktivitäten der gelösten Spezies, bezogen auf die mol/L-Skala sind,

$\{CaCO_3(s)\} = 1$ (reine feste Phase),

$\{H_2O\} = 1$

Dieser Quotient wird mit der entsprechenden Gleichgewichtskonstanten verglichen.

Selbstverständlich sind natürliche Gewässer offene und dynamische Systeme mit verschiedenen Inputs und Outputs von Energie (man denke an die Sonnenenergie oder die Fotosynthese), für die der Gleichgewichtszustand eine „Konstruktion" darstellt. Aber das Konzept der freien Reaktionsenthalpie ist auch im dynamischen System von grosser Bedeutung. Zusätzlich stehen auch in einem dynamischen System gewisse Bestandteile des Systems – z.B. Säure-Base und andere Koordinationsreaktionen oder ein lokaler Bereich (man spricht in der Geochemie vom „lokalen" Gleichgewicht) – im Gleichgewicht.

Von metastabilem Gleichgewicht wird gesprochen, wenn nicht die stabilste Form eines Systems innerhalb einer gewissen Zeit erreicht wird. Insbesondere bei der Ausfällung fester Phasen sind oft mehrere Phasen mit verschiedener Stabilität und Löslichkeit möglich. Bei der Ausfällung bildet sich häufig zunächst nicht die thermodynamisch stabilste Phase, und die Lösungszusammensetzung ist mit dieser metastabilen Phase im Gleichgewicht, mit einer höheren Löslichkeit. Z.B. sind bei festem $CaCO_3$ verschiedene Kristallarten möglich. In einem natürlichen Wasser bei 25 °C ist Aragonit thermodynamisch weniger stabil als Calcit. Unter bestimmten Bedingungen kann Aragonit gegenüber Calcit sich metastabil verhalten.

Beispiel 5.1: Berechnung der freien Reaktionsenthalpie ΔG^0 und der Gleichgewichtskonstante

i) Was ist ΔG^0 und die Gleichgewichtskonstante K für die Reaktion

$$\tfrac{1}{2}\,O_2(g) + Mn^{2+} + H_2O(l) \leftrightarrows MnO_2(s)\ \text{(Pyrolusit)} + 2\,H^+ \qquad \text{(i)}$$

Aus der Tabelle (Anhang 3) sind folgende G_f^0-Werte (kJ mol^{-1}) erhältlich:

H^+ : 0; $MnO_2(s)$: –465.1; $H_2O(l)$: –237.18; Mn^{2+}: –228.0; $O_2(g)$ = 0

Dementsprechend ist

$$\Delta G^0 = -465.1 - [(-237.18) + (-228.0)] = +0.08 \text{ kJ mol}^{-1} \qquad \text{(ii)}$$

$$-\log K = \Delta G^0 / 2.3\,RT = 0.08/5.71 = 0.01; \quad K \approx 1.0 \qquad \text{(iii)}$$

ii) Was ist das Löslichkeitsprodukt von $MnCO_3(s)$ (25 °C)?

$$MnCO_3(s) \leftrightarrows Mn^{2+} + CO_3^{2-} \qquad \text{(iv)}$$

Die entsprechenden G_f^0-Werte sind:

$MnCO_3(s)$: –816.0 kJ mol^{-1}

Mn^{2+} : –228.0 kJ mol^{-1}

CO_3^{2-}: –527.9 kJ mol^{-1}

$$\Delta G^0 = -228.0 + (-527.9) - (-816.0) = 60.1 \text{ kJ mol}^{-1} \qquad \text{(v)}$$

$$\log K_{s0} = -\Delta G^0/2.3\,RT = -10.53 \qquad \text{(vi)}$$

$K_{s0} = 3 \times 10^{-11}$ (25 °C)

iii) Was ist die Gleichgewichtskonstante für die folgende Redoxreaktion (25 °C) (vgl. Kap. 8):

$$SO_4^{2-} + 9\,H^+ + 8\,e^- \leftrightarrows HS^- + 4\,H_2O(l) \qquad \text{(vii)}$$

Die entsprechenden G_f^0-Werte (kJ mol^{-1}) sind:

SO_4^{2-}: –742.0; HS^- : 12.6; $H_2O(l)$: –237.18

H^+ : 0 e^- : 0

$$\Delta G^0 = 4(-237.18) + 12.6 - (-742.0) = -194.2 \text{ kJ mol}^{-1} \qquad \text{(viii)}$$

$\log K = 34$

Beispiel 5.2: Vergleich des Reaktionsquotienten mit der Gleichgewichtskonstante (Q/K)

i) Entsprechend dem Beispiel 5.1 i), wird Mn^{2+} unter folgenden Bedingungen, z.B. in der Tiefe eines Sees oxidiert?

pH = 7

$[Mn^{2+}] = 1 \times 10^{-6}$ M

$p_{O2} = 0.02$ atm (10% Sättigung mit Atmosphäre)

$$Q = \frac{[H^+]^2}{[Mn^{2+}]p_{O_2}^{1/2}} = \frac{10^{-14}}{1x10^{-6}x0.14} = 7x10^{-8} \qquad (i)$$

(MnO_2(s) und H_2O(l) gehen mit der Aktivität = 1 in den Quotienten ein).

In diesem Fall ist Q << K, und die Reaktion läuft thermodynamisch ab. Die Reaktionskinetik kann aber recht langsam sein.

ii) Eine wässrige Lösung (konstante Ionenstärke) enthält 10^{-4} M CO_3^{2-} und 10^{-3} M Ca^{2+}. Fällt unter diesen Bedingungen $CaCO_3$(s) aus?

$$Ca^{2+} + CO_3^{2-} \leftrightarrows CaCO_3(s) \quad K = 10^{8.1} \qquad (ii)$$

$$Q = \frac{1}{[Ca^{2+}][CO_3^{2-}]} = 1x10^7 \qquad (iii)$$

Q < K oder Q/K < 1 (mit der Annahme, dass die Konstante für diese ionale Stärke definiert ist und deshalb Aktivität = Konzentration eingesetzt wird). Demnach wird $CaCO_3$ ausfallen.

iii) Ist eine 10^{-6} molare Lösung von atomarem Hg in Bezug auf ihr Gleichgewicht mit flüssigem Quecksilber (Hg(l)) über- oder untersättigt?

Die Gleichgewichtskonstante für:

$$Hg(l) \leftrightarrows Hg(0)(aq) \text{ ist } K = 10^{-6.5} \text{ (25 °C)}, \qquad (iv)$$

Dementsprechend ist die Löslichkeit von Hg(l) bei 25 °C:

$$[Hg(0)(aq)] = 10^{-6.5} \text{ M } (3 \times 10^{-7} \text{ M oder 0.06 mg/L}) \qquad (v)$$

$$Q/K = 10^{-6}/10^{-6.5} = 10^{0.5}, Q > K \qquad (vi)$$

d.h. die Lösung ist übersättigt und Hg(l) sollte sich abscheiden.

5.3 Umrechnung von Gleichgewichtskonstanten auf andere Temperaturen und Drucke

5.3.1 Temperaturabhängigkeit

Um die Temperaturabhängigkeit der Gleichgewichtskonstante einer Reaktion zu berechnen, muss die Standardreaktionsenthalpie ΔH^0 betrachtet werden. Die Standardreaktionsenthalpie wird aus den molaren Standardenthalpien der Produkte und Edukte berechnet:

$$\Delta H^0 = \sum_i \nu_i H_f^0 \;_{\text{Produkte}} - \sum_i \nu_i H_f^0 \;_{\text{Edukte}} \quad (\text{kJ mol}^{-1}) \tag{17}$$

Bei einer exothermen Reaktion ist ΔH^0 negativ (Abgabe von Wärme), bei endothermen Reaktionen ist ΔH^0 positiv (Aufnahme von Wärme).

Für die Gleichgewichtskonstante als Funktion der Temperatur gilt bei konstantem Druck:

$$\left(\frac{\partial \ln K}{\partial T}\right)_p = \frac{\Delta H^0}{RT^2} \tag{18}$$

T = absolute Temperatur, R = 8.314 J mol^{-1} K^{-1}

Daraus ergibt sich für die Umrechnung einer Konstante K von Temperatur T_1 auf T_2, falls ΔH^0 im betrachteten Temperaturbereich unabhängig von der Temperatur ist:

$$\log \frac{K_{T2}}{K_{T1}} = \frac{\Delta H^0}{2.303R}\left(\frac{1}{T_1} - \frac{1}{T_2}\right) \tag{19}$$

Aus Gl. (19) ist ersichtlich, dass bei höherer Temperatur $T_2 > T_1$ die Gleichgewichtskonstante bei einer Reaktion mit $\Delta H^0 < 0$ (exotherm) kleiner wird, während sie bei $\Delta H^0 > 0$ (endotherm) grösser wird.

Im Temperaturbereich von Interesse für natürliche Gewässer (5–35 °C) kann häufig konstante ΔH^0 in erster Annäherung angenommen werden. Über grössere Temperaturbereiche muss die Temperaturabhängigkeit von ΔH^0 berücksichtigt werden (s. Lehrbücher der Thermodynamik und *(9)*, Kapitel 2).

Beispiel 5.3: K_{s0} von Calcit in Funktion der Temperatur

Berechne das Löslichkeitsprodukt von $CaCO_3$(s) (Calcit) bei 15 °C.

$CaCO_3(s) \leftrightarrows Ca^{2+} + CO_3^{2-}$; $\log K_{s0} = -8.42$ (25 °C) (i)

Aus den Tabellen im Anhang 3 wird für die Auflösungsreaktion berechnet:

$\Delta H^0 = H_f^0{}_{Ca2+} + H_f^0{}_{CO32-} - H_f^0{}_{CaCO3} = -542.83 - 677.1 + 1207.4 = -12.53$ kJ mol^{-1} (ii)

Daraus berechnet sich:

$$\log \frac{K_{s0288}}{K_{s0298}} = -\frac{12.53x10^3}{2.303x8.314}\left(\frac{1}{298} - \frac{1}{288}\right) = 0.076 \qquad \text{(iii)}$$

$\log K_{s0} = -8.34$ (15 °C)

Dieser berechnete Wert stimmt nicht genau mit dem experimentell bestimmten Wert in Tabelle 3.1 (–8.37) überein.

Folgende zusammenfassende Gleichung für die Temperaturabhängigkeit des Löslichkeitsproduktes von $CaCO_3$(s) wird angegeben *(29)*:

$$-\log K_{s0} = 13.870 - 3059\ T^{-1} - 0.04035\ T \qquad \text{(iv)}$$

5.3.2 Druckabhängigkeit

Der Einfluss des Druckes auf die Gleichgewichtskonstante ist durch folgende thermodynamische Beziehung gegeben, wobei V^0 das partielle molale Volumen ($cm^3\ mol^{-1}$) (Standardbedingungen) ist.

$$\left(\frac{\partial \ln K}{dp}\right)_T = -\frac{\Delta V^0}{RT} \qquad (20)$$

Falls ΔV^0 unabhängig vom Druck ist, gilt:

$$\ln \frac{K_p}{K_1} = -\frac{\Delta V^0 (p-1)}{RT} \qquad (21)$$

wobei K_1 die Gleichgewichtskonstante bei p = 1 atm ist.

Für die Auflösung von $CaCO_3$(s) (Calcit) ist $\Delta V^0 = -34.4\ cm^3\ mol^{-1}$ unter Bedingungen von Meerwasser *(30)*. Bei einem Druck von 1000 atm (~ 10'000 Meter Wasser) ist $K_p/K_1 = 4.1$, d.h. die Löslichkeit ist etwa um einen Faktor 4 erhöht. Die Druckabhängigkeit spielt für die Löslichkeit von $CaCO_3$(s) vor allem in den grossen Tiefen der Ozeane eine Rolle.

Für eine genaue Ableitung – auch für den Fall, dass ΔV^0 nicht unabhängig vom Druck ist – siehe *(9)*, Kapitel 2. Die Temperatur- und Druckabhängigkeit der $CaCO_3$(s)-Löslichkeit im Meerwasser ist in *(31)* beschrieben.

5.4 Kinetische Grundlagen

Die Thermodynamik beschäftigt sich mit der chemischen Zusammensetzung eines Systems im Gleichgewicht – unabhängig von der Zeit, nach der sich das Gleichgewicht einstellt. Die Thermodynamik gibt gewissermassen die *Richtung* und das mögliche Ausmass der chemischen Veränderung. Andererseits untersucht die Kinetik die Frage, wie schnell sich ein Gleichgewicht einstellt (Reaktionsgeschwindigkeit), und auf welchem Weg sich das System zum Gleichgewicht entwickelt (Reaktionsmechanismus). Die Fragen der chemischen Kinetik sind also:

- Wie gross ist die Geschwindigkeit der Reaktion?
- Wie kann die Geschwindigkeit beeinflusst werden?
- Was ist der Reaktionsweg oder der Mechanismus?

Grundlagen der chemischen Reaktionskinetik und der molekularstatistischen Basis werden hier nicht behandelt. Auf einige Lehrbücher wird am Schluss des Kapitels verwiesen.

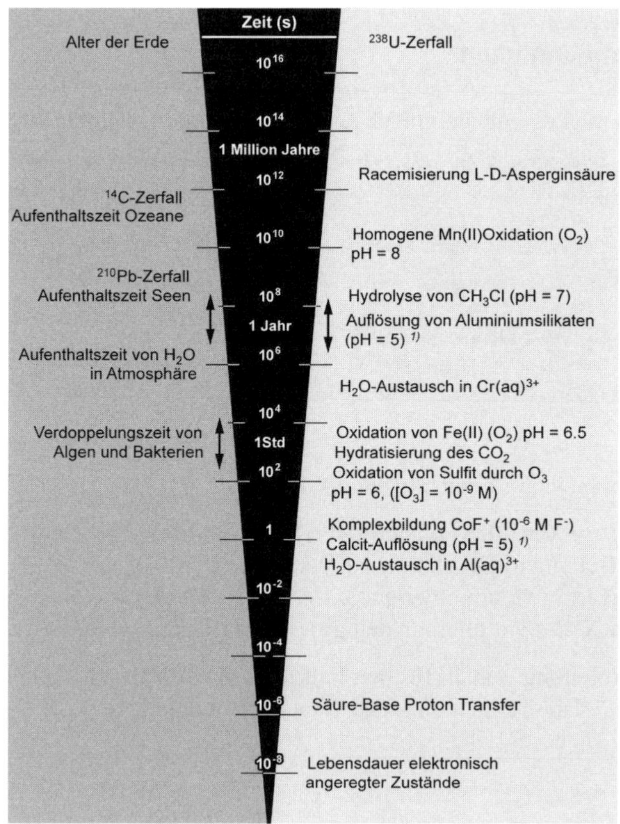

Abb. 5.1: Zeitskalen für einige physikalische, biologische, chemische und geologische Prozesse. Wo nichts anderes angegeben ist, wird die Zeit als Halbwertszeit angegeben.

1) Die Auflösung von Aluminiumsilikaten und von Calcit wird durch die Halbwertszeit der oberflächenständigen Gruppen (≡Al-OH und ≡$CaCO_3H$) angegeben (die Auflösungsrate in mol cm^{-2} s^{-1} wurde durch die Anzahl der oberflächenständigen Gruppen, ~ 2 x 10^{-9} mol cm^{-2}, dividiert (vgl. Abbildung 9.23)).

Abbildung 5.1 illustriert anhand einer Zeitskala über mehr als 20 Grössenordnungen, wie verschieden schnell verschiedene biologische, chemische, physikalische und geologische Prozesse ablaufen können.

5.4.1 Die Reaktionsgeschwindigkeit

Die Geschwindigkeit einer Reaktion wird umschrieben durch die Anzahl Moleküle oder Ionen, die sich in einer Zeitperiode umsetzen: die Umsatzgeschwindigkeit (rate of conversion)

$$v\xi(t) = \frac{d\xi}{dt} = \nu_i^{-1} \frac{dn_i}{dt} \tag{22}$$

wobei

n_i = Stoffmenge (mol) in einem geschlossenem System;

ξ = Reaktionslauf = ν^{-1} dn_i;

ν = stöchiometrischer Koeffizient (positiv für Produkte, negativ für Reaktanden (Edukte)).

Konventionell wird die Reaktionsgeschwindigkeit meistens pro Volumeneinheit (V) in Konzentrationen definiert:

$$c_i = \frac{n_i}{V} \tag{23}$$

$$v_c(t) = \frac{v\xi}{V}(t) = \nu_i^{-1} \frac{dc}{dt} \tag{24}$$

5.4.2 Einfache Zeitgesetze für homogene Reaktionen

In einer allgemeinen Reaktion

$$aA + bB \xleftrightarrow{k} cC + dD \tag{25}$$

kann die Reaktionsgeschwindigkeit geschrieben werden als

$$v_c(t) = -\frac{1}{a}\frac{d[A]}{dt} = k([A]^{\alpha}[B]^{\beta}....) \tag{26}$$

wo k die Geschwindigkeitskonstante mit den Einheiten [$conc^{(1-n)}$ $Zeit^{-1}$],

und $n = \alpha + \beta + \ldots$ = Reaktionsordnung ist.

Der einzelne Exponent α, β etc. wird Reaktionsordnung bezüglich der entsprechenden Spezies genannt. Eine Reaktionsordnung ist nur bei Gültigkeit des Ansatzes (26) definierbar. Die einfachsten Zeitgesetze sind in Abbildung 5.2 zusammengefasst, nämlich für Reaktionen nullter, erster und zweiter Ordnung.

Bei Reaktionen nullter Ordnung ist die Reaktionsgeschwindigkeit unabhängig von der Konzentration des Reaktanden. Dieser Fall tritt vor allem bei katalysierten Reaktionen (auch mit Enzymen) auf, in denen zum Beispiel die Anzahl reaktiver Stellen im Katalysator die Geschwindigkeit limitiert. Reaktionen erster Ordnung sind in vielen Fällen anwendbar, z.B. beim Wasseraustausch von Kationen (Kap.6.8), bei Dissoziationsreaktionen von Säuren, bei fotochemischen Reaktionen, beim radioaktiven Zerfall. Reaktionen pseudo-erster Ordnung werden erhalten, wenn die Kinetik der Änderung eines Reaktanden A betrachtet wird, während die Konzentrationen der anderen Reaktanden konstant gehalten werden. Beispiele sind Oxidationsreaktionen mit Sauerstoff, bei denen der Partialdruck von O_2 konstant ist (s. Kap. 8.7). Reaktionen zweiter Ordnung treten bei der Reaktion von zwei gleichen Reaktanden: 2 A $\rightarrow$ B oder bei der Reaktion von zwei verschiedenen Reaktanden auf: A + B $\rightarrow$ C. Beispiele mit zwei Reaktanden sind Komplexbildungsreaktionen, Oxidationsreaktionen. Beispiele mit zwei gleichen Molekülen sind gewisse Gasphasenreaktionen.

Ordnung	Zeitgesetz	Halbwertszeit	Grafik
Nullte	$-\frac{d[A]}{dt} = k$ $[A] = [A]_0 - kt$ k (Mt^{-1})	$t_{1/2} = \frac{[A]_0}{2k}$	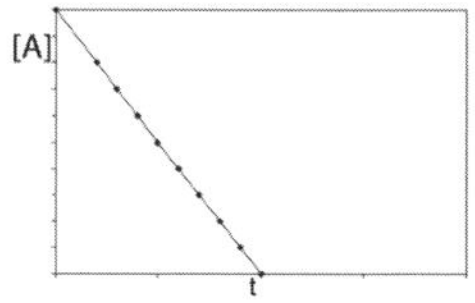 [A] / t
Erste	$-\frac{d[A]}{dt} = k[A]$ $[A] = [A]_0 e^{-kt}$ k (t^{-1})	$t_{1/2} = \frac{\ln 2}{k}$	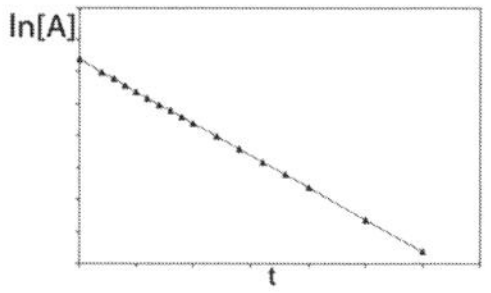 ln[A] / t
Zweite	$-\frac{d[A]}{dt} = k[A]^2$ $\frac{1}{[A]} = \frac{1}{[A]_0} + kt$ k $(M^{-1}t^{-1})$	$t_{1/2} = \frac{1}{k[A]_0}$	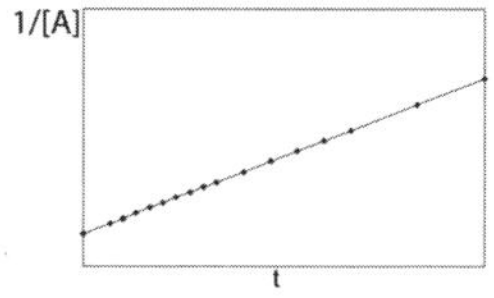 1/[A] / t

Abb. 5.2: Einfache Zeitgesetze für Reaktionen 0., 1. und 2. Ordnung: Zeitgesetze, Halbwertszeiten und Grafiken zur Linearisierung der Daten

5.4.3 Prozesse in der Umwelt

Wie Abbildung 5.3 illustriert, können in Wasser eingetragene Stoffe P (P = Pollutant) durch verschiedene physikalische, chemische und mikrobiologische Prozesse mehr oder weniger rasch transformiert werden. Dadurch werden sie bezüglich dem physikalischen, chemischen, ökologischen oder physiologischen Verhalten verändert.

Etwas vereinfacht kann man verallgemeinern, dass in der Regel die Umwandlungsrate von P für jeden Prozess, r_i, von der Konzentration der Substanz P und von einem vom Reaktionstyp relevanten Umweltfaktor abhängt.

$$r_i = -\frac{d[P]}{dt} = k_i[P]E \qquad (27)$$

wo E der Umweltfaktor für den Prozess i ist.

Bleibt der Umweltfaktor, E, während der Beobachtungszeit konstant, so kann er in die Geschwindigkeitskonstante einbezogen werden. Die Kinetik erscheint dann pseudo-erster Ordnung:

$$-\frac{d[P]}{dt} = k'_i[P] \qquad (28)$$

wo $k'_i = k_iE$. Die Halbwertszeit ist die Zeit, die notwendig ist, um die ursprüngliche Konzentration, A_0, zu halbieren (Abbildung 5.2).

Die totale Umwandlungsgeschwindigkeit, r_{tot}, wird – wie in Parallelreaktionen – durch die schnellsten Reaktionen bestimmt; meistens dominieren nur einer oder zwei der Prozesse für gegebene Umweltbedingungen, so dass nur diese müssen quantifiziert werden müssen. Die Geschwindigkeit der Umwandlung von P, r_{tot}, entspricht der Summe der Geschwindigkeiten aller Prozesse, $\sum r_i$.

$$\sum r_i = -\frac{d[P]}{dt} = \sum k_iE_i[P] \qquad (29)$$

Zur Charakterisierung der Umweltfaktoren, E, sind alle für die Reaktion relevanten Parameter des Wassers zu berücksichtigen. Z.B. ist

– bei der Oxidation von Fe(II) durch Sauerstoff:

  $k = k_{oxid}\, p_{O2}\, [OH^-]^2$ der Umweltfaktor $E = p_{O2}\, [OH^-]^2$

– bei der alkalischen Hydrolyse eines Esters:

  $k = k_{Hy}\, [OH^-]$ der Umweltfaktor $E = [OH^-]$.

Die Speziierung von P ist zu berücksichtigen (Säure-Base-Gleichgewichte, Komplexbildung, Adsorption von P), und zur Beurteilung der Gesamtkinetik sind die Beiträge aller Spezies entsprechend den Gleichgewichtskonstanten zu gewichten. Die Gleichung (29) gilt für Einzelsubstanzen und kann nicht auf Kollektivparameter (summenmässig erfasste Mischung von Substanzen wie z.B. Phenole, gelöster organischer Kohlenstoff usw.) angewandt werden.

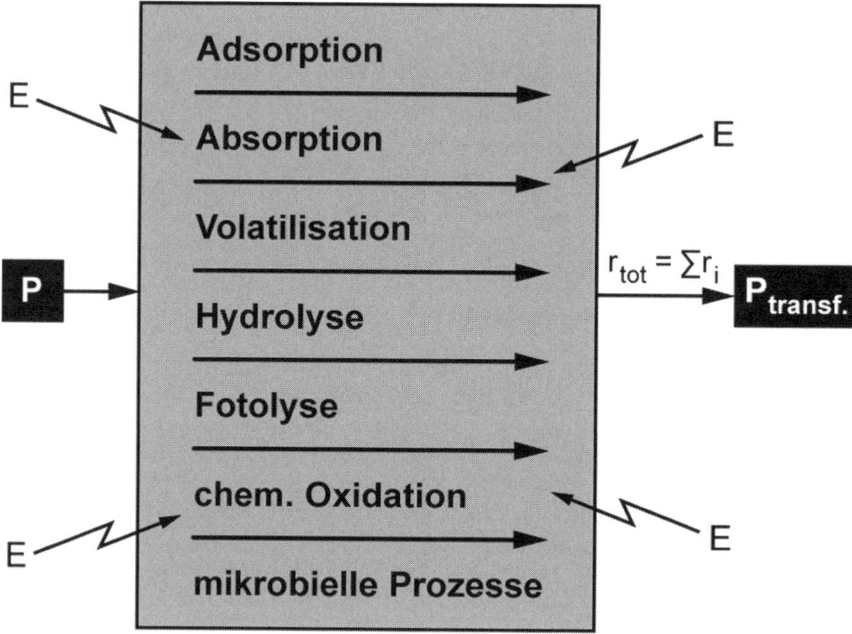

Abb. 5.3: Die Umwandlung einer Substanz, P, in der Umwelt (nach *(32)*). Verschiedene Prozesse können im Wasser eingetragene Stoffe, P, umwandeln. Die Geschwindigkeit der Transformation, r, hängt in der Regel von der vorhandenen Stoffkonzentration, [P], und von einem für den Reaktionstyp relevanten Umweltfaktor, E, ab. $k_{i,p}$ ist die für den Prozess, i, stoffspezifische Geschwindigkeitskonstante.

Anwendungsbeispiele

Einige Beispiele für die Anwendung dieser kinetischer Grundlagen werden in den jeweiligen Kapiteln gegeben, z.B. im Kapitel 6.8 für die Kinetik der Komplexbildung, im Kapitel 7.9 für die Kinetik der Fällung und Auflösung fester Phasen, im Kapitel 8.7 für die Kinetik der Oxidationsreaktionen. Die Bedeutung der Oberflächenreaktionen für die Kinetik der Auflösungsvorgänge von Mineralien wird im Kapitel 9.10 illustriert.

5.5 Elementarreaktionen

5.5.1 Zeitgesetze für einfache Elementarreaktionen

Die Molekularität einer Reaktion wird definiert als die Anzahl Moleküle eines Reaktanden, welche in einem Elementarschritt teilnehmen. Die Molekularität ist nicht identisch mit der oben umschriebenen Reaktionsordnung. Die letztere ist ein phänomenologischer Parameter. Die Totalreaktion besteht in der Regel aus einer Anzahl von Elementarschritten, die zusammen den Reaktionsmechanismus erklären.

Nachfolgend sind einige einfache Zeitgesetze für Elementarreaktionen dargestellt:

$$A \xrightarrow{k} \text{Produkt} \qquad -\frac{d[A]}{dt} = k[A] \tag{30}$$

$$A + B \xrightarrow{k} \text{Produkt} \qquad -\frac{d[A]}{dt} = k[A][B] \tag{31}$$

$$A + A \xrightarrow{k} \text{Produkt} \qquad -\frac{1}{2}\frac{d[A]}{dt} = k[A]^2 \tag{32}$$

$$A \underset{k_{-1}}{\overset{k_1}{\rightleftarrows}} B \qquad -\frac{d[A]}{dt} = k_1[A] - k_{-1}[B] \tag{33}$$

Aus Gl. (33) wird bei Gleichgewicht:

$d[A]/dt = d[B]/dt = 0$,

und

$$\frac{[B]}{[A]} = \frac{k_1}{k_{-1}} = K \tag{34}$$

für den allgemeinen Fall:

$$A + B \underset{k_{-1}}{\overset{k_1}{\leftrightarrow}} C + D \qquad -\frac{d[A]}{dt} = k_1[A][B] - k_{-1}[C][D] \tag{35}$$

wobei bei Fliessgleichgewicht

$d[A] / dt = d[B] / dt \ldots = 0$

und

$$\frac{[C][D]}{[A][B]} = \frac{k_1}{k_{-1}} = K \tag{36}$$

5.5.2 Konsekutive reversible Reaktionen

$$A + B \underset{k_{-1}}{\overset{k_1}{\leftrightarrow}} C \tag{37}$$

$$C \underset{k_{-2}}{\overset{k_2}{\leftrightarrow}} D \tag{38}$$

Aus den Reaktionen (37) und (38) ergibt sich für die Konzentrationsänderung von [A]:

$$-\frac{d[A]}{dt} = k_1[A][B] - k_{-1}[C] \tag{39}$$

wobei als Konsequenz der mikroskopischen Reversibilität

$$\frac{[C]}{[A][B]} = \frac{k_1}{k_{-1}} = K_1 \tag{40}$$

und

$$\frac{[D]}{[C]} = \frac{k_2}{k_{-2}} = K_2 \tag{41}$$

oder

$$\frac{[D]}{[A][B]} = \frac{k_1 k_2}{k_{-1} k_{-2}} = K_1 K_2 \tag{42}$$

5.5.3 Konsekutive irreversible Reaktionen

$$A \xrightarrow{k_1} B \xrightarrow{k_2} C \tag{43}$$

Reaktion (43) ist kinetisch umschrieben durch

$$\frac{d[A]}{dt} = -k_1[A] \tag{44}$$

$$\frac{d[B]}{dt} = k_1[A] - k_2[B] \tag{45}$$

$$\frac{d[C]}{dt} = k_2[B] \tag{46}$$

5.5.4 Steady-State-Annahme

Die reversible Reaktion

$$A \underset{k_{-1}}{\overset{k_1}{\leftrightarrow}} B \qquad (47)$$

gefolgt von der irreversiblen Reaktion

$$B \xrightarrow{k_2} C \qquad (48)$$

ist ein bei vielen Reaktionen auftretender Mechanismus.

Wenn die reversible Reaktion (47) gegenüber (48) relativ schnell ist, ergibt sich ein einfaches Resultat durch die Annäherung:

$$\frac{d[B]}{dt} = 0 \qquad (49)$$

d.h. das Zwischenprodukt B ändert seine Konzentration während des Fortschreitens der Reaktion nur langsam. Die Stationärszustands-„steady-state"-Annahme ist dann:

$$\frac{d[B]}{dt} = k_1[A] - k_{-1}[B] - k_2[B] = 0 \qquad (50)$$

und

$$B = \frac{k_1[A]}{k_{-1} + k_2} \qquad (51)$$

Die Reaktionsgeschwindigkeit ist dann:

$$\frac{d[C]}{dt} = k_2[B] = \frac{k_2 k_1}{k_{-1} + k_2}[A] \qquad (52)$$

wenn $k_{-1} >> k_2$

$$\frac{d[C]}{dt} = \frac{k_2 k_1}{k_{-1}}[A] = k_2 K_1[A] \qquad (53)$$

wobei $K_1 = k_1/k_{-1}$. In diesem Fall wird die Reaktion (47) als im Gleichgewicht behandelt und ist der Reaktion (48) vorgelagert.

Entsprechend Gl. (53) wird die Kinetik der Bildung von Metall-Liganden-Komplexen behandelt, indem in einem ersten Schritt ein Ionenpaar zwischen dem Aquoion und dem Liganden L gebildet wird und in einem zweiten Schritt ein Wassermolekül abgespalten wird (Kap. 6.8):

$$(Me(H_2O)_m)^{n+} + L \leftrightarrows (Me(H_2O)_m)^{n+} \cdot L \quad K_{OS} \qquad (54)$$

$(Me(H_2O)_m)^{n+} \cdot L \leftrightarrows (Me(H_2O)_{m-1}L)^{n+} + H_2O \; k_{-w}$ (55)

Die Reaktion (54) verläuft schnell und wird als im Gleichgewicht angenommen, während Reaktion (55) geschwindigkeitsbestimmend ist.

5.5.5 Enzym-Katalyse

Bei der von Michaelis und Menten vorgeschlagenen Enzym-Katalyse wird zwischen dem Enzym, E, (ein Protein) und dem Substrat, S, der Enzym-Substratkomplex, ES, gebildet (56), der dann in der subsequenten Reaktion in ein Produkt, P, verwandelt wird.

$$E + S \underset{k_{-1}}{\overset{k_1}{\leftrightarrow}} ES \qquad (56)$$

$$ES \underset{k_{-2}}{\overset{k2}{\leftrightarrow}} P + E \qquad (57)$$

Der Stationärzustand wird für den Enzym-Substratkomplex ES angenommen:

$$\frac{d[ES]}{dt} = k_1[E][S] - (k_{-1} + k_2)[ES] + k_{-2}[E][P] = 0 \qquad (58)$$

Der letzte Term in (58) ist in der Regel vernachlässigbar, da [P] sehr klein ist. Dann gilt:

$$[ES] = \frac{k_1}{k_{-1} + k_2}[E][S] \qquad (59)$$

Der Quotient

$$\frac{k_{-1} + k_2}{k_1} = K_m \qquad (60)$$

wird als Michaelis-Konstante bezeichnet.

$$K_m = \frac{[E][S]}{[ES]} \qquad (61)$$

Wenn man berücksichtigt, dass $[E_T] = [E] + [ES]$ ergibt sich für [ES]:

$$[ES] = \frac{[E_T][S]}{K_M + [S]} \qquad (62)$$

Die Anfangsgeschwindigkeit der Produktebildung ist

$$v = \frac{d[P]}{dt} = k_2[ES] \qquad (63)$$

Die maximale Geschwindigkeit, v_{max} erhält man, wenn $[S] >> K_m$ ist:

$$v_{max} = k_2[E_T] \qquad (64)$$

Nach Kombination von Gl. (63) mit (62) folgt die Michaelis-Menten-Gleichung für die Abhängigkeit der Geschwindigkeit von der Substratkonzentration (Abb. 5.4a):

$$v = \frac{v_{max}[S]}{K_m + [S]} \qquad (65)$$

Die Grössen K_m und die maximale Geschwindigkeit der enzymatischen Reaktion v_{max} lassen sich aus der Auftragung von gemessenen v in Funktion von [S], bzw. aus der reziproken Form von Gl. (65) erhalten (Abb. 5.4 b):

$$\frac{1}{v} = \frac{K_m}{v_{max}[S]} + \frac{1}{v_{max}} \qquad (66)$$

Die Enzymkinetik ist ein Beispiel für katalysierte Reaktionen. K_m die Michaelis-Menten-Konstante ist ein Mass für die Empfindlichkeit, d.h. K_m entspricht der Substratkonzentration bei halber Maximalgeschwindigkeit (Abb. 5.4a und Gleichung (65)).

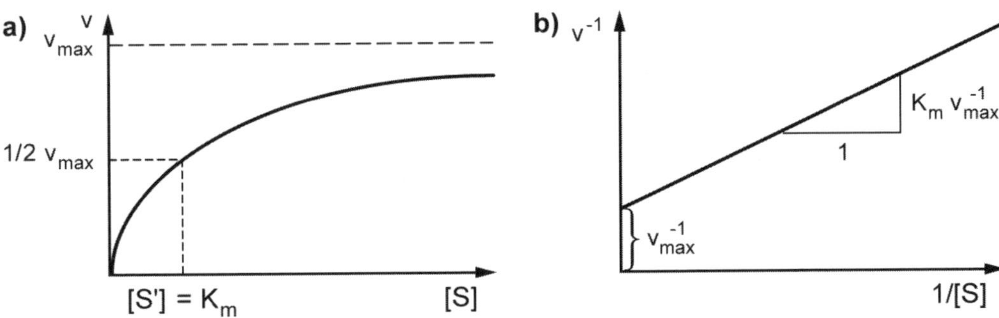

Abb. 5.4: Michaelis-Menten-Enzym-Katalyse

a) Anfangsgeschwindigkeit v als Funktion von [S]

b) Auftragung in reziproker Form nach Gl. (66) zur Bestimmung von K_m und v_{max}

Beispiel 5.4: Bestimmung von K_m und v_{max} für Enzyme in Algen

Für die Fotosynthese ist die Fixierung von CO_2 durch das Enzym Rubisco (Ribulose-1,5-Biphosphat-Carboxylase-Oxygenase) von entscheidender Bedeutung. Die Michaelis-Menten-Konstante K_m für CO_2(aq) von Rubisco wurde für zwei verschiedene einzellige Algenspezies bestimmt *(33)*:

Alge	K_m (µM)
Coccomyxa	12
Chlamydomonas reinhardtii	29

Daraus folgt, dass die Alge *Coccomyxa* effizienter als *Chl. reinhardtii* CO_2 fixieren kann, da die halbe Maximalgeschwindigkeit schon bei einer tieferen CO_2(aq)-Konzentration erreicht wird.

In einer anderen Arbeit wurde die Aufnahme von Mangan (Mn^{2+}) in einer marinen Alge charakterisiert. Die Aufnahmerate folgte der Michaelis-Menten-Kinetik in Funktion von $[Mn^{2+}]$ *(34)*. Folgende Parameter wurden erhalten:

$K_m(Mn^{2+}) = 8 \times 10^{-8}$ M

$v_{max} = 0.4$ mmol L^{-1} h^{-1} (bezogen auf das Zellvolumen).

Der tiefe Wert von K_m zeigt, dass diese Alge effizient Mn^{2+} bei sehr tiefen Konzentrationen aufnehmen kann (s. Kap. 6.10).

5.5.6 Temperaturabhängigkeit

Die Geschwindigkeit der meisten Reaktionen nimmt mit zunehmender Temperatur zu. Die Temperaturabhängigkeit einer Reaktions-Geschwindigkeitskonstante, k, wird bekanntlich durch die Arrhenius-Gleichung

$$k = A\ e^{-\Delta Ea/RT} \qquad (67)$$

wiedergegeben, wobei ΔE_a (J mol^{-1}) die Aktivierungsenergie darstellt.

Wenn ΔE_a bekannt ist, kann die Temperaturabhängigkeit einer Geschwindigkeitskonstanten k abgeschätzt werden aus

$$\ln \frac{k_1}{k_2} = \frac{\Delta E_a}{R}\left(\frac{1}{T_2} - \frac{1}{T_1}\right) \qquad (68)$$

oder aus einer grafischen Darstellung von log k vs T^{-1} (vgl. Lehrbücher der Kinetik). Die Aktivierungsenergie einer Reaktion kann durch Messung von k bei verschiedenen Temperaturen und Auftragung von ln k vs T^{-1} bestimmt werden.

Beispiel 5.5: Bestimmung der Aktivierungsenergie für die Reaktion von HSO_3^- mit H_2O_2

SO_2 kann im atmosphärischen Wasser durch Reaktion mit verschiedenen Oxidationsmitteln, vor allem Ozon O_3 und Wasserstoffperoxid H_2O_2, oxidiert werden (vgl. Kap. 4 und 8). Im pH-Bereich 3–6 ist überwiegend HSO_3^- vorhanden und die folgende Reaktion läuft mit H_2O_2 ab (nach *(35);(36)*):

$$HSO_3^- + H_2O_2 \rightarrow SO_4^{2-} + H^+ + H_2O \qquad \text{(i)}$$

Die entsprechende Reaktionsgeschwindigkeit wird definiert als:

$$-\frac{d[HSO_3^-]}{dt} = k_2[HSO_3^-][H_2O_2] \qquad \text{(ii)}$$

wo k_2 eine Geschwindigkeitskonstante 2. Ordnung ist. Es ist bekannt dass die Reaktion (i) durch Säuren (HA) katalysiert wird, entsprechend dem allgemeinen Ausdruck:

$$k_2 = k_H[H^+] + k_{HA}[HA] \qquad \text{(iii)}$$

Der Term $k_H[H^+]$ ist üblicherweise vorherrschend. Aus Gleichung (ii) wird dann:

$$-\frac{d[HSO_3^-]}{dt} = k_H[H^+][HSO_3^-][H_2O_2] \qquad \text{(iv)}$$

Aus der kinetischen Untersuchung der Reaktion wird erhalten:

$k_H = 9.1x\ 10^7\ M^{-2}\ s^{-1}$ (25 °C)

und aus der Temperaturabhängigkeit im Bereich 4–49 °C (277–322 K) die in Abbildung 5.5. dargestellten Werte. Aus der Auftragung von ln k_H gegen 1/T ergibt sich die Aktivierungsenergie: $E_a = 29.7\ kJ\ mol^{-1}$.

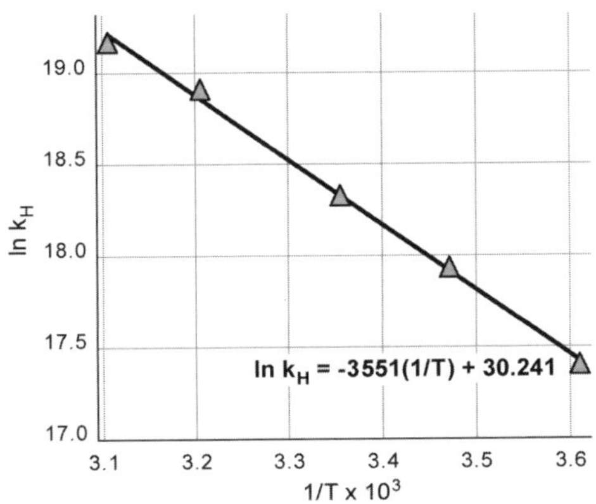

Abb. 5.5: Geschwindigkeitskonstante (ln k_H) in Funktion von 1/T zur Bestimmung der Aktivierungsenergie (pH 5.1, I < 1.5 x 10^{-4} M, Daten aus *(36)*)

Beispiel 5.6: Radioaktive Elemente als kinetische Hilfsmittel bei der Altersbestimmung

Radioaktive Elemente (Tabelle 5.1) können zur Datierung von Sedimenten, Muschelschalen, Mineralien etc. und als Tracer eingesetzt werden. Als einfaches Beispiel für eine Altersbestimmung von marinen Muschelschalen wird der Gehalt an ^{14}C bestimmt. Kohlenstoff hat zwei stabile Isotope ^{12}C (98.89 %) und ^{13}C (1.11 %) sowie ein radioaktives Isotop ^{14}C (10^{-10} %). Die Hauptquelle von ^{14}C in der oberen Atmosphäre ist die Neutronenbestrahlung (durch kosmische Strahlen) von ^{14}N. Ungefähr 100 ^{14}C-Atome werden pro cm^2 Erdoberfläche pro Minute produziert.[1)]

Welches ist das Alter der Muscheln, wenn ihr $^{14}C/^{12}C$-Verhältnis 78.7 % des $^{14}C/^{12}C$-Verhältnisses der Tiefsee beträgt?

Vereinfachende Annahmen: Das $^{14}C/^{12}C$-Verhältnis der Meere ist zeitlich konstant geblieben; vernachlässigbare Isotopenfraktionierung bei der Bildung der Schalen; das Verhältnis $(^{14}C/^{12}C)_{Tiefsee}$ hat demjenigen der Schale zur Zeit der Bildung entsprochen.

Tab. 5.1: Einige radioaktive Elemente und ihre Halbwertszeiten

Isotop	Halbwertszeit	Isotop	Halbwertszeit
^{238}U	4.50×10^9 Jahre	^{210}Pb	22 Jahre
^{239}Pu	2.44×10^4 Jahre	^{3}H	12.3 Jahre
^{14}C	5720 Jahre	^{89}Sr	52 Tage
^{137}Cs	30 Jahre	^{131}I	8.1 Tage
^{90}Sr	28 Jahre	^{222}Rn	3.8 Tage

Die radioaktive Zerfallskonstante des ^{14}C ist charakterisiert durch (Kinetik 1. Ordnung):

$$-\frac{dN}{dt} = \lambda N \quad \text{bzw.} \quad \ln\frac{N}{N_0} = -\lambda t \qquad \text{(i)}$$

wobei

N = Anzahl der ^{14}C -Atome und

λ = Zerfallskonstante ($Zeit^{-1}$) = 1.2×10^{-4} $Jahr^{-1}$.

1) Früher wurde die atmosphärische Zusammensetzung bezüglich ^{14}C als konstant angenommen. Dies trifft nicht mehr vollumfänglich zu, da wegen der Verbrennung des fossilen Brennstoffes (kein ^{14}C) eine Verdünnung der ^{14}C -Konzentration und wegen der Atombombentests in den Sechzigerjahren eine Kontamination mit ^{14}C stattfand.

Die Halbwertszeit von ^{14}C ist demnach:

$t_{½} = \ln 2/ \lambda = 5720$ Jahre (ii)

Für das Alter der Muschelschale wird nach Gleichung (i) berechnet:

$$t = \frac{1}{\lambda} \ln \frac{(^{14}C/^{12}C)_{Tiefsee}}{(^{14}C/^{12}C)_{Schale}} \qquad \text{(iii)}$$

$t \cong 2000$ Jahre

5.7 Theorie des Übergangszustandes; der aktivierte Komplex

In der Theorie des Übergangszustandes (Transition State Theory) werden die Energieanforderungen einer Reaktion betrachtet.

Der energetische Verlauf der folgenden Reaktion wird hier angenommen:

$A + BC \rightarrow AC + B$ (69)

Diese Reaktion läuft über die folgenden Schritte:

$A + BC \leftrightarrows ABC^{\neq};\ K^{\neq}$ (70)

$ABC^{\neq} \rightarrow AC + B$ (Produkte) (71)

$ABC^{\neq}$ ist ein aktivierter Komplex.

Der energetische Verlauf dieser Reaktion ist in Abbildung 5.6 zweidimensional dargestellt. (Dreidimensional entspricht die Darstellung der Verbindung zweier Täler durch einen Bergpass.)

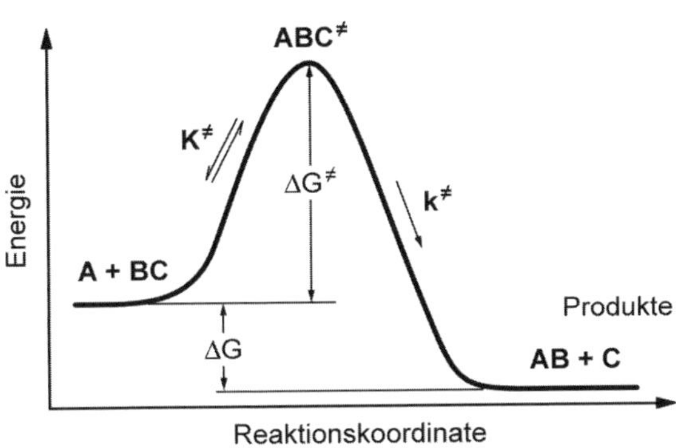

Abb. 5.6: Diagramm des Energieverlaufs für die Reaktion (69). Die freie Aktivierungsenthalpie, $\Delta G^{\neq}$, wird benötigt, um den aktivierten Komplex zu bilden, der im Gleichgewicht mit den Reaktanden steht, und aus dem die Produkte entstehen.

Je höher die freie Standard-Aktivierungsenthalpie (standard free energy of activation), $\Delta G^{\neq}$, desto geringer ist die Wahrscheinlichkeit, dass die Reaktion stattfindet, und desto kleiner ist die Geschwindigkeit der Reaktion, d[Produkte]/dt:

$$\frac{d[\text{Produkte}]}{dt} = k^{\neq}\{ABC\}^{\neq} \qquad (72)$$

wobei $k^{\neq}$ ausgedrückt werden kann als $k^{\neq} = k_B T/h$, wobei k_B = Boltzmann'sche Konstante (1.38×10^{-23} J K^{-1}) und h = Planck'sche Konstante (6.63×10^{-34} J s).

Der aktivierte Komplex, $ABC^{\neq}$, steht im Gleichgewicht mit den Reaktanden A und BC:

$$\frac{\{ABC^{\neq}\}}{\{A\}\{BC\}} = K^{\neq} \qquad (73)$$

wobei $ABC^{\neq}$ in die Produkte AC und B zerfällt.

Dementsprechend wird Gleichung (72) für die Reaktionsgeschwindigkeit geschrieben:

$$\frac{d[\text{Produkte}]}{dt} = k^{\neq}K^{\neq}\{A\}\{BC\} \qquad (74)$$

Die freie Standard-Aktivierungsenthalpie kann definiert werden:

$$\Delta G^{\neq} = -RT \ln K^{\neq} \qquad (75)$$

wobei

$$\Delta G^{\neq} = \Delta H^{\neq} - T\Delta S^{\neq} \qquad (76)$$

wobei $\Delta H^{\neq}$ und $\Delta S^{\neq}$ der Standard-Aktivierungsenthalpie und der Standard-Aktivierungsentropie entsprechen. Damit besteht eine Beziehung zwischen der Kinetik der Reaktion mit den thermodynamischen Eigenschaften des aktivierten Komplexes. Diese Beziehung ist nützlich, weil sie es ermöglicht, Abschätzungen von $\Delta G^{\neq}$ aus anderen Überlegungen (z.B. der Temperaturabhängigkeit der Reaktion) zu machen. Die Geschwindigkeitskonstante der Reaktion ist gegeben durch (vgl. Gleichungen (74)–(76)):

$$k = k^{\neq}e^{-\Delta G^{\neq}/RT} = k^{\neq}e^{-\Delta H^{\neq}/RT}e^{\Delta S^{\neq}/R} \qquad (77)$$

Diese Formulierung ist ähnlich wie diejenige der Arrheniusgleichung (67):

$$k = A\ e^{-\Delta Ea/RT} \qquad (67)$$

Der Unterschied zwischen ΔE_a einer „potenziellen" Energie der Aktivierung und $\Delta H^{\neq}$ ist relativ klein. Für eine bimolekulare Reaktion gilt $\Delta E_a = \Delta H^{\neq} + RT$. Da RT klein ist gegenüber $\Delta H^{\neq}$, gilt $\Delta E_a \approx \Delta H^{\neq}$[1]. Die theoretische Interpretation dieser Gleichungen beschränkt sich auf Elementarschritte.

Es ist die Aufgabe der Kinetik, die stöchiometrische Reaktion im Sinne der Elementarschritte, die Energetik der elementaren Schritte, das Brechen von Bindungen und die Bildung neuer Bindungen darzustellen sowie die Charakterisierung der aktivierten Komplexe abzuklären.

Oft ist es möglich, wenn für eine Reihe verwandter Reaktionen die geschwindigkeitsbestimmenden Reaktionsschritte bekannt sind, empirische Beziehungen zwischen der Geschwindigkeitskonstante der Reaktion oder der freien Aktivierungsenthalpie, $\Delta G^{\neq}$, und der Gleichgewichtskonstante der Reaktion oder der freien Reaktionsenthalpie der Reaktion, ΔG^0, zu erhalten. Für zwei verwandte Reaktionen gilt dann:

$$\ln k_2 - \ln k_1 = \alpha (\ln K_2 - \ln K_1) \tag{78}$$

$$\frac{-\Delta G_2^{\neq} + \Delta G_1^{\neq}}{RT} = \alpha \left(\frac{-\Delta G_2^{0} + \Delta G_1^{0}}{RT} \right) \tag{79}$$

Für eine Serie von i Reaktanden gilt dann allgemein:

$$\ln k_i = \alpha \ln K_i + C \tag{80}$$

oder

$$\Delta G^{\neq}_i = \alpha \Delta G_i^0 + C \tag{81}$$

Man spricht von linearen freien Energiebeziehungen (Linear Free Energy Relationships (LFER)). Man trägt log k_i vs log K_i (oder ΔG_i^0) auf und bestimmt α und C empirisch. Beispiele für solche Beziehungen werden im Kapitel 8 gegeben.

5.8 Fallbeispiel: Die Hydratisierung des CO_2

Die Hydratisierung von CO_2 wird durch folgendes Reaktionsschema charakterisiert:

$$
\begin{array}{ccc}
H^+ + HCO_3^- & \underset{k_{21}}{\overset{k_{12}}{\rightleftarrows}} & H_2CO_3 \\
{\scriptstyle k_{31}} \nwarrow \searrow {\scriptstyle k_{13}} & & {\scriptstyle k_{23}} \swarrow \nearrow {\scriptstyle k_{32}} \\
& CO_2 + H_2O &
\end{array}
\tag{82}
$$

---

[1] Für eine exakte Ableitung dieser Beziehung siehe 37. Helgeson, H. C.; Murphy, W. M.; Aagaard, P., Thermodynamic and Kinetic Constraints on Reaction-Rates among Minerals and Aqueous-Solutions. 2. Rate Constants, Effective Surface-Area, and the Hydrolysis of Feldspar. *Geochimica Et Cosmochimica Acta* 1984, 48, (12), 2405–2432.

H_2CO_3 ist hier die „wahre“ Kohlensäure mit der Protolysekonstante:

$$K_{H_2CO_3} = \frac{[H^+][HCO_3^-]}{[H_2CO_3]} = 10^{-3.8} \tag{83}$$

CO_2 ist das gelöste $CO_2(aq)$.

Das Verschwinden des CO_2 wird formell ausgedrückt durch:

$$-\frac{d[CO_2]}{dt} = (k_{31} + k_{32})[CO_2] - k_{13}[H^+][HCO_3^-] - k_{23}[H_2CO_3] \tag{84}$$

Ferner ist zu beachten, dass k_{21} und k_{12} viel grösser sind als die anderen vier Geschwindigkeitskonstanten (25 °C):

$k_{12} = 4.7 \times 10^{10}\ M^{-1}\ s^{-1}$

$k_{21} = 8 \times 10^{6}\ s^{-1}$

Deshalb gilt: $K_{H_2CO_3} = \frac{k_{21}}{k_{12}}$.

Gleichung (84) wird mit Hilfe von K_{H2CO3} umgeformt:

$$-\frac{d[CO_2]}{dt} = (k_{31} + k_{32})[CO_2] - (k_{13}K_{H_2CO_3} + k_{23})[H_2CO_3] \tag{85}$$

In Gleichung (85) wird definiert:

$$k_{CO2} = k_{31} + k_{32} \tag{86}$$

$$k_{H2CO3} = k_{13}\ K_{H2CO3} + k_{23} \tag{87}$$

Daraus wird:

$$-\frac{d[CO_2]}{dt} = k_{CO_2}[CO_2] - k_{H_2CO_3}[H_2CO_3] \tag{88}$$

oder

$$-\frac{d[CO_2]}{dt} = k_{CO_2}[CO_2] - \frac{k_{H_2CO_3}}{K_{H_2CO_3}}[H^+][HCO_3^-] \tag{89}$$

Die Gleichung (89) kann nun als Geschwindigkeitsgesetz für das vereinfachte Schema (90) angewandt werden:

$$CO_2 + H_2O \underset{k_{H_2CO_3}}{\overset{k_{CO_2}}{\leftrightarrow}} H_2CO_3 \overset{\text{Schnell}}{\leftrightarrow} H^+ + HCO_3^- \tag{90}$$

wobei (bei 25 °C) $k_{CO2} \approx 3 \times 10^{-2}\ s^{-1}$ und $k_{H2CO3} \approx 12\ s^{-1}$ und

$$\frac{k_{CO_2}}{k_{H_2CO_3}} = K = \frac{[H_2CO_3]}{[CO_2.H_2O]} = 2.5x10^{-3} \qquad (91)$$

Abbildung 5.7 gibt ein numerisches Beispiel. Die Einstellung des Hydratisierungsgleichgewichtes braucht demnach 1–2 Minuten.

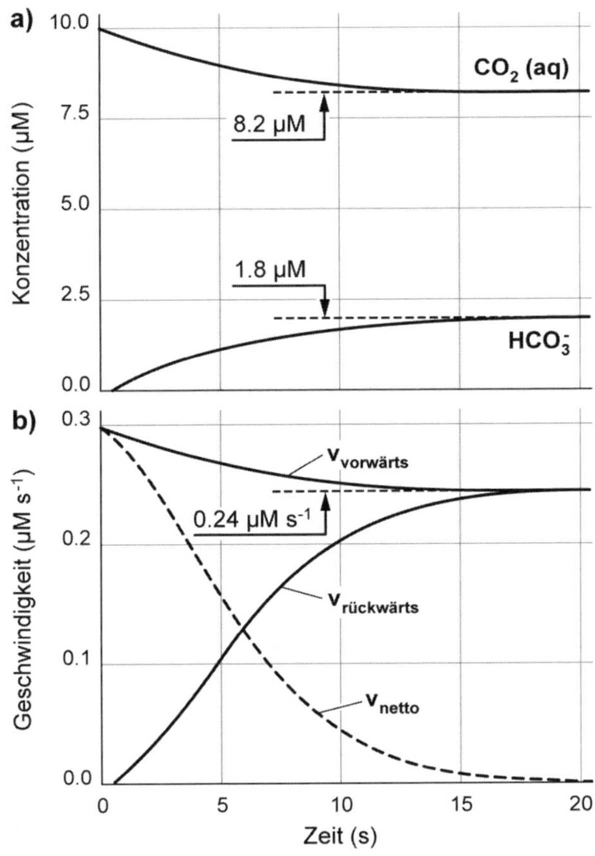

Abb. 5.7:
a) Berechnete Konzentration von CO_2 und HCO_3^- als Funktion der Zeit für die Reaktion (25 °C) $CO_2 \rightarrow H_2CO_3 \rightarrow H^+ + HCO_3^-$ in einem geschlossenem System (CO_2 wird als nicht-flüchtig betrachtet). Die anfängliche Konzentration von CO_2 ist 10^{-5} M ($C_T = [CO_2] + [HCO_3^-] = 10^{-5}$ M)
b) Die berechnete Geschwindigkeit der Hin- und Rückreaktion für

$$CO_2 + H_2O \underset{k_{H_2CO_3}}{\overset{k_{CO_2}}{\leftrightarrow}} H_2CO_3 \overset{\text{Schnell}}{\leftrightarrow} H^+ + HCO_3^-$$

Bei Gleichgewicht ist die Geschwindigkeit in beiden Richtungen 0.24 µM s^{-1} (nach *(9)*).

Bei höherem pH oberhalb pH = 9 kann CO_2 direkt mit OH^- reagieren:

$$CO_2 + OH^- \underset{k_{41}}{\overset{k_{14}}{\leftrightarrow}} HCO_3^- \qquad (92)$$

wobei

k_{14} = $8.5 \times 10^{-3}\ M^{-1}\ s^{-1}$ (25 °C) und

k_{41} = $2 \times 10^{-4}\ s^{-1}$ (25 °C).

Das Reaktionsschema (82) gilt analog für die Hydratisierung des SO_2.

5.9 Fallbeispiel: Kinetik der Absorption von CO_2; Gas-Transfer Atmosphäre–Wasser

Wie bereits erwähnt, sind manche Gewässer bezüglich CO_2 nicht im Gleichgewicht mit der Atmosphäre, weil Prozesse im Wasser CO_2 schneller produzieren oder konsumieren als der Ausgleich zum Gleichgewicht durch CO_2-Transfer zwischen der Atmosphäre und dem Wasser erfolgt.

Das allgemeine Geschwindigkeitsgesetz für den Austausch einer Verbindung zwischen der Gas-Phase und der Wasser-Phase ist

$$J_g = k_g (C_g^s - C_g) \qquad (93)$$

wobei J_g = Austausch- oder Transfer-Geschwindigkeit (Anzahl Mole pro Oberfläche) (mol $cm^{-2}\ s^{-1}$),

k_g = Transfer-Koeffizient (cm s^{-1}),

C_g^s = Sättigungs-Konzentration der Verbindung (im Gleichgewicht mit der Gasphase) C_g = Konzentration der Verbindung in der flüssigen Bulkphase (mol cm^{-3} um die richtigen Einheiten zu erhalten).

Ein empirisches Geschwindigkeitsgesetz, das sogenannte Zwei-Filmmodell, interpretiert den Gasdurchtritt als molekulare Diffusion durch einen Wasserfilm (Grenzschicht) an der Oberfläche der Dicke Z. (Für einige extrem flüchtige Verbindungen kann der Durchtritt durch den Gasfilm an der Wasser/Gas-Grenzfläche geschwindigkeitslimitierend sein.) Der Transferkoeffizient k_g wird interpretiert als:

$$k_g = \frac{D_g}{Z} \text{ (cm s}^{-1}\text{)} \qquad (94)$$

wobei D_g der molekulare Diffusionskoeffizient der Verbindung ist.

Gleichungen (93) und (94) gelten für Verbindungen, die im Wasser nicht oder nur langsam (langsamer als der Transfer) eine chemische Reaktion eingehen. Für Gase, die im Wasser reagieren, H_2S, CO_2 etc. muss allenfalls ein chemischer Beschleunigungsfaktor E_g mitberücksichtigt werden.

$$J_g = E_g\, k_g\, (C_g^s - C_g) \qquad (95)$$

Die meisten Gase haben ähnliche Diffusionskoeffizienten ($D = 2 - 5 \times 10^{-5}$ $cm^2\, s^{-1}$), so dass die Geschwindigkeit des Austausches eines Gases durch die Hydrodynamik des Wassers (Turbulenz), also durch Z (Gleichung (94)), beeinflusst wird. Je nach Turbulenz variiert k_g zwischen 10^{-4} und 10^{-2} cm s^{-1}. Das bedeutet für Oberflächenwassertiefen von 1–10 m charakteristische Austauschzeiten von 10^4 bis 10^6 s oder 2 Stunden bis 100 Tage (nach *(38)*).

Beispiel 5.7: Gasaustausch mit Oberflächenwasser

Ein ca. 10 m tiefer See enthält ein Grundwasserinfiltrat folgender Zusammensetzung: pH = 6.7, Alk = 3×10^{-3} M. Wie schnell findet der CO_2-Austausch mit der Atmosphäre (25 °C) statt?

Folgende Annahmen werden getroffen:

- Gut durchmischte Wasserschicht
- $Z = 40 \times 10^{-6}$ m (Z variiert je nach Turbulenz zwischen 20–1000 µm)
- Alkalinität = konstant bei CO_2-Abgabe

Ferner gilt:

$[Alk] \cong [HCO_3^-]$;

$C_T = [H_2CO_3^*] + [HCO_3^-]$;

$[H_2CO_3^*] \cong [CO_2 \bullet aq]$;

$D = 2 \times 10^{-5}\ cm^2\, s^{-1}$.

Die C_g^s-Konzentration des CO_2 ist (vgl. Abbildung 3.3) $[CO_2]^s = 10^{-5}$ M. Die anfängliche Bulk-Konzentration C_g von CO_2 ist auf Grund des Gleichgewichtes

$$H_2CO_3^* \leftrightarrows H^+ + HCO_3^-;\quad K_1 = 10^{-6.3}\ (25\ °C)$$

$$C_g = [CO_2] = [H_2CO_3^*] = 1.2 \times 10^{-3}\ M \qquad (i)$$

Für eine durchmischte Wassersäule wird die Austauschgeschwindigkeit J_g der Konzentrationsänderung von $H_2CO_3^*$ gleichgesetzt:

$$J_{CO_2} = \frac{dn_{CO_2}}{dt}\frac{1}{A} = \frac{d[H_2CO_3{*}]}{dt}\frac{V}{A} \qquad (ii)$$

wobei

n_{CO2} = Anzahl Mole

A = Oberfläche

V = Volumen

V/A entspricht der mittleren Tiefe. Die Änderung von $[H_2CO_3^*]$ wird der Änderung von C_T gleichgesetzt, da die Alkalinität konstant bleibt:

$$\frac{d[H_2CO_3*]}{dt} = \frac{dC_T}{dt} = \frac{A}{V}\frac{D}{Z}\left([H_2CO_3*]^s - [H_2CO_3*]\right) \qquad \text{(iii)}$$

Nach Einsetzen von $A/V = 10^{-2}\ dm^{-1}$,

$D = 2 \times 10^{-7}\ dm^2\ s^{-1} = 7.2 \times 10^{-4}\ dm^2\ h^{-1}$

(alle Einheiten in dm, Konzentrationen in mol dm^{-3}),

ergibt sich:

$$\frac{dC_T}{dt} = 1.8x10^{-2}\left(1x10^{-5} - [H_2CO_3*]\right)\ (M\ h^{-1}) \qquad \text{(iv)}$$

Nach Einsetzen von $[H_2CO_3^*] = C_T - Alk$:

$$\frac{dC_T}{dt} = 1.8x10^{-2}\left(1x10^{-5} - C_T + 3x10^{-3}\right) \qquad \text{(v)}$$

Die Lösung dieser Differenzialgleichung ergibt für C_T^0 (für t = 0)

$C_T^0 = Alk + [H_2CO_3^*]^0 = 4.2 \times 10^{-3}$ M, und

$$C_T = 3 \times 10^{-3} + 1.2 \times 10^{-3}\ e^{-0.018\,t} \qquad \text{(vi)}$$

Die nachfolgende Tabelle zeigt, mit welcher Zeitabhängigkeit sich die Zusammensetzung des Wassers dem Gleichgewicht mit der Atmosphäre nähert.

Tabelle Beispiel 5.6

Zeit (h)	**C_T (M)**
0	4.2×10^{-3}
20	3.8×10^{-3}
50	3.5×10^{-3}
100	3.2×10^{-3}
∞	3.01×10^{-3}

Beispiel 5.8: CO_2-Transfer bei der pH-Erhöhung durch Fotosynthese

Chemische Beschleunigung des CO_2-Transfers

Bei höherem pH nimmt die Reaktion des CO_2 zu HCO_3^- zu (Gleichung (92)).

$$CO_2(aq) + OH^- \leftrightarrows HCO_3^- \qquad \text{(i)}$$

Deshalb kann durch Gleichung (vii) die Absorption des CO_2 bei hohem pH beschleunigt werden. Für die Absorptionsgeschwindigkeit müssen jetzt alle Carbonatspezies berücksichtigt werden:

$$J_T = \sum_i J_i = \frac{D}{Z}\left(C_T{}^s - C_T\right) \qquad \text{(ii)}$$

Die Absorption von C_T wird mit derjenigen von CO_2 verglichen:

$$J_{CO_2} = \frac{D}{Z}\left([CO_2]^s - [CO_2]\right) \qquad \text{(iii)}$$

um den chemischen Beschleunigungsfaktor $E_g = J_T/J_{CO2}$ zu erhalten (Gl. 95).

Bei starker fotosynthetischer Intensität erreicht ein See bei einer Alk = 3.2×10^{-4} M einen pH von 9.0.

$[CO_2]^s$, $[HCO_3^-]^s$, $[CO_3^{2-}]^s$ und $[H^+]^s$ für das Gleichgewicht mit der Atmosphäre ($p_{CO2} = 10^{-3.5}$ atm) sind:

$[CO_2]^s = 10^{-5}$ M

$[HCO_3^-]^s = 3.2 \times 10^{-4}$ M; $[H^+]^s = 10^{-7.8}$ M; $[CO_3^{2-}]^s = 10^{-6}$ M (iv)

Die aktuellen Konzentrationen sind:

$[H^+] = 10^{-9}$ M;

$[HCO_3^-] = 2.9 \times 10^{-4}$ M

$[CO_3^{2-}] = 1.4 \times 10^{-5}$ M; $[CO_2] = 5.7 \times 10^{-7}$ M. (v)

Daraus ergibt sich ein Gradient

$C_T^s - C_T = 2 \times 10^{-5}$ M (vi)

gegenüber

$[CO_2]^S - [CO_2] = 1 \times 10^{-5}$ M (vii)

und ein Beschleunigungsfaktor von ca. 2.

Weiterführende Literatur

Allgemeine Lehrbücher

Atkins P. W. and De Paula J. (2008) *Kurzlehrbuch Physikalische Chemie*. Wiley-VCH.

Atkins P. W. and De Paula J. (2010) *Atkins' physical chemistry*. Oxford University Press.

Connors K. A. (1990) *Chemical kinetics – the study of reaction rates in solution*. VCH

Reich R. (1993) Thermodynamik. VCH.

Wedler G. (2004) *Lehrbuch der physikalischen Chemie*. Wiley-VCH.

Anwendungen auf aquatische Systeme

Anderson G. M. and Crerar D. A. (1993) *Thermodynamics in geochemistry*. Oxford University Press.

Brezonik P. L. (1994) *Chemical kinetics and process dynamics in aquatic systems*. CRC Press.

Lasaga A. C. and Kirkpatrick R. J. (1981) Kinetics of Geochemical Processes. *In Reviews in mineralogy* Vol. 8 (ed. M. S. o. America).

Sposito G. (1994) *Chemical equilibria and kinetics in soils*. Oxford University Press.

Stumm W. (1990) *Aquatic chemical kinetics*. Wiley-Interscience.

Datensammlungen

Bard A. J., Parsons R., and Jordan J. (1985) *Standard potentials in aqueous solutions* (ed. IUPAC). Dekker.

NIST chemistry webbook: http://webbook.nist.gov/chemistry/

Robie R. A. and Hemingway B. S. (1995) *Thermodynamic properties of minerals and related substances at 298.15 K and 1 Bar*. United States Government Printing Office.

Übungen

Anmerkung: Für die Übungen 1−5 sind die thermodynamischen Daten im Anhang 3 zu berücksichtigen.

1) Bestimme aufgrund der thermodynamischen Daten im Anhang, welche Phase thermodynamisch stabil ist:

   i) bei 25 °C: Al_2O_3 (Corund), AlOOH (Boehmit), $Al(OH)_3$ (Gibbsit);

   ii) bei 5°C: $CaSO_4$ (Anhydrit), $CaSO_4 \cdot 2\,H_2O$ (Gips).

2) Vergleiche die Temperaturabhängigkeit der Löslichkeit von Gips und von Calcit. Gibt es eine einfache Erklärung für die unterschiedliche Temperaturabhängigkeit?

3) Kann bei pH 7 Nitrat durch Fe^{2+} zu NO_2^- reduziert werden (25 °C)?

4) Kann bei 25 °C Fe_2SiO_4, SO_4^{2-} zu elementarem S oder HS^- bei pH 8 reduzieren?

5) Was ist das Löslichkeitsprodukt von Dolomit ($CaMg(CO_3)_2(s)$) bei 25 °C und bei 10 °C?

6) Muss bei der Löslichkeit des $CaCO_3(s)$ in den Sedimenten des Zürichsees (5 °C) die Druckabhängigkeit (Tiefe ≅ 100 m) berücksichtigt werden?

7) In einer biologischen Kläranlage ist die Wachstumsrate der Bakterien ($d[B]/dt = \mu[B]$) charakterisiert durch $\mu = 5\ h^{-1}$. Welche ist die Generationszeit (Verdoppelungszeit) der Bakterien?

8) Welche ist die durchschnittliche Lebensdauer (= Zeit, nach welcher Anzahl Atome auf 1/e gefallen ist) eines Radionuklides, z.B. ^{90}Sr, dessen Halbwertszeit 28 Jahre beträgt?

9) Kann eine Reaktion durch Verdünnung bei gleicher Temperatur verlangsamt werden? Für welche Reaktionsordnung gilt die Antwort?

10) a) Unter welchen Voraussetzungen entspricht die Kinetik der Elimination (Abnahme seiner Konzentration als Folge von chemischen Reaktionen) eines Spurenstoffes in einem Gewässer einem Geschwindigkeitsgesetz erster Ordnung bezüglich der Konzentration des Spurenstoffes?

    b) Warum nimmt der totale organische Kohlenstoff (TOC) (Summe der organischen Verbindungen in einem Gewässer) nicht nach einem Zeitgesetz erster Ordnung bezüglich TOC ab?

11) Acetoessigsäure zerfällt in wässriger Lösung in einer Reaktion erster Ordnung in Aceton und CO_2. Die Geschwindigkeitskonstante k für verschiedene Temperaturen ist:

Temperatur	k
0 °C:	2.46 $x10^{-5}$ min^{-1};
20 °C:	43.5 $x10^{-5}$ min^{-1};
40 °C:	576 $x10^{-5}$ min^{-1};
60 °C:	5480 $x10^{-5}$ min^{-1}.

Welche ist die Aktivierungsenergie und wie gross ist k bei 30 °C?

12) Zur Datierung und Bestimmung der Sedimentationsrate wird in einem Bohrkern eines See-Sedimentes ^{210}Pb bestimmt (Halbwertszeit von ^{210}Pb: 22 Jahre). Wenn ^{210}Pb als ln ($^{210}Pb/Pb$) versus Sedimenttiefe (m) aufgetragen wird, ergibt sich eine Gerade mit der Neigung $-1.6\ m^{-1}$.

Welche ist die Sedimentationsrate (m $Jahr^{-1}$)?

(Annahme: i) gleichmässige Sedimentationsrate
ii) vernachlässigbare Diffusion des Pb im Sedimentkern)

13) Im Beispiel 5.5 wird für die Reaktion: $HSO_3^- + H_2O_2 \rightarrow SO_4^{2-} + H^+ + H_2O$ das Geschwindigkeitsgesetz angegeben:

$$-\frac{d[HSO_3^-]}{dt} = k_H[H^+][HSO_3^-][H_2O_2]$$

$k_H = 9.1 \times 10^7\ M^{-2}\ s^{-1}$ bei 25 °C

Aktivierungsenergie $E_a = 29.7\ kJ\ mol^{-1}$

Wie gross ist k_H bei 10 °C? Was ist die Halbwertszeit bei 10 °C für die Oxidation von HSO_3^- bei pH = 5.0 und $[H_2O_2] = 1 \times 10^{-5}$ M (= konstant)?

6 Metallionen in wässriger Lösung

6.1 Einleitung

Ein grosser Teil der Elemente im periodischen System hat metallischen Charakter; davon kommt eine grosse Anzahl in der Erdkruste und in den Gesteinen nur in Spuren (< 100 ppm) vor. Durch die zivilisatorischen Aktivitäten sind die Kreisläufe einer Anzahl Elemente beschleunigt. Die anthropogenen Stoffflüsse verschiedener Elemente übersteigen die natürlichen Stoffflüsse (Verwitterung der Gesteine, vulkanische Emissionen, Verbreitung natürlicher Aerosole aus Böden und Meerwasser). Die wichtigsten anthropogenen Quellen für Schwermetalle sind Metall verarbeitende Industrien und Erzgewinnung, die Verbrennung fossiler Brennstoffe, die Zementproduktion. Besonders stark beeinflusst sind die Elemente, die relativ flüchtig sind oder die in flüchtiger Form emittiert werden. Insbesondere durch die Verbrennung fossiler Brennstoffe wurden die Flüsse von z.B. Arsen, Cadmium, Selen, Quecksilber, Zink in die Atmosphäre stark beeinflusst. Aus industriellen und häuslichen Abwässern, sowie aus Abschwemmungen aus landwirtschaftlichen Böden gelangen Metalle in die Gewässer. Dadurch werden die Konzentrationen dieser Elemente sowohl im Wasser wie in der Atmosphäre und in den Böden verändert.

Eine Anzahl metallischer Elemente ist in Spuren für die Organismen essenziell (dazu gehören Cu, Zn, Co, Fe, Mn, Ni, Cr, V, Mo, Se). Sie werden in bestimmten geringsten Mengen benötigt; die Erhöhung der Konzentrationen dieser Elemente in der Umwelt kann zu toxischen Wirkungen führen. Andere Elemente werden nicht benötigt und können nur toxische Auswirkungen ausüben. Zu den Letzteren gehören verschiedene Elemente, die stark durch anthropogene Aktivitäten in der Umwelt erhöht sind, wie Blei, Quecksilber, Cadmium.

Speziierung

Unter Speziierung eines Elements versteht man die Verteilung zwischen den verschiedenen möglichen chemischen Spezies dieses Elements, d.h. verschiedenen definierten chemischen Bindungsformen *(39)*. Bei Metallen sind insbesondere Komplexe mit verschiedenen Liganden in Lösung zu unterscheiden, aber auch verschiedene Redoxzustände und Bindung in verschiedenen festen Phasen. Die Auswirkungen von Spurenelementen auf Organismen sind grundsätzlich sehr stark von der jeweiligen chemischen Spezies abhängig. Auch im Hinblick auf das Schicksal von Spurenmetallen in den Gewässern (z.B. Transport in die Sedimente, Infiltration ins Grundwasser usw.) ist die Speziierung von grundlegender Bedeutung. In diesem Kapitel soll vorwiegend die Rolle der Komplexbildung in Lösung für verschiedene Metallionen behandelt werden.

6.2 Koordinationschemie und ihre Bedeutung für die Speziierung der Metallionen in natürlichen Gewässern

6.2.1 Einteilung der Metallionen

Das Verständnis des Verhaltens der Metallionen in den natürlichen Gewässern beruht auf der Anwendung koordinationschemischer Prinzipien, die eine Einsicht in die Wechselwirkungen zwischen Metallen und Liganden geben. Angesichts der grossen Vielfalt möglicher Reaktionen in den natürlichen Gewässern geben verschiedene Einteilungen der Elemente nach ihren koordinationschemischen Eigenschaften Hinweise auf die wichtigsten Reaktionen. Abbildung 6.1 gibt ein Beispiel einer solchen Einteilung (nach *(40)*, *(41)*). Metallische Elemente können demnach in verschiedene Kategorien eingeteilt werden:

– A-Kationen haben die Elektronenkonfiguration eines Edelgases; sie werden als „harte" Kationen bezeichnet; ihre Wechselwirkungen mit Liganden sind vorwiegend elektrostatischer Art; sie werden bevorzugt an „harten" Liganden gebunden, z.B. an Fluorid und an Liganden mit Sauerstoffdonoratomen. Zu diesen gehören z.B. Al^{3+}, Ca^{2+}, Fe^{3+}. Alkali- und Erdalkali-Ionen können zu den A-Kationen gezählt werden; sie kommen meistens als freie Aquoionen vor; ihre Tendenz zur Komplexbildung ist gering.

– B-Kationen haben eine Elektronenkonfiguration mit 10 oder 12 äusseren Elektronen; sie werden als „weiche" Kationen bezeichnet; ihre Wechselwirkungen mit Liganden haben zum Teil kovalenten Charakter; sie werden bevorzugt an S- oder N-Liganden gebunden. Dazu gehören zum Beispiel Cd^{2+}, Ag^{+}, Hg^{2+}.

– Für die Übergangsmetalle (Elektronenkonfiguration 0–10 d-Elektronen, zweiwertige Kationen) ist die Stabilität der Komplexe von der Anzahl d-Elektronen abhängig; für die organischen Komplexe wird die Komplexstabilität durch die Irving-Williams-Reihe beschrieben:

$Mn^{2+} < Fe^{2+} < Co^{2+} < Ni^{2+} < Cu^{2+} > Zn^{2+}$

– Elemente mit hohen Oxidationszahlen (z.B. As(V), Cr(VI) usw.) kommen überwiegend in hydrolysierten Spezies vor, z.B. $HAsO_4^{2-}$, CrO_4^{2-}.

Aus dieser Einteilung folgt, dass B-Kationen wie Cd^{2+}, Hg^{2+} besonders stark an S-haltigen Liganden gebunden werden, zum Beispiel in biologischen Molekülen; diese Tendenz ist im Hinblick auf die Toxizität dieser Elemente von Bedeutung.

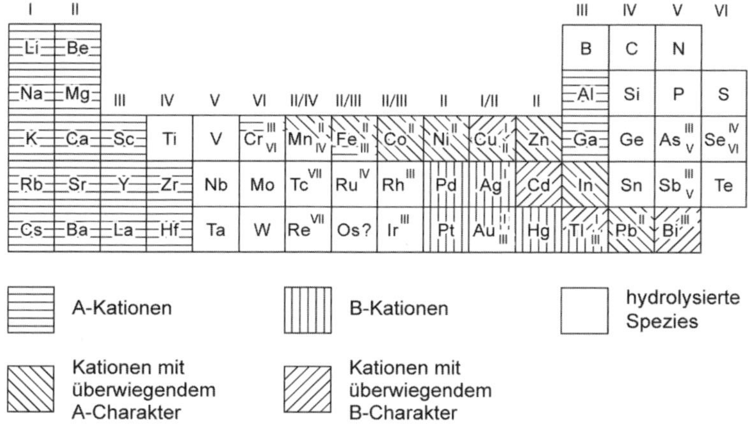

Abb. 6.1: Einteilung der Elemente nach ihren koordinationschemischen Eigenschaften (nach *(40),(15), (41)*). Die Einteilung gilt für die oben an den Kolonnen angegebenen Oxidationszahlen, bzw. für die am Element angegebene Oxidationszahl.

6.2.2 Hydrolyse und die Bildung schwer löslicher Oxide und Hydroxide

Kationen sind in wässriger Lösung hydratisiert, d.h. sie sind von einer Anzahl Wassermolekülen umgeben; üblicherweise sind 6 oder 4 Wassermoleküle an ein Metallkation gebunden (Aquokomplexe).

Bei der Hydrolyse findet eine Deprotonierung dieser Wassermoleküle statt; die Metallkationen wirken als schwache Säuren. Als Beispiel dienen die Reaktionen von $Zn(aq)^{2+}$ (aq heisst aquatisiert, also Zn^{2+} als Aquoion)

$$Zn(H_2O)_6^{2+} \leftrightarrows Zn(H_2O)_5OH^+ + H^+;\ K_1 \qquad (1)$$

$$K_1 = \frac{[ZnOH^+][H^+]}{[Zn^{2+}]} \qquad (1a)$$

bzw.

$$Zn(H_2O)_5OH^+ \leftrightarrows Zn(H_2O)_4(OH)_2 + H^+;\ K_2 \qquad (2)$$

$$K_2 = \frac{[Zn(OH)_2][H^+]}{[ZnOH^+]} \qquad (2b)$$

wobei $K_1K_2 = \beta_2$

$$\beta_2 = \frac{[Zn(OH)_2][H^+]^2}{[Zn^{2+}]} \qquad (3)$$

Für eine Spezies mit m Hydroxogruppen ist:

$$\beta_m = \frac{[Me(OH)_m^{(n-m)+}][H^+]^m}{[Me^{n+}]} \qquad (4)$$

Die Tendenz zur Deprotonierung nimmt für verschiedene Aquokomplexe mit zunehmender Ladung des Zentralions und abnehmendem Radius zu (elektrostatische Abstossung des Protons). Die deprotonierten Spezies können auch als Komplexe mit dem OH^--Ion betrachtet werden (Hydroxokomplexe).

Kationen mit mehrfachen Ladungen sind in wässriger Lösung häufig mehrfach deprotoniert. Abbildung 6.2 zeigt die erste Hydrolysekonstante einiger Kationen; Abbildung 6.3 gibt einen Überblick über die Existenzbereiche der Aquoionen, Hydroxo- und Oxokomplexe in Funktion des pH. Daraus folgt, dass im pH-Bereich der natürlichen Gewässer (7–9) die meisten Metallionen als Hydroxo- oder Oxokomplexe vorliegen. Bei vielen Kationen ist diese Tendenz so stark, dass nicht nur mononukleare Hydroxokomplexe, sondern polynukleare gebildet werden. Daraus entstehen schliesslich feste Hydroxide beim Überschreiten des Löslichkeitsprodukts. Die gelöste Konzentration im Gleichgewicht mit einem festen Hydroxid schliesst alle Hydroxospezies ein:

$$Me(OH)_{n(s)} \leftrightarrows Me^{n+} + n\,OH^- \quad K_{s0} = [Me^{n+}][OH^-]^n \qquad (5)$$

$$[Me]_{gelöst} = [Me^{n+}] + \Sigma\,[Me_y(OH)_m^{(ny-m)+}] \qquad (6)$$

wo $Me(OH)_n(s)$ ein festes Hydroxid und $Me_y(OH)_m^{(ny-m)+}$ eine beliebige Hydroxospezies sind, die auch polynuklear mit y Me sein kann.

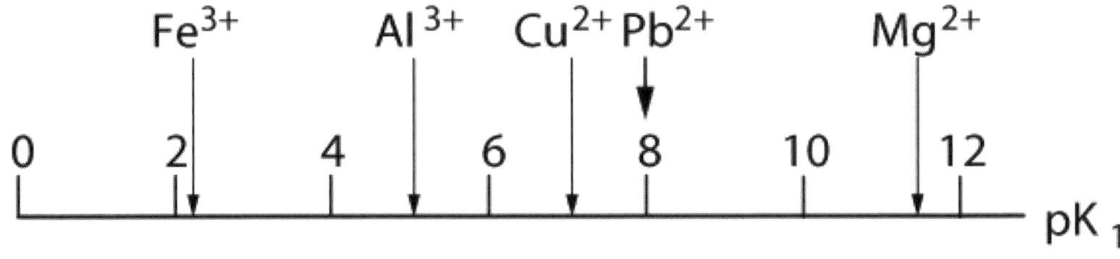

Abb. 6.2: Erste Hydrolysekonstanten verschiedener Kationen

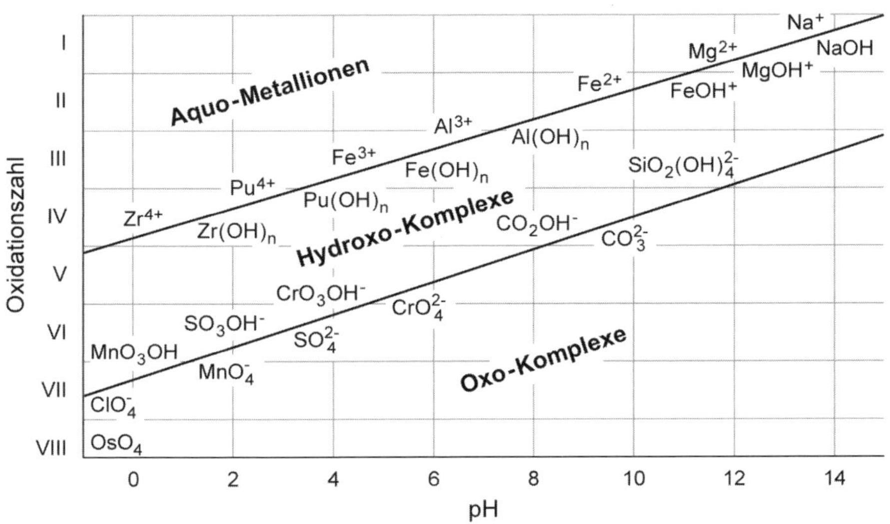

Abb. 6.3: Existenzbereiche von Aquo-, Hydroxo- und Oxokomplexen für Kationen mit verschiedenen Oxidationszahlen

Diese Zusammenhänge sollen anhand einiger Beispiele veranschaulicht werden:

Beispiel 6.1: Hydrolyse von Al^{3+} ohne Bildung eines festen Hydroxids

Die bei einem bestimmten pH vorherrschenden Spezies können aufgrund der Hydrolysekonstanten berechnet werden; dieser Fall entspricht dem einer mehrprotonigen schwachen Säure. Es wird in diesem Beispiel vorausgesetzt, dass im betreffenden pH-Bereich kein Hydroxid ausfällt, d.h. für Al muss die totale Konzentration Al(tot) < 5×10^{-8} M sein (s. Beispiel 6.2).

Tableau 6.1: Hydrolyse von Al^{3+}

Komponenten:		Al^{3+}	H^+	log K
Spezies:	Al^{3+}	1	0	0.0
	$Al(OH)^{2+}$	1	–1	–4.99
	$Al(OH)_2^+$	1	–2	–10.13
	$Al(OH)_4^-$	1	–4	–22.20
	H^+	0	1	0.0
Zusammensetzung (M):		5×10^{-8} M	pH gegeben, d.h. TOT H = variabel	

$$\beta_m = \frac{[Al(OH)_m{}^{(3-m)+}][H^+]^m}{[Al^{3+}]} \quad \text{(i)}$$

$$Al_T = [Al^{3+}] + [Al(OH)^{2+}] + [Al(OH)_2{}^+] + [Al(OH)_4{}^-] \quad \text{(ii)}$$

$$Al_T = [Al^{3+}] + \beta_1 [Al^{3+}][H^+]^{-1} + \beta_2 [Al^{3+}] [H^+]^{-2} + \beta_4 [Al^{3+}] [H^+]^{-4} \quad \text{(iii)}$$

Die Konzentration der einzelnen Spezies kann bei vorgegebenem pH direkt berechnet werden (Abbildung 6.4a). Daraus folgt, dass bei pH > 5 Al vorwiegend als Hydroxospezies vorliegt.

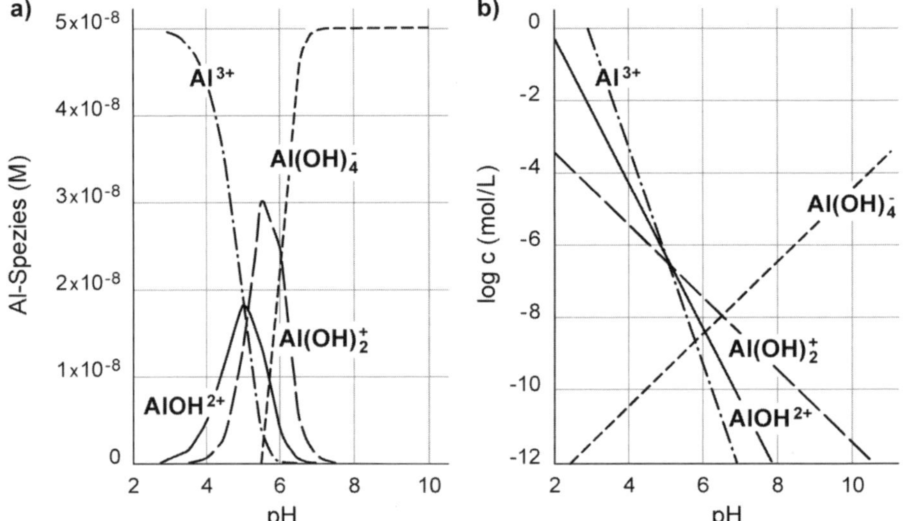

Abb. 6.4: Speziesverteilung für Al-Hydroxokomplexe als Funktion des pH
a) Al_T (gelöst) = konstant = 5 x 10^{-8} M
b) Löslichkeit von Al^{3+} als Funktion des pH im Gleichgewicht mit $Al(OH)_3(s)$

Beispiel 6.2: Hydrolyse und Löslichkeit von Al^{3+} in Gegenwart von festem Aluminiumhydroxid $Al(OH)_3(s)$

In diesem Fall ist die Konzentration von Al^{3+} durch das Löslichkeitsprodukt bestimmt:

$[Al^{3+}] [OH^-]^3 = K_{s0} = 10^{-33.9}$

Die Konzentration der Al^{3+}-Aquoionen ist gegeben durch:

$[Al^{3+}] = K_{s0} [OH^-]^{-3} = K_{s0} K_w^{-3}[H^+]^3$ (iv)

Die gesamte lösliche Konzentration ergibt sich aus der Summe der Hydroxospezies:

$Al_{T gelöst} = [Al^{3+}] + [Al(OH)^{2+}] + [Al(OH)_2^+] + [Al(OH)_4^-]$ (v)

Jede dieser Spezies wird als Funktion des pH ausgedrückt:

$[Al^{3+}] = K_{s0} K_w^{-3}[H^+]^3$ (vi)

$[Al(OH)^{2+}] = K_{s0} K_w^{-3} \beta_1 [H^+]^2$ (vii)

$[Al(OH)_2^+] = K_{s0} K_w^{-3} \beta_2 [H^+]$ (viii)

$[Al(OH)_4^-] = K_{s0} K_w^{-3} \beta_4 [H^+]^{-1}$ (ix)

Daraus wird ein Diagramm log (Konz.) vs pH konstruiert, in dem die Konzentrationen der verschiedenen Spezies als lineare Funktionen des pH erscheinen (Abbildung 6.4b) und die Steigung gegen den pH von der Anzahl Protonen in der Gleichungen (iv) und (vi)–(ix) abhängt.

Dieser Fall ist für das Verhalten von Aluminium in den natürlichen Gewässern von Bedeutung, da $Al(OH)_3(s)$ häufig vorhanden ist und lösliches Al(III) auch bei der Verwitterung der Al-Silikate entsteht. Die Löslichkeit von Al ändert gerade im pH-Bereich 5–7 sehr stark; dieser pH-Bereich entspricht demjenigen säureempfindlicher Gewässer. Lösliches Al^{3+} entsteht auch bei der Verwitterung der Al-Silikate. Die Ansäuerung schwach gepufferter Gewässer durch saure Niederschläge bedeutet meistens auch eine Zunahme der gelösten Aluminiumspezies, die für verschiedene Organismen (z.B. Fische) toxisch sind.

Analog kann die Löslichkeit von Fe(III) behandelt werden (s. Kap. 7.2).

6.2.3 Komplexbildung mit anorganischen und organischen Liganden in Lösung

In natürlichen Gewässern ist eine grosse Anzahl verschiedener Liganden vorhanden; die Bindung von Metallionen mit anderen Liganden steht in Konkurrenz zur Hydrolyse. Anorganische Liganden sind zum Beispiel CO_3^{2-}, Cl^-, SO_4^{2-}, F^-, S^{2-}. Typische Konzentrationen anorganischer Liganden sind in Tabelle 6.1. zusammengestellt. Daneben sind sehr viele verschiedene organische Liganden vorhanden, die meist durch biologische Prozesse gebildet werden und nicht vollständig charakterisiert sind. Dazu gehören kleine organische Säuren wie Aminosäuren, Essigsäure, Phenole und makromolekulare Liganden wie Proteine und Polysaccharide. Wichtige organische Liganden sind die Humin- und Fulvinsäuren, die aus Abbauprodukten der Biomasse gebildet werden. Sie sind komplizierte makromolekulare Gebilde, die eine grosse Anzahl funktioneller Gruppen enthalten. Abbildung 6.5 gibt einige Beispiele möglicher Strukturen dieser Komponenten. Funktionelle Gruppen, die hier als Liganden wirken können, sind Carboxylgruppen, phenolische OH-Gruppen, sowie in kleineren Mengen N- und S-Gruppen. Diese verschiedenen Ligandgruppen haben unterschiedliche Affinitäten zu Metallionen und erfordern komplexe Modelle zur Beschreibung der Komplexbildung (s. Kap. 6.5).

Tab 6.1: Wichtige Liganden in natürlichen Gewässern

Konzentrationsbereiche in Süsswasser und Meerwasser (log Konzentration (M))		
	Süsswasser	Meerwasser
HCO_3^-	–4 bis –2.3	–2.6
CO_3^{2-}	–6 bis –4	–4.5
Cl^-	–5 bis –3	–0.26
SO_4^{2-}	–5 bis –3	–1.55
F^-	–6 bis –4	–4.2
HS^-/S^{2-} [1)]	–6 bis –3	–
Aminosäuren	–7 bis –5	–7 bis –6
org. Säuren	–6 bis –4	–6 bis –5

[1)] nur in anoxischem Medium

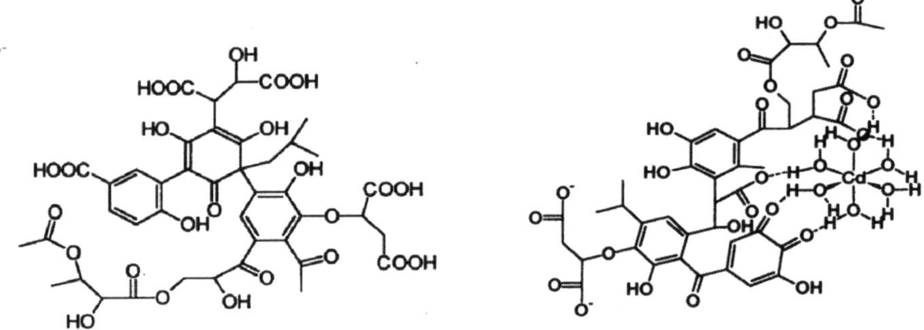

Abb. 6.5: Mögliche Strukturen von Humin- und Fulvinsäuren mit verschiedenen funktionellen Gruppen (*(42)*, reproduziert mit Erlaubnis von ACS aus: Leenheer, J. A.; Brown, G. K.; Maccarthy, P.; Cabaniss, S. E., Models of metal binding structures in fulvic acid from the Suwannee River, Georgia. Environ. Sci. Technol. 1998, 32, 2410–2416. Copyright 1998 American Chemical Society).

Während die Konzentrationen und Arten der anorganischen Liganden meist recht gut analytisch bekannt sind, sind für die organischen Liganden meist nur summarische Angaben möglich; deshalb werden hier Konzentrationsangaben für gesamte Aminosäuren und für die Summe der Säuregruppen gemacht (nach *(43)*). In abwasserbelasteten Gewässern treten auch synthetische Liganden wie NTA (Nitrilotriacetat) und EDTA (Ethylendiamintetraacetat) auf.

Die durch verschiedene Kationen bevorzugten Liganden können qualitativ aus der Einteilung in A- und B-Kationen abgeleitet werden. Für die Bindung an organischen Komplexbildnern ist die oben erwähnte Irving-Williams-Reihe der Übergangsmetallionen von Bedeutung (Abbildung 6.6). Daraus folgt, dass Kupfer besonders stark an organischen Liganden gebunden wird.

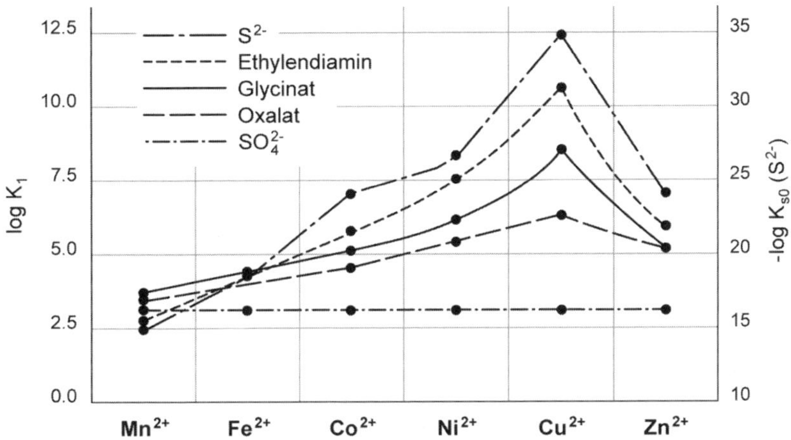

Abb. 6.6: Stabilitätskonstanten von 1 : 1-Komplexen der Übergangsmetalle mit einigen organischen Liganden und Löslichkeitsprodukte ihrer Sulfide (Irving-Williams-Reihe)

6.3 Gleichgewichtsberechnungen der Speziierung von Metallionen

6.3.1 Vorgehen zur Berechnung von Komplexbildungsgleichgewichten

Die Speziierung der Metallionen kann aufgrund der totalen Konzentrationen der Metalle und Liganden in Lösungen bekannter Zusammensetzung vorausgesagt werden. Das Prinzip der Berechnung von Komplexbildungsgleichgewichten wird im Folgenden kurz dargestellt:

Ein System mit einem Metallion M und einem Liganden L wird angenommen, in dem sich komplexe Spezies ML_1, ML_2, … ML_n bilden. (Zur Vereinfachung werden hier keine Ladungen von Metallionen und Liganden angegeben).

Spezies in Lösung sind: M, L, ML_1, ML_2, ... ML_n, HL, H^+, OH^-.

Komplexbildungskonstanten werden formuliert als:

$$\beta_n = \frac{[ML_n]}{[M][L]^n} \qquad (7)$$

Eine Säurekonstante, K, für die Protonierung des Liganden, L, wird angenommen.

Daraus wird die Konzentration jeder Spezies ausgedrückt als:

$$[ML_n] = \beta_n [M] [L]^n \qquad (8)$$

Die Massenbilanzen für Metallion und Liganden lauten:

$$[M]_T = [M] + [ML_1] + \ldots [ML_n] \qquad (9)$$

$$[L]_T = [L] + [HL] + [ML_1] + \ldots n[ML_n] \qquad (10)$$

Zusammen mit einer Bedingung für den pH oder eine Protonenbedingung ergeben diese Gleichungen eine vollständige Definition des Systems. Nach Einsetzen der Ausdrücke (8) ergibt sich:

$$[M]_T = [M] (1 + \beta_1 [L] + \beta_n [L]^n) \qquad (11)$$

$$[L]_T = [L] + [H^+]K^{-1} [L] + \beta_1 [M] [L] + \ldots n \beta_n [M] [L]^n \qquad (12)$$

D.h. diese Ausdrücke enthalten nur noch die freien Konzentrationen von Metallionen und Liganden. Wegen der Komplexe mit mehreren Liganden (oder mit mehreren Metallen) sind die exakten Lösungen etwas schwierig. Häufig wird das System vereinfacht, z.B. dadurch, dass die Liganden in grossem Überschuss gegenüber den Metallionen vorhanden sind. Wenn $[L]_T >> [M]_T$ ist, sind die Komplexe ML … ML_n in der Massenbilanz für L vernachlässigbar, und $[L]_T \approx [L] + [HL]$. Damit kann sofort [M] aus Gleichung (11) berechnet werden.

6.3.2 Beispiele für Berechnungen

Einige Beispiele sollen die Speziierung von Metallionen unter verschiedenen Bedingungen illustrieren.

Beispiel 6.3: Anorganische Speziierung von Cu(II)

Anorganische Speziierung von Cu(II) : nur OH^-, CO_3^{2-} als Liganden

Spezies: Cu^{2+}, $CuOH^+$, $Cu(OH)_2^0$, $Cu(OH)_3^-$, $Cu(OH)_4^{2-}$, $CuCO_3^0$, $Cu(CO_3)_2^{2-}$

$H_2CO_3^*$, HCO_3^-, CO_3^{2-}, OH^-, H^+

$C_T = 2 \times 10^{-3}$ M; $[Cu]_T = 5 \times 10^{-8}$ M.

Tableau 6.2: Komplexbildung von Cu^{2+} mit OH^- und CO_3^{2-}

Komponenten:		Cu^{2+}	CO_3^{2-}	H^+	log K
Spezies:	Cu^{2+}	1	0	0	0
	$CuOH^+$	1	0	–1	–8.0
	$Cu(OH)_2^0$	1	0	–2	–16.2
	$Cu(OH)_3^-$	1	0	–3	–26.8
	$Cu(OH)_4^{2-}$	1	0	–4	–39.9
	$CuCO_3^0$	1	1	0	6.77
	$Cu(CO_3)_2^{2-}$	1	2	0	10.01
	$H_2CO_3^*$	0	1	2	16.6
	HCO_3^-	0	1	1	10.3
	CO_3^{2-}	0	1	0	0
	OH^-	0	0	–1	–14
	H^+	0	0	1	0
Zusammensetzung (M):		5×10^{-8}	2×10^{-3}	pH = 8	

In diesem Fall ist die Cu-Konzentration viel kleiner als die Carbonatkonzentration, d.h. in der Gleichung für C_T:

$$C_T = [H_2CO_3^*] + [HCO_3^-] + [CO_3^{2-}] + [CuCO_3^0] + 2\,[Cu(CO_3)_2^{2-}] \qquad \text{(i)}$$

sind die Konzentrationen von $CuCO_3^0$ und $Cu(CO_3)_2^{2-}$ gegenüber den anderen Spezies vernachlässigbar, bei bekanntem pH wird dadurch die Berechnung stark vereinfacht.

Deshalb wird zunächst die CO_3^{2-}-Konzentration berechnet:

$$C_T = [CO_3^{2-}]\left(\frac{[H^+]^2}{K_1K_2} + \frac{[H^+]}{K_2} + 1\right) \qquad \text{(ii)}$$

$$[CO_3^{2-}] = 9.8 \times 10^{-6}\ M$$

Daraus können nun die einzelnen Cu-Spezies berechnet werden:

$$[Cu]_T = [Cu^{2+}] + [CuOH^+] + [Cu(OH)_2^0] + [Cu(OH)_3^-] + [Cu(OH)_4^{2-}] + [CuCO_3^0] + [Cu(CO_3)_2^{2-}] \qquad \text{(iii)}$$

$$[Cu]_T = [Cu^{2+}](1 + \beta_1[H^+]^{-1} + \beta_2[H^+]^{-2} + \beta_3[H^+]^{-3} + \beta_4[H^+]^{-4} + \beta_{1CO3}[CO_3^{2-}] + \beta_{2CO3}[CO_3^{2-}]^2) \qquad \text{(iv)}$$

Daraus folgen zunächst die $[Cu^{2+}]$-Konzentration sowie die Konzentrationen der einzelnen anderen Spezies.

In diesem Fall resultiert die folgende Verteilung (pH 8):

	mol/L	% Cu_T
Cu^{2+}	8.2×10^{-10}	1.6
$CuOH^+$	8.2×10^{-10}	1.6
$Cu(OH)_2^0$	5.2×10^{-10}	1.0
$Cu(OH)_3^-$	1.3×10^{-12}	3×10^{-3}
$Cu(OH)_4^{2-}$	1.0×10^{-17}	2×10^{-8}
$CuCO_3^0$	4.7×10^{-8}	94
$Cu(CO_3)_2^{2-}$	8.0×10^{-10}	1.6

Die Speziierung des Cu in diesem Medium (bei konstantem C_T für die Carbonatspezies) ist als Funktion des pH in Abbildung 6.7. dargestellt. D.h., bei tiefem pH (pH < 6) überwiegt das freie Cu^{2+}-Aquoion, während bei höherem pH $CuCO_3^0$ und $Cu(OH)_2^0$ überwiegen.

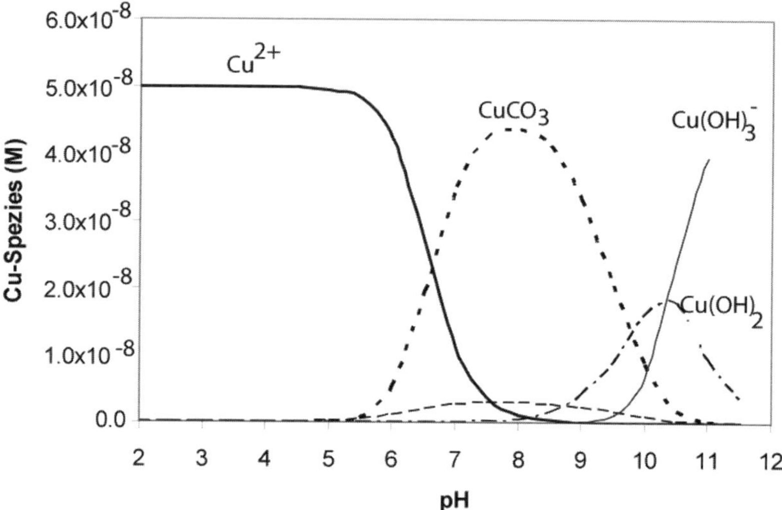

Abb. 6.7: Cu-Spezies als Funktion des pH; $C_T = 2 \times 10^{-3}$ M

Beispiel 6.4: Speziierung von Cu(II) in Anwesenheit eines organischen Komplexbildners

Für diesen Fall werden die gleichen Konzentrationen von Cu_T und C_T wie bei Beispiel 6.3 angenommen. Zusätzlich wird die Anwesenheit des organischen Komplexbildners NTA (Nitrilotriacetat) ($[NTA]_T = 2 \times 10^{-7}$ M) angenommen.

$Cu^{2+} + NTA^{3-} \leftrightarrows CuNTA^-$ $\quad K = 2 \times 10^{14}$ (i)

(weitere Komplexe werden hier zur besseren Übersicht vernachlässigt).

Die pH-Abhängigkeit des NTA muss mit den Spezies NTA^{3-}, $HNTA^{2-}$, H_2NTA^- und H_3NTA berücksichtigt werden. Das Tableau 6.3 wird entsprechend modifiziert:

Tableau 6.3: Speziierung von Cu(II), OH^-, CO_3^{2-} und NTA^{3-}

Komponenten:		Cu^{2+}	CO_3^{2-}	NTA^{3-}	H^+	log K
Spezies:	Cu^{2+}	1	0	0	0	0.00
	$CuOH^+$	1	0	0	–1	–8.00
	$Cu(OH)_2^0$	1	0	0	–2	–16.2
	$Cu(OH)_3^-$	1	0	0	–3	–26.80
	$Cu(OH)_4^{2-}$	1	0	0	–4	–39.90
	$CuCO_3^0$	1	1	0	0	6.77
	$Cu(CO_3)_2^{2-}$	1	2	0	0	10.01
neu:	$CuNTA^-$	1	0	1	0	14.3
	H_2CO_3	0	1	0	2	16.60
	HCO_3^-	0	1	0	1	10.30
	CO_3^{2-}	0	1	0	0	0.00
	NTA^{3-}	0	0	1	0	0.00
	$HNTA^{2-}$	0	0	1	1	10.3
	H_2NTA^-	0	0	1	2	13.2
	H_3NTA	0	0	1	3	15.2
	OH^-	0	0	0	–1	–14.00
	H^+	0	0	0	1	0.00
Zusammensetzung (M):		5×10^{-8}	2×10^{-3}	2×10^{-7}	pH = 8	

Die Massenbilanzen des Kupfers und des NTA sind dann :

$$[Cu]_T = [Cu^{2+}] + [CuOH^+] + [Cu(OH)_2^0] + [Cu(OH)_3^-] + [Cu(OH)_4^{2-}] + [CuCO_3^0] + [Cu(CO_3)_2^{2-}] + [CuNTA^-] \quad \text{(ii)}$$

$$[NTA]_T = [NTA^{3-}] + [HNTA^{2-}] + [H_2NTA^-] + [H_3NTA] + [CuNTA^-] \quad \text{(iii)}$$

Weil hier die Komplexbildungskonstante sehr hoch ist und deshalb Kupfer vorwiegend durch NTA gebunden ist, trifft man zuerst die Annahme:

$[CuNTA^-] \approx [Cu]_T$ und $[NTA]_{(frei)} = [NTA]_T - [Cu]_T$

wobei $[NTA]_{(frei)}$ alle protonierten Spezies einschliesst.

Daraus lässt sich nach Einsetzen der Säurekonstanten in Gl. (iii) rechnen:

$[NTA^{3-}] = 7.5 \times 10^{-10}$ M

Durch Einsetzen dieser Konzentration und der Komplexbildungskonstanten in Gl. (ii) ergeben sich die in der Tabelle angegebenen Konzentrationen. In diesem Fall wird $CuNTA^-$ zur vorherrschenden Spezies und die oben gemachte Annahme erweist sich als richtig; man beachte auch, wie die Konzentration des freien Cu-Aquoions durch die Anwesenheit des starken organischen Komplexbildners erniedrigt wird.

In diesem Fall resultiert die folgende neue Verteilung:

Spezies	M	$\%Cu_T$
Cu^{2+}	3.4×10^{-13}	6.8×10^{-4}
$CuOH^+$	3.4×10^{-13}	6.8×10^{-4}
$Cu(OH)_2^0$	2.1×10^{-13}	4×10^{-4}
$CuCO_3^0$	1.9×10^{-11}	0.04
$CuNTA^-$	4.99×10^{-8}	99.9

(Die anderen Spezies sind vernachlässigbar)

Ähnlich wie durch NTA wird Cu durch natürliche organische Komplexbildner stark komplexiert (s. Kap. 6.5).

Beispiel 6.5: Bindung von Ca^{2+} und Cu^{2+} durch NTA

In einem natürlichen Wasser stehen Hauptionen und Spurenmetalle für die Bindung organischer Liganden in Konkurrenz. Zur Illustration dieser Konkurrenz wird das Beispiel 6.4 mit Ca^{2+} ergänzt.

Folgende Konzentrationen werden angenommen:

$NTA_T = 2 \times 10^{-7}$ M

$Ca(II)_T = 1.3 \times 10^{-3}$ M

$Cu(II)_T = 5 \times 10^{-8}$ M

Folgende Konstanten sind für die Bindung an NTA gegeben:

$Ca^{2+} + NTA^{3-} \leftrightarrows CaNTA^- \quad K_{Ca} = 4 \times 10^7$ (i)

$Cu^{2+} + NTA^{3-} \leftrightarrows CuNTA^- \quad K_{Cu} = 2 \times 10^{14}$ (ii)

Die Konstante für die Komplexbildung von Ca mit NTA ist viel kleiner als diejenige für Cu, aber die Konzentration von Ca ist viel höher. Bei der Berechnung der einzelnen Spezies muss in diesem Fall die Massenbilanz des NTA berücksichtigt werden (der Ligand ist hier nicht im Überschuss vorhanden), sowie die Massenbilanzen von $Ca(II)_T$ und $Cu(II)_T$.

$[NTA]_T = [NTA^{3-}] + [HNTA^{2-}] + [H_2NTA^-] + [H_3NTA] + [CaNTA^-] + [CuNTA^-]$ (iii)

$[Ca(II)]_T = [Ca^{2+}] + [CaNTA^-]$ (iv)

$[Cu]_T = [Cu^{2+}] + [CuOH^+] + [Cu(OH)_2^0] + [Cu(OH)_3^-] + [Cu(OH)_4^{2-}] + [CuCO_3^0] + [Cu(CO_3)_2^{2-}] + [CuNTA^-]$ (v)

Solche Fälle werden bei der Berechnung etwas unübersichtlich und sind besser mit Hilfe von Computerprogrammen zu lösen. Aus einer solchen Berechnung wird in diesem Fall erhalten:

$[CaNTA^-] = 1.54 \times 10^{-7}$ M

$[CuNTA^-] = 4.5 \times 10^{-8}$ M

$[Cu^{2+}] = 7.6 \times 10^{-11}$ M

$[NTA^{3-}] = 3 \times 10^{-12}$ M

NTA ist in diesem Fall überwiegend an Ca gebunden, aber Cu ist auch an NTA gebunden. Die $[Cu^{2+}]$-Konzentration ist etwas höher als im Beispiel 6.4.

Um die Speziierung von NTA in einem natürlichen Gewässer zu berechnen, müsste eine grosse Anzahl von Spezies berücksichtigt werden, so dass der Einsatz eines Computerprogramms für die Berechnung hier notwendig wird.

6.3.3 Berechnungen mit Computerprogrammen

Bei Systemen mit einer grossen Anzahl von Metallionen und Liganden wird die manuelle Lösung der Gleichungen umständlich und schwierig. Für solche Fälle bieten sich Berechnungen mit Computerprogrammen an, die schnell solche Systeme lösen können. Vorgehen und Beispiele sind in Anhang 2 näher erklärt. Vorgegeben werden die chemischen Komponenten des Systems, d.h. die minimale Anzahl von chemischen Substanzen, die zum Aufbau aller Spezies nötig sind. Im Beispiel 6.4 wären dies Cu^{2+}, CO_3^{2-}, NTA^{3-} und H^+. Das Tableau

6.3 illustriert, wie aus diesen Komponenten alle Spezies gebildet werden. Zur Berechnung der Konzentrationen der einzelnen Spezies wird die totale Konzentration der Komponenten vorgegeben bzw. die freie Aktivität, insbesondere bei den H^+-Ionen. Die Gleichgewichtskonstanten für die Spezies werden aus einer Datenbank abgerufen. Aufgrund der Gleichgewichte für die einzelnen Spezies und der Massenbilanzen für die Komponenten berechnet dann das Programm die Konzentration jeder Spezies (s. Anhang 2).

6.4 Einfache Modelle der Speziierung von Metallen in natürlichen Gewässern

Die Speziierung von Metallen kann unter gegebenen Bedingungen (Totalkonzentrationen, pH) aufgrund thermodynamischer Berechnungen mit Hilfe der entsprechenden Komplexbildungskonstanten vorausgesagt werden. Für die wichtigsten anorganischen Komplexbildner in natürlichen Gewässern sind die Komplexbildungskonstanten mit vielen Kationen bekannt; es bestehen aber Unsicherheiten, insbesondere bei Carbonatkomplexen. Schwieriger zu definieren ist die Komplexbildung mit organischen Liganden.

Einfaches anorganisches Modell

Die anorganische Speziierung in Lösung wird für verschiedene Kationen unter typischen Süsswasserbedingungen illustriert. Aus der anorganischen Speziierung können Reaktionstendenzen der verschiedenen Kationen abgelesen werden. Die wichtigsten anorganischen Liganden im Süsswasser sind OH^-, CO_3^{2-} und HCO_3^-, SO_4^{2-} und Cl^-. Diese Liganden sind üblicherweise in viel höheren Konzentrationen (10^{-4}–10^{-3} M) als die Spurenelemente (10^{-10}–10^{-6} M) vorhanden, so dass ähnlich wie in Beispiel 6.3 mit konstanten totalen Konzentrationen der Liganden gerechnet werden kann und die Speziierung unabhängig von der Totalkonzentration der Spurenelemente in diesem Bereich ist.

Die benötigten Komplexbildungskonstanten (für anorganische und einfache organische Liganden) sind in Datensammlungen zu finden (z.B. *(44, 45)*) oder in den Datenbanken der Computerprogramme zur Berechnung der Speziierung. Beim Vergleich der Komplexbildungskonstanten für verschiedene Kationen fällt auf, dass die Konstanten für die Komplexbildung mit Sulfat (vor allem elektrostatisch bedingt) in einen relativ engen Bereich fallen ($M + SO_4^{2-} \leftrightarrows MSO_4$, $\log K = 1–3$). Grössere Unterschiede zwischen einzelnen Kationen sind hingegen in den Hydrolysekonstanten (s. Kap. 6.2), in der Komplexbildung mit Chlorid (B-Kationen > A-Kationen) und mit Carbonat vorhanden.

Folgende Konzentrationen der Hauptkomponenten werden für dieses Süsswassermodell angenommen (entsprechend z.B. Wasser aus dem Rhein bei Basel):

Alkalinität = 2.0 x 10^{-3} M

$[SO_4^{2-}]_T$ = 3 x 10^{-4} M　　$[Ca]_T$ = 1.0 x 10^{-3}M

$[Cl^-]_T$ = 2.5 x 10^{-4} M　　$[Mg]_T$ = 0.3 x 10^{-3}M

$[Na]_T$ = 2.5 x 10^{-4} M

pH = 8.0, mit O_2 gesättigt　　Ionenstärke I = 0.004

Aufgrund dieser Konzentrationen und der Komplexbildungskonstanten werden für die angeführten Elemente die vorherrschenden Spezies im Gleichgewicht berechnet. In diesem einfachen Modell werden nur die anorganischen Spezies in Lösung einbezogen; für einige Elemente sind schwer lösliche feste Phasen angegeben. Für kationische Spezies sind auch die Verhältnisse Me^{n+}/Me_T angegeben, wobei mit Me(total) in Lösung gerechnet wird. Dieses Verhältnis entspricht der reziproken Summe der Produkte von Komplexbildungskonstanten x freie Ligandkonzentration:

$$\frac{[Me^{n+}]}{[Me]_T} = \frac{1}{1+\Sigma\beta_{nOH}[OH^-]^n + \Sigma\beta_{nCO3}[CO_3^{2-}]^n + \Sigma\beta_{nCl}[Cl^-]^n + \Sigma\beta_{nSO4}[SO_4^{2-}]^n} \quad (13)$$

Tabelle 6.2 und Abbildung 6.8 illustrieren, dass unter Süsswasserbedingungen die Hydroxo- und Carbonatspezies für die meisten Elemente überwiegen. Die Chloridkomplexe sind ausser für Ag bei diesen Chloridkonzentrationen kaum von Bedeutung, im Gegensatz zum Meerwasser. Durch die Komplexbildung mit diesen anorganischen Liganden wird die Konzentration an freien Metallionen beispielsweise für Cu(II), Pb(II), Hg(II) und für voll hydrolysierte Metallionen wie Al(III), Fe(III) tief gehalten.

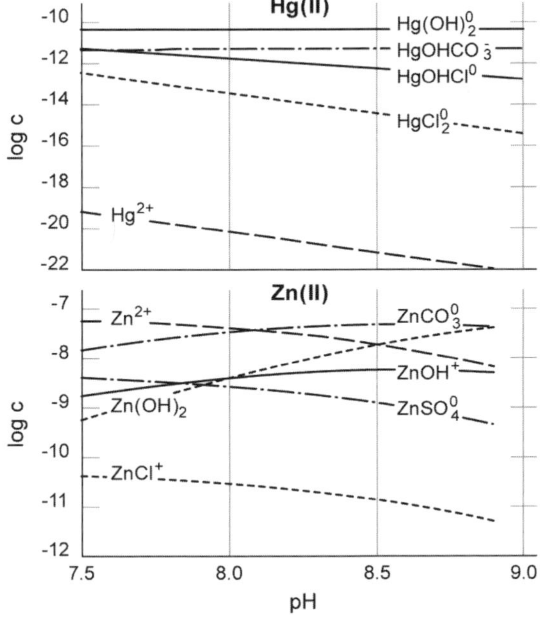

Abb. 6.8: Anorganische Speziierung von Hg(II) ($Hg(II)_T$ = 5 x10^{-11} M) und Zn(II) ($Zn(II)_T$ = 1 x 10^{-7} M) im pH-Bereich 7.5–9, mit Alkalinität = 2.0 x 10^{-3} M, Cl^- =2.5 x 10^{-4} M.
Zn(II) wird nur schwach komplexiert; Zn^{2+} ist eine vorherrschende Spezies unterhalb von pH 8. Hg(II) wird stark hydrolysiert und bildet mit Cl^- recht stabile Komplexe; Hg^{2+} ist nur in sehr tiefen Konzentrationen vorhanden. Für die Komplexbildung von Hg(II) mit Carbonat ist die hier verwendete Konstante nach *(46)*.

Dieses anorganische Modell ergibt aber nur ein unvollständiges Bild der Speziierung unter natürlichen Bedingungen, da organische Komplexbildner von grosser Bedeutung sind. Insbesondere spielen die Humin- und Fulvinsäuren eine wichtige Rolle für die Komplexbildung von Metallen. Für die Komplexbildung mit dem natürlichen organischen Material werden aber komplexere Modelle benötigt (s. Kap. 6.5).

Tab. 6.2: Unter Süsswasserbedingungen hauptsächlich vorkommende Spezies und Verhältnisse von freien Me^{n+} zu totalen Me in Lösung

	Element	Hauptspezies	$[Me^{n+}]/[Me]_T$
Hydrolysiert, anionisch	B(III)	H_3BO_3, $B(OH)_4^-$	
	V(V)	HVO_4^{2-}, $H_2VO_4^-$	
	Cr(VI)	CrO_4^{2-}	
	As(V)	$HAsO_4^{2-}$	
	Se(VI)	SeO_4^{2-}	
	Mo(VI)	MoO_4^{2-}	
Überwiegend freie Metallionen	Li	Li^+	1.00
	Na	Na^+	1.00
	Mg	Mg^{2+}	0.94
	K	K^+	1.00
	Ca	Ca^{2+}	0.94
	Sr	Sr^{2+}	0.94
	Cs	Cs^+	1.00
	Ba	Ba^{2+}	0.95
Komplexbildung mit OH^-, CO_3^{2-}, HCO_3^-, Cl^-	Be(II)	$BeOH^+$, $Be(OH)_2^0$	1.5×10^{-3}
	Al(III)	$Al(OH)_3(s)$, $Al(OH)_2^+$, $Al(OH)_4^-$	1×10^{-9}
	Ti(IV)	$TiO_2(s)$, $Ti(OH)_4^0$	
	Mn(IV)	$MnO_2(s)$	
	Mn(II)	Mn^{2+}, $MnCO_3^0$	0.7
	Fe(III)	$Fe(OH)_3(s)$, $Fe(OH)_2^+$, $Fe(OH)_4^-$	2×10^{-11}
	Fe(II)	Fe^{2+}	0.9
	Co(II)	Co^{2+}, $CoCO_3^0$	0.5
	Ni(II)	Ni^{2+}, $NiCO_3^0$	0.4
	Cu(II)	$CuCO_3^0$, $Cu(OH)_2^0$	0.01
	Zn(II)	Zn^{2+}, $ZnCO_3^0$	0.4
	Ag(I)	Ag^+, $AgCl^0$	0.6
	Cd(II)	Cd^{2+}, $CdCO_3^0$	0.5
	La(III) a)	$LaCO_3^+$, $La(CO_3)_2^-$	8×10^{-3}
	Hg(II)	$Hg(OH)_2^0$	1×10^{-10}
	Tl(I), (III)	Tl^+, $Tl(OH)_3^0$, $Tl(OH)_4^-$	2×10^{-21} b)
	Pb(II)	$PbCO_3^0$	5×10^{-3}
	Bi(III)	$Bi(OH)_3^0$	7×10^{-16}
	Th(IV)	$Th(OH)_4^0$	
	U(VI)	$UO_2(CO_3)_2^{2-}$, $UO_2(CO_3)_3^{4-}$	1×10^{-7} c)

Konstanten sind aus *(45)*, *(40)*, *(47)*, *(48)*.

[a] La(III) ist für Lanthanide repräsentativ

[b] Redoxzustand unter natürl. Bedingungen unsicher, Verhältnis für Tl (III)

[c] als UO_2^{2+}

6.5 Komplexbildung mit Humin- und Fulvinsäuren

Die Bindung von Metallen an natürliches organisches Material ist von essenzieller Bedeutung für die Speziierung der Metalle in natürlichen Gewässern. Das natürliche organische Material umfasst eine Vielzahl verschiedener Verbindungen. Unter diesen sind die natürlichen Polymere Humin- und Fulvinsäuren wichtige Komplexbildner (Abbildung 6.5). Humin- und Fulvinsäuren entstehen durch Umwandlungen des biogenen organischen Materials.

Huminstoffe werden operationell wie folgt definiert: Huminstoffe aus Böden sind diejenigen polymeren gelben Substanzen, die mit 0.1 M NaOH aus einem Boden extrahiert werden. Aquatische Huminstoffe sind die polymeren Säuren, die mit einem nicht-ionischen XAD-Harz[1)] oder einem schwachbasischen Ionenaustauscher aus Wasser isoliert werden; sie sind nicht flüchtig und haben Molekulargewichte im Bereich von 500–5000. Die Huminsäuren sind diejenigen Huminstoffe, die bei pH = 1 ausgefällt werden. Die Fulvinsäuren sind löslicher, weil sie mehr –COOH- und OH-Gruppen enthalten als die Huminsäuren; sie bleiben bei pH = 1 in Lösung.

Molekulargewichte und Strukturen variieren je nach Herkunft der Humin- und Fulvinsäuren (z.B. aus Böden oder aus Gewässern) (Tabelle 6.3). Carboxylgruppen und phenolische OH-Gruppen sind die wichtigsten funktionellen Gruppen, die für Säure-Base-Reaktionen und für die Komplexbildung von Bedeutung sind. Eine kleine Anzahl von funktionellen Gruppen mit Stickstoff oder Schwefel kann auch zur Komplexbildung beitragen.

Tab. 6.3: Typische Molekulargewichte und Anzahl funktioneller Gruppen für Humin- und Fulvinsäuren (nach *(43)*)

	Molekulargewichte	Carboxylgruppen (mmol/g)	Phenolische OH-Gruppen (mmol/g)
Fulvinsäuren	500–2000	6–11	1–6
Huminsäuren	2000–5000 (aus Böden bis 50'000)	2–6	2–6

[1)] XAD-Harze sind makroporös und nicht-ionogen; sie bestehen aus Polyacryl-Säureestern $CH_3(CH_2)n$ COOR. Sie adsorbieren Humin- und Fulvinsäuren aufgrund ihrer hydrophoben Eigenschaften (vgl. Kapitel 9.2). Die Adsorption dieser Verbindungen erfolgt nur bei tiefem pH, wenn die Carboxylgruppen protoniert sind; üblicherweise wird bei pH = 2 extrahiert.

Durch Säure-Base-Titrationen und Komplexbildungsreaktionen mit Metallionen können die Eigenschaften dieser funktionellen Gruppen untersucht werden. Im Gegensatz zu einfachen Liganden und Säuren können aber die Eigenschaften der Humin- und Fulvinsäuren nicht durch einfache Säure- und Komplexbildungskonstanten beschrieben werden. Komplexe Effekte ergeben sich aus mehreren Gründen:

– eine Vielzahl chemisch unterschiedlicher Gruppen mit je unterschiedlichen Konstanten ist im gleichen Molekül vorhanden;

– elektrostatische Wechselwirkungen zwischen den verschiedenen geladenen Gruppen beeinflussen die Konstanten; die Ionenstärke wirkt sich ebenfalls auf diese elektrostatischen Wechselwirkungen aus.

Dadurch ergibt sich eine Vielzahl unterschiedlicher Säure- und Komplexbildungskonstanten, die bei der experimentellen Untersuchung eine kontinuierliche Veränderung der Eigenschaften über einen gewissen Bereich von pH oder Metallkonzentrationen zur Folge haben. Bei Säure-Base-Titrationen verhalten sich die Humin- und Fulvinsäuren wie ein Gemisch von schwachen Säuren mit verschiedenen pK-Werten; es werden bei der Titration keine eindeutigen Äquivalenzpunkte beobachtet (Abbildung 6.9). Es lassen sich zwar unterschiedliche Bereiche der pK-Werte und damit der Titrationskurve für die Carboxyl- und die Phenolgruppen unterscheiden; im Gegensatz zu einem einfachen Gemisch von Essigsäure und Phenol sind die pK-Werte über einen weiten Bereich verteilt. Ähnlich werden Metallionen von einer Vielzahl unterschiedlicher Liganden gebunden; d.h., die Bindung von Metallionen erfolgt je nach Konzentrationsverhältnis von Metallionen zu funktionellen Gruppen unterschiedlich stark. Bei der Titration einer Huminsäure mit Metallionen werden bei tiefen Metallkonzentrationen die funktionellen Gruppen mit der grössten Komplexbildungskonstante besetzt, und mit zunehmender Konzentration an Metallionen die schwächeren Ligandgruppen.

Die Komplexbildungseigenschaften von Humin- und Fulvinsäuren werden untersucht, indem Titrationen von Humin- und Fulvinsäuren mit Metallionen durchgeführt werden und die freien Metallionen oder die komplexierten Metallionen selektiv bestimmt werden (Abbildung 6.10, aus *(49)*). Methoden, die hier zur Anwendung gelangen, sind beispielsweise ionenselektive Elektroden zur Bestimmung der freien Metallionen, Dialyse oder Ultrafiltration zur Abtrennung der Makromoleküle, Fluoreszenzspektrometrie (Veränderung der Fluoreszenz bei der Komplexbildung). Beispiele für die Bindung von Cadmium durch Fulvinsäuren sind in Funktion von freien Cd^{2+}-Ionen in Lösung und von pH in Abbildung 6.10 dargestellt.

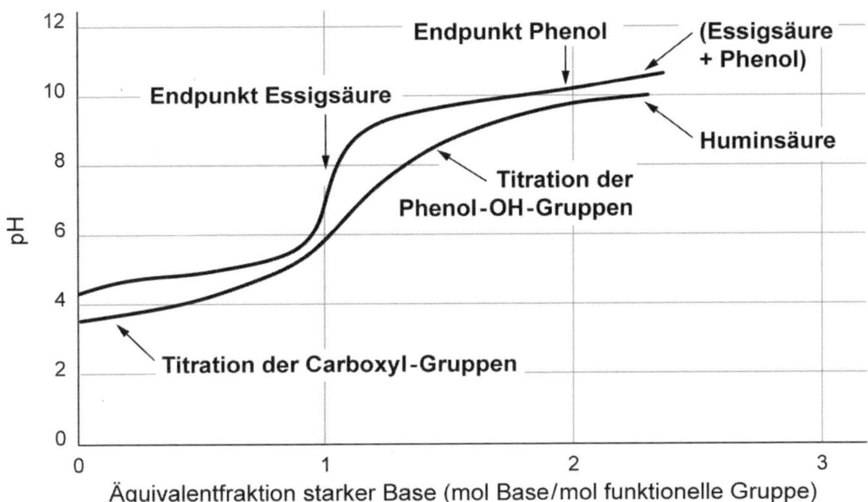

Abb. 6.9: Vergleich der alkalimetrischen Titrationskurve einer äquimolaren Lösung (10^{-4} M) von Essigsäure (pK = 4.8) und Phenol (pK = 10) mit einer Huminsäure, die etwa 10^{-4} M Carboxylgruppen enthält. Man beachte, dass die Titration der Huminsäure wegen der Polyfunktionalität der Säuregruppen weniger steil ist als die Kurve für die Titration der Essigsäure-Phenolmischung.

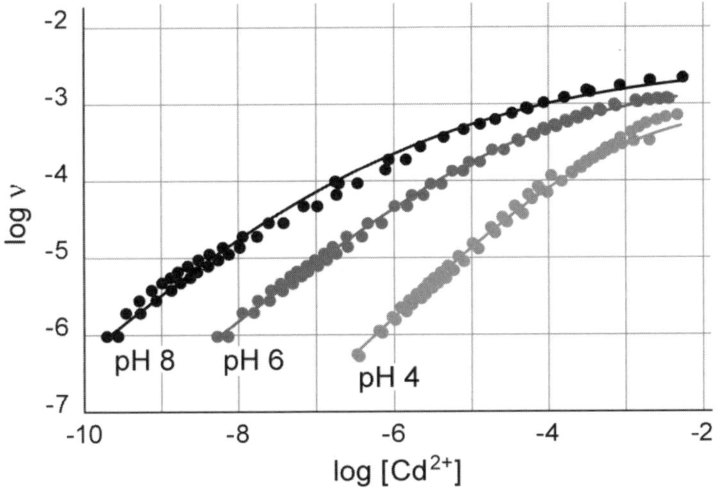

Abbildung 6.10: Bindung von Cadmium an Fulvinsäuren (ν = gebundenes Cd in mol/g FA) in Funktion des freien Cd^{2+} bei verschiedenen pH *(49)*. Die Linien geben die Modellberechnung mit dem WHAM-Modell wieder. (Reproduziert mit Erlaubnis von Springer Science + Business Media aus: Aquatic Geochemistry, Humic ion-binding model VI: an improved description of the interactions of protons and metal ions with humic substances, 1998, 4, (1), 3–48. Tipping, E., Fig. 2).

Die Modellierung der Bindung von Metallen an Humin- und Fulvinsäuren muss deshalb folgende Faktoren berücksichtigen:

- Heterogeneität der funktionellen Gruppen; eine Vielzahl verschiedener Gruppen mit unterschiedlicher Affinität zu den Metallen ist vorhanden;

- Elektrostatische Effekte durch die Ladung der dissoziierten funktionellen Gruppen;

- Konkurrenz zwischen Bindung von Protonen und von Metallionen und zwischen verschiedenen Metallionen.

Zwei aktuelle Modelle für die Bindung von Metallionen an Humin- und Fulvinsäuren werden im Folgenden kurz vorgestellt: das Modell VI *(50) (49)* und das NICA-Donnan Modell *(51, 52)*. Diese zwei Modelle stellen die wichtigsten verschiedenen Ansätze dar, nämlich entweder die Annahme einer gewissen Anzahl verschiedener Bindungsstellen mit unterschiedlichen Bindungsaffinitäten oder eine kontinuierliche Verteilung der Bindungsaffinität.

Im Modell VI werden die Bindungsstellen durch 8 verschiedene Affinitäten für die Protonen beschrieben. Die Reaktionen für jede Bindungsstelle:

$$(HumH)^{z} \leftrightarrows (Hum)^{z-1} + H^{+} \qquad (14)$$

werden je mit einer mittleren Säurekonstante für diesen Typ von Gruppen und mit einem Parameter beschrieben, der die Verteilung der Säurekonstanten um diesen Mittelwert angibt.

$$pK_i = pK_A + f\,\Delta pK_A \qquad (15)$$

Zudem wird zwischen A-Typ-Gruppen (stärkere Säuren, Carboxylsäuren) und B-Typ-Gruppen (schwächere Säuren, phenolische Gruppen) unterschieden.

Für die Bindung der Metalle wird die allgemeine Reaktion angenommen:

$$Hum^{z} + M^{y} \leftrightarrows (Hum\,M)^{z+y} \qquad (16)$$

Und die Komplexbildungskonstanten werden definiert als:

$$\text{Log } K_{Mi} = \log K_{MA} + f\,\Delta LK_A, \qquad (17)$$

wo analog zum pK-Wert der Faktor f ΔLK_A die Verteilung um eine mittlere Konstante angibt. Es werden auch bidentate und tridentate Bindungsstellen angenommen, mit einer kleineren Häufigkeit. Unter Berücksichtigung der verschiedenen Kombinationen von Bindungsstellen werden insgesamt 80 verschiedene Bindungsstellen für die Metalle definiert. Um die Abhängigkeit der Bindung von der Ionenstärke zu beschreiben, müssen auch elektrostatische Effekte berücksichtigt werden. Modell VI kann die experimentell beobachtete Bindung der Metalle an Humin- und Fulvinsäuren und die Konkurrenz zwischen verschiedenen Metallionen und Protonen beschreiben.

Das NICA-Modell (Non-Ideal Competitive Adsorption) beschreibt die Bindung an den heterogenen Bindungsstellen mit Parametern für eine kontinuierliche Verteilung der Affinität der Bindungsstellen. In diesem Fall werden auch zwei verschiedene Typen von Bindungsstellen berücksichtigt, je mit einer mittleren Konstante für die Bindung von Protonen und von Kationen und mit einem Parameter, der für jedes Ion die Verteilung um diese Konstante beschreibt. Die Konkurrenz zwischen verschiedenen Ionen geht auch in die Gleichungen hinein. Die elektrostatischen Wechselwirkungen werden ebenfalls berücksichtigt.

Diese beiden Modelle sind in Computerprogrammen eingebaut, die Berechnungen zur Bindung von Metallen an Humin- und Fulvinsäuren unter verschiedenen Bedingungen erlauben. Die Affinität der Humin- und Fulvinsäuren für verschiedene Metalle entspricht im Allgemeinen der Irving-Williams-Serie (Abb. 6.6):

$$Cu(II) > Ni(II) > Zn(II) > Co(II) > Cd(II) > Ca(II) > Mg(II) \qquad (18)$$

Sehr stabile Komplexe werden auch mit Fe(III) und mit Hg(II) gebildet.

Ein Beispiel für die Komplexbildung von Kupfer, Zink, Calcium unter der Annahme von Komplexbildung mit Fulvinsäuren unter typischen Bedingungen für ein Flusswasser ist in Abb. 6.11. dargestellt, aufgrund der Berechnung mit Modell VI.

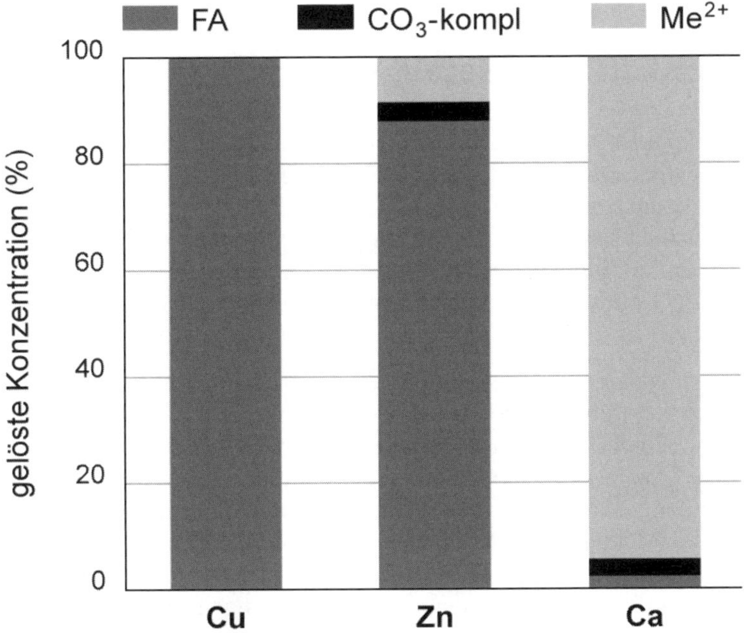

Abb. 6.11: Berechnete Speziierung von Kupfer, Zink, Calcium in einem Wasser mit folgenden gelösten Konzentrationen: Fulvinsäuren (als C) 5 mg/L; Ca 1.3 x 10^{-3} M; Mg 5 x 10^{-4} M; Alkalinität 3 x 10^{-3} M; Cu 5 x 10^{-8} M; Zn 5 x 10^{-8} M, pH 8.0

6.6 Komplexbildung mit Kolloiden und Partikeln

Bis hierher wurde nur die Komplexbildung mit Liganden in Lösung bzw. in kolloidaler Form betrachtet. Als Kolloide bezeichnet man Makromoleküle und Partikel, die im Grössenbereich von einigen Nanometern (bzw. Molekulargewicht 1–10 kD) bis 1 Mikrometer auftreten. Grössere Huminsäuren fallen in diesen Bereich. An Huminsäuren gebundene Metalle werden in diesem Fall zu den kolloidalen Spezies gezählt.

Von grosser Bedeutung ist aber auch die Komplexbildung an Partikeloberflächen, die zu einer Bindung der Metallionen an der festen Phase führt. Oxide besitzen an ihren Oberflächen OH-Gruppen, an denen Metallionen gebunden werden können; organische Partikel weisen verschiedene Arten von komplexbildenden funktionellen Gruppen auf ihren Oberflächen auf. Die Bindung an Oberflächen wird im Kapitel 9 (Grenzflächenchemie) ausführlich behandelt.

6.7 Löslichkeit von Metallen

Die gelösten Metallkonzentrationen sind durch die Ausfällung schwer löslicher fester Phasen beschränkt. Die Metalle können unter natürlichen Bedingungen vor allem als Hydroxide, Oxide und Carbonate ausfallen sowie unter anoxischen Bedingungen als Sulfide. Die Löslichkeit ist in allen Fällen stark pH-abhängig. Die gelösten Spezies umfassen alle Komplexe in Lösung, z.B. Hydroxo- und Carbonatkomplexe. Die Löslichkeit hängt deshalb stark von der Anwesenheit von Komplexbildnern und von der Metallspeziierung ab (s. Beispiele in Kap. 7).

Unter typischen Bedingungen in Fluss- oder Seewasser in Abwesenheit von Sulfid sind die Konzentrationen von Schwermetallen wie Cu, Cd, Pb meistens weit unter den Löslichkeitsgrenzen der Hydroxide oder Carbonate. Hingegen wird die Löslichkeit von Fe(III), Al(III), Cr(III) durch die Hydroxide oder Oxide auf tiefe gelöste Konzentrationen begrenzt (s. 6.2. und Kap. 7). Die Fällung dieser festen Phasen ist bei schwermetallbelasteten Abwässern oder für die Mobilität von Metallen aus Deponien bedeutsam. Unter anoxischen Bedingungen, unter denen Sulfid gebildet wird, sind die Sulfide für viele Elemente löslichkeitsbestimmend (s. Kap. 7). Lösliche Sulfidkomplexe spielen dabei eine wichtige Rolle.

6.8 Kinetik der Komplexbildung

Die bisherigen Betrachtungen beruhen auf der Annahme des Gleichgewichtszustandes. Sind nun die betrachteten Reaktionen genügend schnell, um dieses Gleichgewicht zu erreichen?

Die Kinetik der Ligandenaustauschreaktionen an Metallionen soll hier kurz betrachtet werden. Ligandenaustauschreaktionen an Aquoionen können generell formuliert werden:

$$(Me(H_2O)_m)^{n+} + L \leftrightarrows (Me(H_2O)_{m-1} L)^{n+} + H_2O \qquad (19)$$

wobei L H_2O oder einen beliebigen anderen Liganden darstellen kann. Diese Gleichung stellt nur die Gesamtreaktion dar; für die Kinetik der Reaktion sind aber die einzelnen mechanistischen Schritte entscheidend. Für die meisten Ligandenaustauschreaktionen wird angenommen, dass sie über zwei Schritte verlaufen, nämlich der Bildung eines Ionenpaars mit dem Liganden mit der Stabilitätskonstante K_{OS} und der anschliessenden Abspaltung eines Wassermoleküls:

$$(Me(H_2O)_m)^{n+} + L \leftrightarrows (Me(H_2O)_m)^{n+} \bullet L \quad K_{OS} \qquad (20)$$

$$(Me(H_2O)_m)^{n+} \bullet L \leftrightarrows (Me(H_2O)_{m-1} L)^{n+} + H_2O \; k_{-w} \qquad (21)$$

Diese Reaktionen werden mit einer Reaktionsgeschwindigkeitsgleichung zweiter Ordnung beschrieben:

$$\frac{d[(Me(H_2O)_{m-1}L)^{n+}]}{dt} = k[(Me(H_2O)_m)^{n+}][L] \qquad (22)$$

und

$$k = K_{OS} \; k_{-w} \qquad (23)$$

Die Abspaltung des Wassermoleküls (k_{-w}) ist geschwindigkeitsbestimmend. Die Geschwindigkeitskonstante k_{-w} (s^{-1}) entspricht dem Wasseraustausch eines Aquokomplexes (Tabelle 6.4). Dieser Wasseraustausch ist für die meisten Kationen sehr schnell, mit einigen Ausnahmen, wobei Cr^{3+} extrem langsam ist.

Als allgemeine Regel gilt: Die Geschwindigkeit des Austausches mit anderen Liganden für ein gegebenes Metallion ist ähnlich wie die Wasseraustauschgeschwindigkeit und hängt wenig von der Art des Liganden ab. Die Konstanten K_{OS} lassen sich aufgrund der elektrostatischen Wechselwirkungen abschätzen. D.h. in den meisten Fällen wird erwartet, dass der Austausch Ligand-Wasser schnell verläuft. Umgekehrt hängt die Geschwindigkeit der Dissoziation von Komplexen mit der Stabilität der Komplexe zusammen (Linear Free Energy Relations) und kann bei stabilen Komplexen langsam sein.

Bei der Anwendung dieser Grundsätze auf natürliche Gewässer müssen verschiedene andere Faktoren berücksichtigt werden:

– Viele Reaktionen wurden nur in einem engen pH-Bereich untersucht, der nicht dem pH-Bereich natürlicher Gewässer entspricht; die effektiven Reaktionsgeschwindigkeiten sind häufig stark pH-abhängig (z.B. Unterschiede in den Reaktionsgeschwindigkeiten von Hydroxo- und Aquospezies).

– Die Konzentrationen vieler Spurenmetalle und Liganden sind sehr tief, so dass trotz hohen Geschwindigkeitskonstanten relativ kleine Reaktionsraten resultieren können.

– Katalytische Effekte durch die verschiedenen in einem natürlichen Gewässer anwesenden Komponenten sind möglich.

– Häufig besteht eine Konkurrenz zwischen Hauptionen wie Ca^{2+} und Spurenmetallen für die Bindung an Liganden; wegen des grossen Konzentrationsunterschieds ($Ca^{2+} \approx 1.10^{-3}$ M, z.B. Cu $\approx 1.10^{-8}$ M) kann die Komplexbildung der Spurenmetalle durch Austausch z.B. von Ca-Komplexen langsam sein.

Tab. 6.4: Geschwindigkeitskonstanten für den Wasseraustausch in Aquoionen (nach *(38)*)

	k_w (s^{-1})
Cr^{3+}	5×10^{-7}
Al^{3+}	1
Fe^{3+}	2×10^{2}
Ni^{2+}	3×10^{4}
Co^{2+}	2×10^{6}
Fe^{2+}	4×10^{6}
Mn^{2+}	3×10^{7}
Zn^{2+}	7×10^{7}
Cd^{2+}	3×10^{8}
Ca^{2+}	6×10^{8}
Cu^{2+}	1×10^{9}
Hg^{2+}	2×10^{9}

Beispiel 6.6: Kinetik der Komplexbildung von Co(II) mit F^-

Schätze die Geschwindigkeit der inner-sphärischen Komplexbildung einer Lösung mit 10^{-7} M F^- mit $Co(H_2O)n^{2+}$.

$Co(H_2O)_n^{2+} + F^- \leftrightarrows Co(H_2O)_{n-1}F^+ + H_2O$ (i)

Folgende Bedingungen gelten: [Co(II)] > [F^-] (Bildung von Monofluoro-Komplexen); k_{-w} für $Co(H_2O)_n^{2+} = 2 \times 10^6\ s^{-1}$. Die Komplexbildungskonstante für den Ionenpaar-Komplex ist gegeben:

$Co(H_2O)_n^{2+} + F^- \leftrightarrows Co(H_2O)_n\,F^+$; $K_{IP} = 10^{1.2}$ (25 °C)

für $I = 10^{-3}$ M (ii)

Folgende Reaktionssequenz wird angenommen:

$$Co(H_2O)_n^{2+} + F^- \underset{k_1}{\overset{k_{-1}}{\leftrightarrows}} Co(H_2O)_n\,F^+ \; ; \; K_{IP} = k_1/k_{-1} \qquad \text{(iii)}$$

$$Co(H_2O)_n\,F^+ \xrightarrow{k_{-w}} Co(H_2O)_{n-1}F^+ + H_2O \qquad \text{(iv)}$$

Die Rate der Reaktion (iv) ist gegeben durch:

$$\frac{d[Co(H_2O)_{n-1}F^+]}{dt} = k_{-w}[Co(H_2O)_n F^+] \qquad \text{(v)}$$

wobei k_{-w} der Reaktion (iv) als gleich gross angenommen werden kann wie k_{-w} für $Co(H_2O)_n^{2+}$.

Für die Reaktionssequenzen (iii)–(iv) wird ein Stationärzustand für $Co(H_2O)_n\,F^+$ angenommen:

$$\frac{d[Co(H_2O)_n F^+]}{dt} = k_1[Co(H_2O)_n{}^{2+}][F^-] - (k_{-1} + k_{-w})[Co(H_2O)_n F^+] = 0 \qquad \text{(vi)}$$

$$[Co(H_2O)_n\,F^+]_{\text{Stationärzustand}} = \frac{k_1[Co(H_2O)_n{}^{2+}][F^-]}{k_{-1} + k_{-w}} \qquad \text{(vii)}$$

falls in (vii)

$k_{-1} >> k_{-w}$

kann Gleichung (vii) vereinfacht werden zu

$$[Co(H_2O)_n\,F^+{}_{SS} = K_{IP}\,[Co(H_2O)_n^{2+}]\,[F^-] \qquad \text{(viii)}$$

wobei

$K_{IP} = k_1/k_{-1}$

Aus den Gleichungen (v) und (viii) ergibt sich:

$$-\frac{d[Co(H_2O)_n{}^{2+}]}{dt} = \frac{d[Co(H_2O)_{n-1}F^+]}{dt} = K_{IP}k_{-w}[Co(H_2O)_n{}^{2+}][F^-] \qquad \text{(ix)}$$

Die gegebenen Werte für k_{-w} und K_{IP} werden eingesetzt und die Gleichung (ix) als Reaktion pseudo-erster Ordnung bezüglich $Co(H_2O)_n^{2+}$ geschrieben, so dass Gl. (x) erhalten wird:

$$-\frac{d[Co(H_2O)_n{}^{2+}]}{dt} = k'[Co(H_2O)_n{}^{2+}] \qquad \text{(x)}$$

$k' = K_{IP}\,k_{-w}[F^-] = 16 \times 2 \times 10^6 \times 10^{-7} = 3.2\ s^{-1}$

Die Halbwertszeit ist dann gegeben durch:

$\tau_{1/2} = \ln 2 / 3.2 \, s^{-1} = 0.22 \, s$

Beispiel 6.7: Kinetik der Dissoziation stabiler Komplexe

Die Dissoziationskinetik stabiler Komplexe lässt sich aus folgender Gleichung abschätzen:

$$K = \frac{k_1}{k_{-1}} \qquad \text{(i)}$$

wo wie oben k_1 die Geschwindigkeitskonstante für die Bildung des Komplexes ist und k_{-1} die Geschwindigkeitskonstante für die Dissoziation des Komplexes ist.

$$k_{-1} = \frac{k_1}{K} \qquad \text{(ii)}$$

Die Geschwindigkeit der Komplexbildung lässt sich wie oben aus:

$k_1 = K_{OS} k_{-w}$ (iii)

berechnen.

Für die Bildung von $CuNTA^-$-Komplexen lässt sich ableiten:

$K_{OS} = 4.6 \times 10^2$ $(I = 0.01 \, M)$

Daraus ist $k_1 = 4.6 \times 10^{11} \, L \, mol^{-1} s^{-1}$ (iv)

Mit $K = 2 \times 10^{14}$ ergibt sich:

$k_{-1} = 2.3 \times 10^{-3} \, s^{-1}$ (v)

Die Halbwertszeit der Dissoziation des Komplexes ist in diesem Fall 301 s.

Diese einfache Behandlung berücksichtigt keine pH-Effekte, die die Protonierung des NTA und die Bildung von Hydroxokomplexen des Cu^{2+} und dadurch auch die Kinetik beeinflussen.

6.9 Speziierung und analytische Bestimmung

Bei der Analytik von Spurenmetallen in den natürlichen Gewässern stellt sich das Problem, dass eine sehr grosse Anzahl verschiedener chemischer Spezies vorliegen, für welche aber nur in seltenen Fällen spezifische analytische Methoden vorhanden sind. Es existiert keine Methode, die eine direkte Bestimmung der Vielfalt der Metallspezies erlaubt. Vielmehr muss eine Kombination verschiedener Methoden angewendet werden, die eine Annäherung an die tatsächliche Speziierung erlaubt.

Methoden zur Fraktionierung von Metallen erlauben eine Unterscheidung nach Grössenfraktionierung zwischen gelösten, kolloidalen und partikulären Metallen (Abb. 6.12). Als kolloidal wird der Grössenbereich zwischen wenigen Nanometern und 1 Mikrometer bezeichnet. In diesen Grössenbereich fallen grössere Huminsäuren und andere organische Makromoleküle und kleinere anorganische Partikel. Durch Ultrafiltration mit Membranen mit Porengrössen von 1 – 10 kD werden die grösseren Moleküle abgetrennt. Die übliche Filtration über 0.45 µm ist eine willkürliche operationelle Grenze; Partikel im kolloidalen Bereich mit Durchmesser < 0.45 µm werden dabei zu der gelösten Phase gerechnet.

Andere Methoden beruhen auf einer dynamischen Speziierung, d.h. verschiedene Spezies werden nach ihrer Mobilität und Reaktivität bezüglich Dissoziation der Komplexe (Labilität) unterschieden *(53)*. Solche Methoden umfassen elektrochemische Methoden und Methoden mit Diffusion der Spezies durch eine Gelschicht. Bei elektrochemischen Methoden ist die Diffusion der Metallspezies an die Elektrode und ihre Dissoziation zur Reduktion des Metalls an der Elektrode massgebend (ASV = anodic stripping voltammetry, Inversvoltammetrie). Bei der DGT-Methode (diffusion gradient through thin film gel) erfolgt die Diffusion der Metallspezies durch ein Gel bestimmter Dicke und die Bindung der Metalle an einem Ionenaustauscher *(54, 55)*. Die Diffusionsrate hängt von der Grösse der Moleküle ab. Die Dissoziation zur Reaktion an einer Elektrode oder an einem Ionenaustauscher hängt von der Dissoziationskinetik der Komplexe ab. Mit Methoden wie ASV oder DGT werden die labilen Komplexe erfasst, d.h. diejenigen Komplexe, die genügend schnell diffundieren und dissoziieren, um auf der Zeitskala dieser Methode erfasst zu werden. Die erfassten labilen Komplexe sind also je nach angewandter Methode und Bedingungen verschieden. Labile Komplexe umfassen die freien Aquoionen, anorganische Komplexe und teilweise organische Komplexe (Abb. 6.12).

Die analytische Bestimmung der freien Aquoionen in natürlichen Gewässern stellt besondere Probleme, da sie in vielen Fällen sehr tief liegt. Theoretisch messen zwar die ionenselektiven Elektroden freie Aquoionen, aber sie sind meistens nicht genügend empfindlich und spezifisch, um in den tiefen Konzentrationsbereichen natürlicher Gewässer angewendet zu werden. Mit Hilfe indirekter experimenteller Methoden, insbesondere Ligandenaustauschreaktionen, werden Konzentrationen der freien Aquoionen bestimmt *(56)*. Bei Ligandenaustauschmethoden wird zu einer Probe ein bekannter Ligand in definierter Konzentration zugegeben, der in Konkurrenz zu den natürlichen Komplexbildnern Metallionen bindet. Mit Hilfe einer spezifischen Bestimmung der gebildeten bekannten Komplexe ist die Konzentration der freien Aquoionen über die Gleichgewichtsberechnung zugänglich. Freie Aquoionen werden auch über thermodynamische Berechnungen bei bekannter Wasserzusammensetzung und mit Annahmen über die organischen Komplexbildner (vgl. Modelle für die Humin- und Fulvinsäuren) ermittelt.

Spezifische Bestimmung einzelner Verbindungen betreffen insbesondere die organometallischen Verbindungen wie Methylquecksilber und methylierte Arsenverbindungen und sind durch chromatografische Methoden (Gaschromatografie, Flüssigchromatografie) möglich.

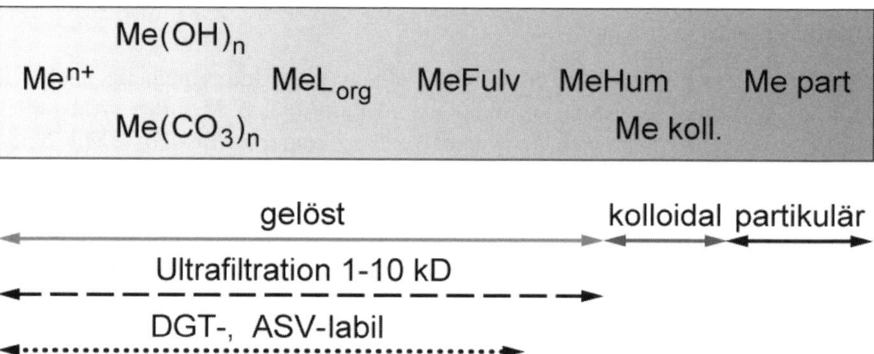

Abb. 6.12: Verteilung eines Metalls über verschiedene Spezies und Erfassung durch verschiedene analytische Methoden

6.10 Wechselwirkungen von Metallen mit Algen

6.10.1 Essenzielle und toxische Spurenmetalle

Eine Anzahl von Spurenelementen sind für die Organismen essenziell, nämlich Cu, Zn, Co, Fe, Mn, Ni, Cr, V, Mo, Se, da sie in geringen Mengen in Enzymen eingebaut werden. Diese Elemente werden in kleinen Mengen zum Wachstum der Algen und anderer Organismen benötigt. Andererseits sind zu hohe Konzentrationen dieser Elemente toxisch. Die Algen wachsen am besten mit einer optimalen Konzentration dieser Elemente, die in einem recht tiefen Bereich liegen kann. Ein Beispiel für optimale Konzentrationsbereiche der Wachstumsraten verschiedener Algenspezies als Funktion von freien Kupferionen ist in Abb. 6.13 gegeben. Limitierung des Algenwachstums durch tiefe Konzentrationen von Spurenmetallen kann vor allem in den Ozeanen mit geringen totalen Konzentrationen und starker Komplexbildung vorkommen und wurde insbesondere für Eisen in gewissen Teilen des Ozeans gezeigt.

Andere Spurenelemente wie Hg, Ag, Cd sind nicht essenziell und haben nur toxische Wirkungen in Abhängigkeit der Konzentration. Für Cd wurde allerdings gezeigt, dass es in gewissen marinen Algenspezies Zink in Enzymen mit der entsprechenden Funktion substituieren kann.

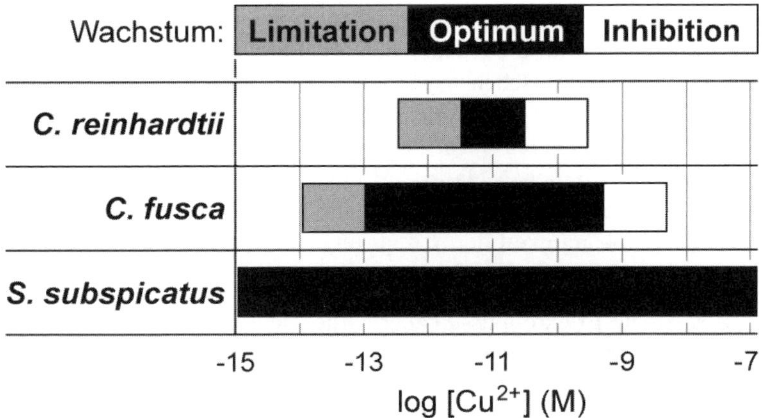

Abb. 6.13: Abhängigkeit der Algenwachstumsraten von der freien Cu^{2+}-Konzentration für drei verschiedene Algenspezies nach *(57)*

6.10.2 Modelle für die Metallaufnahme in Algen

Für die Wechselwirkung von Metallionen mit Organismen ist die Speziierung sehr bedeutsam. Insbesondere sind die Effekte der Speziierung auf die Aufnahme von Metallen durch Algen sehr gut untersucht *(58)*. Die Aufnahme von Metallen in Algen bedingt zunächst die Diffusion durch die Zellwand und dann den Transport der Metalle über die Zellmembran. Für ionische Spezies bedeutet dies, dass eine Bindung an Transportliganden erfolgen muss, die die Ionen über die hydrophobe Membran transportieren. In einer einfachen Vorstellung der Metallaufnahme wird angenommen, dass Metallionen an einem biologischen Transportliganden in Konkurrenz zu den Liganden in Lösung gebunden werden (Abb. 6.14). Falls ein Gleichgewicht zwischen der Bindung am biologischen Liganden und der Bindung an Liganden in Lösung herrscht, ist die Metallaufnahme von der Konzentration (oder Aktivität) der freien Metallionen abhängig. Dieses einfache Modell ist als free ion activity model (FIAM) in der Literatur bekannt *(59)*.

Der Effekt der freien Metallionen wird durch Untersuchungen in Gegenwart verschiedener Liganden gezeigt (Abb. 6.15). Abbildung 6.15 gibt ein Beispiel einer solchen Untersuchung, das die biologische Wirkung einer tiefen Konzentration freier Metallionen illustriert. Die toxische Wirkung von Cu(II) auf eine marine Alge (*Gonyaulax tamarensis*) wurde in Gegenwart der Komplexbildner EDTA und Tris untersucht, welche die Konzentration der freien Metallionen auf tiefe Werte puffern (Abbildung 6.15a). Der toxische Effekt ist für beide Medien als Funktion des freien Cu^{2+} identisch (Abbildung 6.15b).

In einer Weiterentwicklung des FIAM wird vor allem die Rolle des biologischen Transportiganden berücksichtigt, der Bindungen mit verschiedenen Kationen eingehen kann (BLM, biotic ligand model). In diesem Modell werden Konkurrenzeffekte verschiedener Kationen betrachtet. Sowohl FIAM wie BLM setzen voraus, dass ein Gleichgewicht zwischen der Lösung und der Bindung an biologischen Liganden erreicht wird *(60)*. Spezifische Metalltransportliganden sind für die essenziellen Metalle vorhanden, die auch nichtessenzielle Metalle mit ähnlichen chemischen Eigenschaften binden. Die nichtessenziellen Metalle werden aufgrund ihrer ähnlichen chemischen Eigenschaften anstelle der essenziellen Metalle durch dieselben Transportliganden aufgenommen (z.B. Cd anstelle von Zn oder Mn). Die Aufnahme von nichtessenziellen Metallen erfolgt deshalb in Konkurrenz zu essenziellen Metallen und hängt von den Konzentrationsverhältnissen in Lösung ab. Ein Beispiel für die Aufnahme von Cd in Abhängigkeit der $[Cd^{2+}]$- und $[Zn^{2+}]$-Konzentrationen ist in Abb. 6.16 dargestellt.

Verschiedene zusätzliche Effekte müssen aber berücksichtigt werden. Einige andere Mechanismen führen zur Aufnahme anderer Metallspezies. Hydrophobe Komplexe können über die Zellmembran wie auch andere hydrophobe Verbindungen diffundieren. Dieser Effekt wurde für Komplexe mit gewissen hydrophoben Herbizidkomponenten gezeigt, sowie für neutrale Komplexe von methylierten Metallen wie CH_3HgCl^0. Die Aufnahme von kleinen Metallkomplexen über Anionentransportsysteme, wie zum Beispiel von Silberthiosulfatkomplexen über einen Sulfattransporter, wurde in einigen Fällen beobachtet.

Die Bedingung des Gleichgewichts zwischen der Lösung und den biologischen Liganden gilt nur, wenn der Transport des Metallions über die Membran der geschwindigkeitsbestimmende Schritt ist. Bei Bedingungen rascher Aufnahme kann aber die Nachlieferung von freien Metallionen und ihre Diffusion an die Oberfläche der Alge limitierend sein. In diesen Fällen werden die Dissoziation von Komplexen und ihre Diffusion wichtig, sodass die Metallaufnahme von der Konzentration der labilen Komplexen abhängig wird *(53)*. Kinetische Modelle müssen dann angewendet werden, um die Metallaufnahme zu beschreiben.

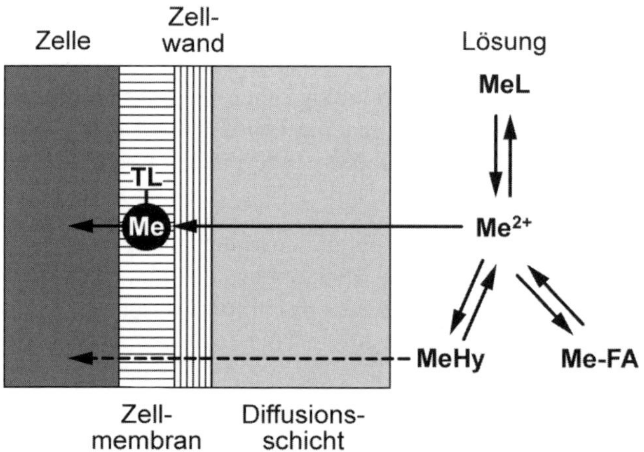

Abb. 6.14: Schema der Aufnahme von Metallionen durch Algen. Metallionen werden an Transportliganden (TL) gebunden und mit diesen über die Membran transportiert. Transportliganden stehen in Konkurrenz zu den Liganden in Lösung (MeL, MeFA: Komplexe mit Liganden L und Fulvinsäuren). Nur hydrophobe Komplexe (MeHy) können direkt über die Membran diffundieren.

6.10.3 Metallpuffer als Kulturmedien

Wie Beispiel 6.4 demonstriert, wird die Konzentration der freien Aquometallionen in Gegenwart eines starken Komplexbildners stark herabgesetzt. D.h. in einer Lösung, die einen starken Komplexbildner im Überschuss und ein Metallion enthält, wird die Konzentration der freien Metallionen viel kleiner als die Gesamtkonzentration. Eine solche Lösung wird als Metallpuffer bezeichnet, da ähnlich wie bei einem pH-Puffer ein bestimmter Wert der freien Metallionen (der auch als pMe = –log $[Me^{n+}]$ bezeichnet werden kann) durch die Zusammensetzung der Lösung gegeben ist und auch bei Änderungen der Gesamtkonzentrationen nur geringfügig verändert wird. Solche Metallpuffer sind für die Untersuchung der Auswirkungen von Metallionen auf Organismen von Bedeutung, da sie es erlauben, mit sehr tiefen und gut definierten Konzentrationen freier Metallionen zu arbeiten, die kaum durch Verdünnung (wegen Kontamination, Adsorption usw.) erreicht werden könnten. Zur Untersuchung der Aufnahme und der Wirkungen von Metallen auf Organismen werden deshalb häufig Kulturmedien verwendet, in denen die Metallionen durch einen Überschuss an starken Liganden gepuffert sind. Ein Beispiel eines solchen Mediums, das für die Kultur von Süsswasseralgen geeignet ist, ist in Tab. 6.5 angegeben. Die berechneten freien Konzentrationen illustrieren, dass die Hauptionen wenig komplexiert sind, während die Konzentrationen der freien Spurenmetallionen stark durch die Anwesenheit des starken Komplexbildners EDTA herabgesetzt werden.

Tab. 6.5: Zusammensetzung eines Kulturmediums für Algen mit EDTA als Komplexbildner: totale (C_T) und freie (C_{frei}) Konzentrationen der angegebenen Ionen (pH 7.5)

	C_T	C_{frei}
Ca^{2+}	5.00×10^{-4}	4.60×10^{-4}
Cl^-	1.00×10^{-3}	9.98×10^{-4}
Mg^{2+}	1.50×10^{-4}	1.45×10^{-4}
SO_4^{2-}	1.50×10^{-4}	1.39×10^{-4}
Na^+	2.20×10^{-3}	2.20×10^{-3}
HCO_3^-	1.20×10^{-3}	1.12×10^{-3}
K^+	5.00×10^{-5}	4.99×10^{-5}
$H_2PO_4^-$	5.00×10^{-5}	1.23×10^{-5}
NO_3^-	1.00×10^{-3}	9.98×10^{-4}
$EDTA^{4-}$	2.00×10^{-5}	5.20×10^{-14}
Co^{2+}	5.00×10^{-8}	2.50×10^{-12}
H_3BO_3	5.00×10^{-5}	4.90×10^{-5}
Cu^{2+}	1.00×10^{-7}	2.30×10^{-14}
Mn^{2+}	1.00×10^{-6}	1.77×10^{-8}
Zn^{2+}	1.00×10^{-7}	7.20×10^{-12}
Fe^{3+}	9.00×10^{-7}	1.70×10^{-20}

Ähnliche Effekte wirken in natürlichen Gewässern, so dass diese als natürliche Metallpuffer wirken. Neben den anorganischen Liganden wie Carbonat, Hydroxid, Chlorid usw. sind hier auch organische Komplexbildner vorhanden wie die Huminsäuren sowie komplexbildende Exudate des Phytoplanktons. Vor allem die organischen Liganden bilden so starke Komplexe, dass die Konzentrationen der freien Metallionen der Spurenelemente sehr viel kleiner als die Totalkonzentration werden. Auch die anorganischen Partikeloberflächen (z.B. Eisen-, Manganoxide) wirken als Liganden. Bei einer Zunahme der Gesamtmetallkonzentration wird ein Teil der Metallionen an Partikeloberflächen und an organischen Liganden gebunden, so dass die freie Metallkonzentration nur in geringem Ausmass zunimmt. In einem natürlichen Gewässer ist eine grosse Anzahl von Kationen und Liganden vorhanden, die über die verschiedenen Gleichgewichte miteinander verknüpft sind. Die Änderung einer freien Metallkonzentration als Funktion der Totalkonzentration ist somit mit den Konzentrationen der übrigen Metallionen und Liganden verknüpft, insbesondere der Hauptionen wie Calcium.

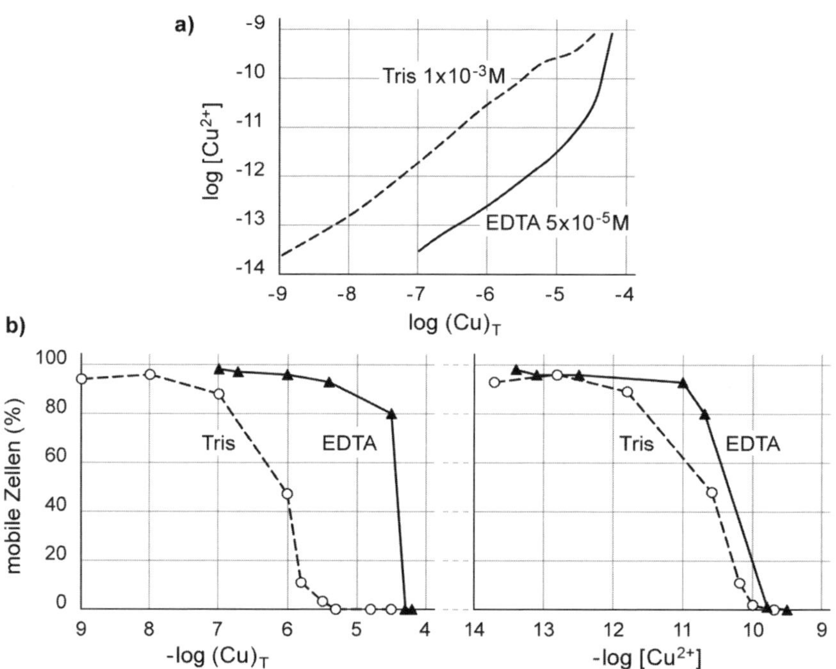

Abb. 6.15: Effekt der freien und totalen Metallkonzentrationen in einer Toxizitätsstudie *(61)*
a) Freies $[Cu^{2+}]$ als Funktion von Cu(total) in Gegenwart der Komplexbildner EDTA und Tris.
b) Mobilität der marinen Alge *Gonyaulax tamarensis* als Funktion des totalen und des freien Cu; die Abnahme des Anteils an mobilen Zellen ist ein Mass für den toxischen Effekt

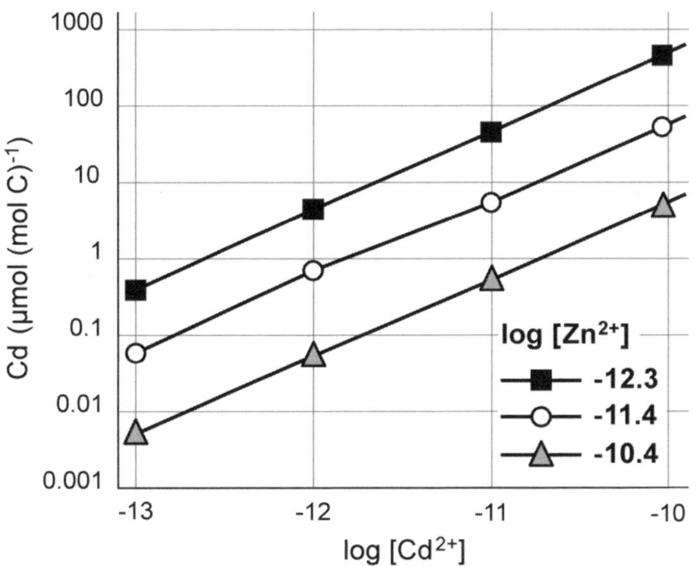

Abb. 6.16: Cd-Aufnahme in Zellen der marinen Alge Thalassiosira pseudonana in Funktion von $[Cd^{2+}]$ bei verschiedenen Zn^{2+}-Konzentrationen (nach (62), reproduziert mit Erlaubnis von ACS aus: Sunda, W. G.; Huntsman, S. A., Control of Cd concentrations in a coastal diatom by interactions among free ionic Cd, Zn and Mn in seawater. Environ. Sci Technol. 1998, 32, 2961–2968. Copyright 1998 American Chemical Society).

6.10.4 Metallaufnahme in Periphyton

Periphyton ist die Organismengemeinschaft, die vorwiegend Algen sowie Bakterien enthält und in Bächen und Flüssen auf festen Substraten wächst. Die Organismen werden durch eine Matrix aus polymeren Substanzen zusammengehalten. Periphyton ist als Primärproduzent an der Basis der Nahrungskette von grosser ökologischer Bedeutung. Untersuchungen der Metallaufnahme in Periphyton unter Bedingungen natürlicher Gewässer zeigen, dass Kupfer, Zink und Cadmium in Abhängigkeit von den Konzentrationsänderungen im Wasser akkumuliert werden, zum Beispiel während Regenereignissen mit Konzentrationsspitzen im Wasser. Die Aufnahme dieser Metalle in Periphyton erfolgt sehr rasch, sodass eine Zunahme der Metallkonzentration im Wasser schnell zu einer Zunahme im Periphyton führt, während die Abnahme bei einem Rückgang der Konzentration im Wasser nur langsam erfolgt. Metallaufnahme in Funktion der Speziierung deutete auf die Rolle der labilen Komplexe für Kupfer und Cadmium hin, die wahrscheinlich mit der Diffusion der Metalle durch die Matrixschicht und mit den tiefen freien Konzentrationen dieser Spurenmetalle zusammenhängt *(63) (64)*. Diese Untersuchungen deuten darauf hin, dass der Metallgehalt im Periphyton als empfindlicher Indikator der Verhältnisse im Wasser dienen kann.

Weiterführende Literatur

Constable E. C. (1990) *Metals and ligand reactivity.* Ellis Horwood.

Mason, R. P. (2013) *Trace metals in aquatic systems.* Wiley-Blackwell, Chichester.

Morel F. M. M. and Price N. M. (2003) The biogeochemical cycles of trace metals in the oceans. *Science* 300, 944–947.

Sigel A., Sigel H., and Sigel R. K. O. (2005) Biogeochemistry, Availability, and Transport of Metals in the Environment. In *Metal Ions in Biological Systems* Vol. 44 (ed. A. Sigel and H. Sigel). Taylor & Francis.

Sunda W. (1988/89) Trace metal interactions with marine phytoplankton. *Biol. Oceanogr.* 6, 411–442.

Tessier A. and Turner D. R. (1995) Metal speciation and bioavailability in aquatic systems. *IUPAC Series on analytical and physical chemistry of environmental systems,* Vol. 3. J. Wiley & Sons.

Tipping E. (2002) *Cation binding by humic substances.* Cambridge University Press. Cambridge.

Übungen

1) Eine Lösung mit $Pb_T = 10^{-6}$ M wird auf pH 8 gebracht. Welcher Anteil des Pb ist als Pb^{2+}-Aquoion vorhanden?

   Folgende Konstanten sind für die Hydrolyse von Pb gültig:

   $Pb^{2+} \leftrightarrows PbOH^+ + H^+$ $\log \beta_1 = -7.7$

   $Pb^{2+} \leftrightarrows Pb(OH)_2^0 + 2\,H^+$ $\log \beta_2 = -17.1$

2) a) In welcher Form liegt Cd(II) in einem Wasser folgender Zusammensetzung hauptsächlich vor?

   pH $= 7.8$ Alkalinität $= 1.3 \times 10^{-3}$ M

   $Cd_T = 1 \times 10^{-9}$ M $Ca_T = 1.0 \times 10^{-3}$ M

   b) Besteht die Möglichkeit, dass $CdCO_3(s)$ oder $Cd(OH)_2(s)$ ausfällt?

   c) Wie verändert sich die Speziierung von Cd^{2+}, wenn 10^{-7} mol/L EDTA zu diesem Wasser zugegeben wird?

   Folgende Konstanten sind gegeben:

   $Cd^{2+} \leftrightarrows Cd\,OH^+ + H^+$ $\log \beta_1 = -10.1$

$Cd^{2+} + CO_3^{2-} \leftrightarrows CdCO_3^0$	log K	=	4.5
$CdCO_3(s) \leftrightarrows Cd^{2+} + CO_3^{2-}$	log K_{s0}	=	–13.7
$Cd(OH)_2(s) \leftrightarrows Cd^{2+} + 2\ OH^-$	log K_{s0}	=	–14.3
$Cd^{2+} + EDTA^{4-} \leftrightarrows CdEDTA^{2-}$	log K	=	16.5
$Ca^{2+} + EDTA^{4-} \leftrightarrows CaEDTA^{2-}$	log K	=	10.7
$HEDTA^{3-} \leftrightarrows EDTA^{4-} + H^+$	log K	=	–10.2

3) Komplexbildung von Kupfer für Algenversuche

Um einen Versuch zur toxischen Wirkung von Kupfer auf Algen durchzuführen, soll ein synthetisches Medium mit konstanter Konzentration der freien Metallionen hergestellt werden. Dazu wird der Komplexbildner Nitrilotriacetat (NTA) gebraucht. Folgende Konzentrationen werden eingesetzt:

Ca (total) = 1×10^{-3} M

Cl^- (total) = 2×10^{-3} M

NTA (total) = 1×10^{-4} M

pH = 7.5

die freie Cu^{2+}-Konzentration soll $[Cu^{2+}] = 1 \times 10^{-12}$ M sein.

a) Welche totale Cu-Konzentration soll eingesetzt werden, um diese freie Cu^{2+}-Konzentration zu erreichen? Welche ist die vorherrschende Cu-Spezies in diesem Medium? (Konstanten in Tabelle Übung 3, nur die in der Tabelle angegebenen Spezies sind zu berücksichtigen).

b) Algen werden in Anwesenheit von zwei NTA-Konzentrationen an verschiedenen Totalkonzentrationen von Cu während des Wachstums exponiert. Das Wachstum der Algen wird bei höheren Cu-Konzentrationen inhibiert.

Wie sehen die Darstellungen der Inhibition des Wachstums in Abhängigkeit von den (i) totalen und (ii) den freien Cu-Konzentrationen schematisch aus?

Tabelle Übung 3: Gleichgewichtskonstanten

Reaktion	log K
$HNTA^{2-} \leftrightarrows H^+ + NTA^{3-}$	–10.3
$Ca^{2+} + NTA^{3-} \leftrightarrows CaNTA^-$	7.74
$Cu^{2+} + NTA^{3-} \leftrightarrows CuNTA^-$	14.3
$Cu^{2+} + Cl^- \leftrightarrows CuCl^+$	0.3
$Cu^{2+} \leftrightarrows CuOH^+ + H^+$	–7.5

4) Komplexbildung von Silber

Um Versuche zur Toxizität von Silber (als ionisches Ag^+) auf Algen durchzuführen, soll die Zusammensetzung des Mediums sorgfältig ausgewählt werden. Silber bildet mit Chlorid und mit Cystein (einer Aminosäure mit der Zusammensetzung $SH\text{-}CH_2\text{-}CH_2NH_2\text{-}COOH$) lösliche Komplexe (s. Tabelle Übung 4).

a) Wie liegt Silber unter den folgenden Bedingungen hauptsächlich vor:

$[Cl^-] = 5 \times 10^{-4}$ M

[Ag]total = 1×10^{-8} M

(siehe Konstanten in Tabelle)

pH 8.0

b) Wie liegt Silber in folgendem Medium vor:

[Ag](total) = 1×10^{-8} M

pH 8.0

Cystein (total) = 1×10^{-5} M

Wie gross ist das freie Ag^+?

Cystein liegt als Cys^{2-}, $HCys^-$ oder H_2Cys vor, siehe Säurekonstanten und Komplexbildungskonstanten in Tabelle.

c) Von welchen Parametern hängt in diesen Medien die Toxizität des Silbers für Algen voraussichtlich ab (qualitativ)?

Tabelle Übung 4: Konstanten

Reaktion	log K
$Ag^+ + Cl^- \leftrightarrows AgCl(aq)$	3.3
$Ag^+ + 2\,Cl^- \leftrightarrows AgCl_2^-$	5.2
$Ag^+ + Cys^{2-} + H^+ \leftrightarrows AgCysH$	22.7
$Ag^+ + 2\,Cys^{2-} + 2\,H^+ \leftrightarrows Ag(CysH)_2$	37.4
$HCys^- \leftrightarrows Cys^{2-} + H^+$	–10.8
$H_2Cys \leftrightarrows HCys^- + H^+$	–8.3

5) Wie viel Hg(II) ist im Gleichgewicht mit HgS(s) löslich, wenn Sulfidkomplexe unter den folgenden Bedingungen gebildet werden (z.B. im Porenwasser von Sedimenten):

S(–II)total = 10^{-5} M, pH 8

Tabelle Übung 5: Konstanten

Reaktion	log K	
$Hg^{2+} + 2\ HS^- \leftrightarrows Hg(HS)_2^0$	log K=	37.7
$Hg^{2+} + 2\ HS^- \leftrightarrows HgHS_2^- + H^+$	log K=	31.5
$Hg^{2+} + 2\ HS^- \leftrightarrows HgS_2^{2-} + 2\ H^+$	log K=	23.2
$H_2S \leftrightarrows HS^- + H^+$	log K=	-7.0
$HS^- \leftrightarrows S^{2-} + H^+$	log K=	-17.4
$HgS(s) + H^+ \leftrightarrows Hg^{2+} + HS^-$	log K_{s0}'	= –37.11

7 Fällung und Auflösung fester Phasen

7.1 Fällung und Auflösung fester Phasen als Mechanismus zur Regulierung der Zusammensetzung natürlicher Gewässer

Die Verwitterung der Gesteine, d.h. die Auflösung fester mineralischer Phasen, reguliert die Zusammensetzung der Gewässer in Bezug auf die Konzentrationen der Hauptelemente, z.B. Calcium, Magnesium, Silikat, Sulfat. Der geochemische Hintergrund im Einzugsgebiet eines Gewässers widerspiegelt sich in der chemischen Zusammensetzung des Wassers. Gewässer in Einzugsgebieten, in denen beispielsweise Kalk (Calciumcarbonat) oder Granitgesteine (Aluminiumsilikate) vorherrschen, unterscheiden sich stark in ihrer Zusammensetzung.

Wie im Kapitel 1 angedeutet, entsprechen die Verwitterungsreaktionen Säure-Base-Reaktionen; sie spielen deshalb für die Neutralisation saurer Niederschläge eine wichtige Rolle (vgl. Kapitel 4.5). Umgekehrt bilden sich mineralische Phasen in Gewässern, z.B. bei der biogenen Entkalkung, durch Bildung fester Sulfide in anoxischen Sedimenten usw. Diese Prozesse werden durch die Löslichkeit der einzelnen festen Phasen reguliert; einige Mineralien von Bedeutung für die Zusammensetzung natürlicher Gewässer sind in Tabelle 7.1 angeführt. Wir werden uns deshalb in diesem Kapitel mit den folgenden Fragen beschäftigen:

- Welche sind die entscheidenden Löslichkeitsgleichgewichte und wie wirken sie sich unter verschiedenen Bedingungen aus?
- Welche festen Phasen regulieren die Konzentrationen der einzelnen Elemente?
- Wie schnell sind Auflösungs- bzw. Fällungsreaktionen?

Tab. 7.1: Beispiele für Mineralien, die für die Zusammensetzung natürlicher Gewässer von Bedeutung sind [1)]

Carbonate	Calcit ($CaCO_3(s)$), Dolomit ($CaMg(CO_3)_2(s)$), Siderit ($FeCO_3(s)$), Rhodocrosit ($MnCO_3(s)$)
Hydroxide und Oxide	Gibbsit ($Al(OH)_3(s)$), Eisenhydroxid ($Fe(OH)_3(s)$), Eisenoxide (Fe_2O_3, α-FeOOH), Manganoxide (Pyrolusit, Birnessit, $MnO_2(s)$)
Phosphate	Hydroxyapatit ($Ca_5(PO_4)_3OH(s)$)
Sulfide	Pyrrhotit ($FeS(s)$), Pyrit ($FeS_2(s)$), Covellit ($CuS(s)$)
Silikate	Quarz ($SiO_2(s)$), K-Feldspat ($KAlSi_3O_8(s)$), Kaolinit ($Al_2Si_2O_5(OH)_4(s)$), Albit ($NaAlSi_3O_8(s)$)

[1)] Die Löslichkeitsprodukte dieser festen Phasen können aus den thermodynamischen Daten (Anhang 3) berechnet werden.

Beispiel 7.1: Chemische Verwitterungsrate und Gewässerzusammensetzung

Der Rhein oberhalb des Bodensees hat folgende Zusammensetzung:

$[Ca^{2+}]$ = 1.07 mM

$[Mg^{2+}]$ = 0.4 mM

$[Na^+]$ = 0.13 mM

$[Cl^-]$ = 0.08 mM

$[HCO_3^-]$ = 1.9 mM

$[SO_4^{2-}]$ = 0.55 mM

$[H_4SiO_4]$ = 0.07 mM

Wie gross ist die chemische Verwitterungsrate im Einzugsgebiet des Rheins, wenn wir berücksichtigen, dass der jährliche Niederschlag 140 cm $Jahr^{-1}$ und die Wiederverdunstung inkl. Evapotranspiration ca. 30 % betragen?

Der jährliche Wasserablauf beträgt ca. 1 m^3 pro m^2 (das entspricht 70 % des Niederschlages) und 1 m^3 Wasser enthält demnach 1.07 mol Ca^{2+}, 0.4 mol Mg^{2+}, 0.13 mol Na^+, 0.08 mol Cl^-, 1.9 mol HCO_3^-, 0.55 mol SO_4^{2-} und 0.07 mol H_4SiO_4. Das sind zusammen ca. 3.1 Äquivalente pro m^2 und pro Jahr.

Um zu bestimmen, welche einzelnen Mineralien sich aufgelöst haben, müssen einige Annahmen getroffen werden. Z.B. wird angenommen, dass alles Sulfat, mit Ausnahme des SO_4^{2-}, das mit dem sauren Regen eingebracht wurde (ca. 0.05 mol SO_4^{2-} pro m^3), aus der Auflösung von Gips ($CaSO_4(s)$) stammt. Das Mg ist der Auflösung von Dolomit ($CaMg(CO_3)_2(s)$) zuzuschreiben. Das noch verbleibende Ca^{2+} stammt aus der Auflösung von $CaCO_3(s)$. Das Chlorid kann mit dem Na^+ zu NaCl kombiniert werden. Die Kieselsäure stammt aus der Auflösung von Quarz oder einem Aluminium-Silikat wie z.B. dem Feldspat Albit $NaAlSi_3O_8(s)$. Daraus ergeben sich folgende Verwitterungsraten:

Tab. 7.2: Verwitterungsraten im Einzugsgebiet des Rheins (oberhalb des Bodensees)

	mol m^{-2} $Jahr^{-1}$	g m^{-2} $Jahr^{-1}$
$CaSO_4$	0.5	68
$CaMg(CO_3)_2$	0.4	73
$CaCO_3$	0.2	20
NaCl	0.08	4.7
SiO_2 oder	0.07	4.2 oder
$NaAlSi_3O_8$	0.023	5.5
Total	3.1 eq m^{-2} $Jahr^{-1}$	~ 170 g m^{-2} $Jahr^{-1}$

Die Abtragung der Gesteine durch chemische Prozesse ist relativ gering. Für das gleiche Einzugsgebiet wurden mechanische Erosionsraten (mechanische Erosion ist die Desintegration der Gesteine durch physikalische Kräfte; sie bringt suspendierte Teilchen in die Flüsse) von 1150 g m^{-2} $Jahr^{-1}$geschätzt.

Die Kinetik der Verwitterungsprozesse wird im Kapitel 9 behandelt.

Löslichkeitsgleichgewicht

Das Löslichkeitsgleichgewicht einer festen Phase (M_nX_m) kann allgemein durch die Gleichung (1) dargestellt werden, mit dem Löslichkeitsprodukt K_{s0}:

$$M_nX_{m(s)} \leftrightarrows n\ M(aq) + m\ X(aq) \qquad (1)$$

$$K_{s0} = \frac{\{M_{aq}\}^n \{X_{aq}\}^m}{\{M_nX_{m(s)}\}} \qquad (2)$$

Die Aktivität der festen Phase wird $\{M_nX_m(s)\} = 1$ gesetzt, sofern es sich um eine reine feste Phase handelt, so dass das Löslichkeitsprodukt meistens vereinfacht geschrieben wird:

$$K_{s0} = \{M(aq)\}^n \{X(aq)\}^m \qquad (3)$$

Zur Überprüfung, ob ein Wasser in Bezug auf eine bestimmte feste Phase über- oder untersättigt ist, kann ein experimentell bestimmtes Produkt der Aktivitäten (oder der effektiv gefundenen Aktivitäten) mit dem Löslichkeitsprodukt verglichen werden:

$$Q = \{M(aq)\}^n{}_{exp} \{X(aq)\}^m{}_{exp} \qquad (4)$$

wo $\{M(aq)\}^n{}_{exp}$ und $\{X(aq)\}^m{}_{exp}$ die experimentell bestimmten Aktivitäten sind.

Es gilt dann:

$Q = K_{s0}$ im Gleichgewicht

$Q > K_{s0}$ übersättigt

$Q < K_{s0}$ untersättigt

7.2 Löslichkeitsgleichgewichte von Hydroxiden

Wichtige feste Phasen in den natürlichen Gewässern sind Hydroxide und Carbonate, da diese Anionen fällungswichtige Partner sind. Die pH-Abhängigkeit der Löslichkeit ist gerade bei Hydroxiden und Carbonaten naturgemäss ausgeprägt und muss hier näher betrachtet werden.

Das Löslichkeitsgleichgewicht eines Hydroxids (oder analog eines Oxids, da dieses im Wasser hydratisiert würde) wird allgemein formuliert als:

$$M(OH)_m(s) \leftrightarrows M^{m+}(aq) + m\,OH^-(aq) \quad (5)$$

$$K_{s0} = \{M^{m+}(aq)\}\ \{OH^-\}^m \quad (6)$$

oder:

$$M(OH)_m(s) + m\,H^+ \leftrightarrows M^{m+}(aq) + m\,H_2O \quad (7)$$

$$^*K_{s0} = \{M^{m+}(aq)\}\ \{H^+\}^{-m} \quad (8)$$

Die beiden Löslichkeitsprodukte sind durch die Beziehung

$$K_{s0} / {}^*K_{s0} = (K_w)^m \quad (9)$$

miteinander verbunden.

Die Konzentration des freien Metallions im Gleichgewicht mit einer festen Hydroxidphase kann direkt in Funktion des pH berechnet werden.

$$[M^{m+}] = {}^*K_{s0}\,[H^+]^m \quad (10)$$

Die gesamte Löslichkeit in Funktion des pH ergibt sich aber aus der Summe der verschiedenen Hydroxospezies, die auch polymere Spezies (mit einer Anzahl y von Metallionen) umfassen kann: (vgl. Gleichung (6) Kapitel 6 und Beispiel 6.2)

$$[M]_{gelöst} = [M^{m+}] + \sum [M_y(OH)_n{}^{(ym-n)+}] \quad (11)$$

Löslichkeit von $Fe(OH)_3(s)$ (Ferrihydrit) in Funktion des pH

Das Löslichkeitsprodukt von $Fe(OH)_3(s)$ kann geschrieben werden als:

$$Fe(OH)_3(s) + 3\,H^+ \leftrightarrows Fe^{3+} + 3\,H_2O \quad (12)$$

$$^*K_{s0} = [Fe^{3+}][H^+]^{-3} \quad (13)$$

$$[Fe(III)]gelöst = [Fe^{3+}] + [FeOH^{2+}] + [Fe(OH)_2^+] + [Fe(OH)_4^-] \quad (14)$$

Die einzelnen Spezies in Funktion des pH ergeben sich aus den folgenden Gleichungen:

$$Fe(OH)_3(s) + 3\,H^+ \leftrightarrows Fe^{3+} + 3\,H_2O \quad (15)$$

$$\log [Fe^{3+}] = \log {}^*K_{s0} - 3\,pH \quad (16)$$

$$Fe(OH)_3(s) + 2\,H^+ \leftrightarrows FeOH^{2+} + 2\,H_2O \quad (17)$$

$$\log [FeOH^{2+}] = \log {}^*K_{s0} + \log K_1 - 2\,pH \quad (18)$$

$$Fe(OH)_3(s) + H^+ \leftrightarrows Fe(OH)_2^+ + H_2O \quad (19)$$

$$\log [Fe(OH)_2^+] = \log {}^*K_{s0} + \log \beta_2 - pH \quad (20)$$

$$Fe(OH)_3(s) + H_2O \leftrightarrows Fe(OH)_4^- + H^+ \quad (21)$$

$$\log [Fe(OH)_4^-] = \log {}^*K_{s0} + \log \beta_4 + pH \quad (22)$$

wobei K_1, β_2 und β_4 die Konstanten für die folgenden Reaktionen sind:

$$Fe^{3+} + H_2O \leftrightarrows FeOH^{2+} + H^+ \qquad K_1 \quad (23)$$

$$Fe^{3+} + 2\,H_2O \leftrightarrows Fe(OH)_2^+ + 2\,H^+ \qquad \beta_2 \quad (24)$$

$$Fe^{3+} + 4\,H_2O \leftrightarrows Fe(OH)_4^- + 4\,H^+ \qquad \beta_4 \quad (25)$$

Die Konzentration jedes Hydroxokomplexes wird in Funktion des pH-Wertes im log(Konz.) vs. pH-Diagramm aufgetragen (Abbildung 7.1). Die entsprechenden Geraden grenzen den Existenzbereich der festen Phase ab. Ein Löslichkeitsminimum im neutralen pH-Bereich ist ersichtlich. Aus Abb. 7.1 ist klar, dass die Löslichkeit von $Fe(OH)_3(s)$ im neutralen pH-Bereich sehr tief ist. Die geringe Löslichkeit von Fe(III) ist für das Verhalten von Eisen in der aquatischen Umwelt von grosser Bedeutung. Fe(III) steht nur in sehr begrenztem Ausmass als lösliche Spezies für die Aufnahme durch Organismen zur Verfügung.

Ähnliche Löslichkeitsdiagramme werden für andere Hydroxide und Oxide erhalten (s. auch Beispiel 6.2 in Kapitel 6).

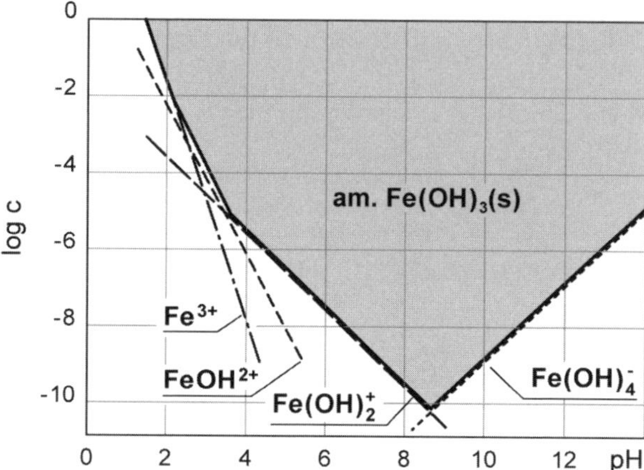

Abb. 7.1: pH-Abhängigkeit der Löslichkeit von $Fe(OH)_3$. Das grau schattierte Gebiet gibt den Existenzbereich der festen Phase an, der durch die Summe der löslichen Spezies begrenzt wird. Die Spezies $Fe_2(OH)_2^{4+}$ wurde hier vernachlässigt.

7.3 Löslichkeitsgleichgewichte von Carbonaten

Je nach Konzentrationsverhältnissen im System $M^{m+} - CO_2 - H_2O$ sind entweder die Hydroxide (bzw. Oxide) oder die Carbonate löslichkeitsbestimmend. Die Löslichkeitsverhältnisse bei den Carbonaten sind etwas komplexer, da hier sowohl die Löslichkeitsprodukte wie die Säure/Base-Reaktionen des Carbonatsystems und in offenen Systemen die Gas/Wasser-Gleichgewichte gleichzeitig berücksichtigt werden müssen (vgl. Kapitel 3).

Die verschiedenen möglichen Fälle werden hier am Beispiel des Calciumcarbonats behandelt, da dieses von grosser Bedeutung in natürlichen Gewässern ist; Calcit ist meistens die stabilste Phase, für die hier die Löslichkeit betrachtet wird. Für andere Carbonate gelten analoge Überlegungen, wobei auch zu berücksichtigen ist, dass die Carbonatgleichgewichte in einem Gewässer meistens durch das Calciumcarbonatsystem kontrolliert werden, so dass die Löslichkeit anderer Carbonate damit verknüpft ist.

Im Kapitel 3 wurde bereits bei der Behandlung der Carbonatgleichgewichte der Einfluss des festen $CaCO_3(s)$ auf die Lösungszusammensetzung im offenen System behandelt (Abbildung 3.3). Hier wird systematisch die $CaCO_3$-Löslichkeit unter verschiedenen Bedingungen diskutiert. Wie im Kapitel 3 dargestellt, muss man grundsätzlich zwischen zwei verschiedenen Systemen unterscheiden, nämlich einem geschlossenen System, bei dem kein Austausch mit der Gasphase (Atmosphäre) stattfindet, und einem offenen System, bei dem Gleichgewicht mit der Gasphase herrscht, d.h. mit dem CO_2-Partialdruck der Atmosphäre oder mit einem anderen CO_2-Partialdruck (zum Beispiel in Grundwässern). Diese Unterscheidung muss auch bei der Behandlung der Löslichkeit gemacht werden.

Es gilt in allen Fällen das Löslichkeitsprodukt:

$$K_{s0} = \{Ca^{2+}\}\{CO_3^{2-}\} \quad (26)$$

mit $\log K_{s0} = -8.42$ für $T = 25°$ C und $I = 0$.

7.3.1 Löslichkeit von $CaCO_3$(s) im geschlossenen System ohne Gasphase

Im einfachsten Fall liegt nur (reines) Wasser im Gleichgewicht mit festem Calciumcarbonat vor. Welcher pH und welche Calcium- und Carbonatkonzentrationen ergeben sich?

In diesem Fall gilt die Massenbilanz:

$$[Ca^{2+}] = C_T = [HCO_3^-] + [CO_3^{2-}] + [H_2CO_3] \quad (27)$$

und die Ladungsbilanz:

$$2\,[Ca^{2+}] + [H^+] = [HCO_3^-] + 2\,[CO_3^{2-}] + [OH^-] \quad (28)$$

Mit Hilfe der Säurekonstanten K_1 und K_2 des Carbonatssystems und des Löslichkeitsprodukts K_{s0} sowie von K_w lassen sich die 6 Unbekannten dieses Systems, nämlich Ca^{2+}, HCO_3^-, CO_3^{2-}, H_2CO_3, H^+, OH^- ausrechnen, zum Beispiel durch ein Näherungsverfahren oder durch das grafische Verfahren.

Die verschiedenen Spezies sind in Tableau 7.1 als Funktion der Komponenten CO_3^{2-}, H^+ und $CaCO_3$(s) dargestellt. Die Bedingung $C_T - Ca^{2+} = 0$ entspricht der Massenbilanz (27), nämlich:

$$[HCO_3^-] + [CO_3^{2-}] + [H_2CO_3] - [Ca^{2+}] = 0 \quad (29)$$

Die berechnete Konzentration der einzelnen Spezies ist rechts im Tableau 7.1 angegeben.

Tableau 7.1: Löslichkeit von $CaCO_3$(s) in reinem Wasser

		CO_3^{2-}	H^+	$CaCO_3$(s)	log K	berechnete Konz. (M)
Spezies:	Ca^{2+}	–1	0	1	–8.42	1.146×10^{-4}
	CO_3^{2-}	1	0	0	0.00	3.319×10^{-5}
	HCO_3^-	1	1	0	10.30	8.135×10^{-5}
	H_2CO_3	1	2	0	16.60	1.994×10^{-8}
	OH^-	0	–1	0	–14.00	8.139×10^{-5}
	H^+	0	1	0	0.00	1.229×10^{-10}
						(pH = 9.91)
Zusammensetzung:		0	0	$\{CaCO_3(s)\} = 1$		

In diesem Fall, ohne Zugabe von Säure oder Lauge und ohne Kontakt mit CO_2 in der Gasphase, ergibt sich pH = 9.9.

Für das grafische Verfahren (Abbildung 7.2) wird von der Gleichung ausgegangen:

$$\left[Ca^{2+}\right] = \frac{K_{s0}}{[CO_3^{2-}]} = \frac{K_{s0}}{\alpha_2 C_T} \tag{30}$$

wo $\alpha_2 = \frac{[CO_3^{2-}]}{C_T}$, wie im Kapitel 3, Gleichung (39), definiert ist.

Mit $[Ca^{2+}] = C_T$ ergibt sich:

$$C_T = \left(\frac{K_{s0}}{\alpha_2}\right)^{1/2} = [Ca^{2+}] \tag{31}$$

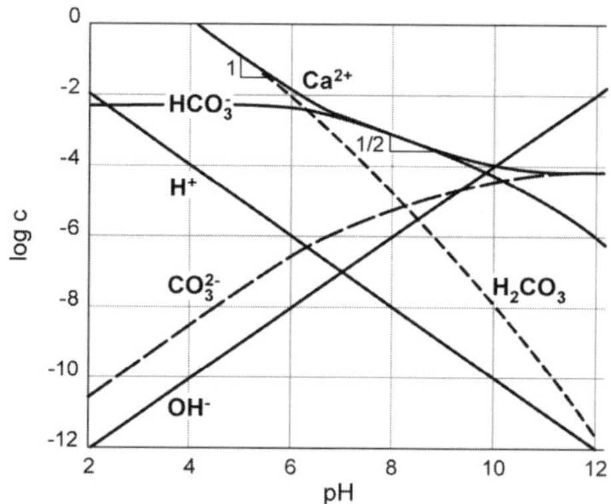

Abb. 7.2: Löslichkeit von $CaCO_3$(s) im geschlossenen System ohne Gasphase: $[Ca^{2+}] = C_T$

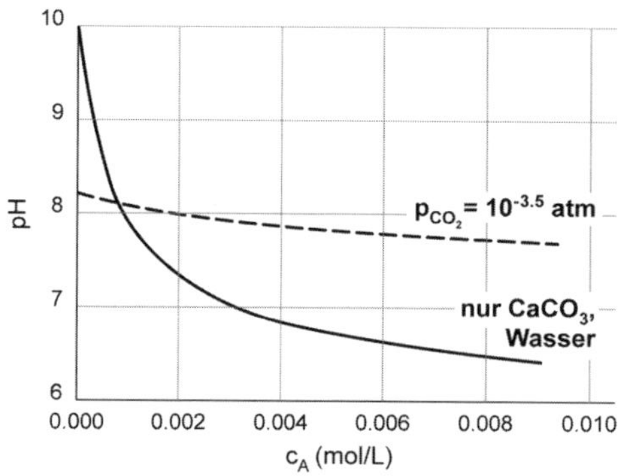

Abb. 7.3: pH als Funktion der zugegebenen Säure im System $CaCO_3$(s)-Wasser-CO_2:

a) nur $CaCO_3$(s)-Wasser im geschlossenen System;

b) $CaCO_3$(s)-Wasser-CO_2 mit $p_{CO2} = 10^{-3.5}$ atm im offenen System.

Für den pH-Bereich pH > pK_2 ist $\alpha_2 \cong 1$ und $[Ca^{2+}] \cong [CO_3^{2-}] = (K_{s0})^{1/2}$; im pH-Bereich $pK_1 < p\,K_2$ ist $\alpha_2 \cong K_2\,[H^+]^{-1}$ und $\log C_T \cong 1/2 \log K_{s0} - 1/2 \log K_2 - 1/2$ pH und $\log C_T = \log [Ca^{2+}] \cong \log [HCO_3^-]$; im pH-Bereich pH < pK_1 ist $\alpha_2 \cong K_1\,K_2\,[H^+]^{-2}$ und $\log C_T = 1/2 \log K_{s0} - 1/2 \log K_1K_2 -$ pH und $\log C_T = \log [Ca^{2+}] \cong \log [H_2CO_3]$. Daraus ergeben sich die unterschiedlichen Steigungen von $[Ca^{2+}]$ in Funktion von pH in Abb. 7.2.

Bei Zugabe von Säure, z.B. HCl, bleibt die Massenbilanz (27) gleich, während das Säureanion zusätzlich in die Ladungsbilanz eingeht. Wird zu diesem System Säure zugegeben, d.h. zu einer unendlichen Menge von festem $CaCO_3$, so löst sich $CaCO_3$ entsprechend der zugegebenen Säuremenge auf und der pH wird dadurch stark gepuffert (Abbildung 7.3).

7.3.2 Löslichkeit von $CaCO_3$(s) und anderen Carbonaten im Gleichgewicht mit p_{CO2}

Dieser Fall wird als Modell für natürliche Wässer im Gleichgewicht mit der Atmosphäre und mit Calciumcarbonat verwendet (s. Kap. 3).

Zunächst sollen pH, Carbonat- und Calciumkonzentrationen für den Fall einer festen Calciumcarbonatphase im Gleichgewicht mit Wasser und dem CO_2-Partialdruck der Atmosphäre berechnet werden. In diesem Fall ist C_T nicht mehr durch Ca^{2+} gegeben, sondern ergibt sich aus p_{CO2}:

$$C_T = [H_2CO_3] + [HCO_3^-] + [CO_3^{2-}] \qquad (32)$$

$$C_T = K_H\,p_{CO2} + K_H\,p_{CO2}\,K_1\,[H^+]^{-1} + K_H\,p_{CO2}\,K_1\,K_2\,[H^+]^{-2} \qquad (33)$$

Die Löslichkeit von $CaCO_3$ kann durch die Reaktion dargestellt werden:

$$CaCO_3(s) + 2\,H^+ \leftrightarrows Ca^{2+} + CO_2(g) + H_2O$$

Ca^{2+} in Abhängigkeit von p_{CO2} und pH gegeben durch:

$$[Ca^{2+}] = \frac{K_{s0}[H^+]^2}{K_H K_1 K_2 p_{CO_2}} \qquad (34)$$

und ist bei gegebenem p_{CO2} nur vom pH abhängig.

Dieses Problem ist mit Hilfe eines doppelt-logarithmischen Diagramms in Abbildung 3.3 gelöst. Aus der Ladungsbilanz :

$$2\,[Ca^{2+}] + [H^+] = [HCO_3^-] + 2\,[CO_3^{2-}] + [OH^-] \qquad (35)$$

die vereinfacht wird zu:

$$2\,[Ca^{2+}] \approx [HCO_3^-] \qquad (36)$$

wird der Punkt mit der entsprechenden Zusammensetzung im Gleichgewicht mit reinem $CaCO_3$ definiert (ohne Zugabe von Säure oder Base).

pH für diese Zusammensetzung wird näherungsweise aus der vereinfachten Gleichung (36) berechnet, indem für $[Ca^{2+}]$ der Ausdruck (34) und für $[HCO_3^-] = K_H\, p_{CO2}\, K_1\, [H^+]^{-1}$ eingesetzt wird:

$$2\frac{K_{s0}[H^+]^2}{K_H K_1 K_2 p_{CO_2}} = K_H p_{CO_2} K_1 [H^+]^{-1} \tag{37}$$

$$[H^+] \cong (p_{CO2})^{2/3}\,(1/2K_H^2 K_1^2 K_2 K_{s0}^{-1})^{1/3} \tag{38}$$

Für genaue Berechnungen werden auch die Ionenpaarspezies $CaHCO_3^+$, $CaOH^+$ und $CaCO_3^0$ einbezogen, die aber nur einen geringen Anteil der gesamten Löslichkeit darstellen.

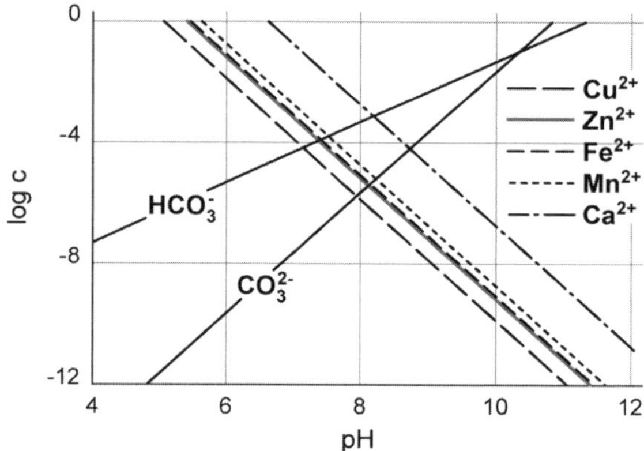

Abb. 7.4: Löslichkeit der Carbonate von Fe(II)-, Mn(II)-, Zn(II)- und Cu(II) im Vergleich zur Löslichkeit von Ca^{2+} für log p_{CO2}= -3.5

Bei Zugabe von Säure (oder Lauge) in diesem System (d.h. eine unendliche Menge von Calciumcarbonat im Kontakt mit atmosphärischem CO_2 und Wasser) ist der pH stark gepuffert, da hier das gebildete H_2CO_3 im Gleichgewicht mit dem CO_2 aus der Luft ist (Abbildung 7.3). Von Interesse für viele natürliche Gewässer, insbesondere für Grundwässer, ist die Abhängigkeit der Calciumcarbonatlöslichkeit vom CO_2-Partialdruck. Im Boden ist der CO_2-Partialdruck gegenüber dem atmosphärischen p_{CO2} meist erhöht, so dass sich auch eine erhöhte $CaCO_3$(s)-Löslichkeit ergibt. Die entsprechende Gleichgewichtszusammensetzung für einen beliebigen p_{CO2} kann aus einem doppelt-logarithmischen Diagramm oder rechnerisch ermittelt werden. Ein Beispiel dazu wurde schon in Kap. 3 gegeben.

Analog lässt sich die Löslichkeit anderer Carbonate berechnen, zum Beispiel für die Fe(II)- und Mn(II)-Carbonate:

$$Fe(II)CO_3(s) \leftrightarrows Fe^{2+} + CO_3^{2-} \qquad \log K_{s0} = -10.7 \tag{39}$$

$$Mn(II)CO_3(s) \leftrightarrows Mn^{2+} + CO_3^{2-} \qquad \log K_{s0} = -10.4 \tag{40}$$

Die Konzentration von Fe^{2+} oder Mn^{2+} kann analog zu Ca^{2+} in Abhängigkeit von CO_2 und H^+ geschrieben werden:

$$[Mn^{2+}] = \frac{K_{s0Mn}[H^+]^2}{K_H K_1 K_2 p_{CO_2}} \qquad (41)$$

Die Löslichkeit der Carbonate einiger Elemente ist in Abbildung 7.4 für das Gleichgewicht mit CO_2 der Atmosphäre dargestellt. Diese Darstellung gibt die relative Löslichkeit der Carbonate auf der Basis der freien Aquoionen an. Die gesamte Löslichkeit umfasst noch weitere gelöste Komplexe. Aus dieser Abbildung geht hervor, dass die Fe(II)-, Mn(II)-, Zn(II)- und Cu(II)-Carbonate weniger löslich als Calciumcarbonat sind. Im höheren pH-Bereich werden zum Teil die Hydroxide oder Oxide löslichkeitsbestimmend.

7.3.3 Löslichkeit von Carbonaten im geschlossenen System mit C_T = konstant

In diesem Fall stellen wir uns die Frage: wie viel Ca^{2+} kann für ein gegebenes C_T und pH im hypothetischen $CaCO_3$(s)-Sättigungsgleichgewicht in Lösung sein? Dieser Fall ist für die Überprüfung der Unter- bzw. Übersättigung von Calciumcarbonat wichtig. Dabei wird ein geschlossenes System angenommen, in dem C_T = konstant und $H_2CO_3^*$ als nicht-flüchtige Spezies behandelt wird.

Mit C_T = konstant ist:

$$[Ca^{2+}] = \frac{K_{s0}}{[CO_3^{2-}]} = \frac{K_{s0}}{C_T \alpha_2} \qquad (42)$$

mit

$$\alpha_2 = \frac{[CO_3^{2-}]}{C_T}$$

Dieser Fall ist auch von Interesse für die Löslichkeit der Carbonate von Spurenelementen wie z.B. Fe(II)CO_3(s), Mn(II)CO_3(s), $SrCO_3$(s). Die Konzentration anderer Elemente im Gleichgewicht mit ihren Carbonaten wird in Funktion der totalen Carbonatkonzentration berechnet, z.B. für $FeCO_3$(s).

Mit C_T = konstant gilt für Fe^{2+} analog zu Ca^{2+}:

$$[Fe^{2+}] = \frac{K_{s0}}{[CO_3^{2-}]} = \frac{K_{s0}}{C_T \alpha_2} \qquad (43)$$

7.4 Löslichkeit von Sulfiden

Sulfid bildet schwer lösliche Sulfide mit einer Anzahl wichtiger Spurenmetalle, z.B. mit Eisen(II), Kupfer, Cadmium, Quecksilber, Blei. Die Löslichkeit im Gleichgewicht mit diesen schwer löslichen Sulfiden ist durch die Summe der gelösten Komplexe gegeben, die in diesem Fall verschiedene Sulfidkomplexe in Lösung umfasst. Die pH-Abhängigkeit der Löslichkeit ergibt sich aus der pH-abhängigen Bildung dieser verschiedenen Komplexe.

Eisen(II)-Sulfide sind wichtige Bestandteile von Sedimenten unter anoxischen Bedingungen. Verschiedene feste Phasen sind bekannt, mit unterschiedlicher Struktur und Löslichkeit. FeS(s) kommt als die kristallinen Phasen Mackinawit, Troilit und Pyrrhotit sowie als amorphes FeS(s) vor. Die Löslichkeitsprodukte werden mit folgender Reaktion angegeben:

$$FeS(s) + H^+ \leftrightarrows Fe^{2+} + HS^- \qquad (44)$$

und das Löslichkeitsprodukt ist dann:

$$K_{s0} = \{Fe^{2+}\}\{HS^-\}\{H^+\}^{-1} \qquad (45)$$

Ein weiteres wichtiges Mineral ist Pyrit, $FeS_2(s)$, mit dem Anion S_2^{2-}, das im Prinzip aus der Reaktion von HS^- mit elementarem Schwefel (S^0) entsteht. Die Auflösung von Pyrit kann geschrieben werden mit der Reaktion:

$$FeS_2(s) + H^+ \leftrightarrows Fe^{2+} + HS^- + S^0 \qquad (46)$$

Die entsprechenden Löslichkeitsprodukte sind in Tabelle 7.3 zusammengefasst.

Tab. 7.3: Löslichkeitsprodukte der Eisensulfide (nach *(65)*)

Feste Phase	log K_{s0} (Gl. 44)
Amorphes FeS	−2.95
Mackinawit FeS	−3.6
Pyrrhotit FeS	−5.1
Troilit FeS	−5.25
	log K_{s0} (Gl. 46)
Pyrit FeS_2	−16.4

Die Löslichkeit von Cadmiumsulfid (CdS(s)) dient als Beispiel eines schwer löslichen Sulfids eines Spurenmetalls. Die folgenden Reaktionen sind möglich *(66)*:

$CdS(s) + H^+ \leftrightarrows Cd^{2+} + HS^-$ $\log K_{s0} = -14.36$ (47)

$CdS(s) + H^+ \leftrightarrows CdHS^+$ $\log K_1 = -6.7$ (48)

$CdS(s) + H^+ + HS^- \leftrightarrows Cd(HS)_2^0$ $\log K_2 = -1.0$ (49)

$CdS(s) + H^+ + 2\,HS^- \leftrightarrows Cd(HS)_3^-$ $\log K_3 = 2.08$ (50)

$CdS(s) + H^+ + 3\,HS^- \leftrightarrows Cd(HS)_4^{2-}$ $\log K_4 = 3.53$ (51)

$CdS(s) + H_2O \leftrightarrows CdOHS^- + H^+$ $\log K_5 = -16.8$ (52)

$CdS(s) \leftrightarrows CdS^0$ $\log K_6 = -9.1$ (53)

Die Summe der gelösten Spezies ist:

$[Cd_{gelöst}] = [Cd^{2+}] + [CdHS^+] + [Cd(HS)_2^0] + [Cd(HS)_3^-] + [Cd(HS)_4^{2-}] + [CdOHS^-] + [CdS^0] + [CdOH^+] + [Cd(OH)_2^0]$ (54)

Aus diesen Reaktionen ergibt sich die Abhängigkeit der Löslichkeit von Cadmiumsulfid von pH (Abb. 7.5). Die tiefe totale Löslichkeit ist im neutralen pH-Bereich vor allem durch die CdS^0-Spezies gegeben, für welche die Konstante etwas unsicher ist.

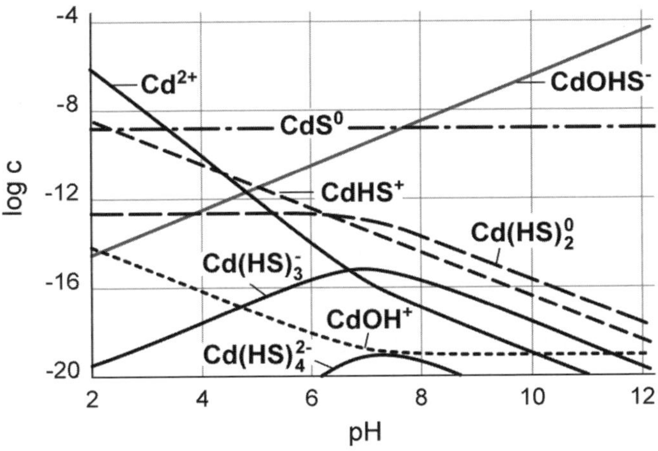

Abb. 7.5: Löslichkeit von CdS(s) in Funktion des pH mit $[HS^-]$(total) = 1×10^{-5} M

Andere Sulfide, wie zum Beispiel Quecksilbersulfid, können analog mit den entsprechenden Komplexen und Konstanten behandelt werden.

7.5 Löslichkeit von SiO_2 und Silikaten

Die Beschreibung der Löslichkeit der Silikate etwas schwieriger, weil die Auflösungsreaktionen häufig sehr langsam sind und Gleichgewichte kaum erreicht werden, die genaue Zusammensetzung der festen Phase und ihre freie Bildungsenthalpie oft nicht bekannt ist und weil häufig metastabile Phasen (s. Kap. 5.2) vorkommen und die Auflösungsreaktion häufig nicht kongruent verläuft. Der Begriff „inkongruent" wird verwendet, wenn sich bei der Auflösung einer festen Phase die stöchiometrische Zusammensetzung der festen Phase verändert, also z.B. wenn bei der Auflösung eine neue feste Phase entsteht. Z.B. können folgende Löslichkeitsgleichgewichte für einfache Aluminium-Silikate geschrieben werden:

Kaolinit: (Struktur s. Abbildung 9.15)

$$Al_2Si_2O_5(OH)_4(s) + 5\ H_2O \leftrightarrows Al_2O_3 \cdot 3\ H_2O(s) + 2\ H_4SiO_4; \quad \log K = -8.8 \quad (55)$$

Albit (Na-Feldspat):

$$NaAlSi_3O_8(s) + H^+ + 4.5\ H_2O \leftrightarrows Na^+ + 2\ H_4SiO_4 + 1/2\ Al_2Si_2O_5(OH)_4(s); \ \log K = -1.9 \quad (56)$$

Bei der Auflösung von Kaolinit entsteht festes Aluminiumhydroxid, bei der Auflösung von Albit wird Kaolinit gebildet.

7.5.1 Löslichkeit von $SiO_2(s)$

Die Löslichkeit von $SiO_2(s)$ als eine Funktion des pH ist durch folgende Gleichgewichte charakterisiert, wobei die Löslichkeit von Quarz kleiner als diejenige von amorphem $SiO_2(s)$ ist:

$$SiO_2(s, Quarz) + 2\ H_2O \leftrightarrows Si(OH)_4; \quad \log K = -3.7\ (25\ °C) \quad (57)$$

$$SiO_2(s, amorph) + 2\ H_2O \leftrightarrows Si(OH)_4; \quad \log K = -2.7 \quad (58)$$

$$Si(OH)_4 \leftrightarrows SiO(OH)_3^- + H^+; \quad \log K = -9.5 \quad (59)$$

$$SiO(OH)_3^- \leftrightarrows SiO_2(OH)_2^{2-} + H^+; \quad \log K = -12.6 \quad (60)$$

Wie die Gleichgewichtskonstanten illustrieren, ist amorphes SiO_2 10-mal besser löslich als Quarz, d.h. es ist gegenüber Quarz metastabil und sollte sich im Gleichgewicht in Quarz umwandeln. Daraus ergibt sich die in Abb. 7.6 dargestellte Löslichkeit in Funktion des pH. Die Löslichkeit ist bis hinauf zu pH = 9 unabhängig vom pH und nimmt dann mit dem pH zu. Für Quarz ist die Löslichkeit geringer. Im Allgemeinen ist diejenige Phase thermodynamisch stabiler, die die geringere Löslichkeit hat.

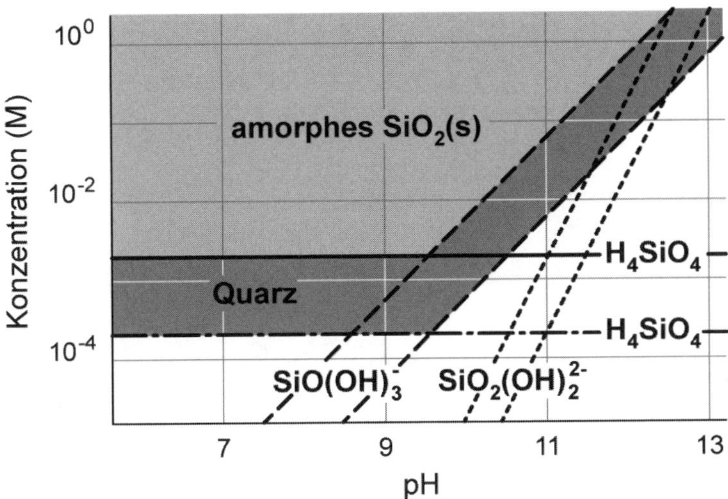

Abb. 7.6: Löslichkeit von SiO_2 (amorph) und von Quarz in Funktion des pH

7.5.2 Löslichkeit von Kaolinit

Bei der Auflösung von Kaolinit entsteht wegen der geringen Löslichkeit von Aluminiumoxid dieses als neue feste Phase:

$$Al_2Si_2O_5(OH)_4(s) + 5\ H_2O \leftrightarrows Al_2O_3 \cdot 3\ H_2O\ (s) + 2\ H_4SiO_4; \quad \log K = -8.8 \qquad (55)$$

Durch Kombination mit der Löslichkeit von $Al_2O_3 \cdot 3\ H_2O(s)$ ergibt sich:

$$1/2\ Al_2Si_2O_5(OH)_4(s) + 3\ H^+ \leftrightarrows Al^{3+} + H_4SiO_4 + 1/2\ H_2O; \qquad \log K = 3.7 \qquad (61)$$

Daraus ergibt sich die Löslichkeit im System Kaolinit–Aluminiumoxid. Aus Gleichung (55) wird die Gleichgewichtskonzentration von H_4SiO_4 für die Umwandlung von Kaolinit in Aluminiumoxid abgeleitet:

$$\log [H_4SiO_4] = -4.4 \qquad (62)$$

Aus Gleichung (61) ist die Löslichkeit von Al^{3+} für Kaolinit:

$$\log [Al^{3+}] = 3.7 - \log [H_4SiO_4] - 3\ pH \qquad (63)$$

D.h. die Al-Löslichkeit hängt vom pH und der H_4SiO_4-Konzentration ab.

Für das Gleichgewicht mit Aluminiumoxid gilt:

$$\log [Al^{3+}] = 8.1 - 3\ pH \qquad (64)$$

Die Löslichkeit wird für einen festen pH-Wert als Funktion von H_4SiO_4 dargestellt (Abbildung 7.7). Bei $[H_4SiO_4] < 10^{-4.4}$ ist die Löslichkeit von Al^{3+} durch das Gleichgewicht mit $Al_2O_3.3\ H_2O(s)$ begrenzt, bei $[H_4SiO_4] > 10^{-4.4}$ durch Kaolinit.

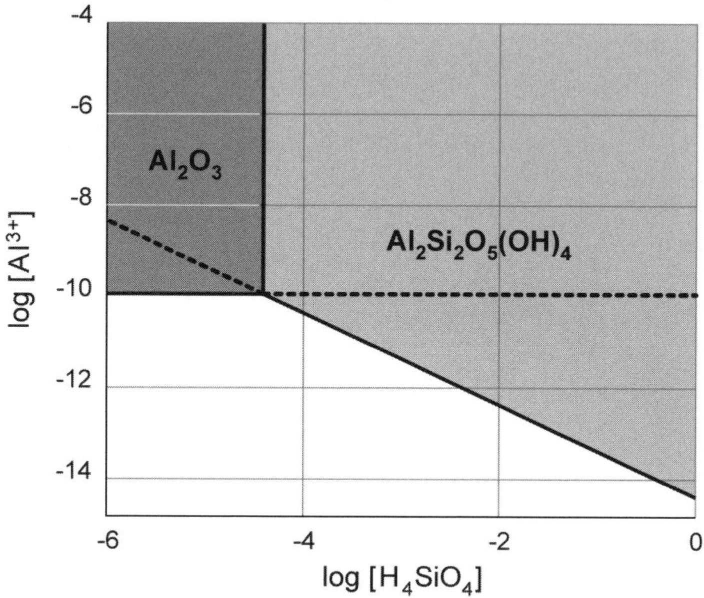

Abb. 7.7: Löslichkeit von Al^{3+} im Gleichgewicht mit Aluminiumoxid und Kaolinit für pH = 6. Die totalen gelösten Spezies umfassen auch die $Al(OH)_x$-Spezies, die hier nicht dargestellt sind.

7.5.3 Löslichkeit und Stabilität im System K-Feldspat / Muskovit / Kaolinit

In diesem Fall wird die Löslichkeit im System mit den Mineralien K-Feldspat ($KAlSi_3O_8$), Muskovit ($KAl_3Si_3O_{10}(OH)_2$) und ihre Umwandlung zu Kaolinit und Aluminiumoxid betrachtet (nach *(67)*). Die folgenden Gleichgewichte werden berücksichtigt:

Umwandlung von K-Feldspat zu Kaolinit:

$$2\ KAlSi_3O_8 + 2\ H^+ + 9\ H_2O \leftrightarrows Al_2Si_2O_5(OH)_4 + 2\ K^+ + 4\ H_4SiO_4 \qquad (65)$$

Die Konstante kann geschrieben werden als:

$$K = \frac{[K^+]^2[H_4SiO_4]^4}{[H^+]^2} \qquad \log K = -6.18 \qquad (66)$$

Daraus folgt:

$$\log [K^+] - \log [H^+] + 2 \log [H_4SiO_4] = -3.09 \qquad (67)$$

Die Löslichkeit von K^+ und H_4SiO_4 ist für verschiedene pH in Abb. 7.8 dargestellt.

Durch weitere Auflösungs- und Mineralienumwandlungsprozesse sind die Löslichkeitsverhältnisse etwas komplexer:

Umwandlung von K-Feldspat zu Muskovit:

$$3\ KAlSi_3O_8 + 2\ H^+ + 12\ H_2O \leftrightarrows\ KAl_3Si_3O_{10}(OH)_2 + 2\ K^+ + 6\ H_4SiO_4 \qquad (68)$$

$$\log K = -13.2$$

$$\log [K^+] - \log [H^+] + 3 \log [H_4SiO_4] = -6.6 \qquad (69)$$

Umwandlung von Muskovit zu Kaolinit:

$$2\ KAl_3Si_3O_{10}(OH)_2 + 2\ H^+ + 3\ H_2O \leftrightarrows\ 3\ Al_2Si_2O_5(OH)_4 + 2\ K^+ \qquad (70)$$

$$\log K = 7.9$$

$$\log [K^+] - \log [H^+] = 3.96 \qquad (71)$$

Umwandlung von Muskovit zu Gibbsit:

$$KAl_3Si_3O_{10}(OH)_2 + H^+ + 9\ H_2O \leftrightarrows\ 3\ Al(OH)_3(s) + K^+ + 3\ H_4SiO_4 \qquad (72)$$

$$\log [K^+] - \log [H^+] + 3 \log [H_4SiO_4] = -9.3 \qquad (73)$$

Umwandlung von Kaolinit zu Gibbsit:

$$Al_2Si_2O_5(OH)_4(s) + 5\ H_2O \leftrightarrows 2\ Al(OH)_3(s) + 2\ H_4SiO_4;\ \log K = -8.8 \qquad (55)$$

$$\log [H_4SiO_4] = -4.4 \qquad (62)$$

Die Stabilitätsbereiche der verschiedenen Mineralien lassen sich durch Darstellung von $\log [K^+]/[H^+]$ in Funktion von $\log [H_4SiO_4]$ darstellen (Abb. 7.9).

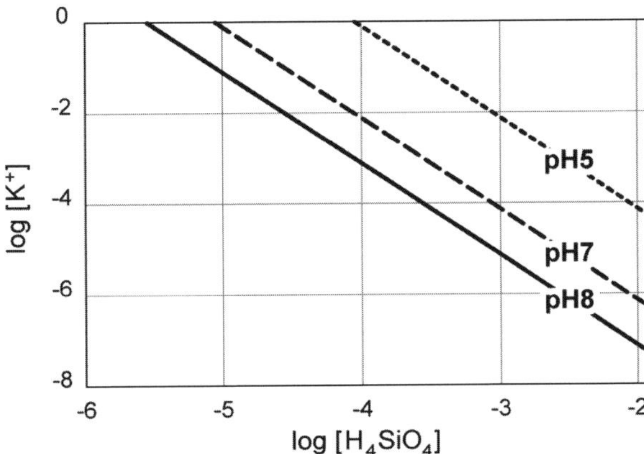

Abb. 7.8: Löslichkeit von K-Feldspat bei der Umwandlung zu Kaolinit bei verschiedenen pH

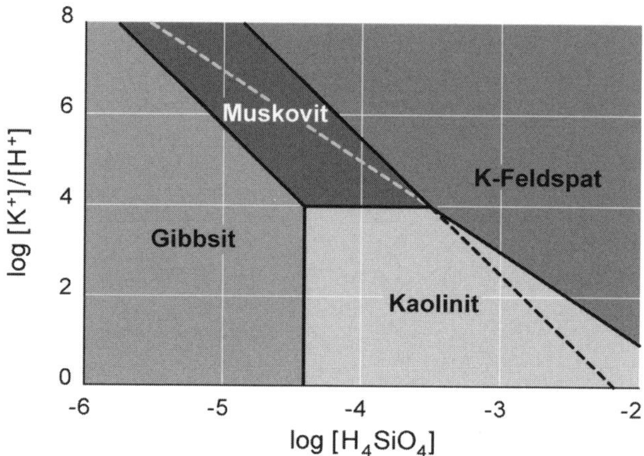

Abb. 7.9: Stabilitätsbereiche von K-Feldspat, Muskovit, Kaolinit und Gibbsit in Funktion von log [K+]/[H+] und log [H_4SiO_4] (nach *(67)*)

7.5.4 Löslichkeit von Albit als Funktion des p_{CO_2}

Die Löslichkeitsgleichgewichte der Silikate können auch mit H_2CO_3* geschrieben werden. Dabei wird klar, dass bei der Auflösung der Silikate Alkalinität produziert wird. Zum Beispiel gilt folgende Reaktion für die Auflösung von Albit ($NaAlSi_3O_8(s)$) zu Kaolinit:

$$NaAlSi_3O_8(s) + H^+ + 4.5\ H_2O \leftrightarrows Na^+ + 2\ H_4SiO_4 + 1/2\ Al_2Si_2O_5(OH)_4(s); \quad \log K = -1.9 \quad (56)$$

$$CO_2(g) + H_2O \leftrightarrows HCO_3^- + H^+; \quad \log K = -7.8 \quad (74)$$

Aus (56) und (74) ergibt sich:

$$NaAlSi_3O_8(s) + CO_2(g) + 5\ 1/2\ H_2O \leftrightarrows Na^+ + HCO_3^- + 2\ H_4SiO_4 + 1/2\ Al_2Si_2O_5(OH)_4(s)$$

$$\log K = -9.7 \quad (75)$$

Falls sich Albit unter dem Einfluss von CO_2 auflöst, entstehen primär die Spezies HCO_3^-, Na^+ und H_4SiO_4. Die Lösungen sind in der Nähe von pH = 7–8, so dass CO_3^{2-} und $SiO(OH)_3^-$ und $SiO_2(OH)_2^{2-}$ vernachlässigt werden können.

Die Ladungsbalance ist:

$$[Na^+] \approx [HCO_3^-] \quad (76)$$

Ferner gilt:

$$[Na^+] = 1/2[H_4SiO_4] \quad (77)$$

Die Kombination von (76) und (77) ergibt:

$$4\ [HCO_3^-]^4 \approx 10^{-9.7}\ p_{CO2} \quad (78)$$

Für den atmosphärischen $p_{CO2} = 3.7 \times 10^{-4}$ atm ergibt sich daraus (Abb. 7.10):

$[HCO_3^-] = 3.7 \times 10^{-4}$ M

$[Na^+] = 3.7 \times 10^{-4}$ M

$[H_4SiO_4] = 7.4 \times 10^{-4}$ M

Analog kann die Löslichkeit von Muskovit bei der Umwandlung zu Kaolinit aus der Reaktion (75) berechnet werden:

$$KAl_3Si_3O_{10}(OH)_2 + H_2CO_3^* + 3/2\ H_2O \leftrightarrows 3/2\ Al_2Si_2O_5(OH)_4 + K^+ + HCO_3^- \qquad (79)$$

Die entsprechende Löslichkeit ist in Abbildung 7.10 als Funktion von p_{CO2} dargestellt.

Diese Beispiele illustrieren, dass auch bei der inkongruenten Auflösung der Silikate Alkalinität entsteht, wenn auch in geringerem Ausmass als bei der Auflösung der Carbonate.

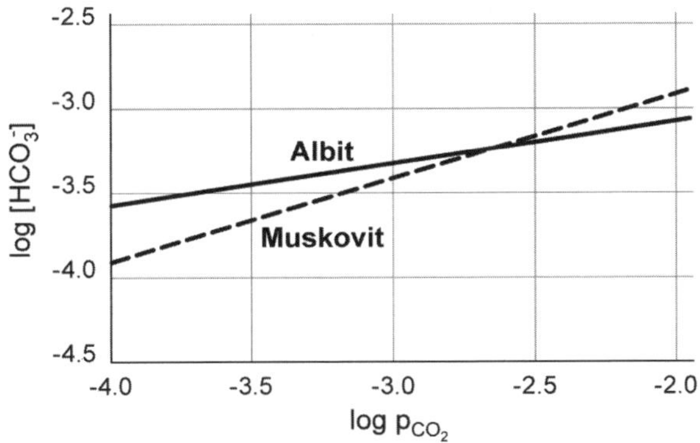

Abb. 7.10: Löslichkeit von Albit und Muskovit als HCO_3^- in Funktion von p_{CO2}

7.6 Abhängigkeit der Löslichkeit von Temperatur, Ionenstärke, Druck, Grösse der Partikel

Löslichkeitsprodukte sind meistens stark temperaturabhängig. Für genaue Berechnungen muss das Löslichkeitsprodukt für die jeweilige Temperatur verwendet werden, das aus Messungen für verschiedene Temperaturen oder aus Berechnungen mit ΔH erhalten wird. Als Beispiel ist die Temperaturabhängigkeit des Löslichkeitsprodukts von Calciumcarbonat (Calcit) in Tabelle 3.1 angegeben.

Die Druckabhängigkeit ist für die Löslichkeitsverhältnisse in den Ozeanen von Bedeutung (vgl. Kapitel 5.3).

In den Löslichkeitsprodukten gehen eigentlich Aktivitäten ein; häufig sind die Löslichkeitsprodukte für $I \rightarrow 0$ angegeben. Der Einfluss der Ionenstärke muss bei der Berechnung für andere Ionenstärken über die Aktivitätskoeffizienten berücksichtigt werden. Dazu kann beispielsweise die Formel nach Davies verwendet werden (s. Kapitel 2.9).

Ein weiterer Faktor, der die Löslichkeit beeinflusst, ist die Grösse der Partikeln. Bei sehr kleinen Partikelgrössen wird die spezifische Oberfläche sehr gross, und die Grenzflächenenergie trägt zur freien Energie der festen Phase bei. Dadurch wird die Löslichkeit einer festen Phase mit sehr kleinen Partikeln und sehr grosser Oberfläche grösser als diejenige der gleichen festen Phase mit gröberen Partikeln.

Beispiel 7.2: Löslichkeit von $CaCO_3$(s) und von SiO_2(s) in Funktion der Temperatur

Aus den thermodynamischen Tabellen im Anhang 3 wird die Enthalpie der Auflösungsreaktion von $CaCO_3$ (s) berechnet:

$$CaCO_3\,(s) \leftrightarrows Ca^{2+} + CO_3^{2-} \qquad \Delta H^0 = -12.53 \text{ kJ mol}^{-1} \qquad \text{(i)}$$

Aus der negativen Enthalpie dieser Reaktion folgt, dass die Löslichkeit von $CaCO_3$(s) mit zunehmender Temperatur abnimmt (vgl. Konstanten in Funktion der Temperatur in Tab. 3.1). Aus den Konstanten in Tab. 3.1. lässt sich die Konzentration von Ca^{2+} aus Gl. (30) in Funktion der Temperatur berechnen. Für $p_{CO2} = 3.7 \times 10^{-4}$ atm und pH = 8 lässt sich berechnen:

5 °C $[Ca^{2+}] = 2.20 \times 10^{-3}$ M

40 °C $[Ca^{2+}] = 1.15 \times 10^{-3}$ M

Im Gegensatz dazu wird für die Auflösung von Quarz berechnet:

$$SiO_2(\text{s, Quarz}) + 2\,H_2O \leftrightarrows H_4SiO_4 \qquad \Delta H^0 = +\,14 \text{ kJ mol}^{-1} \qquad \text{(ii)}$$

Hier nimmt die Löslichkeit von SiO_2(s) mit der Temperatur zu.

Aus log K = –3.7 (25 °C) lässt sich für 5 °C berechnen:

log K = –3.88 (5 °C)

und $[H_4SiO_4] = 1.32 \times 10^{-4}$ M (5 °C) im Vergleich zu $[H_4SiO_4] = 2.0 \times 10^{-4}$ M bei 25 °C

7.7 Welche feste Phase kontrolliert die Löslichkeit?

7.7.1 Löslichkeit und Stabilität verschiedener fester Phasen

Zum Verständnis der Zusammensetzung natürlicher Gewässer stellt sich häufig die Frage, welche feste Phase die Löslichkeit eines bestimmten Elements kontrolliert, z.B. bei Fällungsvorgängen in Sedimenten, bei Transportvorgängen im Grundwasser. Auch in der Abwasserbehandlung, wenn die Ausfällung unerwünschter Stoffe (z.B. Schwermetalle) angestrebt wird, oder bei der Beurteilung von Abfallstoffen stellt sich die gleiche Frage.

Prinzipiell strebt ein System im Gleichgewicht zu der thermodynamisch stabilsten Phase. Die thermodynamisch stabilste Phase ist diejenige mit der geringsten Löslichkeit; diese Phase kontrolliert die Löslichkeit eines Elements. Bei mehreren möglichen festen Phasen gleicher chemischer Zusammensetzung, aber unterschiedlicher Struktur ist ebenfalls die Phase mit der geringsten Löslichkeit die stabilste. Im Allgemeinen haben bei gleicher Zusammensetzung amorphe Phasen eine höhere Löslichkeit als kristallin ausgebildete Phasen. Für die Eisenhydroxide und -oxide ist beispielsweise amorphes $Fe(OH)_3(s)$ löslicher als die kristallinen Phasen α-FeOOH (Goethit) oder Fe_2O_3 (Hämatit):

$$Fe(OH)_3(s) \leftrightarrows Fe^{3+} + 3\,OH^- \quad \log K_{s0} = -38.7 \qquad (80)$$

$$\alpha\text{-}FeOOH(s) + H_2O \leftrightarrows Fe^{3+} + 3\,OH^- \quad \log K_{s0} = -40.4 \qquad (81)$$

$$0.5\,Fe_2O_3(s) + 1.5\,H_2O \leftrightarrows Fe^{3+} + 3\,OH^- \quad \log K_{s0} = -42.7 \qquad (82)$$

Im zeitlichen Verlauf der Ausfällung einer festen Phase fällt häufig, aus kinetischen Gründen, zuerst nicht die stabilste Phase aus, sondern die kinetisch günstigste Phase, häufig ein amorphes Produkt, die sich langsam in eine stabilere Phase umwandelt. Durch die kinetisch bedingte Bildung einer weniger stabilen Phase sind die gelösten Konzentrationen gegenüber der Gleichgewichtszusammensetzung erhöht.

Die löslichkeitsbestimmende Phase hängt für ein bestimmtes Element von den Bedingungen ab. Beispielsweise kann je nach Bedingungen ein Hydroxid oder ein Carbonat eines Kations ausfallen; ob das Hydroxid oder das Carbonat stabiler ist, hängt von p_{CO2} ab (bei konstanter Temperatur und Druck):

$$Me(OH)_2(s) + CO_2(g) \leftrightarrows MeCO_3(s) + H_2O \qquad (83)$$

Daraus kann p_{CO2} berechnet werden, bei dem die Umwandlung stattfindet, bzw. die p_{CO2}-Bereiche definiert werden, in welchen entweder $Me(OH)_2(s)$ oder $MeCO_3(s)$ ausfallen wird.

Verschiedene Methoden können angewendet werden, um die Existenzbereiche verschiedener fester Phasen zu definieren. Es können im Prinzip Löslichkeitsdiagramme wie Abbildungen 7.1 und 7.4 miteinander verglichen werden. Es können auch Diagramme konstruiert werden, die in Abhängigkeit verschiedener Variablen (z.B. p_{CO2}, pH) die Stabilitätsgrenzen der verschiedenen festen Phasen angeben. Diese verschiedenen Möglichkeiten sollen anhand einiger Beispiele gezeigt werden.

Die Löslichkeit der Fe(II)-Phasen ist für Verhältnisse in anoxischen Sedimenten repräsentativ. Im Beispiel 7.3 wird die Stabilität von Fe(II)S(s) und $FeCO_3(s)$ in Funktion verschiedener Variablen untersucht.

Beispiel 7.3: Stabilität von FeS(s) oder $FeCO_3$(s) in Gegenwart von Sulfid

Folgende Löslichkeitsprodukte werden angegeben:

$FeS(s) + H^+ \leftrightarrows Fe^{2+} + HS^-$ $\quad \log K_{s0FeS} = -4.2$ (i)

$FeCO_3(s) \leftrightarrows Fe^{2+} + CO_3^{2-}$ $\quad \log K_{s0FeCO3} = -10.7$ (ii)

Für Sulfid gelten die Säurekonstanten:

$H_2S \leftrightarrows H^+ + HS^-$ $\quad \log K_1 = -7.0$ (iii)

$HS^- \leftrightarrows H^+ + S^{2-}$ $\quad \log K_2 = -17.4$ (iv)

In welchem Bereich von pH, Alkalinität und Sulfidkonzentrationen wird FeS(s) bzw. $FeCO_3$(s) gebildet?

Zunächst wird von den folgenden effektiv vorhandenen Bedingungen ausgegangen:

$[Alk]_{eff} = 5 \times 10^{-3}$ M

$[S(-II)]_{T\ eff} = 1 \times 10^{-5}$ M

$[Fe(II)]_{T\ eff} = 1 \times 10^{-6}$ M

pH = 7.5

Wird unter diesen Bedingungen FeS(s) oder $FeCO_3$(s) ausfallen?

In einem ersten einfachen Ansatz können hier die Bedingungen für Q vs. K_{s0} geprüft werden:

$[HS^-] = \alpha_1\ [S(-II)]_T = 7.6 \times 10^{-6}$ M (v)

$[CO_3^{2-}] = [Alk]\ ([H^+]K_2^{-1} + 2)^{-1} = 8.0 \times 10^{-6}$ M (vi)

$\log[Fe^{2+}]_{eff}[CO_3^{2-}]_{eff} = -11.1$ (vii)

$\log\ ([Fe^{2+}]_{eff}\ [HS^-]_{eff}\ [H^+]^{-1}{}_{eff}) = -3.62$ (viii)

In diesem Fall ist $Q < K_{s0FeCO3}$ für $FeCO_3$(s), aber $Q > K_{s0FeS}$ für FeS(s), d.h. es wird unter diesen Bedingungen FeS(s) ausfallen.

Die Löslichkeit kann als Funktion des pH für C_T = konstant und S_T = konstant dargestellt werden (Abbildung 7.11). Die Löslichkeit von $Fe(OH)_2$(s) kann ebenfalls einbezogen werden:

$Fe(OH)_2(s) \leftrightarrows Fe^{2+} + 2\ OH^-$ $\quad \log K_{s0} = -15.1$ (ix)

Der Vergleich der $[Fe^{2+}]$-Kurven ergibt, dass für FeS die Löslichkeit tiefer ist; d.h. bei diesem Verhältnis von Carbonat und Sulfid wird im ganzen pH-Bereich FeS(s) gebildet. $Fe(OH)_2$(s) könnte nur bei sehr hohem pH in Abwesenheit von Sulfid gebildet werden.

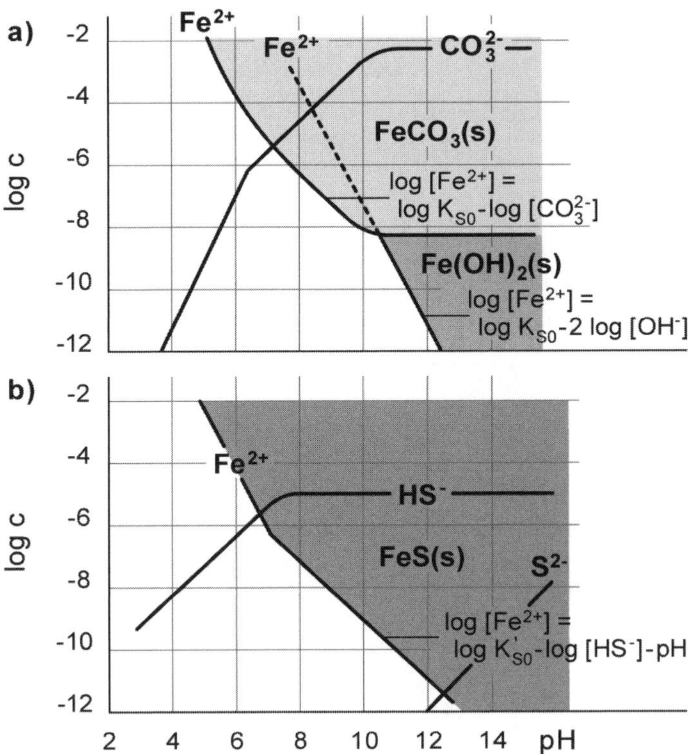

Abb. 7.11: Löslichkeitsdiagramme für $FeCO_3(s)$ (C_T = 5 x 10^{-3} M) und $Fe(OH)_2$ (s) (a) und FeS(s) (S_T = 1 x 10^{-5} M)(b)

Schliesslich können die Existenzbereiche von FeS(s) und $FeCO_3(s)$ in Funktion von log S_T und pH dargestellt werden, wobei bestimmte Annahmen für Fe^{2+}(tot) und C_T getroffen werden:

$Fe^{2+}(tot) = 1 \times 10^{-6}$ M

$C_T = 5 \times 10^{-3}$ M

Die Grenzen der verschiedenen Existenzbereiche können berechnet werden:

Für Fe^{2+}/FeS(s)

$$[HS^-] = K_{s0FeS}\,[Fe^{2+}]^{-1}\,[H^+] \qquad (x)$$

$$S(-II)_T = \alpha_1^{-1}\,[H^+]\,K_{s0FeS}\,[Fe^{2+}]^{-1} \qquad (xi)$$

für Fe^{2+}/ $FeCO_3(s)$:

$$[CO_3^{2-}] = K_{s0FeCO3}\,[Fe^{2+}]^{-1} \qquad (xii)$$

Daraus kann der pH berechnet werden, bei dem für das betreffende C_T $FeCO_3(s)$ ausfallen kann.

Für $FeCO_3(s)$/ $FeS(s)$ gilt:

$FeS(s) + H^+ + CO_3^{2-} \leftrightarrows FeCO_3(s) + HS^-$

$$K = \frac{[HS^-]}{[H^+][CO_3^{2-}]} = \frac{K_{s0FeS}}{K_{s0FeCO3}} = 10^{6.5} \quad \text{(xiii)}$$

und analog für $FeS(s)$/ $Fe(OH)_2(s)$:

$FeS(s) + OH^- + H_2O \leftrightarrows Fe(OH)_2(s) + HS^-$ (xiv)

$$K = \frac{[HS^-]}{[OH^-]} = \frac{K_{s0FeS}K_w}{K_{s0Fe(OH)2}} \quad \text{(xv)}$$

Aus diesen Beziehungen wird das Diagramm (Abbildung 7.12) konstruiert.

Die Verhältnisse im System Eisen-Sulfid-Carbonat wurden hier vereinfacht dargestellt. Für genaue Berechnungen müssen auch die Sulfidkomplexe mit Eisen in Lösung berücksichtigt werden; zudem sind verschiedene feste Phasen als Eisensulfide (s. Kap. 7.4) möglich.

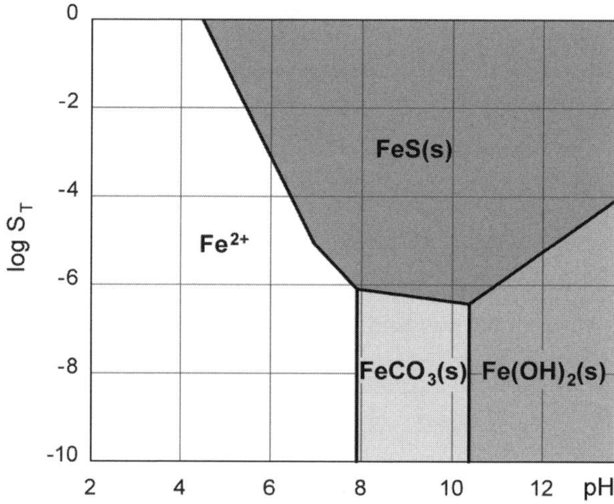

Abb. 7.12: Existenzbereiche von $FeS(s)$, $FeCO_3(s)$ und $Fe(OH)_2(s)$ für $Fe(II)_T = 1 \times 10^{-6}$ M und $C_T = 5 \times 10^{-3}$ M (Carbonat)

Beispiel 7.4: Löslichkeit von Cu in Gegenwart von Carbonat

Zur Illustration der Löslichkeitsverhältnisse bei Spurenmetallen wird die Löslichkeit von Cu in Gegenwart von Carbonat sowie unter Berücksichtigung anderer Komplexbildner berechnet.

Die Löslichkeit von Kupfer in einem Wasser mit $C_T = 2 \times 10^{-3}$ M soll als Funktion des pH (mit C_T = konstant) berechnet werden; zusätzlich soll der Einfluss eines organischen Komplexbildners auf die Löslichkeit betrachtet werden, da für ein realistisches Modell eines natürlichen Wassers organische Kupferkomplexe von Wichtigkeit sind.

Zunächst stellt sich die Frage, welche feste Phase für Cu löslichkeitsbestimmend ist. Es kommen Hydroxide und gemischte Hydroxocarbonate in Frage, nämlich CuO(s) (Tenorit), $Cu_2(OH)_2CO_3(s)$ (Malachit) und $Cu_3(OH)_2(CO_3)_2(s)$ (Azurit).

Folgende Löslichkeitsprodukte und Komplexbildungskonstanten gelten:

$CuO(s) + 2\,H^+ \leftrightarrows Cu^{2+} + H_2O$	log K = 7.65	(i)
$Cu_2(OH)_2CO_3(s) + 2\,H^+ \leftrightarrows 2\,Cu^{2+} + CO_3^{2-} + 2\,H_2O$	log K = –5.8	(ii)
$Cu_3(OH)_2\,(CO_3)_{2(s)} + 2\,H^+ \leftrightarrows 3\,Cu^{2+} + 2\,CO_3^{2-} + 2\,H_2O$	log K = –18.0	(iii)
$Cu^{2+} + H_2O \leftrightarrows CuOH^+ + H^+$	log K = –8.0	(iv)
$2\,Cu^{2+} + 2\,H_2O \leftrightarrows Cu_2(OH)_2^{2+} + 2\,H^+$	log K = –10.95	(v)
$Cu^{2+} + 3\,H_2O \leftrightarrows Cu(OH)_3^- + 3\,H^+$	log K = –26.3	(vi)
$Cu^{2+} + 4\,H_2O \leftrightarrows Cu(OH)_4^{2-} + 4\,H^+$	log K = –39.4	(vii)
$Cu^{2+} + CO_3^{2-} \leftrightarrows CuCO_3^0(aq)$	log K = 6.77	(viii)
$Cu^{2+} + 2\,CO_3^{2-} \leftrightarrows Cu(CO_3)_2^{2-}$	log K = 10.01	(ix)

Um die stabile Phase zu bestimmen, können zunächst die Löslichkeiten für die einzelnen festen Phasen als Funktion des pH für die entsprechenden Bedingungen bestimmt werden:

für Tenorit gilt:	$\log [Cu^{2+}] = 7.65 - 2\,pH$	(x)
für Malachit gilt:	$\log [Cu^{2+}] = -2.9 - pH - 0.5 \log [CO_3^{2-}]$	(xi)
für Azurit gilt:	$\log [Cu^{2+}] = -6.0 - 2/3\,pH - 2/3 \log [CO_3^{2-}]$	(xii)

Aus $\log [Cu^{2+}]$ ergibt sich die gesamte Löslichkeit für bestimmte pH und C_T, so dass die tiefste Cu^{2+}-Konzentration auch die tiefste Löslichkeit ergibt und die stabilste Phase anzeigt.

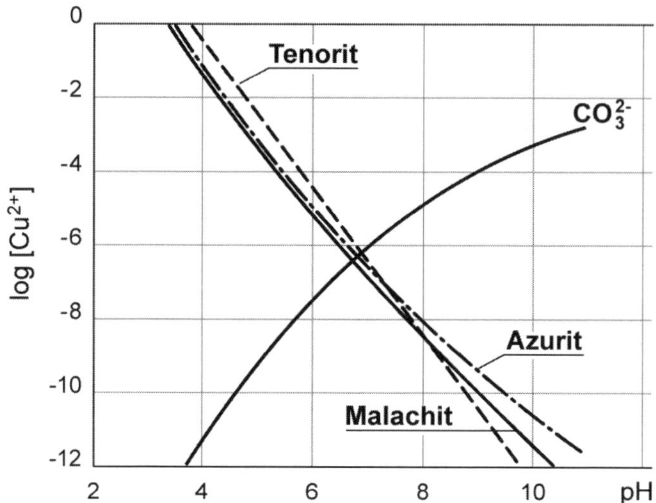

Abb. 7.13: Vergleich der Cu^{2+}-Konzentrationen im Gleichgewicht mit Malachit, Azurit und Tenorit, mit C_T= 2 x 10^{-3} M

Aus Abbildung 7.13 ist ersichtlich, dass die Löslichkeiten von Malachit und Azurit beinahe zusammenfallen und dass diese Phasen für pH < 8.0 stabiler sind, während bei pH > 8.0 Tenorit stabiler wird. Die nachfolgenden Berechnungen werden demnach für Malachit im pH-Bereich < 8 durchgeführt.

Man kann auch berechnen, dass die Umwandlung von Tenorit in Malachit nach folgender Gleichung stattfindet:

$$2\,CuO(s) + H_2CO_3 \leftrightarrows Cu_2(OH)_2CO_3(s) \qquad \log K = 4.5 \qquad (xiii)$$

Daraus folgt $\log [H_2CO_3^*] = -4.5$ für das Gleichgewicht der beiden festen Phasen. Bei C_T = 2.10^{-3} M entspricht diese $H_2CO_3^*$-Konzentration pH = 8.

Die gelösten Konzentrationen ergeben sich aus der Summe der verschiedenen Hydroxo- und Carbonatokomplexe:

$$[Cu]_{gelöst} = [Cu^{2+}] + [CuOH^+] + 2\,[Cu_2(OH)_2^{2+}] +$$

$$[Cu(OH)_3^-] + [Cu(OH)_4^{2-}] + [CuCO_3^0] + [Cu(CO_3)_2^{2-}] \qquad (xiv)$$

Die einzelnen Spezies werden als Funktion des pH im Gleichgewicht mit der jeweils stabileren Phase berechnet (Abbildung 7.14).

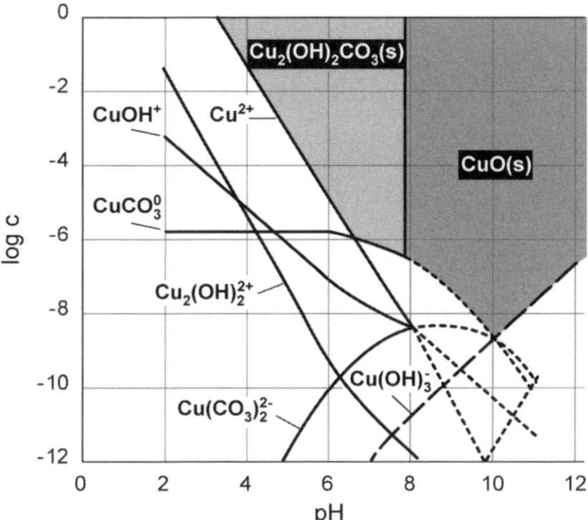

Abb. 7.14: Cu-Löslichkeit als Funktion des pH für $C_T = 2.10^{-3}$ M mit den beiden festen Phasen Tenorit und Malachit

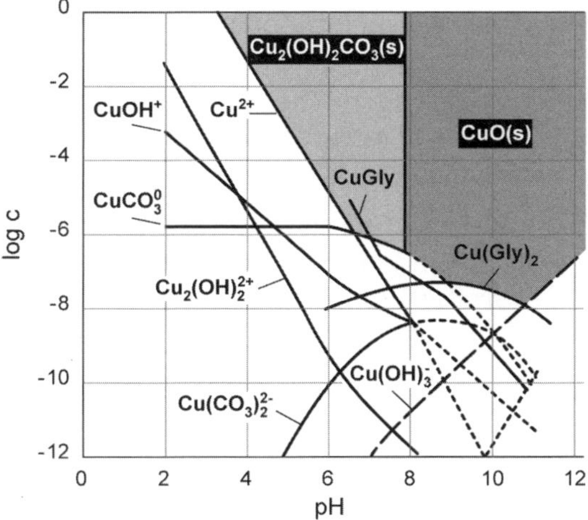

Abb. 7.15: Cu-Löslichkeit für $C_T = 2.10^{-3}$ M in Gegenwart von Glycin = 1.10^{-6} M

Daraus ergibt sich ein Löslichkeitsminimum im pH-Bereich um 9.5–10; im Bereich 7.5–8.5 ist die Löslichkeit immerhin ca. 1×10^{-7}–1×10^{-6} M. D.h., diese Löslichkeit ist hier allein aufgrund der Carbonatgleichgewichte in vielen Fällen höher als die typischerweise in natürlichen Gewässern angetroffenen Konzentrationen.

Als Beispiel für den Einfluss eines organischen Komplexbildners wird nun die Löslichkeit im gleichen System in Gegenwart einer Aminosäure, nämlich Glycin = 1 x 10^{-6} M, berechnet. Folgende Komplexe sind mit Cu möglich (gly = glycin = CH_2NH_2–COO^-):

$Cu^{2+} + gly^- \leftrightarrows Cugly^+$ log K = 8.6 (xv)

$Cu^{2+} + 2\,gly^- \leftrightarrows Cu(gly)_2$ log K = 15.6 (xvi)

Zusätzlich müssen die Säure-Basen-Gleichgewichte berücksichtigt werden:

$H_2gly^+ \leftrightarrows Hgly + H^+$ log K = –2.35 (xvii)

$Hgly \leftrightarrows gly^- + H^+$ log K = –9.78 (xviii)

Die Konzentrationen der Cu-Komplexe $Cugly^+$ und $Cu(gly)_2$ können aufgrund der durch das Gleichgewicht mit der festen Phase gegebenen Cu^{2+}-Konzentrationen berechnet werden. Die gesamte Löslichkeit ist dann gegeben durch:

$[Cu]gelöst = [Cu^{2+}] + [CuOH^+] + 2\,[Cu_2(OH)_2^{2+}] +$

$[Cu(OH)_3^-] + [Cu(OH)_4^{2-}] + [CuCO_3^0] + [Cu(CO_3)_2^{2-}] + [Cugly^+] + [Cu(gly)_2]$ (xix)

Daraus ergibt sich eine Zunahme der Löslichkeit vor allem im pH-Bereich 8–10 (Abb. 7.15).

7.7.2 Komponenten, Phasen und Freiheitsgrade

In den Beispielen 7.3 und 7.4 stellt sich – zusätzlich zur Frage, welche Phase die Löslichkeit kontrolliert – das Problem der Koexistenz der Phasen. Wie viele Phasen können für die gegebenen Bedingungen koexistieren?

Die von Gibbs aus der Thermodynamik abgeleitete Phasenregel ist ein wichtiges Ordnungsprinzip, das in Gleichgewichtsmodellen die Beziehung zwischen der Anzahl Komponenten, der Anzahl Phasen und den Freiheitsgraden festlegt:

$$F = C + 2 - P \qquad (84)$$

wobei

F = Anzahl Freiheitsgrade (unabhängige Variablen wie z.B. Konzentrationsbedingungen sowie Druck und Temperatur)

C = Anzahl Komponenten, d.h. die minimale Anzahl von chemischen Verbindungen, die zur vollständigen Beschreibung des Systems notwendig sind (wobei ein System durch verschiedene Komponentenansätze beschrieben werden kann)

P = Anzahl Phasen (eine Phase ist eine Domäne mit einheitlicher Zusammensetzung und einheitlichen Eigenschaften)

In den Beispielen 7.3 und 7.4 und beim Lösen der Gleichgewichtsprobleme in den früheren Kapiteln wurde die Phasenregel (etwas intuitiv) berücksichtigt. Beim Lösen von Gleichgewichtsmodellen wird vom selbstverständlichen Prinzip ausgegangen, dass zum Lösen von n Unbekannten (die Aktivitäten oder Konzentrationen von n Spezies) n Gleichungen gebraucht werden. Z.B. in einem löslichen geschlossenen Karbonatsystem werden zur vollständigen Definition des Systems ($H_2CO_3^*$, HCO_3^-, CO_3^{2-}, H^+, OH^-), neben Druck und Temperatur, 2 Konzentrationsbedingungen (z.B. C_T und pH; oder [Alk] und [$H_2CO_3^*$]) benötigt, da die 5 Spezies durch 3 Massenwirkungsgesetze (2 Säure-Base-Gleichgewichte von $H_2CO_3^*$und HCO_3^- und das Ionenprodukt von H_2O) verbunden sind.

Eine gleichbedeutende Aussage wurde auch bei der Einführung der Tableaux (Kapitel 2.5) gemacht, nämlich dass die Anzahl Komponenten der Anzahl Spezies minus die Anzahl unabhängiger Reaktionen entspricht. Eine gleichwertige Aussage ist, dass in jeder Phase C – 1 Konzentrationsbedingungen (inkl. Bedingungen über Elektroneutralität oder Protonenbedingungen) notwendig sind, um das System zu beschreiben. (Es ist zu berücksichtigen, dass zur Anzahl der in den Tableaux aufgeführten Komponenten immer noch die Komponente H_2O dazugezählt wird.)

Die Anwendung der Phasenregel kann beim Beispiel 7.3 illustriert werden. Die Komponenten des Systems sind z.B. HCO_3^-, Fe^{2+}, HS^-, H^+, H_2O. Dementsprechend ist, falls keine feste Phase vorhanden, $F = 5 + 2 - 1 = 6$. Das heisst, neben T und p sind 4 Konzentrationsangaben, z.B. S_T, Fe_T, C_T und pH, nötig, um das System eindeutig zu beschreiben. Falls eine feste Phase, z.B. FeS(s), dazu kommt, genügen drei Konzentrationsangaben, z.B. Fe_T, C_T und pH, um das System zu beschreiben (vgl. z.B. Abbildung 7.12: für gegebene Fe_T und C_T ist S_T eine Funktion des pH). Kommt noch eine dritte Phase wie $FeCO_3$(s) dazu, dann nehmen die Freiheitsgrade neben T und p auf 2 ab. In Abbildung 7.12 definiert der Punkt, bei dem die drei Phasen koexistieren (für die 2 Konzentrationsbedingungen Fe_T und C_T), sowohl den pH als auch S_T. Diese einfache Anwendung illustriert, dass für eine gegebene Anzahl Komponenten, für jede zusätzliche Phase im System ein Freiheitsgrad eingebüsst wird, oder, in anderen Worten, die Zahl der möglichen koexistierenden Phasen wird begrenzt.

Beispiel 7.5: Koexistenz verschiedener Phasen

Illustriere anhand des drei-phasigen offenen $CaCO_3$(s) (Calcit)-CO_2-H_2O-Systems (siehe Tableau 3.2) die Anwendung der Phasenregel.

Wie die nachstehende Tabelle veranschaulicht, ist in diesem Fall (3-Phasen) die Zusammensetzung durch die Protonenbedingung und zwei unabhängige Variablen, z.B. die Temperatur und den Partialdruck von CO_2, p_{CO2}, festgesetzt. Wenn TOTH = 0, ist dieses System bezüglich Verdünnung oder Konzentrierung oder Zugabe oder Wegnahme einer Komponente in der Zusammensetzung konstant, solange alle drei Phasen miteinander im Gleichgewicht bleiben.

Bei der Zugabe einer weiteren festen Phase, z.B. $Ca(OH)_2$(s) zum System (die gleichen Komponenten werden beibehalten), bleibt bei Gleichgewichtskoexistenz aller vier Phasen neben der Protonenbedingung nur eine unabhängige Variable: Wenn die Temperatur festgelegt ist und wenn TOTH = 0, ist die Zusammensetzung gegeben, d.h. der p_{CO2} ist festgelegt. Dieses System ist ein Beispiel eines „Monostaten“, ein System konstanter Zusammensetzung und festgelegtem p_{CO2}.

In komplizierten natürlichen Systemen erhöht die Vielfalt der Phasen bei einer beschränkten Anzahl Komponenten die Resistenz des Gleichgewichtssystems gegenüber Veränderungen.

Tab. 7.4: Offenes $CO_2(g)$-$CaCO_3(s)$-H_2O- H^+-System

Typ		Anzahl Phasen	Anzahl Komponenten [1)]	Anzahl Freiheitsgrade	Beispiele von Freiheitsgraden
1.	Calcit(s) wässrige Lösung $CO_2(g)$	P = 3	C = 4 z.B.: H^+, $CO_2(g)$, H_2O, $CaCO_3(s)$	F = 3	TOTH [2)] und T und p, oder T und p_{CO2} [3)]
2.	Calcit(s) $Ca(OH)_2(s)$ wässrige Lösung $CO_2(g)$	P = 4	C = 4 z.B.: H^+, $CO_2(g)$, H_2O, $CaCO_3(s)$	F = 2	TOTH und T

[1)] Alle im System vorkommenden Spezies, H^+, HCO_3^-, CO_3^{2-}, $H_2CO_3^*$, OH^-, $CO_2(g)$, $CaCO_3(s)$, $Ca(OH)_2(s)$, H_2O können aus diesen Komponenten zusammengesetzt werden, z.B., $Ca(OH)_2(s) = CaCO_3 - CO_2(g) + H_2O$

[2)] Protonenbedingung. Wenn TOTH = 0 (entsprechend Gleichung (20) im Kapitel 3) entspricht das System einem $CaCO_3(s)$-H_2O-$CO_2(g)$-System, dem weder Säure noch Base zugegeben wurde (Tableau 3.2).

[3)] Durch die Angabe eines Partialdruckes wird implizit auch der Gesamtdruck, p, festgelegt.

7.8 Sind feste Phasen im Löslichkeitsgleichgewicht?

Aus der thermodynamischen Betrachtung wird hergeleitet, welche die jeweils stabilste Phase ist. Man muss aber beachten, dass Ausfällung und Auflösung einer festen Phase langsame Prozesse sind und dass die entsprechenden Gleichgewichte unter natürlichen Bedingungen häufig nicht eingestellt sind.

Gleichgewichtskohlensäure, Sättigungs-pH und Sättigungs-Indizes

Wegen der teilweise langsamen Kinetik der Auflösung und Ausfällung wird nicht in jedem Fall das theoretische Gleichgewicht erreicht. Ob das Löslichkeitsgleichgewicht von Calciumcarbonat in einem Wasser erreicht ist, ist von grosser praktischer Bedeutung, zum Beispiel bei der Trinkwasseraufbereitung, bei Fragen der Korrosion usw. Dazu muss häufig aufgrund der analytisch ermittelten Zusammensetzung überprüft werden, ob die Sättigung mit

Calciumcarbonat in einem Wasser erreicht ist. Ein Wasser, das in Bezug auf Calciumcarbonat untersättigt ist, enthält Kohlensäure, die noch nicht mit der festen Phase reagiert hat. Bei Übersättigung sind Calcium- und Carbonat-Ionen im Überschuss; die feste Phase wird langsam ausfallen.

Die Kalklöslichkeit kann durch eine der drei Gleichungen (85–87) charakterisiert werden; diese Reaktionen unterscheiden sich nur in den Parametern, die zur Charakterisierung des Systems gemessen werden (Alkalinität, pH, Kohlensäurekonzentration):

$$CaCO_3(s) \leftrightarrows Ca^{2+} + CO_3^{2-} \quad (85)$$

$$CaCO_3(s) + H^+ \leftrightarrows Ca^{2+} + HCO_3^- \quad (86)$$

$$CaCO_3(s) + H_2CO_3^* \leftrightarrows Ca^{2+} + 2\,HCO_3^- \quad (87)$$

Aufgrund der Thermodynamik wird überprüft, ob ein Wasser (z.B. im Wasserversorgungsnetz) $CaCO_3(s)$ abscheiden oder auflösen wird. Für jede der Reaktionen (85)–(87) kann der Reaktionsquotient Q mit der entsprechenden Gleichgewichtskonstante K verglichen werden. Die freie Reaktionsenthalpie der Auflösungsreaktionen wird daraus berechnet:

$$\Delta G = 2.3\,RT \log Q/K \quad (88)$$

wobei

ΔG = freie Reaktionsenthalpie der Reaktionen (85–87)

Q = Reaktionsquotient

K = Gleichgewichtskonstante

R = Gaskonstante

T = absolute Temperatur (2.3 RT = 5.71 kJ mol^{-1} (für 25 °C))

Demnach gilt für die obenstehenden Löslichkeitsgleichgewichte:

$$\Delta G_i = 5.71 \log ([Ca^{2+}]\,[CO_3^{2-}] / K_{s0}) \quad (89)$$

$$\Delta G_{ii} = 5.71 \log \frac{[Ca^{2+}][HCO_3^-][H^+]^{-1}}{K_{s0}K_2^{-1}} \quad (90)$$

$$\Delta G_{iii} = 5.71 \log \frac{[Ca^{2+}][HCO_3^-]^2[H_2CO_3]^{-1}}{K_{s0}K_2^{-1}K_1} \quad (91)$$

wobei die in [ ] aufgeführten Werte die aktuellen (effektiven) Konzentrationen (M) sind und diese Reaktionsquotienten mit den entsprechenden Gleichgewichten verglichen werden.

Die Über- oder Untersättigung kann auch geprüft werden, indem die gemessene $[H_2CO_3^*]$ mit der Gleichgewichtskonzentration $[H_2CO_3^*]_s$ verglichen wird (Gl. (87)), die aufgrund der gemessenen $[Ca^{2+}]$ und $[HCO_3^-]$ berechnet wird, oder analog die gemessene $[H^+]$ mit der Sättigungs-$[H^+]_s$-Konzentration verglichen wird (Gl.(86)).

$\log ([H^+]_S / [H^+]) \quad = \text{prop } \Delta G_{ii}$ (92)

$\log([H_2CO_3^*]_s/[H_2CO_3^*]) \quad = \text{prop } \Delta G_{iii}$ (93)

Verschiedene Grössen sind für die Überprüfung der Über- oder Untersättigung in der Praxis gebräuchlich, nämlich:

1. der Sättigungsindex (S_i), $pH - pH_s = S_i$, der in den USA gebraucht wird;

2. die „überschüssige“ oder „unterschüssige“ Kohlensäure = $[H_2CO_3^*] - [H_2CO_3^*]_s$, die vor allem in Deutschland gebraucht wird;

3. der Quotient $\log ([Ca^{2+}] [CO_3^{2-}] / K_{s0})$, der in der Ozeanografie und in der Geochemie häufig verwendet wird.

Diese Grössen sind gleichwertige Massstäbe für die freie Reaktionsenthalpie der Auflösungsreaktion. Die analytischen Messdaten, die dazu gebraucht werden, sind allerdings verschieden und mit unterschiedlicher Genauigkeit messbar. In einem harten Wasser (tiefer pH) ist es operationell einfacher, die Kohlensäuredifferenz zu bestimmen als in weichem Wasser mit höherem pH und geringerer Pufferkapazität.

Beispiel 7.6: Überprüfung der Sättigung mit Calciumcarbonat in einem Grundwasser

Gemessene Grössen können im Prinzip sein:

$[Ca^{2+}]$, Alkalinität, C_T, $[H_2CO_3^*]$, p_{CO2}, pH

Zur vollständigen Definition des Systems genügen die Angaben von entweder $[Ca^{2+}]$, Alkalinität, pH oder $[Ca^{2+}]$, Alkalinität, p_{CO2} oder $[Ca^{2+}]$, C_T, pH, da sich alle anderen Grössen daraus berechnen lassen. Es wird angenommen, dass sich alle Säure/Basen-Gleichgewichte genügend schnell einstellen und dass nur die Reaktionen mit der festen Phase allenfalls nicht im Gleichgewicht sind.

In einem Grundwasser wurden gemessen:

$[Ca^{2+}] = 2.3 \times 10^{-3}$ M

Alkalinität $= 5.7 \times 10^{-3}$ M

$[H_2CO_3^*] = 8.1 \times 10^{-4}$ M

pH = 7.31

Temp = 10 °C

Der Reaktionsquotient Q wird aufgrund der Reaktionen (86) oder (87) überprüft.

$$Q = \frac{[Ca^{2+}][HCO_3^-]^2}{[H_2CO_3^*]} = 9.23 \times 10^{-5} \qquad \text{(i)}$$

Die Gleichgewichtskonstante K ist für diese Temperatur:

$K = K_{s0}\, K_1\, K_2^{-1} = 4.67 \times 10^{-5}$ (ii)

D.h. hier ist Q > K und Calciumcarbonat ist in diesem Wasser etwas übersättigt.

Oder die Gleichgewichtskonzentration $[H_2CO_3^*]_s$ wird berechnet:

$$[H_2CO_3]_s = \frac{[Ca^{2+}][HCO_3^-]^2}{K} = 1.6 \mathrm{x} 10^{-3}\,\mathrm{M} \quad \text{(iii)}$$

Daraus folgt, dass $[H_2CO_3^*] < [H_2CO_3^*]_s$ ist und darum $CaCO_3(s)$ übersättigt ist.

Für eine genaue Berechnung muss die Temperaturabhängigkeit der Konstanten berücksichtigt sowie eine Korrektur für die Aktivitätskoeffizienten bei der entsprechenden Ionenstärke gemacht werden.

7.9 Kinetik der Nukleierung und Auflösung fester Phase

Die Kinetik des Kristallwachstums und der Auflösung wird am Beispiel des Calciumcarbonats behandelt.

7.9.1 Theorie des Kristallwachstums

Das Wachstum des Calcitkristalls besteht aus folgenden Schritten:

1. Transport von Ionen oder Molekülen an die Kristalloberfläche,

2. verschiedene Prozesse an der Oberfläche (Adsorption, Dehydratation, Oberflächennukleierung, Ionenaustausch etc.), welche die Inkorporierung der Ca^{2+}- und CO_3^{2-}-Ionen in den Calcitkristall bewirken, und allenfalls

3. Wegtransport von Reaktionsprodukten (z.B. von H^+, das aus HCO_3^- bei der CO_3^{2-}-Inkorporation freigesetzt wurde).

Die Geschwindigkeit des Kristallwachstums kann deshalb durch den Transportschritt oder durch einen Prozess an der Oberfläche kontrolliert werden. Bei einem transportkontrollierten Wachstum besteht an der Kristalloberfläche ein Sättigungsgleichgewicht. Das Wachstum wird dann durch die Transportgeschwindigkeit der Ionen oder Moleküle (proportional dem Konzentrationsgradienten an der Grenzfläche) an die Kristalloberfläche bestimmt; es ist demnach vom hydrodynamischen Zustand (z.B. Rührgeschwindigkeit) der Lösung abhängig.

Nur oberflächenkontrolliertes Wachstum erhält man, wenn der Einbau ins Kristallgitter so langsam vor sich geht, dass die Konzentration an der Kristalloberfläche derjenigen der Bulkphase entspricht. Viele der Geschwindigkeiten der in natürlichen Gewässern vorkommenden Wachstums- und Auflösungsprozesse sind oberflächenkontrolliert. Die Übersättigung, Ω, kann mit Hilfe eines der Löslichkeitsgleichgewichte (85)–(87) quantifiziert werden:

$$\Omega = Q / K_{s0} \qquad (94)$$

wobei

K_{s0} = Löslichkeitsprodukt des $CaCO_3(s)$

Q = Ionenprodukt zur Zeit t

Die durch Prozesse an der Oberfläche geschwindigkeitskontrollierte Kristallwachstumsrate ist in der Regel abhängig

- von der verfügbaren Oberfläche und
- der Konzentration der für die Kristallbildung verantwortlichen Spezies.

Es gibt verschiedene Mechanismen für oberflächenkontrolliertes Kristallwachstum. Bei kleinen Übersättigungen kann das Kristallwachstum durch eine mononukleare Schichtbildung (Abbildung 7.16) stattfinden. Polynukleare Schichtbildung kann vorkommen, wenn neue Oberflächennuclei gebildet werden, bevor die vorher gebildeten sich über die ganze Oberfläche ausbreiten konnten. Alle Kristalle weisen kleine Defekte auf. Bei jedem Defekt, z.B. bei einem Treppenabsatz (step) oder einem Kink (Ecke des Treppenabsatzes), wird das Kristallwachstum vorrangig stattfinden, da dort mehr potenzielle Bindungen für die Anlagerung eines Ions vorhanden sind. Das Spiralwachstum beruht auf einer Schraubenversetzung (screw dislocation) (Abbildung 7.16). Der Treppenabsatz hat atomare Dimensionen und wirkt als dauernder Katalysator, so dass auch bei relativ kleiner Übersättigung noch Wachstum stattfinden kann. Da jede Stelle am „Treppenabsatz" mit derselben Geschwindigkeit wächst, entsteht eine Spirale. Die Defekte an der Kristalloberfläche, die Steps und Kinks sind die Stellen, an denen präferenziell organische Substanzen und Fremdionen adsorbiert werden. Solche Verbindungen können auch bei kleinsten Konzentrationen das Kristallwachstum und die Keimbildung inhibieren.

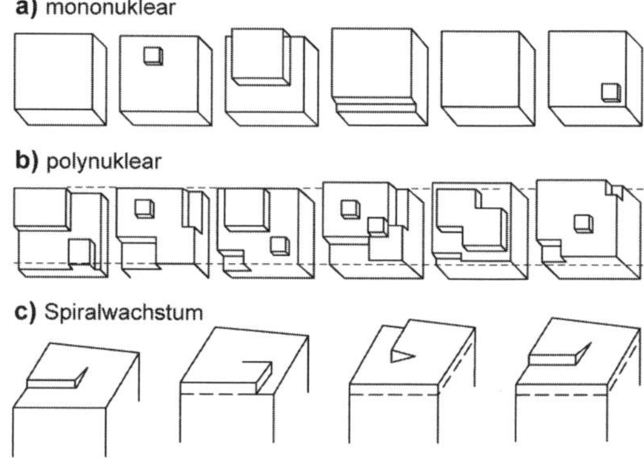

Abb. 7.16: Vorstellungen über das Kristallwachstum a) Mononukleares Wachstum b) Polynukleares Wachstum c) Spiralwachstum (nach *(68)*)

7.9.2 Nukleierung

Bekanntlich führt die Übersättigung einer Lösung bezüglich $CaCO_3$(s) nicht unmittelbar zur Ausfällung der festen Phase. Eine kritische Übersättigung muss überschritten werden, bevor stabile Kristallisationskeime (Nuclei) gebildet werden. Das Kristallwachstum erfolgt dann durch Anlagerung der Ca^{2+}- und CO_3^{2-}-Ionen an diese Keime. Man unterscheidet zwischen homogener und heterogener Nukleierung, je nachdem, ob die Nuclei in homogener Lösung oder an Fremdoberflächen (Partikeln) gebildet werden.

Die homogene Nukleierung von $CaCO_3$(s) findet nur bei hohen Übersättigungen ($\Omega > 10$) statt; sie spielt eine Rolle bei der Kalkmilch-Soda-Enthärtung. In natürlichen Gewässern und in Wasserverteilnetzen erfolgt die Bildung von Calcit fast ausschliesslich durch heterogene Nukleierung (auch filtrierte Lösungen enthalten üblicherweise mehr als 100 Partikel pro µL). Diese Partikel sind Nukleierungs-Katalysatoren, weil die kristallbildenden Ionen an diesen Oberlächen mit kleinerer Aktivierungsenergie als in homogener Lösung Nuclei bilden können.

Bei der Bildung der festen Phase werden die koordinativen Partner gewechselt, z.B. bei der Bildung des festen $CaCO_3$(s) wird beim Ca^{2+} der koordinative Partner H_2O durch CO_3^{2-} ersetzt. Die Grenzflächen der vorhandenen Partikel erleichtern diese Koordinationsänderungen und dadurch die Bildung eines Nucleus. Die Nukleierungskatalyse ist umso wirkungsvoller, je ähnlicher die Kristallstrukturen der katalysierenden Oberfläche und des zu bildenden Kristalls sind, je eher die Kristallbausteine spezifisch an der katalysierenden Oberfläche adsorbiert werden. Die Adsorption von Metallionen und Anionen (oder schwachen Säuren) an Oxiden und Aluminiumsilikaten kann im Sinne einer chemischen Oberflächenkoordination interpretiert werden, wobei die Oberflächenkomplexe typischerweise innersphärisch an die Oberfläche gebunden sind (s. Kap. 9):

$$\equiv Me - OH + Ca^{2+} \leftrightarrows \equiv Me - OCa^{+} + H^{+} \qquad (95)$$

$$\equiv Me - OH + HCO_3^{-} \leftrightarrows \equiv Me - CO_3 + H_2O \qquad (96)$$

In Gleichung (95) kann anstelle der anorganischen Oberfläche auch eine organische Oberfläche ≡R-OH treten. Die Oberflächenkomplexbildung ermöglicht also eine mindestens teilweise Dehydratation der Kristallbausteine und beschleunigt dadurch diesen bei der Kristallbildung wahrscheinlich geschwindigkeitsbestimmenden Teilschritt. Das Kristallwachstum kann beginnen, sobald sich ein „zwei-dimensionaler“ kritischer Nucleus an der fremden Oberfläche gebildet hat. Die Rolle von Algen als Nukleationskeime für die Ausfällung von Calciumcarbonat in Seen ist gezeigt worden *(69)*.

7.9.3 Wachstumskinetik

Das einfachste Modell nimmt an, dass die Wachstumsgeschwindigkeit

$$R = \frac{d[CaCO_3]}{dt} = -\frac{d[Ca^{2+}]}{dt} \qquad (97)$$

- proportional der Oberfläche der vorgesehenen Calcitkeime ist – oder genauer proportional der Anzahl aktiver Wachstumsstellen auf den Kristallen (welche proportional der Oberfläche der wachsenden Kristalle ist) – und
- von der Konzentration der an der Bildung des $CaCO_3(s)$ beteiligten Spezies abhängig ist.

Die lineare Abhängigkeit der Wachstumsrate von der Konzentration der zugegebenen Keime konnte experimentell bestätigt werden *(70)*. Das ermöglicht es, das Kristallwachstum pro cm^2 Calcitoberfläche zu normieren; diese lineare Abhängigkeit bestätigt auch, dass keine sekundäre Keimbildung auftritt.

Die erhaltenen Resultate lassen sich durch ein allgemein gültiges Geschwindigkeitsgesetz darstellen, wenn man die Kinetik des Calcit-Wachstums im Sinne einer Parallelreaktion folgender einfacher Reaktionen interpretiert:

$$Ca^{2+} + HCO_3^- \underset{k'_1}{\overset{k_1}{\leftrightarrow}} CaCO_3(s) + H^+ \quad R_1 \tag{98}$$

$$Ca^{2+} + CO_3^{2-} \underset{k'_2}{\overset{k_2}{\leftrightarrow}} CaCO_3(s) \quad R_2 \tag{99}$$

$$Ca^{2+} + 2\,HCO_3^- \underset{k'_3}{\overset{k_3}{\leftrightarrow}} CaCO_3(s) + H_2CO_3^* \quad R_3 \tag{100}$$

wobei

$$R_{tot} = R_1 + R_2 + R_3 \text{ und} \tag{101}$$

$$R_1 = k_1[Ca^{2+}][HCO_3^-] - k'_1[H^+] \tag{102}$$

$$R_2 = k_2[Ca^{2+}][CO_3^{2-}] - k'_2 \tag{103}$$

$$R_3 = k_3[Ca^{2+}][HCO_3^-]^2 - k'_3[H_2CO_3^*] \tag{104}$$

und die k_i-Werte pro cm^2 Calcitoberfläche pro cm^3 Lösung gelten. Falls das Wachstum genügend weit weg vom Gleichgewicht ist, kann die Rückreaktion vernachlässigt werden, und die totale Wachstumsrate beträgt:

$$R_{tot} = k_1[Ca^{2+}][HCO_3^-] + k_2[Ca^{2+}][CO_3^{2-}] + k_3[Ca^{2+}][HCO_3^-]^2 \tag{105}$$

R_3 ist nun bei Übersättigung im tieferen pH-Bereich von Bedeutung und kann bei natürlichen Gewässern und in der Wassertechnologie vernachlässigt werden.

Ebenfalls möglich ist eine Nukleierung auf Fremdoberflächen, z.B. auf einer Al_2O_3-Oberfläche oder auf Algenoberflächen.

7.9.4 Auflösungskinetik

Die Auflösungskinetik sowohl von Carbonaten wie von Silikaten ist durch die Reaktionen an den Oberflächen der Mineralien kontrolliert. Die Säure-Base-Reaktionen der Oberflächengruppen spielen eine wichtige Rolle für die Ablösung der Ionen von der Oberfläche, so dass die Auflösungskinetik pH-abhängig ist. Oberflächenreaktionen und ihre Effekte auf die Auflösungskinetik verschiedener Mineralien werden im Kapitel 9 behandelt.

Die Geschwindigkeit der Auflösung von Calciumcarbonat ist oberflächenkontrolliert und entspricht der Umkehr der Reaktionen (98)–(100) *(71)* mit der folgenden Rate, die die Abhängigkeit vom pH und von p_{CO2} deutlich macht:

$$R = k'_1 [H^+] + k'_2 + k'_3[H_2CO_3^*] - k_1[Ca^{2+}][HCO_3^-] \quad (106)$$

Für Feldspate wird die Auflösungsrate generell formuliert als *(72)*:

$$R = k_H [H^+] + k_{H2O} + k_{OH}[OH^-] \quad (107)$$

D.h. typischerweise wird die Auflösungsrate im sauren und alkalischen Bereich grösser, während sie im neutralen pH-Bereich tief ist (vgl. Abb. 9.23).

Weiterführende Literatur

Brantley S. L. (2005) Reaction kinetics of primary rock-forming minerals under ambient conditions. In *Treatise on geochemistry.*, Vol. 5, Surface and ground water, weathering, and soils. (ed. H. D. Holland and K. Turekian), pp. 73–117. Elsevier

Drever J. I. (1997) *Geochemistry of Natural Waters*. Prentice Hall.

Oelkers E. H. and Schott J. (2009) Thermodynamics and kinetics of water-rock interaction In *Reviews in Mineralogy & Geochemistry*, Vol. 70 (ed. J. J. Rosso), pp. 569. Mineralogical Society of America.

Wollast R. (1990) Rate and Mechanism of Dissolution of Carbonates in the System $CaCO_3$-$MgCO_3$. In *Aquatic Chemical Kinetics* (ed. W. Stumm), pp. 431–446. Wiley-Interscience,

Übungen

1) Während der Sommer-Stagnationszeit werden im Greifensee folgende Werte gemessen:

   Tiefe 0 m: pH = 8.50, $[Ca^{2+}] = 1.20 \times 10^{-3}$ M; Alk = 3.0×10^{-3} M T = 20°

   Tiefe 30 m: pH = 7.20, $[Ca^{2+}] = 1.6 \times 10^{-3}$ M; Alk = 4.0×10^{-3} M T = 5°

   Ist in diesen beiden Beispielen Calciumcarbonat über- oder untersättigt? (Konstanten s. Kap. 3)

2) Ein Grundwasser mit

$pH = 7.5$

$Alk = 4.0 \times 10^{-3}$ M

$[Ca^{2+}] = 2.0 \times 10^{-3}$ M

tritt an die Oberfläche und setzt sich mit dem atmosphärischen CO_2 ins Gleichgewicht. Wie wird seine Zusammensetzung verändert?

3) Stelle ein log-log-Diagramm für die Löslichkeit von ZnO(s) auf. Folgende Konstanten sind gegeben:

$ZnO(s) + 2\,H^+ \leftrightarrows Zn^{2+} + H_2O \qquad \log K_{s0} = 11.14$

$Zn^{2+} + H_2O \leftrightarrows ZnOH^+ + H^+ \qquad \log K_1 = -8.96$

$Zn^{2+} + 2\,H_2O \leftrightarrows Zn(OH)_2^0 + 2\,H^+ \qquad \log \beta_2 = -16.9$

$Zn^{2+} + 3\,H_2O \leftrightarrows Zn(OH)_3^- + 3\,H^+ \qquad \log \beta_3 = -28.4$

$Zn^{2+} + 4\,H_2O \leftrightarrows Zn(OH)_4^{2-} + 4\,H^+ \qquad \log \beta_4 = -41.2$

Welche Schlussfolgerungen ergeben sich daraus im Hinblick auf die Elimination von Zn z.B. aus industriellen Abwässern? Welchen Einfluss hätte die Gegenwart von Chloridionen ($[Cl^-] = 0.1$ M) in einem industriellen Abwasser auf die Löslichkeit von Zn?

$Zn^{2+} + Cl^- \leftrightarrows ZnCl^+ \quad \log K = 0.4$

4) Ein Abwasser enthält 1×10^{-4} M gelöstes Phosphat ; Fe^{3+} wird zugegeben, um das Phosphat zu fällen. Wird bei pH = 7.5 Eisenhydroxid oder Eisenphosphat ausgefällt?

$FePO_4(s) \leftrightarrows Fe^{3+} + PO_4^{3-} \qquad \log K_{s0} = -26$

$Fe(OH)_3(s) \leftrightarrows Fe^{3+} + 3\,OH^- \qquad \log K_{s0} = -38.7$

$H_3PO_4 \leftrightarrows H_2PO_4^- + H^+ \qquad \log K = -2.1$

$H_2PO_4^- \leftrightarrows HPO_4^{2-} + H^+ \qquad \log K = -7.2$

$HPO_4^{2-} \leftrightarrows PO_4^{3-} + H^+ \qquad \log K = -12.3$

5) In einem Sedimentporenwasser werden folgende Konzentrationen von Eisen (II) und Sulfid gemessen:

$[Fe^{2+}] = 1 \times 10^{-6}$ M

$S(-II)total = 2 \times 10^{-5}$ M

$pH = 7.0$

Welche feste Phasen von Eisensulfid können unter diesen Bedingungen gebildet werden (s. Löslichkeitsprodukte in Tab. 7.3)?

H_2S: $pK_1 = 7$

8 Redoxprozesse

8.1 Einleitung

Die Zusammensetzung der Atmosphäre (20.9 % O_2, 0.03 % CO_2, 79.1 % N_2) und der Ozeane (pH ≈ 8, Redoxpotenzial E_H = 0.75 V) kann als das Resultat globaler Säure/Base- und Redox-Reaktionen verstanden werden. Die geochemischen Prozesse, die an der Einstellung der Protonen- und Elektronenbalance beteiligt waren und sind, werden durch folgende schematische Reaktion dargestellt:

Eruptivgesteine + flüchtige Substanzen ⇆ Atmosphäre + Meerwasser + Sedimente (1)

Die flüchtigen Substanzen (H_2O, CO_2, N_2, HCl, HF, SO_2, CH_4), die aus dem Innern der Erde hinausdiffundiert sind (durch Vulkane oder vulkanische Aktivitäten in den Meeren), haben im Sinne dieser Gleichung in gigantischen Säure/Base- und Redox-Reaktionen mit den Gesteinen (Silikate, Oxide, Carbonate) reagiert und dadurch Atmosphäre, Ozeane und Sedimente einer bestimmten Zusammensetzung produziert. Die Fotosynthese als wichtigster biochemischer Prozess auf der Erde stört – lokal und zeitlich – die Tendenz zum Gleichgewicht. Fotosynthetische Reaktionen produzieren – unter Ausnützung der Sonnenenergie – gleichzeitig reduzierte Spezies (organische Moleküle) und oxidierte Spezies (Sauerstoff).

Die Wiederherstellung des Gleichgewichts, die Wechselwirkung von O_2 mit dem organischen Material, kann nun direkt, oder über zahlreiche Zwischenstufen, erfolgen. An diesen „spontanen" ($\Delta G < 0$) Reaktionen sind häufig die nicht fotosynthetischen Organismen, insbesondere Mikroorganismen, als „Katalysatoren" beteiligt.

In diesem Kapitel wird zuerst die Gleichgewichtschemie der Redoxprozesse behandelt, und es wird dargestellt, welche Redoxprozesse in aquatischen Systemen von Bedeutung sind. Die Rolle der Mikroorganismen für die Redoxreaktionen wird diskutiert. Die Gleichgewichtseinstellung vieler Redoxvorgänge ist ausserordentlich langsam; deshalb ist es besonders wichtig, die Kinetik von Redoxprozessen zu betrachten. Methoden zur Charakterisierung des Redoxzustands in aquatischen Systemen werden dargestellt.

8.2 Definitionen – Oxidation und Reduktion

8.2.1 Oxidation und Reduktion

Bei einer Oxidation gibt ein Ion, Atom oder Molekül Elektronen ab, bei einer Reduktion nimmt ein Ion, Atom oder Molekül Elektronen auf. Da keine freien Elektronen auftreten, ist jede Oxidation begleitet von einer Reduktion, und vice versa:

$O_2 + 4\,H^+ +$	$4\,e^-$	$\leftrightarrows$	$2\,H_2O$	Reduktion	
	$4\,Fe^{2+}$	$\leftrightarrows$	$4\,Fe^{3+} + 4\,e^-$	Oxidation	
$O_2 + 4\,H^+ +$	$4\,Fe^{2+}$	$\leftrightarrows$	$4\,Fe^{3+} + 2\,H_2O$	Redoxprozess	(2)

Die wichtigsten Redoxprozesse, die sich in den Gewässern abspielen, können aus den in Tabelle 8.1 aufgeführten Reaktionen zusammengesetzt werden. In der Regel konzentriert sich das Interesse auf Verbindungen, in denen die biogenen Elemente C, N, H, S, Mn, Fe vorkommen. Die Reaktionen in Tabelle 8.1 sind als Halbreaktionen für die Reduktion der entsprechenden Spezies angegeben und sind in der Reihe der besseren Oxidationsmittel unter natürlichen Bedingungen (pH 7) geordnet.

Beispiel 8.1: Redox-Stöchiometrie

a) Die Oxidation von HS^- durch $O_2(g)$ zu SO_4^{2-} ergibt sich durch Kombination der Reaktionen (1) und (13) (Tabelle 8.1):

$\frac{1}{4}\,O_2 + H^+ + e^-$	$\leftrightarrows$	$\frac{1}{2}\,H_2O$	log K = 20.75	
$1/8\,HS^- + \frac{1}{2}\,H_2O$	$\leftrightarrows$	$1/8\,SO_4^{2-} + 9/8\,H^+ + e^-$	log K = - 4.25	
$\frac{1}{4}\,O_2 + 1/8\,HS^-$	$\leftrightarrows$	$1/8\,SO_4^{2-} + 1/8\,H^+$	log K = 16.5	(3)

b) Eine Alkoholfermentation ist ein Redoxprozess, bei dem organisches Material (CH_2O) sowohl oxidiert wie auch reduziert wird. Kombination der Reaktionen (10) und (22) ergibt:

Reaktion			Log K	
$\frac{1}{2}\,\{CH_2O\} + H^+ + e^-$	$\leftrightarrows$	$\frac{1}{2}\,CH_3OH$	+ 3.99	
$\frac{1}{4}\,\{CH_2O\} + \frac{1}{4}\,H_2O$	$\leftrightarrows$	$\frac{1}{4}\,CO_2 + H^+ + e^-$	+ 1.20	
$\frac{3}{4}\,\{CH_2O\} + \frac{1}{4}\,H_2O$	$\leftrightarrows$	$\frac{1}{2}\,CH_3OH + \frac{1}{4}\,CO_2$	+ 5.19	(4)

Obiger Reaktion entsprechend kann die Ethanolgärung aus Glukose formuliert werden:

$$C_6H_{12}O_6 \leftrightarrows 2\,C_2H_5OH + 2\,CO_2 \qquad (5)$$

8.2.2 Die Oxidationszahl

Als eine Folge des Elektronentransfers ergeben sich Veränderungen in der Oxidationszahl der Elemente der Reaktanden und Produkte. Die Oxidationszahl eines Ions wie Ca^{2+} entspricht seiner elektronischen Ladung. Bei Elementen in Molekülen oder komplexen Ionen bereitet die Zuweisung einer Oxidationszahl Schwierigkeiten. Die Oxidationszahl ist eine hypothetische Ladung, die ein Atom hätte, wenn das Molekül oder Ion dissoziieren würde. Die hypothetische Dissoziation erfolgt nach Regeln (Tabelle 8.2). Römische Zahlen werden hier verwendet, um Oxidationszahlen auszudrücken und arabische Zahlen, um elektrische Ladungen zu bezeichnen.

Tab. 8.1: Gleichgewichtskonstanten für Redoxprozesse in aquatischen Systemen

	Reaktion	log K	$p\varepsilon^0_{pH7}$ [a)]
1	$\frac{1}{4}$ $O_2(g) + H^+ + e^- \leftrightarrows \frac{1}{2} H_2O$	+20.75	+13.75
2	$1/5\ NO_3^- + 6/5\ H^+ + e^- \leftrightarrows 1/10\ N_2(g) + 3/5\ H_2O$	+21.05	+12.65
3	$\frac{1}{2} MnO_2 + \frac{1}{2} HCO_3^- + 3/2\ H^+ + e^- \leftrightarrows \frac{1}{2} MnCO_3(s) + H_2O$	+20.9	+8.9 [b)]
3b	$\frac{1}{2} MnO_2 + 2\ H^+ + e^- \leftrightarrows \frac{1}{2} Mn^{2+} + H_2O$	+20.8	+9.8 [c)]
4	$\frac{1}{2} NO_3^- + H^+ + e^- \leftrightarrows \frac{1}{2} NO_2^- + \frac{1}{2} H_2O$	+14.15	+7.15
5	$1/8\ NO_3^- + 5/4\ H^+ + e^- \leftrightarrows 1/8\ NH_4^+ + 3/8\ H_2O$	+14.90	+6.15
6	$1/6\ NO_2^- + 4/3\ H^+ + e^- \leftrightarrows 1/6\ NH_4^+ + 1/3\ H_2O$	+15.14	+5.82
7	$\frac{1}{2} CH_3OH + H^+ + e^- \leftrightarrows \frac{1}{2} CH_4(g) + \frac{1}{2} H_2O$	+9.88	+2.88
8	$\frac{1}{4} CH_2O + H^+ + e^- \leftrightarrows \frac{1}{4} CH_4(g) + \frac{1}{4} H_2O$	+6.94	−0.06
9a	$FeOOH(s) + HCO_3^- + 2\ H^+ + e^- \leftrightarrows FeCO_3(s) + 2\ H_2O$	+14.2	−0.8 [b)]
9b	$Fe(OH)_3(s) + 3\ H^+ + e^- \leftrightarrows Fe^{2+} + 3\ H_2O$	+16.0	+1.0 [d)]
10	$\frac{1}{2} CH_2O + H^+ + e^- \leftrightarrows \frac{1}{2} CH_3OH$	+3.99	−3.01
11	$1/6\ SO_4^{2-} + 4/3\ H^+ + e^- \leftrightarrows 1/6\ S(s) + 2/3\ H_2O$	+6.03	−3.30
12	$1/8\ SO_4^{2-} + 5/4\ H^+ + e^- \leftrightarrows 1/8\ H_2S(g) + \frac{1}{2} H_2O$	+5.25	−3.50
13	$1/8\ SO_4^{2-} + 9/8\ H^+ + e^- \leftrightarrows 1/8\ HS^- + \frac{1}{2} H_2O$	+4.25	−3.75
14	$\frac{1}{2} S(s) + H^+ + e^- \leftrightarrows \frac{1}{2} H_2S(g)$	+2.89	−4.11
15	$1/8\ CO_2(g) + H^+ + e^- \leftrightarrows 1/8\ CH_4(g) + \frac{1}{4} H_2O$	+2.87	−4.13
16	$1/6\ N_2(g) + 4/3\ H^+ + e^- \leftrightarrows 1/3\ NH_4^+$	+4.68	−4.68
17	$\frac{1}{2} (NADP^+) + \frac{1}{2} H^+ + e^- \leftrightarrows \frac{1}{2} (NADPH)$	−2.0	−5.5
18	$H^+ + e^- \leftrightarrows \frac{1}{2} H_2(g)$	0.0	−7.0
19	Oxid. Ferrodoxin + $e^- \leftrightarrows$ Red. Ferrodoxin	−7.1	−7.1
20	$\frac{1}{4} CO_2(g) + H^+ + e^- \leftrightarrows 1/24\ C_6H_{12}O_6 + \frac{1}{4} H_2O$	−0.20	−7.20
21	$\frac{1}{2} HCOO^- + 3/2\ H^+ + e^- \leftrightarrows \frac{1}{2} CH_2O + \frac{1}{2} H_2O$	+2.82	−7.68
22	$\frac{1}{4} CO_2(g) + H^+ + e^- \leftrightarrows \frac{1}{4} CH_2O + \frac{1}{4} H_2O$	−1.20	−8.20
23	$\frac{1}{2} CO_2(g) + \frac{1}{2} H^+ + e^- \leftrightarrows \frac{1}{2} HCOO^-$	−4.83	−8.33

a) $p\varepsilon^0_{pH7}$ bedeutet die Elektronenaktivität, bei der reduzierende und oxidierende Verbindungen mit Aktivität = 1 bei pH = 7.0 vorliegen (25 °C)

b) $[HCO_3^-] = 1 \times 10^{-3}$ M ; c) $[Mn^{2+}] = 1 \times 10^{-6}$ M ; d) $[Fe^{2+}] = 1 \times 10^{-6}$ M

Tab. 8.2: Oxidationszahlen der häufigsten Redoxelemente und ihrer Verbindungen

	-IV	-III	-II	-I	0	I	II	III	IV	V	VI
C	CH_4		CH_3OH		$C_6H_{12}O_6$ „CH_2O"		HCOOH		CO_2		
O			H_2O		O_2						
N		NH_3 NH_4^+			N_2	N_2O	NO	NO_2^-	NO_2	NO_3^-	
S			H_2S HS^- S^{2-}		$S_8(s)$				SO_2 SO_3^{2-}		SO_4^{2-}
Fe							Fe^{2+}	FeOOH			
Mn							Mn^{2+}	MnOOH	MnO_2		

Regeln für Oxidationszahlen:

1. Die Oxidationszahl einer aus Einzelatomen bestehenden Substanz ist gleich der elektronischen Ladung.

2. Die Summe der Oxidationszahlen ist für ein Molekül null und für ein Ion entspricht sie der formalen Ladung des Ions.

3. Die Oxidationszahl eines Atoms in einer Verbindung wird erhalten, indem die bindenden Elektronenpaare dem elektronegativeren Atom zugeteilt werden (Elektronenpaare zwischen gleichen Atomen werden gleichmässig aufgeteilt).

8.3 Der globale Elektronenkreislauf (Fotosynthese, Respiration)

Der globale Elektronenkreislauf wird an der Erdoberfläche durch die Energie aus der Sonne aufrechterhalten, die bei der Fotosynthese genutzt wird. Die Fotosynthese kann man sich – stark vereinfacht – mit den folgenden Reaktionen vorstellen:

$$h\nu + 2\,H_2O \rightarrow 4\,H(0) + O_2(0)$$

$$4\,H(0) + C(+IV)O_2 \rightarrow C(0)H_2O + H_2O$$

$$h\nu + H_2O + CO_2 \rightarrow \{CH_2O\} + O_2 \qquad (6)$$

Der elementare H verbindet sich mit CO_2 zu organischem Material, das hier mit $\{CH_2O\}$ bezeichnet wird. Man beachte, dass die Fotosynthese eine *Disproportionierung* (gleichzeitige Reduktion und Oxidation), aber grundsätzlich keine Erhöhung (oder Erniedrigung) der Redoxintensität bewirkt. Die Disproportionierung – unter Zufuhr von Lichtenergie – führt zu einem Oxidationsmittel (O_2) und zu einem Reduktionsmittel $\{CH_2O\}$. Demnach stört die Fotosynthese das allfällig vorhandene Gleichgewicht (Entropie-Pumpe). Das organische Material $\{CH_2O\}$ reagiert im Prinzip exergonisch mit Sauerstoff; diese Reaktion verläuft indirekt über Elektronentransfersysteme. Die durch Fotosynthese geschaffene Energiedifferenz (oder Potenzialdifferenz) ermöglicht, dass die sich spontan abspielenden Redoxprozesse ($\Delta G < 0$) exergonisch verlaufen, und dass die Organismen (Bakterien, Tiere und Mensch) diese Energiedifferenz direkt oder indirekt für ihren Metabolismus und demnach zur Aufrechterhaltung des Lebens ausnützen können (Abb. 8.1). Das Leben in seiner heutigen Form ist nur dank der CO_2-Assimilation, die durch den Lichteinfang mit dem Chlorophyll bewirkt wird, möglich.

Geologisch-historisch gesehen hat sich der Redoxzustand der Erde im Laufe der letzten 4 x 10^9 Jahre verändert. Ursprünglich bestand die Atmosphäre wahrscheinlich aus N_2, CO_2, CH_4, HCN und NH_3. Die Redoxintensität des Erde/Atmosphäre-Systems hat zugenommen. Wie ist das möglich, wenn keine freien Elektronen produziert oder zerstört werden können? Es ist nur möglich, wenn ein Oxidationsmittel in das Erde/Atmosphäre-System importiert oder ein Reduktionsmittel aus diesem System exportiert wird. Das Letztere ist der Fall: Vorgängig der Fotosynthese wurde Wasser durch Fotodissoziation durch UV-Licht der Sonne gespalten: $h\nu + H_2O \rightarrow H_2 + 1/2\ O_2$, da noch kein O_2 im System verblieb, war noch kein Ozon in der Stratosphäre, das die UV-Strahlen absorbiert hätte. Das O_2 reagierte mit der reduzierten Umwelt und das H_2 wurde, da besonders flüchtig, an das Weltall verloren.

Nachdem durch Evolution erst viel später die Fotosynthese möglich wurde, hat sich der Redoxzustand des Erde/Atmosphäre-Systems weiter erhöht, weil das bei der Fotosynthese entstehende Reduktionsmittel, $\{CH_2O\}$, d.h. das organische Material, teilweise ins Erdinnere „exportiert" wurde (Sedimentation von organischem Material in den Meeren, Begrabenwerden von Wäldern, Bildung von Erdöl etc.). Das organische Material (inkl. die ausbeutbaren fossilen Brennstoffe) in den Sedimenten ist durch den biologischen Kreislauf gegangen. Pro Äquivalent $\{CH_2O\}$, das „begraben" wird, gab es ein O_2. Ein Teil dieses O_2 hat aber mit den Reduktionsmitteln der Erdoberfläche (Fe(II)-Silikat, FeS_2 (Pyrit)) reagiert. Das verbleibende O_2, d.h. seine Konzentration oder sein Partialdruck, bestimmt das Redoxpotenzial der Erde/Atmosphäre-Grenzschicht. Als aerobe Lebewesen empfinden wir reduzierende (z.B. anaerobe) Bedingungen als unerwünscht und als Verunreinigung.

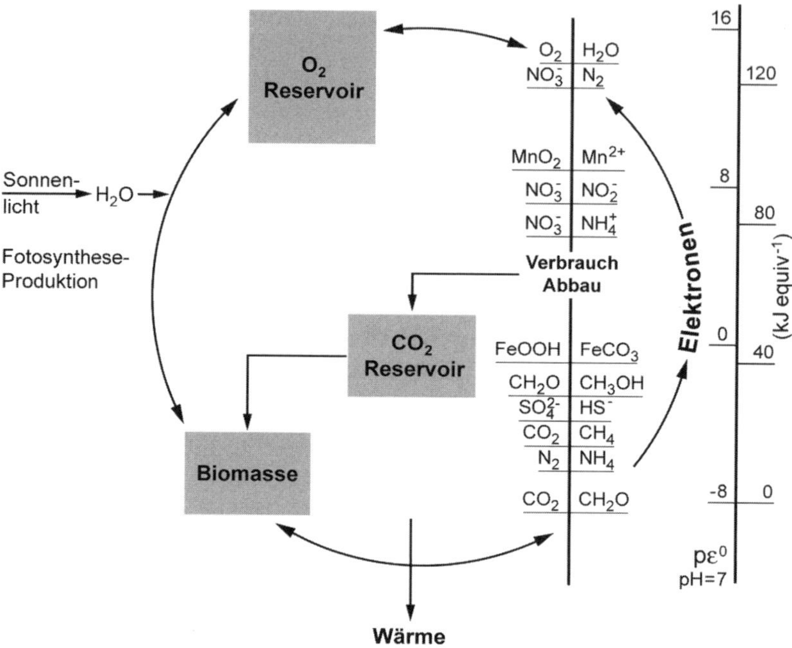

Abb. 8.1: Fotosynthese und der biochemische Kreislauf. Bei der Fotosynthese entsteht aus Wasser und CO_2 reduziertes organisches Material (Biomasse mit N, S und P) und Sauerstoff. Die nicht-fotosynthetischen Organismen katalysieren exergonische Reaktionen der fotosynthetischen Biomasseprodukte und bringen das System in Richtung Gleichgewicht. Beim Abbau der Biomasse werden die Elektronen auf die verschiedenen Oxidationsmittel übertragen. Die $p\varepsilon^0$-Skala auf der rechten Seite weist auf die Sequenz der Redoxprozesse in natürlichen Gewässern hin.

8.4 Redox-Gleichgewichte und Redoxintensität

Tabelle 8.1 gibt Gleichgewichtskonstanten für Reduktionsprozesse (Halbreaktionen), die verwendet werden können, um die Gleichgewichtskonstanten für (ganze) Redox-Reaktionen zu erhalten. Diese Konstanten geben an, welche Prozesse (thermodynamisch) möglich sind und welche Gleichgewichtszusammensetzung sich einstellen wird.

Die Tabelle ist so geschrieben, dass die stärksten Oxidationsmittel zuoberst aufgeführt sind, und dass – thermodynamisch gesehen – die Stärke der Oxidationsmittel nach unten abnimmt. Aus der Sequenz kann man sofort sehen, dass Nitrat Fe(II) oxidieren kann, dass aber Sulfat Nitrit nicht oxidieren kann. Ein Reduktionsmittel in der Tabelle kann ein weiter oben stehendes Oxidationsmittel reduzieren; z.B. organisches Material, $\{CH_2O\}$ kann SO_4^{2-} zu H_2S reduzieren, oder H_2S kann Fe(III) zu Fe(II) reduzieren. Protonen gehen auch in die Redoxreaktionen ein, so dass die pH-Abhängigkeit immer berücksichtigt werden muss.

Redoxprozesse sind häufig langsam (in der Regel viel langsamer als Säure-Base-Reaktionen). Dementsprechend stellt sich häufig kein Gleichgewicht ein.

8.4.1 Redoxintensität und Redoxpotenzial

So wie als Intensitätsfaktor eines Säure/Base-Gleichgewichtes (einer Protonenbalance) der pH benützt wird,

$$\mathrm{pH} = -\log\{\mathrm{H}^+\} \qquad (7)$$

kann als Intensitätsfaktor eines Redoxgleichgewichts (der Elektronenbalance) ein pε definiert werden:

$$\mathrm{p}\varepsilon = -\log\{\mathrm{e}^-\} \qquad (8)$$

wobei $\{e^-\}$ die Elektronenaktivität bedeutet.

Wässrige Lösungen enthalten zwar weder freie Protonen noch freie Elektronen, aber trotzdem kann man relative Protonen- und Elektronenaktivität definieren. So wie ein niederer pH hohe $\{H^+\}$-Aktivität und saure Bedingungen anzeigt, bedeutet ein niederes pε (oder sogar ein negatives pε) hohe Elektronenaktivität und reduzierende Bedingungen; ein hohes pε bedeutet kleine Elektronenaktivität und oxidierende Bedingungen.

Der pH wird mit Hilfe eines potenziometrischen Instruments gemessen. Das Potenzial (man hat früher von „Aciditätspotenzial" gesprochen) zwischen einer Referenzelektrode und einer $\{H^+\}$-sensitiven Elektrode (z.B. der Glaselektrode) wird gemessen (Kapitel 8.11); die Voltskala ist üblicherweise ebenfalls in pH-Einheiten eingeteilt, wobei 2.3 RT/F (0.059 V bei 25 °C) einer pH-Einheit entsprechen (wobei F = Faraday = 96485 C mol^{-1} [vgl. Tabelle A.4, Kapitel 1]).

Auch bei der Redoxintensität (pε) erfolgt im Prinzip die Messung in einer elektrochemischen Kette mit Hilfe eines Potenziometers (meistens kann der pH-Meter auch für diesen Zweck benützt werden), wobei die Potenzialdifferenz einer $\{e^-\}$-sensitiven Elektrode mit einer Referenzelektrode gemessen wird (vgl. 8.10 und Abbildung 8.20). Falls die Referenzelektrode eine normale Standardwasserstoffelektrode ist, spricht man von einem Redoxpotenzial, E_H.

Die Zusammenhänge zwischen der Redoxintensität pε, dem Redoxpotenzial E_H und der freien Enthalpie ΔG werden im Folgenden dargestellt.

Die Reduktion eines Oxidationsmittels Ox zur reduzierten Spezies Red wird betrachtet:

$$\mathrm{Ox} + n\mathrm{e}^- \leftrightarrows \mathrm{Red} \quad ; K \qquad (9)$$

$$K = \frac{\{\mathrm{Red}\}}{\{\mathrm{Ox}\}\{\mathrm{e}^-\}^n} \qquad (10)$$

und n = Anzahl ausgetauschter Elektronen

$$\log\frac{\{Red\}}{\{Ox\}} - n\log\{e^-\} = \log K \qquad (11)$$

$$p\varepsilon = \frac{1}{n}\log K + \frac{1}{n}\log\frac{\{Ox\}}{\{Red\}} \qquad (12)$$

$p\varepsilon^0$ wird als die Redoxintensität für $\{Ox\}/\{Red\} = 1$ definiert:

$$p\varepsilon^0 = \frac{1}{n}\log K \qquad (13)$$

Die Halbreaktion (9) muss mit der Oxidation von $H_2(g)$ zu H^+, der Halbreaktion des Wasserstoffs gekoppelt werden, um eine vollständige Redoxreaktion zu erhalten:

$$\tfrac{1}{2} H_2(g) \leftrightarrows H^+ + e^- \quad \log K = 0; \Delta G^0 = 0 \qquad (14)$$

Die vollständige Reaktion:

$$Ox + n/2\, H_2(g) \leftrightarrows Red + n\, H^+ \quad K' \qquad (15)$$

hat die gleiche Konstante und die gleiche freie Enthalpie wie Gl. (9).

Die molare freie Enthalpie von Reaktion (15) bei Standardbedingungen ist:

$$\Delta G^0 = -2.3\, RT \log K \qquad (16)$$

Diese freie Enthalpie lässt sich auch mit dem Standardredoxpotenzial ausdrücken:

$$\Delta G^0 = -nF\, E_H^0 \qquad (17)$$

wobei

ΔG^0 = Veränderung in der freien Reaktionsenthalpie (Gibbs freie Energie) ($J\, mol^{-1}$)

E_H^0 = Redoxpotenzial (V) im Vergleich zur Normalwasserstoffelektrode, bei Standardbedingungen (alle Aktivitäten = 1, p_{H2} = 1 atm, $\{H^+\}$ = 1 M)

R = Gaskonstante = $8.314\ J\, mol^{-1}\, K^{-1}$

= $8.6 \times 10^{-5}\ VF\, mol^{-1}\, K^{-1}$

n = Anzahl ausgetauschter Elektronen

Daraus folgt:

$$E_H^0 = \frac{2.3RT}{nF}\log K \quad (V) \qquad (18)$$

wo der Faktor 2.3RT/F = 0.059 V (25 °C).

Aus den Gl. (13) und (18) folgt:

$$E_H^0 = \frac{2.3RT}{F}p\varepsilon^0 = 0.059 p\varepsilon^0 \quad (V) \qquad (19)$$

Unter anderen Bedingungen gilt:

$$\Delta G = \Delta G^0 + 2.3RT\log\frac{\{Red\}(p_{H_2})^{n/2}}{\{Ox\}\{H^+\}^n} = -nFE_H \qquad (20)$$

wo E_H das Redoxpotenzial ist (bezogen auf eine Wasserstoffelektrode).

Es folgt:

$$E_H = E_H^0 + 2.3\frac{RT}{nF}\log\frac{\{Ox\}}{\{Red\}} \qquad (21)$$

Diese Gleichung wird als Nernst-Gleichung bezeichnet. Daraus geht hervor:

$$E_H = 0.059\ p\varepsilon \quad (V) \qquad (22)$$

Die Gleichungen (12) und (21) zeigen, dass das Redoxpotenzial E_H und $p\varepsilon$ zwei gleichwertige Skalen sind, um die Redoxreaktionen einzuordnen (Abb. 8.2). E_H und $p\varepsilon$ geben den Redoxzustand eines Systems im Gleichgewicht an und zeigen, welche Reaktionen möglich sind. Positive E_H und $p\varepsilon$ entsprechen der Anwesenheit von starken Oxidationsmitteln, während negative E_H und $p\varepsilon$ die Anwesenheit von starken Reduktionsmitteln angeben. Die $p\varepsilon$ Skala in wässriger Lösung reicht von etwa −10 bis +20, bzw. das Redoxpotenzial von −0.59 bis +1.20 V.

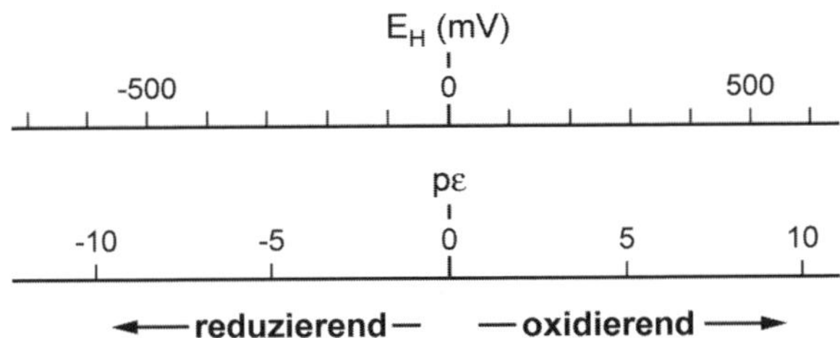

Abb. 8.2: Redoxpotenzial- und pε-Skalen

Beispiel 8.2: Fe^{3+}/ Fe^{2+}

Für die Reduktion von Fe^{3+} zu Fe^{2+} gilt:

$Fe^{3+} + e^- \leftrightarrows Fe^{2+}$; $\log K = 13.0$ (25 °C) (23)

$p\varepsilon^0 = 13.0$

und

$Fe^{3+} + \frac{1}{2} H_2(g) = Fe^{2+} + H^+$; $\log K = 13.0$

$$E_H^0 = 0.059 \times \log K = 0.77 \text{ V} \quad (24)$$

Für eine kompliziertere Reaktion, an der n Elektronen beteiligt sind:

$$E_H = E_H^0 + 2.3\frac{RT}{nF}\log\frac{\Pi_i\{Ox\}^{n_i}}{\Pi_j\{Red\}^{n_j}} \quad (25)$$

wobei der logarithmierte Ausdruck rechts in Gleichung (25) den Massenwirkungsausdruck der Reduktionshalbreaktion wiedergibt, wobei $\Pi_i\{Ox\}^{n_i}$ dem Produkt der Aktivitäten der Reaktanden (auf der linken Seite der Gleichung) und $\Pi_j\{Red\}^{n_j}$ dem Produkt der Aktivitäten der Produkte (auf der rechten Seite der Gleichung) entspricht; z.B. für die Reaktion:

$$SO_4^{2-} + 10\,H^+ + 8\,e^- \leftrightarrows H_2S(g) + 4\,H_2O \quad (26)$$

lautet die Nernst'sche Gleichung

$$E_H = E_H^0 + 2.3\frac{RT}{8F}\log\frac{\{SO_4{}^{2-}\}\{H^+\}^{10}}{p_{H_2S}} \quad (27)$$

oder

$$p\varepsilon = p\varepsilon^0 + \frac{1}{8}\log\frac{\{SO_4{}^{2-}\}\{H^+\}^{10}}{p_{H_2S}} \quad (28)$$

wobei in diesem Fall (25 °C) $E_H{}^0 = 0.31$ V oder $p\varepsilon^0 = 5.25$ ist.

8.4.2 Einfluss der Speziierung

In die Gleichungen für pε oder E_H gehen die Aktivitäten für die vorhandenen *Spezies* (und *nicht* Summenparameter wie z.B. [Fe(III)]) ein. In erster Annäherung können in verdünnten Lösungen die Konzentrationen eingesetzt werden. Für genaue Berechnungen müssen Aktivitätskoeffizienten berücksichtigt werden (Kapitel 2.9).

Eine Veränderung der Speziierung, wie z.B. eine Hydrolyse oder eine Komplexbildung eines der Redoxpartner, bedingt eine Veränderung der Redoxintensität. Ein Komplexbildner, welcher in einer Fe(III)-Fe(II)-Lösung mit Fe^{3+} stabilere Komplexe bildet als mit Fe^{2+}, z.B. Oxalat oder NTA, bewirkt eine Herabsetzung des pε (oder des Redoxpotenzials) oder, mit anderen Worten, ein solcher Komplexbildner stabilisiert Fe(III) gegenüber Fe(II) und Fe(II) wird ein besseres Reduktionsmittel.

8.5 Einfache Berechnungen von Redoxgleichgewichten

Die Redoxgleichgewichte lassen sich analog den Säure-Base-Gleichgewichten mit Hilfe von grafischen Darstellungen behandeln. Diese grafischen Darstellungen ermöglichen eine Übersicht über die vorhandenen Redoxspezies in Funktion von pε oder E_H.

8.5.1 Doppeltlogarithmisches Diagramm

Analog zu den Säure-Base-Gleichgewichten (vgl. Kapitel 2.6 und Abbildung 2.1) werden die Redoxspezies in doppelt-logarithmischen Diagrammen in Funktion von pε als Mastervariable dargestellt.

Beispiel 8.3: Fe^{3+}/ Fe^{2+}

Wie hängen die Aktivitäten von Fe^{3+} und Fe^{2+} bei einer totalen Konzentration von Fe_T = $[Fe^{3+}] + [Fe^{2+}] = 10^{-3}$ M in einer sauren Lösung (pH ~ 2) vom pε ab? In einer sauren Lösung wird die Hydrolyse des Fe^{3+} vermieden. In erster Annäherung wird Aktivität = Konzentration gleichgesetzt.

Die Halbreaktion ist:

$$Fe^{3+} + e^- \leftrightarrows Fe^{2+} \;;\; \log K = 13.0\ (25\ °C) \qquad \text{(i)}$$

und die Gleichgewichtskonstante:

$$K = \frac{[Fe^{2+}]}{[Fe^{3+}]\{e^-\}} = 10^{13.0} \qquad \text{(ii)}$$

Ferner gilt:

$$[Fe^{3+}] + [Fe^{2+}] = 10^{-3}\,M = Fe_T \qquad \text{(iii)}$$

Das Tableau 8.1 ist eine Zusammenfassung dieses Beispiels 8.3. Das Elektron wird als Komponente gewählt.

Tableau 8.1

Komponenten:		Fe^{2+}	e^-	log K
Spezies:	Fe^{3+}	1	−1	−13.0
	Fe^{2+}	1		0
Zusammensetzung:	TOTFe	10^{-3}	M pε gegeben	

Die erste horizontale Linie gibt das Gleichgewicht (ii):

$$[Fe^{3+}] = \{e^-\}^{-1} [Fe^{2+}] \, 10^{-13} \qquad \text{(iv)}$$

Die Kombination von (ii) und (iii) liefert:

$$[Fe^{2+}] = \frac{Fe_T \{e^-\}}{K^{-1} + \{e^-\}} \qquad \text{(v)}$$

und

$$[Fe^{3+}] = \frac{Fe_T K^{-1}}{K^{-1} + \{e^-\}} \qquad \text{(vi)}$$

Offensichtlich ist im Bereich $\{e^-\} > K^{-1}$ oder $p\varepsilon < p\varepsilon^0$

$$\log [Fe^{2+}] = \log Fe_T \qquad \text{(vii)}$$

und im Bereich $p\varepsilon > p\varepsilon^0$ oder $\{e^-\} < K^{-1}$

$$\log [Fe^{2+}] = \log (Fe_T \{e^-\} K) = \log Fe_T + p\varepsilon^0 - p\varepsilon \qquad \text{(viii)}$$

und dementsprechend gilt

$d \log [Fe^{2+}] / d\, p\varepsilon = -1$ mit einem Schnittpunkt der Asymptoten bei $p\varepsilon^0$.

Entsprechend können die Asymptoten für $[Fe^{3+}]$ konstruiert werden (Abb. 8.3). Aus der Abbildung 8.3 wird klar, dass bei $p\varepsilon < 13$ Fe^{2+} überwiegt, während im stark oxidierenden Bereich $p\varepsilon > 13$ Fe^{3+} vorherrschend ist.

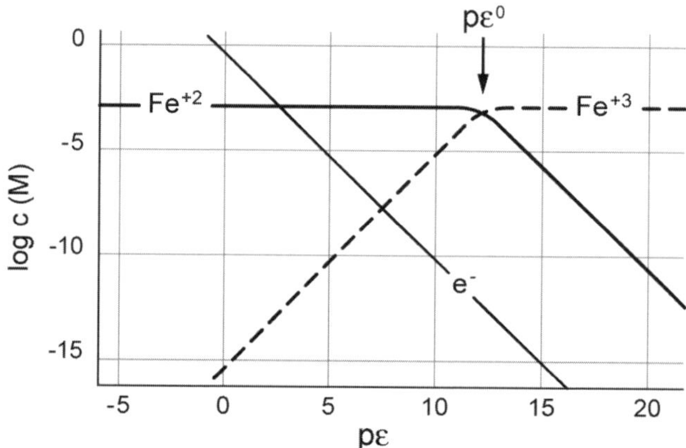

Abb. 8.3: Redox-Gleichgewicht $Fe^{3+} \leftrightarrows Fe^{2+}$. Gleichgewichtsverteilung in einer 10^{-3} M Lösung als Funktion des $p\varepsilon$. (vgl. Beispiel 8.2, bei pH<2, keine Fe(III)-Hydrolyse).

Bei neutralem pH hingegen liegt Fe(III) als festes $Fe(OH)_3(s)$ vor und die Reaktion (9b) in Tabelle 8.1 muss berücksichtigt werden:

$Fe(OH)_3(s) + 3\ H^+ + e^- = Fe^{2+} + H_2O$ log K = 16

$$K = \frac{[Fe^{2+}]}{[H^+]^3\{e^-\}} = 10^{16}$$

Daraus folgt:

$\log[Fe^{2+}] = 16 - 3pH - p\varepsilon$

Bei pH 8 ist beispielsweise bei $p\varepsilon = 13$, $\log[Fe^{2+}] = -21$.

$\log[Fe^{2+}] = -3$ wie in obigem Beispiel ist bei pH 8 mit $p\varepsilon = -5$ möglich, d.h. unter stark reduzierenden Bedingungen. D.h. die Reduktion von Fe(III) zu Fe(II) ist bei neutralem pH im Vergleich zu sauren Bedingungen stark gegen negative pε hin verschoben.

Beispiel 8.4: SO_4^{2-} / HS^-

Unter welchen Bedingungen wird SO_4^{2-} zu HS^- reduziert?

Die totale Konzentration ist: $[SO_4^{2-}] + [HS^-] = 1 \times 10^{-4}$ M, pH 8.0

Reaktion (13) aus Tabelle 8.1. ist:

$1/8\ SO_4^{2-} + 9/8\ H^+ + e^- \leftrightarrows 1/8\ HS^- + ½\ H_2O$ log K = 4.25 (i)

Daraus ist :

$p\varepsilon = \log K - 9/8\ pH - 1/8 \log [HS^-]/[SO_4^{2-}]$ (ii)

Für pH 8.0 ist:

$p\varepsilon = -4.75 - 1/8 \log [HS^-]/[SO_4^{2-}]$ (iii)

Bei $p\varepsilon = -4.75$ ist $[SO_4^{2-}] = [HS^-]$.

Reaktion (13) kann auch geschrieben werden als:

$SO_4^{2-} + 9\ H^+ + 8\ e^- \leftrightarrows HS^- + 4\ H_2O$ log K' = 34 (iv)

Mit:

$$K' = \frac{[HS^-]}{[SO_4^{2-}][H^+]^9\{e^-\}^8} \qquad (v)$$

Aus: $c_T = [SO_4^{2-}] + [HS^-]$ und (v) ist:

$$[HS^-] = \frac{K' c_T}{K' + [H^+]^{-9}\{e^-\}^{-8}} \qquad (vi)$$

und:

$$[SO_4{}^{2-}] = \frac{c_T[H^+]^{-9}\{e^-\}^{-8}}{K'+[H^+]^{-9}\{e^-\}^{-8}} \qquad \text{(vii)}$$

Gleichungen (vi) und (vii) sind in Abb. 8.4 als Funktion von pε dargestellt.
Für $[H^+]^{-9}\{e^-\}^{-8} << K'$, bzw. $p\varepsilon << -4.75$ bei pH 8 ist $[HS^-] = c_T$ und

$\log [SO_4{}^{2-}] = \log c_T - \log K' + 9\ pH + 8\ p\varepsilon$.

D.h. $\log [SO_4{}^{2-}]$ nimmt mit einer Steigung 8 mit pε zu.

Für $[H^+]^{-9}\{e^-\}^{-8} >> K'$, bzw. $p\varepsilon >> -4.75$ bei pH 8 ist $[SO_4{}^{2-}] = c_T$ und $\log[HS^-] = \log c_T + \log K' - 9\ pH - 8\ p\varepsilon$. D.h. $\log[HS^-]$ nimmt mit einer Steigung −8 mit pε ab.

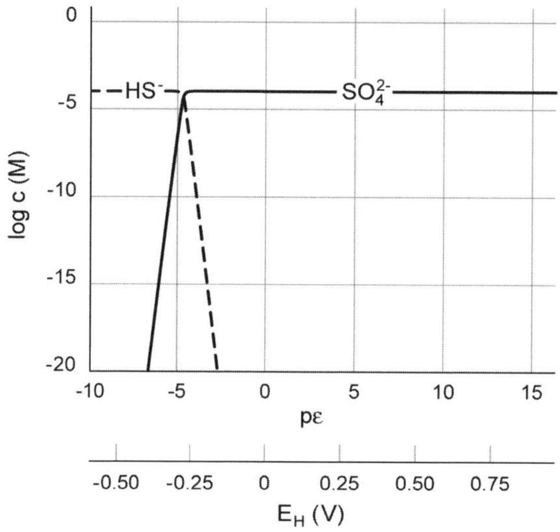

Abb. 8.4: Konzentrationen von $SO_4{}^{2-}$ und HS^- als Funktion von pε und E_H bei pH 8

Beispiel 8.5: Einfache pε-(E_H)-Rechnungen

Welches ist der pε (oder das Redoxpotenzial E_H) folgender Lösungen (25 °C):

a) Wasser (pH = 7) im Gleichgewicht mit dem Sauerstoff der Atmosphäre?

b) Ein Tiefenwasser eines Sees (pH = 7) im Gleichgewicht mit MnO_2(s) und 10^{-5} M Mn^{2+}?

c) Das Interstitialwasser eines Sedimentes (pH = 6.5), das neben FeOOH(s) 10^{-5} M Fe^{2+} enthält?

d) Ein anoxisches Grundwasser (pH = 7), das neben 10^{-4} M $SO_4{}^{2-}$ 10^{-6} M H_2S(aq) enthält?

a) Reaktion 1, Tabelle 8.1 ist

$\frac{1}{4}\,O_2(g) + H^+ + e^- \leftrightarrows \frac{1}{2}\,H_2O$; $K = 10^{20.75}$ (i)

Das entsprechende Massenwirkungsgesetz in logarithmischer Form ist:

$p\varepsilon + pH - \frac{1}{4}\log p_{O_2} = 20.75$ (ii)

Daraus ergibt sich

$p\varepsilon = 20.75 - 7 + \frac{1}{4}(-0.7) = 13.58$ (iii)

oder

$E_H = +0.80$ V

b) Die Redoxgleichung für das MnO_2, Mn^{2+} System ist

$MnO_2 + 4\,H^+ + 2\,e^- \leftrightarrows Mn^{2+} + 2\,H_2O$ (iv)

Die Gleichgewichtskonstante werden aus der Tabelle der freien Bildungsenthalpien, $G^0{}_f$ im Anhang 3, berechnet. Folgende $G^0{}_f$-Werte, in kJ mol^{-1}, sind gegeben:

MnO_2 (Manganate (IV)) –453.1;

Mn^{2+} –228.0;

$H_2O(l)$ –237.18.

Dementsprechend ist:

$\Delta G^0 = -228.0 + 2(-237.18) - (-453.1) = -249.26$ kJ mol^{-1} (v)

$\log K = -249.26 / -5.7066 = 43.6$ (vi)

Der Gleichgewichtsausdruck für (iii) in logarithmischer Form ist

$4\,pH + 2\,p\varepsilon + \log [Mn^{2+}] = 43.6$ (vii)

Mit pH = 7: $p\varepsilon = 10.3$

$E_H = 0.61$ V

c) $FeOOH(s) + e^- + 3\,H^+ \leftrightarrows Fe^{2+} + 2\,H_2O$ (viii)

mit den $G_f{}^0$-Werten aus dem Anhang 3, (wobei für FeOOH(s) ein $G_f{}^0$-Wert von –462 kJ mol^{-1} verwendet wird), erhält man für Reaktion (viii) log K = 16.0. Der Gleichgewichtsausdruck in logarithmischer Form ist

$3\,pH + p\varepsilon + \log [Fe^{2+}] = 16.0$ (ix)

$p\varepsilon = 16 - 19.5 + 5.0 = 1.5$ (x)

$E_H{}^0 = 0.09$ V

d) Aus Gleichung (12) in Tabelle 8.1 ist

$1/8\,SO_4^{2-} + 5/4\,H^+ + e^- \leftrightarrows 1/8\,H_2S(g) + \frac{1}{2}\,H_2O$; $\log K = 5.25$ (xi)

Die Konstante für die Reaktion (Tabelle 4.1):

$1/8\ H_2S\ (g) \leftrightarrows 1/8\ H_2S(aq)$; $\log K_H' = -0.12$ (xii)

Aus der Aufsummierung von (xi) und (xii) wird erhalten:

$1/8\ SO_4^{2-} + 5/4\ H^+ + e^- \leftrightarrows 1/8\ H_2S(aq) + ½\ H_2O$; $\log K = 5.13$ (xiii)

Dementsprechend ist

$p\varepsilon + 5/4pH + 1/8\log [H_2S] - 1/8\log [SO_4^{2-}] = 5.13$ (xiv)

$p\varepsilon = 5.13 - 8.75 + 0.75 - 0.50 = -3.37$ (xv)

$E_H = -0.2$ V

Beispiel 8.6: Cl-Spezies

Cl_2 ist wichtig bei der Desinfektion im Trinkwasser und bei der Oxidation von Verunreinigungssubstanzen in der industriellen Abwasserreinigung. Allerdings reagiert das gasförmige Chlor mit Wasser und bildet unterchlorige Säure HOCl, in der Cl die Oxidationsstufe +I hat.

Wie liegen die Gleichgewichte zwischen $Cl_2(aq)$, HOCl, OCl^- und Cl^- in Abhängigkeit des pH?

Annahme = TOT Cl = 10^{-5} M

Mit Hilfe der im Anhang 3 aufgeführten thermodynamischen Angaben werden folgende Gleichgewichtskonstanten ausgerechnet:

$½\ Cl_2(aq) + e^- \leftrightarrows Cl^-$; $\log K = 23.6$ (i)

$HOCl + H^+ + e^- \leftrightarrows ½\ Cl_2(aq) + H_2O$; $\log K = 26.9$ (ii)

$HOCl \leftrightarrows H^+ + OCl^-$; $\log K = -7.3$ (iii)

$HOCl + H^+ + 2\ e^- \leftrightarrows Cl^- + H_2O$; $\log K = 50.8$ (iv)

Die log-conc- vs pε-Diagramme werden für die Gleichungen (i)–(iv) für verschiedene pH-Werte dargestellt, z.B. pH = 2, pH = 5 und pH = 8 (Abb. 8.5). Die Gleichgewichtsbedingungen sind in Tableau 8.2 zusammengefasst. Die Gleichgewichtskonstanten können aus den Gleichungen (i) – (iv) abgeleitet werden. Die Stöchiometrie für HOCl (zweite horizontale Linie) ergibt sich aus $HOCl = Cl^- + H_2O - H^+ - 2e^-$; entsprechend ist die Stöchiometrie für OCl^- wie folgt: $OCl^- = Cl^- + H_2O - 2\ H^+ - 2e^-$.

Tableau 8.2: Redoxgleichgewichte Cl-Spezies

Komponenten:		Cl^-	H^+	e^-	log K
Spezies:	$Cl_2(aq)$	2	0	–2	–47.2
	HOCl	1	–1	–2	–50.8
	OCl^-	1	–2	–2	–58.1
	Cl^-	1	0	0	0
	H^+	0	1	0	0
	e^-	0	0	1	0
		10^{-5} M	pH = konstant	pε gegeben	

$$\text{TOT Cl} = 2\,[Cl_2(aq)] + [HOCl] + [OCl^-] + [Cl^-] = 10^{-5}\ \text{M}$$

Die folgenden Hinweise sind interessant:

- $Cl_2(aq)$ ist nicht prädominant. Offensichtlich disproportioniert das dem Wasser zugegebene Cl_2 in HOCl oder OCl^- und Cl^-:
- $Cl_2(aq) + H_2O \leftrightarrows HOCl + H^+ + Cl^-$; log K = –3.3 (25 °C) (v)

  Diese Gleichung folgt aus der Kombination von (i) und (ii). Die relative Konzentration von Cl_2 nimmt mit zunehmendem pH ab. Eine Gleichgewichtslösung von „aktivem Chlor" kann bei hohem pH (au de Javel) aufbewahrt werden, weil dann die Flüchtigkeit der Chlorlösung relativ klein ist.
- Die desinfizierende Spezies im chlorierten Trinkwasser ist HOCl. OCl^- ist weniger bakterizid, da es schlechter in das Zellinnere der Bakterien eindringt als das ungeladene HOCl-Molekül.
- Die Cl^0- und Cl^{+I}-Spezies sind nur bei hohem pε stabil. Ein Vergleich mit dem Gleichgewicht

  $O_2(g) + 4\,H^+ + 4\,e^- \leftrightarrows 2\,H_2O$; log K = +83.1 (25 °C) (vi)

  zeigt, dass bei pε-Werten, bei welchen Cl_2, HOCl und OCl^- auftreten, diese Spezies Wasser oxidieren können (bei pH = 8 und pε > 13 ist $p_{O2} > 1$).

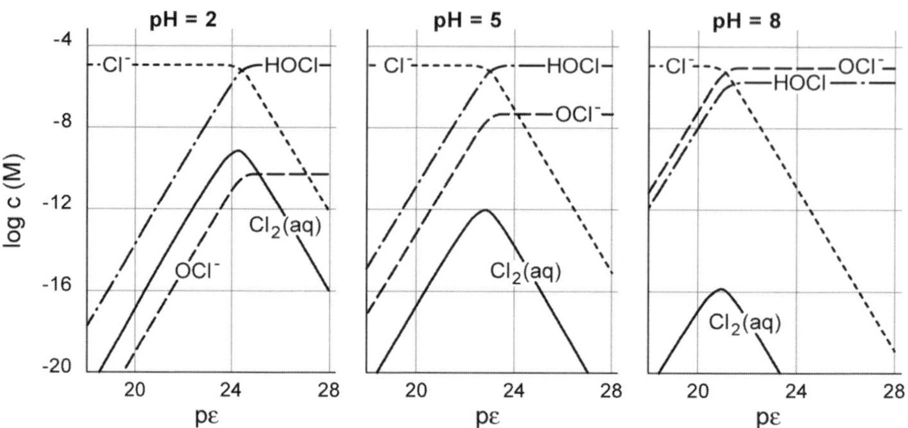

Abb. 8.5: Konzentrations-pε-Diagramme für die Spezies, die bei der Zugabe von Cl_2 zu Wasser im Gleichgewicht stehen

Sobald $p_{O2} > 1$, wird – thermodynamisch gesehen – das Wasser oxidiert; mit anderen Worten, Cl_2 und HOCl – als stärkere Oxidationsmittels als O_2 – oxidieren das Wasser und sind deswegen im Wasser instabil. In Abwesenheit von Katalysatoren und Sonnenlicht sind diese Reaktionen sehr langsam. Cl_2(aq) existiert (als metastabile Spezies) nur bei tiefem pH.

8.5.2 pε-pH-Diagramme

Elektronen und Protonen sind die wichtigsten Einflussfaktoren für die Prozesse in natürlichen Gewässern; dementsprechend sind pε und pH die entscheidenden Hauptvariablen. Die Gleichgewichtsinformation kann bildlich in einem pε vs. pH-(oder E_H vs. pH)-Diagramm veranschaulicht werden. Abbildung 8.6 gibt den Stabilitätsbereich von Wasser. Das Diagramm kann mit Hilfe der logarithmischen Form der Gleichungen (1) und (18) der Tabelle 8.1 konstruiert werden. Oberhalb der oberen Linie sind stärkere Oxidationsmittel als O_2 vorhanden (z.B. Cl_2), unterhalb der unteren Linie sind stärkere Reduktionsmittel als H_2 vorhanden (z.B. elementare Metalle wie Fe(0)).

Die Redoxverhältnisse in einem natürlichen System können mit Hilfe eines pε-pH-Diagramms veranschaulicht werden (Abbildung 8.7). Die Gleichungen sind für die verschiedenen wichtigen Redoxreaktionen dargestellt. Für die Reaktionen mit Mn^{2+} und Fe^{2+} sind typische Konzentrationen dieser Ionen angenommen, das Verhältnis $[SO_4^{2-}]/[HS^-] = 1$. Für Fe(III) unterscheiden sich diese Linien je nach angenommener fester Phase ($Fe(OH)_3$(s) oder Fe_2O_3(s)).

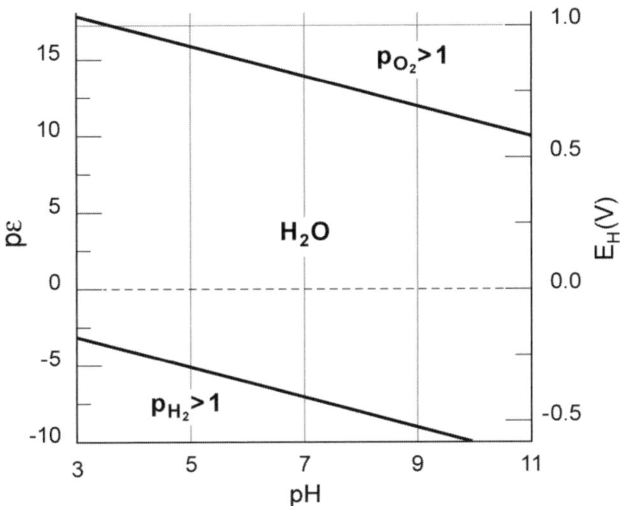

Abb. 8.6: pε-pH-Diagramm für Wasser (25 °C). Oberhalb der oberen Linie ist H_2O (thermodynamisch) unbeständig und wird zu O_2(g) oxidiert. Unterhalb der unteren Linie wird H_2O zu H_2(g) reduziert.

8.5.3 Redox-Puffer

Die Stabilität eines Redoxsystems gegenüber einer pε-Veränderung – analog der Pufferintensität in einem Säure-Basesystem – kann definiert werden als Redox-Pufferintensität, S,

$$S = \frac{dC_R}{dp\varepsilon} \quad (29)$$

wobei C_R die Konzentration eines zugegebenen Reduktionsmittels (M) ist.

Redoxverhältnisse im Grundwasser und an der Sediment-Wassergrenzfläche sind häufig besser gepuffert als in Oberflächengewässern, weil die Pufferung durch grössere Reservoirs von festen Phasen, z.B. $Fe(OH)_3$(s), Fe_2O_3(s), MnO_2(s), FeS_2(s), bewirkt wird. Abbildung 8.7 gibt typische gepufferte pε-Bereiche im Grundwasser oder Sediment-Wassersystem wieder.

In Bodensystemen sind pε und pH als Mastervariable ebenfalls wichtig. Auch in den bodenchemischen Prozessen sind Protonen und Elektronen gekoppelt; eine Zunahme von pε ist begleitet von einer Abnahme im pH. In Böden ist das organische Material (entsprechend Bereich 2, Abbildung 8.7) gewissermassen ein pε- und pH-Puffer, da es ein Reservoir von gebundenen Protonen und Elektronen darstellt. Bei höherem pε wird das organische Material mineralisiert, wobei die Alkalinität und die Konzentration der Nährstoffe NO_3^-, SO_4^{2-} und HPO_4^{2-} zunehmen, während Eisen und Mangan immobilisiert werden. Tiefere pε-Werte (entsprechend Bereich 3, Abbildung 8.7) entsprechen erhöhter Konzentration der Nährstoffkationen NH_4^+, Fe^{2+}, Mn^{2+}. Diese Kationen stehen dann bei den Bodenmineralien im Ionenaustauschwettbewerb mit K^+, Mg^{2+} und Ca^{2+}.

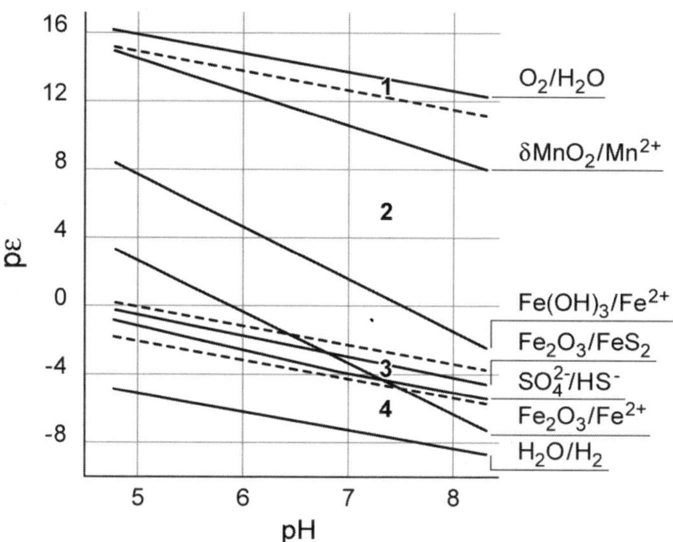

Abb. 8.7: Repräsentative Redoxintensitätsbereiche im Grundwasser und in Sediment-Wasser- und Boden-Systemen. Bereich 1 ist für O_2-haltiges Wasser; bei Grundwasser bedeutet das die Abwesenheit von organischem Material. Viele Grundwasser sind im pε-Bereich 2, weil organische Verbindungen den Sauerstoff (mikrobiell katalysiert) aufgezehrt haben, aber noch keine SO_4^{2-}-Reduktion stattgefunden hat. Dafür enthalten diese Systeme typischerweise lösliches Mn(II) und Fe(II) und sind pε-gepuffert wegen der Anwesenheit von festen Phasen von MnO_2 und $Fe(OH)_3$ oder Fe_2O_3. Im Bereich 3 sind die pε-Werte durch die SO_4^{2-}-Reduktion gepuffert. In den Bereichen 2 und 3 tritt NH_4^+ auf. Der Bereich 4 wird in anoxischen Sedimenten und Schlämmen erreicht, tritt aber selten in Grundwasser auf (modifiziert nach *(67)*).

Beispiel 8.7: pε/pH-Diagramm für Fe, CO_2, H_2O

In einem pε/pH-Diagramm werden die Existenzbereiche der verschiedenen Spezies definiert. Ein solches Diagramm wird für das System Fe, CO_2, H_2O dargestellt (Abb. 8.8). Die festen Phasen sind amorphes Fe(III)$(OH)_3$, Fe(II)CO_3 (Siderit), Fe(II)$(OH)_2$, Fe(0). Als gelöste Spezies treten Fe^{2+}, Fe^{3+}, $FeOH^{2+}$, $Fe(OH)_4^-$ auf. Die totale Carbonatkonzentration wird als $c_T = 10^{-3}$ M angenommen.

Alle für die Konstruktion benötigten Gleichungen können aus dem Tableau 8.3 und aus Tabelle 8.3 entnommen werden. Die Gleichgewichtskonstanten ergeben sich aus den G_f^0-Werten im Anhang 3. Die entsprechenden Gleichungen definieren die Linien im Diagramm, d.h. die Grenzen zwischen den Bereichen, in denen die entsprechenden Spezies vorherrschen.

Tableau 8.3: Fe, CO_2, H_2O System

Komponenten:		H^+	e^-	HCO_3^-	Fe^{2+}	log K	Nr. in Abb. 8.8.
Spezies:	Fe^{2+}				1	0	
	Fe^{3+}		–1		1	13.0	1
	Fe^0		2		1	–13.8	2
	$FeCO_3$ (s)	–1		1	1	0.2	b
	$Fe(OH)_2$(s)	–2			1	13.3	
	$Fe(OH)_3$(s)	–3	–1		1	–16.5	3
	$FeOH^{2+}$	–1	–1		1	–15.2	8
	$Fe(OH)_4^-$	–4	–1		1	34.6	
	$H_2CO_3^*$	1		1		6.3	
	HCO_3^-			1		0	
	CO_3^{2-}	–1		1		–10.3	
	H^+	1				0	
	OH^-	-1				–14.0	
Zusammensetzung (M):		pH gegeben	pε gegeben	1×10^{-3}	1×10^{-5}		

Die anderen pε- und pH-Funktionen ergeben sich aus Kombinationen obiger Gleichungen, z.B.

		Nr. in Abb. 8.8.
pε =	$16.0 - 2\ \text{pH} + \log\ [HCO_3^-]$	4
pε =	$-7.0 - ½\ \text{pH} - ½\log\ [HCO_3^-]$	5
pε =	$-1.1 - \text{pH}$	6
pε =	$4.3 - \text{pH}$	7
pH =	$11.9 + \log\ [HCO_3^-]$	a

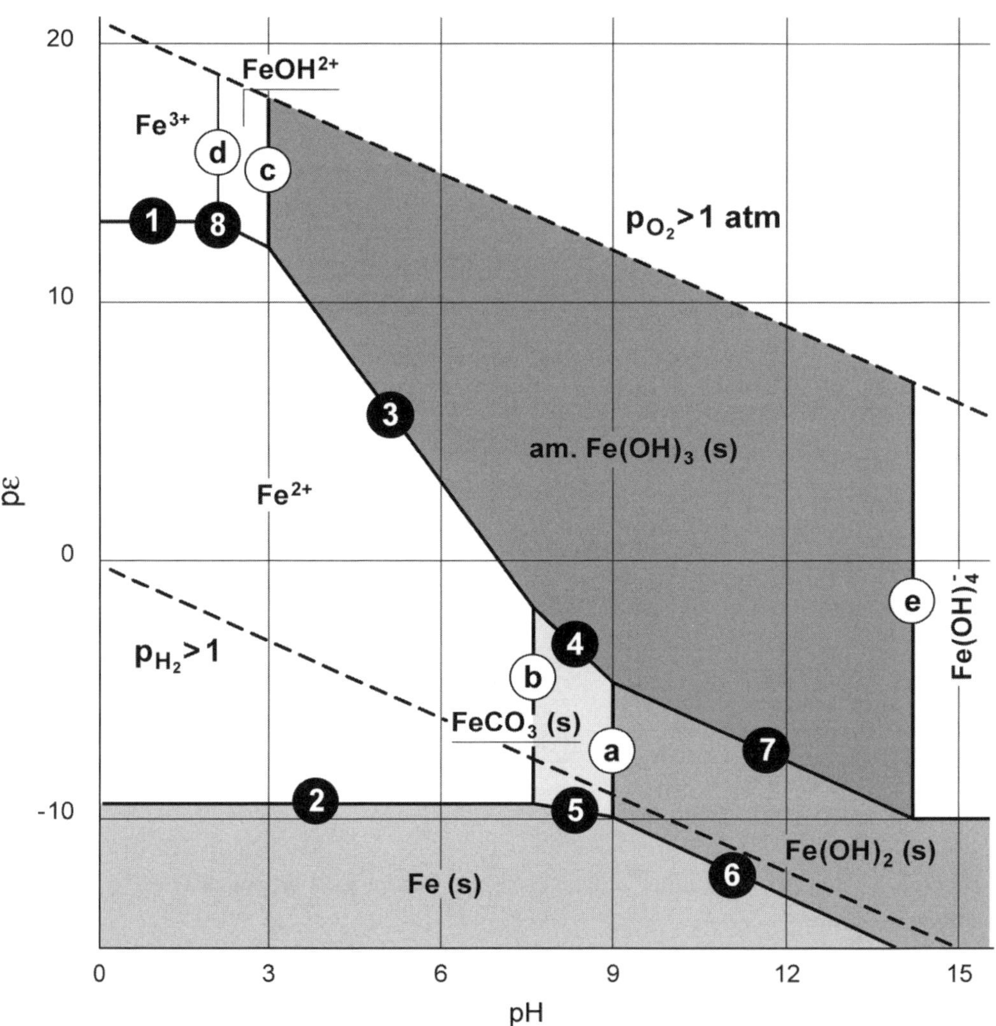

Abb. 8.8: pε-pH-Diagramm für Fe, CO_2, H_2O-System. Die festen Phasen sind amorphes $Fe(OH)_3$(s), Fe(II)CO_3(Siderit), $Fe(OH)_2$(s), Fe(0). C_T = 10^{-3} M $\{Fe^{2+}\}$ = 10^{-5} M, (25 °C) (nach *(9)*).

Tab. 8.3: Gleichungen für die Konstruktion der Abbildung 8.8

Gleichungen für die Konstruktion des Diagramms:		pε-Funktionen:	
$Fe^{3+} + e^- \leftrightarrows Fe^{2+}$	pε =	$13 + \log(\{Fe^{3+}\}/\{Fe^{2+}\})$	1 [1)]
$Fe^{2+} + 2\ e^- \leftrightarrows Fe(s)$	pε =	$-6.9 + 1/2 \log\{Fe^{2+}\}$	2
$Fe(OH)_3(s) + 3\ H^+ + e^- \leftrightarrows Fe^{2+} + 3\ H_2O$	pε =	$16 - \log\{Fe^{2+}\} - 3\ pH$	3
$Fe(OH)_3(s) + 2\ H^+ + HCO_3^- + e^- \leftrightarrows FeCO_3(s) + 3\ H_2O$	pε =	$16 - 2\ pH + \log\{HCO_3^-\}$ mit $\{HCO_3^-\} = C_T\alpha_1$	4
$FeCO_3(s) + H^+ + 2\ e^- \leftrightarrows Fe(s) + HCO_3^-$	pε =	$-7.0 - 1/2\ pH - 1/2 \log\{HCO_3^-\}$	5
$Fe(OH)_2(s) + 2\ H^+ + 2\ e^- \leftrightarrows Fe(s) + 2\ H_2O$	pε =	$-1.1 - pH$	6
$Fe(OH)_3(s) + H^+ + e^- \leftrightarrows Fe(OH)_2(s) + H_2O$	pε =	$4.3 - pH$	7
$FeOH^{2+} + H^+ + e^- \leftrightarrows Fe^{2+} + H_2O$	pε =	$15.2 - pH - \log(\{Fe^{2+}\}/\{FeOH^{2+}\})$	8
		pH-Funktionen:	
$FeCO_3(s) + 2\ H_2O \leftrightarrows Fe(OH)_2(s) + H^+ + HCO_3^-$	pH =	$11.9 + \log\{HCO_3^-\}$	a
$FeCO_3(s) + H^+ \leftrightarrows Fe^{2+} + HCO_3^-$	pH =	$0.2 - \log\{Fe^{2+}\} - \log\{HCO_3^-\}$	b
$FeOH^{2+} + 2\ H_2O \leftrightarrows Fe(OH)_3(s) + 2\ H^+$	pH =	$0.4 - 1/2 \log\{FeOH^{2+}\}$	c
$Fe^{3+} + H_2O \leftrightarrows FeOH^{2+} + H^+$	pH =	$2.2 - \log(\{Fe^{3+}\}/\{FeOH^{2+}\})$	d
$Fe(OH)_3(s) + H_2O \leftrightarrows Fe(OH)_4^- + H^+$	pH =	$19.2 + \log\{FeOH_4^-\}$	e

[1)] Nummern und Buchstaben beziehen sich auf die Linien in der Abbildung

8.6 Durch Mikroorganismen katalysierte Redoxprozesse

8.6.1 Sequenz der Redoxreaktionen unter dem Einfluss der Mikroorganismen

Wie in Kapitel 8.3 und in Abbildung 8.1 ausgeführt, werden viele exergonische Redoxprozesse durch Mikroorganismen, vor allem Bakterien, katalysiert. Die Bakterien nutzen einen Teil der beim Redoxprozess frei werdenden Reaktionsenthalpie aus um zu wachsen (reproduzieren). Bakterien können keine Reaktionen bewirken, die thermodynamisch nicht möglich sind; demnach ist es genau genommen unkorrekt, von einer Oxidation eines Substrats durch Bakterien oder einer Reduktion des Sauerstoffs durch Bakterien zu sprechen. Vom Gesichtspunkt der Bruttoreaktion sind die Bakterien Katalysatoren oder – da sie auch einen Teil der Energie für ihr Wachstum brauchen – kinetische Vermittler einer Redoxreaktion (im Englischen spricht man von Mediation).

Tab. 8.4: Sequenz der Redoxprozesse beim Abbau von organischem Material durch Mikroorganismen. Die freie Reaktionsenthalpie ΔG^0 ist für pH 7 angegeben.

Reaktion	ΔG^0_{pH7} kJ Äquivalent^{-1} [a)]
Aerobe Respiration	
$\frac{1}{4} CH_2O + \frac{1}{4} O_2 \rightarrow \frac{1}{4} CO_2 + \frac{1}{4} H_2O$	–125
Denitrifikation	
$\frac{1}{4} CH_2O + 1/5\ NO_3^- + 1/5\ H^+ \rightarrow \frac{1}{4} CO_2 + 1/10\ N_2 + \frac{1}{2} H_2O$	–119
Reduktion von Manganoxid	
$\frac{1}{4} CH_2O + \frac{1}{2} MnO_2(s) + H^+ \rightarrow \frac{1}{4} CO_2 + \frac{1}{2} Mn^{2+} + \frac{3}{4} H_2O$	– 87 [b)]
Reduktion von Eisenoxid	
$\frac{1}{4} CH_2O + Fe(OH)_3(s) + 2\ H^+ \rightarrow \frac{1}{4} CO_2 + Fe^{2+} + 11/4\ H_2O$	–27 [b)]
Sulfat-Reduktion	
$\frac{1}{4} CH_2O + 1/8\ SO_4^{2-} + 1/8\ H^+ \rightarrow \frac{1}{4} CO_2 + 1/8\ HS^- + \frac{1}{4} H_2O$	–25
Methanbildung	
$\frac{1}{4} CH_2O + 1/8\ CO_2 \rightarrow \frac{1}{4} CO_2 + 1/8\ CH_4$	–23

a) 1 Äquivalent entspricht hier der Übertragung eines Elektrons.

b) abhängig von fester Phase

Zum Beispiel: SO_4^{2-} kann nur unterhalb eines bestimmten pε reduziert werden. Der pε-Bereich, in welchem SO_4^{2-} reduziert wird, definiert das ökologische Milieu der SO_4^{2-}-reduzierenden Bakterien; diese können sich in diesem Bereich reproduzieren. Der pε- oder Redoxpotenzial-Bereich, in welchem Oxidations- oder Reduktionsprozesse möglich sind, kann aus thermodynamischen Daten berechnet werden.

Unter anoxischen Bedingungen wird organisches Material durch Abbauprozesse mit den verschiedenen Oxidationsmitteln entsprechend der Redoxsequenz mineralisiert, die durch die thermodynamische Reihe gegeben ist (Tabelle 8.4). Die freien Reaktionsenthalpien ΔG^0_{pH7} in Tabelle 8.4 gelten für pH 7 und werden für Bedingungen berechnet, unter denen die Aktivitäten der reduzierten und oxidierten Spezies gleich 1 sind, ausser diejenige der Protonen, für welche pH = 7 und $\{H^+\} = 10^{-7}$:

$$\Delta G^0{}_{pH7} = \Delta G^0 + 2.3RT \log \frac{\{Red\}_1 \{Ox\}_2}{\{Ox\}_1 \{Red\}_2} \{H^+\}^n \qquad (30)$$

Alle Aktivitäten = 1 ausser für H^+:

$$\Delta G^0{}_{pH7} = \Delta G^0 + 2.3\ RT \times n\ (\log \{H^+\}) = \Delta G^0 + 2.3\ RT \times n\ (-7) \qquad (31)$$

Es wird demnach zuerst der Sauerstoff verbraucht (günstigstes Oxidationsmittel), dann Nitrat zu elementarem Stickstoff reduziert, Mangan(IV) zu Mangan(II) reduziert, Eisen(III) zu Eisen(II) reduziert, Sulfat (S(VI)) zu Schwefelwasserstoff (S(-II)) reduziert und CO_2 zu Methan (CH_4) umgesetzt. Der Energiegewinn bei diesen Reaktionen nimmt in dieser Reihenfolge ab (ΔG^0). Diese Reihenfolge kann in der aquatischen Umwelt überall dort beobachtet werden, wo ein grosses Angebot an organisches Material vorhanden ist und Sauerstoff nicht in genügendem Ausmass zutritt. Diese Redoxsequenz ist zum Beispiel in der Tiefe eutropher Seen und im Porenwasser der Seensedimente zu erkennen. Ein Beispiel für die Konzentrationen der Redoxspezies im Porenwasser eines Seesediments ist in Abbildung 8.9 dargestellt. Die Redoxsequenz wird auch im Grundwasser bei Anwesenheit von organischem Material, z.B. aus Deponien, beobachtet.

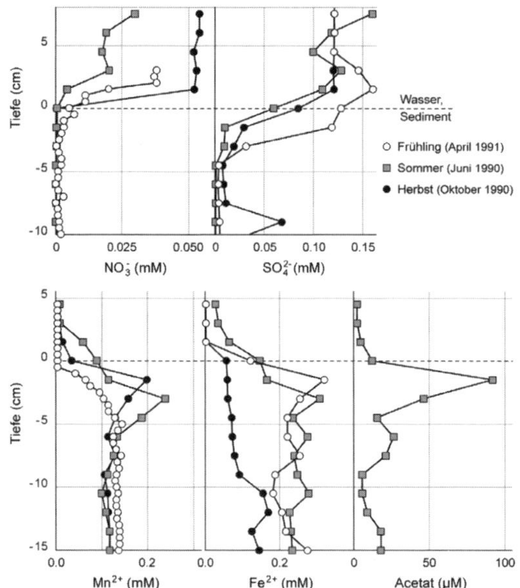

Abbildung 8.9: Konzentrationen von Redoxspezies (NO_3^-, SO_4^{2-}, Mn^{2+}, Fe^{2+}) und von Acetat im Porenwasser eines Seesediments (73). Die Tiefe im Sediment ist in cm angegeben, 0 cm ist die Grenze Wasser/Sediment. Acetat ist ein Zwischenprodukt beim Abbau von Biomasse. (Reproduziert mit Erlaubnis von Springer Science + Business Media aus: Aquatic Sciences, Solute transfer across the sediment surface of a eutrophic lake: I. Porewater profiles from dialysis samplers. 1997, 59, 1–25,Urban, N. R.; Dinkel, C.; Wehrli, B., Fig. 6 und 8).

Dabei werden diese verschiedenen Redoxreaktionen durch verschiedene Mikroorganismen ausgeführt, die in Bezug auf ihre Stoffwechselmöglichkeiten spezialisiert sind und die unter den entsprechenden Bedingungen (z.B. Abwesenheit von Sauerstoff) bevorzugt vorkommen. Die Mikroorganismen nutzen diese verschiedenen Redoxreaktionen, um Energie zu gewinnen und zu wachsen (dissimilatorische Reduktionsreaktionen).

i) Denitrifikation

Die Denitrifikation (Reduktion von Nitrat zu elementarem Stickstoff) erfolgt durch Mikroorganismen, die Nitrat anstelle von Sauerstoff als Elektronenakzeptor verwenden können, wenn sehr wenig oder kein Sauerstoff mehr vorhanden ist.

Die Denitrifikation erfolgt durch diese Mikroorganismen nach folgendem Schema:

$$NO_3^- \rightarrow NO_2^- \rightarrow NO \rightarrow N_2O \rightarrow N_2 \quad (32)$$

(+V) (+III) (+II) (+I) (0)

Es treten als Zwischenprodukte Nitrit (NO_2^-), Stickstoffoxid (NO) und Distickstoffoxid (N_2O, Lachgas) auf. Bei der vollständigen Reduktion nach dem Schema (32) ist das Endprodukt elementarer Stickstoff, der durch Ausgasung aus dem Wasser in die Atmosphäre eliminiert wird. N_2O wird als Nebenprodukt gebildet und kann ebenfalls durch Ausgasung an die Atmosphäre abgegeben werden, wo es als Treibhausgas wirkt. Die Denitrifikation erfolgt in Gewässern, Böden und unter entsprechenden Bedingungen in Kläranlagen.

Die Reduktion von Nitrat zu Ammonium ist auch eine mögliche Reaktion, die durch Mikroorganismen bewirkt wird, aber sie ist üblicherweise in natürlichen Systemen von untergeordneter Bedeutung.

ii) Reduktion von Mangan- und Eisenoxiden

Unter oxischen Bedingungen kommen Mangan als Mn(IV)-Oxid und Eisen als Fe(III)-Oxid oder -Hydroxid in festen Phasen vor. Sowohl Mn(IV)- wie Fe(III)-Oxide sind schwer löslich, so dass diese Elemente unter oxischen Bedingungen überwiegend in der festen Phase vorhanden sind. Bei der Reduktion werden lösliche Mn(II) und Fe(II) freigesetzt.

Da die Mangan- und Eisenoxide in der festen Phase eingebunden sind, ist ihre Verfügbarkeit für die Reduktionsreaktionen eingeschränkt und hängt auch von den Eigenschaften der festen Phasen (kristalline Form, Oberfläche) ab. Es sind einige Mikroorganismen bekannt, die die Fähigkeit zur Reduktion von Eisenoxiden (und meistens auch von Manganoxiden) haben. Diese Mikroorganismen verwenden als organische Substrate einfachere Verbindungen wie Acetat, Lactat ($CH_3CHOHCOOH$), Pyruvat ($CH_3COCOOH$), aber auch Fettsäuren und aromatische Verbindungen, sowie auch H_2, ein Zwischenprodukt der Gärungsreaktionen. Die Mikroorganismen haben verschiedene Strategien, um die Reduktion der festen Phasen zu erreichen: sie können durch direkten Kontakt mit der Oberfläche der festen Phase Fe(III) oder Mn(IV) reduzieren, oder sie reduzieren lösliche Verbindungen, die dann die festen Oxide reduzieren können, oder sie reduzieren Fe(III) in einer komplex gebundenen löslichen Form.

Fe(III)-oxide und Mn(IV)-oxide können auch chemisch durch Sulfid und reaktive organische Verbindungen reduziert werden; Mn(IV)-Oxide werden auch durch Fe(II) reduziert. Zum Beispiel sind folgende Reaktionen thermodynamisch möglich:

$$H_2S + 8\ Fe(OH)_3(s) + 14\ H^+ \rightarrow 8\ Fe^{2+} + SO_4^{2-} + 20\ H_2O \qquad (33)$$

$$2\ Fe^{2+} + MnO_2(s) + 4\ H_2O \rightarrow Mn^{2+} + 2\ Fe(OH)_3(s) + 2\ H^+ \qquad (34)$$

Die Reduktion von Fe(III) und Mn(IV) durch Mikroorganismen ist eine wichtige Reaktion in marinen Sedimenten und in Seesedimenten, in Böden und in Grundwässern.

iii) Sulfatreduktion

Die Sulfatreduktion erfolgt nur unter anaeroben Bedingungen durch spezialisierte Mikroorganismen, die nur in Abwesenheit von Sauerstoff wachsen können. Diese Bakterien oxidieren meistens kleinere organische Verbindungen mit Hilfe von Sulfat als Oxidationsmittel, z.B. Acetat:

$$CH_3COO^- + SO_4^{2-} \rightarrow 2\ HCO_3^- + HS^- \qquad (35)$$

Auch Wasserstoff kann von den Mikroorganismen zur Reduktion von Sulfat verwendet werden. Die Sulfatreduktion ist unter anaeroben Bedingungen z.B. in Sedimenten ein wichtiger Abbauprozess von organischem Material.

Das Produkt der Sulfatreduktion ist Schwefelwasserstoff (H_2S) oder Hydrogensulfid (HS^-). Dieses reagiert mit Metallionen zur Bildung schwer löslicher fester Phasen, z.B.:

$$Fe^{2+} + HS^- \leftrightarrows FeS(s) + H^+ \quad (36)$$

$$Cd^{2+} + HS^- \leftrightarrows CdS(s) + H^+ \quad (37)$$

iv) Methanbildung

Das Endprodukt anaerober Abbauprozesse von organischen Verbindungen ist Methan, das zum Beispiel durch folgende Reaktion gebildet werden kann:

$$CO_2 + 4\,H_2 \rightarrow CH_4 + 2\,H_2O \quad (38)$$

(+IV) (-IV)

Methanbildung erfolgt durch spezialisierte Mikroorganismen in Abwesenheit von Sauerstoff und unter Bedingungen, unter denen die anderen Oxidationsmittel erschöpft sind. Diese Mikroorganismen verbrauchen kleinere organische Verbindungen wie insbesondere Acetat und auch Wasserstoff.

Das produzierte Methan kann dann durch andere Mikroorganismen an Grenzen zwischen anoxischen und oxischen Bedingungen wieder oxidiert werden. Ein Teil des produzierten Methans gelangt auch in die Atmosphäre.

v) Fermentationsreaktionen

Bei den Fermentationsreaktionen wird organisches Material zu kleineren organischen Molekülen umgesetzt und teilweise reduziert, d.h. organisches Material wird teilweise oxidiert und reduziert. Zunächst erfolgt der Abbau der grösseren Biopolymere zu kleineren Molekülen. Glukose und andere Monosaccharide werden dann zu Alkoholen, Fettsäuren, H_2 und CO_2 umgesetzt. Weitere Reaktionen führen zur Bildung von Acetat und weiteren kleinen organischen Säuren. Diese Produkte der Fermentation werden von den eisen- und sulfatreduzierenden Bakterien und den Methanbildnern gebraucht. Beispiele für solche Reaktionen sind:

$$C_6H_{12}O_6 + 4\,H_2O \rightarrow 2\,CH_3COO^- + 2\,HCO_3^- + 4\,H^+ + 4\,H_2 \quad (39)$$

Glukose Acetat

$$C_6H_{12}O_6 + 2\,H_2O \rightarrow C_3H_7COO^- + 2\,HCO_3^- + 3\,H^+ + 2\,H_2 \quad (40)$$

Butyrat

$$C_3H_7COO^- + 2\,H_2O \rightarrow 2\,CH_3COO^- + H^+ + 2\,H_2 \quad (41)$$

8.6.2 Oxidationsreaktionen durch Mikroorganismen

Die Oxidation der reduzierten Spezies, die bei den Reaktionen in Tabelle 8.4. entstehen, wird auch wesentlich durch Mikroorganismen katalysiert, die die Energie dieser Reaktionen zum Wachstum ausnützen. Die Oxidationsreaktionen von Fe(II), Mn(II), HS^- durch Sauerstoff sind chemisch je nach Bedingungen kinetisch langsam (s. Kapitel 8.7), obwohl diese Reaktionen thermodynamisch günstig sind (Tab. 8.5). Die Oxidation von Fe(II) wird unter sauren Bedingungen durch Mikroorganismen bewirkt, zum Beispiel in sauren Minenabwässern. Die Oxidation von Mn(II) in Gewässern erfolgt auch im neutralen pH-Bereich vorwiegend unter der Wirkung spezialisierter Mikroorganismen. Oxidation von HS^- durch Mikroorganismen führt zu Sulfat oder zu elementarem S^0, der in den Zellen eingelagert wird.

Die Nitrifikation (Oxidation von NH_4^+ zu NO_3^- mit Sauerstoff) erfolgt durch Mikroorganismen in zwei Schritten, die durch zwei verschiedene Mikroorganismen bewirkt werden (Tab. 8.5). Diese Reaktion ist für die Elimination von Ammonium bei der Abwasserreinigung wesentlich.

Ammonium kann auch unter anaeroben Bedingungen durch die Anammox-Reaktion oxidiert werden (Tab. 8.5). Diese Reaktion wird in der Abwasserreinigung verwendet und wurde in Sedimenten und in anaeroben Wässern nachgewiesen (*(74)*, *(75)*).

Die Oxidation von Methan an der Grenze von anoxischen und oxischen Bedingungen erfolgt durch spezialisierte methanotrophe Mikroorganismen, die die Energie dieser Oxidation zum Wachstum ausnützen. Methanoxidation durch Bakterien ist ein wesentlicher Faktor, der die Emissionen von Methan aus anoxischen Wässern in die Atmosphäre begrenzt.

Auch anaerobe Oxidationsreaktionen der Spezies in Tab. 8.5 werden durch Mikroorganismen bewirkt, zum Beispiel anaerobe Methanoxidation mit Sulfatreduktion oder Sulfidoxidation mit Nitratreduktion.

Tab. 8.5: Durch Mikroorganismen katalysierte Oxidationsreaktionen

Reaktion	ΔG^0_{pH7} kJ Äquivalent^{-1}
Methanoxidation	
$1/8\ CH_4 + ¼\ O_2 \rightarrow 1/8\ CO_2 + ¼\ H_2O$	−102.3
Sulfidoxidation	
$1/8\ HS^- + ¼\ O_2 \rightarrow 1/8\ SO_4^{2-} + 1/8\ H^+$	−99.5
$½\ HS^- + ¼\ O_2 + ½\ H^+ \rightarrow ½\ S^0 + ½\ H_2O$	−104.7
Fe(II)-Oxidation	
$Fe^{2+} + ¼\ O_2 + 2.5\ H_2O \rightarrow Fe(OH)_3(s) + 2\ H^+$	−106.8

Mn(II)-Oxidation	
$\frac{1}{2}\,Mn^{2+} + \frac{1}{4}\,O_2 + \frac{1}{2}\,H_2O \rightarrow \frac{1}{2}\,MnO_2(s) + H^+$	−42.8
Nitrifikation	
$1/6\,NH_4^+ + \frac{1}{4}\,O_2 \rightarrow 1/6\,NO_2^- + 1/6\,H_2O + 1/3\,H^+$	−45.8
$\frac{1}{2}\,NO_2^- + \frac{1}{4}\,O_2 \rightarrow \frac{1}{2}\,NO_3^-$	−37.1
Anammox	
$1/3\,NH_4^+ + 1/3\,NO_2^- \rightarrow 1/3\,N_2 + 2/3\,H_2O$	−119.3

8.6.3 Einfluss von Redoxreaktionen auf Säure-Base-Verhältnisse

Bei den Redoxreaktionen sind in den meisten Fällen auch Protonen an der Reaktion beteiligt. Dadurch beeinflussen die Redoxreaktionen auch die Säure-Base-Verhältnisse. So werden bei den anearoben Reduktionsreaktionen in Tab. 8.4 bei der Denitrifikation, der Mangan- und Eisenreduktion und bei der Sulfatreduktion Protonen verbraucht. Dadurch steigt die Alkalinität der Lösung. Bei Abbau von organischem Material unter anaeroben Bedingungen erhöht sich deshalb die Alkalinität.

Hingegen werden bei den Oxidationsreaktionen in Tab. 8.5 bei der Oxidation von Sulfid, von Eisen und Mangan und bei der Nitrifikation Protonen freigesetzt, d.h. die Alkalinität wird vermindert und es entsteht H-Acidität. Beispielsweise entstehen saure Minenabwässer durch die Oxidation von Fe(II) und von Sulfid.

8.7 Kinetik von Redoxprozessen

Elektronentransferprozesse sind – anders als Protonentransferprozesse – häufig langsam; manchmal sogar finden sie, in Abwesenheit von Katalysatoren, überhaupt nicht statt. In diesem Abschnitt werden einige Fallbeispiele der Kinetik von Redoxprozessen auf chemischem Weg diskutiert.

8.7.1 Oxidation von Fe(II) zu Fe(III) durch O_2

Diese Oxidation spielt z.B. im Kreislauf des Eisens in Seen oder bei eisen(II)haltigem Grundwasser, das für die Wasserversorgung aufbereitet werden muss, eine wichtige Rolle. Die Oxidation von Fe(II) zu Fe(III) ist mit einer signifikanten Reduktion der Löslichkeit des Fe(aq) verbunden (Abbildung 8.10). Die Reaktion des Fe(II) mit Sauerstoff ergibt Fe(III)(hydr)oxide.

$$Fe(II) + \frac{1}{4}\,O_2 + 2\,OH^- + \frac{1}{2}\,H_2O \rightarrow Fe(OH)_3(s) \qquad (42)$$

Im Folgenden wird die Kinetik dieser Reaktion im Detail dargestellt, um zu zeigen, wie eine solche Studie durchgeführt wird und wie die Resultate ausgewertet werden, um ein Geschwindigkeitsgesetz abzuleiten. Ausgangspunkt der Oxidationsexperimente sind Lösungen, die gelöstes Fe(II) enthalten. Man kann für solche Experimente keine konventionellen Puffer (z.B. Phosphat oder Acetatpuffer) verwenden, da die Pufferionen die Oxidation beeinflussen können. Um die Oxidationsrate unter Bedingungen der natürlichen Gewässer zu untersuchen, wurde ein den natürlichen Gewässern entsprechendes Puffersystem gewählt: HCO_3^- und CO_2; d.h. eine 10^{-2} M $NaHCO_3$-Lösung wird mit einem Gasgemisch von O_2/ CO_2/N_2 berechneter Zusammensetzung begast. Durch das HCO_3^- in der Lösung darf die Löslichkeit des Fe(II) (vgl. Abb. 8.10) nicht überschritten werden.

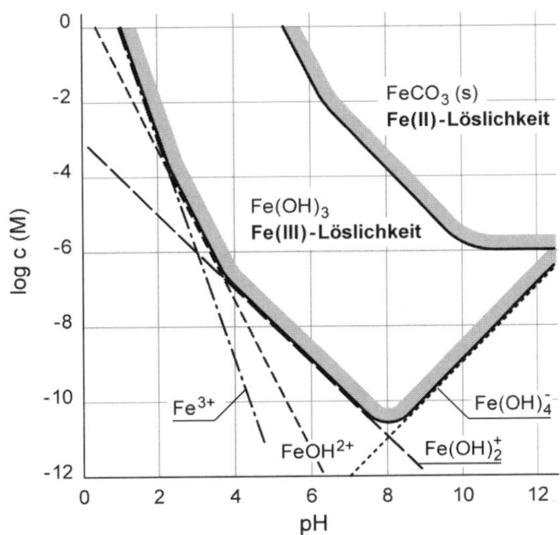

Abb. 8.10: Vergleich der Löslichkeit von Fe(III) und Fe(II) (vgl. Abbildungen 7.1 und 7.11). Amorphes $Fe(OH)_3$(s) wird als feste Phase für die Löslichkeit des Fe(III) ($[Fe^{3+}]$ + $[Fe\ OH^{2+}]$ + $[Fe(OH)_2^+]$ + $[Fe(OH)_4]$) angenommen, während die Löslichkeit von Fe^{2+} durch $FeCO_3$(s) (Siderit) gegeben ist. Für amorphes $Fe(OH)_3$ wurde ein ΔG^0_f von –700 kJ mol^{-1} verwendet. Für die Löslichkeit von $FeCO_3$ wurde $C_T = 4 \times 10^{-3}$ M (typisch für ein Grundwasser in kalkhaltigem Gebiet) vorausgesetzt.

Abbildung 8.11 illustriert einen Teil der erhaltenen experimentellen Resultate für Lösungen verschiedener pH-Werte jeweils bei konstantem Partialdruck von O_2. Die relativen verbleibenden Konzentrationen von Fe(II) werden halblogarithmisch (log $([Fe(II)]_t/[Fe(II)]_0)$ vs. Zeit) aufgetragen. Die Reaktion kann im Sinne einer Reaktion erster Ordnung bezüglich [Fe(II)] interpretiert werden.

$$-\frac{d[Fe(II)]}{dt} = k_0\,[Fe(II)] \qquad (43)$$

$$\ln\frac{[\mathrm{Fe(II)}]}{[\mathrm{Fe(II)}]_0} = -k_0 t \qquad (44)$$

wobei k_0 die Geschwindigkeitskonstante [Zeit^{-1}] ist.

bzw. ist:

$$\log\frac{[\mathrm{Fe(II)}]}{[\mathrm{Fe(II)}]_0} = -k_0' t \qquad (44a)$$

mit $k_0' = k_0 \log e = k_0\ 0.434$

Für jeden pH und p_{O2} kann die Neigung der Kurve k_0 oder k_0' bestimmt werden.

Die Abhängigkeit der Oxidationsrate von $[OH^-]$ wird erhalten, wenn die k'_0-Werte aus der Abbildung 8.11a und aus weiteren Experimenten als log k'_0 gegen den pH aufgetragen werden (Abb. 8.11b). Aus der Neigung:

$d \log k_0'/dpH = 2.0$

folgt, dass die Reaktionsrate für die Fe(II)-Oxidation zweiter Ordnung bezüglich $[OH^-]$ sein muss. Für jede Erhöhung des pH um eine Einheit erhöht sich die Oxidationsgeschwindigkeit um einen Faktor 100. Oberhalb pH = 8 wird die Geschwindigkeit so gross, dass sie diffusionskontrolliert wird. Ähnlich kann gezeigt werden, dass die Rate bei konstantem pH linear von p_{O2} abhängt. Dementsprechend ergibt sich für das Geschwindigkeitsgesetz der Fe(II)-Oxidation durch O_2:

$$-\frac{d[\mathrm{Fe(II)}]}{dt} = k\,[\mathrm{Fe(II)}]\,[OH^-]^2\,p_{O2} \qquad (45)$$

wobei k die Einheit [M^{-2} atm^{-1} min^{-1}] aufweist, falls die Zeit in Minuten und der Partialdruck von O_2 in atm gemessen wird. Wie in Kapitel 5 gezeigt (Abbildung 5.3), kann in der Regel die Rate einer Umweltreaktion in Abhängigkeit von der Konzentration und einem Umweltfaktor, E, dargestellt werden.

$$-\frac{d[\mathrm{Fe(II)}]}{dt} = k\,[\mathrm{Fe(II)}] \cdot E \qquad (46)$$

Wie aus Gleichung (46) hervorgeht, ist der Umweltfaktor, für die Oxidation von Fe(II) mit Sauerstoff, $E = p_{O2}\,[OH^-]^2$. Bei 20° ist $k = 8 \times 10^{13}\ M^{-2}\ atm^{-1}\ min^{-1}$. Häufig ist es praktischer, das Geschwindigkeitsgesetz in der Form von

$$-\frac{d[\mathrm{Fe(II)}]}{dt} = k_H\,[H^+]^{-2}\,[O_2(aq)]\,[\mathrm{Fe(II)}] \qquad (47)$$

zu gebrauchen, wobei O_2 (aq) in M angegeben wird und $k_H = 3 \times 10^{-12}$ M min^{-1} (20 °C).

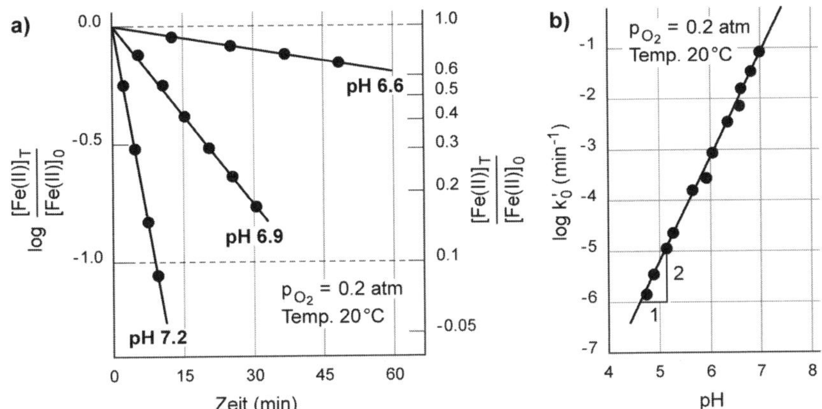

Abb. 8.11. Oxidation von Fe(II) mit Sauerstoff (p_{O2} = 0.2 atm).
a) Die halblogarithmische Auftragung illustriert, dass

$$\log \frac{[Fe(II)]}{[Fe(II)]_0} = -k_0't$$

d.h. dass die Reaktion bezüglich [Fe(II)] erster Ordnung ist. Die Geschwindigkeitskonstante k_0' kann aus der Neigung der Kurven berechnet werden.
b) Die Auftragung der k_0'-Werte (die aus Abbildung a) und zusätzlichen Daten stammen) gegen pH zeigt, dass die Oxidationsgeschwindigkeit von $[H^+]^{-2}$ oder von $[OH^-]^2$ abhängt.

Beispielsweise ist die Halbwertszeit, τ_H, für die Oxidation von Fe(II) bei pH = 6 ($[O_2(aq)]$ = 3 x 10^{-4} M) ca. 770 min. Diese reduziert sich um einen Faktor 10 oder 100, wenn der pH auf 6.5 oder 7 angehoben wird. Für einen gegebenen pH erhöht sich die Oxidationsgeschwindigkeit um einen Faktor 10 für eine Temperaturerhöhung von ca. 15 °C. Für die Umrechnung von $[OH^-]$ auf $[H^+]$ wurde $K_W = 0.7 \times 10^{-14}$ verwendet.

Die Abhängigkeit der Oxidationsrate von $[OH^-]^2$ ist darauf zurückzuführen, dass die Fe(II)-Hydroxokomplexe schneller durch O_2 oxidiert werden.

$$Fe^{2+} + OH^- \leftrightarrows FeOH^+ \quad (48)$$

$$Fe^{2+} + 2\,OH^- \leftrightarrows Fe(OH)_2(aq) \quad (49)$$

$Fe(OH)_2(aq)$ wird in einem geschwindigkeitsbestimmenden Schritt zu Fe(III) oxidiert.

Die pH-abhängige Kinetik wird dadurch erklärt, dass die Oxidation des Fe(II) durch Parallelreaktionen der verschiedenen Fe(II)-spezies Fe^{2+}, $FeOH^+$, $Fe(OH)_2(aq)$ eingeleitet wird:

$$Fe^{2+} + O_2 \rightarrow Fe^{3+} + O_2^{\cdot -} \quad (50a)$$

$$FeOH^+ + O_2 \rightarrow FeOH^{2+} + O_2^{\cdot -} \quad (50b)$$

$$Fe(OH)_2(aq) + O_2 \rightarrow Fe(OH)_2^+ + O_2^{\cdot -} \quad (50c)$$

$O_2^{\bullet-}$ ist das Superoxidanion, das Reduktionsprodukt von O_2 bei einem Ein-Elektronenschritt (s. Kap. 8.8.). Die Reaktionsequenz der Fe(II)-Spezies mit O_2 besteht aus den folgenden Schritten (hier für Fe^{2+}):

$$Fe^{2+} + O_2 \rightarrow Fe^{3+} + O_2^{\bullet-} \qquad (50a)$$

$$Fe^{2+} + O_2^{\bullet-} + 2\,H^+ \rightarrow Fe^{3+} + H_2O_2 \qquad (51)$$

$$Fe^{2+} + H_2O_2 \rightarrow Fe^{3+} + {}^{\bullet}OH + OH^- \qquad (52)$$

$$Fe^{2+} + OH^{\bullet} \rightarrow Fe^{3+} + OH^- \qquad (53)$$

H_2O_2 ist Wasserstoffperoxid, $^{\bullet}OH$ das Hydroxylradikal (s. Kap. 8.8).

Die entsprechende Reaktionsgeschwindigkeit kann charakterisiert werden als:

$$-\frac{d[Fe(II)]}{dt} = (k_0\,[Fe^{2+}] + k_1\,[FeOH^+] + k_2\,[Fe(OH)_2(aq)])\;p_{O2} \qquad (54)$$

Wenn man die Oxidationskinetik auch im tieferen pH-Bereich verfolgt (Abb. 8.12), sieht man, dass das Geschwindigkeitsgesetz (45) bei pH-Werten unterhalb 5 nicht mehr gilt.

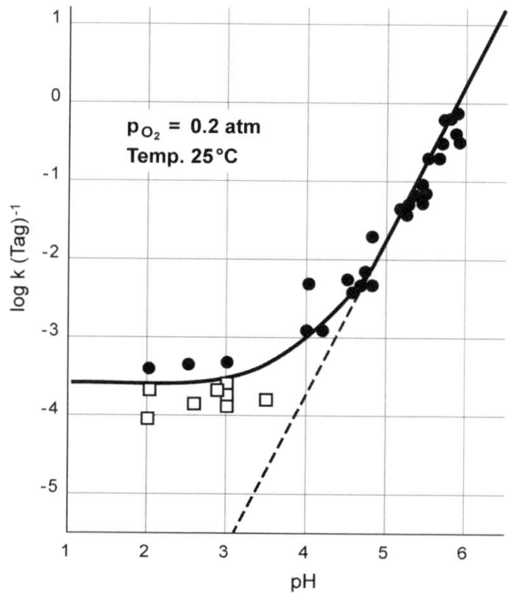

Abb. 8.12: Die Oxidationsgeschwindigkeit des Fe(II) durch O_2 im Bereich pH < 6 (k = –d log [Fe(II)]/dt) Daten von *(76)*. Bei pH < 3 ist die Oxidationsgeschwindigkeit sehr klein (Halbwertszeit ≈ 6 Jahre) und pH-unabhängig, während im pH-Bereich natürlicher Gewässer das Geschwindigkeitsgesetz (45) bzw. (47) gilt.

Im Unterschied zu sequenziellen Reaktionen, bei welchen der langsamste Schritt geschwindigkeitsbestimmend ist, dominiert bei Parallelreaktionen der schnellste Schritt. Dementsprechend wird im Bereich pH > 5 die Reaktionsgeschwindigkeit durch Reaktion (50c) dominiert.

Warum werden die hydrolysierten Spezies, $Fe(OH)_2(aq)$ und $FeOH^+$, schneller oxidiert als das unhydrolysierte Fe^{2+}? Qualitativ kann man sagen, dass der OH-Ligand als σ-Donor die Elektronendichte in Richtung Fe(II) verschiebt, so dass das hydrolysierte Fe(II) ein besseres Reduktionsmittel als Fe^{2+} ist. Das kann man auch an der Veränderung der Gleichgewichtskonstanten erkennen.

$$Fe^{3+} + e^- \leftrightarrows Fe^{2+} \; ; \; \log K = 13.0 \; ; \; E^0_H = 0.770 \text{ V} \qquad (55)$$

$$FeOH^{2+} + e^- \leftrightarrows FeOH^+ \; ; \; \log K = 8.4 \; ; \; E^0_H = 0.497 \text{ V} \qquad (56)$$

Dies ist ein thermodynamisches Argument; aber häufig ist die Geschwindigkeit des Elektronen-Transfers bei Ein-Elektronen-Schritten von der freien Reaktionsenthalpie abhängig.

8.7.2 Oxidation von Mn(II)

Die Oxidation von Mn(II) durch Sauerstoff ist, obschon thermodynamisch möglich, bei tiefen und neutralen pH-Werten ausserordentlich langsam. Erst bei hohen pH-Werten, pH > 9, wie sie in produktiven stagnierenden Gewässern vorkommen, wird in abiotischen Reaktionen Mn(II) im Zeitraum von Stunden oxidiert. Die hier dargestellten kinetischen Zusammenhänge beruhen auf den Arbeiten von Morgan et al. *(77)*, *(78)*.

In homogener Lösung wird die Oxidationsrate von Mn(II) geschrieben als:

$$-\frac{d[Mn(II)]}{dt} = k[Mn(II)]p_{O_2} \qquad (57)$$

Bei pH ≈ 8, mit O_2-Sättigung, ist $k\, p_{O2} \approx 1.6 \times 10^{-6} \text{ min}^{-1}$, d.h. die Halbwertszeit ist dann etwa 288 d.

Die Oxidationsrate ist stark pH-abhängig und wird durch Parallelreaktionen von Mn^{2+}, $MnOH^+$, $Mn(OH)_2^0$, $MnCO_3$ mit O_2 interpretiert.

Die Mn(II)-Oxidation wird durch Oberflächen katalysiert, z.B. durch Eisenoxid, Siliziumoxid, oder Aluminiumoxid. Mn(II) wird durch Oberflächenreaktionen an diesen Oxidoberflächen gebunden (s. Kap. 9), z.B.:

$$2 \equiv SiOH + Mn^{2+} \leftrightarrows (\equiv SiO)_2Mn + 2 H+ \qquad \beta_2^s \qquad (58)$$

Die Oxidation des oberflächengebundenen Mangans ist dann schneller als diejenige von gelöstem Mangan. Mit:

$$\{(\equiv SiO)_2 Mn\} = \beta_2^s \{\equiv SiOH\}[H^+]^{-2}[Mn^{2+}] \qquad (59)$$

wird die Oxidationsrate geschrieben als:

$$-\frac{d[Mn(II)]}{dt} = k'\beta_2^s\{\equiv SiOH\}[H^+]^{-2}A[Mn(II)]p_{O_2} \qquad (60)$$

wo A die Konzentration der festen Phase in g/L ist. Der Faktor

$$k_{app} = k'\beta_2^s\{\equiv SiOH\}[H^+]^{-2}Ap_{O_2}$$

kann zu einer Geschwindigkeitskonstante pseudo-erster Ordnung zusammengefasst werden. Es ergeben sich mit A = 1 mg/L, pH 8, $k_{app} \approx 1.6 \times 10^{-5}\ min^{-1}$. Die Halbwertszeit ist dann etwa 29 Tage.

Die Oxidation von Mn(II) wird auch durch $MnO_2(s)$ katalysiert, wobei eine autokatalytische Reaktion abläuft und auch hier Mn^{2+} an die Oberfläche von $MnO_2(s)$ gebunden wird.

In natürlichen Gewässern wird die Oxidation auch durch Mn-Bakterien katalysiert und läuft dann viel schneller als durch die abiotischen Reaktionen ab, etwa mit einer Halbwertszeit von einigen Stunden bis Tagen.

8.7.3 Oxidation von Schwefelwasserstoff mit Sauerstoff

Die Kinetik der Oxidation von H_2S mit O_2 ist hier nach *(79)* dargestellt.

Die Gesamtreaktion für die Oxidation von H_2S mit O_2 ist:

$$H_2S + 2\,O_2 \rightarrow SO_4^{2-} + 2\,H^+ \qquad (61)$$

Zwischen- und Nebenprodukte der Oxidation sind Sulfit SO_3^{2-} und Thiosulfat $S_2O_3^{2-}$, die durch folgende Reaktionen gebildet werden:

$$HS^- + 1.5\,O_2 \rightarrow HSO_3^- \qquad (62)$$

$$SO_3^{2-} + HS^- + 0.5\,O_2 + H^+ \rightarrow S_2O_3^{2-} + H_2O \qquad (63)$$

SO_3^{2-} und $S_2O_3^{2-}$ werden dann weiter oxidiert:

$$HSO_3^- + 0.5\,O_2 \rightarrow SO_4^{2-} + H^+ \qquad (64)$$

$$S_2O_3^{2-} + 0.5\,O_2 \rightarrow SO_4^{2-} + S(0) \qquad (65)$$

Der geschwindigkeitsbestimmende Schritt ist dabei die erste Reaktion von HS^- mit O_2, die auf zwei verschiedenen Arten formuliert wird:

$$HS^- + O_2 \rightarrow HSO_2^- \qquad (66)$$

$$HS^- + O_2 \rightarrow HS^\cdot + O_2^{\cdot -} \qquad (67)$$

Die Oxidationsrate wird geschrieben als:

$$-\frac{d[H_2S]_T}{dt} = k_{(S-II)}[H_2S]_T[O_2] \qquad (68)$$

wo $[H_2S]_T$ die totale S(-II)-Konzentration ist und $k_{(S\text{-}II)}$ die Geschwindigkeitskonstante für diese Reaktion.

Aus der pH-Abhängigkeit der $[H_2S]_T$-Oxidation ergibt sich, dass die Oxidationsraten von H_2S und von HS^- verschieden sind:

$$-\frac{d[H_2S]_T}{dt} = k_{H_2S}[H_2S][O_2] + k_{HS^-}[HS^-][O_2] \qquad (69)$$

Die Geschwindigkeitskonstante $k_{(S\text{-}II)}$ kann dann in Abhängigkeit des pH geschrieben werden:

$$k_{(S\text{-}II)} = k_{H2S}\,\alpha_0 + k_{HS-}\,\alpha_1 \qquad (70)$$

wo α_0 und α_1 die Anteile von H_2S und HS^- an der Gesamtkonzentration $[H_2S]_T$ in Funktion des pH sind.

Die Geschwindigkeitskonstanten (M^{-1} min^{-1}) wurden in Funktion von Temperatur T und Ionenstärke I bestimmt *(79)*:

$$\log k_{H2S} = 7.44 - 2.4 \times 10^3/T \qquad (71)$$

$$\log k_{HS-} = 8.72 + 0.16\,pH - 3 \times 10^3/T + 0.44\,\sqrt{I} \qquad (72)$$

Die berechnete Geschwindigkeitskonstante $k_{(S\text{-}II)}$ ist in Abb.8.13 in Funktion des pH dargestellt, mit T = 283 K und I = 0.01.

Beispiel 8.8: $k_{(S\text{-}II)}$ und Halbwertszeit von H_2S mit O_2 bei pH 7

Für T = 283 K (10 °C), I = 0.01 und pH 7:

$\log k_{H2S} = -1.04$, $k_{H2S} = 0.09$

$\log k_{HS-} = -0.72$, $k_{HS-} = 0.19$

Mit $pK_{H2S} = 7.0$ ist $\alpha_0 = \alpha_1 = 0.5$ und :

$k_{(S\text{-}II)} = k_{H2S}\,\alpha_0 + k_{HS-}\,\alpha_1 = 0.14\ M^{-1}\ min^{-1}$

Mit $[O_2] = 3 \times 10^{-4}$ M ist:

$k_{(S\text{-}II)}\,[O_2] = 4.2 \times 10^{-5}\ min^{-1}$

und die Halbwertszeit für die Oxidation von H_2S ist:

$$\tau_{1/2} = \frac{\ln 2}{k_{(S-II)}} = 1.65\text{x}10^4\ \text{min (275 h)}$$

Dieses Beispiel zeigt, dass die Oxidation von H_2S mit Sauerstoff auf rein chemischem Weg eine recht langsame Reaktion ist.

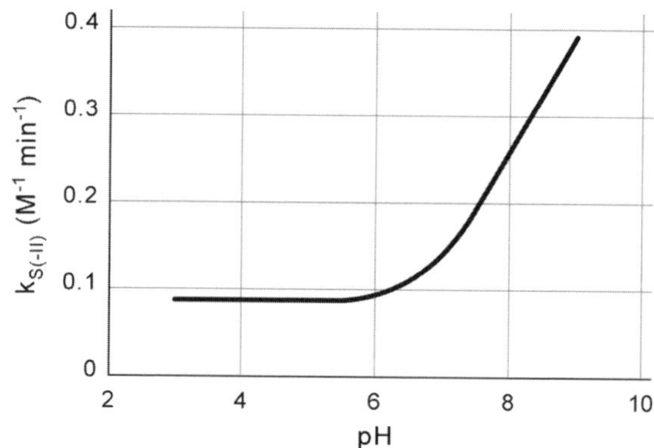

Abb. 8.13: Geschwindigkeitskonstante $k_{(S-II)}$ für die Oxidation von H_2S und HS^- mit O_2 (Gl.70) in Funktion des pH, mit T = 283 K und I = 0.01

8.8 Oxidation durch Sauerstoff

8.8.1 Thermodynamische Parameter der Sauerstoffreaktionen

Wie bereits anhand der Beispiele über die Oxidation von Fe(II) und H_2S durch Sauerstoff gezeigt, spielt der Sauerstoff bei vielen Oxidationsprozessen eine besonders wichtige Rolle. Die Stärke des O_2 als Oxidationsmittel hängt davon ab, ob der Sauerstoff in einem Vier-Elektronenschritt, bzw. in Zwei- oder Ein-Elektronenschritten reduziert wird. O_2 ist, thermodynamisch gesehen, ein starkes Oxidationsmittel, wenn der Vier-Elektronenschritt betrachtet wird:

$$O_2 + 4\,H^+ + 4\,e^- \leftrightarrows 2\,H_2O \;;\; \log K = 83.1 \;;\; p\varepsilon^0 = 20.75\ (25\ °C) \qquad (73)$$

Oft wird die Reaktion (73) in Zwei-Elektronenschritte unterteilt:

$$O_2 + 2\,H^+ + 2\,e^- \leftrightarrows H_2O_2 \;;\; \log K = 23.1 \;;\; p\varepsilon^0 = 11.5 \qquad (74)$$

und

$$H_2O_2 + 2\,H^+ + 2\,e^- \leftrightarrows 2\,H_2O \;;\; \log K = 60.0 \;;\; p\varepsilon^0 = 30 \qquad (75)$$

Falls die erste Zwei-Elektronensequenz (Gleichung (74)) prädominiert H_2O_2 als metastabiles Zwischenprodukt; d.h. Gleichung (75) läuft langsamer ab als Gleichung (74)), dann ist O_2 – thermodynamisch gesehen – ein schwächeres Oxidationsmittel. Dies ist z.B. häufig der Fall bei der Reduktion von O_2 an Elektroden.

Obschon (instabile) Zwischenprodukte der O_2-H_2O-Redoxreaktion stärkere und reaktivere Oxidationsmittel als der Sauerstoff sein können, ist die Vier-Elektronen-Redoxreaktion O_2-H_2O das wesentliche Redoxgleichgewicht, das den $p\varepsilon$ des aeroben Milieus bestimmt; die Katalyse der Reaktion O_2-H_2O durch Mikroorganismen (und andere Katalysatoren) erleichtert die Einstellung des Gleichgewichtes.

8.8.2 Wasserstoffperoxid H_2O_2

Das Wasserstoffperoxid, ein Zwischenprodukt der Sauerstoffreduktion, ist, bezüglich der Zwei-Elektronen-Reduktion zu H_2O, ein relativ starkes Oxidationsmittel, welches sich kinetisch oft reaktiver verhält als das O_2-Molekül. Das H_2O_2 ist in Wasser instabil und disproportioniert in O_2 und H_2O:

$$H_2O_2 \leftrightarrows H_2O + \tfrac{1}{2}\,O_2\,(g) \quad \Delta G^0 = -105\ \text{kJ mol}^{-1}\ (25\ °C) \qquad (76)$$

In Abbildung 8.14 werden im Sauerstoffsystem die $p\varepsilon^0_{pH7}$-Werte der Vier-Elektronen-, der Zwei-Elektronen- und Ein-Elektronen-Redoxpaare miteinander verglichen. Man sieht, dass H_2O_2 bezüglich der Zwei-Elektronen-Reduktion zu H_2O ein (thermodynamisch) besseres Oxidationsmittel ist als das O_2-Molekül, sowohl bezüglich seiner Reduktion zu H_2O als auch zu H_2O_2.

Ozon spielt eine wichtige Rolle als Oxidationsmittel in der Atmosphäre und bei Wasseraufbereitungsverfahren (Desinfektion und Oxidation von organischen Verunreinigungssubstanzen). Die Redoxreaktion von Ozon wird durch folgende Halbreaktion charakterisiert:

$$\tfrac{1}{2}\,O_3(g) + H^+ + e^- \leftrightarrows \tfrac{1}{2}\,O_2\,(g) + \tfrac{1}{2}\,H_2O\ ; \qquad \log K = 35.1\ (25\ °C)$$

$$p\varepsilon^0_{pH7} = 28.1 \qquad (77)$$

Demnach ist O_3 (in seiner Reaktion zu O_2) ein stärkeres Oxidationsmittel als O_2 (in seiner Reaktion zu H_2O).

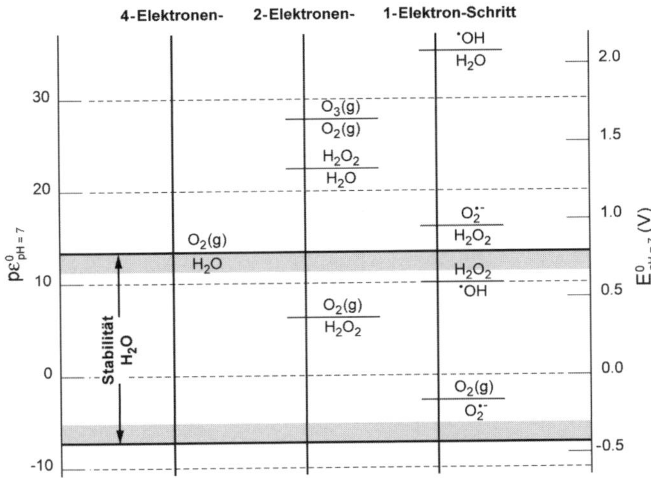

Abb. 8.14: $p\varepsilon^0_{pH7}$-Werte für Ozon, Sauerstoff und seine Reduktionsprodukte. Die Werte sind separat aufgetragen für Vier-Elektronen-, Zwei-Elektronen- und Ein-Elektronen-Redoxpaare. H_2O_2, $O_2^{\bullet -}$ und $^{\bullet}OH$ sind instabil in Wasser und disproportionieren. Viele dieser Zwischenprodukte treten auch bei fotochemischen Prozessen auf (siehe Kapitel 8.9).

8.8.3 Die Ein-Elektronenschritte bei der Reduktion von O_2

In einem Reaktionsschema können folgende Schritte auftreten:

$$
\begin{array}{lll}
O_2 + e^- \rightarrow O_2^{\cdot -} & \text{Superoxid} & \\
O_2^{\cdot -} + H^+ \rightarrow HO_2^{\cdot} & \text{Hydroperoxyl-Radikal} & \\
HO_2^{\cdot} + e^- \rightarrow HO_2^- & \text{Base von } H_2O_2 & \\
HO_2^- + H^+ \rightarrow H_2O_2 & \text{Wasserstoffperoxid} & (78) \\
H_2O_2 + e^- \rightarrow {}^{\cdot}OH + OH^- & \text{Hydroxyl-Radikal} & \\
OH^- + H^+ \rightarrow H_2O & \text{Wasser} & \\
{}^{\cdot}OH + e^- \rightarrow OH^- & \text{Hydroxid} &
\end{array}
$$

Diese Zwischenprodukte können ebenfalls durch elektronische Anregung, z.B. durch Absorption von Photonen, in fotochemischen Prozessen entstehen.[1)]

$p\varepsilon^0_{pH7}$-Werte für die Elektronen-Transfer-Schritte in Abbildung 8.14 sind mit Hilfe der freien Bildungsenthalpien aus der Tabelle im Anhang 3 berechnet worden. Der Überblick in Abb. 8.14 ermöglicht die Abschätzung der Oxidations- (und Reduktions-) Tendenz der verschiedenen O-Spezies. Die „stärksten" Oxidationsmittel sind O_3 (bezüglich O_2) und ${}^{\cdot}OH$ (bezüglich H_2O). Das „stärkste" Reduktionsmittel ist $O_2^{\cdot -}$ (bezüglich $O_2(g)$). Unter den hier aufgeführten Oxidantien ist der Sauerstoff (bezüglich der Ein-Elektronen-Reduktion zu $O_2^{\cdot -}$) das „schwächste" Oxidationsmittel. Die freie Reaktionsenthalpie der Reaktion ist positiv.[2)]

$$O_2(aq) + e^- \leftrightarrows O_2^{\cdot -} \quad ; \quad \Delta G^0 = 15.5 \text{ kJ mol}^{-1} \; ; \; p\varepsilon^0 = -2.72 \qquad (79)$$

Es erstaunt deshalb nicht, dass viele organische Verbindungen unter aeroben Bedingungen relativ stabil sind, d.h. nicht oxidiert werden, ausser wenn der Sauerstoff durch Mikroorganismen, Licht oder andere Katalysatoren „aktiviert" wird.

Die Zwischenprodukte der O_2-Reduktion sind im Wasser nicht stabil, d.h., sie disproportionieren.

$$2\,O_2^{\cdot -} + 2\,H^+ \leftrightarrows H_2O_2 + O_2(g) \quad ; \quad \Delta G^0 = -197.8 \text{ kJ mol}^{-1} \qquad (80)$$

Oder in anderen Worten, sie sind sowohl Oxidations- wie auch Reduktionsmittel. Z.B. kann $O_2^{\cdot -}$ sowohl Ionen der Übergangselemente wie Fe(II) oder Cu(I) oxidieren als auch höherwertige Übergangselemente und gewisse organische Verbindungen wie Chinone reduzieren.

---

1) Verbindungen, welche ein ungepaartes Elektron enthalten, sind Radikale; diese sind oft reaktionsfreudig. In der Formelsprache werden Radikale oft mit einem Punkt gekennzeichnet, der das ungepaarte Elektron andeutet, also ${}^{\cdot}OH$ oder $CH_3^{\cdot}$.

2) Das bedeutet nicht, dass eine solche Reaktion nicht stattfinden kann. Da üblicherweise dieser Schritt mit der entsprechenden Oxidationsreaktion und subsequenten Schritten gekoppelt ist, kann die Reaktion trotzdem ablaufen. Aber diese Ein-Elektronen-Reaktion kann als Reaktionsschritt den langsamen Ablauf der Reaktion beeinflussen.

Die sehr reduktiven Eigenschaften (Abb. 8.14) ermöglichen es dem Superoxid-Anion, sogar chlororganische Verbindungen zu reduzieren.

Das *Hydroxylradikal* ist ein äusserst reaktives Oxidationsmittel, welches mit einer grossen Anzahl verschiedener organischen Verbindungen reagieren kann. Durch verschiedene fotolytische Reaktionen – u.a. der Fotolyse von NO_3^-– und Zersetzungsreaktionen entstehen $^{\bullet}OH$ und H_2O_2 (s. Kap. 8.9).

8.8.4 Das Fenton-Reagens

Die Wechselwirkung von Fe(II) mit H_2O_2 führt zur Bildung von $^{\bullet}OH$

$$Fe(II) + H_2O_2 + H^+ \rightarrow Fe(III) + {}^{\bullet}OH + H_2O \qquad (81)$$

Diese Reaktion wird gebraucht, um gezielte Oxidationsreaktionen mit refraktären organischen Verbindungen zu ermöglichen. Das bei der Reaktion gebildete Fe(III) wird ein Katalysator für die Zerstörung des H_2O_2 zu O_2 und $HO_2^{\bullet}$. Dabei wird wieder Fe(II) gebildet, so dass die Bildung von $^{\bullet}OH$ nach Gl. (81) weiterläuft.

$$Fe(III) + H_2O_2 \rightarrow Fe(II) + HO_2^{\bullet} + H^+ \qquad (82)$$

$$Fe(III) + HO_2^{\bullet} \rightarrow Fe(II) + H^+ + O_2 \qquad (83)$$

8.8.5 Singulettsauerstoff

Singulettsauerstoff ($^1O_2$) ist ein elektronisch angeregter Zustand des Sauerstoffs, bei dem im Gegensatz zum Triplettgrundzustand ($^3O_2$) mit zwei ungepaarten Elektronen die zwei Elektronen im höchsten besetzten Orbital gepaart sind. Singulettsauerstoff entsteht durch Wechselwirkung mit fotochemisch angeregten Molekülen, die in elektronisch angeregten Zuständen die Anregungsenergie auf den Sauerstoff übertragen (sensibilisierte fotochemische Reaktionen). Singulettsauerstoff kann auch durch Zersetzung von organischen Peroxiden gebildet werden. Singulettsauerstoff ist reaktiver als Sauerstoff im Grundzustand und geht spezifische Reaktionen mit organischen Molekülen ein.

8.8.6 Kann die Redox-Reaktivität mit Hilfe der Thermodynamik abgeschätzt werden?

Eine einfache Bejahung dieser Frage wäre falsch. Trotzdem ist eine thermodynamische Betrachtungsweise oft sehr nützlich, um Hinweise über Reaktionsmechanismen und die Kinetik zu erhalten. Viele Redox-Reaktionen sind, stöchiometrisch betrachtet, Prozesse, an denen mehrere Elektronen beteiligt sind. Aber viele dieser Prozesse erfolgen in einer Folge von

Ein-Elektronen-Schritten; dabei entstehen oft reaktive Zwischenprodukte, z.B. Radikale. Z.B. bei der Oxidation von Fe(II) durch O_2 ist der erste Schritt eine Ein-Elektronen-Übertragung zu O_2, wobei das Radikal $O_2^{\cdot-}$ gebildet wird. Wie oben erwähnt, ist dieser Schritt geschwindigkeitsbestimmend für die Gesamtreaktion.

Falls man Beziehungen zwischen thermodynamischen und kinetischen Daten untersuchen will, sollte man versuchen

- die Reaktion des Prozesses im Sinne von Elementarschritten zu interpretieren, und
- den geschwindigkeitsbestimmenden Schritt zu identifizieren.

Man kann dann versuchen, die freie Reaktionsenthalpie (oder das Redoxpotenzial oder die Gleichgewichtskonstante) des Ein-Elektronen-Schrittes mit der Geschwindigkeit der untersuchten Reaktion zu vergleichen.[1)] Oft ist es möglich, bei „verwandten" Redoxreaktionen – z.B. bei der Oxidation der Ionen der Übergangselemente oder bei Redoxreaktionen einer Reihe organischer Verbindungen, die sich nur durch verschiedene Substituenten unterscheiden – eine Beziehung zwischen der Geschwindigkeitskonstante und der Gleichgewichtskonstante, K, (oder ΔG^0 oder $p\varepsilon^0$) zu erhalten.

Abbildung 8.15 illustriert, dass die Geschwindigkeit der Reduktion von Mn(III,IV)oxid durch verschiedene substituierte Phenole mit den Halbwertspotenzialen der Oxidation dieser Phenole korreliert werden kann. Die Halbwertspotenziale messen die Tendenz der Anode, die Phenole zu oxidieren; die Halbwertspotenziale entsprechen in erster Annäherung dem Redoxpotenzial des Phenols und seines Ein-Elektronen-Oxidationsprodukts. Die Abbildung 8.15 impliziert, dass die thermodynamische Tendenz der Elektrode, ein bestimmtes Phenol zu oxidieren, der „kinetischen" Tendenz des Mn(III,IV)oxides, das entsprechende Phenol zu oxidieren, entspricht.

In der *Marcus-Theorie* wird eine häufig gebrauchte Beziehung über den Zusammenhang zwischen der Reaktionskonstante und ΔG^0 für aussersphärische Redoxprozesse abgeleitet. (Für eine vereinfachende Darstellung siehe L. Eberson (1987) *Electron Transfer Reactions in Organic Chemistry*, Springer, Berlin).

---

1) Umfangreiche Tabellierungen von Ein-Elektronen-Redoxpotenzialen stehen zur Verfügung (80. Wardman, P., Reduction Potentials of One-Electron-Couples Involving Free Radicals in Aqueous Solution. *J. Physical and Chemical Reference Data* 1989, 18, 1637–1755.).

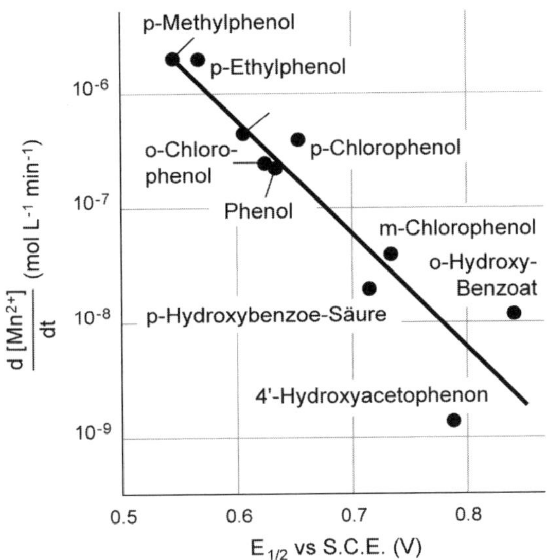

Abb. 8.15: Oxidation verschiedener substituierter Phenole durch Mn(III,IV)oxide. Die Oxidationsrate nimmt mit zunehmendem Halbwertspotenzial (für die Oxidation der verschiedenen Phenole an der Elektrode) ab. Modifiziert von *(81)*.

8.9 Fotochemische Redoxprozesse

8.9.1 Fotochemische Reaktionen in Gewässern

Fotochemische Reaktionen führen direkt und indirekt zu Umwandlungen vieler Verbindungen in sonnenbelichteten Gewässern. Durch direkte fotochemische Reaktionen werden viele organische Verbindungen sowie Komplexe von Übergangsmetallen umgewandelt. Fotoreaktionen von lichtabsorbierenden Stoffen führen zur Produktion von reaktiven Sauerstoffspezies (ROS), die viele Verbindungen oxidieren (Abb. 8.16). Fotochemische Reaktionen beeinflussen den Redoxkreislauf von Metallen, insbesondere von Eisen. Natürliches organisches Material wird unter der Wirkung von Licht umgewandelt, so dass fotochemische Prozesse sich auf die Kreisläufe von Kohlenstoff und Stickstoff in den Gewässern auswirken.

Selbst kleine Quantenausbeuten (= bewirkte chemische Veränderung (equiv/L) pro Mol absorbierte Photonen) und schwache Lichtabsorptionen können bereits zu grossen Umsätzen führen, denn die Lichteinstrahlung übersteigt bei Schönwetter 30 Mol Quanten oder Photonen (= Einstein) pro m^2 und Tag (Abb. 8.17). 1 Mol Photonen entspricht einem Einstein.

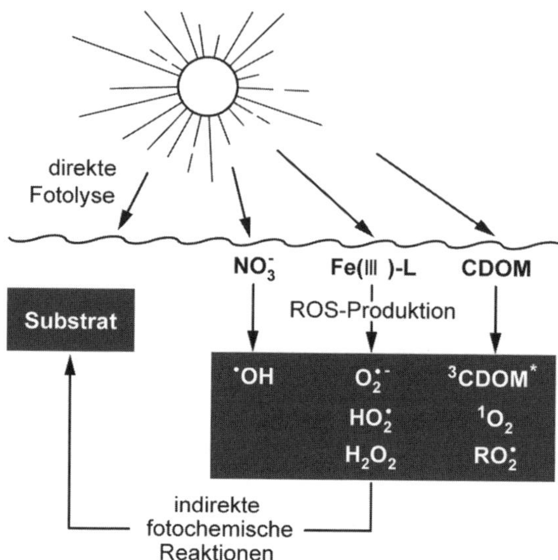

Abb. 8.16: Fotochemische Reaktionen in natürlichen Gewässern. Ein Substrat, z.B. eine organische Verbindung kann entweder direkt durch Fotolyse oder durch Reaktionen mit den reaktiven Sauerstoffspezies (ROS) umgewandelt werden. ROS werden durch fotochemische Reaktionen von Nitrat, Fe(III)-Komplexen und lichtabsorbierendem organischem Material (CDOM) gebildet.

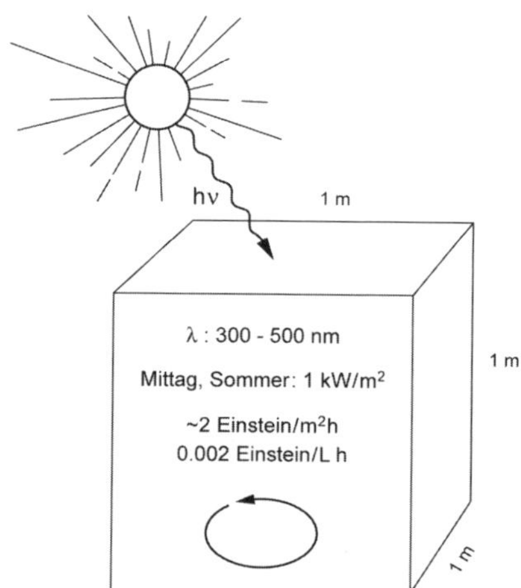

Abb. 8.17: Sonnenstrahlung. Mittlere Dosisintensität in einer gemischten 1-m-Kolonne, in der alles Licht absorbiert wird. Modifiziert von *(32)*.

8.9.2 Lichtabsorption

Die Lichtabsorption durch das Wasser als Medium kann durch folgende Gleichung charakterisiert werden:

$$I = I_0 \ 10^{-\alpha l} \qquad (85)$$

während die Absorption durch die im Wasser gelöste Substanz gegeben ist durch

$$I = I_0 \ 10^{-\varepsilon c l} \qquad (86)$$

Beide Gleichungen gelten jeweils für eine bestimmte Wellenlänge, wobei I und I_0 die Lichtintensität des einfallenden und des durchgelassenen Lichtes, z.B. in photon cm^{-2} s^{-1}, sind. α (cm^{-1}) ist der Absorptionskoeffizient für das Wasser; ε ist der molare Extinktionskoeffizient (liter mol^{-1} cm^{-1}), c die Konzentration (mol L^{-1}) und l ist die Länge des Lichtweges (cm). Das Ausmass der Lichtabsorption, A, wird üblicherweise wie folgt ausgedrückt:

$$A = \log \frac{I_0}{I} = \varepsilon c l \qquad (87)$$

Gleichung (87) entspricht dem bekannten Gesetz von Beer und Lambert. Die gelösten Substanzen müssen Licht absorbieren, unter natürlichen Bedingungen vor allem im Wellenlängenbereich 300–600 nm, damit eine fotochemische Anregung und eine allfällige Molekülumwandung ausgelöst werden kann. Die Ionen der Übergangselemente und ihre Komplexe sind lichtabsorbierend, ebenso zahlreiche organische Verbindungen, insbesondere auch Humin- und Fulvinsäuren, deren chromophore Eigenschaften auf Doppelbindungen und aromatische Gerüste zurückzuführen sind.

Die Energie des Lichtes (oder seiner Photonen) ist abhängig von der Wellenlänge und gegeben durch:

$$E = h\nu = h \frac{c}{\lambda} \qquad (88)$$

wobei h = die Planck'sche Konstante (6.63×10^{-34} Js) und

c = Lichtgeschwindigkeit (3.0×10^{8} ms^{-1})

λ = Wellenlänge (m)

Die Energie eines Mols Photonen (= 1 Einstein) in Abhängigkeit von λ (nm) ist gegeben durch:

$$E = 6.02 \times 10^{23} \ h \ \frac{c}{\lambda} = \frac{1.2 \times 10^5}{\lambda} \text{kJ Einstein}^{-1} \qquad (89)$$

Diese Energie kann mit der Bindungsenergie (Enthalpie) einer chemischen Bindung (z.B. C–H: 415 kJ mol^{-1}, C–C: 350 kJ mol^{-1}, Cl–Cl: 240kJ mol^{-1}, CCl: 340 kJ mol^{-1}) verglichen werden.

Ein Molekül, welches im kritischen Wellenlängenbereich Licht absorbiert, kann (in erster Näherung) mit der Wellenlänge der entsprechenden Energie angeregt werden. Das ist häufig um ein Vielfaches effizienter (und führt zu spezifischeren Reaktionen) als was durch entsprechende thermische Energie bewirkt werden kann.

Natürliches organisches Material ist häufig die wichtigste lichtabsorbierende Verbindung in natürlichen Gewässern. Als CDOM (chromophoric oder colored dissolved organic matter) wird der lichtabsorbierende Anteil des gelösten organischen Materials bezeichnet. Repräsentative Spektren von CDOM sind in Abb. 8.18 dargestellt, in der die starke Zunahme der Absorption bei Wellenlängen < 400 nm ersichtlich ist. Die UV-Absorption bei λ = 254 nm wird häufig verwendet, um das CDOM bezüglich Aromatizität (Anteil aromatischer Strukturen) zu charakterisieren.

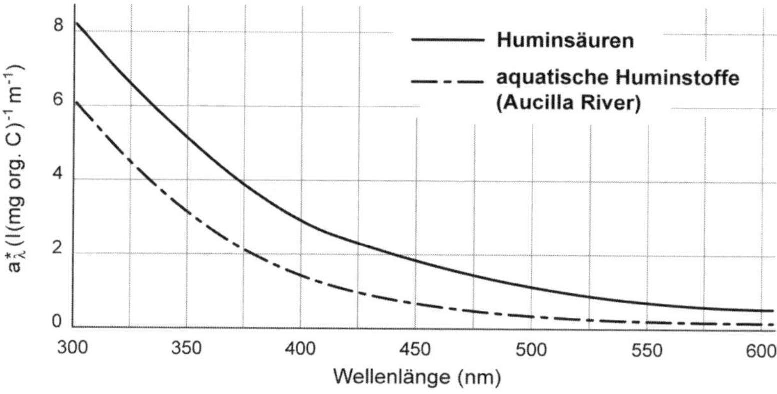

Abb. 8.18: Lichtabsorption durch natürliches organisches Material (Absorptionskoeffizienten) in Funktion der Wellenlänge (nach *(82)*)

8.9.3 Indirekte fotochemische Umwandlungen: Produktion von reaktiven Sauerstoffspezies

Die wichtigsten lichtabsorbierenden Verbindungen in natürlichen Gewässern sind CDOM, Nitrat und Eisen(III)-Komplexe. Durch die fotochemischen Reaktionen dieser Verbindungen werden die reaktiven Sauerstoffspezies gebildet (Abb. 8.16 und Tabelle 8.6): Superoxidion $O_2^{\bullet-}$, Hydroperoxylradikal $HO_2^{\bullet}$, Wasserstoffperoxid H_2O_2, Hydroxylradikal $^{\bullet}OH$, Singulettsauerstoff $^1O_2$.

Tab. 8.6: Fotochemisch produzierte reaktive Spezies in natürlichen Gewässern

Produkte	Bildungsprozesse
Ozon O_3	Aufnahme aus Atmosphäre
Triplettzustände von CDOM $^3CDOM^*$	Lichtabsorption von CDOM
Singulett Sauerstoff $^1O_2$	sensibilisiert durch CDOM
Superoxid Anion $O_2^{\bullet-}$	Fotolyse von Fe(III)-Komplexen und von CDOM
Hydroperoxyl $HO_2^{\bullet}$	Protonierung von $O_2^{\bullet-}$, Aufnahme aus Atmosphäre
Wasserstoffperoxyd H_2O_2	Fotolyse von Fe(III)-Komplexen und von CDOM; Disproportionierung von Superoxid-Ion; Austausch mit Atmosphäre
Hydroxyl $^{\bullet}OH$	Fotolyse von NO_3^-, NO_2^-, CDOM, von Fe(III)-Komplexen und von $FeOH^{2+}$; Fenton-Reaktion; Zerfall von O_3
Organische Peroxy-Radikale $RO_2^{\bullet}$	Fotolyse von CDOM
Polare Oxidationsprodukte organischer Verbindungen	Fotochemische Oxidation des organischen Materials in Lösung oder an Partikel adsorbiert

Die Lichtabsorption des organischen Materials CDOM führt zu folgenden Reaktionen:

$$CDOM + h\nu + O_2 \rightarrow CDOM_{ox} + O_2^{\bullet-} / HO_2^{\bullet} \qquad (90)$$

wo $CDOM_{ox}$ ein oxidiertes Produkt der Reaktion ist und aus $O_2^{\bullet-} / HO_2^{\bullet}$ dann H_2O_2 entsteht:

$$2\, O_2^{\bullet-} + 2\, H^+ \rightarrow H_2O_2 + O_2$$

$$CDOM + h\nu \rightarrow CDOM^{\bullet} + {}^{\bullet}OH \qquad (91)$$

wobei direkt durch Fotolyse von CDOM $^{\bullet}$OH-Radikale entstehen *(83)*, *(84)*.

$$CDOM + h\nu \rightarrow {}^3CDOM^* + {}^3O_2 \rightarrow CDOM + {}^1O_2 \qquad (92)$$

wo $^3CDOM^*$ einen angeregten Triplett-Zustand des CDOM bezeichnet, $^3O_2$ den Grundzustand des Sauerstoffs (2 ungepaarte Elektronen) und $^1O_2$ den Singulettsauerstoff. Die Triplettzustände $^3CDOM^*$ führen einerseits zur Bildung von $^1O_2$. Andererseits können sie mit organischen Verbindungen direkt reagieren und zur Oxidation gewisser Verbindungen führen, z.B. von Phenolen *(85)*.

Aus der Oxidation von CDOM entstehen auch organische Peroxy-Radikale ($ROO^{\bullet}$). Durch die fotochemischen Oxidationsreaktionen wird CDOM teilweise zu kleineren organischen Verbindungen und zu kleinen Molekülen wie CO_2 und CO abgebaut.

Die Lichtabsorption des NO_3^- führt zu zwei primären fotochemischen Prozessen:

$$NO_3^- + h\nu \rightarrow NO_2^- + O \qquad (93)$$

$$NO_3^- + h\nu \rightarrow NO_2 + O^{\bullet-} \qquad (94)$$

$O^{\bullet-}$ reagiert sofort mit H^+ und bildet ein Hydroxylradikal:

$$O^{\bullet-} + H^+ \rightarrow {}^{\bullet}OH \quad (95)$$

Der atomare Sauerstoff reagiert wahrscheinlich mit O_2 unter Bildung von Ozon, welches wiederum mit NO_2^- reagiert *(86)*. Die fotochemische Reaktion von Nitrat ist eine wichtige Quelle von $^{\bullet}$OH-Radikalen in natürlichen Gewässern.

Fe(III)-Komplexe mit organischen Liganden absorbieren Licht und untergehen Ligand-metal charge transfer, d.h. Fe(III) wird zu Fe(II) reduziert und der Ligand wird oxidiert:

$$Fe(III) - L \overset{h\nu}{\leftrightarrow} Fe(II) - L^* \rightarrow Fe(II) + L_{ox} \quad (96)$$

wo Fe(II)-L* ein angeregter Komplex ist.

Durch nachfolgende Reaktionen entstehen reaktive Sauerstoffspezies. Der oxidierte Ligand kann mit Sauerstoff reagieren und $O_2^{\bullet-}$ bilden, z.B. im Fall von Oxalat ($C_2O_4^{2-}$):

$$Fe(III)\,C_2O_4^+ + h\nu \rightarrow Fe(II) + C_2O_4^{\bullet-} \quad (97)$$

$$C_2O_4^{\bullet-} + O_2 \rightarrow O_2^{\bullet-} + 2\,CO_2 \quad (98)$$

Aus $O_2^{\bullet-}$ ensteht H_2O_2:

$$2\,O_2^{\bullet-} + 2\,H^+ \rightarrow H_2O_2 + O_2 \quad (99)$$

Durch Reaktion von Fe(II) mit H_2O_2 werden $^{\bullet}$OH-Radikale gebildet (Fenton Reaktion Gl. 81):

$$Fe(II) + H_2O_2 + H^+ \rightarrow Fe(III) + {}^{\bullet}OH + H_2O \quad (81)$$

Viele natürliche organische Komplexbildner von Eisen binden über Carboxylatgruppen und reagieren auf ähnliche Weise wie Oxalat.

Neben der Bildung im Wasser selbst ist zu berücksichtigen, dass wichtige Fotooxidantien, die in der Atmosphäre gebildet werden, in die luftexponierten wässrigen Phasen (Wolkentröpfchen, Nebel, Tau und Oberflächengewässer) transferiert werden können. Die hauptsächlichste Fotooxidantien-Immission rührt vom Ozon und bei hoher Lichtintensität von $HO_2^{\bullet}$. Bei einer Trockendeposition, je nach meteorologischen Gegebenheiten, von 0.1 mg O_3 pro m^2 und Std. kann ein Wasserfilm von 0.1 mm Tiefe eine Dosis von bis zu 1 mg L^{-1} Ozon pro Std. (20 $\mu M\ h^{-1}$) erhalten *(32)*.

$^{\bullet}$OH -Radikale gehören zu den reaktivsten oxidierenden Substanzen im Wasser; insbesondere oxidieren sie eine Vielfalt organischer Verbindungen und zahlreiche anorganische Spezies. $^{\bullet}$OH-Radikale werden in natürlichen Gewässern durch Oxidationsreaktionen, die häufig relativ unspezifisch sind, schnell (Mikrosekunden) konsumiert und müssen (z.B. durch Zerfall von O_3 oder durch fotochemische Prozesse) nachgeliefert werden. Da die Stationärszustandskonzentrationen in Oberflächengewässern relativ klein sind, sind Reaktionen mit $^{\bullet}$OH trotz der hohen Reaktivität in Oberflächengewässern nicht vorherrschend.

Singulett-Sauerstoff, $^1O_2$, weist eine andere Reaktivität als Sauerstoff im Grundzustand ($^3O_2$) auf. Singulett-Sauerstoff, $^1O_2$, kann mit organischen Verbindungen (oder anorganischen Spezies) leicht in Reaktion treten. Unter Mittagssonneneinstrahlungen werden in Mitteleuropa stationäre Konzentrationen an der Oberfläche (im Mittel des obersten Meters) von ca. $^1O_2 = 4 \times 10^{-14}$ M aufgebaut, denen die Chemikalien ausgesetzt sind *(32)*.

8.9.4 Direkte fotochemische Umwandlungen

Die direkte Fotolyse unter Umweltbedingungen ist dann möglich, wenn die Verbindung Licht absorbiert, d.h. wenn der Absorptionsbereich der Substanz mit dem Sonnenlichtspektrum überlagert ist. Organische Moleküle absorbieren Licht in diesem Bereich, wenn sie aromatische Ringe oder konjugierte Doppelbindungen enthalten. Substanzklassen, für welche direkte fotochemische Reaktionen wesentlich sind, sind zum Beispiel polyzyklische aromatische Verbindungen, Phenole, Aniline, Chinone. Viele Komplexe der Übergangsmetalle, insbesondere von Eisen und Kupfer, sind auch fotochemisch reaktiv.

Durch Lichtabsorption wird die Verbindung in einen elektronisch angeregten Zustand versetzt. Darauf folgen chemische Reaktionen wie Elektronentransfer, intramolekulare Transformationen, Fragmentation, Isomerisierung. Direkte fotochemische Transformationen in Gewässern wurden beispielsweise für Pharmazeutika, Pestizide, optische Aufheller mit lichtabsorbierenden Strukturen nachgewiesen.

Die fotochemischen Reaktionen von CDOM führen zur Bildung kleinerer organischer Moleküle und von CO_2 und CO, so dass diese Reaktionen auch die Bioverfügbarkeit des organischen Kohlenstoffs beeinflussen. Durch den fotochemischen Abbau von CDOM nimmt auch die Lichtabsorption durch das organische Material ab (als „photobleaching" bekannt) *(87)*.

8.9.5 Eisenredoxkreislauf unter dem Einfluss von fotochemischen Reaktionen

In gewissen Regionen des Ozeans ist das Wachstum des Phytoplanktons durch Eisen als essenziellen Mikronährstoff begrenzt, der nur in sehr geringen Konzentrationen verfügbar ist *(88)*. In den oberen Wasserschichten der Ozeane in küstenfernen Gebieten sind die gelösten Eisenkonzentrationen im Bereich 0.03−1 nM. Eisen wird den Ozeanen vor allem in fester Phase über die Atmosphäre zugeführt und ist erst verfügbar, wenn sich die festen Phasen unter dem Einfluss von Licht auflösen.

Die fotochemische Reaktion von Eisen(III)-Komplexen führt zur Bildung von gelöstem Fe(II) und spielt deshalb im Eisenkreislauf in natürlichen Gewässern eine wesentliche Rolle (Abb. 8. 19). Die folgenden Reaktionen sind in sonnenbelichteten Gewässern von Bedeutung (nach *(89)*):

i) Gelöste organische Fe(III)-Komplexe werden unter Lichteinfluss reduziert; die Produkte dieser Reaktionen sind gelöstes Fe(II) und oxidierte Liganden. Die Reduktion von Fe(III)-Komplexen kann auch durch Reaktion mit $O_2^{\bullet -}$ erfolgen oder im Dunkeln mit reaktiven organischen Verbindungen.

ii) Fe(III) an der Oberfläche von Eisen(hydr)oxid kann ebenfalls durch fotochemische Reaktionen mit organischen Liganden reduziert werden. Dadurch werden Eisen(hydr)oxide unter Lichteinfluss aufgelöst. Das entstehende Fe(II) wird dann von der Oberfläche abgelöst.

iii) Fe(II) wird durch Sauerstoff und durch $O_2^{\bullet -}$, H_2O_2, und $^{\bullet}OH$ oxidiert. Bei dieser Reaktion bei tiefen Fe(II)-Konzentrationen entstehen monomere Fe(III)-hydroxo-Komplexe und gelöste organische Fe(III)-Komplexe.

iv) Gelöstes Fe(III) wird durch Adsorption und Ausfällung wieder in festen Eisen(hydr)-oxiden gebunden.

Dieser lichtabhängige Eisenkreislauf findet in den oberen Wasserschichten von Seen und Ozeanen statt, in denen er für die Bioverfügbarkeit von Eisen für aquatische Organismen, insbesondere für Algen, sehr bedeutsam ist. Bei der Oxidation von Fe(II) bei tiefen Konzentrationen entstehen gelöste Fe(III)-Spezies, die bioverfügbar sind und an biologische Liganden zur Aufnahme in Algen gebunden werden. Tiefe Steady-State-Konzentrationen von Fe(II) werden unter Lichteinfluss in den obersten Metern von Ozeanen und Seen nachgewiesen. Beispielsweise wurden tiefe Konzentrationen von Fe(II) (< 1 nM) während Experimenten nachgewiesen, bei denen gelöstes Eisen im Ozean in kleinen Mengen zugegeben wurde und die Eisenkonzentrationen und Redoxspeziierung über mehrere Tage verfolgt wurde *(90)*. Fe(III) ist in den Ozeanen hauptsächlich in organischen Komplexen durch Liganden gebunden, die teilweise durch Bakterien zur Eisenaufnahme (Siderophore) produziert werden. Fotochemische Reduktionsreaktionen von Fe(III) in solchen Komplexen (Reaktion 1 in Abb. 8.19) wurden nachgewiesen *(91)*.

Auch in Seen kann der fotochemische Eisenkreislauf für die Eisenbioverfügbarkeit von Bedeutung sein. Z.B. wurden im Greifensee, einem kleinen eutrophen See, Fe(II)-Konzentrationen im Bereich 0.2–1 nM im Tagesverlauf in den obersten Metern des Sees nachgewiesen, bei pH 8.0–8.5 *(92)*.

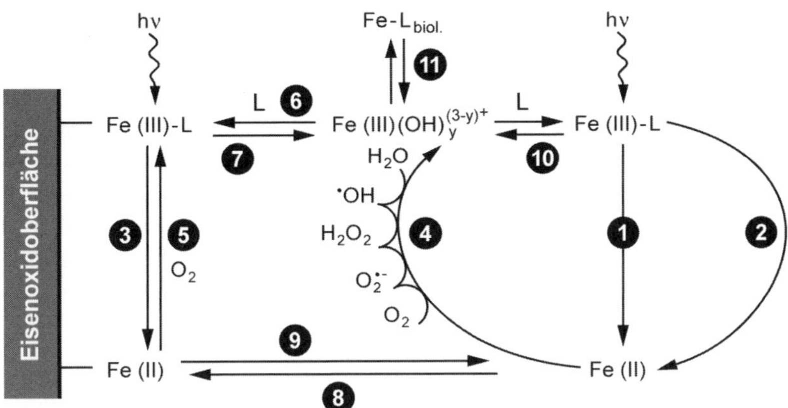

Abb. 8.19: Eisenkreislauf unter Lichteinfluss (nach *(89)*). Die Reaktionen sind: 1) Fotochemische Reduktion von Fe(III)-Komplexen mit Liganden L; 2) Reduktion von Fe(III)-L im Dunkeln oder mit $O_2^{\bullet -}$; 3) Fotochemische Reduktion von Fe(III) an einer Eisenoxidoberfläche unter dem Einfluss eines Liganden L; 4) Oxidation von Fe(II) durch O_2 über 4 1-Elektronen-Schritte (s. Gl.(50)–(53)); 5) Oxidation von adsorbiertem Fe(II) an einer Eisenoxidoberfläche; 6) Adsorption von Fe(III) oder Fällung von Fe(III) an einer Eisenoxidoberfläche; 7) Auflösung von Fe(III) aus einem Eisenoxid; 8) Adsorption von Fe(II) an einer Eisenoxidoberfläche; 9) Desorption von Fe(II)aus einer Eisenoxidoberfläche (reduktive Auflösung); 10) Bildung und Dissoziation eines Komplexes Fe(III)-L; 11) Bindung von Fe(III) an einen biologischen Liganden

8.10 Die Messung des Redox-Potenzials in natürlichen Gewässern

Wie in Kap. 8.4 dargestellt, kann jede Oxidations-(Halb)-Reaktion mit der Reduktion von H^+ zu $H_2(g)$ und jede Reduktions-(Halb)-Reaktion mit der Oxidation von $H_2(g)$ zu H^+ kombiniert werden, um eine Bruttoredoxreaktion (ohne das Auftreten freier Elektronen) zu erhalten. Die freie Bildungsenthalpie dieser Bruttoreaktion entspricht dem Redoxpotenzial E_H^0.

$$\Delta G^0 = -nF\, E_H^0 \qquad (17)$$

wobei F = Faraday, n = Anzahl Elektronen, die transferiert werden und E_H^0 das Redoxpotenzial unter Standardbedingungen ist.

Das Redoxpotenzial unter Bedingungen bestimmter Konzentrationen von reduzierten und oxidierten Spezies ist durch die Nernst-Gleichung gegeben (s. Kap. 8.4):

$$E_H = E_H^0 + 2.3\frac{RT}{nF}\log\frac{\{Ox\}}{\{Red\}} \qquad (21)$$

Diese Gleichung definiert das Redoxpotenzial in Bezug auf eine Standardwasserstoffelektrode, d.h. die Potenzialdifferenz mit einer Elektrode im Kontakt mit $H_2(g)$ = 1 atm und $\{H^+\}$ = 1 M (Abb. 8.20). In idealen Fällen kann dieses Redoxpotenzial mit Hilfe einer elektrochemischen Zelle gemessen werden. Die Redoxzelle ist schematisch in Abbildung 8.20 dargestellt. Dabei taucht eine inerte Elektrode (z.B. aus Platin) in die Lösung mit den Redoxspezies Ox und Red und ermöglicht den Kontakt und den Elektronenaustausch mit den oxidierten und reduzierten Spezies. Die Potenzialdifferenz zur Standard-Wasserstoffelektrode wird gemessen. Diese Messung erfolgt im Gleichgewicht, d.h. es fliesst netto kein Strom (i = 0). Anstelle der Standard-Wasserstoffelektrode werden üblicherweise andere Referenzelektroden verwendet, z.B. die Kalomelelektrode oder die Silber-Silberchloridelektrode. Die Kalomelelektrode beruht auf dem heterogenen Gleichgewicht

$$Hg_2Cl_2(s) + 2\,e^- \leftrightharpoons 2\,Hg(l) + 2\,Cl^- \qquad (100)$$

und besteht aus festem $Hg_2Cl_2(s)$ in Kontakt mit flüssigen Hg(0) und einer wässrigen KCl-Lösung mit bekannter $\{Cl^-\}$-Aktivität mit einem Pt-Kontakt. Die Referenzelektrode wird über eine Salzbrücke mit der Messzelle verbunden. Das bekannte E_H dieser Kalomelelektrode muss zum gemessenen Wert der Zelle hinzugefügt werden, um das E_H der Redoxelektrode zu erhalten. Eine AgCl(s)/Ag(0)(s)-Elektrode besteht aus einer Silberelektrode, deren Oberfläche mit AgCl(s) belegt ist und die in eine Lösung mit relativ hoher Konzentration von Cl^- eintaucht. Trotz Fällung oder Auflösung (wenn ein wenig Strom durch die Zelle fliesst) bleibt $\{Ag^+\}$ relativ konstant. Bei genauen Messungen muss noch das Diffusionspotenzial, das sich an der Phasengrenze zwischen den Flüssigkeiten der beiden Zellen (Salzbrücke oder Diaphragma) gebildet hat, berücksichtigt werden. Das Diffusionspotenzial kann sehr klein gehalten werden, wenn die unterschiedlichen Lösungen mit einer mit konzentrierten Elektrolyten gleicher Beweglichkeit gefüllten Salzbrücke – meistens wird KCl verwendet – verbunden werden.

Die Messung des Redoxpotenzials gelingt aber nur, wenn die Redoxpartner in der Messzelle (Abb. 8.20) in der Lage sind, Elektronen mit der (Pt- oder Au-) Elektrode auszutauschen. Viele relevante Redoxpartner in Gewässern sind aber äusserst träge bezüglich dieses Elektronenaustausches mit der Elektrode. Dies gilt insbesondere für O_2, N_2, NH_4^+, SO_4^{2-}, CH_4. D.h. viele umweltrelevante oxidierende oder reduzierende Spezies sind bezüglich einer Messung durch eine Pt- oder Au-Elektrode relativ inert. Dementsprechend gelingt es nicht, Redoxpotenziale in natürlichen Systemen zu messen, bei denen diese Redoxpartner dominieren. Typischerweise geben Redoxpotenzialmessungen im Bereich 1 der Abbildung 8.7 vollständig falsche Resultate, da O_2, SO_4^{2-}, NO_3^-, N_2 nicht genügend elektrodenaktiv (bezüglich Elektronenaustausch mit der Elektrode) sind. Im Bereich 3 und 4 sind die Möglichkeiten für eine richtige Anzeige etwas besser, da das System $Fe(OH)_3(s)$ – Fe^{2+} meistens gut gepuffert ist und sich relativ elektrodenaktiv verhält. Es gibt weitere Komplikationen: die Elektroden können durch adsorbierende Verbindungen (z.B. oberflächenaktive Substanzen) kontaminiert werden.

Ein weiteres Problem ist, dass häufig in natürlichen Gewässern die Redoxpartner untereinander nicht im Gleichgewicht sind, da die Kinetik vieler Elektronen-Transferprozesse langsam ist (s. Kap. 8. 7). Das Konzept des Redoxpotenzials beruht aber auf dem – mindestens metastabilen – Gleichgewicht der Redoxpartner. Die Angabe eines Redoxpotenzials in einem Nicht-Gleichgewichtssystem wäre vergleichbar mit einer pH-Messung in einem hypothetischen System, bei dem die verschiedenen Säure-Basepaare untereinander nicht im Gleichgewicht wären.

Der konzeptuelle Wert des Redoxpotenzials E_H oder des pε im Rahmen eines Gleichgewichtsmodelles bleibt erhalten; E_H und pε geben die Randbedingungen wieder, die das System bei Gleichgewicht erreichen würde. E_H und pε können aus der Zusammensetzung des Wassers bezüglich der Redoxspezies abgeschätzt werden. Falls die Konzentration einer der folgenden Spezies oder Spezieskombinationen O_2, Mn^{2+}, Fe^{2+}, HS^- – SO_4^{2-}, CO_2 – CH_4 bekannt ist, kann das Redoxpotenzial oder der pε abgeleitet werden. Beispielsweise gibt das Auftreten von messbaren Konzentrationen an Fe^{2+} oder an H_2S eindeutig reduzierte Bedingungen an, entsprechend dem Bereich 3 in Abbildung 8.7. Die analytische Bestimmung der Redoxspezies ist zuverlässiger als die Messung des Redoxpotenzials mit einer Elektrode.

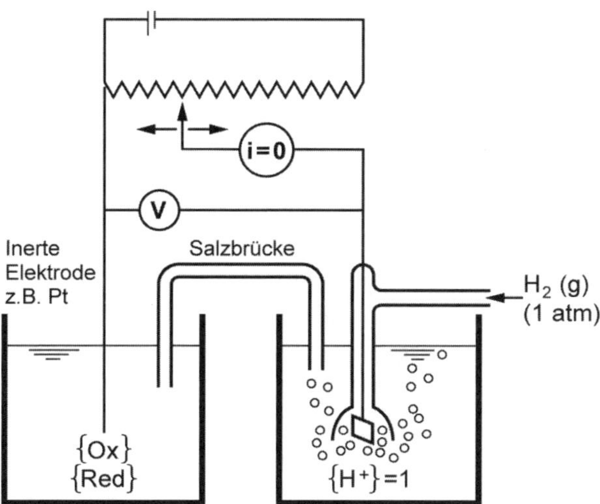

Abb. 8.20: Elektrochemische Zelle zur Messung des Redoxpotenzials E_H (Prinzip). Mit einem Potenziometer wird die Spannung zwischen einer inerten Elektrode (Pt oder Gold), eingetaucht in die Lösung, deren Redoxpotenzial gemessen wird (die inerte Elektrode ermöglicht den Kontakt und den Elektronenaustausch mit den oxidierten und reduzierten Spezies), und einer Standard-Wasserstoffelektrode gemessen (feinst verteiltes Platin in Kontakt mit Wasserstoff unter 1 atm und $\{H^+\} = 1$ (bei 25 °C)). Die Spannung E_H (V) muss unter Bedingungen gemessen werden, bei denen die elektrochemische Zelle keine Arbeit leistet (i = 0).

Beispiel 8.9: Abschätzung von E_H oder pε aus analytischer Information

Schätze die pε-Werte für folgende Systeme:

a) Eine Sediment-Wassergrenzfläche, die festes FeS enthält mit pH = 6 und $[SO_4^{2-}] = 2 \times 10^{-3}$ M;

b) Ein Oberflächenwasser mit 3.2 mg O_2/L und pH = 7;

c) Ein Grundwasser bei pH 6.5 mit 10^{-5} M Fe(II);

d) Ein Wasser aus der Tiefe eines Sees mit $[SO_4^{2-}] = 10^{-3}$ M, $[H_2S] = 10^{-6}$ M und pH = 6.

a) Das Redoxpotenzial dieses Systems könnte sich aufgrund folgender Reaktion einstellen:

$$SO_4^{2-} + FeCO_3(s) + 9\,H^+ + 8\,e^- \leftrightarrows FeS(s) + HCO_3^- + 4\,H_2O \qquad \text{(i)}$$

Mit Hilfe der thermodynamischen Information im Anhang zu Kapitel 5 ergibt sich für (i) eine Gleichgewichtskonstante von 10^{38}. Daraus ergibt sich

$$p\varepsilon = 4.75 - 9/8\,pH + 1/8(\log[SO_4^{2-}] - \log[HCO_3^-]) \qquad \text{(ii)}$$

HCO_3^- ist hier nicht angegeben; aber für die meisten Gewässer ist $\log[HCO_3^-] = -3 - -2$. (Dies ergibt nur eine Unsicherheit im pε-Wert von 0.125.) Dementsprechend errechnet sich der $p\varepsilon \cong -2 \pm 0.2$, $E_H \cong -0.12$ V.

b) Für die Reaktion $O_2(aq) + 4\,e^- + 4\,H^+ \leftrightarrows 2\,H_2O$ (l) ist log K = 85.97. Daraus ergibt sich

$$p\varepsilon = 1/4(85.97 - 4pH + \log[O_2(aq)]) \qquad \text{(iii)}$$

Da $[O_2] = 10^{-4}$ M, ist pε = 13.5. $E_H = +0.8$ V. Man beachte, dass das Redoxpotenzial bezüglich $[O_2(aq)]$ relativ unsensitiv ist. Eine Erniedrigung des $[O_2]$ um vier Grössenordnungen erniedrigt das E_H nur um 0.06 V oder den pε um eine Einheit.

c) Man kann davon ausgehen, dass Fe^{2+} im Grundwasser im Gleichgewicht mit festem $Fe(OH)_3(s)$ ist. Demnach ist

$$Fe(OH)_3(s) + e^- + 3\,H^+ \leftrightarrows Fe^{2+} + 3\,H_2O \qquad \text{(iv)}$$

Mit G^0_f für $Fe(OH)_3(s)$ von –700 kJ mol^{-1} ergibt sich für obige Reaktion log K = 15.8 und

$$p\varepsilon = 15.8 - 3\,pH - \log[Fe^{2+}] = 1.3, \quad E_H = 0.077\text{ V} \qquad \text{(v)}$$

d) Die Redoxintensität ist gegeben durch das Gleichgewicht

$$SO_4^{2-} + 10\,H^+ + 8\,e^- \leftrightarrows H_2S(aq) + 4\,H_2O; \quad \log K = 41.0 \qquad \text{(vi)}$$

d.h.

$$p\varepsilon = 1/8(41.0 - 10\,pH + \log[SO_4^{2-}] - \log[H_2S]) = -2 \qquad \text{(vii)}$$

$$E_H = -0.12\text{ V}$$

$p\varepsilon$ ist in Gegenwart von H_2S in diesem Bereich gepuffert, da die H_2S -Konzentration mit 1/8 $\log[H_2S]$ in die Gleichung eingeht.

8.11 Glaselektrode; ionenselektive Elektroden

Die Wasserstoffelektrode ($H^+/H_2(g)$) (Abbildung 8.20 – kombiniert mit einer Standardwasserstoffelektrode (p_{H2} = 1 atm, $\{H^+\}$ = 1 M) oder einer anderen Referenzelektrode – kann im Prinzip verwendet werden, um die Aktivität der H^+-Ionen zu messen. Andere Elektroden entsprechen den Redoxpaaren, $Cu^{2+}/Cu(s)$, $Cl_2(g)/Cl^-$, I_3^-/I^-, $Zn^{2+}/Zn(s)$, $Ag^+/Ag(s)$, $AgCl(s)/Ag(s)$ und $Hg_2Cl_2(s)/Hg(l)$. Die letzten beiden Elektroden sind Elektroden sogenannter zweiter Art, die als Referenzelektroden verwendet werden.

Funktionierende Metallelektroden beruhen auf einem relativ schnellen Elektronenaustausch des Metalls mit den Metallionen

$$Me^{n+} + n\,e^- \leftrightarrows Me(s) \qquad (101)$$

deren Gleichgewichtspotenzial gegeben ist durch

$$E_H = E^0_{HMe^{n+}/Me(s)} \qquad (102)$$

Manche Metalle können nicht als Elektroden verwendet werden, weil der Elektronenaustausch an ihrer Oberfläche nur langsam erfolgt. Stark reduzierende Metalle (Fe, Zn, Na(!)) können nicht verwendet werden, da sie H_2O reduzieren.

Die Glaselektrode hat sich für die pH-Messung eingebürgert. Bei der Glaselektrode werden Protonen aus der Lösung an der Glasoberfläche ausgetauscht, so dass sich eine Potenzialdifferenz zwischen der Innenlösung der Elektrode und der Messlösung mit verschiedenen H^+-Aktivitäten einstellt (Innen- und Aussenseite der Glaselektrode). Wenn die $\{H^+\}$ -Aktivität innen konstant ist, ergibt sich das Zellpotenzial als

$$E_{Zelle} = E^0 + 2.3\ RT/F \log \{H^+\} \qquad (103)$$

Bei 25 °C ergibt sich eine Steigung von 59.1 mV für das Potenzial in Funktion von pH.

Ionenselektive Elektroden funktionieren auf einem ähnlichen Prinzip. Spezielle Gläser wurden entwickelt, die als relativ selektive Kationen-Austauscher-Membranen funktionieren. Andere geeignete Elektroden haben die Eigenschaften von Festkörpermembranen (Einzelkristallmembranen, z.B. mit schwer löslichen Sulfiden CuS(s), PbS(s)). Bei Flüssig-flüssig-Membranen werden spezifische Liganden in einer organischen Phase in der Membran gelöst, mit denen die Ionen austauschen. Alle diese Elektroden reagieren im Sinne des Nernst'schen Gesetzes auf die Aktivität ausgewählter Ionen, wobei der Anwendungsbereich (Empfindlichkeit) von Elektrode zu Elektrode verschieden ist. Dabei wird die Aktivität der freien Ionen bestimmt:

$$E_{Zelle} = E^0 + 2.3\ RT/nF \log \{M^{n+}\} \qquad (104)$$

Mit einer ionenselektiven Elektrode wird die Aktivität der freien Ionen in Gegenwart von Metallkomplexen bestimmt. Sie werden deshalb für die Untersuchung von Komplexbildungsgleichgewichten verwendet.

Keine Elektrode ist vollständig selektiv. Andere „ähnliche" Ionen in grösserer Konzentration beeinflussen das Potenzial (auch die Glaselektrode ist bei höheren pH-Werten auf Na^+-Ionen in grösserer Konzentration empfindlich). Der Effekt eines störenden Ions N auf das gemessene Potenzial kann wie folgt ausgedrückt werden:

$$E = E^0 + 2.3\, RT/nF \log \left(\{M^{n+}\} + K_{M\text{-}N} \{N^{n+}\} \right) \qquad (105)$$

wobei $K_{M\text{-}N}$ ein Koeffizient für die Selektivität von M im Vergleich zu N ist. ($K_{M\text{-}N} = 10^{-5}$ bedeutet z.B., dass die Elektrode für M 10^5 Mal selektiver ist als für N).

Die Sauerstoff-Membran-Elektrode ist eine galvanische Elektrode und funktioniert auf einem ganz anderen Prinzip. Es wird eine elektrolytische Zelle verwendet und die Stromstärke an der (inerten) Kathode entspricht der Geschwindigkeit der O_2-Reduktion (Coulomb m^{-2} s^{-1}), die proportional der O_2-Konzentration (Aktivität) in Lösung ist. Die Selektivität wird erhöht und eine Unabhängigkeit von der Turbulenz erreicht, wenn die Kathode mit einer für O_2-Moleküle durchlässige Membran (Polyethylen) überdeckt ist.

Weiterführende Literatur

Bard A. J., Parsons R., and Jordan J. (1985) *Standard potentials in aqueous solutions (ed. IUPAC).* Dekker.

Borch T., Kretzschmar R., Kappler A., Cappellen P. V., Ginder-Vogel M., Voegelin A., and Campbell K. (2010) Biogeochemical Redox Processes and their Impact on Contaminant Dynamics. *Environmental Science & Technology* 44(1), 15–23.

Eberson L. (1987) *Electron Transfer Reactions in Organic Chemistry*. Springer.

Megonigal J. P., Hines M. E., and Visscher P. T. (2005) Anaerobic metabolism: linkages to trace gases and aerobic processes. In *Biogeochemistry*, Vol. 8 (ed. W. H. Schlesinger), pp. 317–424. Elsevier.

Tratnyek, P. G., Grundl, T. J., Haderlein, S. B., (2011). *Aquatic Redox Chemistry, ACS Symposium Series.* American Chemical Society.

Turner D. R. and Hunter K. A. (2001) *Biogeochemistry of iron in seawater* John Wiley & Sons.

Zehnder A. J. B. and Stumm W. (1988) Geochemistry and Biogeochemistry of Anaerobic Habitats. In *Biology of Anaerobic Microorganisms* (ed. A. J. B. Zehnder), pp. 1–38. Wiley-Interscience.

Übungen

1) Arrangiere folgende Systeme in einer Reihe mit absteigendem pε:

   i) Meerwasser
   ii) Flusssedimente
   iii) Seesediment
   iv) Alkoholgärung
   v) Faulturm (Schlammbehandlung)
   vi) Grundwasser mit 0.5 mg/L Fe(II)
   vii) Atmosphäre

2) Beurteile, ob folgende Prozesse thermodynamisch möglich sind und deshalb auch biologisch vermittelt werden:

   i) Reduktion von SO_4^{2-} durch organisches Material ($\{CH_2O\}$):
   $SO_4^{2-} + 2\ \{CH_2O\} + 2\ H^+ \leftrightarrows H_2S(g) + 2\ CO_2(g) + 2\ H_2O$;

   ii) Reduktion von N_2 zu NH_4^+ durch $\{CH_2O\}$:

   $N_2 + 1.5\ \{CH_2O\} + 2\ H^+ + 1.5\ H_2O \leftrightarrows 1.5\ CO_2 + 2\ NH_4^+$.

   Berücksichtige Konzentrationsbedingungen, die typisch für natürliche Gewässer sind (z.B. pH = 7.0, $[SO_4^{2-}] = 2 \times 10^{-4}$ M, org. C = 1×10^{-4} M, $[NH_4^+] = 1 \times 10^{-5}$ M) (Konstanten aus Tab. 8.1).

3) Welches ist der pε (oder E_H) eines Grundwassers, das 10^{-5} M Mn^{2+} enthält bei pH=7? Welchem Sauerstoffgehalt entspricht diese Redoxintensität?

   Folgende Informationen sind erhältlich:

   $MnO_2(s) + 4\ H^+ + 2\ e^- \leftrightarrows Mn^{2+} + 2\ H_2O \qquad \log K = 43.0$

   $O_2(g) + 4\ H^+ + 4\ e^- \leftrightarrows 2\ H_2O\ (l) \qquad \log K = 83.1$

4) Welcher p_{O2} darf nicht unterschritten werden, damit bei pH = 6, SO_4^{2-} nicht zu $H_2S(g)$ reduziert werden kann?

5) Welches ist der (hypothetische oder theoretische) pε des reinen H_2O (im Gleichgewicht mit H_2 und O_2)?

6) Die Verfügbarkeit des für das Pflanzenwachstum wichtigen Phosphats hängt von der Redoxintensität ab. Die Wechselwirkungen mit dem Eisen (Fe(II), Fe(III)) sind von Bedeutung.

   Die pε-abhängige Löslichkeit des Phosphats kann durch folgende Gleichungen charakterisiert werden:

   $3\ FePO_4 \cdot 2\ H_2O(s) + e^- \leftrightarrows Fe_3O_4(s) + 3\ H_2PO_4^- + 2\ H^+ + 2\ H_2O$;

   Strengit Magnetit

$\log K = -17.1$ (i)

$Fe_3O_4(s) + 2\ H_2PO_4^- + 4\ H^+ + 2\ e^- \leftrightarrows Fe_3(PO_4)_2 \cdot 8\ H_2O\ (s)$;

Magnetit Vivianit

$\log K = 32.6$ (ii)

Annahme: leicht saurer Boden, Bodenwasser-pH = 5

a) Berechne $[H_2PO_4^-]$ als Funktion von pε.

b) Bei welchem pε können Strengit, Vivianit und Magnetit als feste Phasen (pH = 5) koexistieren?

c) Diskutiere die pε-Abhängigkeit von Phosphat aufgrund der angegebenen Gleichgewichte (i) und (ii) und allfällig anderer Faktoren.

7) Zwischen SO_4^{2-} und den S(–II)-Spezies (H_2S, HS^- und S^{2-}) gibt es, vor allem unter dem Einfluss der bakteriologischen Mediation, auch zahlreiche Zwischenprodukte wie $S_2O_3^{2-}$ und elementaren Schwefel (meistens als kolloidaler $S_8(s)$). Ebenso können sich verschiedene Polysulfide, z.B.

$$(n\text{-}1)/8\ S_8(s) + HS^- \leftrightarrows S_n^{2-} + H^+$$

(mit n = 2–8) bilden. Folgende Gleichgewichtskonstante gilt für die Reaktion

$$HS_4^- + 7\ H^+ + 6\ e^- \leftrightarrows 4\ H_2S(aq) \qquad \log K = 5.0\ (25\ °C)$$

Wie vergleicht sich der pε-Wert bei pH = 6 und $S_T = 10^{-3}$ M für das $SO_4^{2-} - H_2S$-Redoxpaar einerseits mit den pε-Werten für die $SO_4^{2-} - HS_4^-$ und $HS_4^- - H_2S$-Redoxpaare andererseits?

8) Oxidation von Fe(II)

Die Oxidationsrate von Fe(II) wird durch folgenden Ausdruck gegeben (s. Gl. 47), mit $k_H = 3 \times 10^{-12}\ min^{-1}\ M$ (20 °C)

$$-\frac{d[Fe(II)]}{dt} = k_H\ [H^+]^{-2}\ [O_2\ (aq)]\ [Fe(II)]$$

Welche Halbwertszeit ergibt sich daraus für die Oxidation von Fe(II) bei pH 6.5 und 8, mit Sauerstoff im Gleichgewicht mit der Atmosphäre (Henry-Konstante für O_2 $K_H = 1.35 \times 10^{-3}$ (20 °C))?

9) Mangan und Eisen im Sedimentporenwasser

In einem anoxischen Sedimentporenwasser werden folgende Parameter gemessen:

pH 7.3

Alkalinität $= 3 \times 10^{-3}$ M

$[Mn^{2+}] = 3 \times 10^{-5}$ M

$[Fe^{2+}] = 1 \times 10^{-6}$ M

Im Wasser über dem Sediment ist Sauerstoff vorhanden ($O_2 = 3 \times 10^{-5}$ M). Welche Reaktionen mit Mn(II) und Fe(II) laufen dort ab? Wie wirken sich diese Reaktionen auf die Löslichkeit von Eisen und Mangan aus (qualitativ)?

Welchen Einfluss haben diese Reaktionen auf die Alkalinität?

10) Redoxverhältnisse in einem anoxischen Fjord

Im Tiefenwasser eines norwegischen Fjords dringt wegen ungünstiger Mischungsverhältnisse kein Sauerstoff ein. Der Abbau des absinkenden organischen Materials findet dort vorwiegend durch Sulfatreduktion statt. Die folgende Zusammensetzung des organischen Materials wird bestimmt:

$(CH_2O)_{148}(NH_3)_{15}(H_3PO_4)$

a) Formulieren Sie die Reaktion für den Abbau dieses organischen Materials durch Kopplung mit der Sulfatreduktion.

b) Welche stöchiometrischen Verhältnisse der folgenden Parameter erwarten Sie in diesem Tiefenwasser:

- totaler gelöster anorganischer Kohlenstoff zu totalem Sulfid: ($S_T = [H_2S] + [HS^-] + [S^{2-}]$)
- Alkalinität zu totalem Sulfid

c) An der Grenze zu sauerstoffhaltigem Wasser in den oberen Wasserschichten wird elementarer Schwefel nachgewiesen. Durch welche Reaktionen könnte S(0) in diesem System gebildet werden?

9 Grenzflächenchemie

9.1 Einleitung

In aquatischen Systemen spielen sich viele wichtige Vorgänge an Grenzflächen ab, insbesondere an Grenzflächen von festen Phasen und Wasser. Die Wechselwirkungen von Wasser mit Mineralien bei der Verwitterung spielen sich zunächst an Oberflächen ab. In Flüssen, Seen, Meeren werden Sedimente ausgefällt oder aufgelöst, wobei die Reaktionen an den Mineraloberflächen massgebend sind. Die Bindung reaktiver Elemente an Grenzflächen reguliert den Transport und die Akkumulation von Spurenelementen in Sedimenten. Auch für die Verfügbarkeit von reaktiven Elementen in Böden sind die Reaktionen an Grenzflächen von festen Mineralienphasen von grosser Bedeutung. Reaktionen an Grenzflächen sind deshalb von zentraler Bedeutung für die Regulierung vieler Elemente in Gewässern und für die Geschwindigkeit vieler Prozesse, die mit Auflösung oder Ausfällung von festen Phasen im Zusammenhang stehen. Die Vorgänge bei der Bindung von Kationen und Anionen an festen Grenzflächen (Adsorption) sollten deshalb grundsätzlich verstanden werden. Die Adsorptionsreaktionen beeinflussen sowohl die Reaktivität der festen Phasen in Bezug auf die Auflösungsreaktionen als auch diejenige der adsorbierten Spezies in Bezug auf Redoxreaktionen. Wichtige fotoinduzierte Reaktionen finden an Oxiden, Halbleiteroberflächen und anderen Mineralienoberflächen statt. Um Einsichten in die Reaktivität der Spezies an Oberflächen zu gewinnen, werden die Strukturen und Reaktionen auf der molekularen Ebene untersucht, wozu sich spektroskopische Methoden eignen.

In diesem Kapitel stehen die Wechselwirkungen von gelösten Spezies mit festen Oberflächen im Vordergrund. Diese Wechselwirkungen werden durch die physikalischen und chemischen Eigenschaften des Wassers, der gelösten Spezies und der Oberfläche bestimmt. Die meisten in der Natur vorkommenden hydratisierten Feststoffe tragen an ihrer Oberfläche funktionelle Gruppen wie z.B. –OH, –SH und –COOH. Diese Gruppen ermöglichen vielseitige Adsorptionsreaktionen mit den gelösten Stoffen.

9.2 Partikel in natürlichen Gewässern

In natürlichen Gewässern sind immer feste Teilchen (Partikel inkl. Kolloide) in grosser Anzahl vorhanden. Sie bestehen einerseits aus biologischem Material (Algen, Bakterien, biologisches Debris) und andererseits aus anorganischen Verbindungen: Tonmineralien, Oxiden und Hydroxiden (z.B. Al_2O_3, $Fe(OH)_3$, MnO_2 etc.) und Carbonaten. Der Grössenbereich dieser Partikel erstreckt sich über mehrere Grössenordnungen, mit Durchmessern von ca. 1 nm (10^{-9} m) bis mehrere mm (Abb. 9.1). Es wird üblicherweise zwischen den Grössenklassen der Partikel (> 1 μm) und der Kolloide (ca. 1 Nanometer bis 1 μm) unterschieden. In die Grössenklasse der Kolloide fallen sowohl organische Makromoleküle (grössere Humin- und Fulvinsäuren, Polysaccharide) wie auch kleine anorganische Partikel (Tonmineralien, Eisen-, Manganoxide usw.). Die Kolloide in dieser Grössenklasse unterscheiden sich in ihrem Verhalten in Gewässern von den grösseren Partikeln, da sie reaktiver für chemische Prozesse sind und sie sich wegen der kleineren Durchmesser nur langsam absetzen, meistens erst, nachdem sie sich durch Agglomeration zu grösseren Partikeln zusammengelagert haben.

Die Reaktivität dieser Partikel in Bezug auf Grenzflächenprozesse hängt mit ihrer spezifischen Oberfläche zusammen, die mit abnehmendem Durchmesser zunimmt; d.h. kleine Partikel mögen mengenmässig unwichtig, für Reaktionen an den Grenzflächen aber wesentlich sein. Spezifische Oberflächen lassen sich an festen Phasen durch Gasabsorption messen. Partikel im Grössenbereich von Mikrometern haben häufig spezifische Oberflächen im Bereich von 10–100 m^2/g, amorphe feste Phasen mit porösen Oberflächen bis 800 m^2/g. Diesen hohen spezifischen Oberflächen entspricht eine hohe Anzahl von reaktiven Gruppen an den Oberflächen. In Abbildung 9.2 ist die Struktur an einer Hämatitoberfläche in einer rastertunnelmikroskopischen Aufnahme sichtbar. Regelmässig angeordnete Reihen der Ionen sind erkennbar.

Verschiedene Methoden werden angewendet, um die Partikel in Grössenklassen aufzuteilen und zu charakterisieren. Filtration und Ultrafiltration mit verschiedenen Grössen der Membranporen, Zentrifugation und Field-Flow-Fractionation (FFF, eine Methode zur Trennung von Partikeln im kolloidalen Bereich aufgrund ihrer Absetzung in einer Kapillare) eignen sich, um die Partikel in verschiedene Grössenklassen aufzutrennen. Mit Lichtstreuung und elektronenmikroskopischen Techniken werden die Partikel bezüglich Grösse und Morphologie charakterisiert.

Die relative Anzahl der Partikel verschiedener Grössenklassen kann durch eine Partikelgrössenverteilung angegeben werden, wobei die kleinsten Partikel zahlenmässig überwiegen. Diese Verteilung kann auch als Volumen pro Grössenklasse dargestellt werden (Abb. 9.3). Durch den Einsatz moderner Methoden der Lichtstreuung wird die Partikelgrössenverteilung bis in den Nanometerbereich messbar (Abb. 9.4).

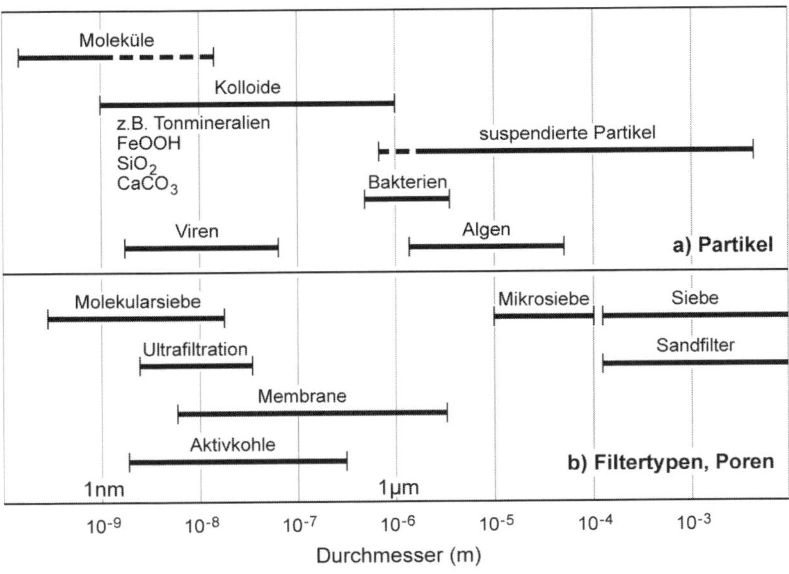

Abb. 9.1: Grösse (Durchmesser (m)) der Partikel in natürlichen Gewässern und Grössenbereiche der Methoden zur Fraktionierung der Partikel

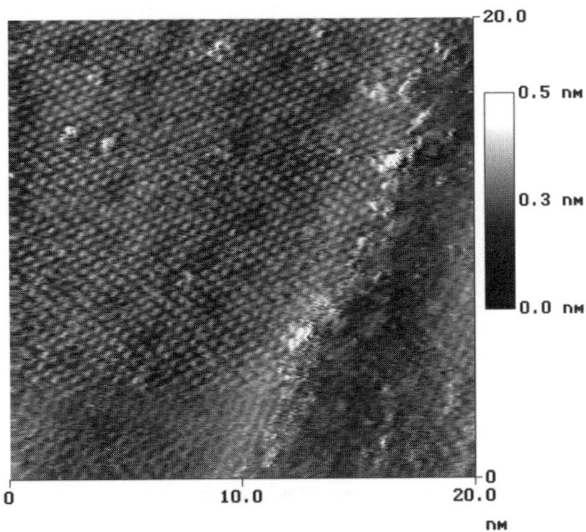

Abb. 9.2: Rastertunnel-mikroskopische Aufnahme der Oberfläche von Hämatit (Fe_2O_3). Die Skala ist 20 nm, die Schattierungen entsprechen den Höhen (mit Erlaubnis aus Eggleston C. M., Stack A. G., Rosso K. M., and Bice A. M. (2004) Adatom Fe(III) on the hematite surface: observation of a key reactive surface species *Geochem. Trans.* 5(2), 33–40 *(93)* reproduziert).

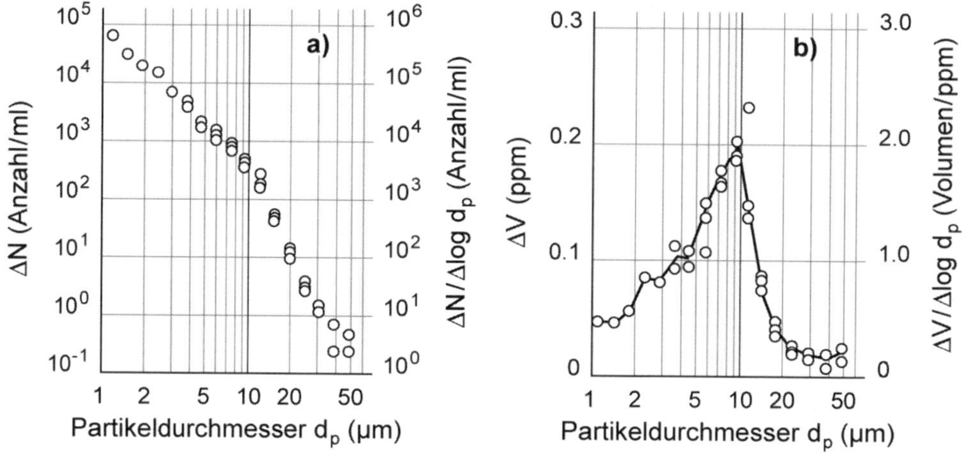

Abb. 9.3: Beispiele von Partikelgrössenverteilungen in natürlichen Gewässern :
a) Partikelgrössenverteilung im Bereich d > 1 μm: Anzahl Partikel der jeweiligen Grössenklasse pro mL (ΔN) und Anzahl Partikel pro Grössenklasse (ΔN/Δlog dp) (Wasserprobe aus dem Zürichsee, Tiefe 135 m, aus *(94)*) b)Volumenverteilung für die Daten aus a)

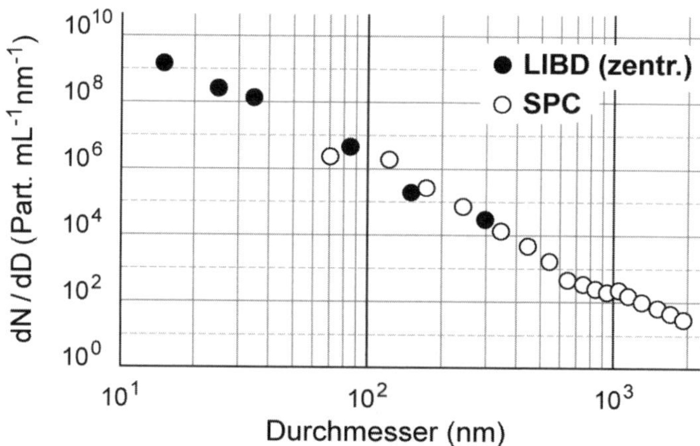

Abbildung 9.4: Partikelgrössenverteilung in einem Flusswasser im Bereich d = 10–1000 nm (95). Die Partikelgrössenverteilung wurde mit zwei Methoden gemessen: SPC: Detektion einzelner Partikel mit Lichtstreuung; LIBD: laser induced breakdown detection, angewendet auf eine zentrifugierte Probe, aus der die grösseren Partikel eliminiert sind. (Reproduziert aus: Journal of Colloid and Interface Science, 301, Walther, C.; Buechner, S.; Filella, M.; Chanudet, B., Probing size distributions in natural surface waters from 15 nm to 2 μm by a combination of LIBD and single-particle counting. 532–537 (2006), mit Erlaubnis von Elsevier).

9.3 Wechselwirkungen an der Grenzfläche zwischen fester Phase und Wasser

Verschiedene Adsorptionsmechanismen werden an der Grenzfläche zwischen fester Phase und Wasser unterschieden:

- Bildung koordinativer chemischer Bindungen an der Fest-Wassergrenzfläche;
- elektrostatische Wechselwirkungen;
- Wechselwirkungen nichtpolarer Substanzen an Oberflächen.

9.3.1 Die koordinative Bindung: Oberflächenkomplexe

Die funktionellen Gruppen an der Oberfläche (z.B. oberflächenständige OH-Gruppen auf einem Metalloxid) gehen ähnliche Bindungen ein wie entsprechende Gruppen an gelösten Liganden. Folgende Reaktionen werden verglichen:

in Lösung: $RCOOH + Cu^{2+} \leftrightarrows RCOOCu^{+} + H^{+}$ (1a)

an der Oberfläche: $\equiv S–OH + Cu^{2+} \leftrightarrows \equiv S–OCu^{+} + H^{+}$ (1b)

wobei $\equiv S–OH$ eine Oberflächengruppe (Hydroxylgruppe) darstellt. Der Komplexbildung in Lösung entspricht die Komplexbildung an der Oberfläche. Der deprotonierte Ligand $RCOO^{-}$ in Lösung und $\equiv S–O^{-}$ an der Oberfläche verhalten sich wie Lewis-Basen. Die Adsorption von Metallionen (und Protonen) lässt sich als kompetitive Komplexbildung interpretieren. In ähnlicher Weise kann die Adsorption von Liganden (Anionen und schwache Säuren) mit der Komplexbildung in Lösung verglichen werden.

$Fe(OH)^{2+} + F^{-} \leftrightarrows FeF^{2+} + OH^{-}$ (2a)

$\equiv S–OH + F^{-} \leftrightarrows \equiv SF + OH^{-}$ (2b)

Das zentrale Ion der Oberfläche eines Minerals (z.B. Fe in einem Eisen(III)(hydr)oxid) verhält sich – ähnlich wie $Fe(OH)^{2+}$ in Lösung – als Lewis-Säure und tauscht das strukturelle OH gegen Liganden (an der Lösung) aus (Liganden-Austausch).

Oberflächenkomplexe sind entweder innersphärisch (inner-sphere), d.h. mit direkter Bindung der Ionen an den Oberflächengruppen, oder aussersphärisch (outer-sphere) mit mindestens einem Wassermolekül zwischen den Ionen und den Oberflächengruppen (Abbildung 9.8) gebunden.

9.3.2 Elektrostatische und andere Wechselwirkungen

Die Oberflächen fester Phasen tragen in wässriger Lösung meistens eine elektrische Ladung (s. Abschnitt 9.6 für die Mechanismen der Bildung der elektrischen Ladung). Daraus folgt, dass Kationen an negativ geladene Oberflächen angezogen werden, während sie bei positiv geladenen Oberflächen abgestossen werden, und umgekehrt Anionen an positiv geladene Oberflächen angezogen werden. Durch die elektrostatische Anziehung wird eine elektrische Doppelschicht in der Lösung in unmittelbarer Nähe einer geladenen Oberfläche gebildet, in der die Gegenionen zur Ladung der Oberfläche im Überschuss vorhanden sind.

Etwas vereinfacht ausgedrückt, kann man sagen, dass chemische Kräfte auf kurze Distanzen und elektrostatische Kräfte auf etwas grössere Distanzen wirken. Die elektrostatische Kraft der Anziehung oder Abstossung wird durch das Coulomb'sche Gesetz gegeben.

Es gibt andere Kräfte, vornehmlich elektrischer Art, vor allem bei Molekülen, die Dipolcharakter aufweisen. *Dipol-Dipol-Wechselwirkungen* werden als Orientierungsenergie bezeichnet. Die Dispersionskräfte, die sogenannten *London-van-der-Waals-Kräfte*, ergeben Wechselwirkungsenergien von ca. 10–40 kJ mol^{-1}, die gering sind gegenüber elektrostatischen Wechselwirkungen (Ionenpaar) oder kovalenten Bindungen (>> 10 kJ mol^{-1}) oder gross gegenüber der Orientierungsenergie (< 10 kJ mol^{-1}). Man kann sich vereinfacht vorstellen, dass die Dispersionskräfte auf der Oszillation der Ladungen der Moleküle beruhen, welche gegenseitig synchronisierte, sich anziehende Dipole induzieren.

Das Wasserstoffion kann höchstens eine Koordinationszahl von 2 ausüben. In einer *Wasserstoffionenbrücke* (hydrogen bond) werden zwei Elektronenpaarwolken gebunden, um zwei polare Moleküle zusammenzuhalten. Die Wechselwirkungsenergie ist 10–40 kJ mol^{-1}.

9.3.3 Wechselwirkungen nichtpolarer Verbindungen an Oberflächen

Verschiedene Wechselwirkungen tragen zur Bindung nichtpolarer Verbindungen an Oberflächen bei, nämlich Van-der-Waals-Kräfte, Lewis-Säure-Base-Wechselwirkungen, H-Brückenbindung, Elektronendonor-/akzeptor-Wechselwirkungen. Diese Wechselwirkungen sind relativ schwach.

Die Akkumulation von organischen Verbindungen an Partikeloberflächen und in natürlichem organischen Material beruht zum Teil auf dem hydrophoben Effekt, nämlich der Verdrängung dieser Verbindungen aus dem Wasser. Hydrophobe Verbindungen (z.B. Kohlenwasserstoffe) sind in manchen nicht-polaren Lösungsmitteln gut löslich – im Wasser jedoch schlecht. Solche Substanzen haben die Tendenz, den Kontakt mit Wasser möglichst klein zu halten und sich in nicht-polaren Umgebungen, z.B. an einer Oberfläche oder in einem organischen Partikel, zu assoziieren. Viele organische Substanzen, z.B. Seife, Detergentien, Fett-, Fulvin- und Huminsäuren, langkettige Alkohole, Polymere und Polyelektrolyte, haben Molekülteile mit sowohl hydrophobem wie auch hydrophilem Charakter; sie sind amphiphil. Um den Kontakt mit dem Wasser zu vermindern, akkumulieren hydrophobe und amphiphile Substanzen an Grenzflächen oder assoziieren sich mit sich selbst und bilden Mizellen. Die Anziehung nicht-polarer Gruppen an Oberflächen beruht nicht auf einer speziellen Affinität dieser Gruppen, sondern auf den attraktiven Wechselwirkungen der H_2O-Moleküle zueinander, die überwunden werden müssen, um eine Substanz im Wasser zu lösen.

9.4 Adsorption aus der Lösung

9.4.1 Adsorptionsisothermen

Unter Adsorption versteht man die Bindung von Ionen oder Molekülen an einer Oberfläche, die durch die verschiedenen oben beschriebenen Arten von Wechselwirkungen zustande kommt. Bei der Adsorption ist der Adsorbens die feste Phase, an der die Adsorption stattfindet. Adsorbat ist die Verbindung, die adsorbiert wird (Ion oder Molekül). Eine Adsorptionsisotherme ist die Darstellung der Konzentration des Adsorbats an der festen Phase (z.B. als mol/g oder mol/m^2) in Abhängigkeit der Konzentration in Lösung, die unter konstanten Bedingungen von Temperatur, pH, gemessen wird. Aus experimentellen Adsorptionsisothermen werden Angaben zum Adsorptionsvorgang gewonnen:

- Adsorptionskapazität der festen Phase;
- Adsorptionskonstante (Stärke der Wechselwirkungen);
- Adsorptionsmechanismen (aus Adsorptionsisothermen unter verschiedenen Bedingungen).

Einfache Modelle von Adsorptionsisothermen sind die Langmuir-Isotherme und die Freundlich-Isotherme.

9.4.2 Langmuir-Adsorptionsisotherme und Freundlich-Isotherme

Folgende Annahmen werden bei der Langmuir-Isotherme getroffen:

- Die Adsorptionsreaktion entspricht einer 1:1-Stöchiometrie (1 Adsorbat pro Oberflächenplatz).
- Die Oberflächenplätze reagieren alle gleich, d.h. die Energie der Adsorption ist unabhängig von der Oberflächenbesetzung.
- Die maximale Oberflächenkapazität im Gleichgewicht Γ_{max} entspricht einer monomolekularen Schicht.

Die einfachste Annahme bei der Adsorption geht davon aus, dass Adsorptionsplätze, S, an der Oberfläche eines Festkörpers (Adsorbens) durch die zu adsorbierenden Spezies aus der Lösung, A, (Adsorbat) mit einer 1 : 1-Stöchiometrie besetzt werden:

$$S + A \leftrightarrows SA \qquad (3)$$

wobei [S] die Anzahl Oberflächenplätze des Adsorbens, [A], die Konzentration des Adsorbats in Lösung und [SA] die Oberflächenkonzentration der mit Adsorbaten besetzten Plätze angibt. [S] und [SA] können in mol pro Liter Lösung oder in mol pro Oberfläche ausgedrückt werden. Zunächst werden hier die Konzentrationen in mol L^{-1} verwendet und dann die Oberflächenkonzentrationen in mol g^{-1} oder mol m^{-2} berechnet. Wenn die Aktivität der Oberflächenspezies S und SA proportional ihrer Konzentration sind, wird auf (3) das Massenwirkungsgesetz angewendet:

$$\frac{[SA]}{[S][A]} = K_{ads} = \exp-\left(\frac{\Delta G^0_{ads}}{RT}\right) \qquad (4)$$

Ferner wird die maximale Anzahl Oberflächenplätze, S_T, definiert:

$$S_T = [S] + [SA] \qquad (5)$$

so dass

$$[SA] = S_T \frac{K_{ads}[A]}{1 + K_{ads}[A]} \qquad (6)$$

ist.

Die Oberflächenkonzentration wird besser pro Masse Adsorbens oder pro spezifische Oberfläche definiert:

Γ = [SA]/Masse Adsorbens (mol/g) oder Γ = [SA]/ Oberfläche (mol/m^2)

Die maximal mögliche Oberflächenkonzentration ist $\Gamma_{max} = S_T$/Masse Adsorbens oder pro Oberfläche. Aus (6) ergibt sich dann:

$$\Gamma = \Gamma_{max} \frac{K_{ads}[A]}{1 + K_{ads}[A]} \qquad (7a)$$

In dieser Form ist Gleichung (7a) als Langmuir-Isotherme bekannt. Sie wird häufig auch formuliert als:

$$\frac{\Theta}{1 - \Theta} = K_{ads}[A] \qquad (7b)$$

wobei

$\Theta = \frac{[SA]}{S_T}$ die Oberflächenbesetzung ist.

Die Parameter K_{ads} und Γ_{max} können aus experimentellen Daten durch nicht-lineare Näherung oder durch Auftragung der reziproken Gleichung gewonnen werden (Abb. 9.5).

Für weniger ideale Fälle, in denen die Voraussetzungen für die Langmuir-Isotherme nicht erfüllt sind, eignet sich häufig die Freundlich-Isotherme zur Darstellung von Adsorptionsdaten. Die *Freundlich-Gleichung* hat die Form:

$$\Gamma = m[A]^n \qquad (8)$$

Die Adsorptionsdaten werden empirisch in einem log Γ vs log [A] Graph grafisch wiedergegeben, obschon auch diese Gleichung theoretisch abgeleitet und interpretiert werden kann. Eine Freundlich-Isotherme mit $n < 1$ wird dann erhalten, wenn der Adsorbens heterogen ist und die Affinität der adsorbierten Spezies mit zunehmender Oberflächenbesetzung abnimmt (Abbildung 9.6).

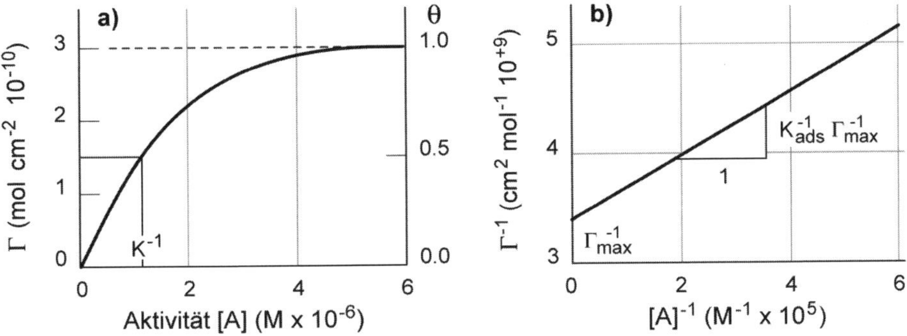

Abb. 9.5: a) Langmuir-Adsorptionsisotherme (Gleichung (7a))
b) Durch die Auftragung der Gleichung (7a) in der reziproken Form

$$\frac{1}{\Gamma} = \frac{1}{\Gamma_{max}} + \frac{1}{K_{ads}\Gamma_{max}[A]}$$

werden Γ_{max} und K_{ads} bestimmt.

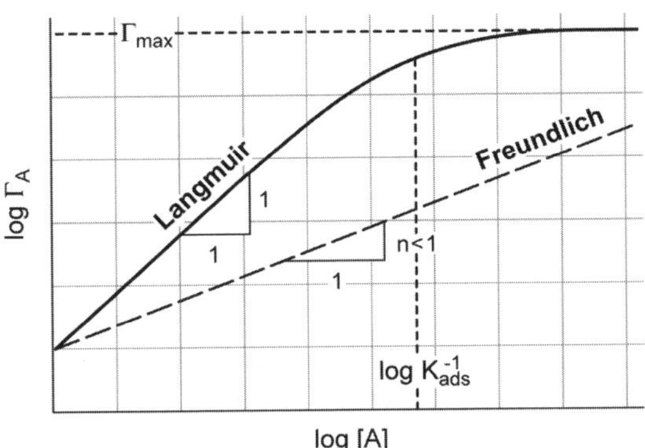

Abb. 9.6: Auftragung von Adsorptionsdaten nach der Freundlich-Gleichung. In der logarithmischen Auftragung (log Γ_A versus log [A]) ist die Freundlich-Isotherme linear.

9.4.3 Die Oberflächenspannung

Moleküle an der Oberfläche oder der Grenzfläche des Wassers werden von anderen Molekülen angezogen; daraus ergibt sich eine Anziehung in das Innere des Wassers und eine Tendenz, die Anzahl der Moleküle in der Oberfläche oder Grenzfläche zu verringern. Deswegen muss Arbeit geleistet werden, um Moleküle aus der Bulkphase an die Grenzfläche zu bringen oder um die Grenzfläche zu vergrössern. Die minimale Arbeit, die geleistet werden muss, um eine Zunahme der Oberfläche dA zu bewirken, ist γdA, wobei γ die Oberflächen- oder Grenzflächenspannung oder Grenzflächenenergie (N cm^{-1}) oder (J cm^{-2}) ist. γ ist also die freie Reaktionsenthalpie der Grenzfläche:

$$\gamma = \left(\frac{\delta G}{\delta A}\right)_{T,p,n} \qquad (9)$$

Daraus lässt sich eine Beziehung (Gibbs-Gleichung) zwischen dem Ausmass der Adsorption an der Grenzfläche und der Veränderung der Oberflächen- oder Grenzflächenspannung ableiten:

$$\Gamma_i = \frac{1}{RT}\left(\frac{\delta\gamma}{\delta \ln a_i}\right)_{T,p} \qquad (10)$$

wobei Γ_i = Oberflächenkonzentration (mol cm^{-2}) oder genauer der Oberflächenüberschuss gegenüber einem Referenzzustand (bei reinem Wasser ist die Adsorptionsdichte von H_2O = 0) ist.

R = Gaskonstante

T = absolute Temperatur

γ = Oberflächenspannung oder Oberflächenenergie (J cm^{-2})

a_i = Aktivität der Spezies i (meistens können Konzentrationen verwendet werden)

Qualitativ sagt Gleichung (10), dass eine Substanz, die die Oberflächenspannung (Grenzflächenspannung) reduziert $[(\delta\gamma/\delta \ln a_i) < 0]$, an der Oberfläche (Grenzfläche) adsorbiert wird. Elektrolyte haben die Tendenz, γ (leicht) zu erhöhen; aber fast alle organischen Moleküle und insbesondere oberflächenaktive Substanzen (Fettsäuren, Detergentien etc.) erniedrigen die Oberflächenspannung (Abbildung 9.7).

Amphiphile Moleküle (die sowohl hydrophobe und hydrophile Gruppen enthalten) orientieren sich an Grenzflächen. An der Wasser-Luft-Oberfläche orientieren sich die hydrophilen Gruppen zum Wasser und die hydrophoben Reste zur Luft. Bei Fest-Wasser-Grenzflächen hängt die Orientierung von der relativen Affinität der Gruppierungen für das Wasser und die Grenzfläche ab.

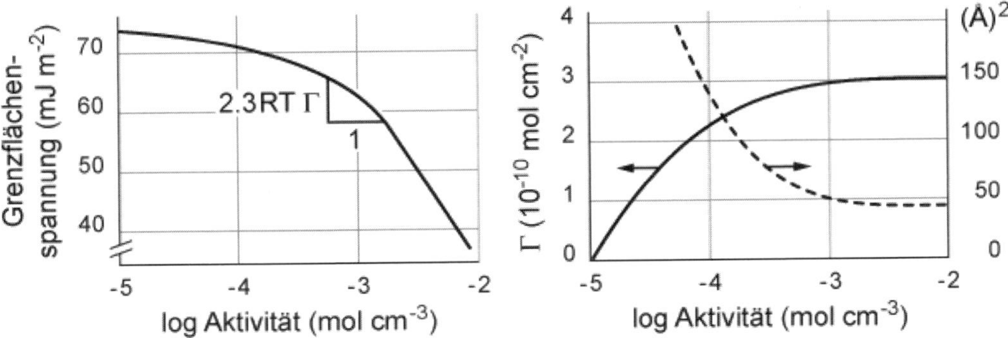

Abb. 9.7: Die Oberflächenkonzentration Γ (der Oberflächenüberschuss) und die spezifische Oberfläche (Fläche pro adsorbiertes Molekül) kann aus der Veränderung der Grenzflächenspannung mit Zunahme der Aktivität (Konzentration; semilogarithmische Auftragung von γ vs log a) abgeleitet werden (Gleichung (10)).

9.5 Oxidoberflächen: Säure-Base-Reaktionen, Wechselwirkung mit Kationen und Anionen

9.5.1 Oberflächenkomplexe an Oxidoberflächen

Oxide (Eisen-, Mangan-, Aluminiumoxide usw.) sind wichtige Bestandteile der Partikel, die in natürlichen Gewässern vorkommen. Ihre oberflächenchemischen Eigenschaften sind besonders gut untersucht. In wässrigem Medium bilden Oxide hydratisierte Oberflächen (Abb. 9.8). Dadurch entstehen oberflächenständige OH-Gruppen, an denen verschiedene chemische Reaktionen möglich sind. Die Anzahl dieser OH-Gruppen hängt mit der Struktur des jeweiligen Oxids zusammen. Typischerweise findet man ca. 4–10 OH-Gruppen/nm^2; die spezifische Oberfläche beträgt für kleine Teilchen ca. 10–100 m^2/g, so dass ca. 10^{-4}–10^{-3} mol OH-Gruppen pro Gramm Oxid resultieren.

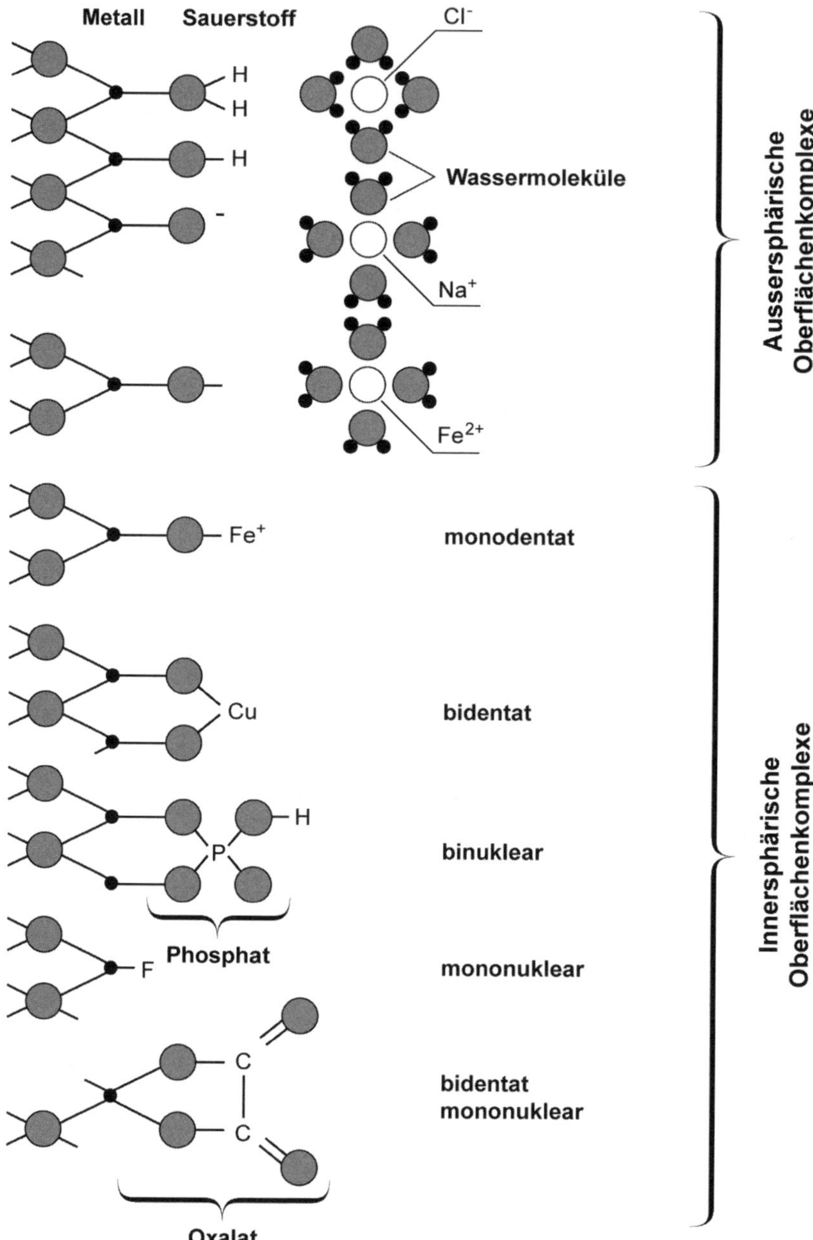

Abb. 9.8: Schematische Darstellung der Bindung von Kationen und Anionen an einer wässrigen Oxid- oder Aluminiumsilikatoberfläche

Bei aussersphärischen Komplexen sind die Ionen noch von ihrer Wasserhülle umgeben und Wassermoleküle sind zwischen dem Ion und der Oberfläche vorhanden (Abb. 9.8). Bei innersphärischen Komplexen sind die Ionen direkt an der Oberfläche gebunden, d.h. Kationen sind an O der OH-Gruppen gebunden und Anionen tauschen mit diesen OH-Gruppen aus und sind an den Metallionen der Oberfläche gebunden. Je nach Bedingungen und spezifischen Eigenschaften der Oberflächen können die Ionen entweder aussersphärisch oder innersphärisch gebunden sein (z.B. in Abb. 9.8 Fe^{2+} oder Phosphat).

9.5.2 Säure-Base- und Komplexbildungsreaktionen an Oxidoberflächen

Die Theorie der Oberflächenkomplexbildung beruht auf folgenden Grundannahmen:

i) Die Sorption von Kationen und Anionen an Oxidoberflächen entspricht der Reaktion zwischen Ionen in Lösung und Oberflächengruppen.

ii) Massenwirkungsgesetze werden auf diese Reaktionen angewendet. Gleichgewichtskonstanten werden für die Oberflächenkomplexbildung definiert.

iii) Die Oberflächenladung resultiert aus der Bindung von Protonen, Kationen und Anionen an der Oberfläche.

iv) Die Effekte der Oberflächenladung auf die Adsorptionsreaktionen werden durch Korrekturfaktoren der Komplexbildungskonstanten berücksichtigt (s. Kap. 9.6).

Die Reaktionen der OH-Gruppen mit Protonen können durch folgende Reaktionen beschrieben werden:

$$\equiv S\text{-}OH_2^+ \leftrightarrows \equiv S\text{-}OH + H^+ \qquad Ka_1^s \qquad (11a)$$

$$\equiv S\text{-}OH \leftrightarrows \equiv S\text{-}O^- + H^+ \qquad Ka_2^s \qquad (11b)$$

wobei $\equiv$SOH eine Oberflächen-OH-Gruppe bedeutet. Dementsprechend werden Säurekonstanten für diese OH-Gruppen definiert:

$$Ka_1^s = \frac{\{\equiv S-OH\}[H^+]}{\{\equiv S-OH_2^+\}} \qquad (12a)$$

$$Ka_2^s = \frac{\{\equiv S-O^-\}[H^+]}{\{\equiv S-OH\}} \qquad (12b)$$

Die Oberflächenkonzentrationen {$\equiv$SOH} werden in mol/g, mol/kg oder mol/m^2 ausgedrückt.

Dieses Modell wird als 2-pK-Modell bezeichnet und wird in der Literatur häufig gebraucht, um die pH-Abhängigkeit der Protonierung von Oxidoberflächen zu modellieren (z.B. *(96)*). Aus diesen Reaktionen geht hervor, dass die Oberfläche bei tiefen pH-Werten positiv geladen ist, während sie bei hohen pH-Werten negativ geladen ist.

Eine alternative Darstellung dieser Reaktionen berücksichtigt die verschiedenen Koordinationsstellen der OH-Gruppen in der Struktur der festen Phase, sowie die daraus entstehende Ladung. Dabei wird berücksichtigt dass zum Beispiel Fe(III) in einem Oxid an 6 Sauerstoff gebunden ist, so dass für jede Ecke des Koordinationsoktaeders die Ladung +0.5 resultiert. Die Protonierungsreaktionen (z.B. hier für Goethit) werden ausgedrückt als:

$\equiv Fe\text{-}OH^{0.5-} + H^+ \leftrightarrows \equiv Fe\text{-}OH_2^{0.5+}$ (13)

$\equiv Fe_3\text{-}O^{0.5-} + H^+ \leftrightarrows \equiv Fe_3\text{-}OH^{0.5+}$ (14)

Daraus ergibt sich das 1-pK-Modell (d.h. 1 pK pro OH-Gruppe) *(97)*.

Bei der Bildung innersphärischer Komplexe (Abb. 9.8) werden Kationen an den OH-Gruppen durch Austausch mit den Protonen gebunden, ähnlich wie bei Liganden in Lösung:

$\equiv SOH + M^{2+} \leftrightarrows \equiv S\text{-}OM^+ + H^+ \quad K_1^s$ (15)

$2 \equiv SOH + M^{2+} \leftrightarrows (\equiv SO)_2M + 2\,H^+ \quad \beta_2^s$ (16a)

oder bzw.:

$(\equiv S\text{-}OH)_2 + M^{2+} \leftrightarrows (\equiv SO)_2M + 2\,H^+ \quad \beta_2^{s\prime}$ (16b)

Dabei werden ein (Gl. 15) oder zwei (Gl. 16a und 16b) Protonen freigesetzt. Daraus ergibt sich die pH-Abhängigkeit dieser Reaktionen. Bei der Bindung eines Metalls an zwei OH-Gruppen werden diese als Dimer interpretiert, der als solcher (mit dem Exponent 1) in das Massenwirkungsgesetz eingesetzt wird (Gl. 16b).

Die Konstanten für die Bindung der Kationen an den Oberflächen-OH-Gruppen werden definiert als:

$$K_1^s = \frac{\{\equiv S - OM^+\}[H^+]}{\{\equiv S - OH\}[M^{2+}]} \quad (17)$$

$$\beta_2^s = \frac{\{(\equiv S - O)_2 M\}[H^+]^2}{\{(\equiv S - OH)_2\}\ [M^{2+}]} \quad (18)$$

Bei der Modellierung der Bindung von Kationen mit den Konstanten (Gl.17, 18) muss auch die Ladungsabhängigkeit dieser Konstanten berücksichtigt werden (s. unten).

Die Bindung der Kationen an einer Oxidoberfläche erfolgt entsprechend Gleichung (15,16) pH-abhängig innerhalb eines pH-Bereichs, der von den jeweiligen Konstanten K_1^s und β_2^s sowie von den Konzentrationsverhältnissen abhängt (Abb. 9.9). Das Ausmass der Bindung nimmt mit zunehmendem pH zu.

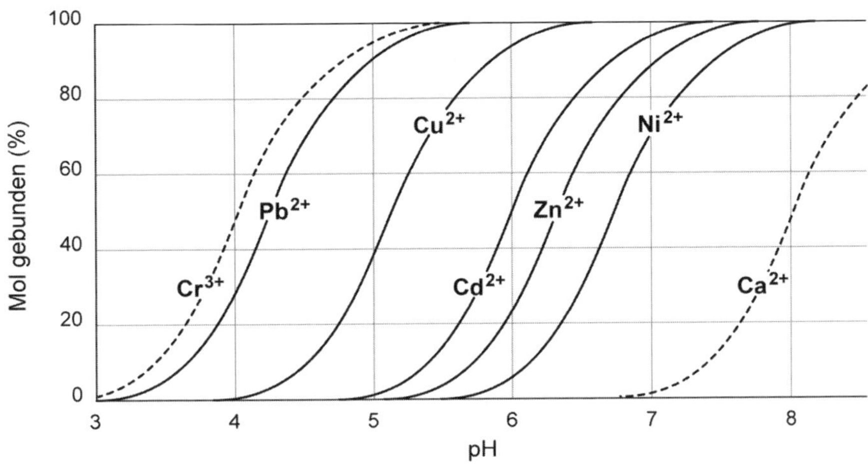

Abb. 9.9: Adsorption (Bindung) von Metallionen. Ausmass der Adsorption verschiedener Metallionen (% Mol gebunden) an einer Eisen(III)hydroxid-Oberfläche als Funktion des pH. (berechnet mit: 100 mg L^{-1} $Fe(OH)_3(s)$ mit 2 x 10^{-4} mol L^{-1} Oberflächengruppen. Totale Me(II)-Konzentration: 5 x 10^{-7} M, I = 0.1 M $NaNO_3$. Aufgrund von Komplexbildungskonstanten aus *(98)*).

Bei diesen Reaktionen handelt es sich meistens um die Bildung von innersphärischen Komplexen (Abbildung 9.8). Spektroskopische Untersuchungen der Oberflächenkomplexe geben Einsicht in die molekularen Strukturen an den Oberflächen und bestätigen in vielen Fällen die Bildung innersphärischer Komplexe (Kap. 9.9).

Die Tendenz, Oberflächenkomplexe zu bilden, hängt mit der Tendenz zur Bildung entsprechender Komplexe in Lösung zusammen, insbesondere für die Kationen mit der Tendenz zur Bildung von OH-Komplexen. Daraus ergeben sich unterschiedliche Affinitäten der Kationen für die Bindung an Oberflächengruppen und deshalb unterschiedliche pH-Abhängigkeiten (Abb. 9.9). Im Gegensatz dazu entsprechen aussersphärische Komplexe der Bildung von Ionenpaaren in Lösung und sind vorwiegend durch elektrostatische Kräfte bestimmt.

Anionen und schwache Säuren werden durch Ligandenaustausch gebunden, indem sie an der Oberfläche mit OH-Gruppen austauschen:

$$\equiv SOH + A^{2-} \leftrightarrows \equiv S\text{-}A^- + OH^- \qquad K_1^s \quad (19)$$

$$2 \equiv SOH + A^{2-} \leftrightarrows \equiv S_2A + 2\,OH^- \qquad \beta_2^s \quad (20a)$$

bzw.

$$(\equiv S\text{-}OH)_2 + A^{2-} \leftrightarrows \equiv S_2A + 2\,OH^- \qquad \beta_2^{s'} \quad (20b)$$

mit den entsprechenden Gleichgewichtskonstanten:

$$K_1^s = \frac{\{\equiv S - A^-\}[OH^-]}{\{\equiv S - OH\}[A^{2-}]} \tag{21a}$$

$$\beta_2^s{}' = \frac{\{\equiv S_2 - A\}[OH^-]^2}{\{(\equiv S - OH)_2\}[A^{2-}]} \tag{21b}$$

wo wie oben bei der Bindung der Kationen in der Reaktion (20b) die zwei OH-Gruppen als Dimer behandelt werden. Die Bindung von Anionen nimmt mit abnehmendem pH zu; bei schwachen Säuren ist der Ligandenaustausch mit Säure-Base-Reaktionen kombiniert, so dass die Bindung über einen grossen pH-Bereich möglich ist (Abb. 9.10). Dadurch tritt ein Maximum der Adsorption in der Nähe von pH = pK_a-Wert der entsprechenden Säure auf.

Da aber bei solchen Oberflächenreaktionen verschiedene Gruppen an einer Oberfläche sich gegenseitig beeinflussen, sind die Konstanten für die Bildung der Oberflächenkomplexe von der Oberflächenladung abhängig (Abstossung oder Anziehung durch geladene Oberflächengruppen).

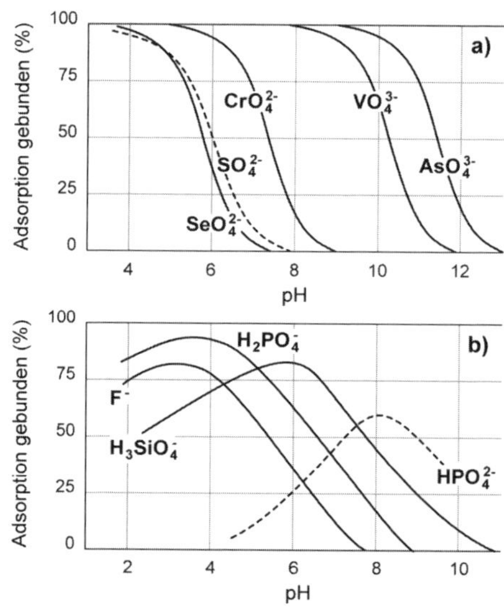

Abb. 9.10: Adsorption (Oberflächenkomplexbildung) von Anionen und schwachen Säuren in Abhängigkeit des pH.

a) Adsorption (Oberflächenkomplexbildung) von Anionen aus verdünnter Lösung (5×10^{-7} M) an der Oberfläche von 100 mg L^{-1} $Fe(OH)_3$ (2×10^{-4} M Oberflächengruppen).

b) Adsorption von Phosphat, Silikat und F^- an α-FeOOH (6 g L^{-1} FeOOH, $[\equiv FeOH]_T = 1.2 \times 10^{-3}$ M, $P_T = 10^{-3}$ M, $Si_T = 8 \times 10^{-4}$ M). Die angegebenen Spezies sind Oberflächenspezies. Die Kurven sind berechnet aufgrund experimentell bestimmter Gleichgewichtskonstanten: a) nach *(98)*; b) nach *(99)*.

9.6 Elektrische Ladung auf Oberflächen

9.6.1 Modelle der Oberflächenladung und der elektrischen Doppelschicht

Die elektrische Ladung auf einer Oberfläche kann im Prinzip verursacht werden durch:

- isomorphe Substitution im Kristallgitter;
- chemische Reaktionen an der Oberfläche.

Im ersten Fall ist die Ladung strukturbedingt – z.B. die Substitution eines Al für ein Si in einem Silikatgerüst bewirkt eine negative Ladung – und unabhängig von der Zusammensetzung der Lösung; dieser Fall tritt vor allem bei Tonmineralien auf. Im zweiten Fall können sowohl Säure-Base- wie Adsorptionsreaktionen zur Oberflächenladung beitragen. Reaktionen an Oxidoberflächen wie:

$$\equiv SOH + H^+ \leftrightarrows \equiv SOH_2^+ \qquad (11a)$$

$$\equiv SOH \leftrightarrows \equiv SO^- + H^+ \qquad (11b)$$

$$\equiv SOH + M^{2+} \leftrightarrows \equiv SOM^+ + H^+ ; \qquad (15)$$

$$\equiv SOH + A^{2-} \leftrightarrows \equiv SA^- + OH^- \qquad (19)$$

ergeben eine positive bzw. negative Ladung auf der Oberfläche. Die Ladung ist dann von der Zusammensetzung der Lösung und den an der Oberfläche ablaufenden Reaktionen abhängig.

In der Nähe elektrisch geladener Oberflächen wird eine Gegenladung in der Lösung aufgebaut; Wassermoleküle orientieren sich entsprechend der Dipolladung. Verschiedene Modelle beschreiben diese elektrische Doppelschicht in Bezug auf ihre Struktur und auf den Zusammenhang zwischen Ladung und Potenzial. Diese Modelle unterscheiden sich in der Art, wie sie die Verteilung der Gegenionen in der elektrischen Doppelschicht beschreiben. Zu der Oberflächenladung werden die Ladungen der innersphärisch adsorbierten Ionen gezählt. Je nach Art des Modells werden die Ladungen der aussersphärisch gebundenen Ionen zu verschiedenen Ebenen zugeteilt.

Übliche Modelle sind (Abb. 9.11):

i) Konstante Kapazität: Es wird angenommen, dass sich die Ionen mit einer der Oberflächenladung entgegengesetzten Ladung in einer starren Schicht in einem bestimmten Abstand von der Oberfläche befinden; eine lineare Beziehung zwischen Oberflächenladung und Potenzial wird angenommen (diese Vorstellung entspricht derjenigen eines Plattenkondensators; Abb. 9.11 a):

$$\sigma = C' \, \Psi_0, \qquad (22)$$

wobei σ = Oberflächenladung (C m^{-2}), Ψ_0 = Oberflächenpotenzial (V) und C' = Kapazität der Doppelschicht (Farad m^{-2}) (Farad = C V^{-1}).

Dieses einfache Modell wird der Struktur in der elektrischen Doppelschicht nur ungenügend gerecht.

ii) Diffuse Doppelschicht nach Gouy-Chapman: Hier werden die elektrischen Kräfte und die thermische Bewegung berücksichtigt, um die Verteilung der Gegenionen in der Nähe der Oberfläche zu beschreiben. Es resultiert eine diffuse Verteilung der Gegenionen in der Doppelschicht (Abb. 9.11 b). In diesem Fall ist die Kapazität vom Potenzial abhängig. Die Dicke der elektrischen Doppelschicht ist von der Ionenstärke abhängig und beträgt einige Nanometer.

Der Zusammenhang zwischen Oberflächenladung und Oberflächenpotenzial ist durch die Gleichung gegeben:

$$\sigma = (8RT\varepsilon\varepsilon_0 Cx10^3)^{0.5} \sinh\left(\frac{Z\psi_0 F}{2RT}\right) \qquad (23)$$

wo R die Gaskonstante ist (8.314 $Jmol^{-1}$ K^{-1}), T die absolute Temperatur, ε die Dielektrizitätskonstante des Wassers (ε = 78.5 bei 25 °C), ε_0 die Permittivität im Vakuum (8.854 x 10^{-12} C $V^{-1}m^{-1}$), C die molare Konzentration des Elektrolyten, Z die Ladung der Ionen und F die Faradaykonstante (96485 C mol^{-1}).

Die Dicke der elektrischen Doppelschicht (Abb. 9.11) ist gegeben als κ^{-1}, wo :

$$\kappa = \left(\frac{2F^2 Ix10^3}{\varepsilon\varepsilon_0 RT}\right)^{1/2} \qquad (24)$$

Daraus folgt, dass die Dicke der elektrischen Doppelschicht von der Ionenstärke abhängig ist und mit zunehmender Ionenstärke abnimmt. Für I = 0.01 M ist κ^{-1} = 3 nm.

iii) Triple-layer-Modell (dreifache Schicht): In diesem Modell wird zwischen der Ebene der Oberflächenladung (mit innersphärisch adsorbierten Ionen), der Ebene der aussersphärisch adsorbierten Ionen und der diffusen Doppelschicht unterschieden (Abb. 9.11 c). Dieses Modell erlaubt eine differenziertere Modellierung, benötigt aber eine grössere Anzahl von Parametern.

iv) CD-MUSIC-Modell *(97)*: Dieses Modell berücksichtigt die Ladungsverteilung in der elektrischen Doppelschicht, die aus der räumlichen Ausdehnung der Ionen (keine Punktladungen) resultiert. Zudem werden im CD-MUSIC-Modell die verschiedenen Strukturen der OH-Gruppen einbezogen. Mit diesem Modell wird eine detaillierte Modellierung möglich, die aber genaue Kenntnisse der Eigenschaften und der Struktur der betreffenden festen Phase voraussetzt.

Bei der Berechnung von Oberflächenkomplexbildung mit Gleichgewichtsmodellen werden die Komplexbildungskonstanten mit dem Ausdruck für die elektrischen Wechselwirkungen korrigiert.

Um die Effekte der Oberflächenladung auf die Bindung von Kationen und Anionen zu berücksichtigen, wird von der freien Energie der Adsorptionsreaktion ausgegangen, die in zwei

Terme aufgeteilt wird, nämlich in die intrinsische freie Energie (bei Oberflächenladung = 0) und die elektrische freie Energie.

$$\Delta G_{Adsorption} = \Delta G_{intrinsisch} + \Delta G_{elektrisch} \quad (25)$$

$$\Delta G_{elektrisch} = \Delta z \; F \; \Psi_0 \quad (26)$$

Dementsprechend kann Gleichung (25) wie folgt geschrieben werden:

$$2.3 \; RT \log K^S = 2.3 \; RT \log K^s_{intr} - \Delta zF \; \Psi_0 \quad (27)$$

mit: F = Faradaykonstante und Δz = Veränderung der Ladung der Oberflächenspezies als Folge der Reaktion und Ψ_0 = Oberflächenpotenzial

Das Oberflächenpotenzial, Ψ_0, ist nicht direkt zugänglich; es muss aus der Oberflächenladung berechnet werden, die experimentell bestimmt wird oder aus Adsorptionsdaten berechnet wird. Diese Berechnung ist je nach verwendetem Modell verschieden.

Die Konstante für das Oberflächenkomplexbildungsgleichgewicht (Gleichung (17)) wird wie folgt korrigiert:

$$\log K^S = \log K^s_{intr.} - (zF/2.3RT) \; \Psi_0 \quad (28)$$

Die aktuellen Computerprogramme zur Gleichgewichtsberechnung wie VMINTEQ beinhalten auch die Oberflächenkomplexbildung und erlauben eine Auswahl der verschiedenen Modelle für die Modellierung der elektrischen Doppelschicht (vgl. Anhang 2).

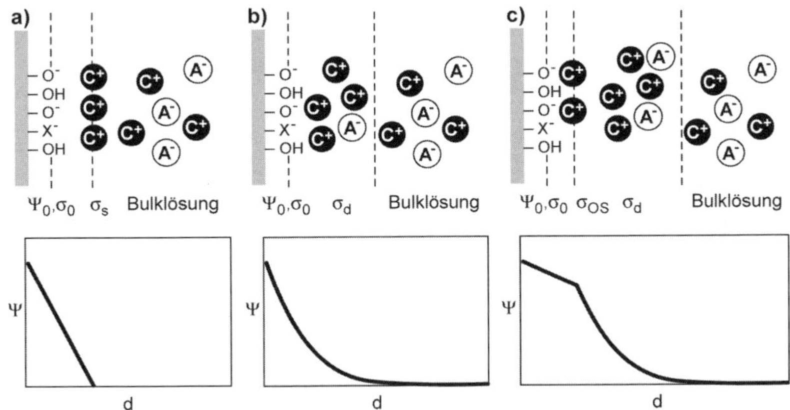

Abb. 9.11: Verschiedene Modelle der elektrischen Doppelschicht an einer geladenen Oberfläche. C^+ und A^- sind die Kationen und Anionen des Ionenmediums, X^- is ein spezifisch adsorbiertes Anion. Ψ_0 ist das Oberflächenpotenzial, σ_0 die Oberflächenladung, die die spezifisch adsorbierten Ionen einschliesst. a) konstante Kapazität, σ_s ist die Ladung der Gegenionen; b) Diffuse Doppelschicht, σ_d ist die Ladung in der diffusen Doppelschicht; c) Triple-layer-Modell, σ_{OS} ist die Ladung der aussersphärisch adsorbierten Ionen, σ_d die Ladung in der diffusen Doppelschicht. Untere Reihe: Verlauf des Potenzials Ψ als Funktion der Distanz von der Oberfläche d für die drei Fälle.

9.6.2 pH_{PZC} (pH bei Oberflächenladung null)

Die Oberflächenladung, z.B. eines Oxids, kann auf verschiedene Arten gemessen werden. Sie kann aufgrund der Konzentrationen der adsorbierten Spezies (H^+, Me^{2+}) berechnet werden. Sie ist auch durch eine Messung der elektrophoretischen Mobilität experimentell zugänglich, wobei die Geschwindigkeit der geladenen Teilchen in einem elektrischen Feld zwischen Kathode und Anode gemessen wird. Aus der elektrophoretischen Mobilität wird das Zeta-Potenzial (ζ-Potenzial) abgeleitet, das die Potenzialdifferenz zwischen der Scherebene, d.h. der Wasserhülle, die sich mit dem Partikel bewegt, und der Bulklösung bezeichnet. Da der Abstand dieser Ebene zur Oberfläche nicht genau definiert ist, kann die Ladung nicht exakt aus dem Zeta-Potenzial berechnet werden. Das Zeta-Potenzial gibt aber an, ob die Oberflächenladung positiv oder negativ ist, sowie den Ladungsnullpukt. Der Punkt, an dem die Oberflächenladung null wird, d.h. wo Σ (positive Ladungen) = Σ (negative Ladungen), ist von besonderem Interesse, da in diesem Fall die elektrische Abstossung zwischen verschiedenen Partikeln wegfällt; der pH, bei dem dies der Fall ist, wird als pH_{PZC} (point of zero charge) bezeichnet (Abbildung 9.12). Dieser Punkt ist für Oxide in Abwesenheit spezifischer Adsorption charakteristisch. Durch die spezifische Adsorption verschiebt sich der pH_{PZC}.

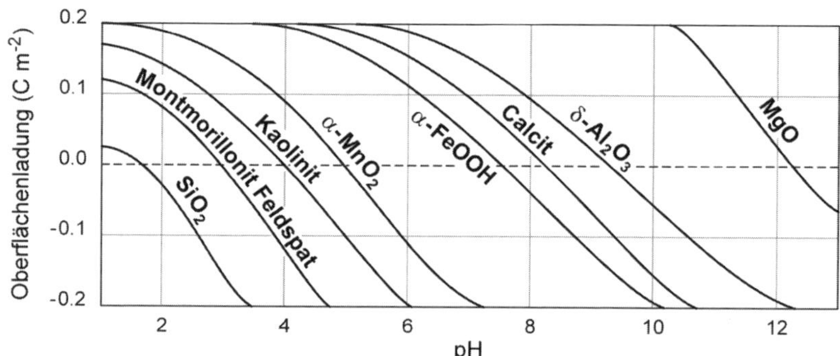

Abb. 9.12: Einfluss des pH auf die Oberflächenladung (Coulomb m^{-2}) einiger repräsentativer fester Phasen. Beim pH_{PZC} ist die Oberflächenladung = 0. Die angegebenen Kurven entsprechen der pH-Abhängigkeit der Oberflächenladung in Abwesenheit spezifischer Adsorption (d.h. nur durch Protonen bestimmt). Die Kurve für Calcit gilt für eine Suspension von $CaCO_3$ im Gleichgewicht mit Luft ($p_{CO2} = 10^{-3.5}$ atm).

Wie Abbildung 9.12 illustriert, sind im pH-Bereich natürlicher Gewässer viele typisch vorkommende Partikel und Kolloide negativ geladen. Insbesondere haben Tonmineralien und Siliziumoxid tiefe pH_{ZPC} und sind bei pH > 5 negativ geladen, während Eisen- und Aluminiumoxide pH_{ZPC} im Bereich 7–9 haben, so dass diese Oberflächen im neutralen pH-Bereich zum Teil positiv geladen sind. Biologische Teilchen (Bakterien, Algen) und organische Kolloide (Humusstoffe, biologischer Debris, „Schlamm") sowie anorganische Partikel mit adsorbiertem organischen Material sind bei neutralem pH üblicherweise negativ geladen.

9.7 Modelle für die Oberflächenkomplexbildung

Modelle für die Oberflächenkomplexbildung eines Kations oder Anions an einer Oxidoberfläche bauen sich aus den folgenden Elementen auf. Zunächst sollten Eigenschaften der festen Phase bekannt sein, insbesondere die spezifische Oberfläche und die Anzahl Oberflächengruppen pro Gewicht oder pro spezifische Oberfläche. Dann sollen die Reaktionen des Kations oder Anions mit den Oberflächengruppen mit den entsprechenden Gleichgewichtskonstanten definiert werden. Ebenfalls müssen die Säure-Base-Reaktionen der Oberflächengruppen und die Oberflächensäurekonstanten bekannt sein. Dann muss ein Modell für die elektrostatischen Wechselwirkungen ausgewählt werden. D.h. die Gleichgewichtskonstanten für die Oberflächenreaktionen müssen mit einem der oben beschriebenen Modelle für die elektrische Doppelschicht korrigiert werden (konstante Kapazität, Gouy-Chapman diffuse Doppelschicht, oder Triple-layer-Modell). Es ist aber zu beachten, dass für genaue Berechnungen alle verwendeten Konstanten aus dem gleichen Modell abgeleitet werden sollten. Das Vorgehen wird im Beispiel 9.1 illustriert.

Beispiel 9.1: Adsorption von Pb(II) auf einer Haematit-Oberfläche

Die Bindung von Pb^{2+} auf einer Haematit-Oberfläche wird analog zur Komplexbildung in Lösung behandelt. Eine Korrektur für die Oberflächenladung wird bei der Berechnung berücksichtigt. Folgende Reaktionen werden bei der Berechnung einbezogen:

$$\equiv FeOH_2^+ \leftrightarrows \equiv FeOH + H^+ \qquad K_{a1}^s\,intr = 10^{-7.25} \qquad (i)$$

$$\equiv FeOH \leftrightarrows \equiv FeO^- + H^+ \qquad K_{a2}^s\,intr = 10^{-9.75} \qquad (ii)$$

$$\equiv FeOH + Pb^{2+} \leftrightarrows \equiv FeOPb^+ + H^+ \qquad K_1^s\,intr = 10^{4.0} \qquad (iii)$$

Ferner sind folgende Informationen bezüglich der festen Phase und der Lösung vorhanden:

Spezifische Oberfläche: $S = 4 \times 10^4\ m^2\ kg^{-1}$

Funktionelle Gruppen pro kg: $\{\equiv FeOH\}_T = 0.32 \quad mol \quad kg^{-1}$

Konzentration des Haematits: $A = 8.6 \times 10^{-6}\ kg\ L^{-1}$

Ionale Stärke: $I = 5 \times 10^{-3}\ M$

Dementsprechend kann nun das Tableau formuliert werden; das Oberflächenpotenzial wird als Komponente eingesetzt, um die Konstanten entsprechend Gleichung (28) zu korrigieren. Die Oberflächenladung ist durch die Summe der geladenen Oberflächenspezies gegeben; das Potenzial kann daraus mit dem gewählten Modell (Gouy-Chapman diffuse Doppelschicht) berechnet werden.

Tableau 9.1: Adsorption von Pb^{2+} an Haematit

Komponenten		≡FeOH	Pb^{2+}	f(ψ)	H^+	log K
Spezies	≡FeOH	1				0
	$\equiv FeOH_2^+$	1		1	1	7.25
	$\equiv FeO^-$	1		–1	–1	–9.75
	$\equiv FeOPb^+$	1	1	1	–1	4.0
	Pb^{2+}		1			0
	$PbOH^+$		1		–1	7.7
	H^+				1	0
Konzentrationsbedingungen		2.8×10^{-6}	1×10^{-7}	1)	pH gegeben	

1) $f(\Psi) = e^{-F\Psi/RT}$, berechnet aus Oberflächenladung.

Oberflächenladung :

$\sigma_0 = \{\equiv FeOH_2{}^+\} + \{\equiv FeOPb^+\} - \{\equiv FeO^-\}$ (mol m^{-2})

Die Verteilung der verschiedenen Spezies als Funktion des pH ist in Abbildung 9.13a gegeben. Bei pH > 6 liegt Pb(II) praktisch vollständig als $\equiv FeOPb^+$ (Abbildung 9.13b) vor.

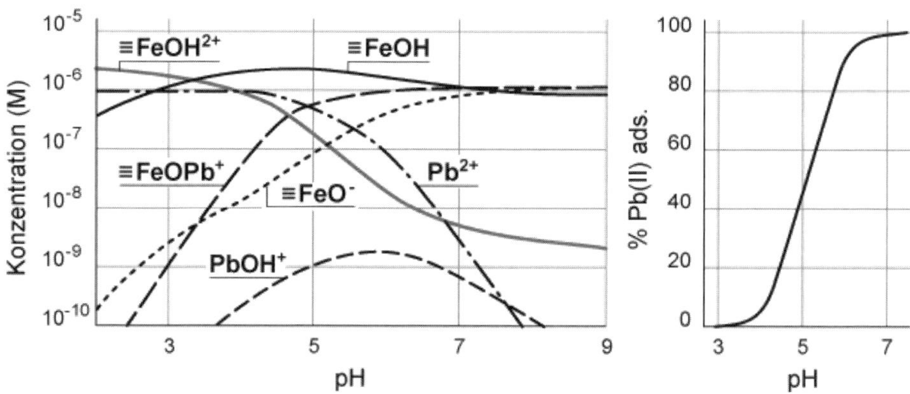

Abb. 9.13: Adsorption von Pb(II) an Haematit ($\equiv FeOH_T = 2.7 \times 10^{-6}$ M; $Pb_T = 10^{-6}$ M; $I = 5 \times 10^{-3}$ M). Elektrostatische Effekte wurden mit dem Gouy-Chapman-Modell korrigiert.

9.8 Tonmineralien

9.8.1 Strukturen und funktionelle Gruppen an Oberflächen von Tonmineralien

Die Tonmineralien sind dominante Bestandteile der Böden. Die Struktur der Tonmineralien baut sich aus Schichten von SiO_4-Tetraedern und $Al(OH)_6$-Oktaedern (Abb. 9.14 und 9.15) auf. Etwas vereinfacht können Tonmineralien als Polykondensate von $SiO_{4/2}$-Tetraedern mit $M(OH)_{6/2}$-Oktaedern betrachtet werden (Abb. 9.14). In den Fraktionen der Indizes in $SiO_{4/2}$ und $M(OH)_{6/2}$ bedeuten die Zähler die Koordinationszahl der O oder OH, welche das Metallion umgeben. Kaolinit ist eines der am häufigsten vorhandenen Tonmineralien (Abbildung 9.15a), mit einem Verhältnis 1:1 der SiO_4- und $Al(OH)_6$-Schichten. Bei anderen Tonmineralien befinden sich zwischen den Silicatschichten andere Kationen, z.B. K^+ in Muskovit (Abb. 9.15b).

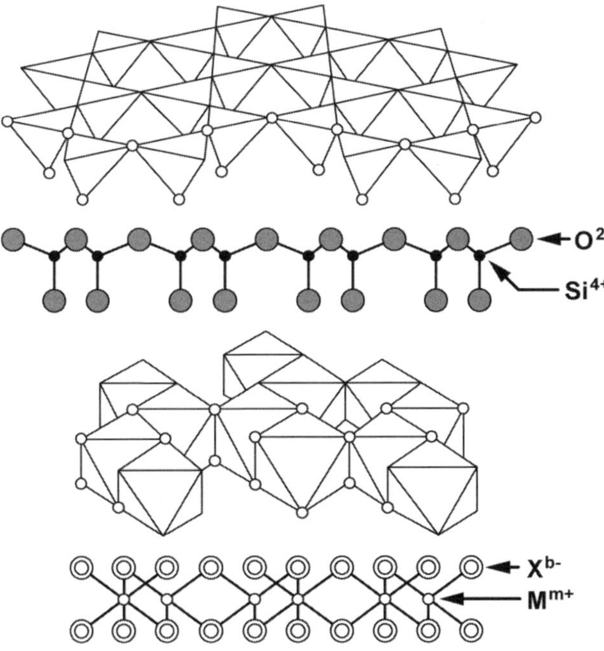

Abb. 9.14: Polymere Strukturen von SiO_4-Tetraedern und $Al(OH)_6$-Oktaedern, aus denen die Tonmineralien aufgebaut sind. Unterhalb der dreidimensionalen Strukturen ist die Projektion entlang der kristallografischen a-Achse aufgezeichnet (nach *(100)*).

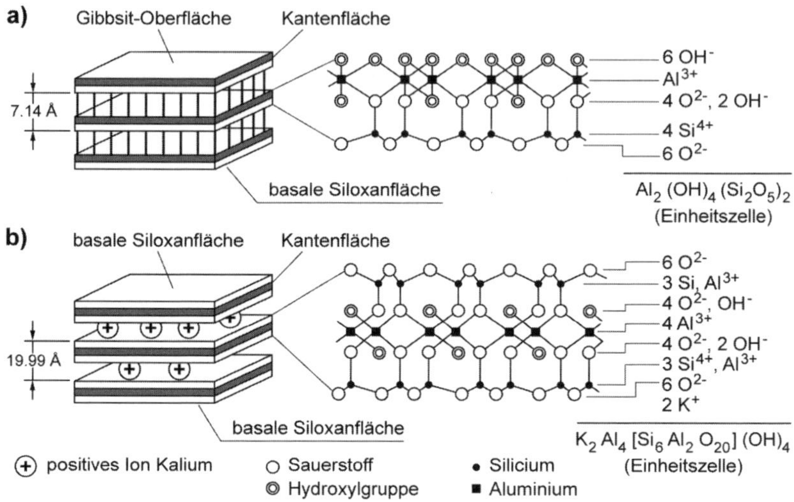

Abb. 9.15: Struktur von Kaolinit und Muskovit.

a) Schematische Darstellung der Kaolinitstruktur entlang der a-Achse (nach *(101)*). Die linke Seite zeigt den Schichtaufbau der Kaolinitplättchen, die rechte Seite die Bindungssequenz der Atome innerhalb einer tetraedrisch-oktaedrischen Schicht (Gibbsit- und Siloxanschicht). Die stöchiometrischen Koeffizienten der Ionen beziehen sich auf die Einheitszelle.

b) Schematische Darstellung der Muskovitstruktur entlang der a-Achse (nach *(101)*). Die linke Seite zeigt den Schichtaufbau der Glimmerplättchen, die rechte Seite die Bindungssequenz der Atome in einer tetraedrisch-oktaedrisch-tetraedrischen Schicht (Siloxan–Gibbsit–Siloxan). In Muskovit werden die benachbarten (tot)-Schichten durch Kalium aneinandergebunden. Die stöchiometrischen Koeffizienten der Ionen beziehen sich auf die Einheitszelle.

An den Oberflächen von Tonmineralien befinden sich ≡AlOH- und ≡SiOH-funktionelle Gruppen, die Säure-Base-Reaktionen eingehen. Es kann zwischen verschiedenen Oberflächen eines Tonminerals unterschieden werden, z.B. bei Kaolinit zwischen einer basalen Oberfläche mit ≡AlOH-Gruppen und einer Kantenfläche mit ≡SiOH-Gruppen (Abb. 9.15). Zudem sind durch isomorphe Substitution (Al(III) anstelle von Si(IV)) permanent negativ geladene Stellen vorhanden, an denen Ionenaustausch stattfindet. Auch an den Oberflächen von Tonmineralien bilden sich aussersphärische Komplexe (elektrostatische Bindung) und innersphärische Komplexe (kovalente und elektrostatische Bindungen) mit den funktionellen Oberflächengruppen. Die Bindung eines Kations an einem Tonmineral kann je nach Bedingungen aus einer Kombination von aussersphärischer Bindung an negativ geladenen Stellen und innersphärischer Bindung an ≡AlOH und ≡SiOH funktionellen Gruppen resultieren.

Die Siloxan di-trigonale Kavität

Die Ebene der Sauerstoffatome, welche eine tetraedrische Siliciumschicht binden, wird Siloxan-Oberfläche genannt. Diese Ebene ist charakterisiert durch eine gestörte hexagonale (d.h. trigonale) Symmetrie. Die 6 Silicium-Tetraeder bilden im Innern eine ditrigonale Kavität (d ~ 0.26 nm), die umgeben ist von 6 einsamen Elektronenpaar-Orbitals der 6 O-Atome (Abb. 9.14). Darum kann diese hexagonale Kavität als (weiche) Lewis Base (Elektron donor) interpretiert werden, die z.B. Wassermoleküle binden kann. Falls im darunterliegenden oktaedrischen Gerüst isomorphe Substitution von Al(III) durch Fe(II) oder Mg(II) erfolgt, ergibt sich daraus eine negative Ladung, die sich mehr oder weniger auf die 10 Oberflächensauerstoffatome überträgt. Unter diesen Umständen kann die hexagonale Kavität zusätzlich zu Wasser aussersphärische Kationenkomplexe bilden. Wenn aber die isomorphe Substitution von Si(IV) durch Al(III) in der tetraedrischen Schicht erfolgt, können stärkere innersphärische Komplexe gebildet werden. So können mit Glimmermineralien (Illit, Vermiculit) Kationen innersphärisch gebunden werden, während bei Smectiten (Montmorillonit) aussersphärische Kationen gebunden werden.

9.8.2 Oberflächenladung und Ionenbindungsvermögen

Die isomorphe Substitution (Al(III) anstelle von Si(IV)) in Tonmineralien führt zu Ladungsdichten von bis zu ca. 0.3 Coulomb m^{-2}. Das entspricht Kationenbindungskapazitäten von bis zu ca. 3 μeq m^{-2}.

Beispiel 9.2: Oberflächenladung von Kaolinit

Die Oberflächenladung eines Kaolinits, in dessen negativer Si-Oberflächenschicht (s. Abbildung 9.15) 0.05 % aller Si-Atome durch Al(III) isomorph substituiert sind, kann wie folgt berechnet werden: 1 mol Kaolinit ($Al_2Si_2O_5(OH)_4$) hat ein „Molekular"-gewicht von ca. 200 und enthält 2 mole Si-Atome. Dementsprechend enthält 1 g Kaolinit 5 x 10^{-6} mole Substitutionen oder Ladungs-Einheiten. Jedes mol Ladungseinheit entspricht 9.65 x 10^4 Coulomb, so dass 1 g Kaolinit eine solche Ladung von 0.5 C enthält. Eine typische spezifische Oberfläche von Kaolinit ist ca. 10 m^2 g^{-1}. Dementsprechend hat dieser Kaolinit ein Kationenbindungsvermögen vom 0.5 μeq m^{-2} oder eine Ladungsdichte von $\sigma = 5 \times 10^{-2}$ C m^{-2}.

Die intrinsische *Oberflächenladungsdichte* eines Tonminerals ist gegeben durch die Summe der permanenten strukturellen, durch isomorphe Substitution bedingten Ladung funktioneller Gruppen, σ_0, und der Ladung, die durch Protonenbindung (und Dissoziationsreaktionen), σ_H, entsteht:

$$\sigma_{in} = \sigma_0 + \sigma_H \qquad (29)$$

Dabei ist die intrinsische Oberflächenladungsdichte definiert als:

$$\sigma_{in} = F(q_+ - q_-)/ S \qquad (30)$$

wobei q_+ und q_- pro Gramm Tonmineral den adsorbierten Kationen- und Anionen Ladungseinheiten (mol g^{-1}) entsprechen, S ist die spezifische Oberfläche ($m^2\ g^{-1}$), F ist das Faraday.

σ_H ist durch die Protonenbindung und Protonendissoziation an funktionellen Oberflächengruppen bestimmt:

$$\sigma_H = F(q_{H+} - q_{OH}) / S \qquad (31)$$

Die intrinsische Oberflächenladungsdichte, σ_{in}, kann operationell abgeschätzt werden durch die Adsorption von Ionen aus einer Elektrolytlösung. Man spricht von *Kationenaustauschkapazität,* es muss aber berücksichtigt werden, dass diese experimentell bestimmte Kapazität vom pH der Lösung und der Art und der Konzentration des verwendeten Elektrolyten abhängig ist.

σ_H kann im Prinzip aus der gemessenen Adsorption (oder Desorption) von Protonen mit Hilfe von Titration mit Lauge oder Base bestimmt werden:

$$q_H - q_{OH} = \frac{C_A - C_B - [H^+] + [OH^-]}{C_s} \qquad (32)$$

wobei C_A und C_B die molaren Konzentrationen der zugegebenen Säure oder Base und C_S die Menge Tonmineral pro Liter Lösung sind.

9.8.3 Ionenaustauschgleichgewichte

Die Bindung von Kationen an Tonmineralien kann auch durch Ionenaustausch stattfinden. Die relative Affinität wird oft durch formelle Anwendung des Massenwirkungsgesetzes auf die Austauschreaktionen zum Ausdruck gebracht.

$$2\ \{K^+R^-\} + Ca^{2+} \leftrightarrows \{Ca^{2+}R_2^{2-}\} + 2\ K^+ \qquad (33)$$

Tabelle 9.1 gibt die experimentell bestimmte Verteilung von Ca^{2+} und K^+ für drei verschiedene Tonmineralien.

Tab. 9.1: Ionenaustausch von Tonmineralien mit Lösungen von $CaCl_2$- und KCl-äquivalenter Konzentration

Tonmineral	Austausch-Kapazität	Verhältnis Ca^{2+}/ K^+ an Tonmineral bei Konzentration der Lösung $2[Ca^{2+}] + [K^+]$, meq L^{-1}			
	meq g^{-1}	100	10	1	0.1
Kaolinit	0.023	–	1.8	5.0	11.1
Illit	0.162	1.1	3.4	8.1	38.8
Montmorillonit	0.801	1.5	–	22.1	38.8

Ionenaustauschharze

Organische Ionenaustauschharze, die z.B. für die Wasserenthärtung gebraucht werden, sind Kunstharze (Polykondensate), deren organische Netzwerke zahlreiche funktionellen Säuren, $-SO_3H$ /$-SO_3^-$ oder basische $-NH_3^+$/$-NH_2$-Gruppen enthalten.

Abbildung 9.16 gibt typische Austauschisothermen für den Austausch

$2\ \{Na^+R^-\} + Ca^{2+} \leftrightarrows \{Ca^{2+}R_2^{2-}\} + 2\ Na^+$ (34)

in einem Ionenaustauscherharz wieder (R ist eine Bindungsstelle).

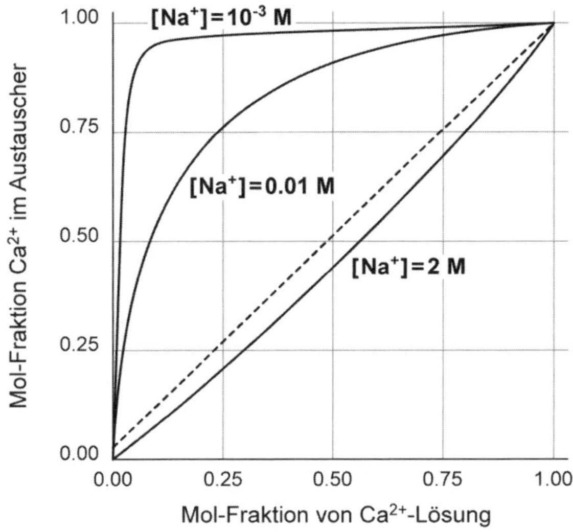

Abb. 9.16: Austauschisothermen für den Austausch von Na^+ durch Ca^{2+} bei verschiedenen Konzentrationen der Lösungen

In grosser Verdünnung zeigt das Harz eine grosse Selektivität für Ca^{2+}. Diese Selektivität nimmt mit zunehmender Konzentration ab. Die gestrichelte 45°-Linie entspricht der Isotherme mit Null-Selektivität. Mit konzentrierten Lösungen kann das Harz regeneriert werden. Der Austausch ist umkehrbar.

9.9 Spektroskopische Methoden zur Untersuchung der Strukturen an Oberflächen

Kenntnisse der molekularen Strukturen sind für die Abschätzung der Reaktivität der Oberflächenkomplexe wichtig. Insbesondere ist es von Interesse, zwischen aussersphärischen und innersphärischen Komplexen an Oberflächen zu unterscheiden. Je nach Struktur der Komplexe ergeben sich verschiedene Reaktivitäten bezüglich Redoxreaktionen oder der Auflösung und Ausfällung fester Phasen.

Die Strukturen der OH-Gruppen und der daran gebundenen Ionen können aufgrund von Kristallstrukturen und von spektroskopischen Untersuchungen molekular beschrieben werden. Aus einer genauen Betrachtung der Kristallstruktur ergibt sich, dass sich verschiedene Arten von OH-Gruppen an der Oberfläche eines Oxids befinden, je nach Bindung mit den Kationen der festen Phase (Abb. 9. 17).

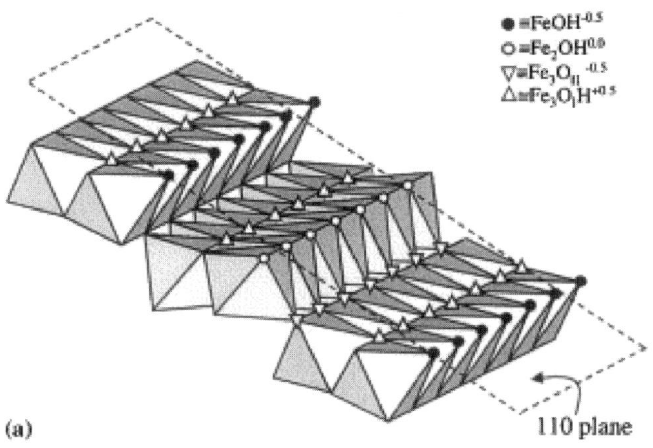

Abb. 9.17: Struktur von Goethit (α-FeOOH) mit den verschiedenen Oberflächen-OH-Gruppen (aus *(102)*). (Reproduziert aus Colloids and Surfaces a-Physicochemical and Engineering Aspects 179 (1), Boily J. F., Lutzenkirchen J., Balmes O., Beattie J., and Sjoberg S.,Modeling proton binding at the goethite (α-FeOOH)-water interface, 11–27, 2001, mit Erlaubnis von Elsevier).

Spektroskopische Methoden für die Untersuchung von Oberflächenstrukturen sind insbesondere die EXAFS-Methode (X-ray absorption fine structure spectroscopy) und FTIR (Fourier Transform Infrarot-Spektroskopie). Bei der EXAFS-Spektroskopie wird die Absorption von Röntgenstrahlen durch ein Element bei der charakteristischen Energie für dieses Element und oberhalb dieser Energie gemessen. Synchrotronstrahlung wird als Quelle der Röntgenstrahlen verwendet, um hohe Strahlenintensitäten und einen breiten Energiebereich zu erhalten. Aus EXAFS-spektroskopischen Untersuchungen ergeben sich Angaben über die lokale molekulare Umgebung eines Ions, nämlich über die nächsten Nachbaratome und über die Abstände zwischen den Atomen *(103)*. Aus solchen Untersuchungen wurde für verschiedene Ionen innersphärische Bindung an OH-Gruppen der Oxidoberflächen aufgezeigt, sowie die genaue Struktur dieser Komplexe (monodentat oder bidentat usw.) bestimmt. Ein Beispiel für die Bindung von Pb^{2+}-Ionen an einer Eisenoxidoberfläche ist in Abbildung 9.18 dargestellt.

Die FTIR-Methode erlaubt es, Oberflächenkomplexe in wässrigen Suspensionen zu verfolgen. Der Vergleich der Spektren unter verschiedenen Bedingungen von pH und Konzentrationen ergibt Rückschlüsse über die Struktur der Oberflächenkomplexe *(104)*. FTIR ist besonders geeignet, um Adsorptionsreaktionen und Transformationsreaktionen von organischen Liganden (z.B. Oxalat, Citrat und auch Siderophore) an Oxidoberflächen zu verfolgen *(105)*.

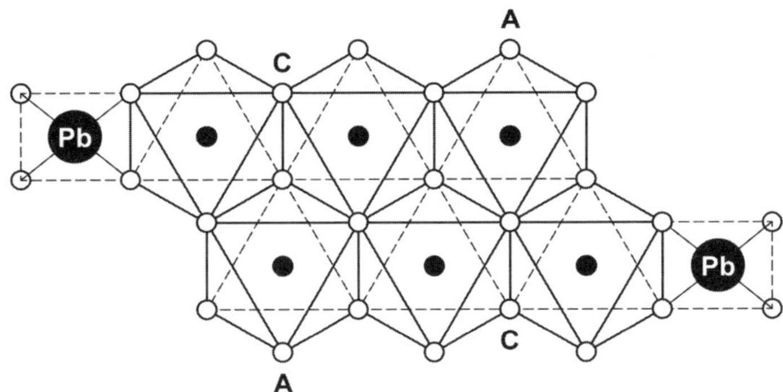

Abbildung 9.18: Bindung von Pb^{2+}-Ionen an einer Eisenoxidoberfläche als Modell aufgrund von EXAFS-Spektren (106). Die Pb-Ionen sind an oberflächenständigen Sauerstoffionen (mit Pb-O-Abständen von 0.22 und 0.24 nm) gebunden. Die Struktur des Eisenoxids ist aus Oktaedern aufgebaut, in deren Mitte die Eisenionen und an deren Spitzen sich die O- bzw. OH-Ionen befinden. (Reproduziert aus: Applied Clay Science, 7, Manceau, A.; Charlet, L.; Boisset, M. C.; Didier, B.; Spadini, L., Sorption and speciation of heavy metals on hydrous Fe and Mn oxides. From microscopic to macroscopic.201−223 (1992) mit Erlaubnis von Elsevier).

Beispiel 9.3: Adsorption von Arsenat und Arsenit an Eisenoxidoberflächen

Die Anwesenheit hoher Arsenkonzentrationen im Grundwasser ergibt schwierige Probleme für die Trinkwasserversorgung in verschiedenen Regionen der Welt. Arsen ist in den betroffenen Regionen geogenen Ursprungs und wird insbesondere bei anoxischen Verhältnissen im Grundwasser in Lösung freigesetzt. Die Wechselwirkungen von Arsen mit Eisenoxiden spielen eine wichtige Rolle bei diesen Vorgängen. Unter oxischen Bedingungen wird Arsen an Eisenoxiden gebunden und zurückgehalten, während unter anoxischen Bedingungen Eisenoxide reduziert und gelöst werden, so dass Arsen freigesetzt wird.

Arsen kommt hauptsächlich in den Redoxzuständen V als Arsenat ($H_3AsO_4/H_2AsO_4^-$ $/HAsO_4^{2-}/AsO_4^{3-}$) und III als Arsenit ($H_3AsO_3/H_2AsO_3^-$) vor. Arsenat und Arsenit werden an den Oberflächen von Eisenoxiden adsorbiert, wobei sie als Anionen durch Oberflächenkomplexbildung entsprechend Gl. (19) und (20) gebunden werden. Arsenat verhält sich bezüglich Adsorption ähnlich wie Phosphat. Die pH-Abhängigkeit der Adsorption von Arsenat und Arsenit an Oxidoberflächen unterscheidet sich (Abb. 9. 19).

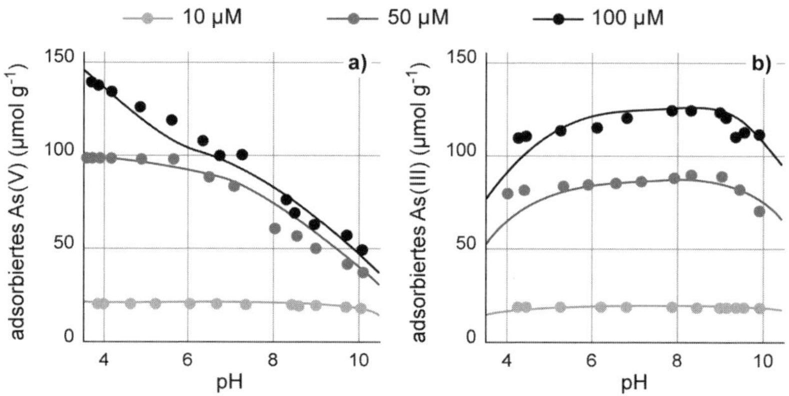

Abb. 9.19: pH-Abhängigkeit der Adsorption von Arsenat(V) und Arsenit(III) an Goethit (nach *(107)*)

Die Struktur der Oberflächenkomplexe von Arsenat und Arsenit wurde aufgrund von spektroskopischen Untersuchungen und theoretischen Modellen eingehend untersucht. Arsenat hat eine tetraedrische Struktur, in der As von vier Sauerstoffen umgeben ist. Arsenit hat eine Pyramidstruktur mit drei Sauerstoffen. Mögliche geometrische Anordnungen von AsO_4^{3-} auf Goethit sind in Abb. 9.20 dargestellt. Aufgrund der EXAFS-Resultate und der theoretischen Modelle wurde geschlossen, dass die mit ^{2}C bezeichnete Struktur (bidentat, über zwei Ecken verbunden) überwiegt, da dieser Komplex stabiler als die anderen möglichen Strukturen ^{2}E und ^{1}V ist. Eine ähnliche Struktur wurde auch für AsO_3^{3-} auf Goethit aufgrund von EXAFS-Daten postuliert.

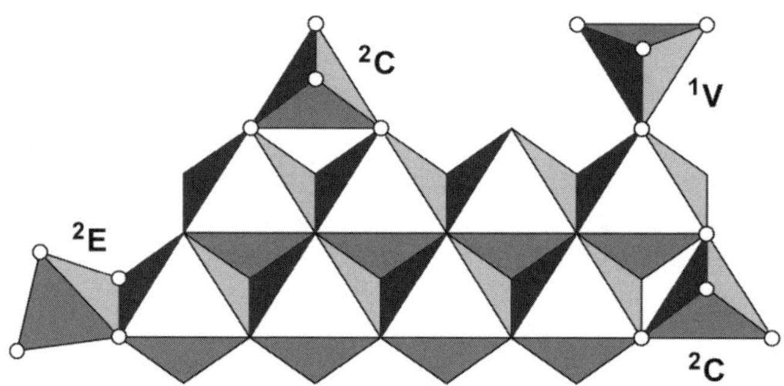

Abbildung 9.20: Mögliche Strukturen der Oberflächenkomplexe von AsO_4^{3-} auf Goethit (108). ^{2}C, ^{2}E und ^{1}V bezeichnen die unterschiedliche Struktur der Komplexe. ^{2}C und ^{2}E sind bidentate, ^{1}V ein monodentater Komplex. (Reproduziert aus: Geochimica et Cosmochimica Acta*, 67,*Sherman, D. M.; Randall, S. R., Surface complexation of arsenic(V) to iron(III) (hydr)oxides: Structural mechanism from ab initio molecular geometries and EXAFS spectroscopy, 4223-4230 (2003) mit Erlaubnis von Elsevier).

9.10 Oberflächenchemie und Reaktivität; Kinetik der Auflösung

9.10.1 Oberflächenreaktionen und Auflösung

Die koordinativen Reaktionen mit den funktionellen oberflächenständigen Gruppen, die spezifische Adsorption von H^+, OH^- und von Kationen and Anionen sind für die Auflösungsreaktionen der festen Phasen von grosser Bedeutung. Die in der Natur vorkommenden Auflösungsprozesse sind häufig durch Prozesse an der Oberfläche – und nicht durch Transportprozesse – kinetisch kontrolliert. Deshalb werden hier die Auflösungsreaktionen in Abhängigkeit der Oberflächenkomplexe betrachtet.

Abbildung 9.21 zeigt schematisch drei verschiedene Reaktionsmöglichkeiten für die Auflösung eines Fe(III)(hydr)oxides (Fe_2O_3, FeOOH oder $Fe(OH)_3$) durch:

- Säuren (H^+-Ionen),
- Komplexbildner,
- Reduktionsmittel.

Die *Oberflächenprotonierung* führt zu einer Beschleunigung der Auflösungsreaktion, da die Protonierung der OH- und O-Gruppen in der Nachbarschaft des Zentral-Metallions an der Oberfläche zu einer Polarisierung (und Erhöhung der Ladung) des Kristallgitters führt. Ebenfalls kann die Deprotonierung der Oberfläche (hoher pH der Lösung) zu einer Auflösung des Eisen(III)(hydr)oxides (oder anderer Oxide wie Al_2O_3, SiO_2, Fe_3O_4 und Aluminiumsilikate) führen. Eine *liganden-beeinflusste Auflösung* wird durch spezifische Adsorption von Liganden (Ligandenaustausch) ermöglicht. Ein mononukleares Oberflächenchelat, z.B. durch Oxalat,

$$\begin{matrix} \diagdown & & OH_2 \\ & Fe & \\ \diagup & & OH \end{matrix} + C_2O_4^{2-} + H^+ \leftrightarrows \left[\begin{matrix} \diagdown & & O - C = O \\ & Fe & \quad | \\ \diagup & & O - C = O \end{matrix} \right]^- + 2\,H_2O \qquad (35)$$

erhöht die Auflösungsgeschwindigkeit signifikant. Entsprechende Reaktionen können auch für andere (Hydr)oxide mit anderen Liganden formuliert werden, welche zwei (oder mehr) Donor Atome zur Verfügung stellen können (z.B. Zitronensäure, Salicylsäure, Brenzkatechin, NTA und EDTA). Siderophore – spezifische Eisenliganden, die durch Bakterien produziert werden – sind für die Auflösung von Eisen(hydr)oxiden sehr wirksam. Die Bildung von innersphärischen Komplexen ist bei diesen verschiedenen Liganden für die Reaktivität besonders wichtig.

Die *reduktive Auflösung* des Fe(III)(hydr)oxides (Abbildung 9.21 rechts) beschleunigt die Auflösung, weil das Fe(II), das dabei gebildet wird, nicht mehr recht in das Oberflächengitter des Fe(III)oxides passt; das Fe^{2+}-Ion ist grösser als das Fe^{3+}-Ion und lässt sich besser aus dem Gitterverband lösen. Das bei der Oxidation des Ascorbates gebildete Ascorbatradikal, $A^{\bullet -}$, wird von der Oberfläche losgelöst und geht weitere Reaktionen ein. H_2S oder HS^- ist ein besonders effizientes Reduktionsmittel für Fe(III)(hydr)oxide; dabei wird anfänglich Sulfid durch Ligandenaustausch an die Fe(III)-Zentralionen gebunden.

Die reduktive Auflösung ist auch für Mangan(IV)- und Mangan(III)-oxide sehr wichtig, weil dann Mn(II)-Spezies gebildet werden, die viel besser löslich als Mn(IV) oder Mn(III) sind. Reaktionen kleiner organischer Moleküle wie Oxalat, Pyruvat, Glykolat, Lactat mit $Mn(IV)O_2$ und Mn(III)OOH führen zur Reduktion zu Mn(II) und Oxidation der organischen Moleküle *(109)*.

Das Prinzip der Protonen-beeinflussten und der Liganden-beeinflussten Auflösung ist auch bei der Auflösung der Aluminiumsilikat-Mineralien (Verwitterung) gültig.

9.10.2 Geschwindigkeitsgesetze

Auflösungsprozesse, deren Geschwindigkeit durch Prozesse an der Oberfläche reguliert wird, werden hier betrachtet. Wie in Abbildung 9.21 dargestellt, erfolgt der Auflösungsprozess schematisch in einer Sequenz folgender Prozesse, wo ≡MeOH eine Oberflächengruppe ist, die mit H^+ oder OH^- oder mit einem Liganden L zu den entsprechenden Oberflächenspezies reagiert :

$$\equiv MeOH + H^+ / OH^- / L \xrightarrow{\text{schnell}} \equiv MeOH_2^+ / \equiv MeO^- / \equiv MeL \qquad (36)$$

$$\equiv MeOH_2^+ \underset{\text{Loslösung}}{\overset{\text{langsam}}{\rightarrow}} Me(aq) \qquad (37a)$$

$$\equiv MeO^- \underset{\text{Loslösung}}{\overset{\text{langsam}}{\rightarrow}} Me(aq) \qquad (37b)$$

$$\equiv MeL \underset{\text{Loslösung}}{\overset{\text{langsam}}{\rightarrow}} Me(aq) \qquad (37c)$$

Me(aq) bedeutet das im Wasser freigesetzte Metall. Obschon jede der in (36) und (37 a-c) aufgeführten Reaktionen aus zahlreichen Teilschritten bestehen kann, beschreiben Reaktionen (37 a-c) den geschwindigkeitsbestimmenden Schritt der Auflösung, so dass die Auflösungsrate, R, proportional der Oberflächenkonzentration der Oberflächenspezies (mol m^{-2})

wird (Gl. 38). Das gleiche Geschwindigkeitsgesetz lässt sich auch aus der Theorie des aktivierten Komplexes (Kapitel 5.7) ableiten, wenn man davon ausgeht, dass aus der Oberflächenspezies der aktivierte Komplex entsteht. Demnach ist die Auflösungsrate proportional dem Vorläufer des aktivierten Komplexes.

$$R = \propto \{\text{Oberflächenspezies}\} \quad (38)$$

Demnach ergeben sich folgende einfache Geschwindigkeitsgesetze:

Protonen-beeinflusste (saure) Auflösung:

$$R_H = k_H \{\equiv MeOH_2^+\}^j \quad (39)$$

Basische Auflösung:

$$R_{OH} = k_{OH} \{\equiv MeO^-\}^i \quad (40)$$

Liganden-beeinflusste Auflösung:

$$R_L = k_L \{\equiv MeL\} \quad (41)$$

Reduktive Auflösung:

$$R_R = k_R \{\equiv MeR\} \quad (42)$$

wobei die Auflösungsrate, R_j, in mol m^{-2} $Zeit^{-1}$ und die Geschwindigkeitskonstante k_i ist; $\{\equiv MeOH_2^+\}$, $\{\equiv MeO^-\}$, $\{\equiv MeL\}$ und $\{\equiv MeR\}$ sind die Oberflächenkonzentrationen von Protonen, Hydroxid-Ionen, Liganden oder Reduktionsmittel in mol m^{-2}. j und i sind Exponenten, wobei j im Idealfall der Ladung des zentralen Metallions (d.h. 3 für Al_2O_3, $Fe(OH)_3$ und 2 für CuO, BeO) entspricht.

Die Oberflächenkonzentrationen in Gleichungen (39)–(42) können experimentell bestimmt werden; die Oberflächenprotonierung und -deprotonierung werden durch alkalimetrische oder acidimetrische Titration einer Suspension der Feststoffe, die Oberflächenkonzentration der Liganden und Reduktionsmittel durch analytische Messung bestimmt. Die reduktive Auflösung der Eisen(III)(hydr)oxide, z.B. durch H_2S, ist um Grössenordnungen schneller als die nicht-reduktive Auflösung.

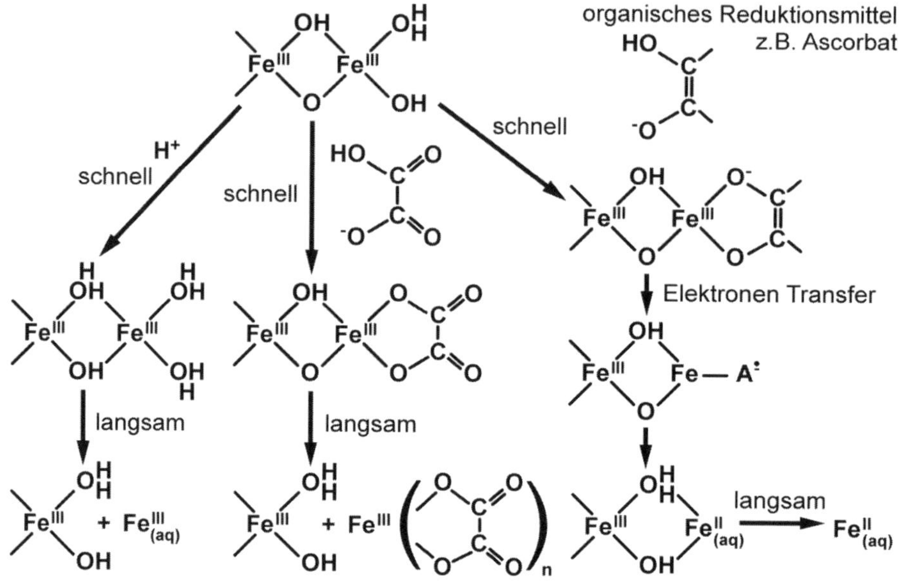

Abb. 9.21: Schematische Darstellung der Vorgänge bei der Auflösung eines Fe(III)(hydr)oxides durch

- Säuren (H^+-Ionen),
- Liganden (Beispiel Oxalat) und
- Reduktionsmittel (Beispiel Ascorbinsäure).

In jedem Fall wird zuerst ein Oberflächenkomplex (Protonkomplex, Oxalato-und Ascorbato-Oberflächenkomplex) gebildet, der Bindungen des zentralen Fe-Ions zu O und OH in der Oberfläche des Kristallgitters beeinflusst, sodass sich ein Fe(III)aquo- oder Ligandenkomplex (im Falle der Reduktion ein Fe(II)-Komplex) aus dem Oberflächengitter loslösen und ins Wasser gelangen kann. Formell wird die ursprünglich vorhandene Oberflächenstruktur rekonstituiert, so dass die Auflösung unter Beibehaltung eines Stationärzustandes weitergehen kann. Bei der Redoxreaktion des Fe(III) mit dem Ascorbat wird das Ascorbat zum Ascorbatradikal ($A^{\bullet -}$) oxidiert. Die angegebenen Strukturformeln für Fe(III)(hydr)oxid sind schematisch vereinfacht; sie sollen lediglich aufzeigen, dass in der festen Phase die Fe(III)-Atome durch O- und OH-Brücken verknüpft sind.

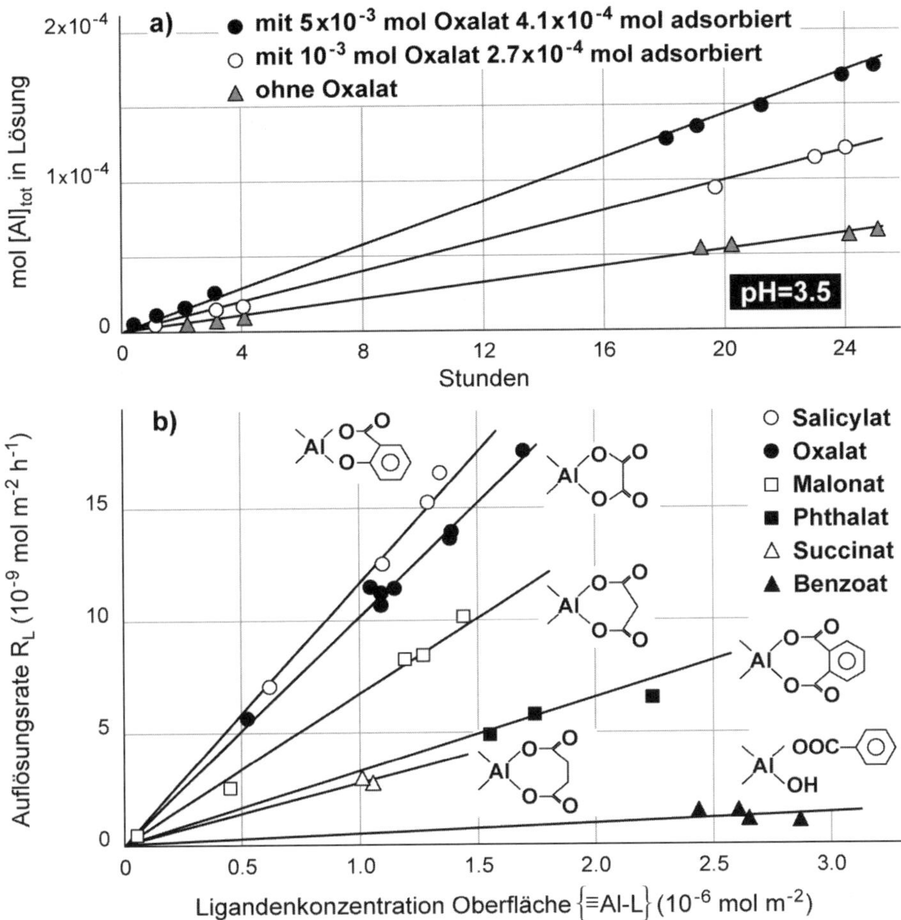

Abb. 9.22: Liganden-katalysierte Auflösung von Al_2O_3

a,b) Bidentate Liganden binden schnell an die Oberfläche durch Ligandenaustausch. Der geschwindigkeitsbestimmende Schritt folgt bei der Loslösung des Metallzentrums von der Oberfläche (vgl. Abb. 9.21).

a) Repräsentative Messungen der Al(III)(aq)-Konzentration in Lösung als Funktion der Zeit bei konstantem pH und verschiedener Oxalatkonzentration. Die Auflösungskinetik ist gegeben durch eine Reaktion nullter Ordnung. Bei Konstanz der Lösungsvariablen ist die Auflösungsrate, R_L, gegeben durch die Neigung der Gerade von [Al(III)] vs Zeit, konstant.

b) Auflösungsrate als Funktion der Oberflächenliganden-Konzentration für verschiedene Liganden. Die Auflösung ist proportional der Oberflächenkonzentration des Ligandenkomplexes, {≡MeL}: $R_L = k_L$ {≡MeL}. (nach *(110)*)

9.10.3 Auflösung von Aluminiumsilikaten

Die Auflösungsreaktionen bei der Verwitterung der kristallinen Gesteine wie Granite, Gneis (mit Feldspaten, Glimmer, Biotit und Chlorit) und Quartz wurden in Kapitel 7 bezüglich Gleichgewichtslöslichkeit und Stöchiometrie des Auflösungsvorganges kurz diskutiert. Die Verwitterung der Silikatgesteine spielt eine wichtige Rolle bei den geochemischen Kreisläufen, insbesondere in Bezug auf die CO_2-Regulierung der Atmosphäre.

Der Mechanismus der Auflösung der Silikate ist ähnlich wie derjenige der Oxide. Die *Oberflächenprotonierung* von O- und OH-Gitterplätzen in unmittelbarer Umgebung der Oberflächen-Metallzentren beschleunigt die Auflösung mit abnehmendem pH. Auf der basischen Seite bewirkt die *Oberflächendeprotonierung* eine beschleunigte Auflösung mit zunehmendem pH. Abbildung 9.23 gibt einen kurzen Überblick über die Auflösungsraten einiger Mineralien. Ein pH-Effekt ist in allen Fällen vorhanden. Eindrücklich ist der Unterschied (bei pH = 6, vier bis fünf Grössenordnungen) in der Auflösungsgeschwindigkeit der Carbonate, Oxide und Silikate.

Bei Feldspaten und Schichtsilikaten sind die kinetische Stellen des Angriffs durch Protonen die O-Atome, welche die Aluminiumoxid-Gruppierungen mit den Si-Oxidstrukturen zusammenhalten. Eine relativ langsame durch diese Protonierung bewirkte Loslösung des Al aus der Kristallgitteroberfläche ist gekoppelt mit der anschliessenden Loslösung einer $Si(OH)_4$-Spezies. Liganden wie Oxalat, Diphenol und Zitronensäure – ähnliche Substanzen treten im Boden als Zwischenprodukte biologischer Zersetzung und als Wurzelexudate auf – können häufig ebenfalls die Auflösung von Al-Silikaten beschleunigen; allerdings sind häufig nur recht hohe Konzentrationen wirksam.

Die Verwitterung der Al-Silikate und des Quarzes ist ein langsamer Prozess. Wie lange braucht es, bis eine „monomolekulare" Schicht eines Silikatminerals aufgelöst wird?

Wenn beispielsweise ein saurer Regen (pH = 5) auf einen Feldspat einwirkt, dann ist die Auflösungsrate $R_H \approx 1 \times 10^{-8}$ mol m^{-2} h^{-1}. Die Auflösungsrate kann auf die Anzahl Mole funktioneller Gruppen bezogen werden. Die meisten Mineralien enthalten 1×10^{-5} bis 2.5×10^{-5} mol funktionelle Gruppen pro m^2 Oberfläche (6–15 Gruppen pro nm^2). Wenn eine Dichte der funktionellen Gruppen von 2×10^{-5} mol m^{-2} angenommen wird, errechnet sich die Auflösungsrate eines repräsentativen Feldspates, ν_H, als

$$\nu_H = \frac{1x10^{-8}}{2x10^{-5}} \frac{molm^{-2}h^{-1}}{molm^{-2}} \approx 5x10^{-4}h^{-1} \qquad (43)$$

Das ergibt für die funktionellen Gruppen eine Halbwertszeit von $\tau_{1/2} = \ln 2/\nu_H = 1380$ h oder ~ 2 Monate. Diese Grössenordnung illustriert, dass die chemische Abtragung der kristallinen Gesteine höchstens einige „monomolekulare" Schichten pro Jahr beträgt *(111)*.

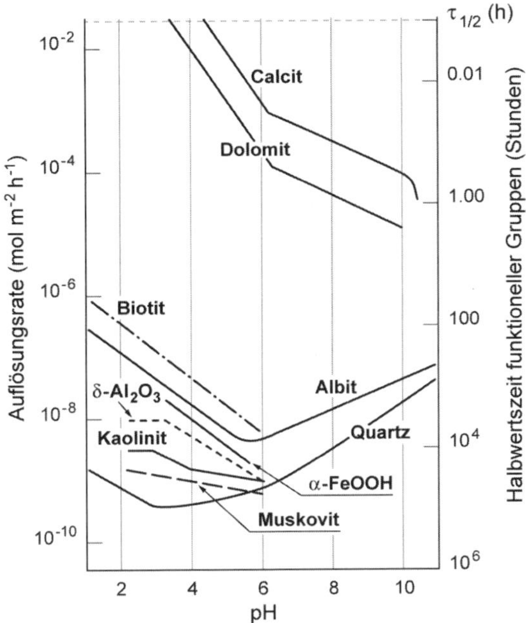

Abb. 9.23: Auflösungsgeschwindigkeit verschiedener Mineralien in Abhängigkeit des pH (25 °C).
Die Linien wurden aufgezeichnet aufgrund experimenteller Daten:
Calcit und Dolomit: (pH-Regulierung durch p_{CO2}) *(112)*; Biotit: *(113)*);α-FeOOH: *(114)*; δ-Al_2O_3: *(110)*; (I = 0.1 M $NaNO_3$); Kaolinit, Muskovit: *(115)*); Quarz: *(116)*, (0.2 M NaCl); Albit („low albite"): *(117)*.
Auf der rechten Skala wird die Halbwertszeit in Stunden angegeben für die funktionellen Oberflächengruppen (≡S-OH oder ≡S-CO_3H). (10 Gruppen pro nm^2 wurden angenommen).

Substanzen, die durch ihre Adsorption an die Oberfläche Oberflächengruppen inaktivieren oder blockieren, können die Auflösung inhibieren. Z.B. stehen Phosphate, Silikate und viele eher hydrophobe organische Verbindungen, aber auch Metallkationen, mit den die Auflösung fördernden Liganden und H^+-Ionen um die aktiven Oberflächenplätze im Wettbewerb und verlangsamen oder verhindern die Auflösung.

9.10.4 Katalyse von Redoxprozessen an Oxidoberflächen

Die Oxidation von Ionen der Übergangselemente wie Fe^{2+}, Mn^{2+}, Vanadium(IV) VO^{2+} durch Sauerstoff hängt von der Speziierung ab (Kap. 8.7). Wie in Kapitel 8.7 dargestellt, ist die Oxidation durch O_2 in homogener Lösung pH-abhängig, z.B. für Fe(II), da die $Fe(II)(OH)_x$-Komplexe schneller oxidiert werden. Anstelle von Hydroxokomplexen werden auch Oberflächenkomplexe mit OH-Gruppen häufig schneller oxidiert. Beispielsweise ist die Oxidationsrate von V(IV) als $VOOH^+$ um Grössenordnungen schneller ist als diejenige von VO^{2+} (Abbildung 9.24). Bei konstantem p_{O2} gilt:

$$-d\frac{[V(IV)]}{dt} = k_{exp}\frac{[V(IV)]}{[H^+]} = k'_{exp}[VOOH^+] \qquad (44)$$

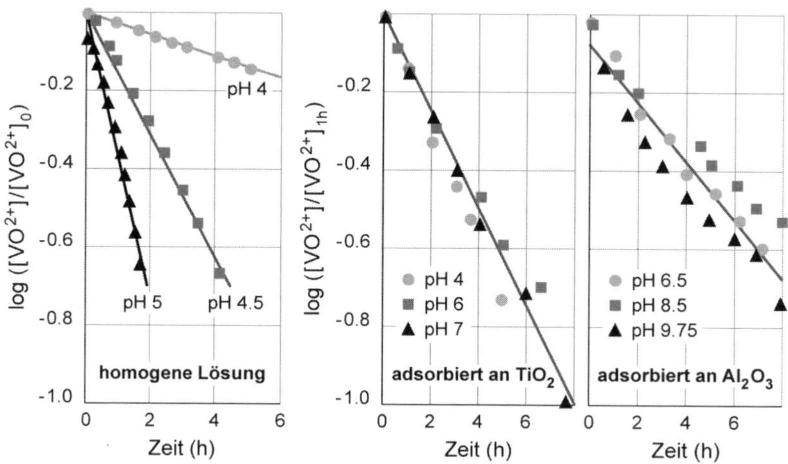

Abb. 9.24: Typische kinetische Daten über die Oxidation von Vanadyl (25 °C). Halblogarithmische Darstellung der Reaktion erster Ordnung. Die Oxidation des Vanadyls in Gegenwart von TiO_2 oder Al_2O_3 ist nicht mehr pH-abhängig (nach *(118)*).

In Gegenwart von Oberflächen wird die Geschwindigkeit der Oxidation von der Oberflächenspezies abhängig:

$$-\frac{d[V(IV)]}{dt} = k''\{VO(OAl\equiv)_2\} \qquad (45)$$

wobei $\{VO(OAl\equiv)_2\}$ die Konzentration an der Oberfläche darstellt.

Entsprechende Geschwindigkeitsgesetze gelten auch für die oberflächenkatalysierte Sauerstoff-Oxidation von Fe(II) und von Mn(II). Wie in Kap. 8.7 dargestellt, ist insbesondere die Oxidation von Mn(II) durch Sauerstoff in homogener Lösung extrem langsam, während in Gegenwart von Oberflächen die Oxidation mit Halbwertszeiten von Stunden verläuft. Die Oxidationsrate ist dann von der Konzentration von Mn(II) abhängig, das an der Oberfläche gebunden ist *(78)*.

Die Oxidation von Cr(III) und von As(III) findet unter Umweltbedingungen vorwiegend an Manganoxiden statt, die als Oxidationsmittel wirken. Auch hier werden zunächst Oberflächenkomplexe gebildet, bevor dann der Elektronentransfer stattfindet. Folgende Reaktion wird für die Oxidation von As(III) an Birnessit (einem Mn(IV)-Mn(III)-Oxid) geschrieben:

$$\equiv Mn(IV)O_2 + H_3AsO_3 + H^+ \rightarrow Mn^{2+} + H_2AsO_4^- + H_2O \qquad (46)$$

und die Kinetik der As(III)-Oxidation wird in Funktion der Konzentration an reaktiven Oberflächengruppen $\equiv Mn(IV)O_2$ geschrieben, wobei die Oxidation von As(III) von der Auflösung des Manganoxids begleitet wird:

$$-\frac{d[As(III)]}{dt} = k[H^+]\{\equiv MnO_2\}[As(III)] \qquad (47)$$

(nach *(119)*).

9.10.5 Die Halbleiteroberfläche; ihr Einfluss auf lichtinduzierte Redoxprozesse

Viele der in natürlichen Gewässern vorkommenden Partikel, insbesondere Oxide wie z.B. TiO_2 und Fe(III)(hydr)oxide und Sulfide (CdS, FeS_2) haben Halbleitereigenschaften. Wie oben beschrieben, sind Metalloxide, z.B. Fe(III)(hydr)oxide, an Redoxreaktionen beteiligt (Abb. 9.21). Wenn $Fe(OH)_3$ durch Reduktionsmittel reduziert wird, findet an der Oberfläche des $Fe(OH)_3$ ein Elektronentransfer statt, d.h. einzelne Fe(III)-Ionen an der Oberfläche des Kristallgitters werden zu Fe(II) reduziert (was zur teilweisen Auflösung des $Fe(OH)_3$ führt), und das häufig vorübergehend an die Oberfläche adsorbierte Reduktionsmittel wird oxidiert.

Die Absorption von zusätzlicher Energie in Form von Licht durch die Oberfläche des Festkörpers oder durch Chromophoren (chemische Gruppierung, die Licht absorbieren kann) an der Fest-Wassergrenzfläche kann Redoxprozesse induzieren oder beschleunigen. Solche Prozesse sind von Bedeutung bei der reduktiven Auflösung von Fe(III)- und Mn(III,IV)-(hydr)oxiden (Tabelle 8.4, Abbildung 9.21) bei der Oxidation von $SO_2.H_2O$ oder HSO_3^- in atmosphärischem Wasser und dem abiotischen Abbau von refraktären organischen Verbindungen.

Die Halbleitereigenschaften der Partikeloberflächen spielen bei der Fotoredoxchemie eine Rolle. Deshalb werden hier kurz und vereinfacht einige wichtige Aspekte der Reaktionen diskutiert, die an Halbleiteroberflächen stattfinden können.

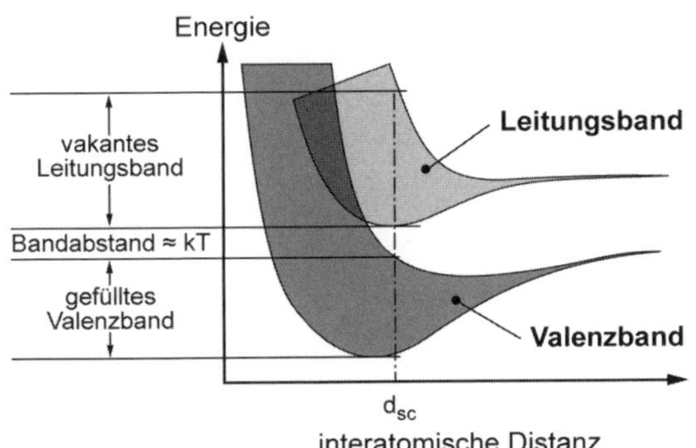

Abb. 9.25: Das Band-Modell eines Halbleiters mit der interatomaren Distanz, d_{sc} (nach *(120)*)

Die Leitung des elektrischen Stromes in einem Leiter erfolgt durch die Verschiebung von Elektronen. Ein teilweise unbesetztes Energieband ist die Voraussetzung, dass Elektronen verschoben werden können. Unterschiede in der Leitfähigkeit verschiedener Festkörper sind darauf zurückzuführen, dass diese Substanzen über vakante oder teilweise gefüllte Energiebänder verfügen. In Abbildung 9.25 ist die Elektronenenergie gegenüber der interatomaren Distanz aufgetragen. In einem Gedankenexperiment bringen wir die Gitterbestandteile des Festkörpers (wie wenn sie ein Gas wären) näher zusammen bis zur Distanz d_{sc}. Bei dieser Distanz besteht ein Energieabstand, ein sogenannter Energie-Gap zwischen dem Leitfähigkeitsband und dem Valenzband, der von einer ähnlichen Grössenordnung ist wie die thermische Energie der Elektronen; d.h. der Energie-Gap ist genügend gering, dass durch thermische Einflüsse auf die Elektronen oder durch Absorption von Licht Valenzelektronen (Elektronen, die für die Bindung der Atome verantwortlich sind) angeregt und aus dem Valenzband in das Leitfähigkeitsband transferiert werden können; dort finden diese Elektronen, e^-, genügend vakante Energiezustände, in die sie sich hineinverschieben können. Im Leitungsband sind die Elektronen deshalb frei beweglich wie Leitungselektronen in einem Metall. Im Valenzband ist eine *Elektronenlücke,* h^+ (englisch ein „hole"), entstanden. Diese kann natürlich auch wandern, wenn Elektronen aus Nachbarbindungen in diese Lücke springen. Wenn man ein elektrisches Feld anlegt, bewegen sich die Elektronen im Leitungsband und die Elektronenlücke (das Defektelektron) im Valenzband in entgegengesetzter Richtung. Der Bandabstand, der sogenannte Band-Gap, ist abhängig von der Temperatur und vom Festkörper. Er beträgt bei Zimmertemperatur einige Millivolt bis ca. 1 Volt (bei Silizium). Durch Verunreinigungen, Elektronendonoren oder Elektronenakzeptoren können Störstellen auftreten, welche die Halbleitereigenschaften verändern.

Am Beispiel der reduktiven Auflösung des Fe(III)(hydr)oxides durch Oxalat wird illustriert, wie das Licht die Redoxreaktion ermöglicht. Der Oxolato-Fe(III)komplex ist in Abwesenheit von Licht stabil (Metastabilität) (Abb. 9.26); aber die Anregung durch Photonen kann andere Reaktionswege ermöglichen. Die Lichtabsorption führt allgemein zu einer Redoxdisproportionierung (wie auch bei der Fotosynthese), d.h. die durch das Licht verursachte Anregung bewirkt eine mehr oder weniger grosse Verschiebung der Elektronendichte, einen Charge-Transfer, bei dem ein Reaktand oxidiert und entsprechend ein anderer Reaktand reduziert wird. Bei der Redoxreaktion des Fe(III)(hydr)oxides mit Oxalat kann (i) der Halbleiter oder (ii) der Oxalat-Oberflächenkomplex $\equiv Fe^{III}–Ox$ durch das Licht angeregt werden. Im ersten Fall kann die Anregung durch das Licht beim Halbleiter zur Disproportionierung in e^- und h^+ führen. Das Erstere wirkt reduzierend (Bildung von Fe(II)), das Letztere oxidierend (Oxidation von Oxalat zu einem Radikal), wie nachfolgendes Schema illustriert.

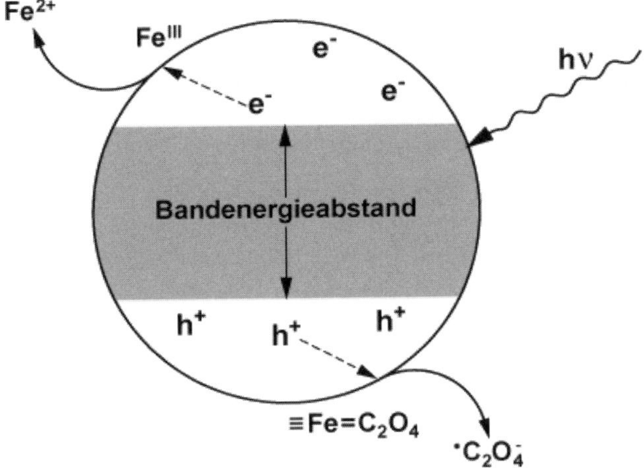

Abb. 9. 26: Schema der Reaktion von Oxalat an einer Hämatitoberfläche (nach *(121)*)

Im zweiten Fall führt die Lichtabsorption zu einem angeregten Oberflächenkomplex, der dann disproportioniert (man spricht von einem Liganden zu Metall Charge Transfer (LMCT), da die Elektronen vom Liganden zum Metall verschoben werden).

$$2\,(\equiv Fe(III)\text{-}C_2O_4^-) \xrightarrow{h\nu} 2(\equiv Fe(III)\text{-}\,C_2O_4^-)^* \rightarrow 2\,Fe^{2+} + C_2O_4^{2-} + 2CO_2 \qquad (48)$$

In beiden Fällen führt die Lichtabsorption zu einer Oxidation des adsorbierten Liganden und einer Reduktion des Fe(III) an der Oberfläche des Festkörpers (nach *(121)*).

9.11 Kolloidstabilität

9.11.1 Physikalisches Modell der Kolloidstabilität

Wie in Abbildung 9.4 illustriert, sind viele aquatische Partikel kleiner als 1 µm, d.h. sie sind Kolloide. Solche Partikel haben nach dem Stoke'schen Gesetz eine Absetzgeschwindigkeit von weniger als 10^{-4} cm s^{-1}. Im Zusammenhang mit Kolloiden hat das Wort *Stabilität* eine andere Bedeutung als in der Thermodynamik. Kolloide werden stabil genannt, wenn sie nur langsam zu grösseren Agglomeraten koagulieren, d.h. wenn sie über eine ausgewählte Beobachtungsperiode in einem Dispersionszustand verbleiben.

Kolloide sind – sehr vereinfacht ausgedrückt – stabil, wenn sie elektrisch geladen sind. Bei hydrophilen Kolloiden, d.h. solchen, die hydrophile (H_2O-liebende) funktionelle Gruppen an ihren Oberflächen haben wie das z.B. bei Gelatine, Stärke, Proteinen und anderen Makromolekülen und Biokolloiden der Fall ist, kommt zusätzlich eine, teilweise auch sterisch bedingte Stabilisierung durch die Affinität der funktionellen Gruppen zu H_2O hinzu.

Ein *physikalisches Modell* der Kolloidstabilität vergleicht die Van der Waalsche Attraktion, V_A, mit der elektrostatisch repulsiven Wechselwirkung, V_R, (totale Wechselwirkung: $V_T = V_A + V_R$). Dieses Modell ist als DLVO-Theorie bekannt (nach den Autoren Derjaguin, Landau, Verwey und Overbeek).

In erster Annäherung ist die Anziehung durch Van-der-Waals-Kräfte, die bei sehr kleinen Abständen zwischen den Partikeln wirksam ist, durch folgenden Ausdruck gegeben (durch Konvention negativ):

$$V_A = -k\frac{A}{d^2} \qquad (49)$$

wobei

A = Hamaker-Konstante

d = Distanz zwischen zwei Kolloiden

k = Konstante

Die Hamaker-Konstante ist von den spezifischen Eigenschaften der Kolloide abhängig und liegt typischerweise im Bereich 10^{-21} bis 10^{-19} J.

Die Abstossung ist durch die Wechselwirkung zwischen den gleich geladenen elektrischen Doppelschichten gegeben. Für sphärische Partikel kann folgender Ausdruck für die Abstossung gebraucht werden:

$$V_R = \frac{64\pi k_B T n_s}{\kappa^2}\frac{(a_1 a_2)}{(a_1 + a_2)}\left(\tanh\frac{ze\Psi_d}{4k_B T}\right)^2 e^{-\kappa d} \qquad (50)$$

wobei

k_B= Boltzmann-Konstante

n_s = Anzahl Partikel pro Volumen

κ = 1/Dicke der Doppelschicht (Gl. 24)

a_1, a_2 = Partikelradius

Ψ_d = Potenzial an der Oberfläche des Kolloides (V)

z = Ladung der Ionen

e = Elementarladung

tanh = tangens hyperbolicus ($\tanh x = (e^x - e^{-x})/(e^x + e^{-x})$)

d = Abstand zwischen den Partikeln

Die Kolloidstabilität hängt also vom Oberflächenpotenzial Ψ_d und von der ionalen Stärke der Lösung ab. Abbildung 9. 27 zeigt schematisch die Anziehungs- und Abstossungsenergie in Funktion des Partikelabstands und illustriert, dass die totale Wechselwirkung V_T bei kleinen Abständen in einer Anziehung resultiert sowie auch bei grösseren Abständen im sekundären Minimum.

Eine kritische Konzentration des Elektrolyten für die Koagulation der Kolloide kann daraus berechnet werden. Die Schulze-Hardy-Regel besagt, dass diese kritische Koagulationskonzentration mit der Ladung der Gegenionen im Verhältnis von $1/z^6$ abnimmt. Die kritische Koagulationskonzentration ist unabhängig von der Konzentration der Kolloide für Inertelektrolyte, die nicht spezifisch an der Oberfläche adsorbieren, aber abhängig von der Kolloidkonzentration bei spezifischer Adsorption.

Für eine ausführliche Darstellung der DLVO-Theorie siehe:

Elimelech M., Gregory J., Jia X., and Williams R. (1995) *Particle deposition and aggregation: measurement, modelling and simulation.* Butterworth-Heinemann.

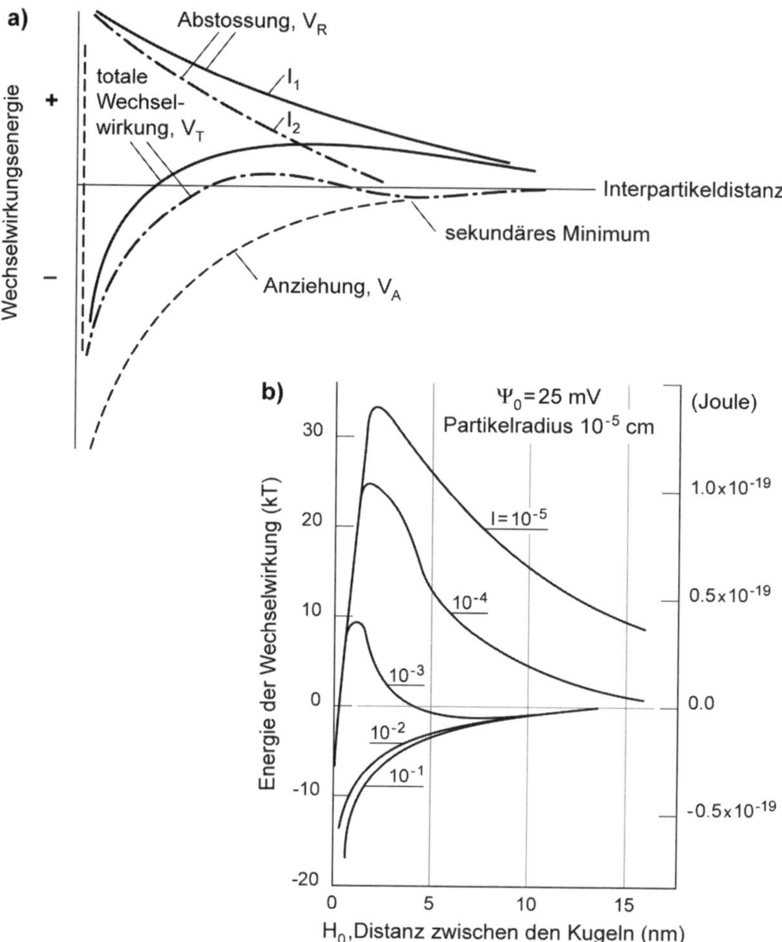

Abb. 9.27: Physikalisches Modell für die Kolloidstabilität

a) Schematische Darstellung der Abstossungs- und Anziehungs-Wechselwirkung in Abhängigkeit der Interpartikeldistanz. Die Netto-Wechselwirkung ergibt sich aus der Differenz der beiden Kurven; sie hängt von der Elektrolytkonzentration I_1 oder I_2 ($I_2 > I_1$) ab. Desto grösser I ist, desto kleiner ist der „Energieberg“, der überwunden werden muss. Die Aggregation der Partikel erfolgt dann im Energieminimum. Manchmal gibt es auch Koagulationen im sekundären Minimum; diese können durch Rühren wieder dispergiert werden.

b) Berechnete Netto-Wechselwirkungsenergien für kugelförmige Partikel konstanten Oberflächenpotenzials für verschiedene ionale Stärken (1 : 1–Elektrolyt)

9.11.2 Die chemische Beeinflussung der Oberflächenladung

Das Oberflächenpotenzial (oder vereinfacht ausgedrückt die elektrische Ladung der Kolloide) hängt in sehr starkem Masse von chemischen Faktoren ab. Wie in Kap. 9.5 dargestellt, werden sowohl Kationen wie Anionen spezifisch an Oberflächengruppen, insbesondere an Oxidoberflächen, gebunden (Abbildung 9.8). Auch an organischen Oberflächen werden Kationen gebunden. Damit ist eine Ladungsveränderung (meistens eine Reduktion der ursprünglich negativen Ladung) der kolloidalen Oberfläche verbunden.

Reaktive Anionen, z.B. SO_4^{2-}, HPO_4^{2-}, Fulvate, Humate, werden spezifisch gebunden und können die Oberflächenladung und den Zustand der Kolloiddispersität signifikant beeinflussen (Abb. 9.28 und 9.29). In der Abbildung 9.28 ist der Einfluss der Phosphatkonzentrationen auf die Kolloidstabilität von α-FeOOH aufgrund von Berechnungen zur Phosphatadsorption dargestellt. In Abb. 9.29 ist die experimentell bestimmte Stabilität von Fe_2O_3-Suspensionen in Funktion der Konzentration verschiedener Kationen und Anionen dargestellt. Polyaspartat und Huminsäuren bewirken durch spezifische Adsorption eine negative Ladung an den Oberflächen und eine Stabilisierung bei geringen Konzentrationen. Die Destabilisierung (Minimum von W) entspricht der Neutralisierung der Oberflächenladung durch Polyaspartat oder Huminsäuren. Im Vergleich dazu sind höhere Konzentrationen der nicht spezifisch adsorbierten Ionen Ca^{2+} und Na^+ nötig, um die Partikel zu destabilisieren.

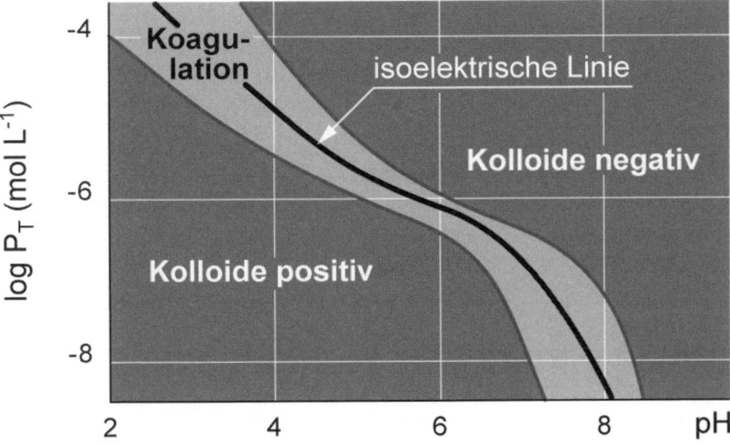

Abb. 9.28: Kolloidstabilität von α-FeOOH-Dispersionen in Gegenwart von Phosphat *(122)*

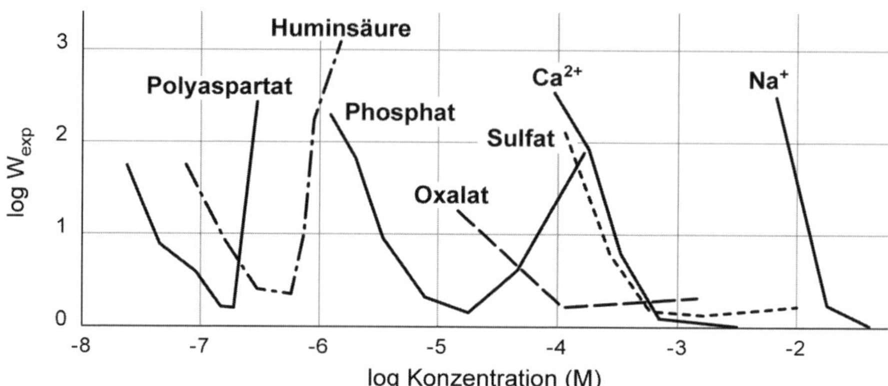

Abbildung 9.29: Stabilitätsparameter W von Suspensionen von Fe_2O_3 in Funktion der zugegebenen Konzentration verschiedener Ionen und Polymere (pH 6.5) (123). Hohe W deuten auf hohe Stabilität der Kolloidsuspension. (Reproduziert mit Erlaubnis von Springer Science + Business Media aus: Aquatic Sciences, Chemical Aspects of Iron-Oxide Coagulation in Water – Laboratory Studies and Implications for Natural Systems, *52,*1990, 32-55, Liang, L.; Morgan, J. J., fig. 7).

Die Kolloidstabilität natürlicher Gewässer wird vor allem durch die chemischen Wechselwirkungen mit den Oberflächenpartikeln bestimmt. In weiten Teilen Europas sind die meisten Gewässer $CaCO_3$-gesättigt. Wegen des relativ hohen $[Ca^{2+}]$ sind die Gewässer in diesen Regionen, im Vergleich zu Gewässern in kristallinem Gestein, arm an Kolloiden. Permanent trübe Gewässer (mit Tonteilchen) treten hier weniger auf. Auch sind Humus-Kolloide oder mit Huminsäure überdeckte Kolloide bei den höheren Wasserhärten, die in Regionen mit Kalk als hauptsächlichem Gestein auftreten, nicht stabil. In weichen Wässern treten Humin- und Fulvinsäure in grösserer Konzentration auf; sie verursachen eine Dispergierung der Kolloide (auch hier ist eine chemische Wechselwirkung – entgegen elektrostatischer Kräfte – von Anionen mit negativen Partikeloberflächen vorherrschend). Die Kinetik der Agglomeration der Kolloide wird in Kapitel 10.2 diskutiert.

9.12 Sorption hydrophober Verbindungen

Für die Sorptionsreaktionen organischer Verbindungen spielen ihre Eigenschaften als hydrophobe (bzw. lipophile) oder hydrophile Verbindungen eine wichtige Rolle. Hydrophobe Verbindungen sind in manchen nicht-polaren Lösungsmitteln gut löslich, aber im Wasser schlechter löslich. Viele solcher Verbindungen lösen sich auch im Fett und in Lipiden gut und werden dementsprechend als lipophile Verbindungen bezeichnet. Zu den hydrophoben Verbindungen gehören viele organische Substanzklassen wie Kohlenwasserstoffe, polyaromatische Kohlenwasserstoffe (PAK), chlorierte Kohlenwasserstoffe, die als Verunreinigungen in die Umwelt gelangen. Verbindungen, die als Pestizide, Herbizide usw. eingesetzt werden, weisen einen weiten Bereich von hydrophoben oder hydrophilen Eigenschaften auf.

Bei den organischen Verbindungen wird häufig von Sorption an natürlichen festen Phasen gesprochen, weil ihre Wechselwirkungen sowohl Adsorption an Oberflächen wie Verteilung (Absorption) in die festen Phasen, vor allem im organischen Material umfassen. Für die Sorption hydrophober Verbindungen an natürlichen Partikeln in Sedimenten oder Böden stehen die Wechselwirkungen mit organischem Material, im Vordergrund, während sie nur schwache Wechselwirkungen mit mineralischen Oberflächen ausüben. Hydrophobe Substanzen haben die Tendenz, den Kontakt mit Wasser möglichst klein zu halten und sich in nicht-polarer, nicht-wässriger Umgebung, z.B. an einer Oberfläche, in einem organischen Partikel oder in der lipidhaltigen Biomasse eines Organismus zu assoziieren. Auf der molekularen Ebene bestehen verschiedene Wechselwirkungen zwischen hydrophoben Verbindungen und natürlichen Oberflächen, wie Van-der-Waals-Wechselwirkungen, H-Bindungen, polare Wechselwirkungen.

Die Sorption organischer Verbindungen an natürlichen festen Phasen wie Sedimenten, Böden und suspendierten Stoffen wird durch die Aufnahme von Sorptionsisothermen untersucht. Bei tiefen Konzentrationen werden häufig lineare Sorptionsisothermen beobachtet:

$$\{A\} = K_d\,[A] \qquad (51)$$

wo {A} die Konzentration der Verbindung A in der festen Phase bezeichnet (mol kg^{-1}), [A] die Konzentration von A im Wasser (M) und K_d die Sorptionskonstante oder Verteilungskoeffizient ist (L kg^{-1}). Eine lineare Adsorptionsisotherme entspricht einer Freundlich-Isotherme mit n = 1.

Die Konzentration in der festen Phase wird auf den organischen Kohlenstoffgehalt bezogen, der mit der Fraktion des organischen Materials f_{OC} bezeichnet wird:

$$\{A\} = f_{OC}\,\{A\}_{OC} \qquad (52)$$

wo f_{OC} = Fraktion des organischen Materials (kg C/ kg)

$\{A\}_{OC}$ = Konzentration im organischen Material (mol / kg C)

Aus Gl. (51) wird dann:

$$\{A\}_{OC} = K_{OC}\,[A] \qquad (53)$$

mit $K_{OC} = K_d / f_{OC}$ = Verteilungskoeffizient, bezogen auf organischen Kohlenstoff (L/kg C)

Die Sorption in organischem Kohlenstoff hängt mit der Löslichkeit dieser Substanzen in organischen Lösungsmitteln, insbesondere mit der Löslichkeit in n-Octanol, $CH_3(CH_2)_7OH$, zusammen. Dieses organische Lösungsmittel ist wegen seiner OH-Gruppen nur teilweise nicht-polar und kann neben unpolaren auch polare Substanzen mit O oder N enthaltenden funktionellen Gruppen auflösen. Das Verteilungsgleichgewicht einer Verbindung zwischen Wasser und n-Octanol, K_{OW}, kann im Labor bestimmt werden.

$$K_{OW} = [A(oct)] / [A(aq)] \qquad \left(\frac{\text{mol L}^{-1}\text{Octanol}}{\text{mol L}^{-1}\text{Wasser}}\right) \qquad (54)$$

K_{OW} ist dimensionslos. Umfangreiche Kompilationen (z.B. Hansch und Leo; in: *Substitution Constants for Correlation Analysis in Chemistry and Biology,* Wiley-Interscience, New

York, 1979) sind erhältlich. K_{OW}-Werte sind in der Regel umgekehrt proportional zur Wasserlöslichkeit (lineare Beziehung zwischen log K_{OW} und –log (Wasserlöslichkeit).

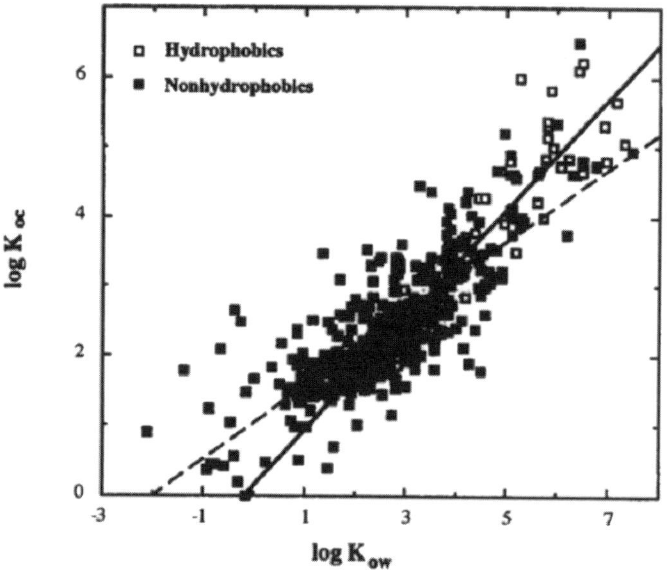

Abb. 9.30: Zusammenhang zwischen log K_{OC} und log K_{OW} für eine Anzahl organischer Verbindungen mit verschiedenen funktionellen Gruppen. Offene Symbole sind hydrophobe Verbindungen, die nur C, H und Halogenatome enthalten (aus *(124)*).
(Reproduziert aus *Chemosphere* 31(11/12), Sabljic A., Güsten H., Verhaar H., and Hermens J. *QSAR modelling or soil sorption. Improvements and systematics of log K_{OC} vs.log K_{OW} correlations,* 4489–4514 (1995), mit Erlaubnis von Elsevier).

Das organische Material in den (porösen) Feststoffen verhält sich ähnlich wie Octanol und die Verbindung wird in das organische Material „ab"-sorbiert. Der Sorptionskoeffizient, K_{OC}, wird als Funktion des Octanol-Wasser-Verteilungskoeffizienten, K_{OW} (Gleichung (54)), und des Gehalts des Feststoffes an organischem Kohlenstoff, f_{OC} (Gewichtsfraktion), ausgedrückt.

$$K_{OC} = b\ (K_{OW})^a \qquad (55)$$

wobei a und b Konstanten sind.

Solche Zusammenhänge zwischen K_{OC} und K_{OW} wurden für eine Reihe organischer Verbindungen untersucht (Abb. 9.30). Obwohl der generelle Trend klar ersichtlich ist, bestehen Unterschiede zwischen verschiedenen Substanzklassen. Neuere Ansätze zielen darauf ab, die Sorptionskonstanten aufgrund von molekularen Eigenschaften zu modellieren *(125)*.

Für eine ausführliche Behandlung: Schwarzenbach et al. *Environmental Organic Chemistry,* Kapitel 7, Wiley-Interscience, New York, 2nd Ed (2003).

9.13 Synthetische Nanopartikel

Durch die rasche Entwicklung der Nanotechnologie werden verschiedene Arten von synthetischen Nanopartikeln für viele Anwendungen hergestellt. Unter synthetischen Nanopartikeln versteht man Nanopartikel im Grössenbereich von einigen Nanometern bis 100 nm, die für bestimmte Zwecke hergestellt werden. Zu den häufigen synthetischen Nanopartikeln zählen elementare Metallnanopartikel (Silber, Platin, Eisen, Gold), Metalloxide (Titandioxid, Zinkoxid, Aluminiumoxid, Ceroxid), Halbleitermaterialien (Quantenpunkte (quantum dots), z.B. CdSe) und kohlenstoffbasierte Nanopartikel (Kohlenstoffnanoröhren (carbon nanotubes), Fullerene). Viele Fragen in Bezug auf das Verhalten dieser Nanopartikel in der aquatischen Umwelt sind ungeklärt, obwohl es wahrscheinlich erscheint, dass aufgrund der vielfältigen Anwendungen die Nanopartikel in natürliche Systeme gelangen. Insbesondere stellt sich die Frage nach der Kolloidstabilität dieser Nanopartikel unter Bedingungen natürlicher Gewässer.

Die oben beschriebenen Prozesse der Stabilität und Koagulation von Kolloidsuspensionen können auf die synthetischen Nanopartikel angewendet werden. Die Oberflächenladung der synthetischen Nanopartikel hängt von ihrer jeweiligen Zusammensetzung und Herstellungsart ab. Für Metalloxidnanopartikel wie z.B. TiO_2 hängt die Oberflächenladung, wie in Kap. 9.5 dargestellt, durch die Reaktionen der Oberflächen-OH-Gruppen vom pH ab. Metallnanopartikel erhalten durch die Adsorption von Ionen oder Molekülen eine Oberflächenladung, z.B. Silber(0) mit Carbonat oder Citrat. Andere Nanopartikel werden bei der Herstellung mit einer hydrophoben Schicht (coating) oder mit oberflächenaktiven Stoffen überzogen. Kohlenstoffnanoröhren und Fullerene haben hydrophobe Oberflächen und erhalten eine negative Ladung durch Säure-Base-Reaktionen funktioneller Gruppen (z.B. Carboxylgruppen). Auch im Falle der synthetischen Nanopartikel sind die Kolloidsuspensionen stabil, wenn Abstossung zwischen den Partikeln durch die Oberflächenladung überwiegt. Agglomeration der Nanopartikel wird durch die Neutralisierung der Oberflächenladung oder durch Erhöhung der Ionenstärke entsprechend der DLVO-Theorie bewirkt.

Für das Schicksal der synthetischen Nanopartikel in aquatischen Systemen ist es von Interesse, die Bedingungen für die Agglomeration oder Dispersion der Partikel zu untersuchen. Zusätzlich zu den schon erwähnten Faktoren der Oberflächenladung und Ionenstärke sind insbesondere die Auswirkungen des natürlichen organischen Materials wichtig. Fulvin- und Huminsäuren können an Oberflächen der Nanopartikel adsorbieren und zu einer Stabilisierung durch elektrostatische und sterische Wechselwirkungen beitragen. Diese Prozesse werden gegenwärtig für verschiedene Typen von synthetischen Nanopartikeln untersucht.

Weiterführende Literatur

Brown G. E., Henrich V. E., Casey W. H., Clark D. L., Eggleston C., Felmy A., Goodman D. W., Grätzel M., Maciel G., McCarthy M. I., Nealson K. H., Sverjensky D. A., Toney M. F., and Zachara J. M. (1999) Metal oxide surfaces and their interactions with aqueous solutions and microbial organisms. *Chem. Rev. 99,* 77–174.

Brown G. E. and Sturchio N. C. (2002) An overview of synchrotron radiation applications in low-temperature geochemistry and environmental science. In *Applications of synchrotron radiation in low-temperature geochemistry and environmental sciences.* Vol. 49 (ed. P. A. Fenter, N. L. Rivers, N. C. Sturchio, and S. R. Sutton), pp. 1–106. Geochemical society, mineralogical society of America.

Buffle J. and van Leeuwen H. P. (1992) *Environmental Particles I.* In *Environmental analytical and physical chemistry series (ed. IUPAC).* Lewis Publishers.

Dzombak D. A. and Morel F. M. M. (1990) *Surface complexation modeling. Hydrous ferric oxide.* Wiley-Interscience.

Klaine, S. J., Koelmans, A. A., Horne, N., Carley, S., Handy, R. D., Kapustka, L., Nowack, B., von der Kammer, F. (2012). Paradigms to assess the environmental impact of manufactured nanomaterials. *Environ. Toxicol. Chem. 31,* 3–14.

Schindler P. W. and Stumm W. (1987) The surface chemistry of oxides, hydroxides and oxide minerals. In *Aquatic surface chemistry* (ed. W. Stumm), pp. 83–110. John Wiley & Sons.

Sposito G. (2004) *The surface chemistry of natural particles.* Oxford University Press.

Stumm W. (1992) *Chemistry of the solid-water interface.* Wiley-Interscience.

Sulzberger B. (1992) Heterogeneous Photochemistry. In *Chemistry of the Solid-Water Interface* (ed. W. Stumm), pp. 337–368. Wiley.

Übungen

1) Eine Lösung von Pb(II) wird zu einer Suspension von Oxidpartikeln zugegeben.

   Wie kann man aus der Veränderung der Zusammensetzung der Lösung zwischen einer Fällungs- und einer Adsorptionsreaktion unterscheiden?

2) Wie könnte man unterscheiden, ob eine Fettsäure an einem Oxidmineral durch koordinative Bindung (Ligandenaustausch der Carboxylatgruppen mit den oberflächenständigen OH-Gruppen des Oxides) oder durch hydrophobe Wechselwirkungen an der Oberfläche adsorbiert wird?

3) Die Bindung von Arsenat AsO_4^{3-} an einer Eisenoxidoberfläche ist in Abb. 9.20 bezüglich der Strukturen dargestellt.

Formuliere die entsprechenden Reaktionen von AsO_4^{3-} mit den Oberflächengruppen ≡FeOH. Inwiefern erklären diese Reaktionen die in Abb. 9.19 dargestellte pH-Abhängigkeit der AsO_4^{3-}-Adsorption?

4) Eine Probe von Goethit ist durch folgende Reaktionen charakterisiert:

$\equiv FeOH_2^+ \leftrightarrows H^+ + \equiv FeOH \qquad pK_1^s = 6$

$\equiv FeOH \leftrightarrows H^+ + \equiv FeO^- \qquad pK_2^s = 8.8$

$\equiv FeOH + Cu^{2+} \leftrightarrows \equiv FeOCu^+ + H^+ \qquad \log K^s_{Cu} = 3.0$

Elektrostatische Effekte werden zunächst als vernachlässigbar angenommen.

a) Stelle eine Adsorptions-Isotherme (Cu adsorbiert versus Cu^{2+}, im Bereich $[Cu^{2+}] = 10^{-12}$–10^{-4} M) für eine $CuNO_3$-Lösung bei pH = 7 und $[\equiv FeOH]_T = 10^{-4}$ M auf.

b) Welcher ist der qualitative Einfluss auf das Ausmass der Adsorption von folgenden Faktoren?

i) Anwesenheit von HCO_3^- in der Lösung

ii) Erhöhung der Temperatur der Lösung

iii) Zugabe von 10^{-3} M Ca^{2+}

c) Wie verändern sich die Oberflächenkonstanten pK_1^s, pK_2^s und $\log K^s_{Cu}$, wenn sich das Oberflächenpotenzial durch die Cu-Adsorption auf $\Psi_0 = + 0.04$ V erhöht?

5) Warum nimmt bei einem Oxid die Oberflächenladung zu, wenn bei konstantem pH ($pH < pH_{PZC}$) der Elektrolytgehalt (inerte Ionen) erhöht wird?

6) Zeige, dass die Langmuir-Adsorptions-Isotherme (z.B. die Adsorption eines Liganden an ein Oxid) bei konstantem pH der Oberflächenkomplexbildung entspricht, wenn elektrostatische Effekte vernachlässigt werden.

7) Bei der Bestimmung einer Adsorptions-Isotherme von Phosphat an Kaolinit (10 g/L Kaolinit) bei pH 4.4 wurden bei Adsorptionsgleichgewicht folgende Werte erhalten ($I = 10^{-3}$ M, 25 °C):

Zugegebenes P_T (μM)	bei Gleichgewicht in Lösung (μM)
182	115
143	80
113	55
91	40
68	25
47	13
37	10
23.3	6.3
17.5	4.5

a) Zeichne die Adsorptionsisotherme auf. Kann diese Adsorptionsisotherme als Langmuir- oder als Freundlichisotherme interpretiert werden?

b) Kaolinit hat eine spezifische Oberfläche von 10 $m^2 g^{-1}$ und weist 5 Oberflächengruppen pro nm^2 auf. Welcher Anteil dieser Oberflächengruppen reagiert mit dem Phosphat?

8) Die Auflösungsrate eines Aluminiumoxids ist gegeben durch:

$R = k\ \{\equiv AlOH_2^+\}^3$

Die erste Säurekonstante dieses Aluminiumoxids ist:

$\equiv AlOH_2^+ \leftrightarrows H^+ + \equiv AlOH \qquad pK_1^s = 7.2$

Wie nimmt die Auflösungsrate zu, wenn in einem See der pH von 7 auf 6 abnimmt (in erster Näherung werden die elektrostatischen Effekte vernachlässigt)?

10 Wassertechnologie; Anwendung oberflächenchemischer Prozesse

10.1 Einleitung

Wie in Kapitel 9 dargestellt, sind die Prozesse an Oberflächen für die Regulierung der Zusammensetzung der im Wasser gelösten Bestandteile von grosser Bedeutung. Die suspendierten Partikel und die Kolloide sowie Mikroorganismen (Algen, Bakterien) sind wichtige Adsorbentien für Metalle, Metalloide, Phosphate, Huminsubstanzen und viele organische Schadstoffe. Die Affinität der reaktiven Elemente und Schadstoffe für die Oberflächen dieser Partikel bestimmt das Ausmass der Sorption an diesen und ist entscheidend für das Schicksal, die Aufenthaltszeit und die Residualkonzentration dieser Stoffe in Lösung. Die Stabilität von Kolloidsuspensionen hängt von den Wechselwirkungen zwischen den Partikeloberflächen ab. Die wassertechnologischen Einheitsverfahren (Tabelle 10.1) beruhen auf den gleichen grenzflächenchemischen Vorgängen wie die Prozesse in der Natur.

Ein Verständnis der verschiedenen physikalischen, chemischen und biologischen Einzelvorgänge ermöglicht es, die Verfahren prozessdynamisch so zu steuern, dass sie optimal ablaufen und – je nach Situation – auf die gewünschten Erfordernisse spezifisch ausgerichtet werden können.

In diesem Kapitel werden einige grenzflächenchemische Prozesse beschrieben, die bei der Wassertechnologie von Bedeutung sind. Für eine Beschreibung der Wassertechnologie und weitergehende Diskussionen wird am Schluss des Kapitels auf einige spezialisierte Publikationen hingewiesen.

Tab. 10.1: Wichtige wassertechnologische Einheitsverfahren, die oberflächenchemische Prozesse ausnützen

Verfahren	Oberflächenchemische Prozesse
Flockung, Koagulation [1)]	Destabilisierung der Kolloide
Filtration, Flockungsfiltration	Anlagerung der Partikel am Filterkorn
Membran-Filtration	Entfernung von Kolloiden und hochmolekularen Substanzen durch Membrane
Flotation	Aufschwemmen partikulärer Stoffe
Ionenaustausch	Ionenaustausch in synthetischen Austauschharzen
Phosphatelimination	Chemische Fällungsprozesse, Flockungsfiltration
Bioflockung, Biofilm	Flockung von Mikroorganismen, z.B. im Belebtschlammverfahren und Ausnützung von bakteriologischen Filmen beim Abbau und Umwandlung von Verbindungen
Aktivkohle-Adsorption	Adsorption organischer Stoffe an Aktivkohle

1) Die Begriffe Flockung und Koagulation werden hier gleichbedeutend behandelt.

10.2 Flockung, Koagulation

10.2.1 Definition der Koagulation

Viele im Gewässer oder im Abwasser vorkommende Partikel sind kolloidal ($d = 10^{-9}$–10^{-6} m) oder im Bereich von einigen Mikrometern. Sie sind schwer absetzbar und passieren zu einem grossen Teil die meisten üblichen Filter (vgl. Abbildung 9.1). Unter vereinfachenden Bedingungen (sphärische Partikel, laminare Bewegung des absetzenden Partikels) gibt das Stokes' Gesetz folgende Gesetzmässigkeit für die Absetzungsgeschwindigkeit, v_s, (cm s^{-1}):

$$v_s = \frac{g}{18}\frac{\rho_s - \rho}{\eta} d^2 \qquad (1)$$

wobei

g	=	Erdbeschleunigung (9.81×10^2 cm s^{-2})
ρ_s und ρ	=	Dichte des Partikels und des Wassers (g cm^{-3})
η	=	dynamische Viskosität (bei 20 °C, $\eta \approx 0.01$ g cm^{-1} s^{-1})
d	=	Durchmesser des Partikels (cm)

Für Partikel ($\rho_s \approx 3$ g cm^{-3}) mit einem Durchmesser von 10 μm beträgt die Absetzgeschwindigkeit nur ca. 10^{-2} cm s^{-1}. Die Absetzgeschwindigkeit ist proportional dem Durchmesser im Quadrat.

Elimination der Kolloide durch Sedimentation lässt sich nur erreichen, wenn der Durchmesser der Teilchen durch Agglomeration erhöht werden kann. Auch bei der Filtration ist die Eliminationswirkung vom Durchmesser der zu filtrierenden Partikel abhängig. (Wie in Kapitel 10.3 erklärt wird, werden die sehr kleinen ($d \ll 1$ μm) und sehr grossen Partikel ($d \gg 1$ μm) in einem Tiefenfilter besonders gut zurückgehalten.) Unter dem Begriff „Flockung“ oder „Koagulation“ wird die Zusammenballung von kolloidalen Partikeln zu grösseren Agglomeraten verstanden. Die Flockung verändert die Korngrössenverteilung der Partikel. Die meisten der in natürlichen Gewässern und im Abwasser auftretenden suspendierten Stoffe (Tonmineralien, Oxide, biologischer Debris) sind im typischen pH-Bereich negativ geladen (Abbildung 9.12). Die Ursache dieser Ladung und physikalische Modelle der Kolloidstabilität sind in Kapitel 9.6 und 9.11 dargestellt. Eine der Methoden, um die Stabilität der Kolloide herabzusetzen, die Komprimierung der elektrischen Doppelschicht durch Zugabe von Elektrolyten, ist in der Wasserwerkspraxis nicht gut geeignet. Es gelingt aber, die Oberflächenladung der kolloidalen Teilchen herabzusetzen durch Zugabe geeigneter Substanzen (Koagulationsmittel), die an der Oberfläche chemisch adsorbiert werden und dadurch die Ladung herabsetzen (Adsorptionskoagulation).

10.2.2 Al(III) und Fe(III) als Koagulationsmittel

Typische Koagulationsmittel, die in der Wasserwerkspraxis eingesetzt werden, bestehen aus dreiwertigem Aluminium- und dreiwertigem Eisensalzen. Die pH-Abhängigkeit der Löslichkeit von Al(III) und Fe(III) ist in Kapitel 6.2 und 7.2 dargestellt, in denen die geringe Löslichkeit von Al(III) und Fe(III) im neutralen pH-Bereich deutlich wird. Wenn Eisen(III)- und Al(III)-salze zu einem carbonathaltigen Wasser (pH 7–9) zugegeben werden, hydrolysieren diese Metallionen (Kapitel 6.2) zu Hydroxokomplexen, die sich zu polymeren Spezies $Me_x(OH)_y^{(nx-y)+}$ vernetzen. Diese multihydroxo-Al(III)- oder Fe(III)-Komplexe sind metastabile Zwischenprodukte zur Bildung der schwer löslichen Fe(III)- und Al(III)(hydr)oxide. Sie sind bei pH < 8 positiv geladen; wegen ihrer höheren Molekulargewichte (mit x > 5) werden sie spezifisch adsorbiert und verändern die Oberflächenladung der suspendierten Teilchen. Eine solche metastabile polymere Spezies ist $Al_{13}(OH)_{32}^{7+}$, die nach ihrer raschen Bildung nur relativ langsam zerfällt.

Die notwendige Konzentration von Al(III) für die Koagulation ist viel kleiner als diejenige von Ca^{2+} oder Na^+ (Abb. 10.1). Die sukzessive Zudosierung von Al(III) als Koagulationsmittel führt zuerst zu einer Ladungsneutralisation und dann zu einer Umkehrung der Ladung. Dementsprechend werden die Trübstoffe mit zunehmender Zugabe von hydroxyliertem Al(III) zuerst entstabilisiert und dann (Ladungsumkehr) restabilisiert. Eine gleiche Sequenz der Entstabilisierung und Restabilisierung ergibt sich bei der Flockung durch Fe(III) (Abbildung 10.2). Die Dosierung ist kritisch und wird in der Wasserwerkspraxis im sogenannten „jar test“ (dem zu koagulierenden Wasser werden in einer Serie von Bechergläsern unter gleichen Rührbedingungen zunehmende Dosen von Koagulationsmittel zugegeben) dauernd überprüft. Die Dosis hängt von der Konzentration der suspendierten Teilchen (resp. ihrer Oberflächenkonzentration) ab. Bei grösseren Dosierungen an Al(III) und Fe(III) tritt Fällung des $Al(OH)_3(s)$ oder $Fe(OH)_3(s)$ auf. An diese sedimentierenden Metallhydroxidflocken werden ebenfalls suspendierte kolloidale Stoffe angelagert (Fällungsflockung). Der bei der Flockung anfallende abgesetzte „Schlamm" (Suspensa plus Fällungsprodukte) weist in der Regel einen höheren Wassergehalt auf und muss vor einer Beseitigung entwässert werden.

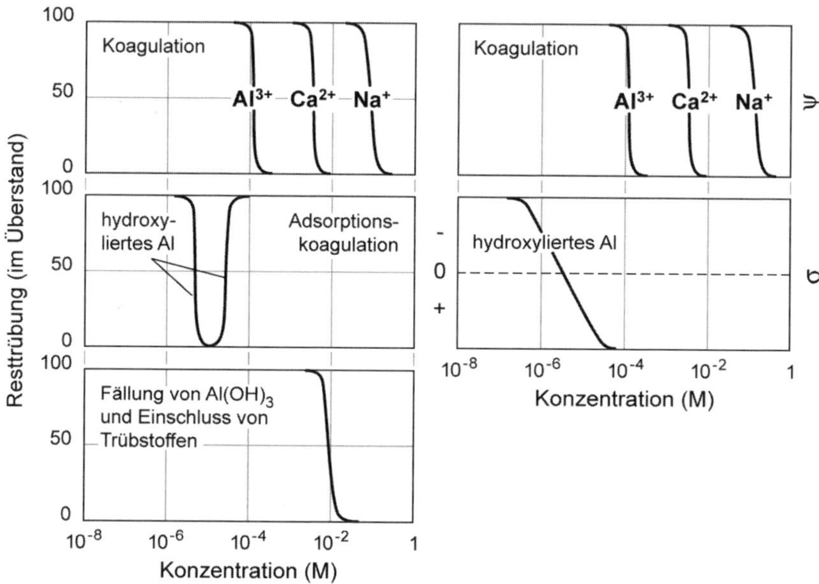

Abb. 10.1: Unterschiedliche Wirksamkeit verschiedener in der Wassertechnologie eingesetzter Chemikalien, dargestellt durch Angabe des Konzentrationsbereiches, in dem diese Chemikalien die Trübstoffe durch Flockung (und nachfolgende Sedimentation) wirksam verringern. Links ist die Resttrübung in Funktion der Konzentrationen der Ionen Al^{3+}, Ca^{2+} und Na^{+}, des hydroxylierten Al und des ausgefällten $Al(OH)_3(s)$ angegeben. Rechts sind die entsprechenden Oberflächenpotenziale (Ψ) und -Ladungen (σ) in Funktion dieser Konzentrationen dargestellt. Wenn die Ladung neutralisiert ist, koagulieren die Trübstoffe.

10.2.3 Entfernung von Huminstoffen und huminähnlichen Verbindungen

Die gleichen Flockungsmittel werden auch eingesetzt, um gelöste und kolloidale Huminstoffe und ähnliche Stoffe aus dem Rohwasser zu entfernen. Die Ligandengruppen der Huminstoffe reagieren chemisch mit den Metallionen entsprechend der Reaktion (2):

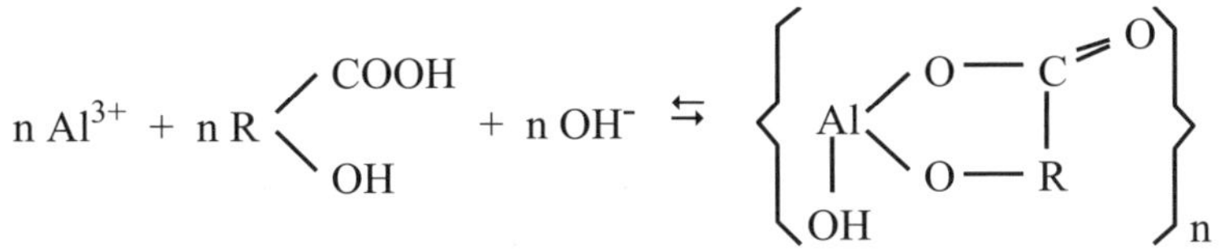

$$n\,Al^{3+} + n\,R\begin{matrix} \diagup COOH \\ \diagdown OH \end{matrix} + n\,OH^- \leftrightarrows \left\{ \begin{matrix} Al \\ | \\ OH \end{matrix} \begin{matrix} \diagup O - C = O \\ \quad\;\; | \\ \diagdown O - R \end{matrix} \right\}_n \quad (2)$$

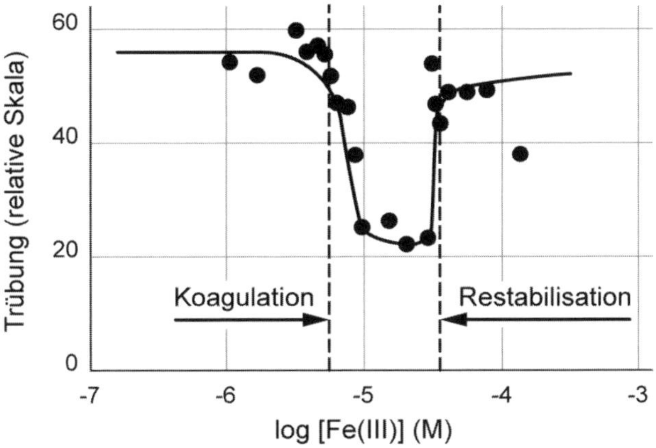

Abb. 10.2: Koagulation und Restabilisation einer SiO_2-Suspension (0.8 g L^{-1}, 6.6 m^2 L^{-1}) durch Fe(III) bei pH = 5. Die verbleibende Trübstoffkonzentration (relative Skala) wurde mit Hilfe von Lichtstreuung gemessen (aus *(126)*).

Der Verbrauch zur optimalen Entfernung der Huminstoffe hängt in der Regel stöchiometrisch vom Gehalt der organischen Stoffe ab. Der optimale pH muss experimentell bestimmt werden.

Die Koagulation wurde in der Wassertechnologie ursprünglich vor allem zur Entfernung der Partikel eingesetzt, heute spielt aber die Entfernung der Humin- und Fulvinsäuren häufig eine wichtigere Rolle. Diese organischen Verbindungen sind im Trinkwasserverteilungsnetz unerwünscht, u.a. weil sie

- Aktivkohlefilter belasten und die Elimination wichtiger Spuren-Verunreinigungssubstanzen (z.B. Pestizide) erschweren;
- die bakteriologische Verkeimung im Verteilnetz fördern, und
- den Ozon- und Chlorverbrauch erhöhen und, bei Verwendung von Chlor, chlororganische Verbindungen wie z.B. $CHCl_3$ (Chloroform) bilden.

10.2.4 Organische Polyelektrolyte

Die hydroxylierten Al(III)- und Fe(III)-Verbindungen, die bei der Flockung eingesetzt werden, können als anorganische Polyelektrolyte bezeichnet werden. Organische Polymere, natürliche wie Polysaccharide, Proteine und synthetische Polyelektrolyte (Tabelle 10.2), adsorbieren ebenfalls stark an festen Oberflächen. Die Adsorption erfolgt durch verschiedene Segmente der Polymere. Selbst wenn die freie Energie der Adsorption für ein einzelnes Segment gering ist, wird das Makromolekül wegen der vielen Segmente stark adsorbiert. Die Adsorption wird durch Van der Waal'sche Wechselwirkungen und hydrophobe Bindungen (Kapitel 9.3) durch benachbarte CH_2-Gruppe adsorbierter Moleküle verstärkt.

Tab. 10.2: Synthetische Polyelektrolyte, die für Flockungsprozesse verwendet werden

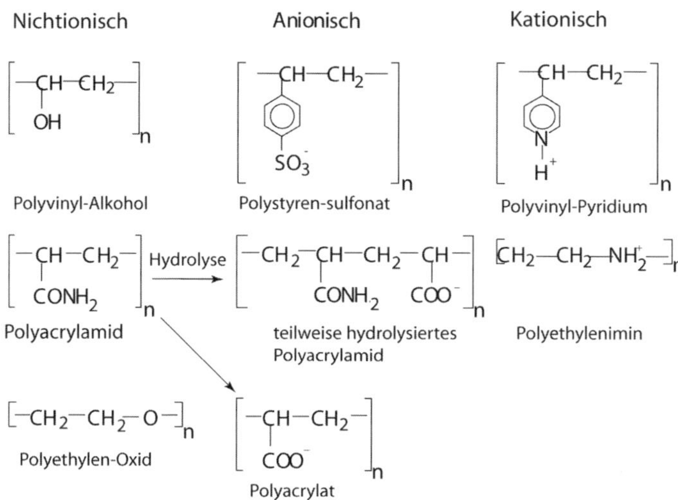

Da die freie Energie der Wechselwirkungen der Segmente mit der Oberfläche grösser werden kann als die elektrostatische Wechselwirkung, werden selbst anionische Polyelektrolyte an negativ geladene Oberflächen angelagert.

Polyelektrolyte und Polymere bilden bei der natürlichen Flockung, bei der Adhäsion von Bakterien an den Grenzflächen und bei der Bioflockung eine wichtige Rolle. Die Agglomerate entstehen durch Vernetzung der einzelnen Teilchen durch molekulare Brücken mittels dieser Polymere. Negativ geladene Teilchen können sogar durch anionische Polyelektrolyte geflockt werden. Synthetische und natürliche Polyelektrolyte können bei der Flockung in der Wassertechnologie eingesetzt werden. Allerdings muss bei der Trinkwasseraufbereitung auf die Toxizität vieler dieser Verbindungen geachtet werden.

Alle diese Substanzen werden häufig auch als Flockungs-„Hilfsmittel" bezeichnet. Im Gesamtprozess der Flockung werden zunächst anorganische Koagulationsmittel zugegeben, die die feinstverteilten Suspensa in Mikroflocken umwandeln. Daraufhin werden die organischen Flockungsmittel zugegeben, die zur Bildung von Polymerbrücken führen, um aus den Mikroflocken grosse und auch stabile Makroflocken zu formen. Diese Praxis beinhaltet dann auch eine sequenzielle Dosierung zunächst des anorganischen und danach des organischen Flockungshilfsmittels.

10.2.5 Phosphat-Elimination

Abwasser enthält Phosphor in partikulärer (kolloidaler) und gelöster Form. Phosphat kann als Eisen(III)- oder Al(III)-Phosphat ausgefällt werden, wobei etwa folgende Prozesse gleichzeitig ablaufen:

$$Fe^{3+} + HPO_4^{2-} \rightarrow FePO_4(s) + H^+ \qquad (3a)$$

$$Fe^{3+} + 3\,H_2O \rightarrow Fe(OH)_3(s) + 3\,H^+ \qquad (3b)$$

$$Fe^{3+} + \text{kolloidaler P} \rightarrow \text{Flockung} \qquad (3c)$$

$$HPO_4^{2-} + \equiv FeOH \rightarrow \equiv FePO_4^{2-} + H_2O \qquad (3d)$$

Die Phosphatfällung wird von der Fällung des schwer löslichen Hydroxides und der Adsorption (Oberflächenkomplexbildung) von Phosphat an die Oberflächen des festen Hydroxides begleitet; gleichzeitig findet auch eine Flockung kolloidaler Abwasserbestandteile (inklusive phosphathaltige suspendierte Stoffe) statt. Da Phosphat einen grossen Einfluss auf die Oberflächenladung der gebildeten Fällungsprodukte hat (Kapitel 9.11), sind die Phosphatniederschläge häufig kolloidal und schlecht absetzend. Die Oberflächenladung von $Fe(OH)_3$-Suspensionen in Gegenwart von Phosphat hängt von der Phosphatkonzentration und vom pH ab und kann auf Grund von Oberflächenkomplexbildungsgleichgewichten berechnet werden (Abbildung 9.28).

10.2.6 Anwendungen der Koagulation in der Abwassertechnologie

In Abwässern sind die Durchmesser der Partikel im Bereich von Nanometer bis ca. 1000 μm. Nach dem Absetztank sind die Partikel meistens kleiner als 150 μm. Abwässer enthalten, insbesondere vorgängig ihrer biologischen Reinigung, sehr stabile kolloidale Teilchen. Sie sind negativ geladen und verhindern die Agglomeration zu grösseren Flocken. Abbildung 10.3 gibt eine relative kumulative Partikelgrössenverteilung in Rohabwasser und nach verschiedenen Behandlungsstufen im Abwasser wieder. Es wird der relative Mengenanteil der partikulären Stoffe angegeben, die eine gewisse Partikelgrösse unterschreiten. Im Rohabwasser und im abgesetzten Rohwasser dominieren Partikel mit $d < 10$ μm. Im biologischen Teil der Anlage (Belebtschlamm) werden diese kleinen Partikel eliminiert, vor allem durch die biologischen Flockungsvorgänge (Agglomeration der Mikroorganismen durch ausgeschiedene Polymere) und zu einem kleineren Teil durch biologischen Abbau. Der Abfluss der Belebtschlammanlage ist, wegen der Abwesenheit grösserer Konzentrationen an Kolloiden, relativ klar. Eine anschliessende Filtration dieses Abflusses führt zu einer weiteren Elimination der Partikel.

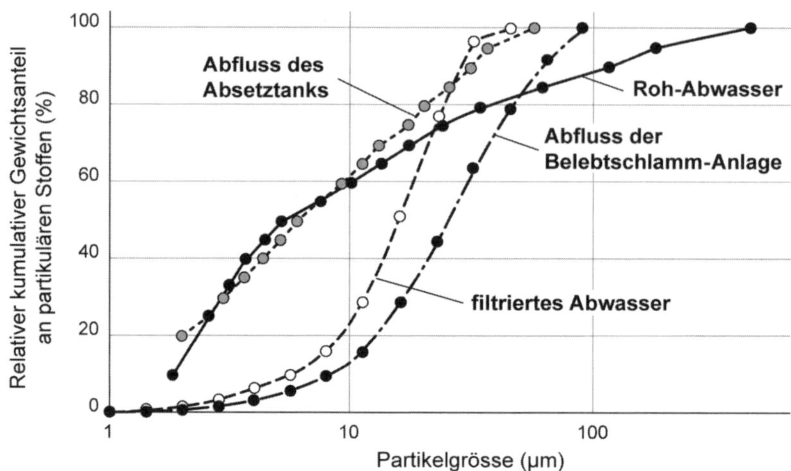

Abb. 10.3: Beispiele der Partikelgrössenverteilung im rohen Abwasser, im Abfluss des Absetzbeckens, im Ablauf des Belebtschlammbeckens und nach anschliessender Filtration (nach *(127)*)

Auch bei der Abwasserreinigung lassen sich durch Zugabe von Flockungsmitteln zusätzliche Eliminationswirkungen erzielen. Z.B. kann der mechanische Absetzvorgang in der Vorstufe der biologischen Reinigung durch Zugabe von Fe(III) oder Al(III) viel wirkungsvoller gestaltet werden. Die Zugabe von Fe(III) oder Al(III) ins Belebtschlammbecken, die sogenannte Simultanfällung, ermöglicht die wirksame Entfernung des Phosphates (Gleichung (3)). Mit Hilfe dieses Verfahrens werden Ablauf-Konzentrationen von 0.5–2 mg/L P erreicht. Die nachgeschaltete Flockungsfiltration kann die Ablaufkonzentration auf unter 0.2 mg/L P vermindern (Abbildung 10.5).

10.2.7 Kinetik der Koagulation

Die Koagulation kann als Resultat zweier Faktoren angesehen werden *(128)*:

- der Entstabilisierungsvorgang, der die Aggregation der sich treffenden Partikel ermöglicht und die *Haftbarkeit* („Klebrigkeit") der Partikel aneinander bestimmt, wobei hier die chemischen Effekte bestimmend sind,

- der Transportschritt, der die Partikel in gegenseitigen Kontakt bringt, d.h. die *Kollisionsfrequenz*.

Die Haftbarkeit wird bestimmt durch die Ladung (Potenzial) und die Chemie der Oberfläche, einschliesslich der oben beschriebenen Effekte von Koagulationsmitteln. Sie wird durch den Kollisionswirksamkeitsfaktor (α) beschrieben. Die Kollision der Partikel wird bewirkt durch die Diffusion (Brownsche Bewegung) und durch Scherkräfte (Geschwindigkeitsgradienten). Die Diffusion ist vor allem bei kleinen Partikeln (d < 1 µm) wichtig, während der Geschwindigkeitsgradient den Transport grösserer Teilchen (d > 1 µm) beeinflusst.

Der Transportschritt verläuft oft langsamer als der Entstabilisierungsschritt. Somit bestimmt der physikalische Vorgang des Partikeltransportes die Geschwindigkeit des Koagulationsverlaufes, während chemische Faktoren die Wirksamkeit des Transportschrittes resp. die Agglomeration der Partikel beeinflussen.

Die zeitliche Abnahme der Anzahl Kolloide (monodisperse Suspension) in einem nichtdurchflossenen oder in einem Röhrenreaktor ist bei der Kollision durch Diffusion (Brownsche Bewegung) unter vereinfachenden Annahmen durch ein Geschwindigkeitsgesetz zweiter Ordnung gegeben.

$$-\frac{dN}{dt} = k_p \alpha N^2 \qquad (4a)$$

oder

$$\frac{1}{N} - \frac{1}{N_0} = k_p \alpha t \qquad (4b)$$

wobei

N und N_0 = Anzahl der Teilchen zur Zeit t und zur Zeit 0 per cm^3

k_p = Geschwindigkeitskonstante ($cm^3\ s^{-1}$)

α = Kollisionsfaktor

Der Kollisions(wirksamkeits)faktor oder Haftfaktor beschreibt den von der chemischen Haftbarkeit abhängigen Erfolg der Zusammenstösse ($\alpha = 10^{-4}$ bedeutet, dass von 10^4 Kollisionen eine wirksam ist).

k_p kann ausgedrückt werden durch:

$$k_p = 4\, D \pi d \qquad (5)$$

wobei

D = Diffusionskoeffizient ($cm^{-2}\ s^{-1}$)

d = Durchmesser des Partikels

Der Diffusionskoeffizient D kann wiederum durch die Einstein-Stokes-Beziehung ausgedrückt werden:

$$D = kT / 3\, \pi \eta d \qquad (6)$$

wobei

k = Bolzmannsche Konstante (1.38×10^{-23} J K^{-1} oder 1.38×10^{-16} g $cm^2\ s^{-2}\ K^{-1}$)

η = dynamische Viskosität (bei 20 °C ≈ 0.01 g $cm^{-1}\ s^{-1}$)

Daraus ergibt sich eine Geschwindigkeitskonstante (20 °C) $k_p \approx 5 \times 10^{-12}\ cm^3\ s^{-1}$.

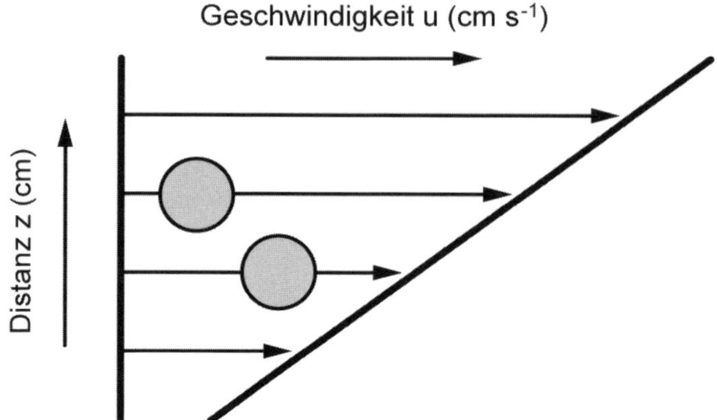

Abb. 10.4: Kollision der Teilchen in einem idealisierten Scherfeld (Geschwindigkeitsgradient G = du/dz (s^{-1})). Wegen der verschiedenen Geschwindigkeiten wird das obere Teilchen das untere einholen.

Die grösseren Partikel (d > 1 μm) werden vor allem durch Scherkräfte (Geschwindigkeitsgradienten) in Kontakt gebracht. Abbildung 10.4 illustriert, dass der Geschwindigkeitsgradient G = du/dz (s^{-1}) den Interpartikelkontakt ermöglicht. Unter diesen Bedingungen ist die Agglomerationsrate durch ein Gesetz pseudo-erster Ordnung gegeben.

$$-\frac{dN}{dt} = \frac{4\alpha\phi GN}{\pi} \qquad (7)$$

wobei

ϕ = volumetrische Partikelkonzentration ($cm^3\ cm^{-3}$)

Beispiel 10.1: Koagulationskinetik

Schätze die Zeit, die es braucht – z.B. in einem See – um die Konzentration der suspendierten Teilchen durch Koagulation (und anschliessende Sedimentation) zu halbieren. Annahmen: 10^6 Teilchen pro cm^3 mit Durchmesser 2 μm; Geschwindigkeitsgradient G = 5 s^{-1} (dies entspricht einem langsamen Rühren in einem Becherglas); $\alpha = 10^{-2}$. Die Koagulation ist der geschwindigkeitsbestimmende Schritt, d.h. die koagulierten Teilchen sedimentieren relativ schnell unmittelbar nach der Agglomeration. Die volumetrische Konzentration der Teilchen ϕ beträgt, bei Annahme kugelförmiger Teilchen,

$\phi = 4 \times 10^{-6}\ cm^3\ cm^{-3}$, damit wird in

$$-\frac{dN}{dt} = k_0 N$$

$k_0 = (4/\pi)\,(\alpha\phi G) = 2.5 \times 10^{-7}\ s^{-1}$

und die Halbwertszeit ist gegeben durch $\tau_{1/2} = (\ln 2) / 2.5 \times 10^{-7} = 2.8 \times 10^{6}$ s oder 32 Tage.

Dieses Beispiel illustriert, dass bei kleinen Partikelkonzentrationen die Elimination der suspendierten Stoffe durch Koagulation und anschliessende Sedimentation sehr langsam ist.

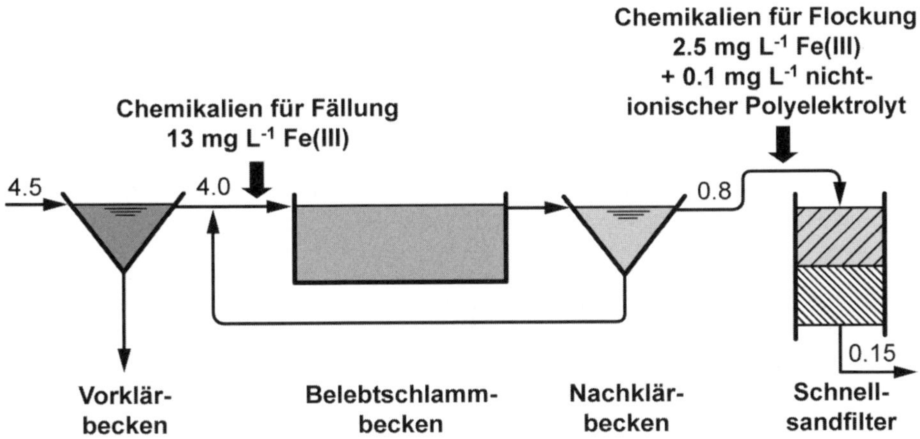

Abb. 10.5: Verfahrenskombination zur Elimination von Phosphat bei der Abwasserreinigung. Die Zahlen geben typische Phosphatkonzentrationen (mg L^{-1} P) wieder. Die Pfeile nach dem Vorklärbecken und nach dem Nachklärbecken signalisieren die Zugabe von Fällungs- und Flockungschemikalien. Für beides kann Fe(III) oder Al(III) verwendet werden (Daten von M. Boller, Eawag, 1993).

10.3 Filtration

Verschiedene Arten der Filtration werden insbesondere für die Trinkwasseraufbereitung verwendet. Im Folgenden wird einerseits die Raumfiltration in einem porösen Medium dargestellt (typisches Beispiel: Sandfilter in der Wasserversorgungspraxis), bei der eine Suspension eine räumliche Matrix von Filtermaterial passiert und dabei die ungelösten Stoffe im Filterporenraum zurücklässt. Andererseits werden die Membranfiltrationen kurz vorgestellt, die in der Trinkwasseraufbereitung vermehrt angewendet werden.

10.3.1 Raumfiltration in porösem Medium

Wie beim Flockungsprozess wird auch bei der Raumfiltration zwischen Transport- und Entstabilisierungs- resp. Anlagerungsschritt unterschieden. Der Transportschritt bringt die im Wasser vorhandenen Teilchen in Kontakt mit dem Filterkorn oder dem bereits auf dem Filterkorn abgelagerten Material. Die Anlagerung führt zum Anhaften der Teilchen am Filterkorn oder am bereits anhaftenden Material. Ein Tiefenfilter ist also kein Sieb. Teilchen, die viel kleiner sind als die Porendurchmesser im Filterbett, können deshalb entfernt werden.

Beim Anlagerungsschritt geht es wie bei der Flockung darum, die im Wasser vorhandenen Partikel so vorzubereiten, dass sie besser haftfähig werden. Die Überlegungen, die zur Entstabilisierung beim Flockungsprozess gemacht wurden, können sinngemäss auf die Filtration übertragen werden. Die Mechanismen der Entstabilisierung bleiben dieselben: Kompression der elektrischen Doppelschicht, Adsorptionskoagulation durch Metallhydroxide, Brückenbildung und Mitfällung.

Wie bei der Flockung können die Partikel durch Zugabe von Flockungsmittel vorgängig der Filtrationsphase besser haftfähig gemacht werden. Das Verfahren wird deshalb Flockungsfiltration genannt. Abbildung 10.5 zeigt ein Beispiel für die Anwendung der Flockungsfiltration für die Phosphatelimination in Kläranlagen.

Der Partikeltransport zur Oberfläche des Filterkorns wird von einer Reihe physikalischer Parameter beeinflusst wie Filtermaterial, Korngrösse, Porosität, Filterbetttiefe, Filtergeschwindigkeit und Viskosität. Überdies spielen Konzentrationen, Grösse und Dichte der zu entfernenden Feststoffe eine Rolle. Wie bereits bei der Flockung sind auch für die Filtration verschiedene kinetische Ansätze gemacht worden, die den Transportschritt der Partikel beschreiben. Die Transportschritte bei der Filtration sind die Sedimentation, die Diffusion und der Einfang an den Filterkörnern durch Porenströmung, Massenträgheit oder durch hydrodynamische Kräfte.

Der Kollisionswirksamkeitsfaktor, α, kann auch zur quantitativen Charakterisierung des Erfolges der Kollision zwischen suspendierten Teilchen und Filterkorn (Haftbarkeit) verwendet werden. In beiden Prozessen müssen durch Transportvorgänge die Teilchen zueinander oder an die Filterkörner transportiert werden. Dementsprechend hängt die Wirksamkeit der Flockung und Filtration einerseits von der Kontakthäufigkeit der Partikel, andererseits von der Kollisionseffizienz (vor allem beeinflusst durch kolloidchemische Faktoren) ab.

Der Transport kleinster Teilchen ($d < 1\ \mu m$) zum Filterkorn erfolgt vor allem durch Diffusion. Grössere Teilchen werden durch Sedimentation oder durch Einfang an die Oberfläche des Filterkornes gebracht. Wegen der Veränderung der Kontakthäufigkeit mit dem Durchmesser besteht eine Abhängigkeit der Filtrationseffizienz zum Durchmesser. Diese Abhängigkeit kommt in Abbildung 10.6 zum Ausdruck. Diese Abbildung zeigt, wie tief die Filter sein müssen, um – je nach α-Wert und Partikeldurchmesser – 99 % der Teilchen zu entfernen, und weist auch darauf hin, dass die kleineren und die grösseren Partikel besser entfernt werden. Das Modell der Abbildung 10.6 gibt auch Hinweise über den Transport, resp. den Rückhalt von Partikeln (Bakterien, Viren und Kolloide) in einem Grundwasserleiter.

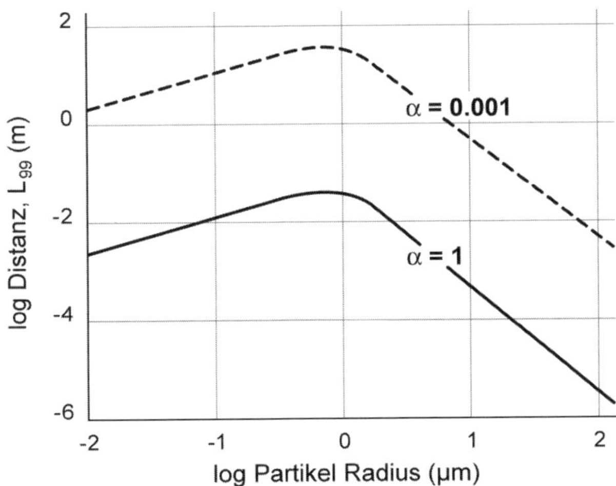

Abb. 10.6: Elimination von Teilchen in einem porösen Filtermedium. Die Ordinate gibt die Länge des Filters, welche notwendig ist, um 99 % der Partikel zu eliminieren. Die Abbildung illustriert die Wichtigkeit der Haftbarkeit (α) und des Partikelradius. Durch Zugabe von geeigneten Chemikalien kann α beeinflusst werden. (Modellrechnungen von *(129)* für folgende Bedingungen:
lineare Fliessgeschwindigkeit = 0.1 m Tag^{-1}
Durchmesser der Filterkörner = 0.025 cm
Dichte der Partikel = 1.05 g cm^{-3}
Porosität = 0.4)

Die wichtigsten kinetisch wirksamen Variablen der Flockung und der Filtration gelten sowohl in Reinigungssystemen wie in natürlichen Systemen. Die Filtration ist auch ein wichtiger Naturprozess, insbesondere bei der Grundwasserinfiltration. Sowohl in natürlichen wie in künstlichen Systemen hängt die Wirksamkeit der Filtration von der Kollisionswirksamkeit der Partikel, von der Teilchenkonzentration und vom Geschwindigkeitsgradienten ab. Wenn man natürliche Filtrationsprozesse, z.B. die Filtration beim Grundwassertransport im Grundwasserträger oder bei der Grundwasserinfiltration, mit den Langsam- oder Schnellfiltern bei technischen Filterverfahren vergleicht, stellt man fest, dass trotz verschiedenster Filtrationsgeschwindigkeiten eine ähnliche Filtrationswirksamkeit (konstantes Produkt von Kontakthäufigkeit und Kollisionswirksamkeit) bei natürlichen und technischen Systemen aufrechterhalten wird. Bei den technischen Systemen ist die Kontakthäufigkeit wesentlich kleiner und die Filtrationsgeschwindigkeit sehr viel grösser als bei natürlichen Systemen. Um trotzdem die gleiche Wirksamkeit der Teilchenelimination in einem schnellen technischen Filter zu erzielen, müssen die dort vorliegenden geringen Kontaktmöglichkeiten durch eine Erhöhung der Haftbarkeit der Partikel mittels Zugabe geeigneter Entstabilisierungschemikalien kompensiert werden (Kontaktfilter = Flockungsfilter). Selbstverständlich sind noch andere Faktoren wie die Zunahme des Druckverlustes für die praktische Filteroperation von Bedeutung.

10.3.2 Membranfiltration

Trennverfahren durch Membranen werden vermehrt zur Trinkwasseraufbereitung angewendet. Verschiedene Membranen werden angewendet, die zur Abtrennung von Trübung (Partikel), Bakterien, Viren und natürlichem organischen Material (NOM) dienen (Tabelle 10.3). Durch die Umkehrosmose kann auch Salzwasser zu Trinkwasser aufbereitet werden. Auch organische Spurenstoffe können durch Membranverfahren eliminiert werden.

Bei den Membranverfahren wird unter Anwendung von Druck Wasser durch eine Membran mit bestimmter Porengrösse durchgeleitet. Je nach Porengrösse (Tab. 10.3), die für einen bestimmten Membrantyp eine Verteilung um eine mittlere Porengrösse darstellt, werden die Teilchen verschiedener Grössenklassen zurückgehalten, während Wassermoleküle und kleinere Moleküle und Teilchen durch die Poren durchtreten. Das auf diese Art gereinigte Wasser, das durch die Membran durchtritt, wird als Permeat bezeichnet. Die von der Membran zurückgehaltenen Teilchen werden auf dieser akkumuliert. Dadurch kann die Membran blockiert werden. Um die Verstopfung der Membranen (Fouling) zu vermeiden, können verschiedene Betriebsarten angewendet werden. Bei der direkten Filtration wird durch Spülungen die deponierte Schicht von Teilchen wieder abgebaut. Andererseits kann das Konzentrat an der Membran rezirkuliert werden, um die Bildung einer Partikelschicht zu vermeiden, so dass durch Tangentialströmungen die Teilchen in Suspension gehalten werden (cross-flow). Die Anwesenheit von natürlichem organischem Material (NOM) spielt eine wesentliche Rolle bei den Foulingprozessen von Membranen.

Tab. 10.3: Membranfiltrationsverfahren

Trennverfahren	Porengrösse (nm)	Abgetrennte Stoffe
Mikrofiltration	100–1000	Partikel, Bakterien
Ultrafiltration	1.5–60	Bakterien, Viren, Kolloide, Huminstoffe
Nanofiltration	0.5–1.5	Viren, Huminstoffe, Moleküle, Ca^{2+}, Mg^{2+}
Umkehrosmose	< 0.5	Moleküle, Ionen

(nach *(130)*, *(131)*)

Bei der Umkehrosmose werden die meisten gelösten Stoffe (Ionen und Moleküle) an der Membran zurückgehalten, während Wasser durch die Membran durchtritt. Dieses Verfahren wird vor allem zur Aufbereitung von salzhaltigem Wasser verwendet. Wenn eine salzhaltige Lösung von einer verdünnten Lösung durch eine Membran getrennt wird, tritt üblicherweise Wasser in das Kompartiment mit der höheren Konzentration durch, so dass diese verdünnt wird (direkte Osmose). Der Druckunterschied ist der osmotische Druck des Systems. Um reines Wasser aus einer salzhaltigen Lösung herzustellen, muss ein Gegendruck zum osmotischen Druck ausgeübt werden, damit das Wasser zur verdünnteren Lösung durchtritt (Umkehrosmose).

10.4 Flotation

Unter Flotieren versteht man das Aufschwemmen partikulärer Stoffe. Die Flotation spielt eine wichtige Rolle bei der Gewinnung von Erzen aus Dispersionen der mechanisch zerkleinerten Mineralien; sie wird aber auch bei der Trinkwasseraufbereitung und der Abwasserreinigung eingesetzt. In Analogie zur Sedimentation können somit durch Flotation alle Partikel, die spezifisch leichter sind als Wasser, abgetrennt werden. Aber auch spezifisch schwerere Stoffe können durch Anlagerung von Gasblasen leichter gemacht und zum Aufschwimmen gebracht werden. Das gleiche Stokes-Gesetz (Gleichung (1)) beschreibt die Aufsteigrate ($\rho_S - \rho$ und dementsprechend v_S werden negativ).

Die Anlagerung der Gasblasen erfolgt um so leichter, je kleiner die Blasen sind (Durchmesser 50–80 µm) und desto hydrophober und entstabilisierter die Partikeloberfläche ist. Häufig wird eine Substanz zugegeben, ein sogenannter Kollektor, der spezifisch an den funktionellen Gruppen der Partikeloberfläche, z.B. durch elektrostatische Wechselwirkung oder Ligandenaustausch, angelagert wird; die dem Wasser zugerichteten Molekülteile sind hydrophob. Geeignet sind amphiphile Substanzen (Kapitel 9.2), wie z.B. Alkylverbindungen mit C_8–C_{18} Ketten, die hydrophile Gruppen (Carboxylat oder Amine) enthalten. Xanthate oder deren Oxidationsprodukte, Dixanthogen, $(R\text{-}O\text{-}CSS)_2$

$$(R - O - \underset{\underset{S}{\|}}{C} - S)_2$$

, haben sich als Kollektoren für viele Erze bewährt.

Die S-Gruppe kann sich durch Ligandenaustausch an das zentrale Metallion der Oberfläche anlagern, z.B.

$$\equiv Pb - OH + S(CSOR)_2 \rightarrow \equiv Pb^+ - S(CSOR)_2 + OH^- \qquad (8)$$

Besonders geeignete kleine Gasblasen können aus einer ursprünglich mit Luft übersättigten Lösung gebildet werden (die grössere Gaslöslichkeit von Luft in Wasser bei höherem Druck wird ausgenutzt; beim Senken des Druckes tritt die überschüssige Luft in Form feinster Blasen aus). Man spricht von Entspannungsflotation. Manchmal wird auch die elektrolytische Abscheidung von Wasserstoff und Sauerstoff an der Kathode resp. Anode verwendet (Elektroflotation).

10.5 Aktivkohleadsorption

Der Einsatz von Aktivkohle zur Aufbereitung von Grund- und Oberflächenwasser zu Trinkwasser gewinnt zunehmend an Bedeutung. Vor allem zur Entfernung von toxischen Spurenverunreinigungen, z.B. von Chlorkohlenwasserstoffen, ist die Adsorption an Aktivkohle ein geeignetes Verfahren. Die spezifische Oberfläche ist häufig um 1000 $m^2 g^{-1}$; das poröse Material enthält Makroporen mit Durchmessern von mehr als 0.1 µm und Mikroporen im Bereich von 10^{-3} bis 0.1 µm. Die Aktivkohle kann pulverförmig dem zu behandelnden Wasser zugegeben werden oder das Wasser wird durch mit Aktivkohle gefüllte Säulen perkoliert. Das letztere Verfahren ist offensichtlich für viele Anwendungen effizienter. Bei dem Säulenverfahren ist die Aktivkohle kontinuierlich in Kontakt mit der frischen Lösung. Die Geschwindigkeit der Adsorption ist von der Konzentration der zu entfernenden Verunreinigungssubstanzen abhängig.

10.5.1 Sorptionsisothermen

Die Sorption organischer Verbindungen auf Aktivkohle wird vor allem als Verteilung dieser Verbindungen in die Makroporen und Mikroporen verstanden und wird üblicherweise durch eine Freundlich-Isotherme beschrieben (vgl. Kap. 9.4, Gl. (8)):

$$\Gamma = K_f\, C^n \qquad (9)$$

mit :

Γ = Sorbierte Konzentration pro Masse des Sorbenten (g kg^{-1} oder mg g^{-1})

C = gelöste Konzentration des Sorbats (mg L^{-1} oder mg m^{-3})

K_f = Sorptionskoeffizient (mit der Einheit g kg^{-1} per (mg $m^{-3})^n$)

Ein Beispiel für Sorptionsisothermen von organischen Verbindungen auf Aktivkohle ist in Abb. 10. 7 dargestellt.

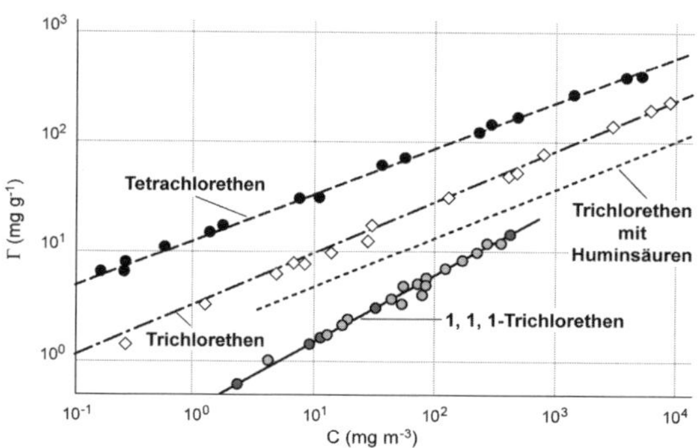

Abb. 10.7: Sorptionsisothermen von chlorierten Kohlenwasserstoffen auf Aktivkohle, sowie ein Beispiel für den Einfluss von Huminsäuren auf die Sorption (nach *(132)*)

10.5.2 Die Durchbruchskurve

Das Sorptionsverhalten der Aktivkohle in einer Säule ist schematisch in Abbildung 10.8 dargestellt. Die Adsorbate werden relativ schnell und effizient in den obersten Schichten des Aktivkohlebettes sorbiert, die dann abgesättigt sind und in ihrer Sorptionsfähigkeit nachlassen. Die daran anschliessende Sorptionszone bewegt sich mit zunehmender Zeit (oder durchflossenem Wasservolumen) nach unten. Die Durchbruchskurve ist in der Regel s-förmig. Beim Durchbruch (breakpoint) muss die Aktivkohle ersetzt oder regeneriert werden.

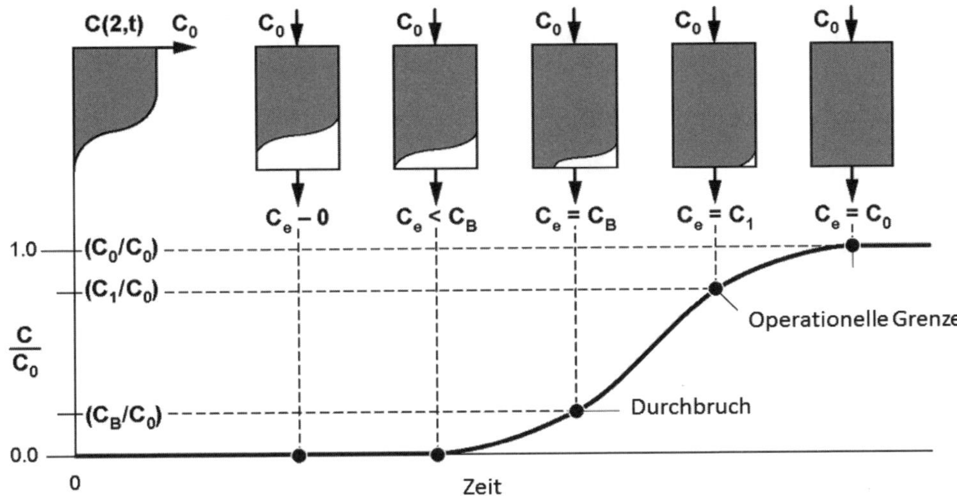

Abb. 10.8. Schematische Bewegung der Sorptionszone und Durchbruchskurve als Funktion der Zeit in einer Aktivkohlesäule (modifiziert von *(133)*).
C: Konzentration einer gelösten Verbindung am Ausgang der Säule; C_0: Anfangskonzentration der Verbindung in der eingebrachten Lösung; C_B: Konzentration der gelösten Verbindung beim Durchbruch; C_1: Konzentration bei der operationellen Grenze, d.h. die maximale zulässige Konzentration bei der Behandlung mit Aktivkohle.
Im ersten Teil der Durchbruchskurve wird die Verbindung durch Sorption an der Aktivkohle zurückgehalten und tritt nicht aus der Säule aus. Dann nimmt die Ausgangskonzentration zu und erreicht C_B. Schliesslich wird ein Fliessgleichgewicht erreicht und die Ausgangskonzentration ist gleich C_0 ($C_e = C_0$).

Jedes genutzte Wasser enthält meistens zusätzlich zu Mikroverunreinigungen natürliche gelöste organische Verbindungen (Humin- und Fulvinsäuren), die in grösseren Konzentrationen vorliegen. Dieser organische Kohlenstoff (DOC) ist im Vergleich zu Spurenverunreinigungen in der Regel schlechter sorbierbar, sodass die Konzentrationsfront des DOC schneller in tiefere Filterschichten gelangt. Dies führt zu einer Verbindung der Aktivkohle mit den organischen Wasserinhaltsstoffen, welche ihrerseits zu einer Abnahme der nutzbaren Kapazität der Aktivkohle für die Spurenstoffe mit zunehmender Filtertiefe führen. Um den unerwünschten Einfluss der DOC-Verbindung auf das Sorptionsverhalten von Spurenstoffen zu verringern und um dadurch gleichzeitig die Aktivkohle weitgehend für die Spurenstoffentfernung ausnutzen zu können, wurde der Einsatz von absatzweise im Gegenstrom arbeitenden Fliessbettreaktoren vorgeschlagen.

10.6 Korrosion der Metalle als elektrochemischer Prozess

Die Metallkorrosion kann als Redox-Prozess sowohl aus thermodynamischer wie auch aus kinetischer Sicht interpretiert werden.

10.6.1 Thermodynamische Aspekte

Die meisten Metalle werden spontan in ihre Oxide umgewandelt. Die freie Reaktionsenthalpie für die Oxidationsreaktion mit O_2 ist nachfolgend für einige Oxide zusammengestellt:

Tab. 10.4: ΔG^0 (kJ mol^{-1}) für die Reaktion xM(s) + y/2 $O_2 \leftrightarrows M_xO_y$(s) [1)]

Oxid:	Fe_2O_3	Al_2O_3	Cr_2O_3	MgO	CuO	NiO	ZnO	SnO_2
ΔG^0 (25 °C)	–742.3	–1582	–1053	–569.4	–129.7	–211.6	–318.4	–519.7

1) Diese Werte entsprechen $G^0{}_f$ für die Bildung aus den Elementen (siehe Tabelle im Anhang 3).

Ebenfalls gestattet die sogenannte „elektrochemische Spannungsreihe" der Metalle (Tabelle 10.5), die Tendenz verschiedener Metalle, in Lösung zu gehen, miteinander zu vergleichen. Die in Tabelle 10.5 zusammengestellten Werte für das Elektrodenpotenzial entsprechen dem Standard-Redoxpotenzial für die Reduktion der Metallionen zum festen Metall. Das ist auch das Potenzial, das man im Prinzip[1)] messen würde, wenn das entsprechende Metall in Kon-

1) Die Aussage gilt nur, wenn die in Tabelle 10.5 angegebene Reaktion in der elektrochemischen Zelle ausschliesslich (ohne Nebenreaktion) ablaufen würde. Bei den aktiven Metallen (z.B. Zn, Mg) findet aber auch bei offenem Stromkreislauf eine Korrosionsreaktion statt, z.B. Zn(s) + 2 $H_2O \leftrightarrows Zn^{2+}$ + H_2(g) + 2 OH^-. Dementsprechend lassen sich unedle Metalle auch nicht als spezifische Ionen-Elektroden verwenden. Während man die Ag/ Ag^+-Elektrode verwenden kann, um – bei Ausschluss von O_2 – $\{Ag^+\}$ zu messen, kann eine Zn-Elektrode nicht zur Messung von $\{Zn^{2+}\}$ verwendet werden.

takt mit einer Lösung der entsprechenden Metallionen – bei einer Aktivität von 1 M – in Kontakt mit einer Standard-Wasserstoffelektrode stehen würde. Je höher das Standard-Elektrodenpotenzial, desto edler ist das Metall.

Tab. 10.5: Elektrochemische Spannungsreihe einiger Metalle (25 °C)

Reaktion	Elektroden Potenzial (V)	log K	$p\varepsilon^0$	
$Mg^{2+} + 2\,e^- = Mg(s)$	–2.35	–79.7	–39.8	↓ edel / ↑ aktiv
$Zn^{2+} + 2\,e^- = Zn(s)$	–0.76	–26	–13	
$Fe^{2+} + 2\,e^- = Fe(s)$	–0.44	–14.9	–7.4	
$2\,H^+ + 2\,e^- = H_2(g)$	0	0	0	
$Cu^{2+} + 2\,e^- = Cu(s)$	0.34	11.4	5.7	
$Ag^+ + e^- = Ag(s)$	0.8	13.5	13.5	

10.6.2 Kathodischer Schutz und anodische Aktivierung

Die folgenden hypothetischen elektrochemischen Zellen werden miteinander verglichen. Diese Zellen sind so geschrieben, dass die Elektronen im externen Stromkreislauf von links nach rechts laufen. Die Potenzialdifferenz (E) gilt für Standardbedingungen.

$$H_2(g) \mid H^+ \parallel Cu^{2+} \mid Cu(s) \qquad E = 0.34\ V \tag{10}$$

$$Fe(s) \mid Fe^{2+} \parallel H^+ \mid H_2(g) \qquad E = 0.44\ V \tag{11}$$

$$Mg(s) \mid Mg^{2+} \parallel Fe^{2+} \mid Fe(s) \qquad E = 1.91\ V \tag{12}$$

$$Fe(s) \mid Fe^{2+} \parallel Cu^{2+} \mid Cu(s) \qquad E = 0.78\ V \tag{13}$$

Wenn z.B. Eisen in Gegenwart eines Elektrolyten mit Magnesium elektrisch verbunden wird, dann wird das Mg zur Anode ($Mg \rightarrow Mg^{2+} + 2\,e^-$) und das Fe wird zur Kathode, d.h. die Elektronen von der Oxidation des Mg verhindern die Oxidation des Fe(s). Man spricht von kathodischem Schutz; das mit dem Eisen elektrisch verbundene Mg wird geopfert. Ein galvanischer Überzug mit Zn wirkt ähnlich; so lange das Zink als Anode wirkt (in Lösung geht), so lange wird das darunter liegende Fe geschützt. Man kann natürlich auch einfach eine Spannung zwischen einer inerten Gegenelektrode und Eisen als Kathode anlegen, um das Eisen zu schützen.

Andererseits zeigt die Zelle (13), dass bei der Verbindung von Cu(s) mit Fe(s) das Fe zur Anode wird. Diese Kombination, z.B. bei falscher Installation von Wasserleitungen, ist detrimental für das Eisen. Diese Art der „Lokalbatterie" tritt auch auf, wenn das Leitungswasser Cu(II) enthält; das Cu wird dann abgeschieden ($Cu^{2+} + Fe(s) = Fe^{2+} + Cu(s)$).

Der Bereich, in welchem thermodynamisch gesehen eine Korrosion von Eisen möglich ist, kann aus Abbildung 8.8 abgelesen werden. Der Prädominanzbereich von Fe^{2+} entspricht den Bedingungen, unter denen Korrosion auftritt. Wenn es gelingt, $p\varepsilon < -10$ zu halten, z.B. durch kathodischen Schutz oder durch Anlegung einer Spannung, kann Fe(0) nicht korrodieren. Im Prädominanzbereich des Eisenhydroxids $Fe(OH)_3$ ist eine Korrosion zwar möglich, aber unter geeigneten Bedingungen bildet sich eine Oxid-Schutzschicht, eine sogenannte Rostschutzschicht oder eine Passivschicht, welche die Korrosion verlangsamt.

Die elektrochemische Korrosion von Eisen in Wasser kann in Form von Halbreaktionen notiert werden. Die fundamentale Reaktion der Korrosion ist dabei die oxidative Auflösung des Eisens:

$$Fe(0) \rightarrow Fe^{2+} + 2\,e^- \qquad (14)$$

Die Elektronen, welche in Gleichung (14) freigesetzt werden, müssen in einer entsprechenden Reduktion konsumiert werden. In Wässern, die Sauerstoff gelöst haben, wird zuerst der Sauerstoff reduziert:

$$O_2 + 2\,H_2O + 4\,e^- \rightarrow 4\,OH^- \qquad (15)$$

Steht kein Sauerstoff zur Verfügung, finden folgende Reduktionen statt:

$$2\,H^+ + 2\,e^- \rightarrow H_2 \qquad (16)$$

$$2\,H_2O + 2\,e^- \rightarrow 2\,OH^- + H_2 \qquad (17)$$

Das Fe(II) kann dann durch O_2 zu Fe(III) oxidiert werden.

Oxidation und Reduktion können räumlich getrennt voneinander ablaufen. Korrosion als elektrochemischer Prozess umfasst also:

- anodische Gebiete, wo das Eisen oxidiert wird und Elektronen produziert werden;
- kathodische Gebiete, wo die Reduktion vonstatten geht und Elektronen konsumiert werden;
- einen metallischen Leiter zwischen kathodischem und anodischem Bereich, durch den die Elektronen fliessen können;
- einen ionischen Leiter (Elektrolyt), der sowohl mit dem anodischen als auch mit dem kathodischen Bereich in Kontakt steht.

Anode und Kathode können verschiedene Metalle, verschiedene Bestandteile einer Legierung oder verschiedene Bereiche desselben Eisenstückes sein; finden beide Halbreaktionen am gleichen Stück Metall statt, spricht man von lokalen Anoden (Oxidation) und lokalen Kathoden (Reduktion). Das Metall selbst ist in diesem Fall der elektrische Leiter, während das die Metalloberfläche bedeckende Wasser die Funktion der Salzbrücke in der galvanischen Zelle hat und Ionenleitfähigkeit garantiert.

Die anodischen Gebiete sind die reaktiveren und können Spalten in einer Oxidschicht, Korngrenzen oder Verunreinigungen sein. Die kathodischen Gebiete können das Oxid oder edlere Verunreinigungen sein. Die Elektronen, welche an der Anode produziert werden, fliessen durch den metallischen Leiter zur Kathode, um dort aufgebraucht zu werden. Die Intensität der Korrosion in den anodischen Bereichen ist verbunden mit dem Flächenverhältnis Kathode/Anode und der lokalen anodischen Stromdichte.

Die Geschwindigkeit, mit welcher Elektronen an der Anode produziert werden, ist gleich gross wie diejenige, mit der sie an der Kathode konsumiert werden. Deshalb kann sowohl die Rate der anodischen als auch der kathodischen Reaktion reduziert werden (Inhibition), um die Geschwindigkeit der Korrosion zu reduzieren.

10.6.3 Passivierung einer Metalloberfläche

Der Begriff des passiven Zustandes eines Metalls kann vielleicht am besten am Beispiel des Aluminiums erläutert werden. Dieses unedle Metall mit einem Standard-Reduktionspotenzial von –1.66 V kann nur deshalb verwendet werden, weil sich an der Luft eine kompakte, adhärente und harte Oxidschicht bildet, die das darunterliegende Metall schützt.

Auch Eisen ist im passiven Zustand von einer dünnen Oxidschicht bedeckt. Die Zusammensetzung der Passivschicht variiert häufig; oft besteht sie aus einem Film von $Fe_{(3-x)}O_4$ (d.h. einem gemischten Fe(II)/Fe(III)-Oxid). Die passivierende Eisenoxidschicht kann in Gegenwart von Oxidationsmitteln (O_2, CrO_4^{2-}, etc.) aufrecht erhalten werden. Die Passivität hängt aber auch vom Werkstoff ab. Sogenannte nicht-rostende Stähle enthalten Legierungselemente wie z.B. Cr und Mo, die unter geeigneten Bildungsbedingungen in die Passivschicht eingebaut werden und deren passivierenden Eigenschaften verbessern. Substanzen, die Oxide auflösen, so z.B. Halogenidionen und andere nukleophile Liganden, insbesondere Reduktionsmittel wie z.B. Ascorbat und Schwefelwasserstoff erschweren die Bildung eines Passivfilms oder zerstören dessen passivierenden Eigenschaften. Unter bestimmten Bedingungen können Oxoanionen wie Chromat, Phosphat, Molybdat die passivierenden Eigenschaften des Oxidfilmes erhalten.

Die Kalkrostschutzschicht

Bei natürlichen Gewässern kann an der Oberfläche des verwendeten Eisens im Verteilungsnetz keine vollständige Oxidschicht gebildet werden. Aber häufig bildet sich mit Hilfe des abgeschiedenen $CaCO_3$ und der Produkte der Korrosion eine Kalkrostschutzschicht, die korrosionsinhibierend wirkt. Die Über- oder Untersättigung der Löslichkeit des $CaCO_3$, gemessen durch den Sättigungsindex, oder die überschüssige oder unterschüssige Kohlensäure (Kapitel 7.8) spielt im Korrosionsschutz der Trinkwasserversorgung eine wichtige Rolle.

Häufig ist ein Wasser, das nahezu im Löslichkeitsgleichgewicht zu $CaCO_3$ steht, vom Korrosionsgesichtspunkt aus wünschbar. Ein allzu übersättigtes Wasser kann durch Abscheidung des $CaCO_3$ zur Verstopfung der Röhren führen. Allerdings genügt es nicht, die Korrosivität eines Wassers allein aufgrund der Kalkkohlensäuregleichgewichte oder des Sättigungsindexes zu beurteilen. Die elektrochemischen Prozesse an der korrodierenden Metalloberfläche beeinflussen in unmittelbarer Nähe der Oberfläche den pH der Lösung.

Zur Vermeidung der Korrosion braucht es neben theoretischen Einsichten sehr viel Erfahrung; einfache Rezepte genügen nicht.

Weiterführende Literatur

Crittenden J. (2005) *Water treatment principles and design*. J. Wiley.

Elimelech M., Gregory J., Jia X., and Williams R. (1995) *Particle deposition and aggregation: measurement, modelling and simulation*. Butterworth-Heinemann.

Hahn H. (1985) *Wassertechnologie; Fällung, Flockung, Separation*. Springer-Verlag.

Kaesche H. (1990) *Die Korrosion der Metalle*. Springer-Verlag.

O'Melia C. R. and Tiller L. T. (1993) Physicochemical Aggregation and Deposition in Aquatic Environments. In *Environmental Particles 2* (ed. J. Buffle and H. P. Van Leeuwen). Lewis Publishers.

Übungen

1) Bei der Flockung und Filtration werden suspendierte Teilchen entfernt und damit auch Schadstoffe und Verunreinigungssubstanzen, die kolloidal vorliegen oder an Partikel adsorbiert werden. Beurteile die Effizienz der Flockung für folgende Verunreinigungskomponenten:

i)	Viren	vii)	Kohlenhydrate
ii)	Bakterien	viii)	oberflächenaktive Substanzen
iii)	Schwermetalle	ix)	hydrophobe Verbindungen
iv)	Ca^{2+}	x)	NO_3^-
v)	Huminstoffe	xi)	chlorierte Kohlenwasserstoffe
vi)	SO_4^{2-}		

2) Weshalb führen Koagulationsmittel nur in einem bestimmten Konzentrationsbereich zu einer Destabilisierung kolloidaler Dispersionen?

3) a) Schätze die Zeit, die es braucht, um aus einem natürlichen Wasser, das (ähnlich wie in Beispiel 10.1) 10^6 Kolloidteilchen pro cm^3 ($d < 1$ µm) enthält, diese Partikel durch Koagulation mit einem effizienten Flockungsmittel ($\alpha \rightarrow 1$) (z.B. Al(III)) zum sedimentieren zu bringen.

   b) Offensichtlich ist die Zeit zu lang, um in einer wassertechnologischen Anlage effiziente Partikelentfernung zu betreiben. Welche anderen technischen Lösungen können in Betracht gezogen werden?

   i) Fällung von $Al(OH)_3(s)$;

   ii) Sandfiltration;

   iii) Flockungsfiltration;

   iv) Zugabe von Tonmineralien zum Rohwasser, um eine kinetisch günstigere Ausgangskonzentration zu erreichen.

   Welche sind die allfälligen Vor- und Nachteile solcher Verfahren?

4) Warum eignen sich Siebe (Filter, die auf Siebwirkung beruhen) nicht in der Praxis, um partikuläre Stoffe aus einem Wasser zu entfernen? Welche sind die chemischen Variablen, die beim Filtrationsprozess in einem Tiefenfilter zur Entfernung der suspendierten Teilchen führen?

5) Bei der Flockung mit Al(III)- und Fe(III)-Salzen wird die Alkalinität des zu behandelnden Wassers herabgesetzt. Was ist die Ursache? Wie viel Kalkmilch ($CaO + H_2O = Ca(OH)_2$) pro zugegebenem Al(III) oder Fe(III) muss zugegeben werden, um die Senkung des pH zu vermeiden?

6) Wie kann die Filtrationsgeschwindigkeit erhöht werden, ohne die Filtrationswirkung (Elimination der Partikel) zu beeinträchtigen?

7) Aktivkohle kann eingesetzt werden, um Geruchsstoffe und andere organische Verbindungen aus dem Trinkwasser zu entfernen.

   Welche Parameter beeinflussen die Eliminationswirkung verschiedener Verbindungen?

8) Erkläre den Unterschied zwischen einer Chromierung (kathodische Abscheidung von Cr) und einer Verzinkung von Eisen. Was ergibt sich aus der elektrochemischen Spannungsreihe für die Paare Cr–Fe und Zn–Fe? (Die Position des Chroms in der Spannungsreihe kann aus der thermodynamischen Tabelle im Anhang 3 ermittelt werden.)

11 Biogeochemische Kreisläufe einiger Elemente

11.1 Verteilung von Stoffen in der Umwelt

In der Umwelt wirkt ein komplexes Netz von chemischen, biologischen, geologischen und physikalischen Prozessen zusammen, das in die Kreisläufe der verschiedenen Elemente und chemischen Verbindungen resultiert. Die verschiedenen Kompartimente der Umwelt (Gewässer, Biota, Atmosphäre, Boden, Gesteine) sind über vielfältige Beziehungen miteinander verknüpft. Die Zusammensetzung der Ozeane, der anderen Gewässer und der Atmosphäre werden durch das Zusammenspiel dieser Prozesse reguliert. Von zentraler Bedeutung für diese Regulierung und für die Kreisläufe vieler Stoffe ist die Biota, die Gemeinschaft der Lebewesen in Ökosystemen. Die Kreisläufe vieler Elemente sind mit den Kreisläufen von Kohlenstoff und Sauerstoff eng verknüpft, die vom Auf- und Abbau der Biota dominiert werden.

Um insbesondere die Zusammensetzung der Gewässer zu verstehen, müssen die Wechselbeziehungen zu den anderen Kompartimenten berücksichtigt werden. Daran beteiligt sind sowohl die verschiedenen chemischen Prozesse, die in den vorangehenden Kapiteln behandelt wurden, wie auch Wechselwirkungen mit der Biota (Kapitel 8) und die physikalischen Prozesse (z.B. Mischungsprozesse). Die natürlichen Prozesse sind teilweise durch die anthropogenen Eingriffe gestört. D.h. die Stoffflüsse, die aus menschlichen Aktivitäten resultieren, erreichen in vielen Fällen die gleichen Grössenordnungen wie die natürlichen Stoffflüsse im globalen Massstab, so dass natürliche Kreisläufe beschleunigt und entkoppelt werden.

In diesem Kapitel werden einige Beispiele für die Regulierung der Zusammensetzung von Gewässern durch verschiedene Prozesse und für anthropogene Störungen illustriert.

Die verschiedenen Reservoire der Umwelt

Jede Substanz natürlicher oder anthropogener Herkunft, die in die Umwelt gelangt, verteilt sich über die verschiedenen Reservoire (Boden, Oberflächenwasser, Grundwasser, Sedimente, Biota, Atmosphäre) (s. Abbildungen in diesem Kapitel). Die Substanzen verteilen sich entsprechend ihren spezifischen Eigenschaften (Dampfdruck, Löslichkeit, Henry-Verteilungs-Koeffizient, Lipophilität, Abbaubarkeit). Substanzen, die ins Wasser gelangen, können in der Biota oder in den Sedimenten akkumulieren oder durch Verflüchtigung in die Atmosphäre gelangen; von Oberflächengewässern und vom Boden her infiltrieren Substanzen ins Grundwasser. Substanzen, die in die Atmosphäre durch die Verbrennung fossiler Brennstoffe, industrielle Prozesse, Stauberosion, Verflüchtigung (z.B. Säuren, Schwermetalle, Fotooxidantien, zahlreiche organische Verbindungen (Pestizide usw.)) gelangen, werden nach dem Transport über weite Distanzen und nach allfälligen chemischen und fotochemischen Umwandlungen auf die Oberflächengewässer und Böden eingetragen. Substanzen, die auf die Böden verteilt werden, z.B. durch Anwendungen in der Landwirtschaft (Pestizide, Herbizide, Dünger usw.) oder Einträge aus der Atmosphäre können durch Abschwemmungen in die Oberflächengewässer, durch Infiltration ins Grundwasser und durch Verflüchtigung in die Atmosphäre gelangen.

Die Verteilung wird durch chemische, biologische und physikalische Prozesse beeinflusst. Durch biologische Prozesse werden viele Stoffe chemisch umgesetzt; als Beispiele sind in Kapitel 11.2 die Abbauprodukte des natürlichen organischen Materials und in Kapitel 11.3 die Umsetzungen der Stickstoffverbindungen dargestellt. Synthetische organische Verbindungen werden chemisch und biologisch in neue Verbindungen umgewandelt.

Von besonderer Bedeutung für den Transfer zwischen den Reservoiren sind einerseits Prozesse, die zur Bildung flüchtiger Verbindungen führen, und andererseits Prozesse, die in eine Bindung in der festen Phase resultieren. Flüchtige Verbindungen werden bei vielen biologischen Umsetzungen gebildet: wichtige Abbauprodukte des organischen Materials wie CO_2, NH_3, N_2, H_2S sind flüchtig; auch andere flüchtige Stoffwechselprodukte wie Dimethylsulfid ($(CH_3)_2S$), das in den Ozeanen gebildet wird, und weitere methylierte Verbindungen sind von Interesse. Insbesondere durch Verbrennungsprozesse tragen anthropogene Aktivitäten zur Bildung flüchtiger Produkte bei. Beispiele flüchtiger Verbindungen verschiedener Elemente sind nachstehend aufgeführt.

Tab. 11.1: Beispiele flüchtiger Verbindungen

Element	flüchtige Verbindungen
N	N_2, NH_3, NO, NO_2, N_2O, HNO_3
S	H_2S, $(CH_3)_2S$, SO_2, COS
Hg	$Hg(0)$, $(CH_3)_2Hg$
Se	$(CH_3)_2Se$
As	AsH_3, $(CH_3)_3As$

Bindung an festen Phasen ist für die Wechselwirkungen zwischen Wasser, Sedimenten, Böden und für die Infiltration in Grundwasser von grosser Bedeutung. Als Beispiele dazu dienen die Prozesse bei der Regulierung der Metallkonzentrationen in Gewässern (Kapitel 11.5) und die Transportvorgänge adsorbierbarer Substanzen im Grundwasser (Kapitel 12.3). Bindung an festen Phasen kann durch die in Kapitel 9 behandelten Prozesse an Grenzflächen erfolgen (insbesondere durch Adsorption). Die Akkumulation in den Organismen und in der Nahrungskette ist ein wichtiger Parameter zur Beurteilung einer Substanz in der Umwelt.

11.2 Kohlenstoffkreislauf in den Gewässern

11.2.1 Globaler Kohlenstoffkreislauf

Der Kohlenstoffkreislauf spielt heute eine entscheidende Rolle in der Umwelt wegen des bekannten Anstiegs von CO_2 in der Atmosphäre aufgrund der Verbrennung fossiler Brennstoffe und der Effekte auf die Klimaerwärmung. Eine Übersicht über den globalen Kohlenstoffkreislauf ist in Abb. 11.1 gegeben (nach *(134)*). Die Zahlen für die CO_2-Emissionen aus der Verbrennung fossiler Brennstoffe in Abb. 11.1 und das Budget für die Quellen und Senken von anthropogenem CO_2 in Tabelle 11.2 sind aus einer Zusammenstellung für das Jahr 2008 *(135)*. Die grösste Menge an anorganischem Kohlenstoff (ausser in den Sedimentgesteinen) befindet sich in den Ozeanen, die auch einen Teil des anthropogenen CO_2 aufnehmen. Eine weitere wichtige Senke ist die Aufnahme in terrestrische Vegetation. Aus diesen Zusammenstellungen ist klar, dass der CO_2-Gehalt in der Atmosphäre zunimmt, weil die übrigen Senken nicht ausreichen, um das anthropogene CO_2 aufzunehmen.

Jährlich werden ungefähr 8 Milliarden Tonnen fossilen Kohlenstoffs verbrannt (8×10^{15} g, oder 0.72×10^{15} Mol/Jahr, wie in Abb. 11.1 dargestellt). Die total von 1850 bis 2000 verbrannte Kohlenstoffmenge wird auf 275×10^{15} g C (2.3×10^{16} Mol C) geschätzt *(134)*. Diese Menge ist mit dem vorindustriellen Reservoir der Atmosphäre zu vergleichen, das mit einem mittleren vorindustriellen p_{CO2} = 278 ppm auf 590×10^{15} g C berechnet wird. Die gesamte verbrannte Kohlenstoffmenge hätte zu einem Anstieg des CO_2 in der Atmosphäre um etwa 47% geführt. Effektiv wird eine Zunahme des CO_2 um 35% gegenüber dem vorindustriellen Wert festgestellt. Ungefähr 50% des emittierten Kohlenstoffs wurde durch die Ozeane absorbiert und ein anderer Teil durch terrestrische Senken. Der CO_2-Gehalt der Atmosphäre nimmt gegenwärtig weiter zu und könnte in den nächsten Jahrzehnten bis zum Doppelten des vorindustriellen Gehalts ansteigen. Diese Zunahme hat deutliche Auswirkungen auf das Klima, die jetzt schon im Anstieg der Temperaturen sowie in zeitlichen und räumlichen Veränderungen der Niederschläge spürbar sind.

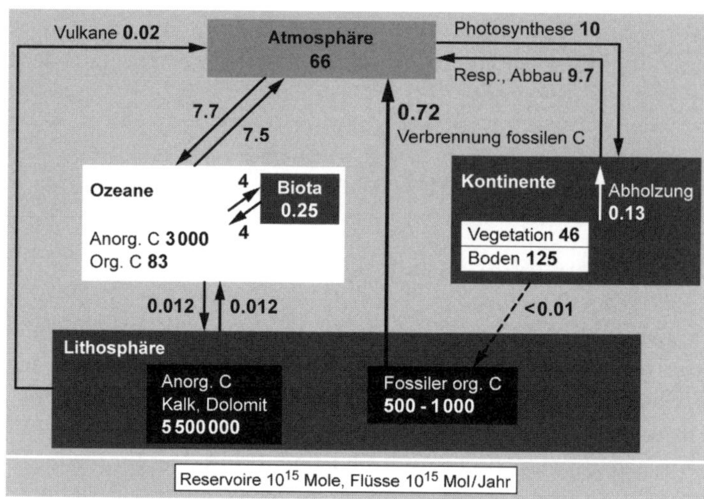

Abb.11.1: Vereinfachte Darstellung des globalen Kohlenstoffkreislaufs (nach *(134)*, anthropogenes CO_2 nach *(135)*) (Reservoire in 10^{15} Mole, Flüsse in 10^{15} Mol/Jahr)

Tab. 11.2: Quellen und Senken von anthropogenem CO_2 für das Jahr 2008 (10^{14} Mol/Jahr) (nach *(135)*)

CO_2 in Atmosphäre: 385 ppm (2008)

Quellen		Senken	
fossile Brennstoffe	7.2 ± 0.4	Atmosphäre	3.2 ± 0.1
Abholzung	1.3 ± 0.6	Ozeane	1.9 ± 0.3
		Terrestrische Senken	3.9 ± 1.0
		Unsicherheit	± 1.7

11.2.2 Kohlenstoffkreislauf in Gewässern

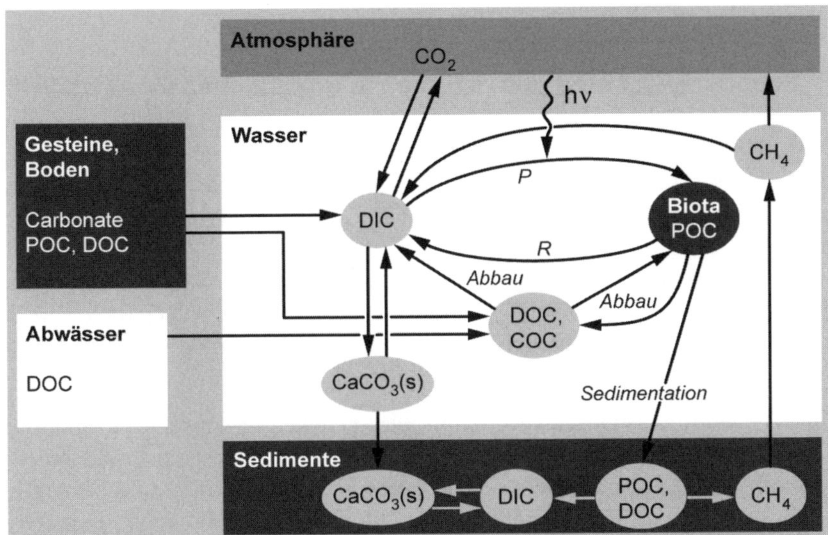

Abb. 11.2: Kreislauf von Kohlenstoff in Gewässern. Gelöster anorganischer Kohlenstoff wird durch Gesteinsverwitterung und aus dem gasförmigen CO_2 eingetragen. Durch die Fotosynthese wird C in organischem Material gebunden und bei der Mineralisation wieder freigesetzt. Organischer C wird auch aus Abwässern und Böden eingetragen (DIC: gelöster anorganischer Kohlenstoff (dissolved inorganic carbon); DOC: gelöster organischer Kohlenstoff (dissolved organic carbon); COC: kolloidaler organischer Kohlenstoff; POC: partikulärer organischer Kohlenstoff). CO_2 aus dem Abbau des organischen Materials und CH_4 aus den Reduktionsprozessen werden zum Teil an die Atmosphäre abgegeben.

Für den Kohlenstoffkreislauf in Gewässern ist der Auf- und Abbau organischen Materials durch die Fotosynthese und Respiration von zentraler Bedeutung (Abbildung 11.2) (vgl. Kapitel 1 und 8). Gelöster anorganischer Kohlenstoff (DIC, dissolved inorganic carbon = Summe von H_2CO_3*, HCO_3^- und CO_3^{2-}) wird durch Gesteinsverwitterung und aus dem gasförmigen CO_2 eingetragen. Durch die Fotosynthese wird der organische C in der Biota (POC, partikulärer organischer Kohlenstoff) aufgebaut; in Seen beträgt die Primärproduktion ca. 50–1000 mg C m^{-2} d^{-1}, bzw. einige Gramm organischen Materials pro m^2 und Tag. Aus dieser Primärproduktion ergibt sich der weitere Aufbau der Nahrungskette. Aus Böden abgeschwemmtes organisches Material sowie aus Abwässern eingebrachte organische Verbindungen tragen ebenfalls zu den Gehalten gelösten, kolloidalen (COC) und partikulären organischen Kohlenstoffs bei. Organisches Material sedimentiert und weitere Mineralisationsreaktionen finden in den Sedimenten statt. Nach dem vollständigen Verbrauch von Sauerstoff benützen die Mikroorganismen dazu verschiedene Oxidantien entsprechend der Redoxreihe (Kapitel 8.6). Methan ist dabei ein mögliches Endprodukt, das zum Teil an die Atmosphäre abgegeben wird und zum Teil im Gewässer wieder oxidiert wird. Abbau des eingetragenen organischen Materials aus Böden führt dazu, dass viele Seen und Flüsse mit CO_2 übersättigt sind und in der Bilanz netto CO_2 an die Atmosphäre abgeben *(136)*. Fotochemischer Abbau von DOC trägt auch zur Mineralisation bei.

11.2.3 Zusammensetzung des natürlichen organischen Materials (NOM)

Neben der vollständigen Mineralisation zu anorganischem Kohlenstoff treten organische Verbindungen unterschiedlichster Struktur als Zwischenprodukte beim Abbau des organischen Materials auf, die teilweise ins Wasser freigesetzt werden (Tabelle 11.3). Alle diese Verbindungen tragen zum natürlichen organischen Material bei (NOM, natural organic matter), das ein sehr komplexes Gemisch darstellt. Verschiedene Trennverfahren werden angewendet, um die organischen Verbindungen entsprechend ihren Eigenschaften – insbesondere ihren hydrophoben und hydrophilen Eigenschaften – zu trennen, sowie nach Molekulargewichten *(137)*.

Abbildung 11.3 zeigt eine typische Aufteilung des gelösten organischen Kohlenstoffs in einem Flusswasser. Organische Verbindungen im Fluss- oder Seewasser umfassen ein grosses Spektrum von Molekulargewichten (ca. von <100 bis >5000). Humin- und Fulvinsäuren sind Produkte von Abbaureaktionen und natürlicher Polymerisationsreaktionen (Kapitel 6.3) und bilden üblicherweise einen grossen Anteil des gelösten organischen Kohlenstoffs in natürlichen Gewässern (häufig ca. 50%). Die hydrophilen Verbindungen umfassen Zucker, Zuckersäuren, Polyuronsäuren, Peptide, Aminosäuren (Abb. 11.3). Die hydrophilen Säuren, die im Gegensatz zu den Humin- und Fulvinsäuren nicht durch XAD-Harze zurückgehalten werden, enthalten z.B. Zuckersäuren wie Uron- und Polyuronsäuren. Zum kolloidalen organischen Kohlenstoff gehören die grösseren Huminsäuren (vor allem aus Böden mit Molekulargewichten bis > 5000 Da) sowie Polysaccharide und Peptidoglycane (häufig als Biopolymere bezeichnet) mit Molekulargewichten im Bereich 10^4–10^5 Da, die von den Mikroorganismen aus dem Abbau von Zellwänden und anderen Verbindungen ausgeschieden werden *(138)*. Unvollständig abgebautes organisches Material tritt auch partikulär auf, als Detritus oder auf mineralischen Partikeln adsorbiert. Zu den in See- oder Flusswasser identifizierten organischen Verbindungen gehören kleine organische Säuren wie Formiat, Acetat, Propionat, Lactat, Fettsäuren, Aminosäuren (Glycin, Glutamat, Aspartat usw.).

Moderne analytische Methoden wie Massenspektrometrie, NMR, spektroskopische Methoden werden in Verbindung mit chromatografischen Methoden zur Auftrennung in verschiedene Fraktionen verwendet, um die komplexe Zusammensetzung von NOM aufzuklären *(87)*.

Typische Gehalte an gelöstem und partikulärem (vor allem in der Biota) organischen Material in Gewässern sind in Tabelle 11.4 zusammengestellt.

Tab. 11.3: Zersetzungsprodukte der Biota

Lebenssubstanzen	Zersetzungszwischenprodukte	Zwischen- und Endprodukte in natürlichen Gewässern
Proteine	Polypeptide → Aminosäuren → RCOOH, $RCH_2OHCOOH$, RCH_2OH, RCH_3, RCH_2NH_2	NH_4^+, CO_2, HS^-, CH_4, Peptide, Aminosäuren, Harnstoff, Phenole, Indole, Fettsäuren, Merkaptane
Lipide Fette Wachse Öle Kohlen-wasserstoffe	Fettsäuren + Glycerin → RCH_2OH, RCOOH, RCH_3, RH	Aliphatische Säuren, Essig-, Milch-, Zitronen-, Glykol-, Malein-, Stearinsäuren, Oleinsäure, Kohlenhydrate, Kohlenwasserstoffe
Kohlenhydrate Cellulose Hemizellulose Stärke Lignin	Monosaccharide, Oligosaccharide, Chitin → Hexogen, Pentogen, Glucosamin	Glucose, Fructose, Galactose, Arabinose, Ribose, Xylose
Porphyrine und Pflanzenpigmente Chlorophyll Hemin Carotin, Xanthophylle	Chlorin → Pheophytin → Kohlenwasserstoffe	Phytan, Pristan, Carotinoide, Isoprenoid, Alkohole, Ketone, Porphyrin

Poynucleotide	Nucleotide → Purine und Pyrimidinbasen	
Komplexe Substanzen aus Zwischenprodukten	Phenole + Chinone + Aminosäuren	Melanine, Huminstoffe
	Aminosäuren + Kohlenhydrate	Humin- und Fulvinsäuren, Tannine

Tab. 11.4: Typische Konzentrationen von organischem Kohlenstoff in natürlichen Gewässern (DOC = gelöster organischer Kohlenstoff, POC = partikulärer organischer Kohlenstoff)

	DOC (mg/L)	POC (mg/L)
Meer	0.5	0.05
		(Organismen) 0.005
Grundwasser	0.1–1.5	
Regenwasser	0.5–2.5	
Flusswasser	1–10	1–2
Oligotrophe Seen	0.3–1	
Eutrophe Seen	2–10	2–3
Sümpfe	10–50	2–3
Interstitialwasser in Sedimenten, Böden	2–50	

Die wichtigsten funktionellen Gruppen in den natürlichen organischen Verbindungen sind Carboxyl- und Hydroxylgruppen, die die wässrige Löslichkeit organischer Verbindungen erhöhen und bei Säure-Base- und Komplexbildungsreaktionen eine wichtige Rolle spielen (Tabelle 11.5). Carboxylgruppen treten in 90 % aller im Wasser gelösten organischen Verbindungen auf; sie weisen Säurekonstanten im Bereich pK = 2–5 auf, je nach Struktur. Hydroxylgruppen sind als Kohlenhydrate und Alkohole (mit pK-Werten > 14), als Phenole (mit pK-Werten 9–13), als Hydroxycarbonsäuren vorhanden. Die basischen Aminogruppen treten in Aminosäuren (mit pK-Werten 9–10) und als Amide in Polypeptiden auf. Die relative Wasserlöslichkeit dieser funktionellen Gruppen (Tab. 11.5) gibt an, wie die Löslichkeit der verschiedenen Verbindungen durch diese Gruppen beeinflusst wird.

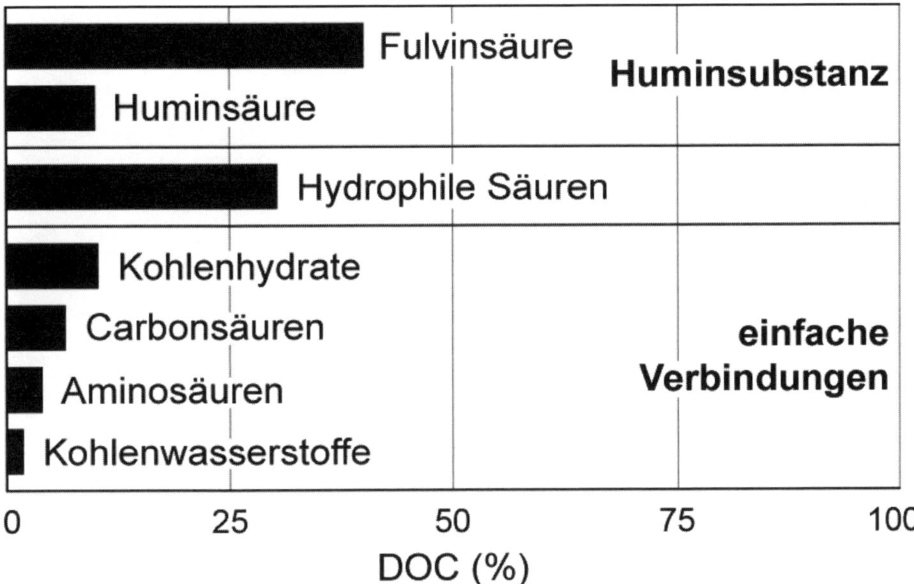

Abb. 11.3: Aufteilung des gelösten organischen Kohlenstoffs in einem typischen Flusswasser, das 5 mg/L DOC enthält (nach *(139)*)

Tab. 11.5: Wichtige funktionelle Gruppen, die in gelösten organischen Verbindungen auftreten

Funktionelle Gruppe	Struktur	Auftreten	Relative Löslichkeit in Wasser
Säure-Gruppen			
Carbonsäuren	$RC\langle^{O}_{OH}$	90 % aller gelösten Verbindungen	10/5000 (–COOH/–COO^-)
Enolgruppe	$R\overset{OH}{\overset{\vert}{C}}=CH_2$	Aquatischer Humus	
Phenol-OH	AR – OH	Humus, Phenole	25
Chinone	AR = O	Humus, Chinone	8

Neutrale Gruppen			
Alkoholische OH	$R\,CH_2\,OH$	Humus, Zucker	
Äther	$R\,CH_2-O-CH_2\,R$	Humus	1
Ketone	$R_1C(=O)R_2$	Humus, flüssige Ketone	
Aldehyde	$RC(=O)-H$	Zucker	
Ester, Lactone	$RC(=O)-O-R$	Humus, Tannine Hydroxysäure	2.5
Basische Gruppen			
Amine	$R-CH_2-NH_2$	Aminosäuren	25
Amide	$RC(=O)-N(R)-R$	Peptide	

Natürliches organisches Material spielt in vielen Prozessen in Gewässern eine entscheidende Rolle. Die unterschiedlichen Eigenschaften der vielfältigen Komponenten des NOM sind dabei je nach betrachtetem Prozess von Wichtigkeit (Tabelle 11.6). NOM dient sowohl als Nährstoffquelle wie auch als Ligand von Metallionen und synthetischen organischen Verbindungen. Durch Licht absorbierende Strukturen (Chromophore, vor allem aromatische Strukturen) beeinflusst NOM auch die Lichtabsorption in Gewässern und fotochemische Reaktionen (Kap. 8).

Tab. 11.6: Durch NOM beeinflusste Prozesse in Gewässern und entsprechende NOM-Eigenschaften

Prozesse	**NOM-Eigenschaften**
Kohlenstoffkreislauf	Molekulare Strukturen, biologische Abbaubarkeit
Nährstoffverfügbarkeit	Zusammensetzung (C, N, P, S), biologische Abbaubarkeit
Bindung und Transport von Metallionen	Funktionelle Gruppen (R-COOH, R-OH, $R\text{-}NH_2$, R-SH)
Bindung und Transport von synthetischen organischen Verbindungen	Hydrophobe Eigenschaften, funktionelle Gruppen
Verwitterung	Bindung von organ. Molekülen an Oberflächen, Komplexbildung
Lichtabsorption	Anwesenheit von Chromophoren
Fotochemische Reaktionen	Chromophore, Reaktivität bezüglich Radikalbildung

Bei der Routineanalytik kann das natürliche organische Material meistens nicht aufgetrennt und genauer analysiert werden. Für viele Zwecke, z.B. zur Beurteilung der Belastung mit Abwasser, werden kollektive Parameter zur Messung des organischen Kohlenstoffs verwendet (Tabelle 11.7). Gebräuchliche Summenparameter sind der gelöste organische Kohlenstoff (DOC) und der totale Kohlenstoff (TOC), der auch partikulären Kohlenstoff einschliesst, sowie die indirekten Methoden des biochemischen Sauerstoffbedarfs (BSB oder BOD) und des chemischen Sauerstoffbedarfs (CSB oder COD), die seit vielen Jahren angewendet werden. Mit der BSB-Methode wird indirekt der organische Kohlenstoff gemessen, indem die abbaubaren organischen Verbindungen durch Mikroorganismen oxidiert werden und der O_2-Verbrauch (proportional zum organischen Kohlenstoff) nach einer bestimmten Zeit (üblicherweise 5 Tage) bestimmt wird. Beim chemischen Sauerstoffbedarf (CSB) wird der Verbrauch eines Oxidationsmittels (üblicherweise Chromat) bestimmt. Die mittlere Oxidationszahl von C in einer organischen Verbindung ergibt sich aus dem Verhältnis von CSB zu TOC (in mol O_2/L und mol C/L):

$$\text{Oxidations zahl} = 4x\left(1 - \frac{\text{CSB}}{\text{TOC}}\right) \qquad (1)$$

Es ist wichtig zu erkennen, dass diese verschiedenen Methoden nicht äquivalent sind, da beispielsweise mit BSB nur die abbaubaren Verbindungen erfasst werden und gewisse Verbindungen auch mit CSB unvollständig oxidiert werden. Ausserdem muss im Auge behalten werden, dass sich hinter diesen Summenparametern die äusserst komplexe Natur der organischen Verbindungen (s. oben) versteckt.

In diesem Abschnitt wurden die natürlichen organischen Verbindungen behandelt, die quantitativ den grösseren Anteil des organischen Materials in Gewässern darstellen. Von grosser ökotoxikologischer Bedeutung sind aber in den natürlichen Gewässern die anthropogen produzierten organischen Verbindungen und ihre Folgeprodukte. Es ist äusserst wichtig, das Schicksal dieser Verbindungen in der Umwelt aufgrund ihrer physikalisch-chemischen Eigenschaften zu beurteilen. Dieses Thema würde aber den Rahmen dieses Buches sprengen; wir empfehlen dazu: Schwarzenbach R. P., Gschwend P., and Imboden D. (2003) *Environmental Organic Chemistry*, Wiley.

Tab. 11.7: Summenparameter für das organische Material in natürlichen Gewässern

Bezeichnung	Bedeutung	Prinzip der Messung
DOC (mgC/L) TOC (mgC/L) POC (mgC/L)	Dissolved Organic Carbon Total Organic Carbon Particulate Organic Carbon	Verbrennung oder vollständige Oxidation des gelösten, totalen oder partikulären organischen Materials; anschliessende CO_2-Bestimmung
BSB (mg O_2/L) engl. BOD	Biochemischer Sauerstoffbedarf (Biochemical Oxygen Demand)	O_2-Verbrauch beim Abbau organischen Materials durch Mikroorganismen
CSB (mg O_2/L) engl. COD	Chemischer Sauerstoffbedarf (Chemical Oxygen Demand)	Verbrauch eines Oxidationsmittels (Chromat) bei der chemischen Oxidation organischen Materials

11.3 Stickstoffkreislauf in Gewässern und Atmosphäre

11.3.1 Globaler Stickstoffkreislauf

Der natürliche Stickstoffkreislauf ist durch die biologische Fixierung von Stickstoff aus der Atmosphäre, die das grösste N-Reservoir enthält, bestimmt. Das Stickstoffmolekül N_2 (78 % in der Atmosphäre) ist wegen seiner dreifachen Elektronenpaarbindung chemisch relativ inert. Nur gewisse Bakterien, in Symbiose mit bestimmten Pflanzen (Leguminosen) und gewisse Cyanobakterien (Blaualgen) sind in der Lage, den Stickstoff zu fixieren und als organischen Stickstoff zu assimilieren. Der natürliche Stickstoffkreislauf ist durch verschiedene anthropogene Prozesse stark gestört *(140)* (Abb. 11.4 und Tabelle 11.8). Insbesondere ist die anthropogene Stickstofffixierung für die Düngerherstellung in der gleichen Grössenordnung wie die globale biologische Stickstofffixierung. Im Haber-Bosch-Prozess wird N_2 (bei ausgewähltem Druck, Temperatur und in Gegenwart von geeigneten Katalysatoren) in NH_3 umgewandelt :

$$N_2(g) + 3\ H_2(g) \rightarrow 2\ NH_3(g) \qquad (2)$$

Dieses NH_3 wird vor allem zur Herstellung von Stickstoffdüngern eingesetzt. Ebenso wird Stickstoff bei der Verbrennung mit Luft von Benzin und anderen fossilen Brennstoffen (Benzinmotor, thermische Kraftwerke) in Stickstoffoxide umgewandelt

$$N_2(g) + O_2(g) \rightarrow 2\ NO(g) \qquad (3)$$

$$N_2(g) + 2\ O_2(g) \rightarrow 2\ NO_2(g) \qquad (4)$$

Die Zufuhr von Kunstdünger in die Landwirtschaft und der Eintrag von Stickoxiden in die Atmosphäre haben die Verteilung der Stickstoffverbindungen zwischen Wasser, Boden und Luft signifikant verändert, insbesondere durch vermehrte Einträge von Stickoxiden und Ammonium in die Atmosphäre. Viele der Stickstoffverbindungen können in den verschiedenen Reservoiren der Umwelt schwerwiegende Schäden verursachen (Tabelle 11.8). Die Verflechtung physikalischer, chemischer und biologischer Prozesse ist bei den Transformationen der Stickstoffverbindungen von grösster Bedeutung.

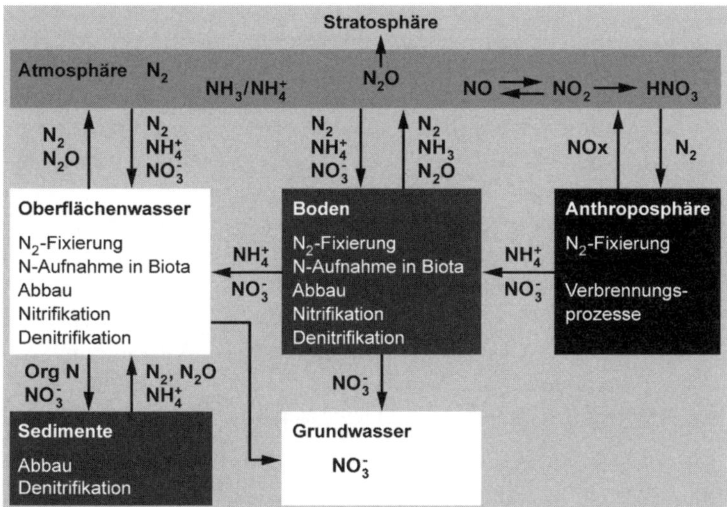

Abb. 11.4: Wichtige Prozesse und Flüsse im globalen Stickstoffkreislauf. N_2 wird biologisch in Böden und Gewässern fixiert (organischer N). N_2 wird anthropogen zur Düngerherstellung in NH_4^+ umgewandelt. Stickstoffquellen (NH_4^+, NO_3^-) in Gewässern sind Abschwemmungen aus Böden, Einträge aus Abwässern und atmosphärische Einträge. In Gewässern wird N aus NO_3^- und NH_4^+ in die Biota eingebaut und in den Böden in die Pflanzen. Durch Denitrifikation wird in Böden, Sedimenten und Gewässern NO_3^- zu N_2 und als Nebenprodukt zu N_2O reduziert und an die Atmosphäre abgegeben. Durch Verbrennungsprozesse werden NOx (NO und NO_2) emittiert, die in der Atmosphäre zu HNO_3 oxidiert werden.

Tab. 11.8: Schädliche Wirkungen von Stickstoffverbindungen auf die Umwelt

N-Verbindung	Oxid. stufe	Hauptsächliche Herkunft	Belastete Systeme	Auswirkungen
NO_3^-	V	Düngstoffe	Grundwasser, Meere	Trinkwasser, Gesundheit, Eutrophierung
$HNO_3(g)$	V	Verbrennung fossiler Brennstoffe, Verbrennungs-motoren	Atmosphäre, Boden	Saurer Regen
NO_2^-	III	Zwischenprodukt bei Nitrifikation, Denitrifikation, NO_3^--Reduktion	Gewässer	Giftigkeit für Fische
$NO(g)$+ $NO_2(g)$	II, IV	Verbrennung fossiler Brennstoffe, Verbrennungsmotoren, Denitrifikation	Atmosphäre	Bildung von Ozon in Troposphäre, Schadwirkungen auf Pflanzen, Bildung von HNO_3
$N_2O(g)$	I	Zwischenprodukt bei Denitrifikation und Nitrifikation	Atmosphäre	Treibhausgas, Zerstörung des Ozons in Stratosphäre
NH_3/NH_4^+	-III	Dünger, Landwirtschaft	Atmosphäre, Boden, Gewässer	Versauerung der Böden Giftigkeit von NH_3 auf Fische Erhöhter Chlorverbrauch bei Chlorierung von Trinkwasser

Einige wichtige globale Reservoire und Flüsse von Stickstoff sind in Tabelle 11.9 zusammengefasst (nach *(141)*). Daraus geht hervor, dass die anthropogenen N-Flüsse in der gleichen Grössenordnung wie die natürlichen sind.

Tab. 11.9: Globale N-Reservoire und N-Flüsse (nach *(141)*)

N-Reservoire	**10^{15} mol N**
Atmosphäre	2.82×10^5
Gesteine	7.13×10^4
Ozean N_2	1.4×10^3
Ozean NO_3^-	41
Böden organ. N	14
Terrestrische Biota	0.7
Marine Biota	0.04

Globale N-Flüsse	**10^{12} mol/Jahr N**
Natürlich	
Biologische N-Fixierung terrestrisch [1)]	6.4
Biologische N-Fixierung marin	8.6
N-Oxid. durch Blitze	0.4
Anthropogen	
Haber-Bosch N-Fixierung	6.0
Landwirtschaftliche N-Fixierung [2)]	2.4
Verbrennung fossilen N	1.5

1) vorwiegend Wälder
2) Produktion von Nahrungsmitteln

11.3.2 Die wichtigsten Redoxprozesse im Kreislauf $N_2(g) \rightarrow NH_4^+ \leftrightarrows NO_3^- \rightarrow N_2(g)$

Im Folgenden werden die wichtigsten Redoxprozesse diskutiert, die beim Stickstoffkreislauf Boden–Wasser–Luft eine Rolle spielen (Abbildung 11.5). Zum Teil sind diese Redoxprozesse schon im Kapitel 8 dargestellt.

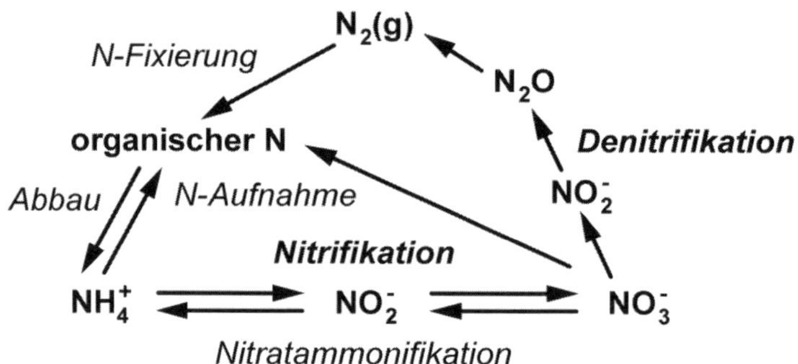

Abb. 11.5: Die wichtigsten biologisch katalysierten Stickstoffumwandlungsprozesse (vgl. Tabelle 11.10). Natürliche Stickstoff-Fixierung erfolgt durch Blaualgen und durch Bakterien, in Symbiose mit bestimmten Pflanzen (Leguminosen). Mikroorganismen ermöglichen, unter aeroben Bedingungen, die Nitrifikation des NH_4^+ zu NO_2^- und zu NO_3^-. Unter anoxischen Bedingungen denitrifizieren Bakterien das NO_3^- zu N_2. Bei der Nitrifikation wie auch bei der Denitrifikation treten als Zwischenprodukte NO und N_2O auf. Bei tiefem Redoxpotenzial (pε < 6, bei pH = 7) kann der Prozess der Nitratammonifikation stattfinden.

i) N_2-Fixierung

Wie die Reaktionen (4) und (5) der Tabelle 11.10 zeigen, kann – thermodynamisch gesehen – $H_2(g)$ oder organisches Material (in diesen Rechnungen als „CH_2O") den Stickstoff zu N–III (organischer N) und NH_4^+ reduzieren. Die frei werdende Gibbs-Energie ist sehr gering. Wie aus Tabelle 8.1 hervorgeht, erfolgt die Reduktion des $N_2(g)$ zu NH_4^+ (pH =7) nur unter sehr reduktiven Bedingungen (pε < –4), während die Reduktion des $CO_2(g)$ zu $\{CH_2O\}$ unter etwas weniger reduktiven Bedingungen (pε < 1) möglich ist. Die biologische Fixierung des $N_2(g)$ braucht zusätzliche Energie, die via Fotosynthese aufgebracht wird. Cyanobakterien sind in der Lage, mit Hilfe der fotosynthetischen Energie den Stickstoff zu fixieren. Ebenso erhalten die Knöllchenbakterien die notwendige Energie von der Fotosynthese der mit ihnen in Symbiose lebenden Leguminosen. Der fixierte Stickstoff ist in der Biomasse als organischer Stickstoff (N(-III)) vorhanden und wird dann bei Zersetzung der Biomasse als NH_4^+ / NH_3 freigesetzt. Der industrielle Stickstoff-Fixierungsprozess (Haber-Bosch) führt ebenfalls via Reduktion des $N_2(g)$ zu NH_3.

ii) Nitrifikation

Ammonium wird durch Kunstdünger, durch tierische Abfälle und Abwasser, biologische Stickstoff-Fixierung und Niederschläge auf die Böden eingebracht. Das NH_4^+ kann durch Ionenaustausch an Tonmineralien ($X\text{-}K^+ + NH_4^+ \leftrightarrows X\text{-}NH_4^+ + K^+$, wo X eine Austauschstelle bedeutet) zurückgehalten werden, wird aber bei Überbelastung der Böden an die Gewässer ausgewaschen. Das NH_4^+ steht im Säure-Base-Gleichgewicht ($pK_a = 9.3$, 25 °C) mit dem für Fische giftigen NH_3 ($[NH_3] > 10^{-5}$ M). NH_3 kann sich auch verflüchtigen ($NH_3(g) \leftrightarrows NH_3(aq)$; $K_H = 57$ M atm^{-1}, 25 °C). Der Eintrag in die Atmosphäre ist besonders gross bei Tierzuchtanstalten (Jauche). NH_3 wird auch technologisch eingesetzt, um bei thermischen Verbrennungsanlagen die Belastung durch Stickoxide herabzusetzen ($NH_3(g) + 3\ NO(g) \rightarrow N_2(g)$), wobei überschüssiges NH_3 in die Atmosphäre gelangt. Organischer Stickstoff und NH_4^+ gelangen, neben der Auswaschung der Böden, durch häusliche und tierische Abwässer in die Gewässer.

In Gegenwart von Sauerstoff wird NH_4^+ zu NO_3^- oxidiert (Nitrifikation), wobei die Oxidation in zwei Stufen erfolgt ((1) und (2) in Tabelle 11.10 und Abbildung 11.5). Die Nitrifikation (man spricht auch von Nitrifizierung) läuft, bakteriologisch vermittelt, sowohl in Böden wie auch in den Gewässern spontan ab. Die Oxidation von Ammonium wird durch das Bakterium Nitrosomonas, die Oxidation von NO_2^- zu NO_3^- durch das Bakterium Nitrobacter bewirkt. Bei hohen NH_4^+-Einträgen können sich in den Gewässern für die Fische toxische Konzentrationen von NO_2^- aufbauen. Bei dieser Oxidation entstehen H^+-Ionen. Diese pH-Reduktion kann zur Inhibition der Nitrifizierung (pH < 6) führen. Die Nitrifikation ist auch eine wichtige Reaktion bei der weitergehenden Abwasserreinigung.

Unter anaeroben Bedingungen kann NH_4^+ mit NO_2^- durch die Anammox-Reaktion zu N_2 oxidiert werden (vgl. Kap. 8.6).

NO_3^- wird im Boden kaum zurückgehalten (kein Ionenaustausch) und gelangt deshalb ins Grundwasser. Konzentrationen von über 7×10^{-4} M (10 mg/L als N) sind im Trinkwasser unerwünscht.

Nitrat wird bei der Assimilation durch Algen und Pflanzen zu organischem N reduziert. Die Reduktion von NO_3^- zu NH_4^+, die Nitratammonifikation ist durch Bakterien möglich, spielt aber in den meisten Fällen nur eine geringe Rolle.

iii) Denitrifikation

Unter anaeroben Bedingungen wird durch Mikroorganismen NO_3^- zu $N_2(g)$ reduziert, wobei NO_3^- als Elektronenakzeptor bei der Oxidation von organischem Material dient (s. Kap. 8.6 und Reaktion (3) in Tabelle 11.10). Als Nebenprodukt werden auch $N_2O(g)$ und $NO(g)$ gebildet. Durch diese Reaktionen wird gasförmiger N_2 wieder an die Atmosphäre abgegeben und aus den Gewässern eliminiert. Die biologisch mediierte Denitrifikation ist nicht reversibel, d.h. $N_2(g)$ kann nicht biologisch mit O_2 zu NO_3^- oxidiert werden. Der biologische Weg von N_2 zu NO_3^- führt über die N-Fixierung und anschliessende Nitrifikation.

Sowohl bei der Nitrifikation als auch bei der Denitrifikation kann $N_2O(g)$ (Distickstoffoxid, Lachgas) als Nebenprodukt auftreten. Die Intensivierung in der Landwirtschaft hat mit Hilfe von mehr Düngstoffen (zusätzlich zur vermehrten Verbrennung von Biomasse) einen Anstieg der N_2O-Emissionen in die Atmosphäre bewirkt. N_2O ist in der Atmosphäre wenig reaktiv, so dass der N_2O-Partialdruck über die Zeit seit dem 20. Jahrhundert zunimmt *(142)*. $N_2O(g)$ ist ein Treibhausgas und kann zudem in die Stratosphäre gelangen, wo es an der Zerstörung des Ozons beteiligt ist.

iv) Stickoxide in der Atmosphäre

Oxidation von N_2 findet bei höheren Temperaturen im Verbrennungsmotor und bei thermischen Kraftwerken und zu viel kleinerem Teil auch bei Blitzen (natürliche Quelle von NOx) statt. Zudem werden Stickoxide aus der Verbrennung fossiler Brennstoffe emittiert. Die Stickoxide, NO und NO_2 (Reaktionen (6) – (8) in Tabelle 11.10) sind auch für die durch Sonnenlicht und Kohlenwasserstoffe katalysierte Bildung von Ozon in den unteren Schichten der Atmosphäre verantwortlich (Reaktionen (5-7)). Durch weitere Oxidationsreaktionen werden die Stickoxide schliesslich in die starke Säure HNO_3 umgewandelt, die zur Bildung von saurem Regen beiträgt. Durch Reaktion von HNO_3 mit NH_3 entstehen NH_4NO_3-Aerosole.

$$NO_2 + h\nu \rightarrow NO + O \qquad (5)$$

$$O + O_2 \rightarrow O_3 \qquad (6)$$

$$O_3 + NO \rightarrow NO_2 + O_2 \qquad (7)$$

In Gegenwart von Kohlenwasserstoffen wird die Produktion von NO_2 und O_3 verstärkt.

Tab. 11.10: Freie Reaktionsenthalpie von Stickstoffumwandlungen (25 °C), pH 7

Reaktionen	**$\Delta G^{0'}$ (pH 7) kJ mol^{-1}**	**Nr.**
Nitrifikation		
$NH_4^+ + 1.5\ O_2 \rightarrow NO_2^- + H_2O + 2\ H^+$	−290.4	1
$NO_2^- + 0.5\ O_2 \rightarrow NO_3^-$	−72.1	2
Denitrifikation		
$NO_3^- + 1.25\ CH_2O + H^+ \rightarrow 0.5\ N_2 + 1.75\ H_2O + 1.25\ CO_2$	−594.6	3
N-Fixierung		
$0.5\ N_2 + 1.5\ H_2 + H^+ \rightarrow NH_4^+$	−39.4	4
$0.5\ N_2 + 0.75\ CH_2O + 0.75\ H_2O + H^+ \rightarrow NH_4^+ + 0.75\ CO_2$	−60.3	5

N_2-Oxidation		
$0.5\ N_2 + 0.5\ O_2 \rightarrow NO$	86.6	6
$NO + 0.5\ O_2 \rightarrow NO_2$	−35.2	7
$0.5\ N_2 + 1.25\ O_2 + 0.5\ H_2O \rightarrow NO_3^- + H^+$	−25.7	8
Bildung von N_2O		
$NO_3^- + CH_2O + H^+ \rightarrow 0.5\ N_2O + 1.5\ H_2O + CO_2$	−417.1	9
$NH_4^+ + O_2 \rightarrow 0.5\ N_2O + 1.5\ H_2O + H^+$	−260.2	10

Die angegebenen ΔG^0 gelten für pH 7 und $O_2 = 0.2$ atm

11.4 Biogeochemischer Kreislauf des Phosphors

Phosphor ist ein essenzieller Nährstoff für alle Lebewesen und ist in Gewässern häufig der limitierende Nährstoff. Phosphor kommt in der Umwelt überwiegend in der Oxidationsstufe P(V) als gelöstes Phosphat ($H_2PO_4^-$, HPO_4^{2-}, PO_4^{3-}) oder gebunden in festen Phasen (z.B. Apatit $Ca_{10}(PO_4)_6(OH)_2(s)$). In der Biota ist P in organischen Phosphatverbindungen gebunden.

Der biogeochemische Kreislauf des Phosphats wird durch die Auflösung aus den Gesteinen durch Verwitterung, die Aufnahme in Biota in Böden und Gewässern und die anschliessende erneute Ablagerung in Sedimenten bestimmt *(143, 144)* (Abb. 11.6). Obwohl Phosphor ein relativ häufiges Element in der Erdkruste ist, steht es wegen der geringen Löslichkeit der festen Phasen nur beschränkt zur Verfügung. Die wichtigsten festen Phasen mit Phosphat sind Calciumphosphate (Apatit ($Ca_{10}(PO_4)_6(OH)_2(s)$), das auch Fluorid- und Chloridionen enthalten kann) und Eisenphosphate oder Phosphat gebunden an Eisenoxiden. Phosphat wird durch Oberflächenreaktionen stark an Eisen- und Aluminiumoxiden gebunden (s. Kap. 9). Durch die Bindung von Phosphat in diesen festen Phasen ist die Verfügbarkeit von Phosphat in Böden und Gewässern eingeschränkt. Der anthropogene Einfluss auf den Phosphorkreislauf ist vor allem durch den Abbau von Phosphor aus Gesteinen zur Herstellung von Dünger und für andere Zwecke bedingt. Aus Abb. 11.6 geht hervor, dass der anthropogene Abbau von P in der gleichen Grössenordnung wie die natürliche Verwitterung ist. Durch Einbringung von Phosphat als Dünger auf Böden und Einträge in Abwässer gelangt schliesslich Phosphat in die Gewässer, wo es vor allem in Seen und Küstengewässern zu Eutrophierungsprozessen führt (s. Kap. 12). Global haben die P-Einträge aus den Flüssen in die Ozeane durch den anthropogenen Einfluss zugenommen. In den Ozeanen wird P in die Biota aufgenommen, zum Teil in den produktiven Schichten rezykliert und in den Sedimenten abgelagert (Abb. 11.6). Der Weg von P über die Atmosphäre ist wenig bedeutend und betrifft geringe P-Mengen in festen Aerosolen aus Böden.

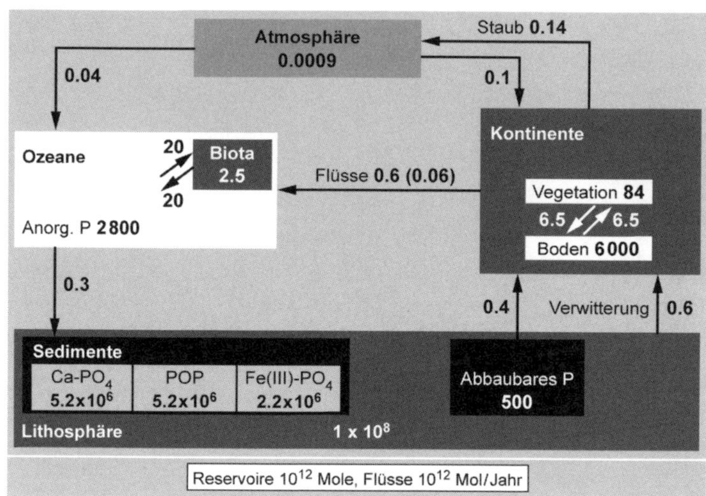

Abb. 11.6: Globaler P-Kreislauf, vereinfacht nach *(143, 144)*. P ist hauptsächlich in Gesteinen gebunden und gelangt über Verwitterung und über anthropogenen Abbau in die Böden und in die Biota. P wird durch Flüsse in die Ozeane eingetragen (in Klammern gelöstes P) und in die Biota eingebaut, die durch Sedimentation P in die Sedimente einbringt. Ca-PO_4 bezeichnet alle Formen von Ca-Phosphatgesteinen, Fe(III)-PO_4 an Eisenoxiden gebundenes Phosphat, POP partikuläres organisches Phosphat. Die Grösse der Stoffflüsse ist als repräsentative Grössenordnung zu verstehen und ist in einigen Fällen unsicher.

Die Problematik der Eutrophierung durch P-Einträge ist in vielen Seen kritisch, da übermässiges Algenwachstum zu anoxischen Bedingungen in der Tiefe der Seen führt. Dieses Thema wird in Kap. 12 ausführlich behandelt.

11.5 Kreisläufe von Metallen in Gewässern

11.5.1 Einträge von Metallen in Gewässer

Wie schon in Kapitel 6 erwähnt, sind die Kreisläufe einer Anzahl Metalle durch die anthropogenen Einflüsse stark gestört. Insbesondere sind global die anthropogenen Einträge von Metallen in flüchtiger Form oder in Form von Aerosolen in die Atmosphäre für viele Metalle höher als die natürlichen Einträge (insbesondere für As, Cd, Cu, Ni, Zn, Pb, Hg) *(145)*. Die Einträge in die Atmosphäre sind vor allem durch die Verbrennung von Kohle und anderen fossilen Brennstoffen sowie Emissionen aus der metallurgischen Industrie bedingt.

Für die Gewässer sind folgende Eintragswege wichtig:

- atmosphärische Niederschläge für Metalle, die als flüchtige Spezies bei Verbrennungsprozessen usw. in die Atmosphäre emittiert werden (z.B. Hg, Pb);
- häusliche Abwässer für Metalle, die in Bauten verwendet werden (Cu-, Zn-Installationen; Pb aus älteren Installationen);
- Meteorwässer für Metalle, die aus Bauten oder aus dem Verkehr emittiert werden (Cu, Zn);
- Abwässer aus Gewerbe und Industrie für Metalle, die in gewissen Prozessen gebraucht werden (z.B. Zn, Cd, Cr, Hg);
- Abschwemmung aus landwirtschaftlichen Böden von Metallen, die in Dünger und anderen landwirtschaftlichen Produkten vorhanden sind (Cu, Zn);
- Minenabwässer, insbesondere bei Unfällen (z.B. Aznalcollar: Zn, Pb, As, Cu, Sb, Co, Tl, Bi, Cd, Ag, Hg, Se).

11.5.2 Bindung der Metalle an Liganden, an Partikeloberflächen und an Organismen

Für das Schicksal der Metalle in natürlichen Gewässern, sowohl in Flüssen und Seen wie auch in den Ozeanen, ist ihre Verteilung zwischen der Lösung und der partikulären Phase von entscheidender Bedeutung. In der partikulären Phase gebundene Metalle können in den Sedimenten abgelagert werden und werden somit aus der Wassersäule entfernt. Für die Wechselwirkungen mit den Organismen sind vorwiegend die Metalle in der Wassersäule in gelöster Form von Bedeutung. Deshalb sind die Prozesse sehr wichtig, die die Verteilung von Metallen zwischen Lösung und partikulärer Phase bestimmen.

Die Bindung von Metallen an Liganden wurde bereits in Kapitel 6 diskutiert. Insbesondere werden die Metalle in natürlichen Gewässern neben den anorganischen Liganden an organischen Liganden gebunden, d.h. an NOM. Dabei spielen die Fulvin- und Huminsäuren eine wichtige Rolle als Liganden (Kap. 6). Metalle werden auch durch biogene Liganden, die als Exudate von Phytoplankton und anderen Mikroorganismen produziert werden oder beim Abbau von Organismen entstehen, mit hoher Affinität gebunden. Untersuchungen zur Speziierung von Spurenmetallen in Seen haben gezeigt, dass insbesondere Kupfer durch starke Liganden gebunden wird, während Zink und Cadmium weniger stark gebunden werden. Durch die Bindung an Liganden werden die freien Metallionenkonzentrationen reguliert, die wiederum für die Bindung an den Algen massgebend sind *(146)*. In den Ozeanen wurde nachgewiesen, dass Fe, Cu, Zn, Cd und Co vorwiegend an biogenen organischen Liganden gebunden sind *(147)*.

Wie in Kapitel 9 diskutiert, sind an den Oberflächen von Partikeln verschiedene funktionelle Gruppen vorhanden, an denen sowohl Protonen wie Metallionen gebunden werden. Natürliche Schwebstoffe bestehen beispielsweise aus Oxiden (Aluminium-, Eisen-, Manganoxiden usw.), Tonmineralien, Carbonaten und aus organischem Material. An den Oberflächen von Oxiden und Tonmineralien befinden sich –OH-Gruppen; bei Carbonaten –CO_3H-Gruppen, bei organischem Material –COOH, –OH, $-NH_2$-Gruppen. An allen diesen Gruppen werden Metallionen pH-abhängig gebunden, indem Metallionen mit Protonen austauschen. Metallionen werden an diesen Oberflächengruppen mit zunehmendem pH stärker gebunden, entsprechend der Reaktion (8), wo ≡S–OH ≡Al–OH, ≡Si–OH, ≡Fe–OH, ≡Mn–OH usw. bedeutet:

$$\equiv S{-}OH + Me^{2+} \leftrightarrows \equiv S{-}OMe^{+} + H^{+} \quad K_s \qquad (8)$$

Bei zunehmender Konzentration an Partikeln (und zunehmender totaler Konzentration an Oberflächengruppen) werden Metallionen zunehmend in der partikulären Phase gebunden. Es besteht im einfachsten Fall eine Konkurrenz zwischen den gelösten Liganden und den Oberflächenliganden, die mit den entsprechenden Gleichgewichtskonstanten abgeschätzt werden kann. Als praktisches Mass für die Bindung von Metallionen an Partikeln werden häufig Verteilungskoeffizienten gebraucht, die aus experimentellen Daten bestimmt werden können:

K_D =Konz. in der partikulären Phase / Konz. in der Lösung (9)
(mol kg^{-1}/mol L^{-1})

Verteilungskoeffizienten sind von der Stabilität der Oberflächenkomplexe und der gelösten Komplexe abhängig, von den jeweiligen Konzentrationen und vom pH. Sie hängen daher stark von der Zusammensetzung der festen Partikel und der gelösten Liganden ab. Empirisch abgeleitete Verteilungskoeffizienten dürfen deshalb nicht als Konstanten betrachtet werden.

Die Bindung von Metallen durch Organismen ist durch Aufnahme- und Adsorptionsprozesse bestimmt, die von der Metallspeziierung abhängig sind. Die Aufnahme von Metallen in Algen ist vorwiegend von der Konzentration der freien Metallionen abhängig. Spezifische Aufnahmemechanismen sind für die essenziellen Metalle vorhanden, z.B. für Fe, Cu, Zn, Mn, Co. Aufnahme von nichtessenziellen Metallen (z.B. Cd) erfolgt durch Ersatz eines essenziellen durch ein nichtessenzielles Metall. Beispielsweise wird Cd anstelle von Zn oder Mn aufgenommen. Metalle werden dann entsprechend ihrer Speziierung und Konzentration in den Algen akkumuliert (Kap. 6.10). Für benthische Organismen, wie aquatische Insekten und Würmer, kann die Metallaufnahme einerseits direkt aus dem Wasser und andererseits aus der Nahrung erfolgen. Dabei sind auch Effekte der Metallspeziierung zu berücksichtigen. Bei den Fischen sind die Wechselwirkungen von Metallen mit den Kiemen von besonderer Wichtigkeit, die auch stark mit der Speziierung und Konkurrenz zwischen verschiedenen Kationen zusammenhängen.

11.5.3 Regulierung von Metallen in Seen und Flüssen

Die Konzentrationen von Metallen, die sich in der Wasserphase von Flüssen oder Seen einstellen, sind entscheidend von der Bindung an Partikeln und der daraus resultierenden Ablagerung in den Sedimenten abhängig.

In Seen eingetragene Metalle sind verschiedenen Vorgängen unterworfen (Abbildung 11.7). Metalle werden in Seen über die Zuflüsse (aus häuslichen und industriellen Abwässern), über Abschwemmungen aus Böden und über die Atmosphäre eingetragen. Im See werden die

Metalle zu gewissen Anteilen an sedimentierenden Partikeln gebunden und in die Sedimente transportiert und eingelagert. Für die Konzentrationen in der Wassersäule ist es entscheidend, welcher Anteil der eingetragenen Metalle in den Sedimenten zurückgehalten wird. Die Akkumulation von Metallen in den Sedimenten ergibt einen Gedächtnisspeicher früherer Metallbelastungen.

Vorgänge, die die Konzentrationen und Speziierung von Metallen in Seen regulieren, sind eng mit den biogeochemischen Kreisläufen im See verknüpft (Abb. 11.7). Bei der Algenproduktion in den obersten Schichten des Sees werden Metalle durch Aufnahme und durch Adsorption gebunden. Essenzielle Spurenmetalle (z.B. Cu, Zn, Fe) werden durch die Algen in geringen Mengen benötigt und werden spezifisch entsprechend den vorhandenen freien Konzentrationen aufgenommen. Auch nichtessenzielle Metalle können aufgrund ihres chemisch ähnlichen Verhaltens von Algen aufgenommen werden (z.B. Cd anstelle von Zn, AsO_4^{3-} anstelle von PO_4^{3-}).

Zudem weist das biogene organische Material funktionelle Gruppen auf, die als Liganden für Metalle wirken (Carboxyl-, Aminogruppen). Beim Absinken des biologischen Materials in die tieferen Seeschichten und in die Sedimente werden somit Metalle mittransportiert. Mit der biologischen Produktion hängen auch die Redoxverhältnisse im unteren Teil des Sees zusammen. Bei anoxischen Verhältnissen an der Sediment-Wasser-Grenzfläche und im Hypolimnion (vgl. Kapitel 12.1) werden Fe(II) und Mn(II) rückgelöst und an der Grenze zwischen oxischen und anoxischen Wasserschichten werden Eisen- und Manganoxide ausgefällt. Diese frisch ausgefällten Oxide weisen grosse spezifische Oberflächen auf, an denen andere Metalle adsorbiert werden. In Gegenwart von Sulfid können schwer lösliche Sulfide verschiedener Elemente (mit)gefällt werden. Redoxempfindliche Spurenelemente können unter anoxischen Bedingungen reduziert werden (z.B. Cr(VI) zu Cr(III), As(V) zu As(III), Hg(II) zu Hg(0)), sodass die Mobilität dieser Metalle durch die Redoxreaktionen beeinflusst wird.

Sedimentierendes festes Material in Seen setzt sich aus allochtonen (durch Flüsse, Abschwemmungen eingetragen) und aus autochtonen Bestandteilen zusammen (Kap. 12.1). Metalle werden insbesondere am biogenen organischen Material sowie an den Mangan- und Eisenoxiden gebunden. Dadurch werden Metalle in die Sedimente transportiert und in den Sedimenten eingelagert. In der Zusammensetzung des sedimentierenden Materials aus Seen wird die Bindung der Spurenmetalle an verschiedenen dieser Hauptkomponenten widergespiegelt. Saisonale Variationen der Sedimentationsraten der Metalle werden in verschiedenen Seen beobachtet; daraus wird insbesondere die Bedeutung des biologischen Materials und der Manganoxide deutlich *(148)*.

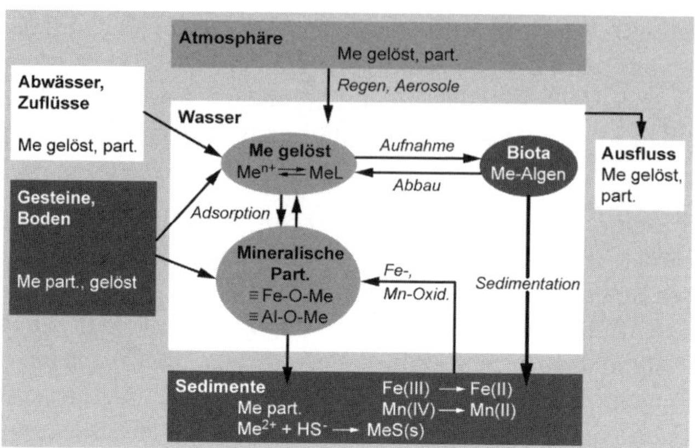

Abb. 11.7: Kreislauf von Metallen in Seen. Metalle werden über Zuflüsse, über Abschwemmungen aus Böden und über atmosphärische Niederschläge eingetragen (in gelöster und partikulärer (part.) Form). Gelöste Metalle werden durch organische Liganden komplexiert. Metalle werden durch Aufnahme und Adsorption in Algen aufgenommen sowie an mineralischen Partikeln gebunden und durch Sedimentation in die Sedimente eingelagert. Durch die Rücklösung von Fe(II) und Mn(II) werden durch Oxidation Fe(III)- und Mn(IV)-Oxide ausgefällt, an denen Metalle adsorbieren. In den Sedimenten fallen Metallsulfide aus.

Sedimentationsraten von 0.1–2 g m^{-2} d^{-1} sind in Seen häufig; in sehr eutrophen Seen können sie noch höher sein. Entsprechend diesen hohen Sedimentationsraten werden die Metalle effizient in die Sedimente transportiert. D.h., selbst bei relativ hohen Einträgen an Metalle treten sehr tiefe Konzentrationen in der Wassersäule auf, weil durch die hohe Sedimentationsrate die Aufenthaltszeit der Metalle in der Wassersäule kurz ist (Tabelle 11.11). Die in Tabelle 11.11 aufgeführten Konzentrationen illustrieren, dass in Seen sehr tiefe Konzentrationen von Spurenmetallen beobachtet werden. Der Konzentrationsbereich verschiedener Spurenelemente kommt nahe an denjenigen in den Ozeanen und ist viel tiefer als im Regenwasser oder in Flüssen. Die Metallkonzentrationen im Ausfluss von Seen sind typischerweise tief, da der grösste Teil der Metalle in den Sedimenten zurückgehalten wird.

Metalle in Flüssen werden durch die Einträge aus Abwasser und aus Abschwemmungen aus Böden und Siedlungsflächen beeinflusst. In Flüssen variieren die Schwebstoffkonzentrationen stark (abhängig zum Beispiel vom Abfluss bei Hochwässern). Dadurch wird die Verteilung der Metalle zwischen partikulärer und gelöster Phase bestimmt; dementsprechend kann der Anteil an gelösten Metallionen an der Gesamtkonzentration stark variieren.

Bei hohen Schwebstoffkonzentrationen können hohe Gesamtkonzentrationen an Metallen (inklusive an Schwebstoffen gebundene) auftreten, während gleichzeitig die gelösten Konzentrationen tief bleiben. Es wurde gezeigt, dass bei grösseren Flüssen mit einer hohen Schwebstofffracht der Transport von Schwermetallen vor allem über die partikuläre Phase erfolgt *(149)*. In kleineren Flüssen mit einer kleineren Schwebstofffracht und höherer anthropogener Belastung mit Metallen spielt hingegen die gelöste Phase eine wichtigere Rolle.

Tab. 11.11: Konzentrationen von Spurenmetallen in Seen, Flüssen, Ozeanen und im Regenwasser (totale Konzentrationen)

	Cu nM	Zn nM	Cd nM	Pb nM
Bodensee a)	5–20	15–60	0.05–0.1	0.2–0.5
Zürichsee b)	6–12	5–45	0.04–0.1	0.05–1
L. Michigan c)	10	9	0.17	0.25
L. Ontario d)	11–16	0.04–1.7	0.006–0.08	0.004–1.4
Ozeane e)	1–5	1–10	0.01–1	0.005–0.1
Rhein bei Basel f)	16 –47	45–315	0.1–1	2–10
Glatt g)	24–100	90–60	0.4–1.3	4–19
Regenwasser g)	8–300	80–900	0.4–4	4–100

a) *(150)*; b) *(151)*, c) *(152)*; d) *(153)*; e) *(154)*; f) IKSR, Zahlentafeln; g) Unpublizierte Daten Eawag. Die Glatt ist ein stark mit Abwasser belasteter Fluss. Regenwasser wurde in einer urbanen Region gesammelt.

11.5.4 Spurenmetalle in den Ozeanen

In den Ozeanen sind die Prozesse, die die Konzentrationen der Spurenmetalle bestimmen, eng mit den biogeochemischen Kreisläufen verknüpft. Die essenziellen Spurenmetalle (vor allem Fe, Cu, Zn, Ni, Co) werden in den oberen produktiven Wasserschichten der Ozeane von den Algen aufgenommen und kommen nur in sehr tiefen Konzentrationen vor (nanomolar bis picomolar (10^{-9}–10^{-12} M)). Mit dem Absinken von biologischem Material werden sie in die Tiefe transportiert, wo sie teilweise wieder an das Wasser abgegeben werden. Daraus resultieren nährstoffähnliche Tiefenprofile für Fe, Cu, Zn, Ni sowie auch für Cd (Abb. 11.8) *(147, 154)*. Obwohl Cd vor allem als toxisches Metall bekannt ist, kann es in gewissen marinen Phytoplanktonspezies Zn in Enzymen bei Zn-Limitierung ersetzen. Ein Enzym, das Cd als Metall benötigt, wurde in einer marinen Kieselalge beschrieben *(155, 156)*. Limitierung des Wachstums von Phytoplankton durch die Verfügbarkeit von Eisen wurde in gewissen Teilen der Ozeane gezeigt (Kap. 8. 9).

Für viele Spurenmetalle in den Ozeanen wurde gezeigt, dass sie stark an organischen Komplexbildnern gebunden sind. Insbesondere sind Fe, Cu, Zn, Cd und Co vorwiegend an organischen Liganden biogenen Ursprungs gebunden *(147)*. Die Strukturen dieser Liganden sind weitgehend unbekannt. Nur einige Siderophore (spezifische Fe-Liganden), die von marinen

Bakterien produziert werden, wurden mit ihren Strukturen identifiziert. Die Anwesenheit dieser starken Liganden vermindert die freien Aquoionen-Konzentrationen dieser Elemente, die in höheren Konzentrationen (z.B. Cu) auf die Algen toxisch wirken können.

Wegen der langen Aufenthaltszeiten und des geringen Einflusses allochtoner Einträge treten in den Ozeanen die verschiedenen Prozesse für die Elimination der Metalle aus der Wassersäule sehr deutlich zutage. Zusammenhänge zwischen den Aufenthaltszeiten in der Wassersäule der Ozeane, der Art der Konzentrationsprofile in der Tiefe und den chemischen Eigenschaften der verschiedenen Elemente lassen sich herleiten *(157) (158)*.

Da die Sedimentation für metallische Elemente der deutlich vorherrschende Eliminationsprozess aus den Ozeanen ist, hängt die mittlere Aufenthaltszeit, τ_M, eines Metalls im Ozean mit dem Ausmass seiner Bindung an Partikeln zusammen:

$$\tau_M = \frac{\text{MoleM im Ozean}}{\text{Eliminationsrate}} \left(\frac{\text{mol}}{\text{molJahr}^{-1}} \right) \qquad (10)$$

D.h. Elemente, die nur zu einem geringen Ausmass an Partikeln gebunden werden, werden nur langsam eliminiert und haben lange Aufenthaltszeiten im Wasser; Elemente, die stark an Partikeln gebunden werden, haben kurze Aufenthaltszeiten (ähnlich den Partikeln). Die Elemente können in den Ozeanen in folgende Kategorien eingeteilt werden (Abbildung 11.8):

– Elemente mit geringer Tendenz zur Bindung an Partikeln werden in den Ozeanen akkumuliert; ihre Tiefenprofile zeigen gleichmässige Konzentrationen über die Tiefe. Die Meersalzelemente Na, K, Mg, Cl, SO_4^{2-} sind typischerweise akkumuliert; dazu gehören aber auch beispielsweise B und Mo.

– Elemente, die vorwiegend an biologischen Partikeln gebunden werden, sind durch die Prozesse der Sedimentation und des Abbaus des organischen Materials bestimmt. Diese Elemente haben mittlere Aufenthaltszeiten. Sie werden beim Abbau des biologischen Materials ähnlich wie die Nährstoffe Phosphat und Nitrat rezykliert; die Tiefenprofile dieser Spurenelemente sind deshalb ähnlich wie diejenigen der Nährstoffe. Dazu gehören beispielsweise Fe, Cu, Zn, Cd, Ni, Se, V.

– Elemente, die sehr stark an Partikeln gebunden werden, haben sehr kurze Aufenthaltszeiten und sehr tiefe Konzentrationen in den Ozeanen. Ihre Tiefenprofile sind wegen der Einträge in die obersten Schichten durch Maxima an der Oberfläche charakterisiert. Dazu gehören Pb, Al, Co, Mn.

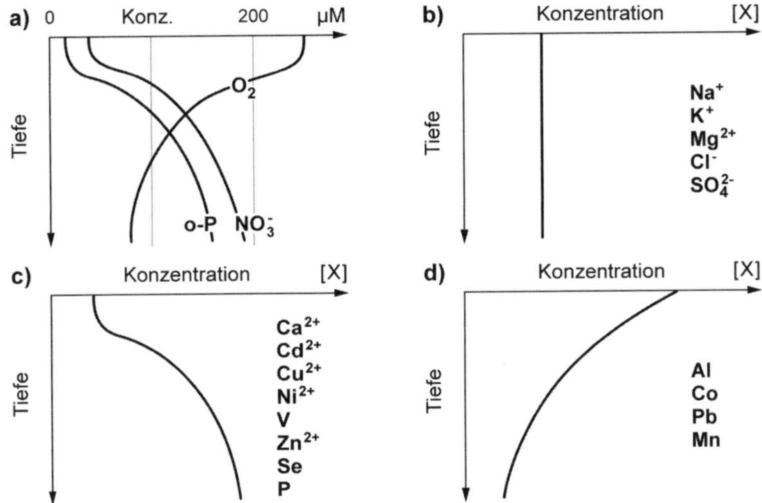

Abb. 11.8: Schematische Tiefenprofile verschiedener Elemente in den Ozeanen (nach *(157)*). a) Nährstoffe (N, P); b) akkumulierte Elemente (Na^+, Mg^{2+}, Cl^-, SO_4^{2-}); c) Spurenelemente mit nährstoffähnlichen Profilen (Fe, Cu, Zn, Ni, Cd, V, Se); d) Partikelreaktive Elemente (Al, Pb, Co, Mn)

Weiterführende Literatur

Galloway J. N. (2005) The global nitrogen cycle. In *Biogeochemistry* Vol. 8 (ed. W. H. Schlesinger), Treatise on Geochemistry pp. 557–583. Elsevier.

Houghton R. A. (2005) The contemporary carbon cycle. In *Biogeochemistry* Vol. 8 (ed. W. H. Schlesinger), Treatise on Geochemistry, pp. 473–513. Elsevier.

Morel F. M. M. and Price N. M. (2003) The biogeochemical cycles of trace metals in the oceans. *Science* 300, pp. 944–947.

Nriagu J. O. and Pacyna J. M. (1988) Quantitative assessment of worldwide contamination of air, water and soils by trace metals. *Nature* 333, pp. 134–139.

Ruttenberg K. C. (2005) The global phosphorus cycle. In *Biogeochemistry* Vol. 8 (ed. W. H. Schlesinger), Treatise on Geochemistry, pp. 585–643. Elsevier

Schlesinger, W. H., Bernhardt, E. (2013). *Biogeochemistry: an analysis of global change,* 3rd ed. Elsevier, Amsterdam.

Vitousek P. M., Aber J. D., Howarth R. W., Likens G. E., Matson P. A., Schindler D. W., Schlesinger W. H., and Tilman D. G. (1997) Human alteration of the global nitrogen cycle: sources and consequences Ecol. Appl. 7(3), 737–750.

Übungen

1) Warum und unter welchen Bedingungen ist biogenes organisches Material ein gutes Reduktionsmittel?

2) Vergleiche die Information, die aus CSB und TOC als Mass für den organischen Kohlenstoff in einem Ausfluss einer Kläranlage gewonnen wird. Wie kann man diese beiden Grössen in Beziehung setzen?

3) Die aktuellen Emissionen von CO_2 aus der Verbrennung fossiler Brennstoffe betragen etwa 0.72×10^{15} mole/Jahr. Wie würde sich der Partialdruck an CO_2 in der Atmosphäre (in ppm) pro Jahr verändern, wenn diese Emissionen nur in der Atmosphäre (ohne andere Senken) verbleiben würden?

4) In einem Flusswasser wird DOC = 3 mg/L gemessen, TOC = 5 mg/L, Cu(gelöst) = 1×10^{-7} M. Welche zusätzlichen Angaben wären nützlich um abzuschätzen, wie viel Cu durch DOC gebunden wird?

5) Was wäre die Konzentration von NO_3^- und H^+ in den Meeren, wenn die oxidative Umwandlung von $N_2(g)$ zu NO_3^- durch Mikroorganismen katalysiert würde?

6) Warum muss die Stickstoffentfernung im Abwasser via Nitrifizierung und Denitrifizierung erfolgen?

7) Warum führen Ammoniumdünger zu einer Versauerung des Bodens?

8) Wie verändert sich die Alkalinität eines Wassers durch

   a) Nitrifikation,

   b) Denitrifikation (d [Alk] / d $[NO_3^-]$)?

9) Nitrosomonas und Nitrobacter sind autotrophe Bakterien, welche die Stickstoffoxidation von NH_4^+ zu NO_2^- und von NO_2^- zu NO_3^- ermöglichen. Wie viele NH_4^+-Ionen und wie viele NO_2^--Ionen müssen oxidiert werden (pH = 7), damit diese Organismen 1 CO_2-Molekül assimilieren können? Nur etwa 10 % der freien Reaktionsenthalpie der Reaktion kann für die Assimilation verwendet werden.

10) In einem See wird Kupfer stark an organischen Liganden in Lösung gebunden, während Blei vorwiegend an mineralischen Partikeln adsorbiert. Welche Unterschiede kann man bezüglich der Sedimentation und der Konzentration in Lösung dieser Metalle in der Wassersäule erwarten?

11) In einem See mit einer Wassersäule von 15 m Tiefe wird die Konzentration von gelöstem Blei Pb(gelöst) = 4×10^{-10} M gemessen. Die mittlere Sedimentationsrate beträgt 1 g m^{-2} d^{-1}. Blei wird im partikulären sedimentierenden Material mit einem Verteilungskoeffizient $K_D = 1 \times 10^6$ mol kg^{-1}/mol L^{-1} akkumuliert. Was ist die Aufenthaltszeit von Pb in der Wassersäule, wenn diese vorwiegend durch die Sedimentation bestimmt ist?

12 Anwendungen auf aquatische Systeme

12.1 See

12.1.1 Fotosynthetische Produktion und Eutrophierung

Die biogeochemischen Vorgänge in Seen sind massgeblich durch den Aufbau der Biomasse durch fotosynthetische Produktion und durch den Abbau dieser Biomasse bestimmt (Abb. 12.1). Das Wachstum der Biomasse ist von den verfügbaren Nährstoffen abhängig, wobei die mengenmässig wichtigsten essenziellen Elemente Kohlenstoff, Stickstoff und Phosphor sind. In Seen ist üblicherweise Phosphor der limitierende Nährstoff. Eutrophierung der Seen wird durch übermässige Zufuhr von Nährstoffen, meistens von Phosphor, verursacht. Dabei erhöht sich die fotosynthetische Produktion in einem eutrophen See stark, und beim Abbau der Biomasse durch heterotrophe Organismen wird Sauerstoff verbraucht, so dass anoxische Verhältnisse in der Tiefe des Sees vorherrschen.

Entsprechend der in Gleichung (8) in Kap. 1 angegebenen Stöchiometrie für den Aufbau der Algenbiomasse brauchen die Algen Nährstoffe im durchschnittlichen Verhältnis:

C : N : P = 106 : 16 : 1

sowie verschiedene Spurenelemente. Von diesen Nährstoffen steht üblicherweise Phosphor am wenigsten zur Verfügung und limitiert dadurch das Algenwachstum. Wenn das Phosphatangebot in den Seen durch anthropogene Einträge erhöht ist, wachsen die Algen übermässig. Entsprechend der Stöchiometrie von Gleichung (1) führt 1 kg Phosphor zum Aufbau von 114 kg Algenbiomasse (Trockengewicht). Bei der Fotosynthese werden dabei 142 kg Sauerstoff freigesetzt; die Mineralisation dieser Algenbiomasse verbraucht auch wieder 142 kg Sauerstoff (bei Oxidation von C und N) bzw. 109 kg Sauerstoff (bei Oxidation von C und Freisetzung von NH_4^+). In einem geschichteten See ist während der Sommerstagnation das Hypolimnion von der Atmosphäre und folglich vom Sauerstoffnachschub abgeschnitten (Abb. 12.1). D.h. der Sauerstoff kann je nach Algenproduktion und Sauerstoffvorrat im See vollständig aus dem Hypolimnion verschwinden.

$$106\ CO_2 + 16\ NO_3^- + HPO_4^{2-} + 122\ H_2O + 18\ H^+ + \text{Spurenelemente}$$

$$\boxed{\text{Sonnenenergie}} \quad P \downarrow\uparrow R \qquad (1)$$

$$\{C_{106}H_{263}O_{110}N_{16}P_1\} + 138\ O_2$$

Die anthropogenen Einträge von Phosphat stammen zum Teil aus den häuslichen Abwässern, wobei früher die Verwendung von phosphathaltigen Waschmitteln wesentlich zu den P-Einträgen beitrug, und zum Teil aus Abschwemmungen aus landwirtschaftlichen Flächen (aus phosphathaltigen Düngern). In schweizerischen Seen wurde beobachtet, dass bis in die 1970er-Jahre die Phosphatkonzentrationen stetig angestiegen sind. Die Folgen davon waren in vielen Fällen stark eutrophierte Seen mit anaeroben Verhältnissen in der Tiefe. Die Phosphatkonzentrationen gehen seit etwa den 1980er-Jahren aufgrund der Gewässerschutzmassnahmen (Ausbau der Kläranlagen, Phosphatverbot in den Waschmitteln, Massnahmen in der Landwirtschaft) zurück, so dass sich die Seenökosysteme langsam erholen (Abb. 12.2).

Phosphat kommt im Wasser in verschiedenen chemischen Spezies vor:

- als Orthophosphat (o-P, gelöstes anorganisches Phosphat): $H_2PO_4^-$ / HPO_4^{2-} / PO_4^{3-}, wobei PO_4^{3-} im üblichen pH-Bereich nur einen sehr kleinen Anteil darstellt;
- gebunden in organischen Molekülen;
- als Polyphosphat, z.B. $H_4P_2O_7^{2-}$;
- partikulär gebunden, im biologischen Material, in anorganischen festen Phasen (z.B. Apatit $Ca_{10}(PO_4)_6(OH)_2(s)$), adsorbiert an festen Phasen.

Bei analytischen Untersuchungen werden folgende Parameter gemessen:

- reaktives gelöstes Phosphat: hauptsächlich Orthophosphat;
- gesamtes gelöstes Phosphat: ortho-P und gelöste organische Verbindungen, Polyphosphate;
- Gesamtphosphat: alle gelösten und partikulären Verbindungen.

Typische Konzentrationen in Seen sind für Orthophosphat im Bereich 0.01–0.1 mg/L (0.3–3 μM), für Gesamtphosphat 0.01–0.2 mg/L (0.3–6 μM). Als oligotroph (Seen mit wenigen Nährstoffen und gutem Zustand in Bezug auf Sauerstoff) gelten Seen mit P(gesamt) < 0.02 mg/L. Bei eutrophen Seen wurden Gesamt-P-Konzentrationen über 0.1 mg/L beobachtet. Bei der Sanierung der eutrophen Seen in der Schweiz wurde angestrebt, dass die Gesamt-P-Konzentrationen (Mittelwert bei der Durchmischung) im Bereich 0.02–0.03 mg/L liegen. Die Primärproduktion (fixierter Kohlenstoff pro m^2 und Zeit) hängt klar vom Phosphorgehalt ab, aber mit spezifischen Unterschieden zwischen verschiedenen Seen.

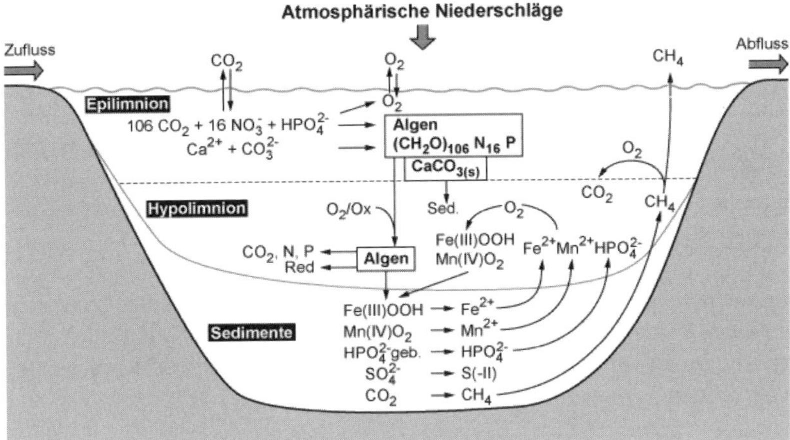

Abb. 12.1: Biogeochemische Vorgänge in eutrophen Seen. Im oberen Teil des Sees (Epilimnion) wird durch Fotosynthese Algenbiomasse aufgebaut und Sauerstoff produziert. Calciumcarbonat fällt aus, weil der pH bei der Fotosynthese erhöht wird. Im tiefen Teil des Sees (Hypolimnion) wird die Algenbiomasse abgebaut, wobei Sauerstoff und andere Oxidantien (Ox.) verbraucht und C, N und P wieder freigesetzt werden. In den Sedimenten findet Reduktion von Eisen(III)- und Mangan(IV)-Oxiden statt, die zur Rücklösung von Fe^{2+} und Mn^{2+} sowie von Phosphat führt. In Sedimenten gebildetes Methan kann in die Wassersäule diffundieren und in die Atmosphäre ausgasen.

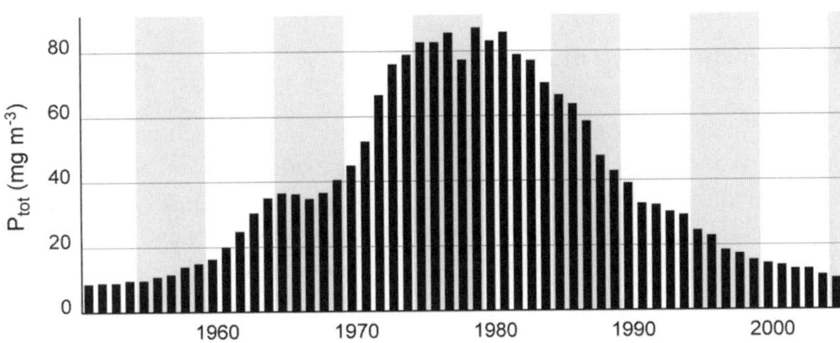

Abb. 12.2: Entwicklung der Phosphorkonzentration im Bodensee-Obersee im Zeitraum 1950–2005 (Daten aus Internationale Gewässerschutzkommission für den Bodensee)

Die Phosphorbilanz im See ist gegeben durch den Input von Phosphor (aus Zuflüssen und aus diffusen Quellen der Landwirtschaft), durch den Austrag aus dem Abfluss und durch die Nettosedimentation (Differenz zwischen Bruttosedimentation und Rücklösung) *(159)*:

$$\frac{\Delta P}{\Delta t} = P_{ein} - P_{aus} - S \qquad (2)$$

wo P = P-Inhalt des Sees (kg)

P_{ein} = Phosphorinputfracht (kg $Jahr^{-1}$)

P_{aus} = Phosphoraustragfracht (kg $Jahr^{-1}$)

S = Sedimentationsfracht (kg $Jahr^{-1}$)

Unter den Annahmen, dass einerseits der Phosphoraustrag proportional zum P-Inhalt des Sees ist (mit einem Faktor β) und andererseits die Sedimentationsfracht auch zum P-Inhalt des Sees proportional ist (mit einem Faktor σ), lässt sich der P-Inhalt des Sees als Funktion des P-Inputs berechnen:

$$P_{stationär} = \frac{P_{ein}}{\beta\tau^{-1} + \sigma} \qquad (3)$$

mit τ = Aufenthaltszeit des Wassers im See.

Aus Gleichung (3) ist ersichtlich, dass die Phosphoreinträge massgeblich den Phosphorinhalt im See beeinflussen. Die Phosphoreinträge können durch geeignete Massnahmen beeinflusst werden. Bei einer Abnahme der Phosphoreinträge nähert sich der See einem neuen Stationärzustand (Abb. 12.2). Das Ausmass der Rücklösung von Phosphat aus den Sedimenten hängt von den Redoxverhältnissen an der Sediment-Wasser-Grenzfläche ab und trägt in vielen Seen mit anoxischem Hypolimnion einen beträchtlichen Anteil zur Phosphorbilanz bei.

12.1.2 Redoxverhältnisse in eutrophen Seen

Während der Sommerstagnation ist aufgrund der Temperaturschichtung in Seen der Austausch der unteren Wasserschichten mit der Atmosphäre unterbunden. Sauerstoff, der in den unteren Wasserschichten verbraucht wird, kann nicht durch Austausch mit der Luft ersetzt werden. In den obersten Wasserschichten wachsen Algen, entsprechend dem Nährstoffangebot. Ein Teil der in den obersten Wasserschichten gebildeten Algenbiomasse sinkt ins Hypolimnion und wird dort insbesondere in der Sediment-Wasser-Grenzschicht durch Mikroorganismen abgebaut (Abb. 12.1). Bei der Oxidation der Biomasse werden nacheinander die verschiedenen vorhandenen Oxidantien verbraucht. Im Prinzip läuft folgende Reaktion ab:

$$C_{106}H_{263}O_{110}N_{16}P + Ox + 15\,H^+ \rightarrow 106\,CO_2 + 106\,H_2O + 16\,NH_4^+ + H_2PO_4^- + Red \qquad (4)$$

wobei als Oxidationsmittel sukzessiv Sauerstoff, Nitrat, Mn(IV), Fe(III), Sulfat, organische Verbindungen und CO_2 dienen können. Die Sequenz der Reaktionen, die in Tabelle 8.4 angegeben ist, läuft hier ab. Stickstoff wird aus dem organischen Material zunächst als NH_4^+ freigesetzt und wird nur in Gegenwart von Sauerstoff wieder zu Nitrat oxidiert, während es unter anoxischen Bedingungen als NH_4^+ verbleibt. Diese Vorgänge können als eine Titration der verschiedenen Oxidationsmittel mit der Biomasse als Reduktionsmittel betrachtet werden. Je nach Verhältnis der Algenbiomasse und der Oxidationsmittel verläuft die Redoxreihe in der theoretischen Reihenfolge der Redoxreaktionen bis zu einem gewissen Punkt. Wenn eines der Oxidationsmittel, z.B. Nitrat, aufgebraucht ist, wird das nächste Oxidationsmittel verwendet.

Dabei werden die reduzierten Produkte dieser Vorgänge (N_2, Mn(II), Fe(II), HS^-, CH_4, Fermentationsprodukte) freigesetzt; diese Spezies treten in der Wassersäule des Sees auf, indem sie von der Sediment-Wasser-Grenzschicht aus diffundieren. Die Redoxsequenz kann im Hypolimnion eines eutrophen Sees in den räumlichen und zeitlichen Gradienten verfolgt werden, indem die verschiedenen reduzierten Spezies, z.B. Mn(II), Fe(II), HS^-, CH_4 gemessen werden. Das Auftreten der jeweiligen Spezies deutet auf das Einsetzen der entsprechenden Redoxreaktion. In Seen mit unterschiedlichen Nährstoffeinträgen und Durchmischungsverhältnissen läuft die Redoxreihe unterschiedlich weit ab. Als Beispiele werden hier kurz die Verhältnisse im Greifensee und im Rotsee dargestellt.

Der Greifensee (CH) ist ein kleiner eutropher See, in den die Phosphoreinträge in den letzten Jahren zwar abgenommen haben, aber immer noch hoch sind. Die maximale Tiefe des Sees beträgt 31 m, die Tiefe des Epilimnions im Sommer etwa 7 m. Im Verlaufe der Stagnationszeit wird zuerst der Sauerstoff im Hypolimion vollständig aufgebraucht (Abb. 12.3). Dann setzt an der Sediment-Wasser-Grenzfläche die Reduktion zunächst von Nitrat und Manganoxid ein. Nitrat nimmt im Hypolimnion ab, wo es zu N_2 reduziert wird; die Produktion von N_2 durch diese Reaktion ist aber schwierig zu verfolgen, weil gelöster N_2 durch Austausch mit der Atmosphäre schon in der Wassersäule vorhanden ist. Als erste nachweisbare reduzierte Spezies treten Mn(II) aus der Reduktion von Manganoxid und Ammonium auf (Abb. 12.3, 14.6.89, 20.9.89); Mn(II) und NH_4^+ erscheinen unmittelbar, nachdem der Sauerstoff aufgebraucht ist. Ammonium wird aus dem organischen Material freigesetzt und kann vorerst nicht oxidiert werden. Im späteren Verlauf der Stagnation werden dann Eisenoxid und Sulfat reduziert: Fe(II) und HS^- treten als reduzierte Spezies erst am Ende der Stagnationszeit auf (8.11.89, Daten in Abb. 12.3 nicht gezeigt). Die verschiedenen reduzierten Spezies erscheinen in der theoretischen Reihenfolge der Redoxreaktionen; die Redoxreaktionen erfolgen mittels mikrobieller Katalyse.

Bei der Durchmischung des Sees im Winter wird Sauerstoff eingemischt. Die reduzierten Spezies werden dann wieder oxidiert:

$$Fe^{2+} + \frac{1}{4}\,O_2 + 5/2\,H_2O \rightarrow Fe(OH)_3(s) + 2\,H^+ \qquad (5)$$

$$Mn^{2+} + \frac{1}{2}\,O_2 + H_2O \rightarrow MnO_2(s) + 2\,H^+ \qquad (6)$$

$$NH_4^+ + 2\,O_2 \rightarrow NO_3^- + 2\,H^+ + H_2O \qquad (7)$$

$$HS^- + 2\,O_2 \rightarrow SO_4^{2-} + H^+ \qquad (8)$$

$$CH_4 + 2\,O_2 \rightarrow CO_2 + 2\,H_2O \qquad (9)$$

Diese Reaktionen finden zum grossen Teil unter dem Einfluss von Mikroorganismen statt (vgl. Kap. 8.7 zu der Kinetik dieser Reaktionen).

N_2 aus der Denitrifikation wird nicht wieder oxidiert und wird an die Atmosphäre abgegeben, so dass dadurch der Stickstoffgehalt des Sees erniedrigt wird. CH_4 wird teilweise durch spezialisierte Mikroorganismen oxidiert (Methanotrophe) und teilweise an die Atmosphäre abgegeben.

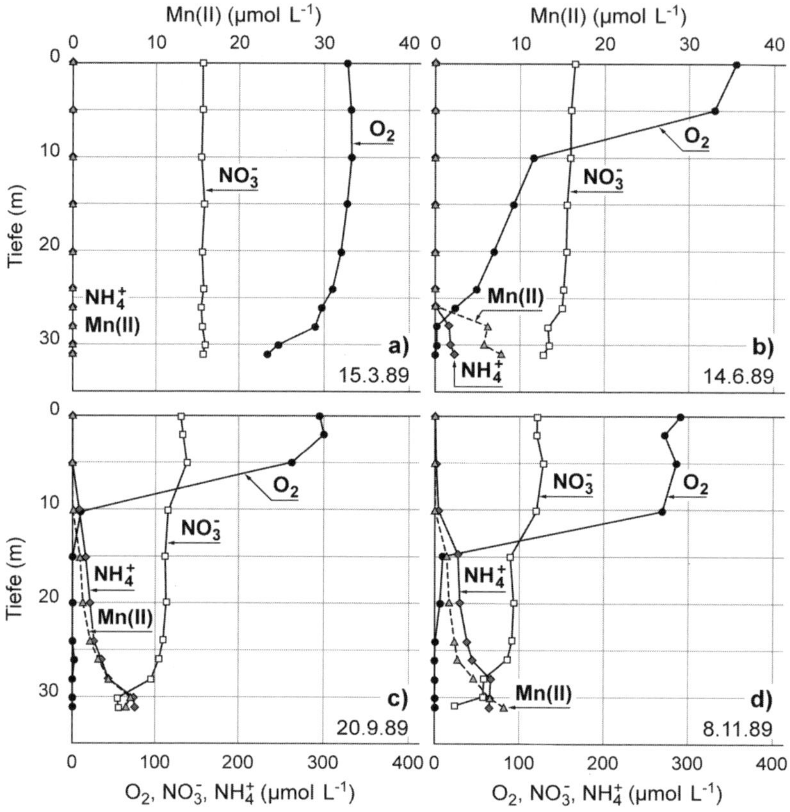

Abb. 12.3: Konzentrationen der Redoxspezies (O_2, NO_3^-, NH_4^+, Mn(II)) im Greifensee in Funktion der Tiefe über einen jahreszeitlichen Verlauf. Am Ende der Stagnationszeit (8.11.89) sind in den untersten Wasserschichten auch kleine Konzentrationen von Fe(II) und HS^- vorhanden (nicht eingezeichnet).

Die Verhältnisse im Rotsee (Abb. 12.4) stellen den Extremfall dar, bei dem die Redoxreaktionen bis zur Produktion von Methan ablaufen. Der Rotsee (bei Luzern, CH) ist ein kleiner See (maximale Tiefe 16 m), in den über Jahrzehnte Abwässer eingeleitet wurden. S(–II) und CH_4 werden bei der Oxidation von Algenbiomasse vor allem in der Sediment-Wasser-Grenzschicht gebildet. Aus Abb. 12.4 ist ersichtlich, dass O_2 unterhalb einer Tiefe von 7 m nicht mehr vorhanden ist und die Konzentration von SO_4^{2-} mit der Tiefe abnimmt. Im Hypolimnion sind die reduzierten Spezies H_2S/HS^- und CH_4 vorhanden, die aus der Sediment-

Wasser-Grenzschicht diffundieren. Die Konzentration von CH_4 geht in der Schicht zurück, in der O_2 vorhanden ist, weil es dort durch Bakterien oxidiert wird. Elementarer Schwefel (S^0) wird in der Wassersäule durch fototrophe Bakterien gebildet. Deshalb nimmt die Konzentration von S^{2-}(tot) schon in tieferen Schichten ab. Diese bakterielle Fotosynthese kann vereinfacht dargestellt werden als:

$$h\nu + CO_2 + 2\,H_2S \rightarrow CH_2O + 2\,S^0 + H_2O \qquad (10)$$

d.h. H_2S tritt an die Stelle von H_2O. Die fototrophen Bakterien schichten sich in einer Tiefe ein, in der sowohl noch genügend Licht wie auch H_2S vorhanden sind.

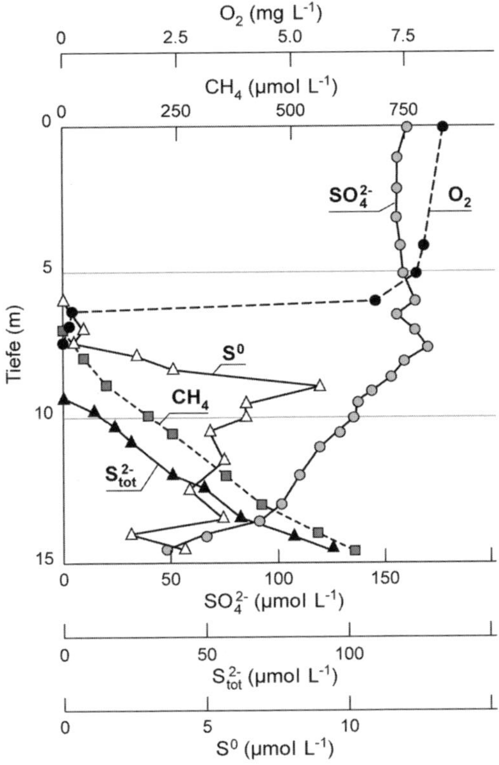

Abb. 12.4: Konzentrationsprofile von Redoxspezies im Rotsee (nach *(160)*)

Rücklösung von Phosphat aus Sedimenten

Unter anoxischen Bedingungen im Sediment und an der Sediment-Wasser-Grenze wird Phosphat aus dem Sediment rückgelöst und kann dann wieder in der Wassersäule auf das Algenwachstum einwirken. Die Phosphatrücklösung hängt mit der Reduktion von Eisenoxiden zusammen, die Phosphat an ihren Oberflächen binden können (siehe Kapitel 9). Wenn die Eisenoxide reduziert und durch reduktive Reaktionen aufgelöst werden (Kap. 9.10), wird auch daran gebundenes Phosphat frei. Falls an der Sediment-Wasser-Grenzfläche noch Sauerstoff vorhanden ist, bildet sich eine Schicht mit Eisen- und Manganoxiden, in der Phosphat zurückgehalten wird (Abb. 12.5).

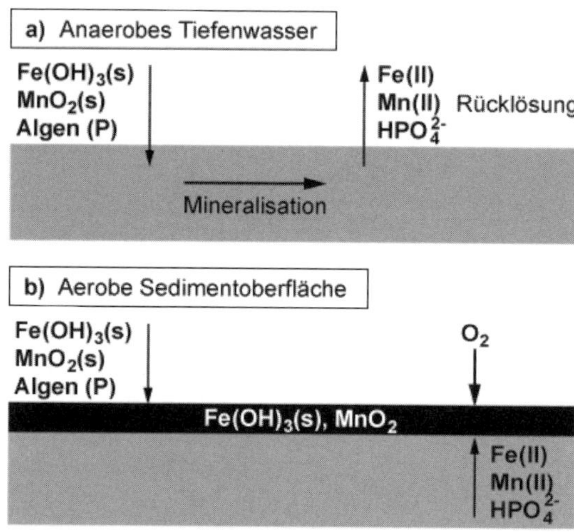

Abb. 12.5: Rücklösung von Phosphat bei anoxischen Verhältnissen und Rückhalt von Phosphat in Sedimenten bei aerober Sedimentoberfläche (nach *(159)*)

12.1.3 Ausfällung von Calciumcarbonat in Seen

Durch die Fotosynthese in den oberen Schichten des Sees erhöht sich der pH wegen der Aufnahme von CO_2 durch das Phytoplankton (Kap. 3.3). Die Löslichkeit von $CaCO_3(s)$ wird in Seen in kalkhaltigen Gebieten häufig während der produktiven Phase überschritten. Bei hoher fotosynthetischer Produktion werden pH-Werte im Bereich 8.5–9.0 in den obersten Wasserschichten der Seen erreicht. Das Ausmass der Übersättigung des Calciumcarbonats wird anhand der effektiven Konzentrationen im Seewasser überprüft:

$$Q = [Ca^{2+}][CO_3^{2-}] \qquad (11)$$

wo Q das Produkt der Konzentrationen im Seewasser ist. Q wird mit dem Löslichkeitsprodukt K_{s0} verglichen (vgl. Kap. 7):

$Q > K_{s0}$: Übersättigung

$Q < K_{s0}$: Untersättigung

Das Verhältnis Q / K_{s0} ist der Sättigungsindex und erreicht in der produktiven Schicht von eutrophen Seen Werte im Bereich : $Q / K_{s0} = 10–40$ *(161)*;*(69)*. Hohe Sättigungswerte werden erreicht, bevor die Ausfällung von Calciumcarbonat einsetzt, da die Kinetik der Ausfällung durch die Anwesenheit von Phosphat und von gelöstem organischem Kohlenstoff gehemmt wird. Die Ausfällung setzt zum Teil an den Oberflächen von Algen ein *(69)*.

In der Tiefe der Seen ist Calciumcarbonat wegen der Produktion von CO_2 durch die Mineralisation von organischem Material und der dadurch tieferen pH untersättigt und wird zum Teil aufgelöst.

Calciumcarbonat bildet in eutrophen Seen aus kalkhaltigen Gebieten einen wesentlichen Anteil des sedimentierenden Materials und der Sedimente. Beispielsweise bestanden Sedimente aus dem eutrophen Greifensee zu ca. 85 % aus Calciumcarbonat.

12.1.4 Sedimentation

Das sedimentierende Material in eutrophen Seen, wie es in Sedimentfallen aufgefangen wird, besteht hauptsächlich aus den folgenden Bestandteilen:

- biogenes organisches Material,
- Calciumcarbonat,
- Fe- und Mn-Oxide,
- Tonmineralien.

Das biogene organische Material, das einen wesentlichen Anteil des sedimentierenden Materials vor allem im Sommer darstellt, wird zum grossen Teil im Sediment mineralisiert. Calciumcarbonat wird in eutrophen Seen in kalkhaltigen Gebieten im Sommer im Epilimnion gefällt. Eisen- und Manganoxide werden durch den Fe- und Mn-Kreislauf an der Grenze zwischen oxischen und anoxischen Verhältnissen gebildet. Die im See gebildeten Partikel werden als autochthon bezeichnet. Die von ausserhalb des Sees eingetragenen Partikel, vor allem Tonmineralien und andere mineralische Partikel, die über Zuflüsse und Bodenabschwemmungen in die Seen gelangen, werden als allochthone Partikel bezeichnet.

Schwermetalle werden an die sedimentierenden Partikel gebunden und somit in die Sedimente transportiert und dort abgelagert. Aus Messungen in Sedimenttiefenprofilen kann auf die frühere Belastung mit Metallen geschlossen werden. Die Sedimente werden mit Hilfe von radioaktiven Isotopen datiert (^{210}Pb, ^{137}Cs). Ein Beispiel von Metallkonzentrationen in Sedimenten ist in Abb. 12.6. dargestellt. Aus diesen Daten im Zürichsee ist klar ersichtlich, wie die Konzentrationen der Metalle in Sedimenten im Vergleich von vorindustrieller Zeit (vor 1850) bis etwa in die 1960-er Jahre stark angestiegen sind und dann bis in die jüngste Zeit wieder abgenommen haben. Die Zunahme hängt mit der zunehmenden Verwendung der Metalle für industrielle Zwecke oder des Bleis auch als Benzinzusatz zusammen. Durch den Ausbau der Kläranlagen, die Sanierung industrieller Betriebe und das Verbot der Verwendung von Bleibenzin haben dann die Einträge von Zn, Cd und Pb in diesem See deutlich abgenommen. Die Konzentration von Cu hingegen ist in den letzten Jahren etwa konstant geblieben, weil hier viele diffuse Quellen zu den Cu-Einträgen beitragen.

Auch schwer abbaubare hydrophobe organische Verbindungen werden in Seesedimenten abgelagert, sodass Sedimentkerne auch Informationen über frühere Belastungen durch organische Verbindungen (zum Beispiel polyzyklische aromatische Kohlenwasserstoffe (PAK), polychlorierte Biphenyle (PCB), Tenside) enthalten.

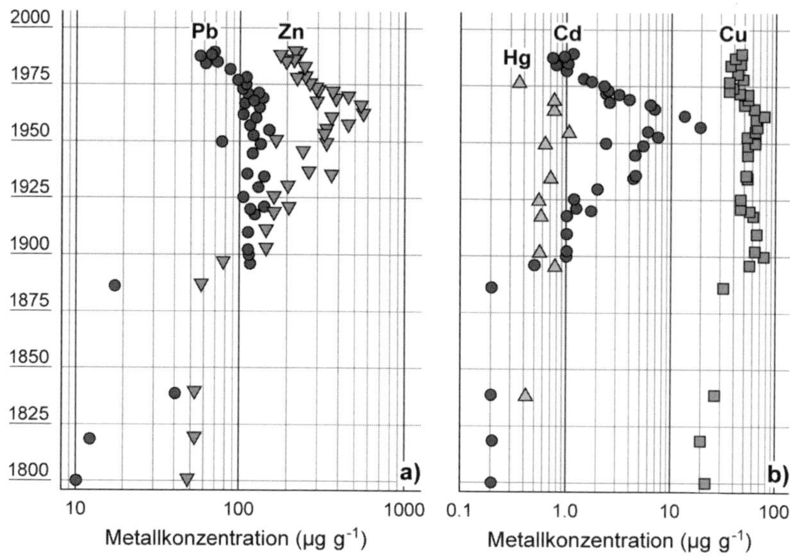

Abb. 12.6: Konzentrationen (µg g^{-1} Feststoff) von Zn, Pb (a) und Cu, Cd und Hg (b) in datierten Sedimenten aus dem Zürichsee. Die jüngsten Daten entsprechen den obersten Sedimentschichten. (Daten aus *(162)*).

12.2 Fliessgewässer

12.2.1 Belastungsquellen und Wasserqualität

Zu den wichtigsten Belastungsquellen für Fliessgewässer gehören Abflüsse aus Kläranlagen, Abflüsse aus industriellen Quellen sowie Abschwemmungen aus landwirtschaftlichen Böden und Siedlungsflächen. Punktquellen sind solche, die räumlich begrenzt und konzentriert in den Fluss einmünden (z.B. Kläranlagenabflüsse), während diffuse Quellen über grössere Distanzen verteilt sind (Abschwemmungen). Das Ausmass der Stoffkonzentrationen in diesen verschiedenen Quellen, sowie ihre räumliche und zeitliche Verteilung beeinflussen die räumlichen und zeitlichen Veränderungen der Stoffkonzentrationen in Fliessgewässern. Zudem laufen in Fliessgewässern verschiedene biologische und chemische Prozesse ab (Abb. 12.7).

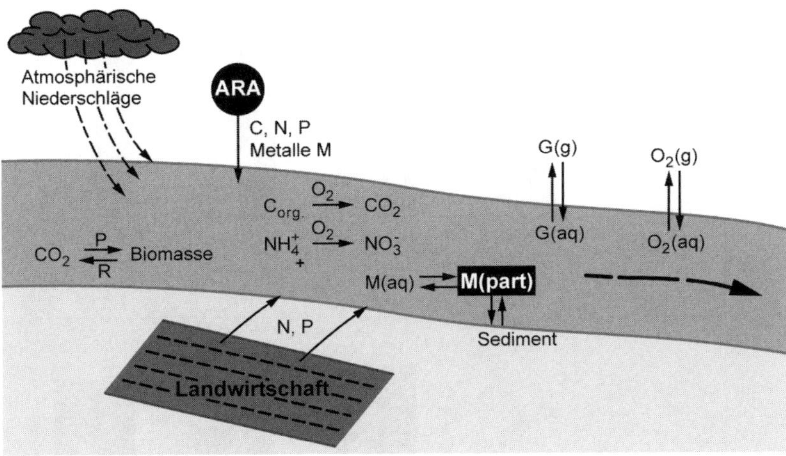

Abb. 12.7: Einige biologische und chemische Prozesse in Fliessgewässern. Aus Kläranlagenabflüssen werden Nährstoffe (C, N, P) sowie Metalle und organische Schadstoffe in die Fliessgewässer eingetragen. Landwirtschaftliche Abschwemmungen tragen vor allem N und P bei. Aufbau von Biomasse durch Fotosynthese, sowie Abbau durch Respiration (P/R) laufen vor allem auf festen Substraten ab (Periphyton). Organische Verbindungen werden mikrobiologisch abgebaut, Ammonium wird zu Nitrat oxidiert. Metalle verteilen sich zwischen Lösung und Partikeln (M(aq) und M(part)). Flüchtige Stoffe (G(aq)) tauschen mit der Gasphase aus. Die atmosphärischen Niederschläge bestimmen die Abflussmenge.

Die Wasserqualität in Fliessgewässern ist in Bezug auf verschiedene Stoffe definiert, die aus unterschiedlichen Gründen belastend wirken. Einträge von Nährstoffen (Phosphor und Stickstoff) führen im Fliessgewässer sowie in unterliegenden Seen und Küstengebieten zu Eutrophierung durch übermässiges Wachstum von Phytoplankton. Einträge von organischem Kohlenstoff (aus ungeklärten Abwässern oder aus ungenügend gereinigten Kläranlagenabflüssen) führen zu Sauerstoffzehrung im Fliessgewässer. Ammonium (aus Abwässern und Kläranlagenabflüssen) wirkt toxisch auf Fische (als NH_3). Bei der Nitrifikation (Umwandlung von Ammonium zu Nitrat) im Fluss wird Sauerstoff verbraucht. Schwermetalle wie Kupfer, Zink, Blei, Cadmium, Quecksilber (aus industriellen Abwässern, Abschwemmungen) wirken toxisch auf aquatische Organismen. Eine Vielzahl von synthetischen organischen Verbindungen (Pestizide, Biozide, Reinigungsmittel, Pharmazeutika usw.) gelangt über Abwässer und über Abschwemmungen aus landwirtschaftlichen Gebieten in Fliessgewässer. Viele dieser Verbindungen können in Organismen akkumuliert werden und toxische Wirkungen ausüben.

Die Konzentrationen anthropogen eingetragener Stoffe in Fliessgewässern nehmen typischerweise entlang eines Flusslaufes mit verschiedenen Eintragsquellen zu, wie in Abb. 12.8 für den Rhein illustriert.

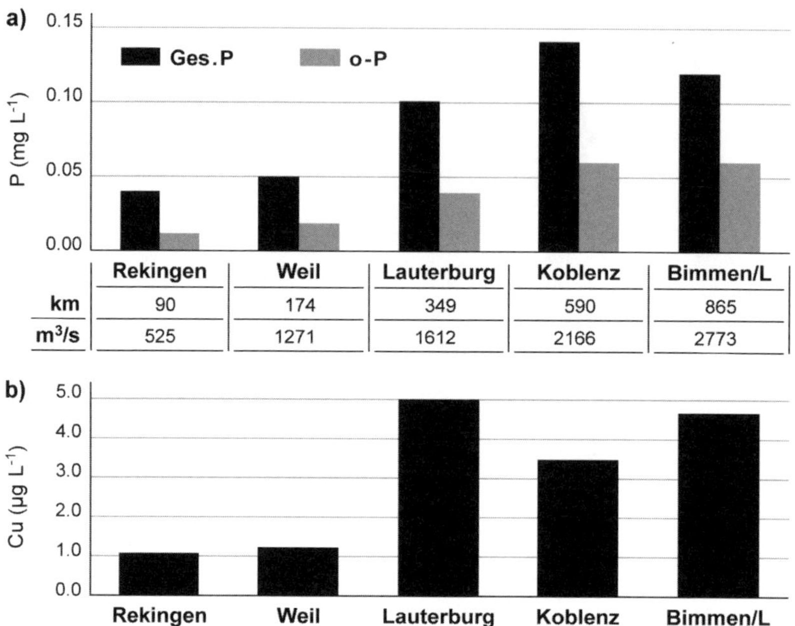

Abb. 12.8: Konzentrationen von Gesamt-P, ortho-P (a) und Kupfer (b) an 5 Messstationen entlang des Rheins, wie durch die Distanz unterhalb des Bodensees (km) und die Abflussmenge (m^3/s, Jahresmittelwert 2001) angegeben. Konzentrationen sind Jahresmittelwerte (Daten aus Zahlentafeln IKSR 2001).

12.2.2 Chemische und biologische Prozesse in Fliessgewässern

Fotosynthese und Respiration

Die Sauerstoffbedingungen in Fliessgewässern sind durch das Verhältnis von Fotosynthese zu Respiration (P/R-Verhältnis) bestimmt. Anders als in Seen sind die Fliessgewässer meistens in der Tiefe gut durchmischt und kaum in der Tiefe geschichtet. Konzentrationsgradienten ergeben sich aber im Längsprofil aus der Distanz zu Belastungsquellen und den im Wasser ablaufenden Prozessen. Fotosynthese wird durch die Verfügbarkeit der Nährstoffe, vor allem Phosphor und Stickstoff, und durch die Lichtverhältnisse reguliert. Heterotrophe Respiration hängt vom verfügbaren organischen Kohlenstoff ab. Hohe Einträge von abbaubarem organischem Kohlenstoff durch ungeklärte Abwässer oder ungenügend gereinigte Kläranlagenabflüsse führen zu erhöhtem Sauerstoffverbrauch im Fliessgewässer (P/R <1). Unterhalb von Einleitungen mit hohen Einträgen von organischem Kohlenstoff können im Fliessgewässer verminderte O_2-Konzentrationen auftreten, die dann im Längsverlauf des Flusses durch Belüftung im Kontakt mit der Atmosphäre wieder ausgeglichen werden (Abb. 12.9 und 12.10). Die Nitrifikation trägt auch zum Sauerstoffverbrauch bei.

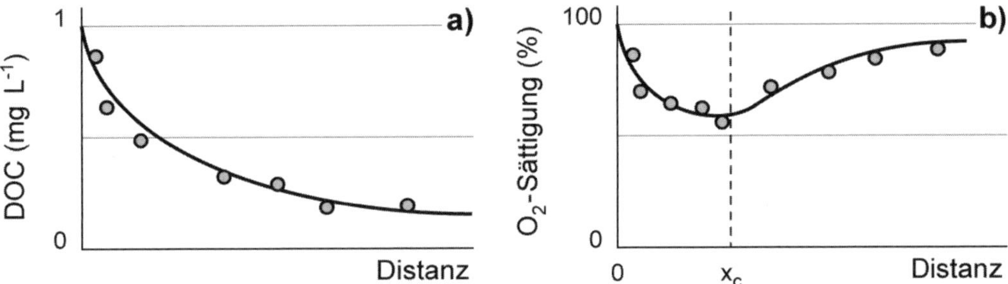

Abb. 12.9: Schematischer Verlauf der Konzentrationen von DOC und O_2 als Funktion der Distanz in einem Fluss unterhalb einer Einleitung (nach *(163)*)

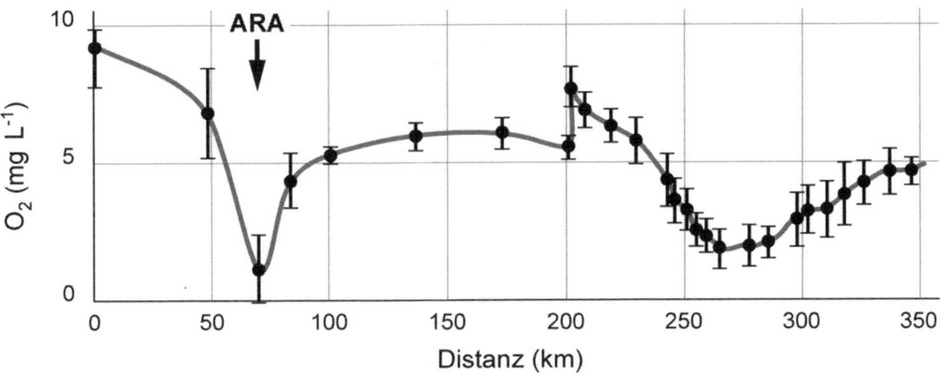

Abb. 12.10: Konzentration von O_2 in der Seine unterhalb von Paris (km 0). Bei km 70 ist die Einleitung einer sehr grossen Kläranlage, die hohe Konzentrationen von NH_4^+ und DOC einträgt. Unterhalb von km 200 beginnt der Bereich der Flussmündung, in der Sauerstoffdefizite aufgrund ungünstiger Mischungsverhältnisse auftreten (nach *(164)*).

Nitrifikation

Die Nitrifikation, die Umwandlung von NH_4^+ zu NO_3^- gemäss den Gleichungen (11, 12, (Kap. 11.3)), ist ein wichtiger Prozess in Fliessgewässern, in die Ammonium eingeleitet wird.

$$NH_4^+ + 1.5\ O_2 \rightarrow NO_2^- + H_2O + 2\ H^+ \qquad (12)$$

$$NO_2^- + 0.5\ O_2 \rightarrow NO_3^- \qquad (13)$$

Es ist zu beachten, dass insgesamt 2 Mole O_2 pro Mol vollständig oxidierten NH_4^+ benötigt werden. Die Nitrifikation verläuft über 2 Stufen, bei denen die Reaktionen über spezialisierte

Bakterien (*Nitrosomonas* für die Ammoniumoxidation und *Nitrobacter* für die Nitritoxidation) ablaufen. Diese Bakterien sind in Fliessgewässern häufig auf festen Substraten anzutreffen. Die Umwandlungsraten von NH_4^+ und NO_2^- durch die Bakterien sind stark temperaturabhängig und bei tiefen Temperaturen sehr langsam. Nitrit tritt als Zwischenprodukt dieser Reaktionen im Gewässer auf. Der Nitrifikationsprozess in einem kleinen Fluss wird durch Abb. 12.11 illustriert, in der der zeitliche Verlauf der Konzentrationen von O_2, NH_4^+ und NO_2^- an zwei Stellen (ca. 10 km Distanz) dargestellt ist. Die Abnahme von NH_4^+ zwischen den beiden Stellen ist deutlich zu erkennen. Tagesgänge von O_2 sind auch sichtbar, die durch die Tagesschwankungen in Fotosynthese und Sauerstoffverbrauch durch Respiration und Nitrifikation zu erklären sind.

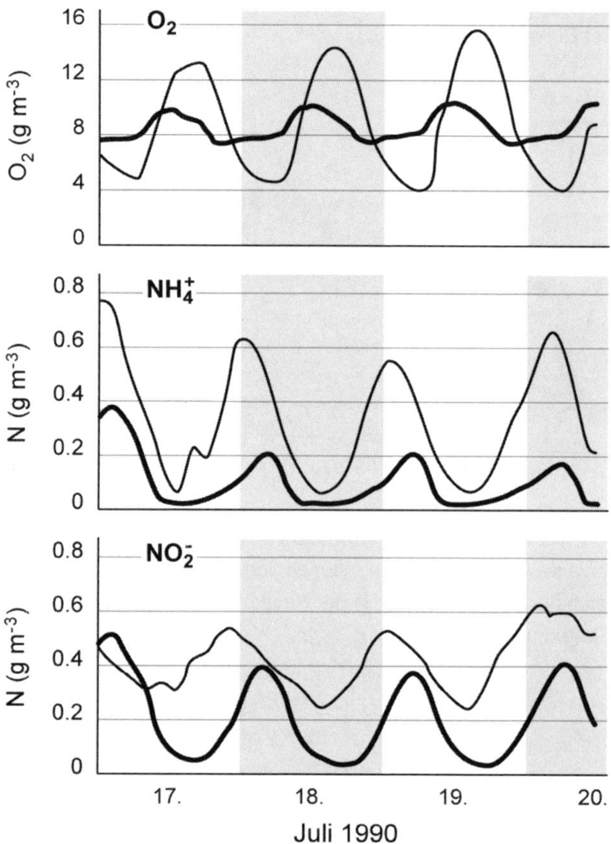

Abb. 12.11: Zeitlicher Verlauf von O_2, NH_4^+ und NO_2^- über mehrere Tage an zwei Stellen mit ca. 10 km Abstand in einem kleinen Fluss (dünne Linien: obere Stelle; dicke Linien: untere Stelle)(aus *(165)*)

Gasaustausch

Gasaustausch zwischen Wasser und Atmosphäre ist für alle flüchtigen Spezies in Fliessgewässern von Bedeutung, insbesondere für O_2 und CO_2. Wie oben beschrieben, wird bei dominanter Respirationsaktivität im Gewässer O_2 verbraucht und CO_2 produziert. Durch Gasaustausch werden die Konzentrationen im Gewässer wieder dem Gleichgewicht mit dem Partialdruck in der Atmosphäre angeglichen. In vielen Fliessgewässern wird beobachtet, dass die gelöste CO_2-Konzentration höher ist als die Gleichgewichtskonzentration mit der Atmosphäre wäre. Die erhöhten CO_2-Konzentrationen sind auf Einträge von abbaubarem organischem Kohlenstoff zurückzuführen bzw. auf Wassereinträge aus Böden oder Moorgebieten mit erhöhtem CO_2. Diese Gewässer geben dann CO_2 an die Atmosphäre ab und gehören somit zu Quellen von klimarelevantem CO_2.

Gelöstes CO_2 wird entweder direkt gemessen oder aus Alkalinität und pH berechnet (Kap. 3). Das gemessene gelöste CO_2 wird mit der Konzentration im Gleichgewicht mit der Atmosphäre verglichen, entweder als gelöstes CO_2 oder als berechnetes damit im Gleichgewicht stehendes gasförmiges CO_2 (p_{CO2}). In verschiedenen Flussmündungen ins Meer, die stark mit organischem Material belastet waren und in denen deshalb hohe Respirationsraten stattfanden, wurden p_{CO2} im Bereich 1 – 6 x 10^{-3} atm gemessen, d.h. um Faktoren 3 – 17 höher als der Partialdruck in der Atmosphäre (3.7 x 10^{-4} atm) (*(166)*;*(167)*). Der Flux von CO_2 in die Atmosphäre hängt vom Konzentrationsgradienten zwischen Wasser und Luft ab und wird berechnet als:

$$F = k_G ([CO_2]_w - [CO_2]_g) \quad (14)$$

wo F : Flux in mol m^{-2} d^{-1} (d^{-1} = Tag^{-1})

k_G : Gasaustauschrate (m d^{-1})

$[CO_2]_w$: CO_2-Konzentration im Wasser (mol m^{-3})

$[CO_2]_g$: CO_2-Konzentration im Gleichgewicht mit der Atmosphäre (mol m^{-3}) (vgl. Kap. 3)

Die Gasaustauschrate k_G hängt von der Windgeschwindigkeit, der Temperatur und den Mischungsverhältnissen ab. Sie kann durch Zugabe und Messung eines Tracergases gemessen werden (z.B. SF_6).

Austausch zwischen Wasser und Gasphase ist auch für die Verteilung von flüchtigen Schadstoffen von Bedeutung. Aus Konzentrationen im Wasser und in der Gasphase ergibt sich im Vergleich mit den Gleichgewichtskonzentrationen die Richtung des Austauschs (Verflüchtigung aus dem Wasser in die Gasphase oder Eintrag aus Gasphase in Wasser).

Im Falle des Quecksilbers ist insbesondere Hg(0) eine flüchtige Form, die in Gewässern durch Einträge oder durch Reduktionsreaktionen von Hg(II) vorkommt. Flusswasser aus Gebieten mit Quecksilberkontamination, insbesondere bei Minenaktivitäten, und Einsatz von Hg bei der Goldgewinnung kann eine Quelle von Quecksilber in die Atmosphäre darstellen. Im Gegensatz sind Einträge von Hg(0) aus der Atmosphäre in unbelastete Gewässer möglich.

Wechselwirkungen gelöst / partikulär

In Fliessgewässern hängt die Konzentration der partikulären Stoffe, d.h. der suspendierten Partikel stark vom Abfluss ab. Bei erhöhtem Abfluss werden Sedimente an der Flusssohle wieder resuspendiert und mit der Wasserphase weiter transportiert. Konzentrationen von suspendierten Partikeln in Fliessgewässern sind im Bereich von einigen mg L^{-1} bis g L^{-1}, in Abhängigkeit der chemischen Zusammensetzung des Wassers (Ionenstärke) und der Abflussverhältnisse.

Stoffe, die stark an Partikeln adsorbieren, werden zusammen mit den Partikeln transportiert. Insbesondere Metalle sind zu einem grossen Anteil an den Partikeloberflächen gebunden (Kap. 9), entsprechend ihrer Affinität zu den Oberflächengruppen. Die Verteilung der Metalle zwischen der Lösung und den Partikeln hängt von der Zusammensetzung der Lösung und der Partikel ab. Wenn starke gelöste Liganden in Lösung vorhanden sind, halten diese die Metalle überwiegend in gelöster Form. Hingegen sind in Anwesenheit hoher Partikelkonzentrationen die Metalle zu einem grösseren Anteil an den Partikeln gebunden (Abbildung 12.12). Der Anteil der Metalle in Lösung kann als Funktion der Partikelkonzentration ausgedrückt werden. Unter definierten Bedingungen kann der Verteilung der Konzentration eines Metalls zwischen der gelösten Phase und der festen Phase als Verteilungskoeffizient K_D ausgedrückt werden:

$$K_D = C_s / C_w \quad \left(\frac{\text{molkg}^{-1}}{\text{molL}^{-1}}\right) \text{oder} \left(\frac{\mu\text{gkg}^{-1}}{\mu\text{gL}^{-1}}\right) \text{bzw.} \left(\frac{\text{L}}{\text{kg}}\right) \qquad (15)$$

wobei C_s die Konzentration in der festen Phase und C_w die Konzentration in der gelösten Phase darstellt. Die totale Konzentration kann dann geschrieben werden als:

$$C_T = C_w + C_s\,SS = C_w\,(1 + K_D\,SS) \qquad (16)$$

wo SS die Schwebstoffkonzentration (kg L^{-1}) ist. Daraus lässt sich der Anteil in Lösung in Funktion der Schwebstoffkonzentration ableiten (Abb. 12.12). Elemente, die nur schwach an Schwebstoffen gebunden werden (z.B. Na, As, Se) haben Verteilungskoeffizienten in der Grössenordnung 10^4 L kg^{-1}; Elemente mit einer mittelgrossen Bindung an Schwebstoffen (z.B. Cu, Zn, Ni, Cr) Verteilungskoeffizienten im Bereich 10^5 L kg^{-1} und solche, die sehr stark an Schwebstoffen gebunden werden, z.B. Al, Pb, Th, etwa 10^6 L kg^{-1}. Der angegebene Weltmittelwert der Schwebstoffkonzentration ist stark von grossen Flüssen mit hoher Schwebstofffracht geprägt (z.B. Amazonas, asiatische grosse Flüsse). Für Flüsse in Mitteleuropa sind eher Schwebstoffkonzentrationen im Bereich 0.01–0.05 g L^{-1} repräsentativ.

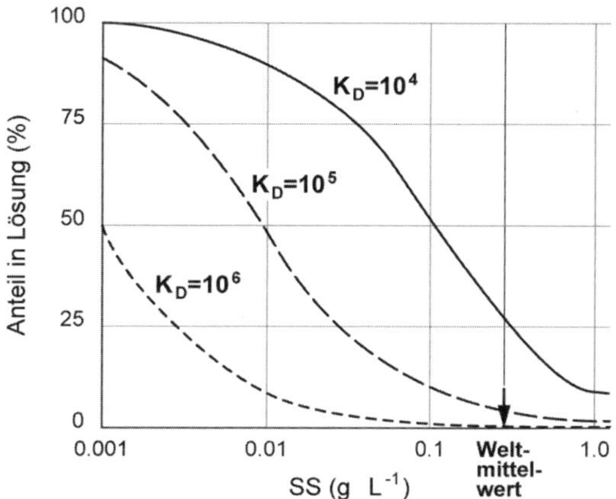

Abb. 12.12: Anteil der Metalle in Lösung als Funktion der Schwebstoffkonzentrationen für verschiedene K_D-Werte (L kg^{-1}) (nach *(149)*)

Falls die Metalle vorwiegend durch Adsorptionsreaktionen an den Partikeloberflächen gebunden sind, findet ein Austausch zwischen Partikeln und Metallen in Lösung statt. Die totale Metallkonzentration (Summe von gelösten und partikulären Metallen) folgt dann der Partikelkonzentration. Als Beispiel sind in Abb. 12.13 die Verläufe von suspendierten Partikeln und totalen Konzentrationen von Zink und Kupfer in einem kleinen Bach während eines Regenereignisses dargestellt. Maxima der Totalkonzentrationen von Zn und Cu fallen mit dem Maximum der Partikelkonzentration zusammen. Bei Untersuchungen von Metallkonzentrationen in Fliessgewässern wird häufig beobachtet, dass erhöhte totale Metallkonzentrationen bei Regenereignissen und dementsprechend höheren Abflussmengen vorkommen.

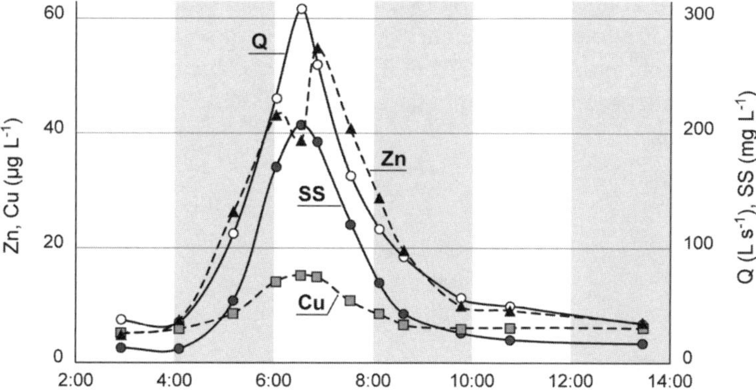

Abb. 12.13: Zeitlicher Verlauf der Konzentrationen von suspendierten Partikeln (SS, mg L^{-1}), totalem Zn und Cu (µg L^{-1}) während eines Regenereignisses in einem kleinen Bach mit Abfluss Q (L s^{-1}) (Daten aus *(168)*)

12.2.3 Abfluss und Stoffkonzentrationen in Fliessgewässern

Die Abflussmengen in Fliessgewässern beeinflussen die Konzentrationen der Stoffe im Wasser auf verschiedene Weise. Einträge aus Punktquellen werden durch erhöhte Abflussmengen verdünnt, z.B. konstante Einträge aus industriellen Einleitungen oder aus Kläranlagen. Die höchsten Abflussmengen in alpinen Flüssen entsprechen der Zeit der Schneeschmelze mit Zufuhr von Wasser, das nur wenig mit den Bodengesteinen reagiert hat und deshalb hauptsächlich verdünnt. Erhöhte Abflussmengen hängen meistens mit erhöhten Niederschlägen zusammen, so dass Abschwemmungen von Stoffen (z.B. Nitrat, Phosphat) aus landwirtschaftlichen Böden und Siedlungsflächen dann auch zunehmen. Die Partikelkonzentrationen nehmen mit dem Abfluss zu, so dass die Konzentrationen der partikulär gebundenen Stoffe auch mit dem Abfluss zunehmen, wie oben für die Metalle beschrieben.

Je nach Parameter nehmen die Stoffkonzentrationen mit dem Abfluss ab (bei einfacher Verdünnung) oder zu (bei einer Zunahme der partikulär gebundenen Stoffe). Bei langfristigen Untersuchungen von Fliessgewässern ergeben sich zudem saisonale Abhängigkeiten der Stoffkonzentrationen, die auch mit den biologischen Vorgängen, den Temperaturen und den saisonalen Schwankungen der Einträge zusammenhängen. Daraus entstehen meistens komplexe Zusammenhänge zwischen Stoffkonzentrationen in Fliessgewässern und Abflussmengen, die mit den Beispielen in Abb. 12.14 und 12.15 illustriert werden. Diese Beispiele stammen aus dem NADUF-Programm, einem grossen Fliessgewässeruntersuchungsprogramm in der Schweiz (www.naduf.ch), in dem Proben kontinuierlich über mehrere Jahre erhoben wurden. Im Falle von Chlorid (Abb. 12.14) werden in vielen Fällen einfache Verdünnungseffekte beobachtet, da die Einträge von Chlorid aus Abwasser im Einzugsgebiet relativ konstant sind und mit zunehmendem Abfluss verdünnt werden.

Im Falle von gelöstem Phosphat werden Verdünnungseffekte mit biologischen Vorgängen überlagert, durch welche saisonal bedingt Phosphat durch Algen und Pflanzen aufgenommen wird. Diese Überlagerung von saisonalen Schwankungen und Verdünnungseffekten führt zu unterschiedlichen Konzentrationen bei gleicher Abflussmenge, so dass der Zusammenhang mit der Abflussmenge nicht eindeutig ist (Abb. 12.15). Beim Rhein in Rekingen wirkt sich der Ausfluss aus dem Bodensee mit ausgeprägten saisonalen Unterschieden auf die Konzentrationsschwankungen aus.

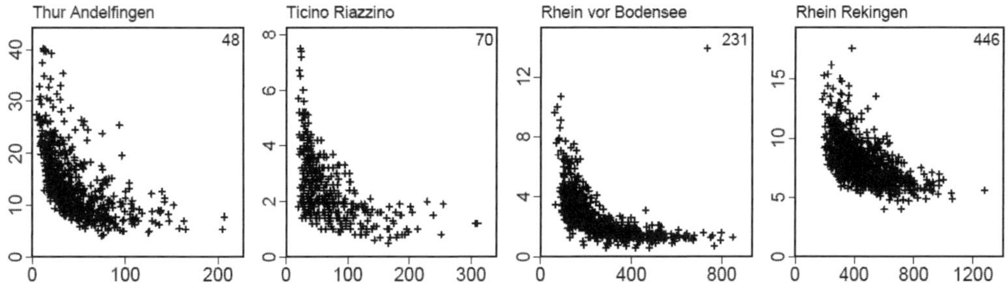

Abb. 12.14: Konzentrationen von Chlorid (y-Achse, mg L^{-1}) in verschiedenen Schweizer Flüssen in Funktion der Abflussmenge (x-Achse m^3 s^{-1}) (Daten von 1975 bis 2007, aus dem NADUF-Programm (www.naduf.ch), Bild R. E. Hari). Oben rechts ist die mittlere Abflussmenge (1987 bis 2007, m^3 s^{-1}) angegeben.

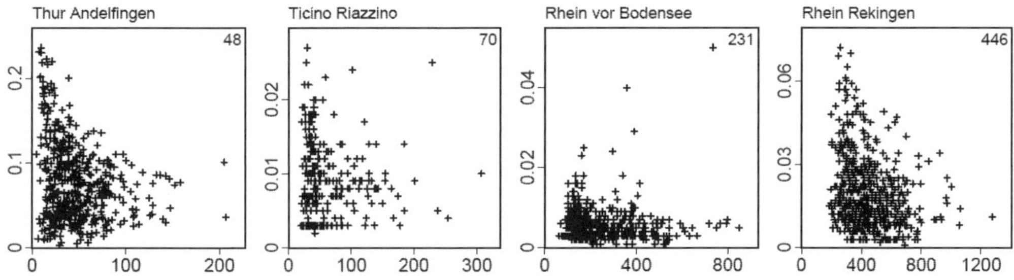

Abb. 12.15: Konzentrationen von gelöstem Phosphat (y-Achse, mg L^{-1}) in verschiedenen Schweizer Flüssen in Funktion der Abflussmenge (x-Achse, m^3 s^{-1}) (Daten 1897–2007, aus dem NADUF-Programm (www.naduf.ch), Bild R. E. Hari)

Eine genauere Analyse der Phosphatmessungen in Abb. 12.15 würde Unterschiede über den jahreszeitlichen Verlauf der Konzentrationen ergeben, z.B. tiefere Konzentrationen im Sommer bei gleicher Abflussmenge.

Einige Komponenten sind vor allem an den Schwebstoffen gebunden und variieren in Fliessgewässern entsprechend den Schwebstoffkonzentrationen, z.B. Gesamtphosphor, der nebst dem gelösten Phosphor auch die partikulär gebundenen Anteile des Phosphors in Biomasse und in Mineralien einschliesst (Abb. 12.16). Die Auftragung der Messungen des Gesamtphosphors in Funktion der Schwebstoffkonzentrationen in verschiedenen Flüssen zeigt diese Zusammenhänge, obwohl auch in diesem Fall die Abhängigkeiten von Jahreszeiten und von der Art der Schwebstoffe (biologisch oder mineralisch) berücksichtigt werden sollten.

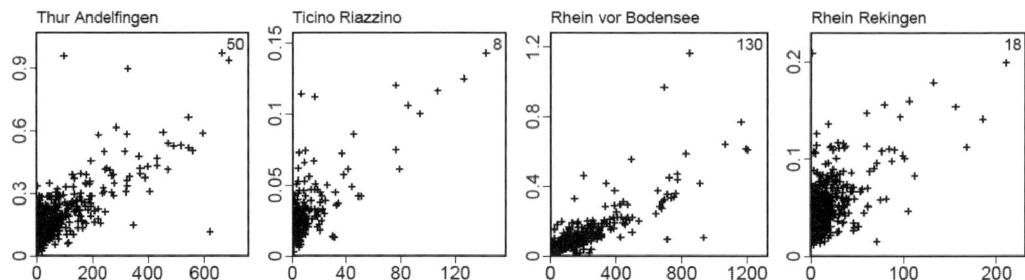

Abb. 12.16: Zusammenhänge zwischen Gesamtphosphor (y-Achse, mg L^{-1} P) und Schwebstoffen (x-Achse, mg L^{-1}) in verschiedenen Schweizer Flüssen. Oben rechts ist die mittlere Konzentration der Schwebstoffe angegeben (Daten 1987 bis 2007, aus dem NADUF-Programm (www.naduf.ch), Bild R. E. Hari).

Langfristige Konzentrationsänderungen in Fliessgewässern

In einigen Projekten wurden die Konzentrationen verschiedener Parameter über längere Zeit (einige Jahre) in Fliessgewässern gemessen (in der Schweiz NADUF-Programm, für den Rhein Messungen der Internationalen Kommission zum Schutz des Rheins (www.naduf.ch, www.iksr.org)). Diese langfristigen Messungen erlauben es, Veränderungen von Wasserinhaltsstoffen über längere Zeiten zu verfolgen und daraus den Einfluss von Gewässerschutzmassnahmen und anderen Faktoren abzuleiten. Um langfristige Veränderungen von Parametern zu erfassen, müssen die Einflüsse kurzfristiger Veränderungen wie saisonale Einflüsse und Abflussmengen davon unterschieden werden. Ein Beispiel ist in Abb. 12.17 gegeben, in dem die langfristige Entwicklung der gelösten Phosphatkonzentration im Rhein dargestellt ist. Die mittleren P-Konzentrationen, die einen regelmässigen Jahresverlauf aufweisen, wurden mit einer Sinusregression modelliert, die einen linearen Trend enthielt für die Abnahme über die Jahre *(169)*. Daraus lässt sich der langfristige Trend ableiten, sowie die Beschreibung der saisonalen Funktion mit Amplitude und zeitlicher Lage des Maximums. Für Phosphat im Rhein unterhalb von Basel ist der abnehmende Trend eindeutig, wobei die Auswirkung des Phosphatverbots in Waschmitteln ab 1986 deutlich sichtbar ist. Im alpinen Rhein hat auch eine Abnahme der Phosphateinträge zu tieferen Konzentrationen geführt, die aber generell viel tiefer als an der Stelle unterhalb Basel sind.

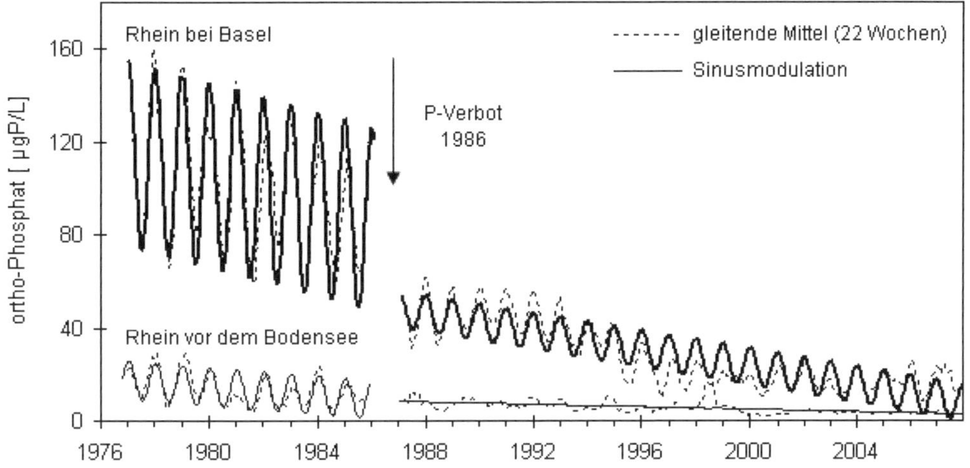

Abb. 12.17: Zeitliche Veränderungen der gelösten Phosphatkonzentration an zwei Stellen im Rhein (alpiner Rhein oberhalb des Bodensees und Rhein unterhalb von Basel). Die gemessenen Konzentrationen sind als gleitendes Mittel (über 11 Messungen) dargestellt. Die Jahreszeitschwankungen wurden mit einer Sinusregression modelliert, die einen linearen Trend enthielt für die Abnahme über die Jahre *(169)*.

12.3 Grundwasser

12.3.1 Grundwasser als Trinkwasserreservoir – Belastungsquellen

Grundwasser ist von grundsätzlicher Bedeutung als Trinkwasserreservoir. In der Schweiz werden etwa vier Fünftel des Trinkwassers aus dem Grundwasser und aus Quellwasser gewonnen. Vorgänge, die zu einer Belastung des Grundwassers führen, sind deshalb von grosser Bedeutung. Bei der natürlichen Infiltration sickert Regenwasser durch die Bodenzone in den Untergrund (Abb.12.18). Dabei reagiert das Wasser mit den Bodenmineralien. Organisches Material wird durch Mikroorganismen abgebaut, wobei Sauerstoff und andere Oxidationsmittel verbraucht werden. Flusswasser kann ebenfalls durch die Infiltrationszonen ins Grundwasser versickern.

Verschiedene Quellen tragen zu einer Belastung des Grundwassers bei (Abb. 12.18). Durch die Landwirtschaft werden Dünger, Pflanzenbehandlungsmittel, Pestizide auf die Böden eingebracht. Je nach Eigenschaften dieser Substanzen gelangen sie durch die Bodenschichten bis ins Grundwasser. Aus den Deponien können organisches Material, Salze, Schwermetalle, organische Schadstoffe ins Grundwasser transportiert werden. Durch die Versickerung von

Meteorwasser gelangen Metalle und andere Schadstoffe über die Infiltrationswege. Auch über den natürlichen Infiltrationsweg können Schadstoffe aus dem Flusswasser oder aus dem Regenwasser eingetragen werden.

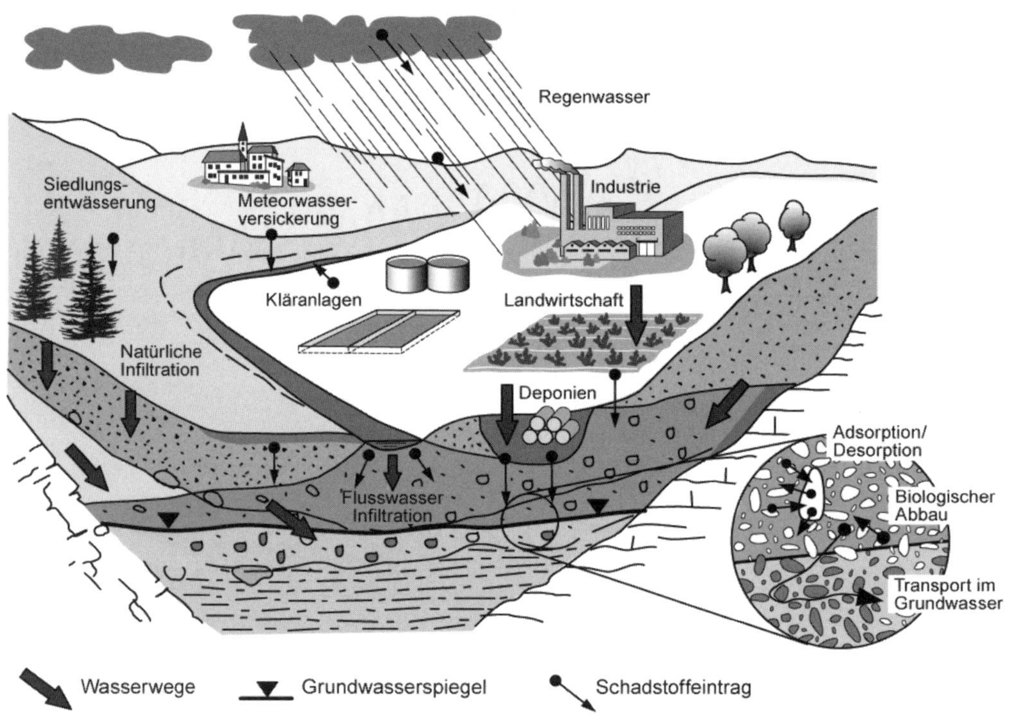

Abb. 12.18: Infiltrationswege des Grundwassers und Belastungsquellen

Für die Trinkwasseraufbereitung sind reduzierte Eisen und Mangan, Nitrat, organische Mikroverunreinigungen und toxische Metalle von Bedeutung. Abbaubares organisches Material im Grundwasser führt zu anoxischen Bedingungen und zur Bildung von reduziertem Eisen und Mangan und von Sulfid. Bei der Reoxidation von reduziertem Eisen und Mangan entstehen Ausfällungen der Fe- und Mn-Oxide. Nitrat sollte im Trinkwasser den Toleranzwert von 40 mg/L nicht überschreiten. Organische Mikroverunreinigungen (Pflanzenbehandlungsmittel, Pestizide usw.) sollten nicht ins Trinkwasser gelangen. Toxische Metalle (z.B. Pb, Hg) sollten die Grenzwerte für das Trinkwasser nicht überschreiten. Es ist deshalb wesentlich, das Verhalten dieser verschiedenen Stoffe bei der Infiltration zu verstehen. Zudem muss natürlich die Anwesenheit von Mikroorganismen für das Trinkwasser beachtet werden.

12.3.2 Biogeochemische Prozesse bei der Infiltration

Bei der Infiltration von Regenwasser oder von Flusswasser in den Untergrund laufen verschiedene Prozesse ab, die die Zusammensetzung des Wassers beeinflussen. Das organische Material im Boden wird mit Sauerstoff mineralisiert. Dabei wird Sauerstoff verbraucht und Kohlendioxid frei. Es baut sich in den unteren Bodenschichten im Vergleich zur Atmosphäre ein höherer Partialdruck an CO_2 auf. Sauerstoff wird vermindert oder kann je nach Menge abbaubaren organischen Materials ganz verschwinden (Abb. 12.19). CO_2 reagiert mit den Mineralien zur Auflösung insbesondere der Carbonate und Silikate. Der erhöhte Partialdruck von CO_2 gegenüber der Atmosphäre (häufig 10–100 höher) führt zu höheren Konzentrationen von Calcium, Magnesium, Hydrogencarbonat, Silikat im Grundwasser (Kap.3).

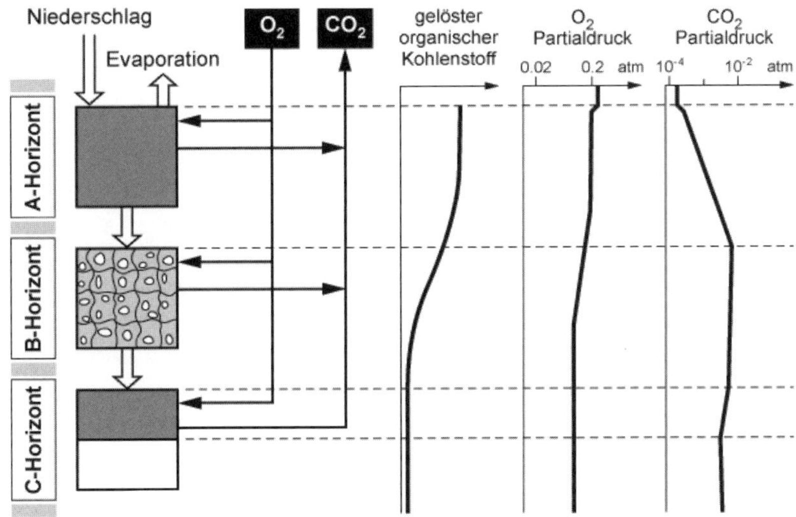

Abb. 12.19: Konzentration einiger Komponenten bei der Versickerung ins Grundwasser.
A-Horizont: Mineralisches und organisches Material. Anreicherung und Ausfällung von Salzen. Intensive Verwitterung. Anreicherung und Infiltration organischen Materials.
B-Horizont: Anreicherung der Produkte aus dem A-Horizont. Mittelstarke Verwitterung. Oxidation von organischem Material. Fällung von Eisen(III) und Mangan(IV).
C-Horizont: Schwache Verwitterung von Muttergestein. Löslichkeitsgleichgewicht.

Diese Vorgänge führen zu der sogenannten Aufhärtung des Wassers, d.h. erhöhte Konzentrationen von Calcium, Magnesium, Alkalinität im Vergleich zum Oberflächenwasser. Der pH liegt typischerweise wegen der höheren CO_2-Konzentration etwas tiefer als in Oberflächenwässern (7.0–7.5).

Einige Beispiele für die Konzentrationen in Grundwässern sind in Tabelle 12.1 dargestellt. Diese Beispiele illustrieren einerseits die Zusammensetzung von Grundwässern in Gebieten mit Kalkgesteinen und andererseits mit kristallinen Gesteinen sowie unterschiedliche Belastung mit organischem Material und unterschiedliche Redoxverhältnisse.

Tab. 12.1: Zusammensetzung einiger Grundwässer aus verschiedenen Gebieten

	Rheinau [1]	Glatt GW1 [2]	Glatt DGW [2]	Winterthur [3]	Val Roseg [4]
pH	8.1	7.5	7.3	6.8	6.8
Ca mM	1.3	1.8	2.8	5.0	0.45
Mg mM	0.4	0.56	1.0	3.5	0.06
Alkalinität mM	2.6	4.2	6.0	17.3	0.8
Sulfat mM	0.35			0.6	0.14
Chlorid mM	0.18	0.6	0.7	0.9	
Nitrat mM	0.07			0.02	0.02
Fe(II) µM	0.02		0.04	280	
Mn(II) µM	<0.01		0.2	20	
DOC mg/L	0.4	2.8	0.5	15.4	

1 Infiltrationsgebiet des Rheins bei Rheinau
2 Infiltrationsgebiet der Glatt in Glattfelden (GW1: flussnahes Grundwasser; DGW: tiefes Grundwasser)
3 Grundwasser unterhalb einer Deponie
4 Grundwasser in kristallinem Alpengebiet *(170)*

Die Redoxreaktionen laufen in der Infiltrationsstrecke entsprechend dem verfügbaren organischen Material ab. Es werden nacheinander die Elektronenakzeptoren entsprechend der thermodynamischen Reihe verbraucht (Kap. 8). Zunächst wird Sauerstoff verbraucht, dann Nitrat-, Mangan- und Eisenoxide, Sulfat und Kohlendioxid zur Bildung von Methan. Im Grundwasser spielen die Oxidationsreaktionen mit festen Mangan- und Eisenoxiden eine wesentliche Rolle, da die feste Phase im Grundwasserleiter typischerweise grössere Mengen dieser Stoffe enthält.

Je nach verfügbarem abbaubaren Kohlenstoff läuft die Redoxreihe in einer Infiltrationsstrecke mehr oder weniger weit ab. Beispielsweise wird in der Infiltrationsstrecke eines Flusses mit ca. 350 µmol/L gelöstem organischen Kohlenstoff beobachtet, dass Sauerstoff stark abnimmt, dass Nitrat teilweise verbraucht wird und dass gelöstes Mangan auftritt. In diesem Fall laufen die Redoxreaktionen bis zur Manganreduktion, entsprechend dem verfügbaren organischen Kohlenstoff. Im Gegensatz dazu wird unterhalb einer Deponie, aus der stark mit organischem Kohlenstoff belastetes Sickerwasser fliesst, die vollständige Redoxreihe bis zur Bildung von Methan beobachtet (Abb. 12.20, *(171)*;*(172)*). Die Verteilung der Redoxzonen unterhalb der Deponie ergibt sich aus der Verteilung und dem Transport des Sickerwassers und den entsprechenden mikrobiologischen und chemischen Reaktionen. In unmittelbarer Nähe der Deponie sind die Oxidationsmittel aufgebraucht und die Methanbildung ist der vorherrschende Prozess. Etwas weiter weg überwiegt die Sulfatreduktion. In einer grossen Zone sind die Eisen- und die Manganreduktion vorherrschend, entsprechend ihrer Verfügbarkeit in den festen Phasen. Weiter weg von der Deponie überwiegen dann die Nitratreduktion und die Oxidation mit Sauerstoff. Die Einteilung in die verschiedenen Zonen beruht auf chemischen Messungen in einer grossen Anzahl von Proben. In der Methanzone sind die gemessenen Methankonzentrationen $> 6 \times 10^{-5}$ M und Sulfat ist $< 4 \times 10^{-4}$ M. In der Sulfatreduktionszone ist Sulfid $> 6 \times 10^{-6}$ M, in der Fe/Mn-Reduktionszone sind gelöstes Eisen(II) $> 2.7 \times 10^{-5}$ M, Mangan(II) $> 3.5 \times 10^{-6}$ M und gleichzeitig vernachlässigbare Konzentrationen von Sauerstoff, Nitrat, Sulfid und Methan vorhanden. In der nitratreduzierenden Zone ist Sauerstoff $< 3 \times 10^{-5}$ M und gleichzeitig sind nur geringe Konzentrationen von Mn(II), Fe(II), Sulfid und Methan messbar.

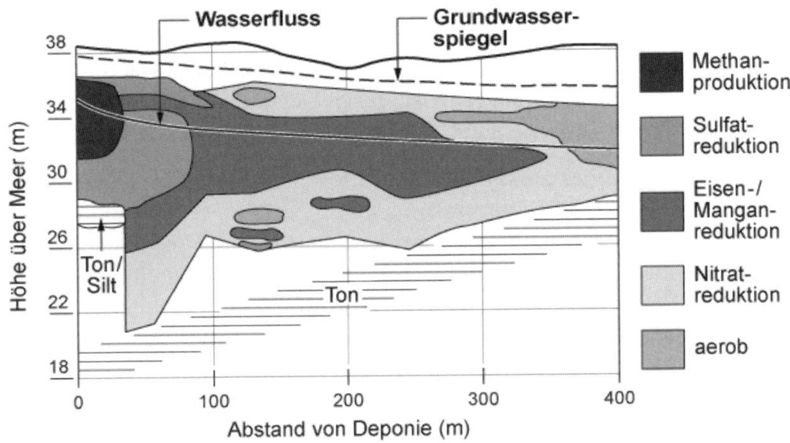

Abbildung 12.20: Redoxzonen im Grundwasser unterhalb einer Deponie (aus (171), reproduziert mit Erlaubnis von ACS aus: Heron, G.; Christensen, T. H., Impact of sediment-bound iron on redox buffering in a landfill leachate polluted aquifer (Vejen, Denmark). Environ. Sci. Technol. 1995, 29, 187–192, copyright 1995 American Chemical Society).

Eine kinetische Beschreibung der Redoxprozesse muss die Raten für die Oxidation des organischen Materials mit den verschiedenen Oxidationsmitteln berücksichtigen. Ein kinetisches Modell für den Abbau von organischem Material in Aquifern beschreibt den sequenziellen Verbrauch der Oxidationsmittel *(173)*. Die Abbaurate des organischen Materials in diesem Modell schliesst mehrere Fraktionen des organischen Kohlenstoffs mit unterschiedlicher Reaktivität ein. Die Oxidation des organischem Materials wird durch die folgende allgemeine Reaktion beschrieben:

$$(CH_2O)_a(NH_3)_b \rightarrow a\ CO_2 + b\ NH_4^+ - a\ H_2O + (4a - b)H^+ + 4a\ e^-, \text{ mit der Rate } R_i^{DOC} \quad (17)$$

R_i^{DOC} ist für verschiedene Fraktionen des organischen Kohlenstoffs unterschiedlich. Die Elektronen aus der Oxidation des organischen C werden auf die verschiedenen Elektronenakzeptoren (O_2, NO_3^-, Mn(IV), Fe(III), SO_4^{2-} und CO_2) übertragen, wobei jede dieser Reaktionen durch die Verfügbarkeit des Elektronenakzeptors limitiert ist.

Im Modell werden auch sekundäre Redoxreaktionen berücksichtigt, wie die Oxidation der reduzierten Spezies (Mn(II), Fe(II), H_2S, CH_4) und die Reduktion von Mangan- und Eisenoxid durch Sulfid. Ebenfalls werden Auflösungs- und Ausfällungsreaktionen einbezogen. Durch Kopplung dieser Reaktionen mit der Modellierung des Transports durch Advektion und Dispersion werden die Verhältnisse in einem Aquifer mit bestimmten Eigenschaften bezüglich Wasserfluss und Kontamination durch Sickerwasser aus einer Deponie simuliert. Die Abfolge der Redoxreaktionen mit Abstand von der Deponie wird auf diese Art modelliert, sowie die Konzentrationen der verschiedenen Spezies.

12.3.3 Transport von Schadstoffen im Grundwasser

Um die Auswirkungen von Schadstoffen aus den verschiedenen Eintragswegen im Grundwasser abzuschätzen, muss der Transport dieser Stoffe im Grundwasserleiter betrachtet werden. Wichtige Fragen sind: wie schnell wird ein Schadstoff im Grundwasserleiter transportiert? Gelangt ein Schadstoff bis zu einer Trinkwasserfassung und wie schnell?

Das Grundwasser ist mit einer grossen Menge an festem Material im Kontakt. Die feste Phase besteht aus Sand, Kies und feinen Sedimenten. Die Wechselwirkungen der Schadstoffe mit der festen Phase sind für ihren Transport entscheidend. Stoffe, die durch Sorption (Adsorption oder Absorption, Kap. 9) an der festen Phase zurückgehalten werden, werden weniger schnell als das Wasser transportiert. Je nach Ausmass der Sorption wird der Stoff mehr oder weniger stark an der festen Phase gebunden. Das Ausmass der Sorption ist abhängig von den chemischen Eigenschaften des Stoffes und den Eigenschaften der festen Phase (Zusammensetzung, spezifische Oberfläche, funktionelle Gruppen). Für die Metalle ist dabei die Bindung an Oberflächengruppen (-OH-Gruppen von Oxiden, -SH-Gruppen von Sulfiden) vorherrschend. Die Speziierung der Metalle in Lösung muss ebenfalls berücksichtigt werden. Für die organischen Schadstoffe ist vor allem die Sorption im organischen Material massgebend, d.h. das Ausmass der Sorption eines organischen Stoffs hängt einerseits vom Anteil an organisches Material in der festen Phase ab und ist andererseits durch die chemischen Eigenschaften des Stoffs bestimmt (Kap. 9.12).

Beim Transport eines Schadstoffs im Aquifer wird die Geschwindigkeit des Transports des Stoffs mit der Geschwindigkeit des Wassers verglichen. Das Wasser fliesst in einem porösen Medium in Abhängigkeit des hydraulischen Gradienten und der hydraulischen Leitfähigkeit (Darcy-Gesetz).

Um das Transportverhalten eines Stoffes im Grundwasserleiter zu verstehen, kann man ein einfaches System in einem porösen Medium betrachten, in dem der Transport nur in eine Richtung erfolgt (Abb. 12.21a). Im Labor wird häufig ein solches System durch eine Kolonne simuliert, die mit festem Material gefüllt ist. Durch Messungen an verschiedenen Punkten in diesem porösen Medium kann die Geschwindigkeit des Transports der Substanz Y mit dem Wasser verglichen werden. Ein konservativer Tracer, der weder Wechselwirkungen mit der festen Phase noch andere Reaktionen erfährt, wird gleich schnell wie das Wasser transportiert (zum Beispiel Chlorid). Hingegen wird ein reaktiver Stoff, der an die feste Phase bindet, langsamer als das Wasser transportiert. Nach einer gewissen Zeit ist der reaktive Stoff weniger weit als das Wasser durchgelaufen, d.h. er wird retardiert (Abb. 12.21b).

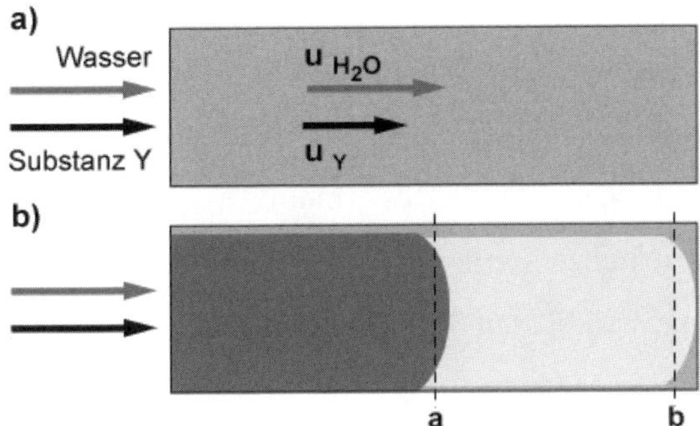

Abb. 12.21a: Transport einer Substanz Y durch ein poröses Medium. Die Geschwindigkeit von Y ist kleiner als diejenige des Wassers, falls Y an der festen Phase sorbiert wird.
Abb. 12.21b: Retardationseffekt einer sorbierenden Substanz Y. Nach einer gewissen Zeit ist Y bis zum Punkt a gelangt, während das Wasser bis zum Punkt b gelaufen ist.

Die Konzentration des Stoffs Y relativ zur Anfangskonzentration in Funktion der Distanz ist in Abb. 12.22 dargestellt.

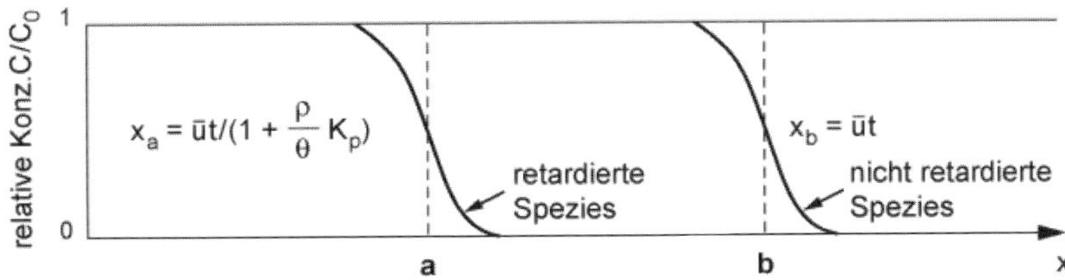

Abb. 12.22: Relative Konzentrationen in Bezug auf die Anfangskonzentration c/c_0 in Funktion der Distanz für eine retardierte und eine nicht retardierte Spezies

Um dieses System mathematisch zu beschreiben, müssen die Advektion, die Dispersion und die Sorption berücksichtigt werden. Der relativ einfache Fall einer laminaren Parallelströmung in einem gesättigten Grundwasserleiter wird hier betrachtet. Die Advektions-Dispersions-Gleichung (ein-dimensionale Formulierung) für den Transport eines Stoffes im porösen Medium kann wie folgt geschrieben werden:

$$-u\frac{\partial c_i}{\partial x}+D\frac{\partial^2 c_i}{\partial x^2}-\frac{\rho}{\theta}\frac{\partial S_i}{\partial t}=\frac{\partial c_i}{\partial t} \qquad (18)$$

Advektion Dispersion Sorption

wobei

u = lineare Fliessgeschwindigkeit ($cm\ s^{-1}$)

D = Dispersions-Koeffizient ($cm^2\ s^{-1}$)

c_i = Konzentration der gelösten Spezies ($mol\ L^{-1}$)

x = Distanz Fliessrichtung (cm)

S_i = Konzentration der sorbierten Spezies i ($mol\ kg^{-1}$)

ρ = Dichte des porösen Mediums ($kg\ L^{-1}$)[1)]

θ = Porosität (–) (Poren-/Gesamtvolumen)

Der letzte Term auf der linken Seite von (18) entspricht der Konzentrationsveränderung durch Adsorption (oder Desorption) und kann folgendermassen interpretiert werden:

$$\frac{\rho}{\theta}\frac{\partial S_i}{\partial t}=\frac{\rho}{\theta}\frac{\partial S_i}{\partial c_i}\frac{\partial c_i}{\partial t} \qquad (19)$$

wobei $\partial S_i/\partial c_i$ die lineare Adsorptionskonstante oder den Verteilungskoeffizienten, K_p, darstellt:

$$\frac{\partial S_i}{\partial c_i}=K_p \qquad (L\ kg^{-1}) \qquad (20)$$

Der Verteilungskoeffizient Kp gibt das Verhältnis von Konzentration in der festen Phase ($mol\ kg^{-1}$) zu Konzentration in Lösung ($mol\ L^{-1}$). Die Sorption kann durch einen Verteilungskoeffizienten dargestellt werden, wenn eine lineare Sorptionsisotherme vorliegt. Der anfängliche Teil einer Langmuirisotherme ist auch linear. In vielen Fällen ist aber die Sorptionsisotherme nicht linear und der Faktor $\partial S_i/\partial c_i$ kann nicht durch einen konstanten Faktor dargestellt werden. Der Verteilungskoeffizient für Metalle hängt von den chemischen Bedingungen in Lösung und an der Oberfläche ab.

---

1) Die Dichte des porösen Mediums bezieht sich auf die Dichte des durchströmten porösen Mediums (Hohlräume plus Festkörper), d.h. sie ist gleich Masse der Feststoffe pro Volumen der Feststoffe plus Hohlräume. Wenn die Dichte der Feststoffe allein ρ' berücksichtigt wird (ρ' = Masse der Feststoffe/Volumen der Feststoffe), dann wird ρ/θ in Gleichung (18) durch $[(\rho'/\theta)(1-\theta)]$ ersetzt.

Wenn die Dispersion (zweiter Summand auf der linken Seite von Gleichung (18)) gleich Null gesetzt wird,

$$D\frac{\partial^2 c_i}{\partial x^2} = 0 \qquad (21)$$

kann Gleichung (18) mit Hilfe von Gleichungen (19) und (20) als die „Retardationsgleichung" („retardation equation") geschrieben werden:

$$-u\frac{\partial c_i}{\partial x} = \frac{\partial c_i}{\partial t}\left(1+\frac{\rho}{\theta}K_p\right) \qquad (22)$$

Der Retardationsfaktor R gibt dann das Verhältnis der Geschwindigkeit des Wassers zur linearen Fliessgeschwindigkeit eines Stoffs im porösen Medium:

$$R = 1+\frac{\rho}{\theta}K_p = \frac{\bar{u}}{\bar{u}_i} \qquad (23)$$

wobei $\bar{u}$ bzw. $\bar{u}_i$ die durchschnittliche lineare Fliessgeschwindigkeit des Wassers bzw. der retardierten Substanz ist. Beide Geschwindigkeiten werden an der Stelle $c/c_0 = 0.5$ im Konzentrationsprofil bestimmt (Abb. 12.22). Für eine ausführliche Behandlung der Transportgleichungen siehe: *(163)*.

Typische Werte von ρ sind 1.6–2.1 kg L^{-1} (entsprechend einer Dichte des Festkörpers von 2.65), so dass $\rho/\theta \approx$ 4–10 kg L^{-1}. Dementsprechend ergeben sich für typische Werte von θ = 0.2–0.4 Retardationsfaktoren von:

$$R = (1 + 4\,K_p) \text{ bis } (1 + 10\,K_p) \qquad (24)$$

Der Retardationsfaktor ist vom Verteilungskoeffizienten abhängig, der durch die chemischen Verhältnisse in Lösung und an der Oberfläche des festen Materials bestimmt wird. Für Metalle kann der Verteilungskoeffizient aufgrund der Reaktionen an der Oberfläche und in Lösung definiert werden.

In Lösung ist die totale Metallkonzentration durch die Summe der freien Metallionen und der Komplexe gegeben:

$$[Me]_{tot} = [Me^{z+}]+\sum[MeL_i] \qquad (25)$$

Mit den entsprechenden Komplexbildungskonstanten K_i und Konzentrationen der Liganden $[L_i]$ kann diese Summe geschrieben werden als:

$$[Me]_{tot} = [M^{z+}](1+\sum K_i[L_i]) \qquad (26)$$

Für Oberflächenreaktionen an einer Oberfläche mit Gruppen ≡S-OH (Oxide, Hydroxide, Tonmineralien) ist die Summe des gebundenen Metalls $\{M\}_S$ (mit 1:1- und 1:2-Komplexen) zum Beispiel:

$$\{M\}_S = \{\equiv S-O-M^{(z-1)+}\} + \{(\equiv S-O-)_2 M^{(z-2)+}\} \text{ (mol kg}^{-1}\text{)} \qquad (27)$$

und mit den entsprechenden Komplexbildungskonstanten β_{sn}:

$$\{M\}_s = [M^{z+}]\Sigma(\beta_{sn}\{\equiv S-OH\}^n[H^+]^{-n}) \qquad (28)$$

Daraus lässt sich der Verteilungskoeffizient aufgrund der chemischen Reaktionen ableiten :

$$K_p = \frac{[Me^{z+}]\Sigma(\beta_{sn}\{\equiv S-OH\}^n[H^+]^{-n})}{[Me^{z+}](1+\Sigma K_i[L_i])} \qquad (29)$$

Aus Gleichung (29) ist ersichtlich, dass für ein Metall der Verteilungskoeffizient von den Komplexbildungskonstanten mit den Oberflächengruppen und mit den Liganden in Lösung, von den Konzentrationen der Oberflächengruppen und der Liganden und vom pH abhängig ist. Ein Beispiel für den Einfluss der Speziierung auf den Transport von Quecksilber in einer Quarzsandkolonne ist in Abb. 12.23 dargestellt. Während Hg(II) in Abwesenheit von Liganden bei neutralem pH stark an der festen Phase zurückgehalten wird, wirkt Cl^- für Hg(II) als Ligand. Durch Bildung von Komplexen ($HgCl_2^0$, $HgCl_4^{2-}$) wird dann Hg(II) in Lösung gehalten.

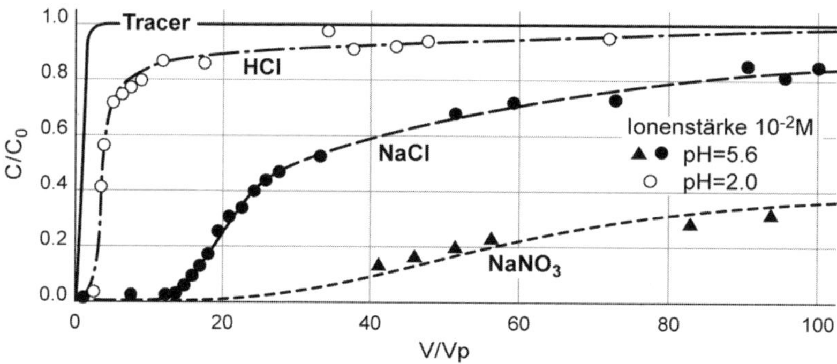

Abb. 12.23: Verhalten von Quecksilber (Hg(II)) in einer Quarzsandkolonne. Die Konzentration im Auslauf der Kolonne im Verhältnis zur Anfangskonzentration (c/c_0) ist in Funktion des geflossenen Volumens relativ zum Porenvolumen (V/Vp) dargestellt. Zum Vergleich ist auch die Kurve eines Tracers (gleich schnell wie Wasser) angegeben. Bei pH 5.6 mit $NaNO_3$ als Ionenmedium wird Hg(II) stark an der festen Phase zurückgehalten. Mit NaCl werden Chlorokomplexe gebildet, und Hg(II) wird weniger zurückgehalten. Bei pH 2 kommt Hg(II) nach wenigen Porenvolumen heraus. (nach *(174)*)

In Abbildung 12.24 wird das Verhalten von Hg(II), Tributylzinn (TBT) und Arsen(V) in einer Quarzsandkolonne bei pH 5–6 verglichen. Während Hg(II) stark zurückgehalten wird, werden TBT und As(V) nach wenigen Porenvolumen aus der Kolonne ausgewaschen.

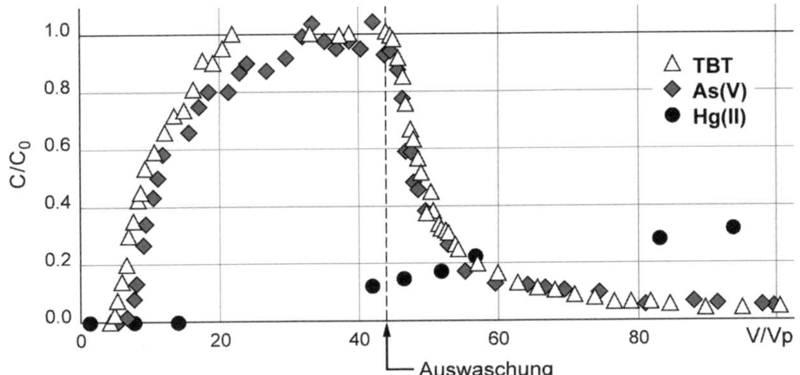

Abb. 12.24: Vergleich des Elutionsverhaltens von Hg(II), As(V) und Tributylzinn (TBT) in einer Quarzsandkolonne (pH 5–6). c/c_0: Konzentration in Bezug zur Anfangskonzentration; V: Volumen nach Beginn der Injektion einer Lösung mit Hg(II), As(V) oder TBT, Vp: Porenvolumen. Beim angegebenen Porenvolumen beginnt die Auswaschung, d.h. Injektion einer Lösung ohne Metalle (nach *(174)* und *(175)*).

Diese Beispiele illustrieren, dass die Mobilität von Metallen im Grundwasser stark von der Speziierung und vom pH abhängig ist. Insbesondere unter sauren Bedingungen, wie sie unter dem Einfluss von sauren Minenabwässern vorkommen, sind die Metalle mobil. Im Gegensatz dazu werden die Metalle unter neutralen pH-Bedingungen meistens stark durch die feste Phase zurückgehalten. Transport von Metallen durch Kolloide kann auch zur Mobilität beitragen.

Für die organischen Verbindungen hängt die Mobilität im Grundwasser stark mit ihren Eigenschaften bezüglich Sorption zu den festen Phasen zusammen. Wie in Kap. 9 erwähnt, ist für die Sorption organischer Verbindungen insbesondere der Anteil an organischem Kohlenstoff in der festen Phase der wichtigste Faktor. Zusätzlich zu den Sorptionseigenschaften müssen bei organischen Verbindungen die biologischen Abbauprozesse berücksichtigt werden (für eine ausführliche Behandlung siehe: *(176)*).

Weiterführende Literatur

See

Ahuja, S. (2014). *Comprehensive water quality and purification.* Elsevier, Amsterdam.

Gächter R. (2000) Zehn Jahre Seenbelüftung. Ein Erfahrungsbericht. *Gewässerökologie Norddeutschlands* (4), 158–165.

Lerman A., Imboden D. M., and Gat J. R. (1995) *Physics and chemistry of lakes.* Springer-Verlag.

Wehrli B. and Wüest A. (1996) Zehn Jahre Seenbelüftung: Erfahrungen und Optionen, *Schriftenreihe der Eawag.* Nr. 9.

Wehrli B., Wüest A., Bührer H., Gächter R., and Zobrist J. (1996) Überdüngung der Schweizer Seen – erfreulicher Trend nach unten. *Eawag-News* 42, 12–14.

Fliessgewässer

Gaillardet J., Viers J., and Dupré B. (2005) Trace elements in river water. In *Surface and groundwater, weathering, and soils*, Vol. 5 (ed. J. I. Drever), pp. 225–272. Elsevier.

Hari R. and Zobrist J. (2003) *Trendanalyse der NADUF-Messresultate 1974 bis 1998,* pp. 201. Eawag.

Meybeck M. (2005) Global occurrence of major elements in rivers. In *Surface and groundwater, weathering, and soils*, Vol. 5 (ed. J. I. Drever), pp. 207–223. Elsevier.

Zobrist, J., Sigg, L., Schönenberger, U. (2004). *NADUF – thematische Auswertung der Messresultate 1974 bis 1998.* Eawag.

Grundwasser

Chapelle F. H. (2005) Geochemistry of groundwater. In *Surface and groundwater, weathering, and soils*, Vol. 5 (ed. J. I. Drever), pp. 425–449. Elsevier.

Greber E., Baumann A., Cornaz S., Herold T., Kozle R., Muralt R., and Zobrist J. (2002) Grundwasserqualität in der Schweiz. *Gas, Wasser, Abwasser* 82(3), 1–12.

Heron G. and Christensen T. H. (1995) Impact of sediment-bound iron on redox buffering in a landfill leachate polluted aquifer (Vejen, Denmark). *Environ. Sci. Technol.* 29, 187–192.

Hunter K. S., Wang Y., and Van Cappellen P. (1998) Kinetic modeling of microbially-driven redox chemistry of subsurface environments: coupling transport, microbial metabolism and geochemistry. *J. Hydrol.* 209, 53–80.

Lyngkilde J. and Christensen T. H. (1992) Redox zones of a landfill leachate pollution plume (Vejen, Denmark). J. Cont. Hydrol. 10, 273–289.

Chapitre 11 in: L. Sigg, P. Behra, W. Stumm. (2014) *Chimie des milieux aquatiques,* Dunod, Paris, 5ème édition.

Übungen

1) Redoxverhältnisse im See

In einem See werden im Sommer folgende Konzentrationen im Tiefenprofil in der Wassersäule gemessen. Die Tiefe 130 m ist ca. 1 m über der Sediment-Wasser-Grenzfläche.

i) Durch welche Prozesse sind die Konzentrationen von Nitrat, Phosphat und Mn^{2+} zu erklären?

ii) Welche Sauerstoffverhältnisse sind in Funktion der Tiefe zu erwarten?

iii) Welche Reaktionen laufen bei Einmischung von Sauerstoff an der tiefsten Stelle ab?

Tabelle Übung 1

Tiefe (m)	NO_3^- (µM)	o-P (µM)	Mn^{2+} (µM)
0	20	0.1	0
20	50	0.1	0
130	20	3.5	2

2) Sauerstoff in einem eutrophen See

In einem See wird die Bruttosedimentation von organischem Kohlenstoff als 80 g m^{-2} $Jahr^{-1}$ C bestimmt. Dieser organische Kohlenstoff wird im Hypolimnion abgebaut, in dem im Sommer kaum Sauerstoff nachgeliefert wird. Das Hypolimnion ist 12 m tief und enthält am Anfang der Stagnation 10 mg/L O_2.

Reicht der Sauerstoff im Hypolimnion aus, um diesen organischen C abzubauen?

3) Konzentrationen im Flusswasser

Erwarten Sie, dass die Konzentrationen der folgenden Stoffe mit der Abflussmenge eines Fliessgewässers zu- oder abnehmen oder konstant bleiben?

i) Chlorid

ii) Phosphat gelöst und total

iii) Blei gelöst und total

iv) Sauerstoff

4) Redoxverhältnisse im Grundwasser

In einem Grundwasserssystem werden folgende Konzentrationen an zwei verschiedenen Stellen unterhalb einer Deponie gemessen (Tabelle Üb. 4).

i) Kommentieren Sie die Redoxverhältnisse an diesen zwei Stellen.

Kann man erwarten, dass Sauerstoff und Nitrat im Grundwasser an diesen Stellen vorhanden sind?

ii) Wie kann man erklären, dass solche Redoxverhältnisse im Grundwasser auftreten?

iii) Wie würde sich die Zusammensetzung dieser Wässer verändern, wenn sie in Kontakt mit Sauerstoff kommen würden (qualitativ)?

Tabelle Übung 4: Konzentrationen im Grundwasser an zwei Stellen

	Stelle 1	Stelle 2
Fe(II) (M)	1.6×10^{-4}	3.7×10^{-4}
Mn(II) (M)	6.3×10^{-6}	1.1×10^{-5}
Sulfid (tot) (M)	0	1.2×10^{-4}

5) Chrom im Grundwasser

Ein Grundwasser wurde mit Chrom aus einem industriellen Abwasser verunreinigt. Chrom kann in oxidierter Form als Cr(VI) als CrO_4^{2-}-Anion oder in reduzierter Form als Cr(III) vorkommen. Cr(III) bildet schwer lösliche Hydroxide, während Cr(VI) gut löslich ist.

Im Grundwasser misst man $Fe^{2+} = 1 \times 10^{-5}$ M und weist Schwefelwasserstoff (H_2S) nach. pH ist 7.2.

i) Erwarten Sie, dass unter diesen Bedingungen Chrom als Cr(VI) oder als Cr(III) vorkommt? (Konstanten in Tabelle Üb. 5)

ii) Cr(VI) kann durch Reaktion mit Schwefelwasserstoff reduziert werden. Reaktionsprodukte sind Cr(III) und SO_4^{2-} oder S(0). Stellen Sie die relevanten Redoxgleichungen auf.

iii) Welche Schlussfolgerungen können Sie für die Mobilität des Chroms in diesem Grundwasser ziehen? Welche Reaktionen könnten für Cr(VI) bezüglich der Mobilität in einem Aquifer eine Rolle spielen?

Tabelle Übung 5:

Gleichgewichtskonstanten:

Reaktion			log K
$1/3CrO_4^{2-} + e^- + 2\,H^+$	$\leftrightarrows$	$1/3Cr(OH)_2^+ + 2/3\,H_2O$	22.3
$Fe(OH)_3(s) + e^- + 3\,H^+$	$\leftrightarrows$	$Fe^{2+} + 3\,H_2O$	16.0

Feste Phase:

$Cr(OH)_3(s) + 3\ H^+$	$\leftrightarrows\ Cr^{3+} + 3\ H_2O$	9.3

Lösliche Komplexe:

Cr^{3+}	$\leftrightarrows\ CrOH^{2+} + H^+$	-3.6
Cr^{3+}	$\leftrightarrows\ Cr(OH)_2{}^+ + 2\ H^+$	-9.8
Cr^{3+}	$\leftrightarrows\ Cr(OH)_3{}^0 + 3\ H^+$	-16.2
Cr^{3+}	$\leftrightarrows\ Cr(OH)_4{}^- + 4\ H^+$	-27.7

Referenzen

1. Gleick, P. H., *The World's Water 2008–2009.* Island Press 2009.
2. Berner, E. K.; Berner, R. A., *The Global Water Cycle. Geochemistry and Environment* Prentice-Hall Englewood Cliffs, 1987.
3. Eisenberg, D.; Kauzmann, W., *The Structure and Properties of Water* Clarendon Press: Oxford, 1969.
4. Sverdrup, H. U.; Johnson, M. W.; Fleming, R. H., *The Oceans*. Prentice-Hall Englewood Cliffs, 1942.
5. Culberson, C.; Pytkowicz, R. M., *Mar. Chem.* 1973, 1, 309.
6. Millero, F. J.; Hoff, E. V.; Kahn, L., *J. Solution Chem.* 1972, 1, 309ff.
7. Migdisov, A. A.; Williams-Jones, A. E.; Lakshtanov, L. Z.; Alekhin, Y. V., Estimates of the second dissociation constant of H2S from the surface sulfidation of crystalline sulfur. *Geochimica Et Cosmochimica Acta* 2002, 66, (10), 1713–1725.
8. Sillen, L., Master variables and activity scales. In *Equilibrium concepts in natural water systems*, Stumm, W., Ed. American Chemical Society: Washington DC, 1967; Vol. 67, 45–56.
9. Stumm, W.; Morgan, J. J., *Aquatic chemistry. chemical equilibria and rates in natural waters*. 3rd ed.; John Wiley & Sons: New York, 1996; 1022.
10. Kielland, J., *J. Am. Chem. Soc* 1937, 59, 1675ff.
11. BAFU Luftbelastung 2005. *Messresultate des Nationalen Beobachtungsnetzes für Luftfremdstoffe (NABEL)*; BAFU: Bern, 2006.
12. Burkard, R.; Butzberger, P.; Eugster, W., Vertical fogwater flux measurements above an elevated forest canopy at the Lageren research site, Switzerland. *Atmospheric Environment* 2003, 37, (21), 2979–2990.
13. Munger, J. W.; Collett, J.; Daube, B.; Hoffmann, M. R., Fogwater chemistry at Riverside, California. *Atmos. Env.* 1990, 24B, 185–205.
14. Holland, H. D., *The Chemistry of the Atmosphere and Oceans.* Wiley-Interscience: New York, 1978.
15. Millero, F. J., *Chemical Oceanography* 3rd ed.; CRC Press: Boca Raton 2006; 496.

16. Feely, R. A.; Sabine, C. L.; Lee, K.; Berelson, W. M.; Kleypas, J.; Fabry, V. J.; Millero, F. J., Impact of anthropogenic CO_2 on the $CaCO_3$ system in the oceans. *Science* 2004, 305, 362–366.

17. Orr, J. C.; Fabry, V. J.; Aumont, O.; Bopp, L.; Doney, S. C.; Feely, R. A.; Gnanadesikan, A.; Gruber, N.; Ishida, A.; Joos, F.; Key, R. M.; Lindsay, K.; Maier-Reimer, E.; Matear, R.; Monfray, P.; Mouchet, A.; Najjar, R. G.; Plattner, G.-K.; Rodgers, K. B.; Sabine, C. L.; Sarmiento, J. L.; Schlitzer, R.; Slater, R. D.; Totterdell, I. J.; Weirig, M.-F.; Yamanaka, Y.; Yool, A., Anthropogenic ocean acidification over the twenty-first century and its impact on calcifying organisms. *Nature* 2005, 437, (7059), 681–686.

18. Czuczwa, J.; Leuenberger, C.; Giger, W., Seasonal and Temporal Changes of Organic-Compounds in Rain and Snow. *Atmospheric Environment* 1988, 22, (5), 907–916.

19. Hoigne, J.; Bader, H.; Haag, W. R.; Staehelin, J., Rate Constants of Reactions of Ozone with Organic and Inorganic-Compounds in Water .3. Inorganic-Compounds and Radicals. *Water Research* 1985, 19, (8), 993–1004.

20. Behra, P.; Sigg, L.; Stumm, W., Dominating influence of NH3 on the oxidation of aqueous SO_2; the coupling of NH_3 and SO_2 in atmospheric deposition. *Atmospheric Environment* 1989, 23, 2691–2707.

21. Sigg, L.; Stumm, W.; Zobrist, J.; Zürcher, F., The chemistry of fog: factors regulating its composition. *Chimia* 1987, 41, 159–165.

22. Seinfeld, J.; Pandis, S. N., *Atmospheric Chemistry and Physics. From Air Pollution to Climate Change*. 2nd ed.; John Wiley & Sons: Hoboken., 2006.

23. Schindler, D. W.; Mills, K. H.; Malley, D. F.; Findlay, D. L.; Shearer, J. A.; Davies, I. J.; Turner, M. A.; Linsey, G. A.; Cruishank, D. R., Long-term ecosystem stress : the effects of years of experimental acidification on a small lake. *Science* 1985, 228, 1395–1401.

24. Stoddard, J. L.; Jeffries, D. S.; Lükewille, A.; Clair, T. A.; dillon, P. J.; Driscoll, C. T.; Forsius, M.; Johannessen, M.; Kahl, J. S.; Kellogg, J. H.; KEmp, A.; Mannio, J.; Monteith, D. T.; Murdoch, P. S.; Patrick, S.; Rebsdorf, A.; Skjelkvåle, B. L.; Stainton, M. P.; Traaen, T.; Van Dam, H.; Webster, K. E.; Wieting, J.; Wilander, A., Regional trends in aquatic recovery from acidification in North America and Europe. *Nature* 1999, 401, 575–578.

25. Wright, R. F.; Larssen, T.; Camarero, L.; Cosby, B. J.; Ferrier, R. C.; Helliwell, R.; Forsius, M.; Jenkins, A.; Kopacek, J.; Majer, V.; Moldan, F.; Posch, M.; Rogora, M.; Schoepp, W., Recovery of acidified European surface waters. *Environ. Sci. Technol.* 2005, 39, 64A–72A.

26. Skjelvale, B. L.; Evans, C.; Larssen, T.; Hindar, A.; Raddum, G. G., Recovery from acidification in European surface waters: a view to the future *Ambio* 2003, 32, (3), 170–175.

27. Robie, R. A.; Hemingway, B. S., *Thermodynamic properties of minerals and related substances at 298.15 K and 1 Bar (10*. United States Government Printing Office: 1995.

28. Bard, A. J.; Parsons, R.; Jordan, J., *Standard potentials in aqueous solutions* Dekker: New York 1985.

29. Jacobson, R. L.; Langmuir, D., Dissociation-Constants of Calcite and $CaHCO_3^+$ from 0 to 50 Degrees C. *Geochimica Et Cosmochimica Acta* 1974, 38, (2), 301–318.

30. Ingle, S. E., Solubility of calcite in the ocean *Mar. Chem.* 1975, 3, 301–319.

31. Millero, F. J., Thermodynamics of the Carbon-Dioxide System in the Oceans. *Geochimica Et Cosmochimica Acta* 1995, 59, (4), 661–677.

32. Hoigné, J., Formulation and calibration of environmental reaction kinetics, oxidations by aqueous photooxidants an an example In *Aquatic Chemical Kinetics*, Stumm, W., Ed. Wiley-Interscience: New York 1990; 43–70.

33. Palmqvist, K.; Sultemeyer, D.; Baldet, P.; Andrews, T. J.; Badger, M. R., Characterization of Inorganic Carbon Fluxes, Carbonic Anhydrase(S) and Ribulose-1,5-Biphosphate Carboxylase-Oxygenase in the Green Unicellular Alga Coccomyxa – Comparisons with Low-CO_2 Cells of Chlamydomonas-Reinhardtii. *Planta* 1995, 197, (2), 352–361.

34. Sunda, W. G.; Huntsman, S. A., Relationships among growth rate, cellular manganese concentrations and manganese transport kinetics in estuarine and oceanic species of the diatom Thalassiosira. *J. Phycol.* 1986, 22, 259–270.

35. Hoffmann, M. R.; Edwards, J. O., Kinetics of the oxidation of sulfite by hydrogen peroxide in acidic solution. *J. Phys. Chem.* 1975, 79, 2096–2098.

36. Maass, F.; Elias, H.; Wannowius, K. J., Kinetics of the oxidation of hydrogen sulfite by hydrogen peroxide in aqueous solution: ionic strength effects and temperature dependence *Atmos. Env.* 1999, 33, 4413–4419.

37. Helgeson, H. C.; Murphy, W. M.; Aagaard, P., Thermodynamic and Kinetic Constraints on Reaction-Rates among Minerals and Aqueous-Solutions .2. Rate Constants, Effective Surface-Area, and the Hydrolysis of Feldspar. *Geochimica Et Cosmochimica Acta* 1984, 48, (12), 2405–2432.

38. Morel, F. M. M.; Hering, J. G., *Principles and applications of aquatic chemistry*. John Wiley & Sons, Inc.: New York, 1993; 588.

39. Templeton, D. M.; Ariese, F.; Cornelis, R.; Danielsson, L.-G.; Muntau, H.; Van Leeuwen, H. P.; Lobinski, R., Guidelines for terms related to chemical speciation and fractionation of elements. Definitions, structural aspects, and methodological approaches. *Pure Appl. Chem.* 2000, 72, (8), 1453–1470.

40. Turner, D. R.; Whitfield, M.; Dickson, A. G., The Equilibrium Speciation of Dissolved Components in Fresh-Water and Seawater at 25-Degrees-C and 1 Atm Pressure. *Geochimica Et Cosmochimica Acta* 1981, 45, (6), 855–881.

41. Byrne, R. H., Inorganic speciation of dissolved elements in seawater: the influence of pH on concentration ratios. *Geochem. Trans.* 2002, 3, 11–16.

42. Leenheer, J. A.; Brown, G. K.; Maccarthy, P.; Cabaniss, S. E., Models of metal binding structures in fulvic acid form the Suwannee River, Georgia. *Environ. Sci. Technol.* 1998, 32, 2410–2416.

43. Buffle, J., *Complexation reactions in aquatic systems: an analytical approach*. Ellis Horwood limited: Chichester, 1988; 692.

44. Martell, A. E.; Smith, R. M. NIST standard reference database 46.

45. Martell, A. E.; Smith, R. M., *Critical Stability Constants*. Plenum Press: New York and London, 1989; Vol. 1–6.

46. Hietanen, S.; Hogfeldt, E., Complex-Formation between Hg(II) and CO_3^{2-}. *Chemica Scripta* 1976, 10, (1), 37–38.

47. Fouillac, C.; Criaud, A., Carbonate and bicarbonate trace metal complexes: critical reevaluation of stability constants. *Geochem. J.* 1984, 18, 297–303.

48. Millero, F. J., Stability-Constants for the Formation of Rare-Earth Inorganic Complexes as a Function of Ionic-Strength. *Geochimica Et Cosmochimica Acta* 1992, 56, (8), 3123–3132.

49. Tipping, E., *Cation binding by humic substances*. Cambridge University Press: Cambridge, 2002; 434.

50. Tipping, E., Humic ion-binding model VI: an improved description of the interactions of protons and metal ions with humic substances. *Aquat. Geochem.* 1998, 4, (1), 3–48.

51. Benedetti, M. F.; Milne, C. J.; Kinniburgh, D. G.; Van Riemsdijk, W. H.; Koopal, L. K., Metal ion binding to humic substances: application of the non-ideal competitive adsorption model. *Environ. Sci. Technol.* 1995, 29, 446–457.

52. Kinniburgh, D. G.; van Riemsdijk, W. H.; Koopal, L. K.; Borkovec, M.; Benedetti, M. F.; Avena, M. J., Ion binding to natural organic matter: competition, heterogeneity, stoichiometry and thermodynamic consistency. *Colloid Surf. A* 1999, 151, 147–166.

53. Van Leeuwen, H. P.; Town, R. M.; Buffle, J.; Cleven, R. F. M. J.; Davison, W.; Puy, J.; Van Riemsdijk, W. H.; Sigg, L., Dynamic speciation analysis and bioavailability of metals in aquatic systems. *Environ. Sci. Technol.* 2005, 39, 8545–8556.

54. Zhang, H.; Davison, W., Performance characteristics of diffusion gradients in thin films for the in situ measurements of trace metals in aqueous solution. *Anal. Chem.* 1995, 67, 3391–3400.

55. Davison, W.; Zhang, H., In situ speciation of trace components in natural waters using thin-film gels. *Nature* 1994, 367, 546–548.

56. Xue, H.; Sigg, L., A review of competitive ligand-exchange / voltammetric methods for speciation of trace metals in freshwater. In *Environmental electrochemistry: Analyses of trace element biogeochemistry*, Rozan, T. F.; Taillefert, M., Eds. ACS: Washington, 2002; Vol. 811, 336–370.

57. Knauer, K.; Behra, R.; Sigg, L., Effects of free Cu^{2+} and Zn^{2+} on growth and metal accumulation in freshwater algae. *Env. Toxicol. Chem.* 1997, 16, 220–229.

58. Sunda, W. G.; Huntsman, S. A., Processes regulating cellular metal accumulation and physiological effects: Phytoplankton as model systems. *Sci. Total Environ.* 1998, 219, (2–3), 165–181.

59. Campbell, P. G. C., Interactions between trace metals and aquatic organisms: a critique of the free-ion activity model. In *Metal speciation and bioavailability in aquatic systems*, Tessier, A.; Turner, D. R., Eds. John Wiley &sons: Chichester, 1995; 45–102.

60. Campbell, P. G. C.; Errécalde, O.; Fortin, C.; Hiriart-Baer, V. P.; Vigneault, B., Metal bioavailability to phytoplankton – applicability of the biotic ligand model. *Comp. Biochem. Physiol. PartC* 2002, 133, 189–206.

61. Anderson, D. M.; Morel, F. M. M., Copper sensitivity of *Gonyaulax tamarensis Limnol. Oceanogr.* 1978, 23, (3), 283–295.

62. Sunda, W. G.; Huntsman, S. A., Control of Cd concentrations in a coastal diatom by interactions among free ionic Cd, Zn and Mn in seawater *Environ. Sci Technol.* 1998, 32, 2961–2968.

63. Meylan, S.; Behra, R.; Sigg, L., Influence of metal speciation in natural freshwater on bioaccumulation of copper and zinc in periphyton: a microcosm study. *Environ. Sci. Technol.* 2004, 38, 3104–3111.

64. Bradac, P.; Wagner, B.; Kistler, D.; Traber, J.; Behra, R.; Sigg, L., Cadmium speciation and accumulation in periphyton in a small stream with dynamic concentration variations. *Environ. Poll.* 2010, 158, 641–648.

65. Davison, W., The Solubility of Iron Sulfides in Synthetic and Natural-Waters at Ambient-Temperature. *Aquatic Sciences* 1991, 53, (4), 309–329.

66. Daskalakis, K. D.; Helz, G. R., Solubility of CdS (Greenockite) in sulfidic waters at 25 degrees-C. *Environmental Science & Technology* 1992, 26, (12), 2462–2468.

67. Drever, J. I., *The geochemistry of natural waters* 2nd ed.; Prentice Hall Englkewood Cliffs 1988; 437.

68. Nielsen, A. E., *Kinetics of Precipitation* MacMillan New York 1964.

69. Dittrich, M.; Kurz, P.; Wehrli, B., The role of autotrophic picocyanobacteria in calcite precipitation in an oligotrophic lake *Geomicrobiol. J.* 2004, 21, 45–53.

70. Kunz, B.; Stumm, W., Kinetik der Bildung und des Wachstums von Calciumcarbonat. *Vom Wasser* 1984, 62, 279–293.

71. Plummer, L. N.; Wigley, T. M. L.; Parkhurst, D. L., Kinetics of calcite dissolution in CO_2-water systems at 5-degrees-C to 60-degrees-C and 0.0 to 1.0 atm CO2. *American Journal of Science* 1978, 278, (2), 179–216.

72. Brantley, S. L., Reaction kinetics of primary rock-forming minerals under ambient conditions. In *Treatise on geochemistry.*, Holland, H. D.; Turekian, K., Eds. Elsevier Amsterdam 2005; Vol. 5, Surface and ground water, weathering, and soils., pp 73–117.

73. Urban, N. R.; Dinkel, C.; Wehrli, B., Solute transfer across the sediment surface of a eutrophic lake: I. Porewater profiles from dialysis samplers. *Aquat. Sci.* 1997, 59, 1–25.

74. Thamdrup, B.; Dalsgaard, T., Production of N-2 through anaerobic ammonium oxidation coupled to nitrate reduction in marine sediments. *Applied and Environmental Microbiology* 2002, 68, (3), 1312–1318.

75. Schubert, C. J.; Durisch-Kaiser, E.; Wehrli, B.; Thamdrup, B.; Lam, P.; Kuypers, M. M. M., Anaerobic ammonium oxidation in a tropical freshwater system (Lake Tanganyika). *Environ. Microbiol.* 2006, 8, 1857–1863.

76. Singer, P. C.; Stumm, W., Acidic Mine Drainage. Rate-Determining Step. *Science* 1970, 167, (3921), 1121–&.

77. Morgan, J. J., Kinetics of reaction between O2 and Mn(II) species in aqueous solutions *Geochim. Cosmochim. Acta* 2005, 69, 35–48.

78. Davies, S. H. R., J. J. Morgan, Manganese (II) oxidation kinetics on metal oxide surfaces. *J. Colloid Interf. Sci.* 1989, 129, 63–77.

79. Zhang, J. Z.; Millero, F. J., Kinetics of oxidation of hydrogen sulfide in natural waters In *Environmental geochemistry of sulfide oxidation* Alpers, C. N.; Blowes, D. W., Eds. American Chemical Society: Washington DC, 1994; Vol. 550, pp 393–409.

80. Wardman, P., Reduction Potentials of One-Electron-Couples Involving Free Radicals in Aqueous Solution. *J. Physical and Chemical Reference Data* 1989, 18, 1637–1755.

81. Stone, A. T., Reductive Dissolution of Manganese(III/IV) Oxides by Substituted Phenols. *Environmental Science & Technology* 1987, 21, (10), 979–988.

82. Zepp, R. G.; Schlotzhauer, P. F., Comparison of photochemical behavior of various humic substances in water: III. Spectroscopic properties of humic substances *Chemosphere* 1981, 10, 479–486.

83. Vaughan, P. P.; Blough, N. V., Photochemical formation of hydroxyl radical by constituents of natural waters. *Environmental Science & Technology* 1998, 32, (19), 2947–2953.

84. Goldstone, J. V.; Pullin, M. J.; Bertilsson, S.; Voelker, B. M., Reactions of hydroxyl radical with humic substances: Bleaching, mineralization, and production of bioavailable carbon substrates. *Environmental Science & Technology* 2002, 36, (3), 364–372.

85. Richard, C.; Canonica, S., Aquatic phototransformations of organic contaminants induced by coloured dissolved natural organic matter In *Handbook of Environmental Chemistry* Springer-Verlag Berlin 2005; Vol. 2 M, 299–323.

86. Zepp, R. G.; Hoigne, J.; Bader, H., Nitrate-Induced Photooxidation of Trace Organic-Chemicals in Water. *Environmental Science & Technology* 1987, 21, (5), 443–450.

87. Sulzberger, B.; Durisch-Kaiser, E., Chemical characterization of dissolved organic matter (DOM): a prerequisite for understanding UV-induced changes of DOM absorption properties and bioavailability *Aquat. Sci.* 2009, 71, 104–126.

88. Coale, K. H.; Johnson, K. S.; Fitzwater, S. E.; Gordon, R. M.; Tanner, S.; Chavez, F. P.; Ferioli, L.; Sakamoto, C.; Rogers, P.; Millero, F.; Steinberg, P.; Nightingale, P.; Cooper, D.; Cochlan, W. P.; Landry, M. R.; Constantinou, J.; Rollwagen, G.; Trasvina, A.; Kudela, R., A massive phytoplankton bloom induced by an ecosystem-scale iron fertilization experiment in the equatorial Pacific Ocean. *Nature* 1996, 383, (6600), 495–501.

89. Voelker, B. M.; Morel, F. M. M.; Sulzberger, B., Iron redox cycling in surface waters: Effects of humic substances and light. *Environmental Science & Technology* 1997, 31, (4), 1004–1011.

90. Croot, P. L.; Laan, P.; Nishioka, J.; Strass, V.; Cisewski, B.; Boye, M.; Timmermans, K. R.; Bellerby, R. G.; Goldson, L.; Nightingale, P.; de Baar, H. J. W., Spatial and temporal distribution of Fe(II) and H_2O_2 during EisenEx, an open ocean mescoscale iron enrichment. *Marine Chemistry* 2005, 95, (1–2), 65–88.

91. Barbeau, K., Photochemistry of organic iron(III) complexing ligands in oceanic systems *Photochem. Photobiol.* 2006, 82 1505–1516.

92. Emmenegger, L.; Schönenberger, R.; Sigg, L.; Sulzberger, B., Light-induced redox cycling of iron in circumneutral lakes. *Limnol. Oceanogr.* 2001, 46, 49–61.

93. Eggleston, C. M.; Stack, A. G.; Rosso, K. M.; Bice, A. M., Adatom Fe(III) on the hematite surface: observation of a key reactive surface species *Geochem. Trans.* 2004, 5, (2), 33–40.

94. Weilenmann, U. *The role of coagulation for the removal of particles by sedimentation in lakes.* ETH Zurich Zurich 1986.

95. Walther, C.; Buechner, S.; Filella, M.; Chanudet, B., Probing size distributions in natural surface waters from 15 nm to 2 µm by a combination of LIBD and single-particle counting *J. Colloid Interf. Sci.* 2006, 301, 532–537.

96. Schindler, P. W.; Stumm, W., The surface chemistry of oxides, hydroxides and oxide minerals. In *Aquatic surface chemistry* Stumm, W., Ed. John Wiley & Sons New York 1987; 83–110.

97. Hiemstra, T.; VanRiemsdijk, W. H., A surface structural approach to ion adsorption: The charge distribution (CD) model. *Journal of Colloid and Interface Science* 1996, 179, (2), 488–508.

98. Dzombak, D. A.; Morel, F. M. M., *Surface complexation modeling. Hydrous ferric oxide.* Wiley-Interscience: New York, 1990; 393.

99. Sigg, L.; Stumm, W., The interaction of anions and weak acids with the hydrous goethite (α-FeOOH) surface. *Colloids Surf.* 1981, 2, 101–117.

100. Sposito, G., *The surface chemistry of soils* Clarendon Press Oxford 1984.

101. Cairns-Smith, A. G., The 1st organisms *Sci. Am.* 1985, 252, (6), 90.

102. Boily, J.-F.; Lützenkirchen, J.; Balmès, O.; Beattie, J.; Sjöberg, S., Modeling proton binding at the goethite (α-FeOOH)-water interface *Colloid Surf. A* 2001 179, 11–27.

103. Brown, G. E.; Sturchio, N. C., An overview of synchrotron radiation applications in low-temperature geochemistry and environmental science In *Applications of synchrotron radiation in low-temperature geochemistry and environmental sciences* Fenter, P. A.; Rivers, N. L.; Sturchio, N. C.; Sutton, S. R., Eds. Geochemical society, mineralogical society of America Washington DC, 2002; Vol. 49, 1–106.

104. Hug, S. J., Sulzberger, B., In situ Fourier transform infrared spectroscopic evidence for the formation of several different surface complexes of oxalate on TiO_2 in the aqueous phase. *Langmuir* 1994, 10, 3587–3597.

105. Borer, P.; Hug, S. J.; Sulzberger, B.; Kraemer, S. M.; Kretzschmar, R., ATR-FTIR spectroscopic study of the adsorption of desferrioxamine B and aerobactin to the surface of lepidocrocite (γ-FeOOH). *Geochim. Cosmochim. Acta* 2009, 73, 4661–4672.

106. Manceau, A.; Charlet, L.; Boisset, M. C.; Didier, B.; Spadini, L., Sorption and speciation of heavy metals on hydrous Fe and Mn oxides. From microscopic to macroscopic. *Applied Clay Science* 1992, 7, 201–223.

107. Dixit, S.; Hering, J. G., Comparison of arsenic(V) and arsenic (III) sorption onto iron oxide minerals : implications for arsenic mobility. *Environ. Sci. Technol.* 2003, 37, 4182–4189.

108. Sherman, D. M.; Randall, S. R., Surface complexation of arsenie(V) to iron(III) (hydr)oxides: Structural mechanism from ab initio molecular geometries and EXAFS spectroscopy. *Geochimica Et Cosmochimica Acta* 2003, 67, (22), 4223–4230.

109. Wang, Y.; Stone, A. T., Reaction of Mn-III,Mn-IV (hydr)oxides with oxalic acid, glyoxylic acid, phosphonoformic acid, and structurally-related organic compounds. *Geochimica Et Cosmochimica Acta* 2006, 70, (17), 4477–4490.

110. Furrer, G.; Stumm, W., The Coordination Chemistry of Weathering .1. Dissolution Kinetics of Delta-Al2o3 and Beo. *Geochimica Et Cosmochimica Acta* 1986, 50, (9), 1847–1860.

111. Wehrli, B., *Eawag-News* 1990, (28/29).

112. Chou, L.; Garrels, R. M.; Wollast, R., Comparative-Study of the Kinetics and Mechanisms of Dissolution of Carbonate Minerals. *Chemical Geology* 1989, 78, (3–4), 269–282.

113. Lin, F. C.; Clemency, C. V., Dissolution Kinetics of Phlogopite .1. Closed System. *Clays and Clay Minerals* 1981, 29, (2), 101–106.

114. Zinder, B.; Furrer, G.; Stumm, W., The Coordination Chemistry of Weathering .2. Dissolution of Fe(III) Oxides. *Geochimica Et Cosmochimica Acta* 1986, 50, (9), 1861–1869.

115. Stumm, W.; Wieland, E., Dissolution of oxide and silicate minerals: rates depend on surface speciation In *Aquatic chemical kinetics* Stumm, W., Ed. John Wiley & Sons New York 1990; 367–400.

116. Wollast, R.; Chou, L., In *Chemistry of weathering* Drever, J. E., Ed. Reidel Dordrecht 1985.

117. Chou, L.; Wollast, R., Steady-State Kinetics and Dissolution Mechanisms of Albite. *American Journal of Science* 1985, 285, (10), 963–993.

118. Wehrli, B.; Stumm, W., Oxygenation of Vanadyl(IV) – Effect of Coordinated Surface Hydroxyl-Groups and OH. *Langmuir* 1988, 4, (3), 753–758.

119. Tournassat, C.; Charlet, L.; Bosbach, D.; Manceau, A., Arsenic(III) oxidation by birnessite and precipitation of manganese(II) arsenate. *Environmental Science & Technology* 2002, 36, (3), 493–500.

120. Bockris, J. O. M.; Reddy, A. K. N., *Modern Electrochemistry*. Plenum New York 1970.

121. Sulzberger, B., Heterogeneous Photochemistry. In *Chemistry of the Solid-Water Interface*, Stumm, W., Ed. Wiley: New York 1992; 337–368.

122. Stumm, W.; Sigg, L., Kolloidchemische Grundlagen der Phosphor-Elimination in Fällung, Flockung und Filtration. *Z. f. Wasser- und Abwasserforschung* 1979, 12, 73–83.

123. Liang, L.; Morgan, J. J., Chemical Aspects of Iron-Oxide Coagulation in Water – Laboratory Studies and Implications for Natural Systems. *Aquatic Sciences* 1990, 52, (1), 32–55.

124. Sabljic, A.; Güsten, H.; Verhaar, H.; Hermens, J., QSAR modelling or soil sorption. Improvements and systematics of log K_{OC} vs.log K_{OW} correlations. *Chemosphere* 1995, 31, (11/12), 4489–4514.

125. Goss, K. U.; Schwarzenbach, R. P., Linear free energy relationships used to evaluate equilibrium partitioning of organic compounds *Environ. Sci Technol.* 2001, 35, 1–9.

126. O'Melia, C. R.; Stumm, W., Aggregation of silica dispersions by iron(III). *J. Colloid Interf. Sci.* 1967, 23, 437.

127. Boller, M. In Specialized Conference on Control of Organic Material by Coagulation and Floc Separation Processes Genève 1992; IAWQ: Genève 1992.

128. O'Melia, C. R., From algae to aquifers. Solid-liquid separation in aquatic systems. In *Aquatic Chemistry. Interfacial and Interspecies Processes.* Huang, C. P.; O'Melia, C. R.; Morgan, J. J., Eds. American Chemical Society Washington 1995; 315–337.

129. Tobiason, J. E.; Omelia, C. R., Physicochemical Aspects of Particle Removal in Depth Filtration. *Journal American Water Works Association* 1988, 80, (12), 54–64.

130. Peter, A., Organische Spurenstoffe eliminieren *Eawag-News* 2008, (65d), 24–27.

131. Fane, A. G.; Xi, W.; Rong, W., Membrane filtation processes and fouling In *Interface Science in drinking water treatment*, Newcombe, G.; Dixon, D., Eds. Elsevier 2006; 109–132.

132. Zimmer, G.; Brauch, H. J.; Sontheimer, H., Activated-Carbon Adsorption of Organic Pollutants. *Acs Symposium Series* 1989, 219, 579–596.

133. Weber, W., *Physical Chemical Processes in Water Quality Control.* Wiley-Interscience: New York 1972.

134. Houghton, R. A., The contemporary carbon cycle In *Biogeochemistry* Schlesinger, W. H., Ed. Elsevier: Amsterdam 2005; Vol. 8, 473–513.

135. Le Quéré, C.; Raupach, M. R.; Canadell, J. G.; Marland, G.; al, e., Trends in the sources and sinks of carbon dioxide *Nature Geoscience* 2009, 2, 831–836.

136. Cole, J. J.; Prairie, Y. T.; Caraco, N. F.; McDowell, W. H.; Tranvik, L. J.; Striegl, R. G.; Duarte, C. M.; Portelainen, P.; Downing, J. A.; Middelburg, J. J.; Melack, J., Plumbing the global carbon cycle: integrating inland waters into the terrestrial carbon budget *Ecosystems* 2007, 10, 171–184.

137. Leenheer, J. A.; Croue, J. P., Characterizing aquatic dissolved organic matter. *Environmental Science & Technology* 2003, 37, (1), 18A–26A.

138. Buffle, J.; Wilkinson, K. J.; Stoll, S.; Filella, M.; Wang, J., A generalized description of aquatic colloidal interactions: the three-colloidal component approach. *Environ. Sci Technol.* 1998, 32, 2887–2899.

139. Thurmann, E. M., *Organic Geochemistry of Natural Waters*. Nijhoff, Junk: Dordrecht 1985.

140. Vitousek, P. M.; Aber, J. D.; Howarth, R. W.; Likens, G. E.; Matson, P. A.; Schindler, D. W.; Schlesinger, W. H.; Tilman, D. G., Human alteration of the global nitrogen cycle: sources and consequences *Ecol. Appl.* 1997, 7, (3), 737–750.

141. Galloway, J. N., The global nitrogen cycle In *Biogeochemistry*, Schlesinger, W. H., Ed. Elsevier Amsterdam 2005; Vol. 8, 557–583.

142. Nevison, C. D.; Mahowald, N. M.; Weiss, R. F.; Prinn, R. G., Interannual and seasonal variability in atmospheric N2O *Global Biogeochemical Cycles* 2007, 21, GB3017.

143. Ruttenberg, K. C., The global phosphorus cycle In *Biogeochemistry* Schlesinger, W. H., Ed. Elsevier Amsterdam, 2005; Vol. 8, 585–643.

144. Van Cappellen, P.; Ingall, E. D., Benthic phosphorus regeneration, net primary production, and ocean anoxia: a model of the coupled marine biogeochemical cycles of carbon and phosphorus *Paleoceanography* 1994, 9, 677–692.

145. Nriagu, J. O.; Pacyna, J. M., Quantitative assessment of worldwide contamination of air, water and soils by trace metals. *Nature* 1988, 333, 134–139.

146. Sigg, L.; Behra, R., Speciation and bioavailability of trace metals in freshwater environments. In *Biogeochemistry, Availability, and Transport of Metals in the Environment*, Sigel, A.; Sigel, H.; Sigel, R. K. O., Eds. Taylor & Francis Group: Boca Raton, 2005; Vol. 44, 47–73.

147. Morel, F. M. M.; Price, N. M., The biogeochemical cycles of trace metals in the oceans *Science* 2003, 300, 944–947.

148. Sigg, L.; Kuhn, A.; Xue, H. B.; Kiefer, E.; Kistler, D., Cycles of trace elements (copper and zinc) in a eutrophic lake: role of speciation and sedimentation. In *Aquatic Chemistry*, O'Melia, C. R.; Huang, C. P., Eds. 1995; Vol. 244.

149. Gaillardet, J.; Viers, J.; Dupré, B., Trace elements in river water. In *Surface and groundwater, weathering, and soils*, Drever, J. I., Ed. Elsevier Amsterdam 2005; Vol. 5, 225–272.

150. Sigg, L., Metal transfer mechanisms in lakes; the role of settling particles. In *Chemical processes in lakes*, Stumm, W., Ed. Wiley-Interscience: New York, 1985; 283–310.

151. Sigg, L.; Sturm, M.; Kistler, D., Vertical transport of heavy metals by settling particles in Lake Zurich. *Limnol. Oceanogr.* 1987, 32, 112–130.

152. Shafer, M. M.; Armstrong, D. E., Trace element cycling in southern Lake Michigan: role of water column particle components. In *Organic substances and sediments in water*, Baker, R. A., Ed. Lewis: 1991.

153. Coale, K. H.; Flegal, A. R., Copper, zinc, cadmium and lead in surface waters of lakes Erie and Ontario. *Sci. Tot. Env.* 1989, 87/88, 297–304.

154. Bruland, K. W., Trace elements in sea-water. In: Chemical Oceanography, J.P:Riley, R.Chester,Eds. Academic Press 1983, 8, 157–220.

155. Lane, T. W.; Saito, M. A.; George, G. N.; Pickering, I. J.; Prince, R. C.; Morel, F. M. M., A cadmium enzyme from a marine diatom. *Nature* 2005, 435, (7038), 42–42.

156. Lane, T. W.; Morel, F. M. M., A biological function for cadmium in marine diatoms. *Proc. Natl. Acad. Sci. USA* 2000, 97, (9), 4627–4631.

157. Whitfield, M.; Turner, D. R., The role of particles in regulating the composition of seawater. In *Aquatic Surface Chemistry*, Stumm, W., Ed. John Wiley & sons New York 1987.

158. Nozaki, Y., A fresh look at element distribution in the North Pacific *Eos* 1997, 78, 221.

159. Wehrli, B.; Wüest, A. *Zehn Jahre Seenbelüftung: Erfahrungen und Optionen*; 9; Eawag: Dübendorf 1996.

160. Kohler, H. P.; Ahring, B.; Albella, C.; Ingvorsen, K.; Keweloh, H.; Laczko, E.; Stupperich, E.; Tomei, F., Bacteriological Studies on the Sulfur Cycle in the Anaerobic Part of the Hypolimnion and in the Surface Sediments of Rotsee in Switzerlandd. *Fems Microbiology Letters* 1984, 21, (3), 279–286.

161. Stabel, H. H., Mechanisms controlling the sedimentation sequene of various elements in prealpine lakes In *Chemical processes in lakes* Stumm, W., Ed. John Wiley & Sons New York 1985; 143–167.

162. Von Gunten, H. R.; Sturm, M.; Moser, R. N., 200-Year record of metals in lake sediments and natural background concentrations. *Environ. Sci. Technol.* 1997, 31, 2193–2197.

163. Schnoor, J. L., Environmental modeling. Fate and transport of pollutants in water, air and soil John Wiley & Sons New York, 1996.

164. Garnier, J.; Servais, P.; Billen, G.; Akopian, M.; Brion, N., Lower Seine River and estuary (France) carbon and oxygen budgets during low flow *Estuaries* 2001, 24, (6B), 964–976.

165. Reichert, P., River quality model No.1 (RWQM1): case study II. Oxygen and nitrogen conversion processes in teh River Glatt (Switzerland). *Water Sci. Technol.* 2001, 43, (5), 51–60.

166. Raymond, P. A.; Bauer, J. E.; Cole, J. J., Atmospheric CO_2 evasion, dissolved inorganic production, and net heterotrophy in the York River estuary *Limnol. Oceanogr.* 2000, 45, (8), 1707–1717.

167. Frankignoulle, M.; Bourge, I.; Wollast, R., Atmospheric CO_2 fluxes in a highly polluted estuary (the Scheldt). *Limnol. Oceanogr.* 1996, 41, (2), 365–369.

168. Xue, H.; Sigg, L.; Gächter, R., Transport of Cu, Zn and Cd in a small agricultural catchment *Wat. Res.* 2000, 34, 2558–2568.

169. Hari, R.; Zobrist, J. *Trendanalyse der NADUF-Messresultate 1974 bis 1998*; 17; EAWAG: Duebendorf, 2003; 201.

170. Malard, F.; Tockner, K.; Ward, J. V., Shifting dominance of subcatchment water sources and flow paths in a glacial floodplain, Val Rosag, Switzerland *Arct. Antarct. Alpine Res.* 1999, 31, (2), 135–150.

171. Heron, G.; Christensen, T. H., Impact of sediment-bound iron on redox buffering in a landfill leachate polluted aquifer (Vejen, Denmark). *Environ. Sci. Technol.* 1995, 29, 187–192.

172. Lyngkilde, J.; Christensen, T. H., Redox zones of a landfill leachate pollution plume (Vejen, Denmark). *J. Cont. Hydrol.* 1992, 10, 273–289.

173. Hunter, K. S.; Wang, Y.; Van Cappellen, P., Kinetic modeling of microbially-driven redox chemistry of subsurface environments: coupling transport, microbial metabolism and geochemistry. *J. Hydrol.* 1998, 209, 53–80.

174. Behra, P. Etude du compartement d'un micropolluant métallique – le mercure – au cours de sa migration à travers un milieu poreux saturé: identification expérimentale des mécanismes d'échanges et modélisation des phénomènes. Université Louis Pasteur, Strasbourg, 1987.

175. Bueno, M.; Astruc, A.; Astruc, M.; Behra, P., Dynamic sorptive behavior of tributyltin on quartz sand at low concentration levels: effect of pH, flow rate and monovalent cations. *Environ. Sci. Technol.* 1998, 32, (24), 3919–3925.

176. Schwarzenbach, R. P.; Gschwend, P.; Imboden, D., *Environmental Organic Chemistry.* 2nd ed.; Wiley: 2003.

Übungslösungen

(nur zu numerischen Übungen; für allgemeine Fragen wird auf die entsprechenden Abschnitte im Buch verwiesen)

Kapitel 1

1.1) Aufenthaltszeit τ = 434 Tage = 1.19 Jahre

1.2) Aufenthaltszeit in Atmosphäre τ = 7.3 Tage

1.3) $[O_2]$ (Gleichgewicht) = 9.07 mg/L; Wasser übersättigt bezüglich O_2 der Atmosphäre

1.4) $\sum$ Kationen = $\sum$ Anionen = 4.12 meq / L

1.5) In Seen zusätzlich zu Aufnahme und Freisetzung durch Algen andere Prozesse wie diffuse Einträge, Rücklösung aus Sediment, Denitrifikation

1.6) Geochemisch: Ca, Mg, Alkalinität, Sulfat, Silikat

anthropogen: Nitrat, Ammonium, Phosphat

geochemisch und anthropogen: Na, K, Cl^-

Kapitel 2

2.1) a) $\sum$ Kationen = 116 μeq/L, $\sum$ Anionen = 129 μeq/L

b) nein

2.2) a) pH = 4.52

b) kein Einfluss

c) Titrationskurve, Grantitration (s. Kap. 3)

2.3) pH = 8.0

2.4) 10^{-6} M HCl / 10^{-3} M H_3BO_3 / 10^{-4} M NH_4Cl / H_2O $\approx$ NaCl / 10^{-4} M NH_3 $\approx$ 10^{-4} M NaCN

2.5) Pufferlösung pH 2.5: 2.5 Teile NaH_2PO_4, 1 Teil H_3PO_4 ; Pufferlösung pH 7.0: 1.6 Teile Na H_2PO_4, 1 Teil Na_2HPO_4

2.7) pH = 6.90, $[NH_4^+] = 9.96 \times 10^{-6}$ M, $[NH_3] = 4 \times 10^{-8}$ M (grafische Lösung oder exakte Berechnung)

2.8) a) Wirkung bei pH < 7.5 höher

2.9) Wasser im pH-Bereich 9-10 gepuffert

2.10) pH um 0.04 Einheiten erhöht

2.11) 11 % HSO_4^-

Kapitel 3

3.1) $[H_2CO_3^*] = 1.9 \times 10^{-4}$ M; $[HCO_3^-] = 2.4 \times 10^{-3}$ M ≈ Alkalinität; $[CO_3^{2-}] = 3 \times 10^{-6}$ M

3.2) i) 10^{-3} M ; ii) 2×10^{-3} M; iii) 10^{-4} M ; iv) 1×10^{-9} M ; v) 0

3.3) a) $p_{CO2} = 0.014$ atm

b) Alkalinität = konstant

3.4) a) pH und Alkalinität konstant

b) i) Alkalinität nimmt zu; ii) Alkalinität konstant; iii) Alkalinität nimmt ab; iv) Alkalinität nimmt zu; v) Alkalinität konstant

3.5) Alkalinität = 2.0 mmol/L

3.6) Mit $p_{CO2} = 7 \times 10^{-4}$ atm : pH = 8.08; $[Ca^{2+}] = 6 \times 10^{-4}$ M; $[HCO_3^-] = 1.2 \times 10^{-3}$ M; $[CO_3^{2-}] = 6 \times 10^{-6}$ M

3.7) a) Mischwasser: [H-Aci] = 5×10^{-6} M; pH = 5.7 (Annahme:kein CO_2-Austausch mit Luft)

b) Seewasser: $[Al^{3+}] = 2 \times 10^{-12}$ M; Mischwasser: $[Al^{3+}] = 1 \times 10^{-9}$ M

3.8) a) Fotosynthese, Gleichgewicht mit Luft

b) Alkalinität = 2.5×10^{-4} M

3.9) Alkalinität, Ca^{2+}: konservativ, pH nicht-konservativ

Mischwasser ist bezüglich $CaCO_3(s)$ untersättigt

3.10) Industrieabwasser: Leitungswasser = 1:0.3

Kapitel 4

4.1) $[SO_2(aq)]= 1.25 \times 10^{-8}$ M, $[HSO_3^-] = 1.6 \times 10^{-6}$ M

$[NO_2(aq)] = 1 \times 10^{-10}$ M

$[NO(aq)] = 1.9 \times 10^{-11}$ M

4.2) Toluol $f_W = 0.27$

Essigsäure $f_W = 1.0$

2,4-Dinitrophenol $f_W = 1.0$

Hg(0) $f_W = 0.17$

4.3) pH = 7.48

$[NH_4^+] = 2.1 \times 10^{-4}$ M

$[NH_3(aq)] = 1.2 \times 10^{-6}$ M

$[H_2CO_3^*] = 1.99 \times 10^{-5}$ M, $[HCO_3^-] = 2.1 \times 10^{-4}$ M, $[CO_3^{2-}] = 2.0 \times 10^{-7}$ M

4.4) pH < 7: 98 % H_2S in Gasphase

pH 8: 78 % H_2S in Gasphase

pH 9: 28 % H_2S in Gasphase

4.5) i) pH vor Oxidation: 5.9

pH nach Oxidation: 4.0

ii) Acidität: Referenzzustand: SO_3^{2-}, NH_3, OH^-

Vor Oxidation: 1.03×10^{-4} M

Nach Oxidation: 2.0×10^{-4} M

iii) totale Acidität = 3×10^{-8} mol m^{-3}

Kapitel 5

5.1) i) AlOOH (Boehmit)

ii) $CaSO_4.2\ H_2O$ Gips

5.2) $CaCO_3(s)$: Auflösung exotherm

$CaSO_4.2\ H_2O$: nur geringe Temperaturabhängigkeit

5.3) Ja, mit Reaktion: $NO_3^- + 2\ Fe^{2+} + 5\ H_2O \rightarrow NO_2^- + 2\ Fe(OH)_3(s) + 4\ H^+$

5.4) Ja mit den Reaktionen:

$SO_4^{2-} + 6\ Fe_2SiO_4 + H^+ \rightarrow HS^- + 4\ Fe_3O_4(s) + 6\ SiO_2(s)$

$SO_4^{2-} + 9/2\ Fe_2SiO_4 + 2\ H^+ \rightarrow S(s) + 3\ Fe_3O_4(s) + 9/2\ SiO_2(s) + H_2O$

5.5) $\log K_{s0} = -17.1$ (25 °C); -16.7 (10 °C)

5.6) Druckabhängigkeit ist vernachlässigbar.

5.7) $t = 0.14$ h / 8.3 min

5.8) $t_e = 40.4$ Jahre

5.10) a) Reaktionen mit Reaktanden im Überschuss (z.B O_2), d.h. pseudo-1. Ordnung

b) Verschiedene Kinetik verschiedener Stoffe

5.11) $E_A = 97\ kJ\ mol^{-1}$

$k(30\ °C) = 169 \times 10^{-5}\ min^{-1}$

5.12) 2 cm/Jahr

5.13) $k_H(10\ °C) = 4.8 \times 10^7\ M^{-2}\ s^{-1}$

$t_{1/2} = 144$ s

Kapitel 6

6.1) $[Pb^{2+}] = 3.25 \times 10^{-7}$ M

6.2) a) $[Cd^{2+}] = 8.8 \times 10^{-10}$ M; $[CdCO_3^0] = 1.1 \times 10^{-10}$ M

b) nein, $Q < K_{s0}$

c) überwiegend $CdEDTA^{2-}$, $[Cd^{2+}] = 1.6 \times 10^{-11}$ M

6.3) a) [Cu](total) = 3.6×10^{-7} M, überwiegend $CuNTA^-$

b) Wachstum der Algen hängt von der freien $[Cu^{2+}]$-Konzentration ab

6.4) a) $[Ag^+] \approx [AgCl^0] = 5 \times 10^{-9}$ M

b) $[Ag^+] = 3.9 \times 10^{-15}$ M, überwiegend AgCysH

c) Toxizität hängt von Ag^+ ab; Komplexbildung und Löslichkeit (z.B. AgCl(s)) müssen geprüft werden

6.5) $[Hg(II)]_T = 3.4 \times 10^{-11}$ M

Kapitel 7

7.1) Bei 0 m übersättigt, bei 30 m untersättigt

7.2) Ausfällung von $CaCO_3$(s), CO_2-Abgabe an Atmosphäre

7.3) - Hohe Löslichkeit von ZnO(s): pH 7: $[Zn^{2+}] = 1.4 \times 10^{-3}$ M; Löslichkeitsminimum bei pH 10 mit $[Zn]_T = 1.7 \times 10^{-6}$ M

- Geringer Einfluss von Chloridionen

7.4) Eisenhydroxid

7.5) Pyrrhotit, Troilit, eventuell Pyrit (in Gegenwart von S(0))

Kapitel 8

8.1) Reihe mit absteigendem pε:

Atmosphäre (O_2)

Meerwasser (O_2)

Flusssedimente (O_2, NO_3^-)

Grundwasser mit Fe(II)

Alkoholgärung

Seesediment (Fe(II), HS^-)

Faulturm (CH_4)

8.2) i) Q << K, thermodynamisch möglich; ii) Q << K, thermodynamisch möglich

8.3) pε = 10, $p_{O2} = 7.9 \times 10^{-16}$ atm, $[O_2]aq = 1 \times 10^{-18}$ M

8.4) $p_{O2} = 10^{-67}$ atm für $[H_2S(g)] : [SO_4^{2-}] = 0.01$

8.5) pε = 6.8

8.6) a) aus Gl.(i) : $\log[H_2PO_4^-] = -5.7 + 2/3\ pH - 1/3\ p\varepsilon$

aus Gl(ii): $\log[H_2PO_4^-] = 16.3 - 2\ pH + p\varepsilon$

Bei pH 5 ist $[H_2PO_4^-]$ bei pε > 2.9 durch Gl.(i) bestimmt, bei pε < 2.9 durch Gl.(ii)

b) pε = 2.9, $[H_2PO_4^-] = 4 \times 10^{-4}$ M

8.7) $SO_4^{2-}/H_2S(aq)$: $p\varepsilon_0$ (pH6) = −2.37

$HS_4^-/H_2S(aq)$: $p\varepsilon_0$ (pH6) = −4.77

SO_4^{2-}/HS_4^- : $p\varepsilon_0$ (pH6) = −1.49

8.8) pH 6.5: $t_{1/2}$ = 81.4 min

pH 8.0: $t_{1/2}$ = 0.08 min

8.9) Oxidation von Mn(II) und Fe(II) zu $MnO_2(s)$ und $Fe(OH)_3(s)$; starke Abnahme der Löslichkeit. Die Alkalinität nimmt durch diese Reaktionen ab.

8.10) a) $(CH_2O)_{148}(NH_3)_{15}(H_3PO_4) + 74\ SO_4^{2-} + 162\ H^+ \rightarrow 74\ H_2S + 148\ CO_2 + 148\ H_2O + 15\ NH_4^+ + H_2PO_4^-$

b) CO_2(inorg): $S_T = 2:1$

Alk : $S_T = 2.2 : 1$

c) Oxidation von H_2S oder bakterielle Fotosynthese mit H_2S:

$$H_2S + 1/2\ O_2 \rightarrow S(0) + H_2O$$

$$CO_2 + 2\ H_2S \xrightarrow[h\nu]{} CH_2O + 2\ S(0) + H_2O$$

Kapitel 9

9.1) Fällung: konstante Konzentration in Lösung für $Q > K_{s0}$; Adsorption: Abnahme der Konzentration in Lösung entsprechend Adsorptionsisotherme

9.2) pH-Abhängigkeit der Adsorption

9.3)
$$\equiv FeOH + AsO_4^{3-} \leftrightarrows \equiv Fe\text{-}OAsO_3^{2-} + OH^-$$
$$\equiv FeOH + HAsO_4^{2-} + H^+ \leftrightarrows \equiv Fe\text{-}OAsO_3H^- + H_2O$$
$$\equiv FeOH + H_2AsO_4^- + H^+ \leftrightarrows \equiv Fe\text{-}OAsO_3H_2 + H_2O$$
$$2 \equiv FeOH + AsO_4^{3-} \leftrightarrows (\equiv FeO\text{-})_2AsO_2^- + 2\ OH^-$$
$$2 \equiv FeOH + HAsO_4^{2-} \leftrightarrows (\equiv FeO\text{-})_2AsO_2H^0 + 2\ OH^-$$

9.4) a)

$[Cu^{2+}]$ (M)	$[\equiv FeOCu^+]$ (M)
1×10^{-12}	8.9×10^{-7}
1×10^{-10}	4.5×10^{-5}
1×10^{-8}	8.9×10^{-5}

b) Abnahme mit HCO_3^-; Abnahme mit Temperatur; Abnahme mit Ca^{2+}

c) $pK_1^s = 5.32$; $pK_2^s = 8.12$; $\log K^s_{Cu} = 2.32$

9.7) a) Langmuirisotherme

b) Ca. 1 von 10 Oberflächengruppen reagiert mit Phosphat

9.8) Faktor 3.6 schneller bei pH 6

Kapitel 10

10.1) Flockung effizient für Viren, Bakterien, Schwermetalle, Huminstoffe, hydrophobe Verbindungen (je nach Sorptionseigenschaften)

10.3) a) $t_{1/2} = 2.3$ Tage

b) Sandfiltration und Flockungsfiltration sind effizienter

10.5) $Ca(OH)_2$: Al(III) = 1.5 (mol/mol); $Ca(OH)_2$: Fe(III) = 1.5 (mol/mol)

10.6) Entstabilisierung der Partikel

10.7) Sorptionseigenschaften und hydrophobe Eigenschaften der organischen Verbindungen; spezifische Oberfläche der Aktivkohle

10.8) Reduktion von Cr(III):

$1/3\ Cr^{3+} + e^- \leftrightarrows 1/3\ Cr(0)$: log K = −12.6

$1/3\ Cr(0) + 1/2\ Fe^{2+} \leftrightarrows 1/3\ Cr^{3+} + 1/2\ Fe(0)$; log K = 5.2

Kapitel 11

11.2) TOC: gesamter organischer C; CSB: Information über Oxidationszustand und Sauerstoffverbrauch

CSB/TOC = 1 − (1/4 x Oxidationszahl) mit CSB in mol O_2/L

11.3) Zunahme um 1.1% $Jahr^{-1}$, bzw. ca. 4 ppm $Jahr^{-1}$

11.4) Zusammensetzung DOC, Mole funktionelle Gruppen pro C, Komplexbildungskonstanten

11.5) Hohe NO_3^--Konzentration, tiefer pH

11.8) Nitrifikation: $\frac{d[Alk]}{d[NO_3^-]} = -2$

Denitrifikation: $\frac{d[\text{Alk}]}{d[\text{NO}_3^-]} = +0.8$

11.9) 1.1 NH_4^+, 4.4 NO_2^- bei 100%; 11 NH_4^+, 44 NO_2^- bei 10% Effizienz

11.10) Cu wird stärker in der Lösung und in der Wassersäule zurückgehalten, Pb wird rasch sedimentiert und aus der Wassersäule entfernt

11.11) τ_{Pb} = 15 Tage

Kapitel 12

12.1) i) Nitrat: Aufnahme bei Fotosynthese bei 0 m; Freisetzung durch Respiration bei 20m; Denitrifikation bei 130 m

Phosphat: Aufnahme bei Fotosynthese bei 0 m; Freisetzung durch Respiration bei 20m; Rücklösung aus Sediment bei 130 m

Mn^{2+}: Reduktion von MnO_2(s) und Rücklösung aus Sediment bei 130 m

ii) Sauerstoff vorhanden bei 0 und 20 m, wenig oder kein Sauerstoff bei 130 m

iii) Oxidation von Mn^{2+}, Sedimentation von o-P

12.2) O_2 reicht nicht aus

12.4) i) Kein O_2 und NO_3^- vorhanden

ii) In Kontakt mit O_2 Oxidation von Fe(II), Mn(II), Ausfällung von Fe- und Mn-Oxiden; Oxidation von Sulfid zu Sulfat

12.5) i) Cr(III) überwiegt unter diesen reduzierenden Bedingungen

ii) $1/3\ CrO_4^{2-} + 1/8\ H_2S + 3/4\ H^+ \leftrightarrows 1/3\ Cr(OH)_2^+ + 1/8\ SO_4^{2-} + 1/6\ H_2O$

$1/3\ CrO_4^{2-} + 1/2\ H_2S + H^+ \leftrightarrows 1/3\ Cr(OH)_2^+ + 1/2\ S(0) + 2/3\ H_2O$

iii) Chrom ist unter diesen Bedingungen als Cr(III) vorhanden und ist schwer löslich. Es wird deshalb in der festen Phase gebunden und ist wenig mobil. Cr(VI), das unter oxidierenden Bedingungen vorkommt, ist viel besser löslich und mobiler. Bindung von CrO_4^{2-} an Oxidoberflächen durch Anionenadsorption kann die Mobilität von Cr(VI) beeinflussen.

Anhang 1: Periodensystem der Elemente

(mit Erlaubnis von International Union of Pure and Applied Chemistry (IUPAC) reproduziert. Copyright © 2007 IUPAC.)

IUPAC Periodic Table of the Elements

Key: atomic number / **Symbol** / name / standard atomic weight

1	2	3	4	5	6	7	8	9	10	11	12	13	14	15	16	17	18
1 **H** hydrogen 1.007 94(7)																	2 **He** helium 4.002 602(2)
3 **Li** lithium 6.941(2)	4 **Be** beryllium 9.012 182(3)											5 **B** boron 10.811(7)	6 **C** carbon 12.0107(8)	7 **N** nitrogen 14.0067(2)	8 **O** oxygen 15.9994(3)	9 **F** fluorine 18.998 4032(5)	10 **Ne** neon 20.1797(6)
11 **Na** sodium 22.989 769 28(2)	12 **Mg** magnesium 24.3050(6)											13 **Al** aluminium 26.981 538 6(8)	14 **Si** silicon 28.0855(3)	15 **P** phosphorus 30.973 762(2)	16 **S** sulfur 32.065(5)	17 **Cl** chlorine 35.453(2)	18 **Ar** argon 39.948(1)
19 **K** potassium 39.0983(1)	20 **Ca** calcium 40.078(4)	21 **Sc** scandium 44.955 912(6)	22 **Ti** titanium 47.867(1)	23 **V** vanadium 50.9415(1)	24 **Cr** chromium 51.9961(6)	25 **Mn** manganese 54.938 045(5)	26 **Fe** iron 55.845(2)	27 **Co** cobalt 58.933 195(5)	28 **Ni** nickel 58.6934(2)	29 **Cu** copper 63.546(3)	30 **Zn** zinc 65.409(4)	31 **Ga** gallium 69.723(1)	32 **Ge** germanium 72.64(1)	33 **As** arsenic 74.921 60(2)	34 **Se** selenium 78.96(3)	35 **Br** bromine 79.904(1)	36 **Kr** krypton 83.798(2)
37 **Rb** rubidium 85.4678(3)	38 **Sr** strontium 87.62(1)	39 **Y** yttrium 88.905 85(2)	40 **Zr** zirconium 91.224(2)	41 **Nb** niobium 92.906 38(2)	42 **Mo** molybdenum 95.94(2)	43 **Tc** technetium [98]	44 **Ru** ruthenium 101.07(2)	45 **Rh** rhodium 102.905 50(2)	46 **Pd** palladium 106.42(1)	47 **Ag** silver 107.8682(2)	48 **Cd** cadmium 112.411(8)	49 **In** indium 114.818(3)	50 **Sn** tin 118.710(7)	51 **Sb** antimony 121.760(1)	52 **Te** tellurium 127.60(3)	53 **I** iodine 126.904 47(3)	54 **Xe** xenon 131.293(6)
55 **Cs** caesium 132.905 451 9(2)	56 **Ba** barium 137.327(7)	57-71 lanthanoids	72 **Hf** hafnium 178.49(2)	73 **Ta** tantalum 180.947 88(2)	74 **W** tungsten 183.84(1)	75 **Re** rhenium 186.207(1)	76 **Os** osmium 190.23(3)	77 **Ir** iridium 192.217(3)	78 **Pt** platinum 195.084(9)	79 **Au** gold 196.966 569(4)	80 **Hg** mercury 200.59(2)	81 **Tl** thallium 204.3833(2)	82 **Pb** lead 207.2(1)	83 **Bi** bismuth 208.980 40(1)	84 **Po** polonium [209]	85 **At** astatine [210]	86 **Rn** radon [222]
87 **Fr** francium [223]	88 **Ra** radium [226]	89-103 actinoids	104 **Rf** rutherfordium [261]	105 **Db** dubnium [262]	106 **Sg** seaborgium [266]	107 **Bh** bohrium [264]	108 **Hs** hassium [277]	109 **Mt** meitnerium [268]	110 **Ds** darmstadtium [271]	111 **Rg** roentgenium [272]							
		57 **La** lanthanum 138.905 47(7)	58 **Ce** cerium 140.116(1)	59 **Pr** praseodymium 140.907 65(2)	60 **Nd** neodymium 144.242(3)	61 **Pm** promethium [145]	62 **Sm** samarium 150.36(2)	63 **Eu** europium 151.964(1)	64 **Gd** gadolinium 157.25(3)	65 **Tb** terbium 158.925 35(2)	66 **Dy** dysprosium 162.500(1)	67 **Ho** holmium 164.930 32(2)	68 **Er** erbium 167.259(3)	69 **Tm** thulium 168.934 21(2)	70 **Yb** ytterbium 173.04(3)	71 **Lu** lutetium 174.967(1)	
		89 **Ac** actinium [227]	90 **Th** thorium 232.038 06(2)	91 **Pa** protactinium 231.035 88(2)	92 **U** uranium 238.028 91(3)	93 **Np** neptunium [237]	94 **Pu** plutonium [244]	95 **Am** americium [243]	96 **Cm** curium [247]	97 **Bk** berkelium [247]	98 **Cf** californium [251]	99 **Es** einsteinium [252]	100 **Fm** fermium [257]	101 **Md** mendelevium [258]	102 **No** nobelium [259]	103 **Lr** lawrencium [262]	

Notes

- 'Aluminum' and 'cesium' are commonly used alternative spellings for 'aluminium' and 'caesium'.
- IUPAC 2005 standard atomic weights (mean relative atomic masses) are listed with uncertainties in the last figure in parentheses [M. E. Wieser, *Pure Appl. Chem.* 78, 2051 (2006)].
  These values correspond to current best knowledge of the elements in natural terrestrial sources. For elements that have no stable or long-lived nuclides, the mass number of the nuclide with the longest confirmed half-life is listed between square brackets.
- Elements with atomic numbers 112 and above have been reported but not fully authenticated.

Anhang 2: Anwendung von Computerprogrammen zur Lösung von chemischen Gleichgewichtsproblemen

Anhang 2.1: Computerprogramme

Verschiedene Computerprogramme stehen zur Verfügung, um chemische Gleichgewichtprobleme rasch zu lösen. Dabei wird das chemische System durch die Auswahl geeigneter Komponenten definiert, sowie durch die Gesamtkonzentrationen dieser Komponenten, oder die freien Konzentrationen (z.B. für pH). Die Komponenten sind die minimale Anzahl chemischer Stoffe, die zur Definition des Systems nötig sind, wie in Kapitel 2.5. bei der Einführung der Tableaux dargestellt. Die Tableaux in den Kapiteln 2, 3, 4, 6, 7, 8 und 9 illustrieren, wie die Komponenten definiert werden. Aus den Komponenten des Systems ergeben sich die Spezies, die sich aus diesen Komponenten zusammensetzen lassen. Spezies können gelöste Spezies (Säure-Base-Spezies, Metallkomplexe, Redoxspezies), gasförmige Spezies, feste Phasen und Oberflächenspezies sein. Die Computerprogramme beinhalten eine Datenbank der Spezies und der entsprechenden Gleichgewichtskonstanten. Verschiedene Modelle für Komplexbildung an Oberflächen und für Komplexbildung mit natürlichem organischem Material sind in den Programmen eingebaut.

Häufig verwendete Programme sind:

- Vminteq: ein benützerfreundliches Programm, das auf dem Programm MinteqA2 aufbaut, frei erhältlich unter: www.lwr.kth.se/English/OurSoftware/vminteq/

- MinteqA2: umfangreiches Programm, erhältlich unter: www.epa.gov/ceampubl/mmedia/minteq/

- Chemeql, ein einfaches Programm, in dem die Struktur der Eingabefiles gut ersichtlich ist, erhältlich unter:
www.eawag.ch/research_e/surf/Researchgroups/sensors_and_analytic/chemeql.html

- Phreeqc: Programm mit vielen Möglichkeiten zur geochemischen Modellierung, erhältlich unter: wwwbrr.cr.usgs.gov/projects/GWC_coupled/phreeqc/

Anhang 2.2: Allgemeines Vorgehen

Die nachfolgende Beschreibung des Vorgehens und Beispiele beziehen sich auf die Arbeit mit dem Programm Vminteq.

Vorgehen für ein beliebiges chemisches System:

- Komponenten des Systems auswählen. Bei Vminteq aus der Liste mit „add components" auswählen. Für jede Komponente wird ausgewählt, ob die totale Konzentration oder die freie Aktivität bekannt ist. Freie Aktivität wird für bekannten pH verwendet. Es kann zum Beispiel auch die freie Aktivität von freien Metallionen eingegeben werden.

- pH wird bei konstantem pH definiert, oder pH kann aus dem System berechnet werden (bei definierter totaler H^+-Konzentration).

- Ionenstärke wird definiert. Mit Hilfe der Ionenstärke werden die Aktivitätskoeffizienten berechnet.

- Die Liste der Spezies in der Datenbank kann eingesehen werden (Database management, aqueous species, solid phases, gases). Die angegebenen Stabilitätskonstanten sind ersichtlich und können gegebenenfalls angepasst werden.

- Verschiedenen Optionen sind bei den festen Phasen möglich (solid phases). Die feste Phase steht entweder unbegrenzt zur Verfügung (infinite solid phases), sodass die maximale Löslichkeit der entsprechenden Spezies im Gleichgewicht mit dieser festen Phase berechnet wird. Oder eine begrenzte Menge der festen Phase ist vorhanden (finite solid phase), aus der die gelösten Spezieskonzentrationen berechnet werden. Es können auch mögliche feste Phasen ausgewählt werden (possible solid phases), so dass für ein bestimmtes System berechnet wird, ob diese festen Phasen übersättigt oder untersättigt sind.

- Für die Komplexbildung mit natürlichem organischen Material stehen bei Vminteq zwei Modelle zur Verfügung: Nica-Donnan und Stockholm Humic Model (SHM). Die verschiedenen Parameter für Fulvin- und Huminsäuren können angepasst werden.

- Unter „adsorption" und „surface complexation reactions" können die verschiedenen Modelle für Oberflächenreaktionen ausgewählt werden (konstante Kapazität, Diffuse Doppelschicht, Triple-layer-Modell).

- Redoxreaktionen werden mit Hilfe von $p\varepsilon$ oder E_H definiert, bzw. durch entsprechende Redoxspezies.

- Für einen Bereich von Bedingungen, z.B. pH-Bereich oder verschiedene Konzentrationen einer Komponente kann eine Reihe von Bedingungen mit „multi-problem" definiert werden.

- Wenn alle Parameter definiert sind, wird mit „run MINTEQ" die Berechnung ausgelöst.

- Die Resultate sind aus verschiedenen Tabellen ersichtlich:

  - Konzentrationen und Aktivitäten aller Spezies (species distribution);

  - Über- oder Untersättigung der festen Phasen (saturation indices);

  - Verteilung über gelöste und feste Phasen (equilibrated mass distribution).

Anhang 2.3: Beispiele

Beispiel 1: Komplexbildung von Cu^{2+} mit OH^- und CO_3^{2-} (Tableau 6.2)

- Als Komponenten werden Cu^{2+}, CO_3^{2-} und H^+ gewählt. Für Cu^{2+} und CO_3^{2-} werden die entsprechenden totalen Konzentrationen gewählt ($Cu^{2+}{}_T = 5 \times 10^{-8}$ M; $CO_3^{2-}{}_T = 2 \times 10^{-3}$ M). Für H^+ wird bekannte freie Aktivität gewählt (pH 8).

- Ionenstärke wird definiert, z.B. 0.01 M.

- Gelöste Spezies und mögliche feste Phasen sind aus den Listen unter Database management ersichtlich.

Nach Berechnung werden folgende Tabellen erhalten:

Tab. 1: Species distribution

	Concentration	Activity	Log activity
CO3-2	0.000012455	8.2357E-06	−5.084
Cu(CO3)2-2	1.4576E-09	9.6382E-10	−9.016
Cu(OH)2 (aq)	5.2674E-10	5.2796E-10	−9.277
Cu(OH)3-	2.2777E-12	2.054E-12	−11.687
Cu(OH)4-2	2.5248E-17	1.6695E-17	−16.777
Cu+2	1.3559E-09	8.966E-10	−9.047
Cu2(OH)2+2	3.8978E-13	2.5775E-13	−12.589
Cu2OH+3	3.9752E-17	1.5674E-17	−16.805
Cu3(OH)4+2	1.7759E-16	1.1743E-16	−15.93
CuCO3 (aq)	4.3381E-08	4.3481E-08	−7.362
CuHCO3+	1.1021E-10	9.9379E-11	−10.003
CuOH+	3.166E-09	2.8549E-09	−8.544
H+1	1.1089E-08	0.00000001	−8
H2CO3* (aq)	0.000039418	0.000039509	−4.403
HCO3-	0.0019481	0.0017567	−2.755
OH-	1.1166E-06	1.0069E-06	−5.997

Diese Tabelle enthält alle gelösten Spezies mit diesen Komponenten, die in der Datenbank vorhanden sind.

Tab. 2: Saturation indices

Mineral	log IAP	Sat. Index	Stoichiometry							
Azurite	-21.311	−3.911	3	Cu+2	2	H2O	−2	H+1	2	CO3-2
Cu(OH)2	6.953	−2.337	1	Cu+2	2	H2O	−2	H+1		
CuCO3	−14.132	−2.632	1	Cu+2	1	CO3-2				
Malachite	−7.179	−1.71	2	Cu+2	2	H2O	−2	H+1	1	CO3-2
Tenorite(am)	6.953	−1.537	1	Cu+2	1	H2O	−2	H+1		
Tenorite(c)	6.953	−0.687	1	Cu+2	−2	H+1	1	H2O		

Diese Tabelle enthält alle festen Phasen mit diesen Komponenten, die in der Datenbank vorhanden sind. Die Stöchiometrie der jeweiligen festen Phase ist aus dieser Tabelle ersichtlich, z.B. Azurit $Cu_3(OH)_2(CO_3)_2$. In diesem Fall sind alle festen Phasen untersättigt (negative Sättigungsindizes).

Tab. 3: Equilibrated mass distribution

Component	Total dissolved	% dissolved	Total sorbed	% sorbed	Total precipitated	% precipitated
CO3-2	0.002	100	0	0	0	0
Cu+2	0.00000005	100	0	0	0	0
H+1	0.0020258	100	0	0	0	0

Die hier angegebene totale H+-Konzentration entspricht der Säurekonzentration, die notwendig wäre, um eine Lösung mit dieser CO_3^{2-}-Konzentration auf pH 8 zu bringen.

Beispiel 2: Löslichkeit einer festen Phase

Unter gleichen Bedingungen wie bei Beispiel 1 soll die Löslichkeit der festen Phase Malachit ($Cu_2(OH)_2CO_3(s)$) berechnet werden.

Als Komponenten werden CO_3^{2-}, H^+ gewählt und die feste Phase $Cu_2(OH)_2CO_3(s)$ als infinite solid phase angewählt. Zusätzlich zum pH ist jetzt die feste Phase $Cu_2(OH)_2CO_3(s)$ unter den „fixed species" definiert. Cu^{2+} wird dann automatisch als Komponente definiert, ohne definierte totale Konzentration, da diese Konzentration durch die Löslichkeit der festen Phase bestimmt wird.

Daraus ergibt sich die neue Speziesverteilung und die Massenverteilung mit der berechneten gelösten Konzentration von Cu(total).

Tab. 4: Berechnete Speziesverteilung mit $Cu_2(OH)_2CO_3(s)$ als feste Phase

	Concentration	Activity	Log activity
CO3-2	1.2454E-05	8.2352E-06	−5.084
Cu(CO3)2-2	1.0439E-08	6.9026E-09	−8.161
Cu(OH)2 (aq)	3.7728E-09	3.7815E-09	−8.422
Cu(OH)3-	1.6314E-11	1.4712E-11	−10.832
Cu(OH)4-2	1.8084E-16	1.1958E-16	−15.922
Cu+2	9.7116E-09	6.4219E-09	−8.192
Cu2(OH)2+2	1.9997E-11	1.3223E-11	−10.879
Cu2OH+3	2.0394E-15	8.0413E-16	−15.095
Cu3(OH)4+2	6.5255E-14	4.3151E-14	−13.365
CuCO3 (aq)	3.107E-07	3.1141E-07	−6.507
CuHCO3+	7.8931E-10	7.1177E-10	−9.148
CuOH+	2.2676E-08	2.0449E-08	−7.689
H+1	1.1089E-08	0.00000001	−8
H2CO3* (aq)	3.9416E-05	3.9507E-05	−4.403
HCO3-	0.001948	0.0017566	−2.755
OH-	1.1166E-06	1.0069E-06	−5.997

Aus der Summe der Cu-Spezies oder aus der Tabelle „Equilibrated mass distribution“ ergibt sich die total gelöste Cu-Konzentration.

Tab. 5: Massenbilanz für die Löslichkeit von $Cu_2(OH)_2CO_3(s)$

Component	Total dissolved	% dissolved	Total sorbed	% sorbed	Total precipitated	% precipitated
CO3-2	0.0020002	100	0	0	0	0
Cu+2	3.5814E-07	100	0	0	0	0
H+1	0.0020257	100	0	0	0	0

Die totale gelöste Cu-Konzentration ist hier $Cu_T = 3.58 \times 10^{-7}$ M. Da die feste Phase als in unendlicher Menge (infinite solid phase) vorhanden eingegeben wurde, wird kein Anteil in fester Form berechnet.

Beispiel 3: Adsorption an einer festen Phase

Die Adsorption von Cu^{2+} ($Cu_T = 5 \times 10^{-8}$ M) an Eisenhydroxid wird hier bei konstantem pH (pH 8) berechnet. Das Modell der diffusen Doppelschicht soll verwendet werden.

Als Komponenten in Lösung werden Cu^{2+} und H^+ gewählt. Unter „Adsorption, Surface complexation reactions“ wird „HFO with DLM“ (hydrous ferric oxide with diffuse double layer model) gewählt. Die spezifische Oberfläche und Anzahl Oberflächengruppen sind durch die Datenbank gegeben. In diesem Fall sind zwei verschiedene OH-Gruppen mit unterschiedlicher Affinität enthalten. Die Konzentration der festen Phase wird eingegeben (hier 0.01 g/L). Unter „edit sorption database“ werden die vorhandenen Oberflächen-komplexe und die entsprechenden Konstanten eingesehen.

Die Oberflächenkomponenten und eine Komponente für die elektrostatischen Effekte erscheinen dann in der Komponentenliste.

Nach der Berechnung wird die folgende Speziesverteilung erhalten, in der >FeOH eine Oberflächengruppe bezeichnet und zwei verschiedene OH-Gruppen unterschieden werden: >FeOH und >FeOHh (Tab. 6).

Tab. 6: Speziesverteilung für Adsorption von Cu^{2+} an $Fe(OH)_3(s)$. >FeOHh und >FehOCu+ bezeichnen die Oberflächenkomplexe mit den >FeOH-Gruppen mit der höheren Affinität

	Concentration	Activity	Log activity
>FehO- (1)	6.0064E-08	6.0064E-08	−7.221
>FehOCu+ (1)	4.0936E-08	4.0936E-08	−7.388
>FehOH2+ (1)	6.097E-08	6.097E-08	−7.215
>FeO- (1)	2.5904E-06	2.5904E-06	−5.587
>FeOCu+ (1)	9.0543E-09	9.0543E-09	−8.043
>FeOH2+ (1)	2.6294E-06	2.6294E-06	−5.58
>FeOH(1)	1.7243E-05	1.7243E-05	-4.763
>FeOHh(1)	3.9982E-07	3.9982E-07	-6.398
Cu(OH)2 (aq)	9.9082E-13	9.931E-13	−12.003
Cu(OH)3-	4.2845E-15	3.8636E-15	−14.413
Cu(OH)4-2	4.7493E-20	3.1405E-20	−19.503
Cu+2	2.5505E-12	1.6865E-12	−11.773
Cu2(OH)2+2	1.3792E-18	9.1198E-19	−18.04
Cu2OH+3	1.4066E-22	5.5461E-23	−22.256
Cu3(OH)4+2	1.182E-24	7.816E-25	−24.107
CuOH+	5.9553E-12	5.3702E-12	−11.27
H+1	1.1089E-08	0.00000001	−8
OH-	1.1166E-06	1.0069E-06	−5.997

Unter diesen Bedingungen ist Cu vorwiegend an den >FeOHh-Gruppen gebunden.

Aus der „equilibrated mass distribution“ geht auch hervor, dass Cu(II) hauptsächlich an der Oberfläche gebunden ist (Tab. 7).

Tab. 7: Verteilung mit adsorbierten Spezies

Component	Total dissolved	% dis-solved	Total sorbed	% sorbed	Total pre-cipitated	% precipi-tated
Cu+2	9.5009E-12	0.019	4.999E-08	99.981	0	0
H+1	-1.1055E-06	99.1	-1.004E-08	0.9	0	0

Unter „calculated adsorption parameters“ ist das Oberflächenpotenzial ersichtlich (hier +6.3 mV).

Anhang 3: Thermodynamische Daten

Tabelle der G^0_f, H^0_f und $\overline{S}^0$-Werte für häufige chemische Spezies in aquatischen Systemen [a]; Werte gültig für 25° C, 1 atm Druck und Standard-Bedingungen [b]

Spezies	Bildung aus den Elementen G^0_f (kJ mol^{-1})	H^0_f (kJ mol^{-1})	Entropie $\overline{S}^0$ (J mol^{-1} K^{-1})	Referenz [c]
Ag (Silber)				
Ag (Metall)	0	0	42.6	NBS
Ag^+(aq)	77.12	105.6	73.4	NBS
AgBr	–96.9	–100.6	107	NBS
AgCl	–109.8	–127.1	96	NBS
AgI	–66.2	–61.84	115	NBS
Ag_2S(α)	–40.7	–29.4	14	NBS
AgOH(aq)	–92			NBS
$Ag(OH)_2^-$(aq)	–260.2			NBS
AgCl(aq)	–72.8	–72.8	154	NBS
$AgCl_2^-$(aq)	–215.5	–245.2	231	NBS
Al (Aluminium)				
Al	0	0	28.3	R
Al^{3+}(aq)	–489.4	–531.0	–308	R
$AlOH^{2+}$(aq)	–698			S
$Al(OH)_2^+$(aq)	–911			S
$Al(OH)_3$(aq)	–1115			S
$Al(OH)_4^-$(aq)	–1325			S
$Al(OH)_3$ (amorph)	–1139			R
Al_2O_3 (Corund)	–1582	–1676	50.9	R
AlOOH (Boehmit)	–922	–1000	17.8	R
$Al(OH)_3$ (Gibbsit)	–1155	–1293	68.4	R

$Al_2Si_2O_5(OH)_4$ (Kaolinit)	–3799	–4120	203	R
$KAl_3Si_3O_{10}(OH)_2$ (Muscovit)	–1341			G
$Mg_5Al_2Si_3O_{10}(OH)_8$ (Chlorit)	–1962			R
$CaAl_2Si_2O_8$ (Anorthit)	–4017.3	–4243.0	199	R
$NaAlSi_3O_8$ (Albit)	–3711.7	–3935.1		R
As (Arsen)				
As (α Metall)	0	0	35.1	NBS
H_3AsO_4 (aq)	–766.0	–898.7	206	NBS
$H_2AsO_4^-$(aq)	–748.5	–904.5	117	NBS
$HAsO_4^{2-}$(aq)	–707.1	–898.7	3.8	NBS
AsO_4^{3-}(aq)	–636.0	–870.3	–145	NBS
$H_2AsO_3^-$(aq)	–587.4			NBS
Ba (Barium)				
Ba^{2+}(aq)	–560.7	–537.6	9.6	R
$BaSO_4$ (Barit)	–1362	–1473	132	R
$BaCO_3$ (Witherit)	–1132	–1211	112	R
Be (Beryllium)				
Be^{2+}(aq)	–380	–382	–130	NBS
$Be(OH)_2$ (α)	–815.0	–902	51.9	NBS
$Be_3(OH)_3^{3+}$(aq)	–1802			NBS
B (Bor)				
H_3BO_3 (aq)	–968.7	–1072	162	NBS
$B(OH)_4^-$(aq)	–1153.3	–1344	102	NBS
Br (Bromid)				
Br_2 (l)	0	0	152	NBS
Br_2 (aq)	3.93	–259	130.5	NBS
Br^-(aq)	–104.0	–121.5	82.4	NBS

HBrO(aq)	–82.2	–113.0	147	NBS
BrO^-(aq)	–33.5	–94.1	42	NBS
C (Kohlenstoff)				
C (Graphit)	0	0	152	NBS
C (Diamant)	3.93	–2.59	130.5	NBS
CO_2 (g)	–394.37	–393.5	213.6	NBS
H_2CO_3*(aq)	–623.2	–699.6	200.8	NBS[d]
H_2CO_3 (aq) („wahre“)	~ –607.1			S
HCO_3^-(aq)	–586.8	–692.0	91.2	S
CO_3^{2-}(aq)	–527.9	–677.1	–56.9	NBS
CH_4 (g)	–50.79	–74.80	186	NBS
CH_4 (aq)	–34.39	–89.04	83.7	NBS
CH_3OH(aq)	–175.4	–245.9	133	NBS
HCOOH(aq)	–372.3	–425.4	163	NBS
$HCOO^-$(aq)	–351.0	–425.6	92	NBS
CH_2O(aq)	–129.7			
CH_2O(g)	–110.0	–116.0	218.6	S
CH_3COOH(aq)	–396.6	–485.8	179	NBS
CH_3COO^-(aq)	–369.4	–486.0	86.6	NBS
C_2H_5OH(aq)	–177.0	–288.1	149	NBS
NH_2CH_2COOH(aq)	–370.8	–514.0	158	NBS
$NH_2CH_2COO^-$(aq)	–315.0	–469.8	119	NBS
HCN(aq)	112.0	105.0	129	NBS
CN^-(aq)	166.0	151.0	118	NBS
COS(g)	–169.2	–137.2	234.5	NBS
CNS^-(aq)	88.7	72.0		S
$H_2C_2O_4$ (aq)	–697.0	–818.26		S
$HC_2O_4^-$(aq)	–690.86	–818.8		S
$C_2O_4^{2-}$(aq)	–674.04	–818.8	45.6	S
Ca (Calcium)				
Ca^{2+} (aq)	–553.54	–542.83	–53	R

$CaOH^{+}$(aq)	–718.4			NBS
$Ca(OH)_2$ (aq)	–868.1	–1003	–74.5	NBS
$Ca(OH)_2$ (Portlandit)	–898.4	–986.0	83	R
$CaCO_3$ (Calcit)	–1128.8	–1207.4	91.7	R
$CaCO_3$ (Aragonit)	–1127.8	–1207.4	88.0	R
$CaMg(CO_3)_2$ (Dolomit)	–2161.7	–2324.5	155.2	R
$CaSiO_3$ (Wollastonit)	–1549.9	–1635.2	82.0	R
$CaSO_4$ (Anhydrit)	–1321.7	–1434.1	106.7	R
$CaSO_4 \cdot 2\ H_2O$ (Gips)	–1797.2	–2022.6	194.1	R
$Ca_5\ (PO_4)_3OH$ (Hydroxyapatit)	–6338.4	–6721.6	390.4	R
Cd (Cadmium)				
Cd (γ Metall)				
Cd^{2+} (aq)	–77.58	–75.90	–73.2	R
$CdOH^{+}$(aq)	–284.5			R
$Cd(OH)_3^{-}$(aq)	–600.8			R
$Cd(OH)_4^{2-}$(aq)	–758.5			R
$Cd(OH)_2$ (aq)	–392.2			R
CdO (s)	–228.4	–258.1	54.8	
$Cd(OH)_2$ (gefällt)	–473.6	–560.6	96.2	R
$CdCl^{+}$(aq)	–224.4	–240.6	43.5	R
$CdCl_2$(aq)	–340.1	–410.2	39.8	R
$CdCl_3^{-}$(aq)	–487.0	–561.0	203	R
$CdCO_3$ (s)	–669.4	–750.6	92.5	R
Cl (Chlor)				
Cl^{-}(aq)	–131.3	–167.2	56.5	NBS
Cl_2 (g)	0	0	223.0	NBS
Cl_2 (aq)	6.90	–23.4	121	NBS
HClO(aq)	–79.9	–120.9	142	NBS
ClO^{-}(aq)	–36.8	–107.1	42	NBS
ClO_2 (aq)	117.6	74.9	173	NBS

ClO_2^-(aq)	17.1	–66.5	101	NBS
ClO_3^-(aq)	–3.35	–99.2	162	NBS
ClO_4^-(aq)	–8.62	–129.3	182	NBS
Co (Cobalt)				
Co (Metall)	0	0	30.04	R
Co^{2+} (aq)	–54.4	–58.2	–113	R
Co^{3+} (aq)	–134	–92	–305	R
$HCoO_2^-$(aq)	–407.5			NBS
$Co(OH)_2$ (aq)	–369	–518	134	NBS
$Co(OH)_2$ (s, blau)	–450			NBS
CoO(s)	–214.2	–237.9	53.0	R
Co_3O_4 (Cobalt Spinel)	–725.5	–891.2	102.5	R
Cr (Chrom)				
Cr (Metall)	0	0	23.8	NBS
Cr^{2+} (aq)		–143.5		NBS
Cr^{3+} (aq)	–215.5	–256.0	308	NBS
Cr_2O_3 (Eskolait)	–1053	–1135	81	R
$HCrO_4^-$(aq)	–764.8	–878.2	184	R
CrO_4^{2-}(aq)	–727.9	–881.1	50	R
$Cr_2O_7^{2-}$(aq)	–1301	–1490	262	R
Cu (Kupfer)				
Cu (Metall)	0	0	33.1	NBS
Cu^+(aq)	50.0	71.7	40.6	NBS
Cu^{2+} (aq)	65.5	64.8	–99.6	NBS
$Cu(OH)_2$ (aq)	–249.1	–395.2	–121	NBS
$HCuO_2^-$(aq)	–258			
CuS (Covellit)	–53.6	–53.1	66.5	NBS
Cu_2S (α)	–86.2	–79.5	121	NBS
CuO (Tenorit)	–129.7	–157.3	43	NBS

$CuCO_3 \cdot Cu(OH)_2$ (Malachit)	–893.7	–1051.4	186	NBS
$2\ CuCO_3 \cdot Cu(OH)_2$ (Azurit)		–1632		NBS
e^- (Elektron)				
e^- (Elektron)	0	0	0	
F (Fluor)				
F_2 (g)	0	0	202	NBS
F^-(aq)	–278.8	–332.6	–13.8	NBS
HF(aq)	–296.8	320.0	88.7	NBS
HF_2^-(aq)	–578.1	–650	92.5	NBS
Fe (Eisen)				
Fe (Metall)	0	0	27.3	NBS
Fe^{2+} (aq)	–78.87	–89.10	–138	NBS
$FeOH^+$(aq)	–277.4	324.7	29	NBS
$Fe(OH)_2$ (aq)	–441.0	—	—	NBS
Fe^{3+} (aq)	–4.60	–48.5	–316	NBS
$FeOH^{2+}$ (aq)	–229.4	–324.7	–29.2	NBS
$Fe(OH)_2^+$(aq)	–438	250.8	142.0	NBS
$Fe(OH)_3$ (aq)	–659.4	—	—	NBS
$Fe(OH)_4^-$(aq)	–842.2	—	34.5	NBS
$Fe_2(OH)_2^{4+}$(aq)	–467.27	612.1	356.0	NBS
FeS_2 (Pyrit)	–160.2	–171.5	52.9	R
FeS_2 (Marcasit)	–158.4	–169.4	53.9	R
FeO(s)	–251.1	–272.0	59.8	R
$Fe(OH)_2$ (gefällt)	–486.6	–569	87.9	NBS
α-Fe_2O_3 (Hämatit)[e]	–742.7	–824.6	87.4	R
Fe_3O_4 (Magnetit)	–1012.6	–1115.7	146	R
α-FeOOH (Goethit)[e]	–488.6	–559.3	60.5	R
FeOOH (amorph)[e]	–462			S
$Fe(OH)_3$ (amorph)[e]	–699(–712)			S

$FeCO_3$ (Siderit)	–666.7	–737.0	105	R
Fe_2SiO_4 (Fayalit)	–1379.4	–1479.3	148	R
H (Wasserstoff)				
H_2(g)	0	0	130.6	NBS
H_2(aq)	17.57	–4.18	57.7	NBS
H^+(aq)	0	0	0	NBS
H_2O(l)	–237.18	–285.83	69.91	NBS
H_2O_2(aq)	–134.1	–191.17	143.9	NBS
HO_2^-(aq)	–67.4	–160.33	23.8	NBS
Hg (Quecksilber)				
Hg(l)	0	0	76.0	NBS
Hg_2^{2+}(aq)	153.6	172.4	84.5	NBS
Hg^{2+} (aq)	164.4	171.0	–32.2	NBS
Hg_2Cl_2 (Calomel)	–210.8	265.2	192.4	NBS
HgO(rot)	–58.5	–90.8	70.3	NBS
HgS (Metacinnabar)	–43.3	–46.7	96.2	NBS
HgI_2 (rot)	–101.7	–105.4	180	NBS
$HgCl^+$(aq)	–5.44	–18.8	75.3	NBS
$HgCl_2^0$(aq)	–173.2	–216.3	155	NBS
$HgCl_3^-$(aq)	–309.2	–388.7	209	NBS
$HgCl_4^{2-}$(aq)	–446.8	–554.0	293	NBS
$HgOH^+$(aq)	–52.3	–84.5	71	NBS
$Hg(OH)_2$ (aq)	–274.9	–355.2	142	NBS
HgO_2^-(aq)	–190.3			NBS
I (Iod)				
I_2 (Kristall)	0	0	116	NBS
I_2 (aq)	16.4	22.6	137	NBS
I^-(aq)	–51.59	–55.19	111	NBS
I_3^-(aq)	–51.5	–51.5	239	NBS
HIO(aq)	–99.2	–138	95.4	NBS

IO^-(aq)	–38.5	–107.5	–5.4	NBS
HIO_3 (aq)	–132.6	–211.3	167	NBS
IO_3^-	–128.0	–221.3	118	NBS
Mg (Magnesium)				
Mg (Metall)	0	0	32.7	R
Mg^{2+} (aq)	–454.8	–466.8	–138	R
$MgOH^+$(aq)	–626.8			S
$Mg(OH)_2$ (aq)	–769.4	–926.8	–149	NBS
$Mg(OH)_2$ (s,Brucit)	–833.5	–924.5	63.2	R
Mn (Mangan)				
Mn (Metall)	0	0	32.0	R
Mn^{2+} (aq)	–228.0	–220.7	–73.6	R
Mn(OH $_2$ (gefällt)	–616			S
Mn_3O_4 (Hausmannit)	–1281			S
MnOOH (α Manganit)	–557.7			S
MnO_2 (Manganat) (IV)				
($MnO_{1.7}$ – MnO_2)	–453.1			S
MnO_2 (Pyrolusit)	–465.1	–520.0	53	R
$MnCO_3$ (Rhodochrosit)	–816.0	–889.3	100	R
MnS (Albandit)	–218.1	–213.8	87	R
$MnSiO_3$ (Rhodonit)	–1243	–1319	131	R
N (Stickstoff)				
N_2(g)	0	0	191.5	NBS
NO(g)	86.57	90.25	210.6	S
NO_2 (g)	51.3	33.2	240.0	S
N_2O(g)	104.2	82.0	220	NBS
NH_3 (g)	–16.48	–46.1	192	NBS
NH_3 (aq)	–26.57	–80.29	111	NBS
NH_4^+(aq)	–79.37	–132.5	113.4	NBS
HNO_2 (aq)	–42.97	–119.2	153	NBS

$NO_2^-(aq)$	–37.2	–104.6	140	NBS
HNO_3 (aq)	–111.3	–207.3	146	NBS
$NO_3^-(aq)$	–111.3	–207.3	146.4	NBS
Ni (Nickel)				
Ni^{2+} (aq)	–45.6	–54.0	–129	R
NiO (Bunsenit)	–211.6	–239.7	38	R
NiS (Millerit)	–86.2	–84.9	66	R
O (Sauerstoff)				
O_2 (g)	0	0	205	NBS
O_2 (aq)	16.32	–11.71	111	NBS
O_3 (g)	163.2	142.7	239	NBS
O_3 (aq)		125.9		NBS
$O_2^{\bullet-}$	31.84			NBS
$HO_2^{\bullet}$ (aq)	4.44			NBS
H_2O_2 (g)	–105.6	–136.31	232.6	NBS
H_2O_2 (aq)	–134.1	–191.17	143.9	NBS
$HO_2^-(aq)$	–67.4	–160.33	23.8	NBS
$OH^{\bullet}$ (g)	34.22	38.95	183.64	NBS
$OH^{\bullet}$ (aq)	7.74			NBS
$OH^-(aq)$	–157.29	–230	–10.75	NBS
P (Phosphor)				
P (α, weiss)	0	0	41.1	
$PO_4^{3-}(aq)$	–1018.8	–1277.4	–222	NBS
$HPO_4^{2-}(aq)$	–1089.3	–1292.1	–33.4	NBS
$H_2PO_4^-(aq)$	–1130.4	–1296.3	90.4	NBS
H_3PO_4 (aq)	–1142.6	–1288.3	158	NBS
Pb (Blei)				
Pb (Metall)	0	0	64.8	NBS
Pb^{2+} (aq)	–24.39	–1.67	10.5	NBS

$PbOH^+(aq)$	–226.3			NBS
$Pb(OH)_3^-(aq)$	–575.7			NBS
$Pb(OH)_2$ (gefällt)	–452.2			NBS
PbO (gelb)	–187.9	–217.3	68.7	NBS
PbO_2	–217.4	–277.4	68.6	NBS
Pb_3O_4	–601.2	–718.4	211	NBS
PbS	–98.7	–100.4	91.2	NBS
$PbSO_4$	–813.2	–920.0	149	NBS
$PbCO_3$ (Cerussit)	–625.5	–699.1	131	NBS
S (Schwefel)				
S (rhombisch)	0	0	31.8	NBS
SO_2 (g)	–300.2	–296.8	248	NBS
SO_3 (g)	–371.1	–395.7	257	NBS
$H_2S(g)$	–33.56	–20.63	205.7	NBS
$H_2S(aq)$	–27.87	–39.75	121.3	NBS
S^{2-} (aq) [f]	85.8	33.0	–14.6	NBS
$HS^-(aq)$	12.05	–17.6	62.8	NBS
$SO_3^{2-}(aq)$	–486.6	–635.5	–29	NBS
$HSO_3^-(aq)$	–527.8	–626.2	140	NBS
$SO_2 \cdot H_2O(aq)$	–537.9	–608.8	232	NBS
H_2SO_3 (aq) („wahre“)	~ –534.5			S
$SO_4^{2-}(aq)$	–744.6	–909.2	20.1	NBS
$HSO_4^-(aq)$	–756.0	–887.3	132	NBS
Se (Selen)				
Se (schwarz)	0	0	42.4	NBS
$SeO_3^{2-}(aq)$	–369.9	–509.2	12.6	NBS
$HSeO_3^-(aq)$	–431.5	–514.5	135	NBS
H_2SeO_3 (aq)	–426.2	–507.5	208	NBS
$SeO_4^{2-}(aq)$	–441.4	–599.1	54.0	NBS
$HSeO_4^-(aq)$	–452.3	–581.6	149	NBS

Si (Silizium)				
Si (Metall)	0	0	18.8	NBS
SiO_2 (α, Quartz)	–856.67	–910.94	41.8	NBS
SiO_2 (α Cristobalit)	–855.88	–909.48	42.7	NBS
SiO_2 (α, Tridymit)	–855.29	–909.06	43.5	NBS
SiO_2 (amorph)	–850.73	–903.49	46.9	NBS
H_4SiO_4 (aq)	–1316.7	–1468.6	180	NBS
Sr (Strontium)				
Sr^{2+} (aq)	–559.4	–545.8	–33	R
$SrOH^+$(aq)	–721			NBS
$SrCO_3$ (Strontianit)	–1137.6	–1218.7	97	R
$SrSO_4$ (Celestit)	–1341.0	–1453.2	118	R
Zn (Zink)				
Zn (Metall)	0	0	29.3	NBS
Zn^{2+} (aq)	–147.0	–153.9	112	NBS
$ZnOH^+$(aq)	–330.1			NBS
$Zn(OH)_2$ (aq)	–522.3			NBS
$Zn(OH)_3^-$(aq)	–694.3			NBS
$Zn(OH)_4^{2-}$(aq)	–858.7			NBS
$Zn(OH)_2$ (s,β)	–553.2	–641.9	81.2	R
$ZnCl^+$(aq)	–275.3			NBS
$ZnCl_2$ (aq)	–403.8			NBS
$ZnCl_3^-$(aq)	–540.6			NBS
$ZnCl_4^{2-}$(aq)	–666.1			S
$ZnCO_3$ (Smithsonit)	–731.6	–812.8	82.4	NBS

a Die Qualität der Daten ist variabel.

b Thermodynamische Daten aus Robie, Hemingway, und Fisher basieren auf einem Referenzzustand der Elemente in ihrem Standardzustand bei 1 bar = 10^5 Pascal = 0.987 atm. Dieser veränderte Referenzzustand hat einen vernachlässigbaren Einfluss auf die angegebenen Daten für kondensierte Phasen. (Für Gasphasen werden nur Daten des National Bureau of Standard – NBS –, gültig für Referenzzustand = 1 atm, gegeben.)

c NBS: D.D. Wagman et al., Selected Values of Chemical Thermodynamic Properties, U.S. National Bureau of Standards, Technical Notes 270–3 (1968), 270–4 (1969), 270–5 (1971). R: R.A. Robie, B.S. Hemingway, und J.R. Fisher, *Thermodynamic Properties of Minerals and Related Substances at 298.15 K and 1 Bar (10^5Pascals) Pressure and at Higher Temperatures,* Geological Survey Bulletin No. 1452, Washington D.C., 1978. S: andere Quellen.

d $[H_2CO_3^*] = [CO_2(aq)]$ + „wahre“ $[H_2CO_3]$

e Die thermodynamischen Stabilitäten der Eisen(III)(hydr)oxide sind von der Art der Entstehung oder Herstellung, vom Alter und der molaren Oberfläche abhängig. Werte für $K_{s0} = \{Fe^{3+}\}\ \{OH^-\}^3$ variieren zwischen $10^{-37.3}$ bis zu $10^{-43.7}$. Entsprechende Werte für G^0_f von FeOOH(s) variieren zwischen –452 kJ mol^{-1} und –489 kJ mol^{-1}: Werte für G^0_f von $Fe(OH)_3(s)$ variieren zwischen –692 kJ mol^{-1} und –729 kJ mol^{-1}.

f berücksichtigt die neuen Daten für K_{HS^-} noch nicht

Index

A

D

E

F

G

H

I

K

L

M

N

T